高等院校卓越计划系列丛书

基础工程

龚晓南　谢康和　主编

中国建筑工业出版社

图书在版编目(CIP)数据

基础工程/龚晓南，谢康和主编. —北京：中国建筑工业出版社，2015.2（2023.3重印）

高等院校卓越计划系列丛书

ISBN 978-7-112-17595-6

Ⅰ.①基… Ⅱ.①龚… ②谢… Ⅲ.①地基-基础（工程）-高等学校-教材 Ⅳ.①TU47

中国版本图书馆 CIP 数据核字(2014)第 290180 号

本教材是浙江大学建筑工程学院卓越计划系列教材之一，也是《土力学》（龚晓南、谢康和主编，2014，中国建筑工业出版社）的姊妹篇，主要根据全国高等学校土木工程专业教学指导委员会编制的教学大纲编写。内容包括绪论、场地与地基勘察、浅基础、桩基础、深基础、地基处理与复合地基（换土垫层法、排水固结法、深层搅拌法、挤密砂石桩法、强夯法、低强度桩复合地基、加筋土挡墙法等）、基坑工程、动力机器基础、特殊土地基基础工程（湿陷性土、红黏土、软土、填土、多年冻土、膨胀土等）、既有建筑物地基加固及纠倾等。注重基本概念的阐述和工程设计实践，并附有大量算例、习题与思考题，且计算题均有答案。

本书可作为土木工程专业各专业方向，如建筑工程、市政工程、地下工程、道桥等以及水利工程、海洋工程等专业基础工程课程教材，亦可供土建、水利等专业人员学习参考。

* * *

责任编辑：朱象清　赵梦梅　李东禧

责任设计：张　虹

责任校对：陈晶晶　关　健

高等院校卓越计划系列丛书

基础工程

龚晓南　谢康和　主编

*

中国建筑工业出版社出版、发行(北京西郊百万庄)

各地新华书店、建筑书店经销

北京红光制版公司制版

北京建筑工业印刷厂印刷

*

开本：787×1092毫米　1/16　印张：26¼　字数：639千字

2015年4月第一版　2023年3月第二次印刷

定价：**58.00**元

ISBN 978-7-112-17595-6

(26793)

高等院校卓越计划系列丛书
浙江大学建筑工程学院卓越计划系列教材

《基础工程》编写人员

主　编　龚晓南　谢康和

参　编　韩同春　应宏伟　陈东霞
王奎华　邹维列　杨晓军
夏唐代　童小东　俞建霖

丛书序言

随着时代进步，国家大力提倡绿色节能建筑，推进城镇化建设和建筑产业现代化，我国基础设施建设得到快速发展。在新型建筑材料、信息技术、制造技术、大型施工装备等新材料、新技术、新工艺广泛应用新的形势下，建筑工程无论在建筑结构体系、设计理论和方法以及施工与管理等各个方面都需要不断创新和知识更新。简而言之，建筑业正迎来新的机遇和挑战。

为了紧跟建筑行业的发展步伐，为了呈现更多的新知识、新技术，为了启发更多学生的创新能力，同时，也能更好地推动教材建设，适应建筑工程技术的发展和落实卓越工程师计划的实施，浙江大学建筑工程学院与中国建筑工程出版社诚意合作，精心组织、共同编纂了“高等院校卓越计划系列丛书”之“浙江大学建筑工程学院卓越计划系列教材”。

本丛书编写的指导思想是：理论联系实际，强调系统性、实用性，符合现行行业规范。同时，推动基于问题、基于项目、基于案例多种研究性学习方法，加强理论知识与工程实践紧密结合，重视实训实习，实现工程实践能力、工程设计能力与工程创新能力的提升。

丛书凝聚着浙江大学建筑工程学院教师们长期的教学积累、科研实践和教学改革与探索，具有鲜明的特色：

(1) 重视理论与工程的结合，充实大量实际工程案例，注重基本概念的阐述和基本原理的工程实际应用，充分体现了专业性、指导性和实用性；

(2) 重视教学与科研的结合，融进各位教师长期研究积累和科研成果，使学生及时了解最新的工程技术知识，紧跟时代，反映了科技进步和创新；

(3) 重视编写的逻辑性、系统性，图文相映，相得益彰，强调动手作图和做题能力，培养学生的空间想象能力、思考能力、解决问题能力，形成以工科思维为主体并融合部分人性化思想的特色和风格。

本丛书目前计划列入的有：《土力学》、《基础工程》、《结构力学》、《混凝土结构设计原理》、《混凝土结构设计》、《钢结构原理》、《钢结构设计》、《工程流体力学》、《结构力学》、《土木工程设计导论》、《土木工程试验与检测》、《土木工程制图》、《画法几何》等。丛书分册列入是开放的，今后将根据情况，做出调整和补充。

本丛书面向土木、水利、建筑、园林、道路、市政等专业学生，同时也可以作为土木工程注册工程师考试及土建类其他相关专业教学的参考资料。

浙江大学建筑工程学院卓越计划系列教材编委会

2014.10

前　言

为了适应土木工程专业教学改革的需要，并满足培养新世纪卓越工程师教学对卓越计划系列教材的需求，我们联合浙江大学、东南大学、武汉大学、厦门大学、杭州坤博岩土工程科技有限公司的11位教授和学者专家，在高校土木工程专业规划教材《基础工程》2008版的基础上，重新编写了此《基础工程》教材，作为卓越计划系列教材之一《土力学》（龚晓南、谢康和主编，2014，中国建筑工业出版社）的姊妹篇，供各校选用。

《基础工程》由浙江大学滨海和城市岩土工程研究中心龚晓南院士、谢康和教授主编。全书共分10章。第1章 绪论，由龚晓南院士、谢康和教授编写；第2章 场地与地基勘察，由浙江大学韩同春副教授编写；第3章 浅基础，由浙江大学应宏伟副教授、厦门大学陈东霞博士编写；第4章 桩基础，由浙江大学王奎华教授编写；第5章 深基础，由武汉大学邹维列教授编写；第6章 地基处理与复合地基，由龚晓南院士、谢康和教授编写；第7章 基坑工程，由浙江大学应宏伟副教授、杭州坤博岩土工程科技有限公司杨晓军博士编写；第8章动力机器基础，由浙江大学夏唐代教授编写；第9章 特殊土地基基础工程，由东南大学童小东教授编写；第10章 既有建筑物地基加固及纠倾，由浙江大学俞建霖副教授编写。浙江大学滨海和城市岩土工程研究中心的张玮鹏、吴浩和夏长青等研究生参加了本书部分章节的排版打印和校核工作。

《基础工程》教材不仅适用于土木工程各专业方向，如建筑工程、市政工程、地下工程、道桥等专业方向土力学课程的教学，也适用于水利工程、海洋工程等专业基础工程课程的教学。

教学时数各校可根据具体情况灵活确定，教学内容请注意与相关课程的配合。书中带“*”号的内容可以不作为教学内容。

在编写过程中作者参考和引用了许多科研、高校和工程单位的研究成果和工程实例，在此一并表示衷心的感谢。

限于作者水平，书中难免有不当和错误之处，敬请读者批评指正。

目　　录

第1章　绪　论

1.1　建（构）筑物对地基要求和基础工程的重要性

“高楼万丈平地起”，任何建筑物和构筑物都要坐落在地基上。图 1-1 为一建筑物示意图，上部结构的荷载通过基础再传递给地基。为了保证坐落在地基上的建筑物和构筑物的安全，地基应具有足够的承载能力，在荷载作用下地基不能产生破坏，并根据其重要性而具有相应的安全储备；地基在荷载作用下产生的变形也不能超过容许值。

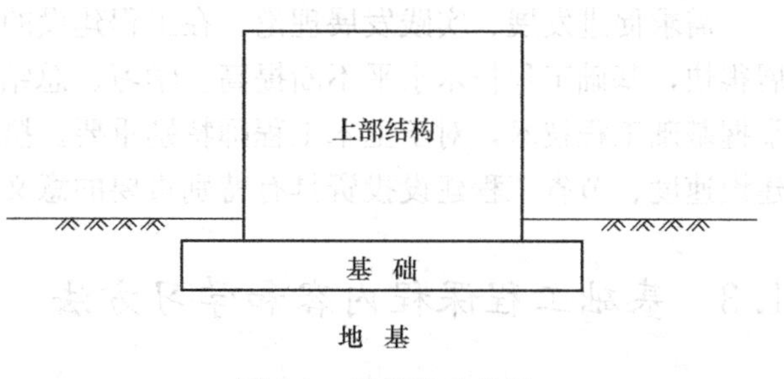

图 1-1　建筑物示意图

当天然地基能够满足建筑物对承载力和变形的要求时，应尽量采用天然地基。当天然地基不能够满足上述要求时，则需要对天然地基进行处理，形成能够满足上述要求的人工地基。或者将基础加深，使之坐落在能够满足上述要求的土层上。

上部结构、基础和地基三者是一个整体。基础的形式很多，按埋置深度可分为明置基础、浅埋基础（条形基础、柱基础和筏形基础等）和深埋基础（沉井、沉箱和桩基础等）。按基础变形特性可分为柔性基础和刚性基础。按基础形式可分为：独立基础、联合基础、条形基础、筏形基础、桩基础、箱形基础等多种形式。基础设计时应根据上部结构的要求和场地工程地质条件合理选用基础形式，做到技术可靠、经济合理，并满足环境保护等要求。

基础工程的研究对象是建筑物和构筑物的基础和地基，是土木工程的一部分。对一般建筑物主要是地面以下部分。

地基土体是自然历史的产物，其物理力学性质十分复杂。基础工程又是隐蔽工程。在土木工程建设领域中，与上部结构比较，基础工程的不确定的因素多、问题复杂、难度大。基础工程问题处理不好，会引起严重的工程事故，危及生命和财产的安全。据调查统计，在世界各国发生的土木工程的工程事故，源自基础工程问题的工程事故占多数。因此，处理好基础工程问题，不仅关系所建工程是否安全可靠，而且关系所建工程投资大小。基础工程在土木工程中的重要性是显而易见的。

1.2　基础工程的发展概况

基础工程在我国的发展可以追溯到很早以前，我们的祖先第一次使用灰土垫层和木桩的日期估计已难以考证，但少说也在几千年前。在人类历史发展过程中，随着土木工程的发展，基础工程技术也在不断发展。

18世纪欧洲工业革命开始以后，随着工业化的发展，建筑工程、道路工程和桥梁工程的建设规模不断扩大，促使人们重视基础工程的研究。作为基础工程学科的土力学也得到了人们的重视。太沙基根据试验研究和工程实践经验，于1925年出版第一本《土力学》著作，标志着土力学学科的形成。土力学的发展促进了现代基础工程技术的发展。

现代基础工程技术是伴随现代化建设发展而发展的。1976年粉碎“四人帮”后，我国各项工作拨乱反正，迎来了科学的春天。改革开放以后，我国土木工程建设得到了飞速发展，基础工程技术也相应得到很快发展。城市化建设的推进、地下空间的开发利用、高速公路和高速铁路的发展，以及跨海大桥、港口工程和海洋工程的建设等极大地推动了基础工程的发展。

需求促进发展、实践发展理论。在工程建设的推动下，近些年来我国基础工程技术发展很快，基础工程技术水平不断提高。学习、总结国内外基础工程技术方面的经验教训，掌握基础工程技术，对于土木工程师特别重要。搞好基础工程对保证工程质量、加快工程建设速度、节省工程建设投资具有特别重要的意义。

1.3 基础工程课程内容和学习方法

建筑物和构筑物的形式丰富多彩，工程地质条件复杂多变，基础形式很多，因此基础工程课程内容很多。本基础工程教材内容主要包括：场地与地基勘察、浅基础、桩基础、深基础，地基处理与复合地基、基坑工程、动力机器基础、特殊土地基基础工程、既有建筑物地基加固及纠倾等。

基础工程涉及的知识面也很广，学习基础工程需要有材料力学、土力学、工程地质学以及结构力学等学科知识。基础工程与土力学关系非常密切。有的基础工程教材不仅包括上述基础工程的内容，还包括工程地质学和土力学的相关内容。

基础工程是一门实践性很强的学科，在学习基础工程时，一定要紧密结合工程实际。有条件可结合工程案例学习。上部结构、基础和地基要综合考虑。前面已经提到作用在建筑物和构筑物上荷载是通过基础再传递给地基的，基础工程的研究对象是建筑物和构筑物的基础和地基。在学习某一基础形式时，首先要搞清楚荷载的传递路线、传递规律，也就是力的传递和力的平衡；然后是相应的地基承载力和地基变形。荷载的传递规律往往比较复杂，需要学会抓主要矛盾。基础工程设计就是如何保证在荷载传递过程中建筑物和构筑物的使用安全、可靠，而且经济。

*1.4 关于地基承载力表达形式的说明

我国在不同时期、不同行业的规范中对地基承载力的表达采用了不同的形式和不同的测定方法。因此，在已发表的论文、工程案例、出版的著作和已完成的设计文件中对地基承载力也采用了多种不同的形式表达。对地基承载力的表达形式主要有下述几种：地基极限承载力、地基容许承载力、地基承载力特征值、地基承载力标准值、地基承载力基本值以及地基承载力设计值等等。在介绍上述不同表述的地基承载力概念前，先介绍土塑性力学中关于条形基础 Prandtl 极限承载力解的基本概念。

条形基础 Prandtl 极限承载力解的极限状态示意图如图 1-2 所示。

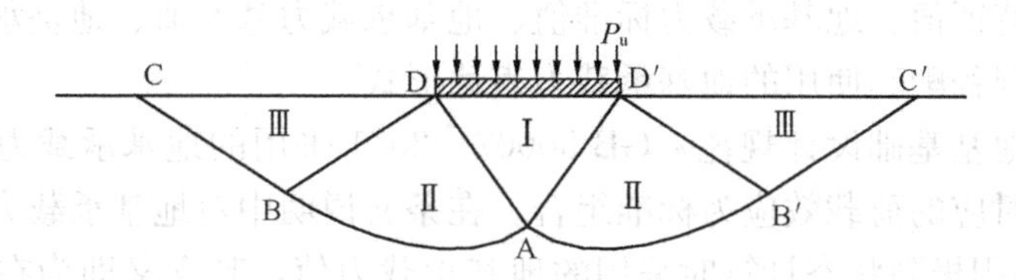

图 1-2　Prandtl 解示意图

设条形基础作用在地基上的压力为均匀分布，基础底面光滑。地基为半无限体，土体应力应变关系服从刚塑性假设，即当土体中应力小于屈服应力时，土体表现为刚体，不产生变形；而当土中应力达到屈服应力时，土体即处于塑性流动状态。土体的抗剪强度指标为 c、φ。在求解中不考虑土体的自重。根据土塑性力学理论，当条形基础上荷载处于极限状态时，地基中产生的塑性流动区如图 1-2 中所示。图中Ⅰ和Ⅲ区为等腰三角形，Ⅱ区为楔形，其中 AB 和 AB′为对数螺线。图 1-2 中∠ADD′和∠AD′D 为$\frac{\pi}{4}+\frac{\varphi}{2}$，∠BCD 和∠B′C′D′为$\frac{\pi}{4}-\frac{\varphi}{2}$，∠ADB 和∠AD′B′为$\frac{\pi}{2}$。

根据极限分析理论或滑移线场理论，可得到条形基础极限荷载 P_u 的表达式为：

$$P_u = c\cot\varphi\left[\frac{1+\sin\varphi}{1-\sin\varphi}\exp(\pi\tan\varphi)-1\right] \tag{1-1}$$

式中　c——土体黏聚力；

　　φ——土体内摩擦角。

当 $\varphi=0$ 时，式（1-1）蜕化成

$$P_u = (2+\pi)c \tag{1-2}$$

土力学及基础工程中的太沙基地基承载力解等表达形式均源自该 Prandtl 解，可根据一定的条件，通过对式（1-1）进行修正获得。

地基极限承载力是地基处于极限状态时所能承担的最大荷载，或者说地基产生失稳破坏前所能承担的最大荷载。

地基极限承载力也可通过荷载试验确定。在荷载试验过程中，通常取地基处于失稳破坏前所能承担的最大荷载为极限承载力值。

对某一地基而言，一般来说地基极限承载力值是唯一的，或者说对某一地基，地基极限承载力值是一确定值。

地基容许承载力是通过地基极限承载力除以安全系数得到的。影响安全系数取值的因素很多，如安全系数取值大小与建筑物的重要性、建筑物的基础类型、采用的设计计算方法以及设计计算水平等因素有关，还与国家的综合实力、生活水平以及建设业主的实力等因素有关。因此，一般来说对某一地基而言其地基容许承载力值不是唯一的。

在工程设计中安全系数取值不同，地基容许承载力值也就不同。安全系数取值大，该工程的安全储备也大；安全系数取值小，该工程的安全储备也小。

在工程设计中，地基容许承载力是设计人员能利用的最大地基承载力值，或者说在工程设计中，地基承载力取值不能超过地基容许承载力值。

地基极限承载力和地基容许承载力是国内外基础工程设计中最常用的概念。

地基承载力特征值、地基承载力标准值、地基承载力基本值、地基承载力设计值等都是与相应的规范规程配套使用的地基承载力表达形式。

现行《建筑地基基础设计规范》GB 50007—2011 采用的地基承载力表达形式是地基承载力特征值，对应的荷载效应为标准组合。在条文说明中对地基承载力特征值的解释为"用以表示正常使用极限状态计算时采用的地基承载力值，其含义即为在发挥正常使用功能时所允许采用的抗力设计值"。规范中还对地基承载力特征值的试验测定作出了具体规定。

《建筑地基基础设计规范》GBJ 7—89 采用地基承载力标准值、地基承载力基本值和地基承载力设计值等表达形式。地基承载力标准值是按该规范规定的标准试验方法经规范规定的方法统计处理后确定的地基承载力值。也可以根据土的物理和力学性质指标，根据规范提供的表确定地基承载力基本值，再经规范规定的方法进行折算后得到地基承载力标准值。对地基承载力标准值，经规范规定的方法进行基础深度、宽度等修正后可得到地基承载力设计值，对应的荷载效应为基本组合。这里的地基承载力设计值应理解为工程设计时可利用的最大地基承载力取值。

在某种意义上可以将上述规范中所述的地基承载力特征值和地基承载力设计值理解为地基容许承载力值，而地基承载力标准值和地基承载力基本值是为了获得上述地基承载力设计值的中间过程取值。

笔者认为学生掌握了地基极限承载力、地基容许承载力以及安全系数这些最基本的概念，就不难在此基础上理解各行业现行及各个时期的规范内容，并能够使用现行规范进行工程设计。

除采用极限承载力和容许承载力概念外，为配合现行《建筑地基基础设计规范》GB 50007—2011，本教材也采用地基承载力特征值的概念。

习 题 与 思 考 题

1-1　简述建筑物和构筑物对地基的要求。

1-2　简述基础工程的学科特点。

1-3　简述地基极限承载力、地基容许承载力和地基承载力特征值的概念。

第 2 章　场地与地基勘察

2.1　概述

勘察就是根据建设工程的要求，查明、分析、评价建设场地的地质、环境特征和岩土工程条件，进行正确的评价和建议，并编制相应的勘察文件。

先勘察后设计再施工，是工程建设应遵循的基本程序，表明勘察是一项基础性的工作，通过获取关于场地和地基的工程地质条件的原始资料，为后续的设计和施工提供数据，只有进行详细的岩土工程勘察才能选择合适的基础形式，确保工程的安全。

场地指工程群体所在地，地基指建筑物下面支承基础的岩土体。在勘察中根据其复杂程度，场地和地基划分为不同等级（表 2-1 和表 2-2）。

场地复杂程度划分表　　**表 2-1**

<table>
<tr><th>场地等级</th><th>特征条件</th><th>条件满足方式</th></tr>
<tr><td rowspan="5">一级场地
（复杂场地）</td><td>对建筑抗震危险的地段</td><td rowspan="5">满足其中一条及以上者</td></tr>
<tr><td>不良地质作用强烈发育</td></tr>
<tr><td>地质环境已经或可能受到强烈破坏</td></tr>
<tr><td>地形地貌复杂</td></tr>
<tr><td>有影响工程的多层地下水、岩溶裂隙水或其他复杂的水文地质条件，需专门研究的场地</td></tr>
<tr><td rowspan="5">二级场地
（中等复杂场地）</td><td>对建筑抗震不利的地段</td><td rowspan="5">满足其中一条及以上者</td></tr>
<tr><td>不良地质作用一般发育</td></tr>
<tr><td>地质环境已经或可能受到一般破坏</td></tr>
<tr><td>地形地貌较复杂</td></tr>
<tr><td>基础位于地下水位以下的场地</td></tr>
<tr><td rowspan="5">三级场地
（简单场地）</td><td>抗震设防烈度等于或小于 6 度，或对建筑抗震有利的地段</td><td rowspan="5">满足全部条件</td></tr>
<tr><td>不良地质作用不发育</td></tr>
<tr><td>地质环境基本未受破坏</td></tr>
<tr><td>地形地貌简单</td></tr>
<tr><td>地下水对工程无影响</td></tr>
</table>

地基复杂程度划分表　　**表 2-2**

<table>
<tr><th>场地等级</th><th>特征条件</th><th>条件满足方式</th></tr>
<tr><td rowspan="2">一级地基
（复杂地基）</td><td>岩土种类多，很不均匀，性质变化大，需作特殊处理</td><td rowspan="2">满足其中一条及以上者</td></tr>
<tr><td>严重湿陷、膨胀、盐渍、污染的特殊性岩土，以及其他情况复杂，需做专门处理的岩土</td></tr>
</table>

续表

场地等级	特征条件	条件满足方式
二级地基 （中等复杂地基）	岩土种类较多，不均匀，性质变化较大	满足其中一条及以上者
	除一级地基中规定的其他特殊性岩土	
三级地基 （简单地基）	岩土种类单一，均匀，性质变化不大	满足全部条件
	无特殊性岩土	

本章内容包括勘察的基本要求、勘探与取样、现场原位测试、室内土工试验数据分析整理、勘察报告的编写等。

2.2 勘察的基本要求

对于房屋和构筑物的勘察，勘察前要了解建筑物的上部荷载、功能特点、结构类型、基础形式、埋置深度以及变形限制要求等方面资料，在此基础上确定本次勘察应做的工作和工作的深度，提出相应的岩土工程设计参数和地基基础设计方案建议，主要内容包括：

（1）查明场地和地基的稳定性、地层结构、持力层和下卧层的工程特性、土的应力历史和地下水条件以及不良地质作用等；

（2）提供满足设计、施工所需的岩土参数，确定地基承载力，预测地基变形性状；

（3）提出地基基础、基坑支护、工程降水和地基处理设计与施工方案的建议；

（4）提出对建筑物有影响的不良地质作用的防治建议；

（5）对于抗震设防烈度等于或大于 6 度的场地，进行场地与地基的地震效应评价。

当然上述内容具有普遍性，对具体场地和地基进行勘察时，采用的勘察内容、方法取决于多个方面，包括工程的重要性程度、场地和地基的复杂程度以及工程所处的建设阶段。一般情况下的勘察工作都有一个由浅入深、由表及里，随着工程的不同阶段对场地和地基有一个逐渐加深了解的过程，这涉及勘察分级和勘察阶段划分。

2.2.1 勘察的分级

根据工程的重要性等级（表 2-3）、场地复杂程度（表 2-1）以及地基复杂程度（表 2-2），岩土工程勘察等级划分为：

甲级——在工程重要性、场地复杂程度和地基复杂程度等级中，有一项或多项为一级；

乙级——除勘察等级为甲级和丙级以外的勘察项目；

丙级——工程重要性、场地复杂程度和地基复杂程度等级均为三级。

工程重要性等级划分表 **表 2-3**

工程重要性等级	工程性质	破坏后果
一级工程	重要工程	很严重
二级工程	一般工程	严重
三级工程	次要工程	不严重

注：住宅和一般公用建筑 30 层以上为可定为一级，7～30 层的可定为二级，6 层及以下的可定为三级。

2.2.2 勘察阶段的划分

各项工程建设在设计和施工前，必须按照基本建设程序进行岩土工程勘察。勘察要按工程建设各阶段的要求，正确反映工程地质条件，查明不良地质作用和地质灾害，提出资料完整、评价正确的勘察报告。由此可见，岩土工程勘察阶段的划分是与工程设计、施工阶段密切相关的。针对工业与民用建筑工程设计的场址选择、初步设计和施工图三个阶段，勘察一般可以分为可行性研究勘察、初步勘察和详细勘察三个阶段。

一、可行性研究勘察阶段

也称为选址阶段，该阶段对拟建场地的稳定性和适宜性做出评价。为此完成的工作包括：

（1）搜集区域地质、地形地貌、地震、矿产、当地的工程地质、岩土工程和建筑经验等资料；

（2）在充分搜集和分析已有资料的基础上，通过踏勘了解场地的地层、构造、岩性、不良地质作用和地下水等工程地质条件；

（3）当拟建场地工程地质条件复杂，已有资料不能满足要求时，应根据具体情况进行工程地质测绘和必要的勘探工作；

（4）当有两个或两个以上拟选用场地时，应进行比选分析。

二、初步勘察阶段

（一）主要工作

初步勘察应对场地内拟建建筑物地段的稳定性做出评价，稳定性问题应在初步勘察阶段基本解决。为此要完成下面工作：

（1）搜集拟建工程的有关文件、工程地质和岩土工程资料以及工程场地范围的地形图；

（2）初步查明地质构造、地层结构、岩土工程特性、地下水埋藏条件；

（3）查明场地不良地质作用的成因、分布、规模、发展趋势，并对场地的稳定性做出评价；

（4）对抗震设防烈度等于或大于6度的场地，应对场地和地基的地震效应做出初步评价；

（5）季节性冻土地区，应调查场地土的标准冻结深度；

（6）初步判定水和土对建筑材料的腐蚀性；

（7）高层建筑初步勘察时，应对可能采取的地基基础类型、基坑开挖与支护、工程降水方案进行初步分析评价。

（二）勘察方法与勘探点、线布置

初步勘察应在收集已有资料的基础上，根据需要进行工程地质测绘或调查、勘探、测试和物探工作。

1. 勘探点、线、网的布置原则

为查明场地的工程地质条件，勘探线应垂直地貌单元、地质构造和地层界线布置；每个地貌单元均应布置勘探点，同时在地貌单元交接部位和地层变化较大地段，勘探点应适当加密；在地形平坦地区，可按网格布置勘探点。

2. 勘探点、线的间距和勘探孔深度

对于岩质地基，勘探线和勘探点的布置，勘探孔的深度，应根据地质构造、岩体特性、风化情况等，按地方标准或当地经验确定；对土质地基，按表2-4和表2-5确定。

初步勘察勘探线、点间距（m）　　表2-4

地基复杂程度等级	勘探线间距	勘探点间距
一级（复杂）	50～100	30～50
二级（中等复杂）	75～150	40～100
三级（简单）	150～300	75～200

注：1. 控制性勘探点宜占勘探点总数的1/5～1/3，且每个地貌单元均应有控制勘探点；
2. 表中间距不适用于地球物理勘探。

初步勘察勘探孔深度（m）　　表2-5

工程重要性等级	一般性勘探孔	控制性勘探孔
一级（重要工程）	≥15	≥30
二级（一般工程）	10～15	15～30
三级（次要工程）	6～10	10～20

注：表中勘探孔包括钻孔、探井和原位测试孔等，不包括用于特殊用途的钻孔。

在具体的工程勘察中，可以根据情况调整勘探孔深度。

3. 取样和原位测试

采取土试样和进行原位测试的勘探点应结合地貌单元、地层结构和土的工程性质布置，其数量可占勘探点总数的1/4～1/2；采取土试样的数量和孔内原位测试的竖向间距，应按地层特点和土的均匀性程度确定，每层土均应采取土试样或进行原位测试，其数量不宜少于6个，以便进行统计分析。

4. 水文地质

调查含水层的埋藏条件，地下水类型、补给排泄条件、各层地下水位，调查其变化幅度，必要时设置长期观测孔，监测水位变化；需要绘制地下水等水位线图时，应根据地下水的埋藏条件和层位，统一量测地下水位；当地下水可能浸湿基础时，应采取水试样进行腐蚀性评价。

三、详细勘察阶段

在初步设计完成之后进行详细勘察，为施工图设计提供资料。在城市和工业区，一般已经积累了大量工程的勘察资料，当建筑物平面位置已经确定，一般可以直接进行详勘。

详勘前场地的工程地质条件已经基本查明，因此详勘的目的是按单体或建筑群提出详细的岩土工程资料和设计、施工所需的岩土参数，对建筑地基做出岩土工程评价，并对地基类型、基础形式、地基处理、基坑支护、工程降水和不良地质作用的防治等提出建议。

（一）主要工作

(1) 搜集附有坐标和地形的建筑总平面图，场区的地面整平标高，建筑物的性质、规模、荷载、结构特点，基础形式、埋置深度，地基允许变形等资料；

(2) 查明不良地质作用的类型、成因、分布范围、发展趋势和危害程度，提出整治方案的建议；

(3) 查明建筑范围内岩土层的类型、深度、分布、工程特性，分析和评价地基的稳定性、均匀性和承载力；

（4）对需进行沉降计算的建筑物，提供地基变形计算参数，预测建筑物的变形特征；

（5）查明埋藏的河道、沟浜、墓穴、防空洞、孤石等对工程不利的埋藏物；

（6）查明地下水的埋藏条件，提供地下水位及其变化幅度；

（7）在季节性冻土地区，提供场地土的标准冻结深度；

（8）判定水和土对建筑材料的腐蚀性；

（9）对抗震设防烈度等于或大于6度的场地，进行场地和地基地震效应的勘察，应符合相关规范要求；建筑物采用桩基础时，进行桩基勘察，应符合相关规范要求；当需进行基坑开挖、支护和降水设计时，应进行基坑工程勘察，并符合相关规范要求；

（10）工程需要时，详细勘察应论证地基土和地下水在建筑施工和使用期间可能产生的变化及其对工程和环境的影响，提出防治方案、防水设计水位和抗浮设计水位的建议。

（二）勘察方法与勘探点、线布置

详细勘察主要以勘探、原位测试和室内土工试验为主，必要时辅以地球物理勘探、工程地质测绘和调查工作。

1. 勘探点、线、网的布置原则

为查明场地的工程地质条件，勘探线应垂直地貌单元、地质构造和地层界线布置；每个地貌单元均应布置勘探点，同时在地貌单元交接部位和地层变化较大地段，勘探点应适当加密；在地形平坦地区，可按网格布置勘探点。

2. 勘探点、线的间距和深度

勘探点的布置和深度，根据建筑物特性和岩土工程条件确定。

一般土质地基勘探点布置，应符合下列规定：

（1）勘探点宜按建筑物周边线和角点布置，对无特殊要求的其他建筑物可按建筑物或建筑群的范围布置；

（2）同一建筑范围内的主要受力层或有影响的下卧层起伏较大时，应加密勘探点，查明其变化；

（3）重大设备基础应单独布置勘探点，重大的动力机器基础和高耸构筑物，勘探点不宜少于3个；

（4）勘探手段宜采用钻探与触探相结合，在复杂地质条件、湿陷性土、膨胀岩土、风化岩和残积土地区，宜布置适量探井。

对单栋高层建筑勘探点的布置，应满足对地基均匀性评价的要求，且不应少于4个；对密集的高层建筑群，勘探点可适当减少，但每栋建筑物至少应有1个控制性勘探点。

勘探点间距参考表2-6。

详勘勘察勘探点间距（m） **表2-6**

地基复杂程度等级	勘探点间距	地基复杂程度等级	勘探点间距
一级（复杂）	10～15	三级（简单）	30～50
二级（中等复杂）	15～30		

对于勘探点的深度，通常勘探深度自基础底面开始算起，满足以下要求：

（1）勘探孔深度应能控制地基主要受力层，当基础底面宽度不大于5m时，勘探孔的深度对条形基础不应小于基础底面宽度的3倍，对单独柱基不应小于1.5倍，且不小于 5m；

(2) 对高层建筑和需作变形计算的地基，控制性勘探孔的深度应超过地基变形计算深度，高层建筑的一般性勘探孔应达到基底下 0.5～1.0 倍的基础宽度，并深入稳定的地层；

(3) 对仅有地下室的建筑或高层建筑的裙房，当不能满足抗浮要求，需设置抗浮桩或锚杆时，勘探孔深度应满足抗拔承载力评价的要求；

(4) 当有大面积地面堆载或软弱下卧层时，应适当加深勘探孔的深度；

(5) 在上述规定深度内当遇基岩或厚层碎石土等稳定地层时，勘探孔深度应根据情况进行调整。

为满足沉降计算以及稳定性验算的要求，勘探孔深度也应符合下述要求：

(1) 地基变形计算深度，对中、低压缩性土可取附加压力等于上覆土层有效自重压力 20％的深度；对于高压缩性土层可取附加压力等于土层有效自重压力 10％的深度；

(2) 建筑总平面内的裙房或仅有地下室部分（或当基底附加压力 $p_0 \leqslant 0$ 时）的控制性勘探孔的深度可适当减小，但应深入稳定分布地层，且根据荷载和土质条件不宜少于基底下 0.5～1.0 倍基础宽度；

(3) 当需要进行地基整体稳定性验算时，控制性勘探孔深度应根据具体条件，以满足验算条件。对于基础侧旁开挖，一般控制性钻孔达到基底下 2 倍基宽时就可以满足；对于建筑在坡顶和坡上的建筑物，应结合边坡的具体条件，根据可能的破坏模式确定勘探孔深度；

(4) 当需确定场地抗震类别而无邻近可靠的覆盖层厚度资料时，应布置波速测试孔，其深度应满足确定覆盖层厚度的要求；

(5) 大型设备基础勘探孔深度不宜小于基础底面宽度的 2 倍；

(6) 当需进行地基处理时，勘探孔深度应满足地基处理设计与施工要求；当采用桩基时，勘探孔的深度应满足相关要求。

3. 取样和原位测试

由于空间变异性，土性指标须通过测试，然后统计分析，确定其代表值，供设计施工使用。为此采取土试样室内测试和原位测试须满足下列要求：

(1) 采取土试样进行原位测试的勘探点数量，应根据地质结构、地基土的均匀性和设计要求确定，对地基基础设计等级为甲级的建筑物每栋不应少于 3 个；

(2) 每个场地每一主要土层的原状土试样或原位测试数据不应少于 6 件（组）；

(3) 在地基主要受力层内，对厚度大于 0.5m 的夹层或透镜体，应采取土试样或进行原位测试；

(4) 当土层性质不均匀时，应增加取土数量或原位测试工作量。

2.3 勘察方法和取样

进行场地和地基勘察，是为了查明场地内岩土层的构成及其在竖向方向和水平方向上的变化、岩土的物理力学性质、地下水位的埋藏深度及变化幅度以及不良地质现象及其分布范围等，采用的方法有工程地质测绘、勘探和原位测试等。工程地质测绘是为了研究建筑场地内的地层、岩性、构造、地貌、不良地质现象及水文地质条件，对场地工程地质条件做出初步评价，并为后续勘察工作量的布置提供依据，一般在可行性研究或初步勘察阶段进行，对于详细勘察，可对复杂地段做大比例尺测绘，这里不再详述。

2.3.1 工程地质勘探

工程地质勘探是在工程地质测绘的基础上，为进一步查明地表以下的工程地质情况，包括岩土层的空间分布及变化情况、地下水的埋藏深度和类型以及对岩土参数开展原位测试时需要进行的工作。勘探包括钻探、井探、槽探、坑探、洞探以及物探、触探等，对勘探方法的选择首先要符合勘察目的的需要，还要考虑是否适合于勘探区岩土的特性，注意勘探方法在不同地质条件下的适用性，例如勘探区土质较好、强度较高而所需探查的深度较深时，静力触探的方法就不是很适合。

一、钻探

工程地质勘察中，钻探是最广泛采用的一种勘探手段。相比于其他勘探手段具有突出的优点，因此不同类型和结构的建筑物、不同的勘察阶段、不同环境和工程地质条件下，一般均需要采用钻探。

钻探是指用一定的设备、工具（钻机）来破碎地壳岩石或土层，从而在地壳中形成一个直径较小、深度较大的钻孔的过程。钻探不仅是获取地表下准确工程地质资料的重要方法，而且通过钻探还可以取原状岩土样和进行原位测试。钻孔的直径、深度、方向取决于钻孔用途和钻探地点的地质条件。钻孔直径一般为75～150mm，但在一些大型建筑物的工程地质勘察时，孔径往往会大于150mm，有时可以达到500mm，直径大于500mm的钻孔称为钻井。钻孔深度由数米至上千米，视工程要求而定，一般建筑工程地质钻探深度在数十米以内。钻孔方向一般为垂直的，也有倾斜钻孔。

（一）钻探方法和适用范围

根据岩土破碎方法的不同，分为四种钻进方法：

1. 冲击钻进

该法使钻头借助钻具自身重量周期性地冲击孔底以破碎岩土，从而达到在岩土中钻进的目的。可进一步分为冲击钻钻探和锤击钻探。特点是：设备和工具比较简单、工艺操作简便；钻进过程中钻孔内不需要冲洗介质循环，水量消耗小；钻进成本低等。但其破碎岩石是不连续作业，钻头有效碎岩时间很短，大部分时间消耗于钻具在孔内往复运动上，钻进效率较低。

2. 回转钻进

此法采用底部焊有硬质合金的圆环状钻头进行钻进，钻进时一般要施加一定的压力，使钻头在旋转中切入岩土层以达到钻进的目的。它包括岩芯钻探、无芯钻探和螺旋钻探。岩芯钻进为孔底环状钻进，螺旋钻进为孔底全面钻进。

3. 振动钻探

利用机械动力所产生的振动力，使土的抗剪强度降低，借振动器和钻具的自重，切削孔底土层不断钻进。

4. 冲洗钻探

该法是通过高压射水破坏孔底土层从而实现。该方法适用于砂层、粉土层和不太坚硬黏土层，是一种简单快速的钻探方式。

上述四种方法各有特点，分别适应于不同的勘察要求和岩土层性质，详见表2-7

钻探方法的适用汇范围 **表 2-7**

钻探方法		钻进地层					勘察要求	
		黏性土	粉土	砂土	碎石土	岩石	直观鉴别、采取不扰动试样	直观鉴别、采取扰动试样
回转	螺旋钻探	++	+	+	—	—	++	++
	无岩芯钻探	++	++	++	+	++	—	—
	岩芯钻探	++	++	++	+	++	++	++
冲击	冲击钻探	—	+	++	++	—	—	—
	锤击钻探	++	++	++	+	—	++	++
振动钻探		++	++	++	+	—	+	++
冲洗钻探		+	++	++	—	—	—	—

注：1. ++：适用；+：部分适用；—：不适用。

2. 浅部土层可采用下列钻探方法勘探：小口径麻花钻（或提土钻）钻进；小口径勺形钻钻进；洛阳铲钻进。

（二）钻孔的记录和编录

钻探过程中需要进行钻探野外记录，按钻进回次逐段填写；野外描述一般以目测和手触鉴别为主，有条件或勘察工作有明确要求时，可采用微型贯入仪等定量化、标准化的方法；钻探成果可用钻孔野外柱状图或分层记录表示；岩土芯样可根据工程要求保存一定期限或长期保存，也可拍摄岩芯、土芯彩照纳入勘察成果资料，如图 2-1 所示。

图 2-1　钻孔岩芯试样

二、井探、槽探和洞探

当钻探方法难以准确查明地下情况时，可采用探井、探槽进行勘查。探井、探槽等采用工人或机械的方式挖掘形成坑、槽，揭开地层的范围比较大，因此地质人员可以直接进入其中观察到地质结构的细节，准确可靠；可不受限制地从中采取原状结构土样，或进行现场试验；较确切地研究软弱夹层和破碎带等复杂地质体的空间展布及其工程地质性质；以及地基处理效果检查和某些地质现象的监测等。缺点是探察的深度较浅，对于地下水位以下深度的勘探也比较困难。

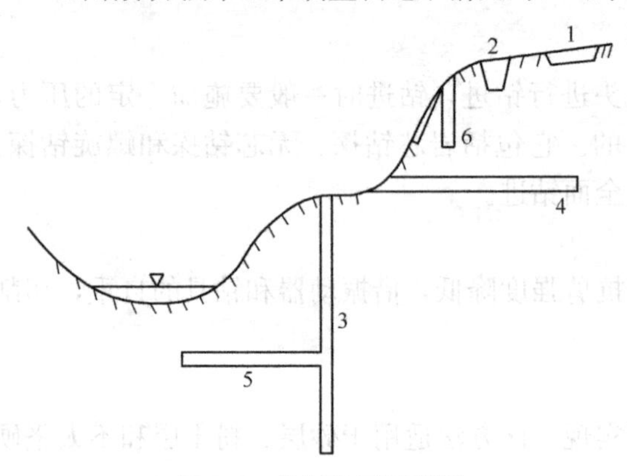

图 2-2　坑探类型示意图

1—探槽；2—试坑；3—竖井；4—平洞；5—石门；6—浅井

常见的坑、槽探工程有探槽、试坑、浅坑、竖井和平洞，如图 2-2 所示。各种坑、槽探工程的特点和适用条件列于表 2-8 中。

岩土工程勘探中常见坑、槽探工程的类型及特点　　表 2-8

类型	特　点	适用条件
探槽	在地表垂直岩层或构造线，深度小于 3～5m 的长条形槽子	剥除地表覆土，揭露基岩，划分地层岩性；探查残坡积层；研究断层破碎带；了解坝接头处的地质情况
试坑	从地表向下，铅直的、深度小于 3～5m 的圆形或方形小坑	局部剥除地表覆土，揭露基岩，确定地层岩性；做载荷试验、渗水试验，取原状土样
浅井	从地表向下，铅直的、深度 3～15m 的圆形或方形坑	确定覆盖层及风化层的岩性及厚度；做载荷试验，取原状土样
竖井（斜井）	形状与浅井相同，但深度大于 15m。有时需要支护	在平缓山坡、河漫滩、阶地等岩层较平缓的地方布置，用以了解覆盖层的厚度及性质、风化壳的厚度及岩性、软弱夹层的分布、断层破碎带及岩溶发育情况、滑坡体结构及滑动面等
平洞	在地面有出口的水平巷道，深度较大	布置在地形较陡的基岩坡，用以调查斜坡地质结构，对查明河谷地段的地层岩性、软弱夹层、破碎带、风化岩层等效果较好，还可取样和作原位岩体力学试验及地应力测量

对探井、探槽、探洞进行观察时，除应进行文字记录外，还要绘制剖面图、展开图等以反映井、槽、洞壁及其底部的岩性、地层分界、构造特征；如进行取样或原位试验时，还要在图上标明取样和原位试验的位置，并辅以代表性部位的彩色照片。

三、土样的采取

土样的采取是钻探的任务之一，用来对其进行观察、鉴别或进行各种物理力学试验。

1. 土样质量分级

在采样过程中应尽量保持试样的天然结构，然而扰动是不可避免的。根据取样方法和试验目的，将土试样分为四类，见表 2-9。

土试样质量等级　　表 2-9

级别	扰动程度	试验内容
Ⅰ	不扰动	土类定名、含水量、密度、强度试验、固结试验
Ⅱ	轻微扰动	土类定名、含水量、密度
Ⅲ	显著扰动	土类定名、含水量
Ⅳ	完全扰动	土类定名

注：1. 不扰动是指原位应力状态虽已改变，但土的结构、密度和含水量变化很小，能满足室内试验各项要求；
2. 除地基基础设计等级为甲级的工程外，在工程技术要求允许的情况下可用Ⅱ级土试样进行强度和固结试验，但宜先对土试样受扰动程度作抽样鉴定，判定用于试验的适宜性，并结合地区经验使用试验成果。

2. 取样方法及取样工具

取样过程中，对土样扰动程度影响因素最大的就是所采用的取样方法和取样工具。从取样方法来看，基本可以分为两种，一是从探井、探槽中直接刻取土样；二是用钻孔取土器从钻孔中采取。对于埋深较大的岩土层，其岩土样品的采取主要是采用第二种方法，也就是用钻孔取土器的方法。一般情况下，取土器按壁厚可分为薄壁和厚壁两类，按进入土层的方式可分为贯入和回转两类。不同取土器的适用范围见表 2-10。

不同等级土试样的取样工具和方法　　**表 2-10**

土试样质量等级	取样工具和方法		适用分类										
			黏性土					粉土	砂土				砾砂、碎石土、软岩
			流塑	软塑	可塑	硬塑	坚硬		粉砂	细砂	中砂	粗砂	
Ⅰ	薄壁取土器	固定活塞	++	++	+	—	—	+	+	—	—	—	—
		水压固定活塞	++	++	—	—	—	+	+	—	—	—	—
		自由活塞敞口	—	+	++	—	—	+	+	—	—	—	—
			+	+	+	—	—	+	+	—	—	—	—
	回旋取土器	单动三重管	—	+	++	++	+	++	++	++	—	—	—
		双动三重管	—	—	—	+	++	—	—	—	++	++	+
	探井(槽)中刻取块状土块		++	++	++	++	++	++	++	++	++	++	++
Ⅱ	薄壁取土器	水压固定活塞	++	++	+	—	—	+	+	—	—	—	—
		自由活塞	+	++	++	—	—	+	+	—	—	—	—
		敞口	++	++	++	—		+	+	—		—	—
	回转取土器	单动三重管	—	+	++	++	+	++	++	++	—	—	—
		双动三重管	—	—	—	+	++	—	—	—	++	++	++
	厚壁敞口取土器		+	++	++	++	++	+	+	+	+	+	—
Ⅲ	厚壁敞口取土器		++	++	++	++	++	++	++	++	++	+	—
	标准贯入器		++	++	++	++	++	++	++	++	++	++	—
	螺纹钻头		++	++	++	++	+	—	—	—	—	—	—
	岩芯钻头		++	++	++	++	++	++	+	+	+	+	+
Ⅳ	标准贯入器		++	++	++	++	++	++	++	++	++	++	—
	螺纹钻头		++	++	++	++	++	+	—	—	—	—	—
	岩芯钻头		++	++	++	++	++	++	++	++	++	++	++

注：1. ++：适用；+：部分适用；—：不适用；

2. 采取砂土试样应有防止试样失落的补充措施；

3. 有经验时，可用束节式取土器代替薄壁取土器。

在钻孔中采取Ⅰ、Ⅱ级砂样时，可采用原状取砂器，并按相应标准执行。

钻孔中取Ⅰ、Ⅱ级土样时，应满足下列要求：

1）在软土、砂土中宜采用泥浆护壁；如使用套管，应保持管内水位等于或稍高于地下水位，取样位置应低于套管底三倍孔径的距离；

2）采用冲洗、冲击、振动等方式钻进时，应在预计取样位置 1m 以上改用回转钻进；

3）下放取土器前应仔细清孔，清除扰动土，孔底残留浮土厚度不应大于取土器废土段长度（活塞取土器除外）；

4）采取土试样宜用快速静力连续压入法；

5）具体操作方法可以参考现行标准《原状土取样技术标准》。

Ⅰ、Ⅱ、Ⅲ级土试样应妥善密封，防止湿度变化，严防曝晒或冰冻。在运输中应避免振动，保存时间不宜超过三周。对易于振动液化和水分离析的土试样宜就近进行试验。岩石试样可利用钻探岩芯制作或在探井、探槽、竖井和平洞中刻取。采取的毛样尺寸应满足试块加工的要求。在特殊情况下，试样形状、尺寸和方向由岩体力学试验设计确定。

2.3.2 原位测试

原位测试是在天然条件下原位测定岩土体的各种工程性质。由于原位测试是在岩土原来所处的位置进行的，因此不需要采取土样，被测岩土体在进行测试前不会受到扰动而基本保持其天然结构、含水量及原有应力状态，尤其是对灵敏度较高的结构性软土和难以取得原状土样的饱和粉质砂土和砂土，现场原位测试具有不可代替的作用。原位测试的方法主要有载荷试验、静力触探试验、圆锥动力触探试验、标准贯入试验、十字板剪切试验、扁铲侧胀试验、旁压试验、现场剪切试验、波速测试、岩体原位应力测试、激振法测试等。

一、载荷试验

载荷试验包括平板载荷试验和螺旋板载荷试验。平板载荷试验是在岩土体原位，用一定尺寸的承压板，施加竖向荷载，同时观测承压板沉降，测定岩土体承载力和变形特性；螺旋板载荷试验是将螺旋板旋入地下预定深度，通过传力杆向螺旋板施加竖向荷载，同时量测螺旋板沉降，测定土的承载力和变形特性。常规的平板载荷试验，只适用于地表浅层地基和地下水以上的地层。

（一）试验目的

一是确定地基土的承载力，包括地基的临塑荷载和极限荷载；二是推算试验荷载影响深度范围内地基土的平均变形模量；三是估算地基土的不排水抗剪强度；四是确定地基土基床反力系数。

（二）试验设备

主要由四个部分组成：承压板、加压系统、反力系统和量测系统，如图2-3。

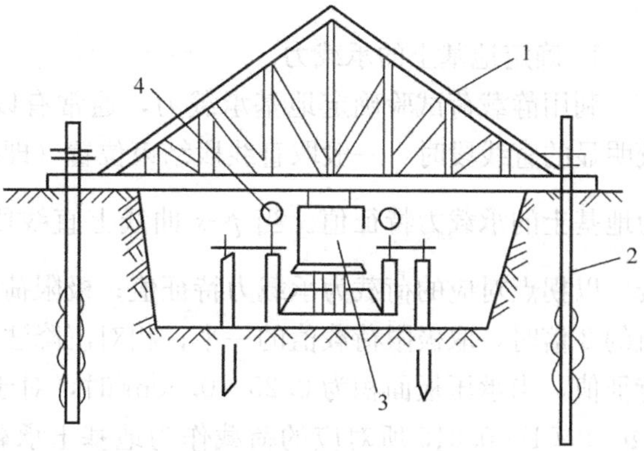

图 2-3　静载荷试验装置

1—桁架；2—地锚；3—千斤顶；4—位移计

1. 承压板

承压板的用途是将所加的荷载均匀传递到地基土中。承压板多采用钢板制成，一般以圆形和方形为主。对于浅层平板载荷试验，承压板的面积不应小于0.25m^2，对于软土和粒径较大的填土不应小于0.50m^2，岩石载荷试验的承压板面积不应小于0.07m^2。

2. 加荷系统

加荷系统的功能就是借助反力系统向承压板施加所需的荷载。常见的加荷系统采用油压千斤顶构成，施加的荷载通过与油压千斤顶相连的油泵上的油压表来测读和控制。

3. 反力系统

反力系统的功能是提供加载所需的反力。常见的反力系统有两种：一是采用地锚反力梁（桁架）构成；二是采用堆重平台。

4. 观测系统

观测系统一般分为两部分：一是压力观测系统，利用油压表的读数进行换算即可得到所加的荷载大小；二是沉降观测系统。观测仪表有百分表和位移传感器两种。

（三）成果及应用

试验成果主要用荷载一沉降曲线（俗称 p-s 曲线，图 2-4）及各级荷载下的沉降一对数时间关系曲线（俗称 s-lg$t$ 曲线，图 2-5）来表示。用于如下几个方面：

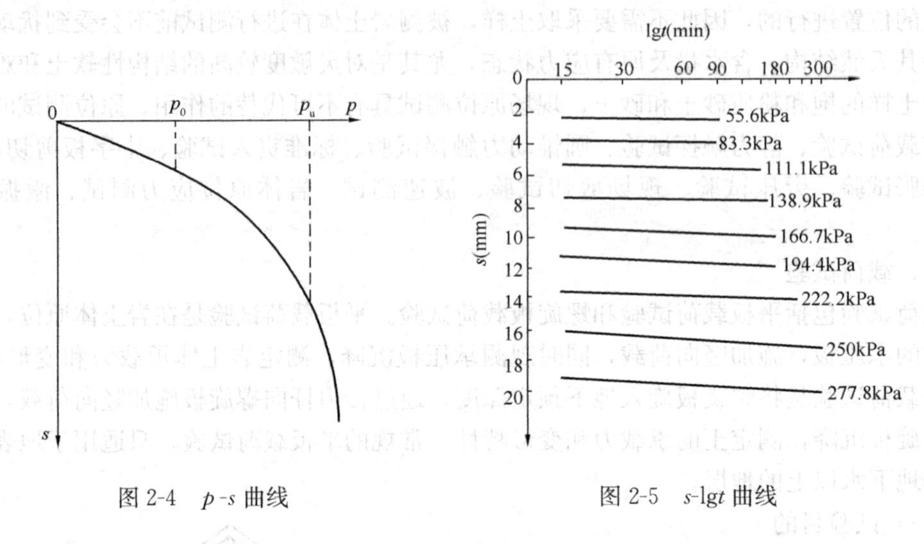

图 2-4　p-s 曲线　　　　图 2-5　s-lg$t$ 曲线

1. 确定地基土的承载力

利用静载荷试验确定地基承载力，通常有以下三种方法：拐点法：当 p-s 曲线具有较明显的直线段时，一般取直线段结束位置（即拐点处）对应的荷载（比例界限荷载）作为地基土的承载力特征值。当 p-s 曲线上直线段不明显时，可作 lg$p$-lg$s$ 曲线或 p-$\frac{\Delta s}{\Delta p}$ 曲线，以拐点对应的荷载为承载力特征值；极限荷载法：当极限荷载小于对应比例界限荷载值的 2 倍时，取极限荷载值的一半；相对沉降法：采用相对沉降量来确定地基土的承载力特征值，当承压板面积为 0.25～0.50m^2 时，对于低压缩性土和砂性土，在 p-s 曲线上取 s/b＝0.01～0.015 所对应的荷载作为地基土承载力的特征值，但其值不应大于最大加载量的一半。同一土层参加统计的试验点不应少于三个，各试验实测值的极差不得超过其平均值的 30%，取此平均值作为该土层的地基承载力特征值。

2. 确定地基土的变形模量

根据 p-s 曲线的初始直线段，按均质各向同性半无限弹性介质的弹性理论计算地基土的变形模量。

浅层平板载荷试验的变形模量 E_0（MPa），可按下式计算：

$$E_0 = I_0(1-\mu^2)\frac{pd}{s} \tag{2-1}$$

深层平板载荷试验和螺旋板载荷试验的变形模量 E_0（MPa），可按下式计算

$$E_0 = \omega\frac{pd}{s} \tag{2-2}$$

式中　I_0——刚性承压板的形状系数，圆形承压板取 0.785；方形承压板取 0.886；

μ——土的泊松比（碎石土取 0.27，砂土取 0.30，粉土取 0.35，粉质黏土取 0.38，黏土取 0.42）；

d——承压板直径或边长（m）；

p——p-s 曲线线性段的压力（kPa）；

s——与 p 对应的沉降（mm）；

ω——与试验深度和土类有关的系数。

3. 估算地基土的基床反力系数

基准基床系数 K_v 可根据承压板边长为 30cm 的平板载荷试验的 p-s 曲线的初始直线段的荷载与其相应沉降比之比来确定：

$$K_v = \frac{p}{s} \tag{2-3}$$

二、静力触探试验

通过一定的机械装置，用准静力将标准规格的金属探头垂直均匀地压入土层中，同时利用传感器或机械量测仪表测试土层对触探头的贯入阻力，并根据测得的阻力情况来分析判断土层的物理力学性质。静力触探试验适用于软土、一般黏性土、粉土、砂土和含有少量碎石的土。静力触探可根据需要采用单桥探头、双桥探头或带孔隙水压力量测的单、双桥探头，可测定比贯入阻力、锥尖阻力、侧壁摩阻力和贯入时的孔隙水压力。

（一）试验设备

主要由三部分组成：一是探头部分；二是贯入装置；三是量测系统。

1. 探头

常用的静力触探探头分为单桥探头、双桥探头两种。

单桥探头：在锥尖上部带有一定长度的侧壁摩擦筒，结构如图 2-6。单桥探头只测定一个触探指标，即比贯入阻力，综合反映了锥尖阻力和侧壁摩擦力：

$$p_s = \frac{P}{A} \tag{2-4}$$

式中 P——总贯入阻力；

A——锥尖底面积；

p_s——比贯入阻力。

双桥探头：将锥尖和侧壁摩擦筒分开，结构如图 2-7。因而能分别测定锥尖阻力 q_c 和侧壁摩擦力 f_s，可以分别模拟单桩的桩端阻力和桩侧摩擦力，定义如下：

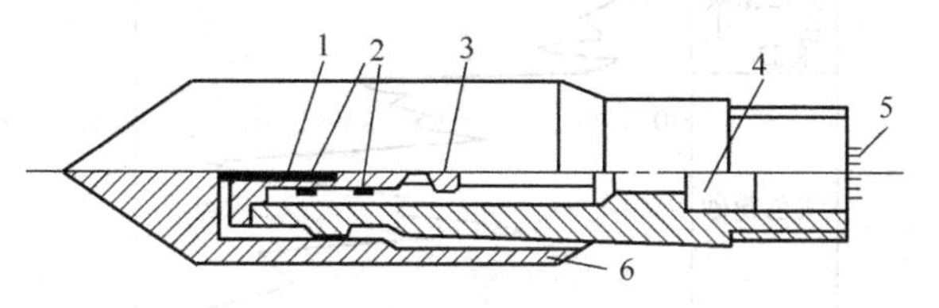

图 2-6 单桥探头结构示意图

1—顶柱；2—电阻应变片；3—传感器；4—密封垫圈套；5—四芯电缆；6—外套筒

$$q_c = \frac{Q_c}{A} \tag{2-5}$$

$$f_s = \frac{P_f}{F} \tag{2-6}$$

式中 Q_c、P_f——分别为锥尖总阻力和侧壁总摩擦力；

A、F——分别为锥底截面积和摩擦筒侧面积。

由锥尖阻力 q_c 和侧壁摩擦力 f_s 还可得到摩阻比 R_f 如下：

$$R_f = \frac{f_s}{q_c} \times 100\%$$

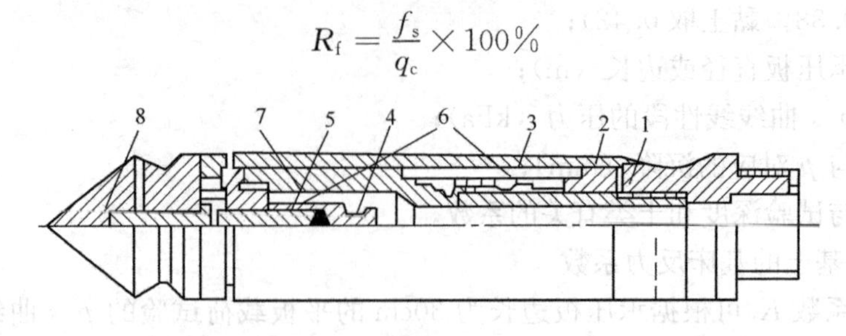

图 2-7 双桥探头结构示意图

1—传力杆；2—摩擦传感器；3—摩擦筒；4—锥尖传感器；5—顶柱；6—电阻应变片；7—钢珠；8—锥尖头

2. 贯入装置

贯入装置由两部分构成，一是给触探杆加压的压力装置，常见的压力装置有三种：液压传动式、手摇链条式及电动丝杆式；二是提供加压所需反力的反力系统。

3. 量测系统

触探头在贯入土层的过程中其变形柱会随探头遇到的土阻力大小产生相应的变形，因此通过量测变形柱的变形也就可以反算土层阻力的大小。

（二）成果及应用

静力触探试验的主要成果有：

单桥探头：比贯入阻力（p_s）-深度（h）关系曲线（如图 2-8）；

双桥探头：锥尖阻力（q_c）-深度（h）关系曲线，侧壁摩阻力（f_s）-深度关系曲线（如图 2-9），摩阻比（R_f）-深度（h）关系曲线（如图 2-10）。

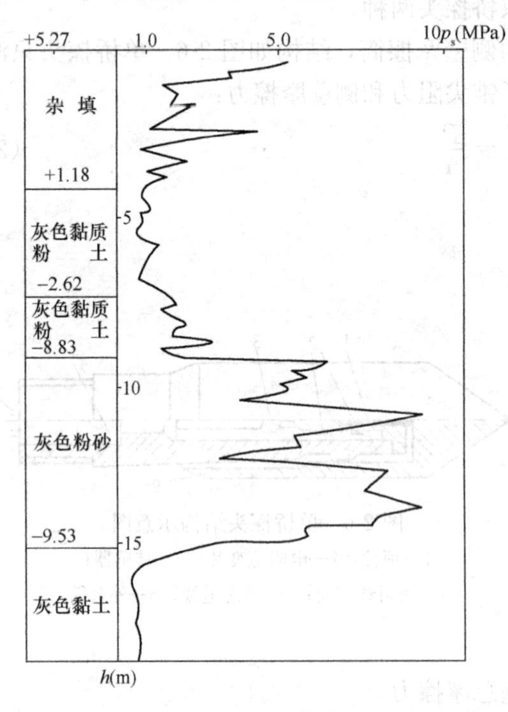

图 2-8 单桥静力触探的 p_s-h 曲线

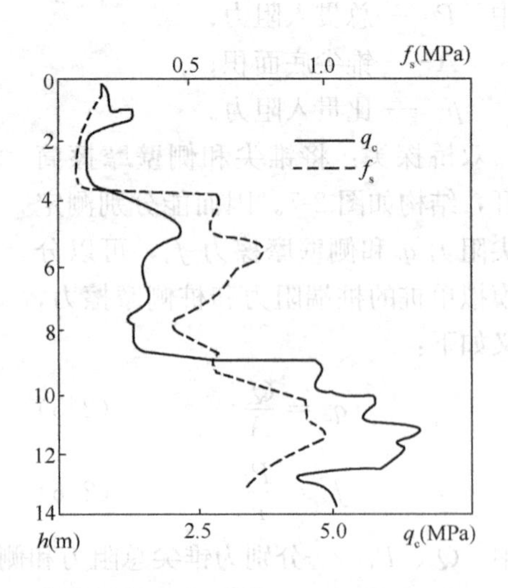

图 2-9 静力触探 q_c-h、f_s-h 曲线

静力触探成果主要应用在下列几个方面：

1. 划分土层界线

上、下层贯入阻力相差不大时，可取超前、滞后总深度中点偏向低阻力值土层（软层）10cm 处为分层界面；上、下层贯入阻力相差一倍以上时，当由软土层进入硬土层（或由硬土层进入软土层）时，取软土层最后一个（或第一个）贯入阻力小值偏向硬土层 10cm 处作为分层界线；上、下层贯入阻力变化不明显时，可结合 f_s 和 R_f 的变化情况确定分层界线。

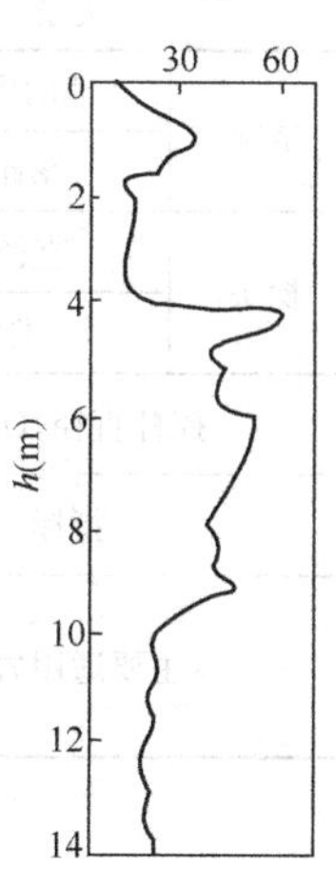

图 2-10 静力触探的 R_f-h 曲线

2. 估算土的物理力学性质指标

根据大量试验数据分析，可以得到黏性土的不排水抗剪强度 c_u 和 q_c 之间的关系、比贯入阻力 p_s 与土的压缩模量 E_s 和变形模量 E_0 之间的关系、估算饱和黏土的固结系数、测定砂土的密实度等。

3. 确定地基土的承载力特征值

利用静力触探资料确定地基土承载力，国内外均采用在实践基础上提出相应的经验公式。这些经验公式是建立在静力触探测得的 q_c、p_s 与荷载试验的比例荷载值相关分析基础上的，故不同地区或部门对不同土层选用不同的经验公式，应以地方规范为准。

4. 预估单桩承载力

根据式（2-7）确定混凝土预制桩单桩竖向极限承载力标准值：

$$Q_{uk}=U\sum q_{sik}l_i+\alpha p_{sk}A_p \tag{2-7}$$

式中 α——桩端阻力修正系数；

q_{sik}——用静力触探比贯入阻力值，结合土试验资料，依据土的类别、埋深、排列次序，所取得的桩周第 i 层土的极限侧阻力标准值（kPa）；

A_p——桩端截面积（m^2）；

U——桩身周长（m）；

l_i——桩身进入第 i 层土厚度（m）；

p_{sk}——桩端附近的静力触探比贯入阻力平均值（kPa）。

三、圆锥动力触探试验

圆锥动力触探是利用一定的落锤能量，将一定尺寸、一定形状的圆锥探头打入土中，根据打入的难易程度来评价土的物理力学性质的一种原位测试方法。

通过圆锥动力触探试验，可以（1）定性划分不同性质的土层；查明土洞、滑动面和软硬土层分界面；检验评估地基土加固改良效果；（2）定量估算地基土层的物理力学参数，如确定砂土孔隙比、相对密度等以及土的变形和强度的有关参数，评定天然地基土的承载力和单桩承载力。

（一）试验设备

圆锥动力触探设备主要由三部分构成：一是探头部分；二是穿心落锤，如图 2-11 和图 2-12；三是为穿心锤导向的触探杆。根据设备尺寸、规格及锤击能量的不同，圆锥动力触探分为三种类型，具体见表 2-11。

圆锥动力触探类型及设备规格　　　　表 2-11

类型		轻型	重型	超重型
落锤	锤的质量（kg）	10	63.5	120
	落距（cm）	50	76	100
探头	直径（mm）	40	74	74
	锥角（°）	60	60	60
探杆直径（mm）		25	42	50～60
指标		贯入 30cm 的读数 N_{10}	贯入 10cm 的读数 $N_{63.5}$	贯入 10cm 的读数 N_{120}
主要适用岩土		浅部的填土、砂土、粉土、黏性土	砂土、中密以下的碎石土、极软岩	密实和很密的碎石土、软岩、极软岩

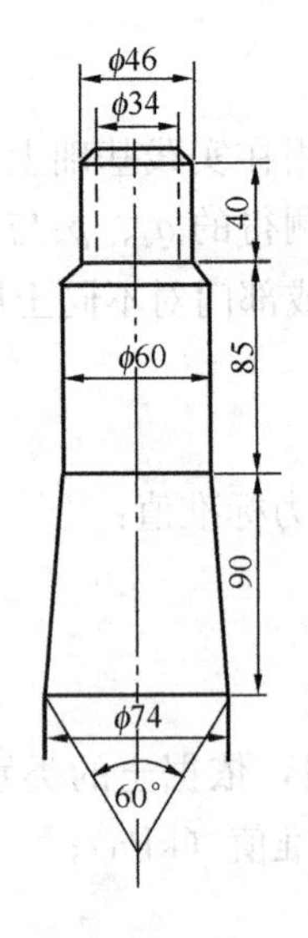

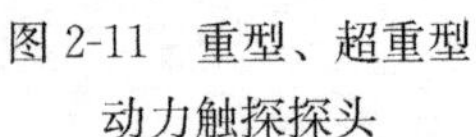

图 2-11　重型、超重型
动力触探探头

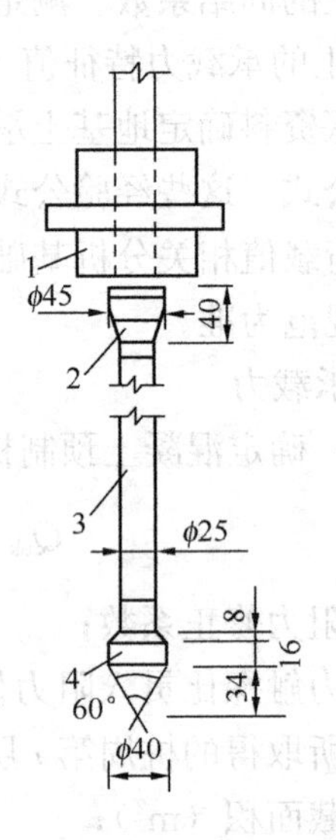

图 2-12　轻型动力触探试验设备
1—穿心锤；2—锤垫；3—触探杆；4—圆锥头

（二）成果应用

（1）单孔连续圆锥动力触探试验应绘制锤击数与贯入深度关系曲线；

（2）计算单孔分层贯入指标平均值时，应剔除临界深度以内的数值、超前和滞后影响范围内的异常值；

（3）根据各孔分层的贯入指标平均值，用厚度加权平均法计算场地分层贯入指标平均值和变异系数；

（4）根据触探击数、曲线形态，结合地质资料可进行力学分层。分层时应注意超前滞后现象，不同土层的超前滞后量是不同的。上为硬土层下为软土层，超前约为 0.5～0.7m，滞后约为 0.2m；上为软土层下为硬土层，超前约为 0.1～0.2m，滞后约为0.3～0.5m。

动力触探指标可用于评定土的状态、地基承载力、场地均匀性等，这种评定均建立在地区经验的基础上。

四、标准贯入试验

标准贯入试验是用 63.5±0.5kg 的穿心锤，以 0.76±0.02m 的自由落距，将一定规格尺寸的标准贯入器在孔底预打入土中 0.15m，测记再打入 0.30m 的锤击数，称为标准贯入击数。

标准贯入试验可以应用于：采取扰动土样，鉴别和描述土类，按照颗分试验结果给土层定名；判别饱和砂土、粉土的液化可能性；定量估算地基土层的物量力学参数。标准贯入试验适用于砂土、粉土和一般黏性土。

（一）试验设备

标准贯入试验设备由三部分组成：一是贯入器；二是穿心锤；三为穿心锤导向的触探杆，如图 2-13。

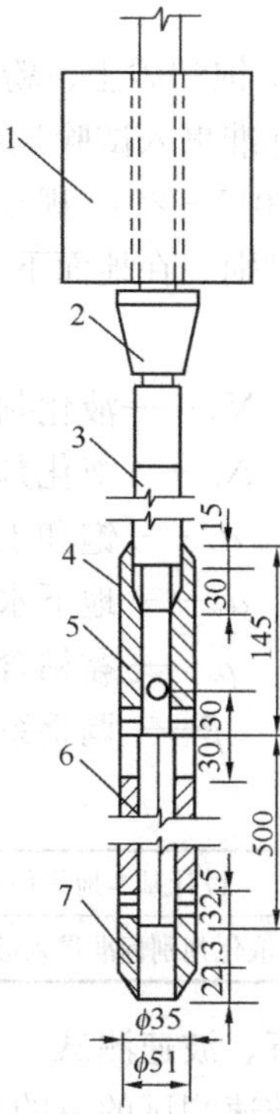

图 2-13　标准贯入试验设备

1—穿心锤；2—锤垫；3—探杆；4—贯入器；5—出水孔；6—贯入器身；7—贯入器

（二）成果应用

1. 判定砂土的密实程度

见表 2-12。

砂土的密实度　　　　**表 2-12**

标准贯入试验锤击数 N	密实度
$N \leqslant 10$	松散
$10 < N \leqslant 15$	稍密
$15 < N \leqslant 30$	中密
$N > 30$	密实

2. 评定黏性土的稠度状态和无侧限抗压强度

1）在国外，Terzaghi 和 Peck 提出用标贯击数来评定黏性土的稠度状态和无侧限抗压强度，具体见表 2-13。

黏性土的稠度状态和无侧限抗压强度与标贯击数的关系　　　　**表 2-13**

标贯击数 N	<2	2～4	4～8	8～15	15～30	>30
稠度状态	极软	软	中等	硬	很硬	坚硬
无侧限抗压强度 q_u（kPa）	<25	25～50	50～100	100～200	200～400	>400

2）在国内，原冶金部武汉勘察公司提出标贯击数与黏性土的稠度状态存在关联性，见表 2-14。

黏性土的稠度状态与标贯击数关系表　　　　**表 2-14**

标贯击数 N	<2	2～4	4～7	7～18	18～35	>35
稠度状态	流动	软塑	软可塑	硬可塑	硬塑	坚硬
液性指数 I_L	>1	1～0.75	0.75～0.5	0.5～0.25	0.25～0	<0

3. 评定黏性土的不排水抗剪强度 c_u（kPa）

Terzaghi 和 Peck 提出用标贯击数评定黏性土不排水抗剪强度 c_u（kPa）的经验关系式：

$$c_u = (6 \sim 6.5)N \tag{2-8}$$

4. 饱和砂土、粉土的液化

标准贯入试验是判别饱和砂土、粉土液化的重要手段。我国《建筑抗震设计规范》GB 50011—2010 规定，当初步判别认为需要进一步液化判别时，应采用标准贯入试验法进行判别。在地面下 20m 深度范围内，液化判别标准贯入锤击数临界值按下式计算：

$$N_{cr} = N_0 \beta [\ln(0.6d_s + 1.5) - 0.1d_w]\sqrt{3/\rho_c} \tag{2-9}$$

式中 N_{cr}——液化判别标准贯入锤击数临界值；

N_0——液化判别标准贯入锤击数基准值，可按表 2-15 采用；

d_s——饱和土标准贯入点深度（m）；

d_w——地下水位（m）；

ρ_c——黏粘含量百分率，当小于 3 或为砂土时，应采用 3；

β——调整系数，设计地震第一组取 0.80，第二组取 0.95，第三组取 1.05。

液化判别标准贯入锤击数基准值 N_0 **表 2-15**

设计基本地震加速度（g）	0.10	0.15	0.20	0.30	0.40
液化判别标准贯入锤击数基准值	7	10	12	16	19

五、波速测试

波速测试的目的是通过对岩土体中弹性波传播速度的测试，间接测定岩土体在小应变条件（$10^{-6} \sim 10^{-4}$）下的动弹性模量、动剪切模量和泊松比。

（一）测试方法

1. 跨孔法

利用两个已知距离的钻孔，以其中一个钻孔为发射孔，另一个作为接收孔。在发射孔中逐点进行激振产生压缩波和横波，同时在接收孔中采用三个分量传感器接收同一深度传来的纵波和横波，根据发射和检测到纵波和横波的时间差，计算得到纵波和横波的传播速度。其优点在于能够分别测试各个土层的波速，从而为场地地基土的分层及定量指标的确定提供参考。

2. 单孔法

基本原理与跨孔法相同，不同的是只有一个钻孔。按激振点和接收传感器所处位置的不同，单孔法又分为 4 种：一是地表激振，孔中接收（下孔法）；二是孔中激振，地表接收（上孔法）；三是孔中激振，孔中另一位置接收；四是孔中激振，孔底接收。

3. 面波法

面波法是直接在地表测定表面波（瑞利波）传播速度的测试方法，其激振点和接收点均设置在地表。根据震源的不同，面波法可分为稳态激振法和瞬态激振法两种。稳态激振法将激振点和两个接收点布置在一条直线上，在固定激振频率下，调节两个接收点的相对位置，使得两接收点测得的信号具有相同的相位，则此时两个接收点的距离必然等于波长的整数倍，当然也不难找到这样的距离使得它就等于波长。知道了波长也知道了频率，就可以容易地得到波的传播速度了。由于不同频率的波可以反映出不同深度范围内地基土的性质（这一性质又称为瑞利波的弥散性），因此可以通过改变激振频率，分别测试不同频率下瑞利波的波速度来确定不同深度地基土的动力学参数。瞬态法的原理与此类似，只是其信号分析要采用谱分析的方法进行。

（二）资料整理及应用

波速测试的直接成果就是被测各土层的弹性波速，主要应用于以下方面：

1. 计算小应变条件下的动剪切模量（E_d）、动弹性模量（G_d）和动泊松比（μ_d），计算式如下：

$$G_d = \rho \cdot V_s^2 \tag{2-10}$$

$$E_d = \frac{\rho \cdot V_s^2(3V_p^2 - 4V_s^2)}{V_p^2 - V_s^2} \tag{2-11}$$

$$\mu_d = \frac{V_p^2 - 2V_s^2}{2(V_p^2 - V_s^2)} \tag{2-12}$$

式中　ρ——地基土的密度（kg/m^3）；

V_p、V_s——地基土的纵波速度（m/s）和横波速度（m/s）。

2. 划分场地土类型

在选择建筑场地时，场地划分为对建筑抗震有利、一般、不利和危险的地段。场地类别的划分，应以土层等效剪切波速和场地覆盖层厚度为准。

进行土层剪切波速的测量，应符合下列要求：

1）在场地初步勘察阶段，对大面积的同一地质单元，测试土层剪切波速度的钻孔数量不宜少于 3 个；

2）在场地详细勘察阶段，对单幢建筑，测试土层剪切波速的钻孔数量不宜小于 2 个，测试数据变化较大时，可适量增加；对小区中处于同一地质单元内的密集建筑群，测试土层剪切波速的钻孔数量可适量减少，但每幢高层建筑和大跨空间结构的钻孔数量均不得少于 1 个；

3）对丁类建筑及丙类建筑群中层数不超过 10 层、高度不超过 24m 的多层建筑，当无实测剪切波速时，可根据岩土名称和性状，按表 2-16 划分土的类型。

场地土的类型划分和剪切波速范围　　　表 2-16

土的类型	岩土名称和性状	土层剪切波速范围 (m/s)
岩石	坚硬、较硬且完整的岩石	$v_s > 800$
坚硬土或软质岩石	破碎和较破碎的岩石或软和较软的岩石，密实的碎石土	$800 \geq v_s > 500$
中硬土	中密、稍密的碎石土，密实、中密的砾、粗、中砂，$f_{ak} > 150$ 的黏性土和粉土，坚硬黄土	$500 \geq v_s > 250$
中软土	稍密的砾、粗、中砂，除松散外细粉砂，$f_{ak} \leq 150$ 的黏性土和粉土，$f_{ak} > 130$ 的填土，可塑黄土	$250 \geq v_s > 150$
软弱土	淤泥和淤泥质土，松散的砂，新近沉积的黏性土和粉土，$f_{ak} \leq$ 130 的填土，流塑黄土	$v_s \leq 150$

注：f_{ak}为由荷载试验等方法得到的地基承载力特征值（kPa）；v_s 为岩土剪切波速度。

2.4 室内土工试验

前面所述有多种现场原位测试方法，但场地内地基岩土层的物理力学性质仍主要由室内试验确定。有些参数的测试只能靠室内实验来完成，如土粒相对密度的测定、颗粒成分的测定、土的重度等，而对于难以取得原状土样的饱和粉质砂土和砂土，原位测试具有其优越性。因此室内土工试验与原位测试应当是相互补充、相辅相成的。

2.4.1 土的物理性质试验

不同类型的土具有不同的特性，因此在工程中人们关心的问题也是不同的。相应的土的物理性质试验对于不同类型的土也有所不同，一般的均应测定下列土的分类指标和物理性质指标：

砂土：颗粒级配、相对密度（比重）、天然含水量、天然密度、最大和最小密度。

粉土：颗粒级配、液限、塑限、相对密度、天然含水量、天然密度和有机质含量。

黏性土：液限、塑限、相对密度、天然含水量、天然密度和有机质含量。

对于砂土，如无法取得Ⅰ、Ⅱ、Ⅲ级试样时，可只进行颗粒级配试验；目测鉴定不含有机质时，可不进行有机质含量试验。

当需要进行渗流分析时，可进行渗透试验，提供渗透系数。土的渗透系数取值应与野外抽水试验的成果比较后确定。

当需要对土方回填或填筑工程进行质量控制时，应进行击实试验，确定最大干密度和最优含水量。

2.4.2 土压缩固结试验

地基土在外荷载作用下，土中的孔隙水和气体逐渐排出，土体积缩小的性质称为土的压缩性，这个过程称为土的固结。描述土的压缩性的指标为压缩系数、压缩指数、压缩模量、体积压缩系数等，这些指标需要通过压缩试验来测定。

采用常规固结试验求得压缩模量，应用一维压缩理论进行沉降计算是当前广泛采用的沉降量计算方法。因此当采用压缩模量进行沉降计算时，固结试验最大压力应大于土的有效自重压力与附加压力之和，试验成果可用 e-p 曲线整理，压缩系数和压缩模量的计算应取自土的有效自重压力至土的有效自重压力与附加压力之和的压力段。当考虑基坑开挖卸载和再加荷影响时，应进行回弹试验，其压力的施加应模拟实际的加、卸载状态。

当需进行土的应力应变关系分析，为非线性弹性、弹塑性模型提供参数时，可进行三轴压缩试验。

2.4.3 土的抗剪强度试验

土的抗剪强度指标有两个，一是内摩擦角，二是黏聚力，因此土的抗剪强度试验就是要确定这两个指标。而土的剪切试验方法有慢剪（固结排水）、固结快剪（固结不排水）和快剪（不固结不排水）三种形式，需要根据工程情况合理选用。

1. 对于饱和软黏性土，当加荷速率较快时宜采用不固结不排水（UU）试验；饱和软土应对试样在有效自重压力下预固结后再进行试验；

2. 对经预处理的地基、排水条件好的地基、加荷速率不高的工程或加荷速率较快但土的超固结程度较高的工程，以及需要验算水位迅速下降时的土坡稳定时，可采用固结不排水试验；当需提供有效应力抗剪强度指标时，应采用固结不排水测孔隙水压力试验；

3. 测定滑坡带等已存在剪切破裂面的抗剪强度时，应进行残余强度试验，在确定计算参数时，宜与现场观测反分析的成果比较后确定；

4. 对内摩擦角近似等于零的软黏土，可用Ⅰ级土试样进行无侧限抗压强度试验。

2.4.4 土的动力性质试验

工程需要时进行测定，可采用动三轴试验、共振柱试验、动单剪试验等，要注意其动应变的适用范围。

动三轴和动单剪试验可用于测定土的下列性质：

(1) 动弹性模量、动阻尼比及其与动应变的关系；

(2) 既定循环周数下的动应力与动应变关系；

(3) 饱和土的液化剪应力与动应力循环周数关系。

共振柱试验可用于测定小动应变时的动弹性模量和动阻尼比。

2.4.5 岩石试验

1. 岩石的成分和物理性质试验根据工程需要选用，包括的项目：岩矿鉴定；颗粒密度和块体密度试验；吸水率和饱和吸水率试验；耐崩解性试验；膨胀试验；冻融试验等。

2. 单轴抗压强度试验，包括干燥和饱和状态下的强度，并提供极限抗压强度和软化系数；弹性模量和泊松比，可根据单轴压缩变形试验测定。

3. 岩石三轴压缩试验宜根据其应力状态选用四种围压，并提供不同围压下的主应力差与轴向应变关系、抗剪强度包络线和强度参数 c、φ 值。

4. 岩石直剪试验可测定岩石以及节理面、滑动面、断层面或岩层面等不连续面上的抗剪强度，并提供各法向应力下的剪应力与位移曲线。

5. 岩石的抗拉强度可以采用劈裂法进行测定。

6. 可应用点荷载试验和声波速度测试的方法，来间接测定岩石的强度和模量。

2.5 勘察报告的编写

2.5.1 岩土参数的统计和选用

由于场地内岩土体的非均匀性和各向异性，空间上岩土体中各点的物理力学性质是不同的。相应地由试验得到的岩土参数也是不同的，尤其是不同岩土层的岩土参数变异性较大，因此岩土性质指标统计应按工程地质单元和层位进行。统计时地质单元中的薄夹层不应混入统计。所谓工程地质单元是指在工程地质数据的统计工作中有相似的地质条件或在某方面有相似的地质特征，而将其作为一个可统计单元体。一般情况下，同一工程地质单元具有共同的地质特征：1）具有同一地质年代、成因类型，并处于同一构造部位和同一地貌单元的岩土层；2）具有相同的岩土性质特征，包括矿物成分、结构构造、风化程度、物理力学性能和工程性能；3）影响岩土体工程地质性质的因素是基本相似的；4）对不均匀变形敏感的某些建（构）筑物的关键部位，视需要可划分更小的单元。

进行统计的指标一般包括岩土的天然密度、天然含水量、粉土和黏性土的液限、塑限和塑性指数，黏性土的液性指数、砂土的相对密实度、岩石的吸水率、岩石的各种力学特性指标，特殊性岩土的各种特征指标以及各种原位测试指标。对以上指标在勘察报告中应提供各个工程地质单元的最小值、最大值、平均值、标准差、变异系数和数据的数量。当统计样本的数量少于 6 个时，此时统计标准差和变异系数意义不大，可不进行统计，只提供指标的范围值。对于承载能力极限状态计算所需的岩土参数标准值，可按式（2-16）进行计算；当设计规范有专门规定的标准值取值方法时，可按有关规范执行。

一、统计方法

由于土的不均匀性，对同一工程地质单元体的土样，用相同的试验方法测出的数据也是离散的，并以一定的规律分布。为方便统计分析，常采用统计特征值。统计特征值中一类是反映数据分布的集中情况或中心趋势的，常被用来作为某批数据的典型代表。常用平均值 ϕ_m（式 2-13）来表示：

$$\phi_m = \frac{\sum_{i=1}^{n}\phi_i}{n} \tag{2-13}$$

式中 ϕ_m——岩土参数的平均值；

n——统计样本数。

统计特征值中另一类用来反映数据分布的离散程度，常用标准差 σ_f（式 2-14）和变异系数 δ（式 2-15）来表示：

$$\sigma_f = \sqrt{\frac{1}{n-1}\left[\sum_{i=1}^{n}\phi_i^2 - \frac{(\sum_{i=1}^{n}\phi_i)^2}{n}\right]} \tag{2-14}$$

$$\delta = \frac{\sigma_f}{\phi_m} \tag{2-15}$$

式中 σ_f——岩土参数的标准差；

δ——岩土参数的变异系数；

n——统计样本数。

在正确划分地质单元和标准试验方法的条件下，变异系数反映了岩土固有的变异性特征，例如土的重度变异系数一般小于 0.05，而渗透系数的变异系数一般大于 0.4，这表明土的重度指标试离散性较低，而渗透系数之间即使对于同一个工程地质单元也往往有较大差别。需要说明的是，变异系数是用来定量评价岩土参数的变异特性，与指标是否合格没有直接的关系，不能简单地认为变异系数大，就是在勘察试验中存在问题，变异系数仅仅说明了指标的离散性。

二、指标的选用

评价岩土性状的指标，如天然密度 ρ、天然含水量 w、液限 w_L、塑限 w_P、塑性指数 I_P、液性指数 I_L、饱和度 S_r、相对密实度 D_r、吸水率等，应选用指标的平均值；正常使用极限状态计算需要的岩土参数指标，例如压缩系数 a、压缩模量 E_s、渗透系数 k 等，宜选用平均值，当变异系数较大时，可根据经验作适当调整；承载能力极限状态计算需要的岩土参数，如岩土的抗剪强度指标，应选用指标的标准值；载荷试验承载力应取特征值；容许应力法计算需要的岩土指标，应根据计算和评定方法选定，可选用平均值，并作适当经验调整。

三、标准值的确定

对于承载能力极限状态计算需要的岩土参数，岩土工程勘察报告中应给出指标的标准值。岩土参数的标准值是岩土工程设计的基本代表值，是岩土参数的可靠性估值。通过下式（2-16）确定岩土参数标准值：

$$\phi_k = \gamma_s \phi_m \tag{2-16}$$

$$\gamma_s = 1 \pm \left\{ \frac{1.704}{\sqrt{n}} + \frac{4.678}{n^2} \right\} \delta$$

注：式中的正负号按不利组合考虑，比如抗剪强度指标的修正系数应该取负号，按照较小的抗剪强度考虑。

式中 γ_s 称为统计修正系数，统计修正系数也可以按照工程的类型和重要性、参数的变异性和统计数据的个数，根据经验选用。

当岩土工程勘察报告中采用的设计标准另有专门规定时，标准值的取值应按该标准的规定执行，另外勘察报告中一般仅提供岩土参数的标准值，不提供设计值。需要提供设计值，当采用分项系数设计表达式计算时，岩土参数设计值 ϕ_d 按下式计算：

$$\phi_d = \frac{\phi_k}{\gamma} \tag{2-17}$$

式中 γ 是岩土参数的分项系数，按有关设计规范的规定取值。

2.5.2 勘察报告的编写和附件

勘察报告必须配合相应的勘察阶段，针对建筑场地的地质条件、建筑物的规模、性质及设计和施工要求，对场地的适宜性、稳定性进行定性和定量的评价，提出选择建筑物地基基础方案的依据和设计计算的参数，指出存在的问题以及解决问题的途径和办法。岩土工程勘察报告包括文字报告和图表两个部分。

一、文字报告基本要求

1. 岩土工程勘察报告应根据任务要求、勘察阶段、工程特点和地质条件等具体情况编写，并应包括下列内容：

1）勘察目的、任务要求和依据的技术标准；

2）拟建工程概况；

3）勘察方法和勘察工作布置；

4）场地地形、地貌、地层、地质构造、岩土性质及其均匀性；

5）各项岩土性质指标，岩土的强度参数、变形参数、地基承载力的建议值；

6）地下水埋藏情况、类型、水位及其变化；

7）土和水对建筑材料的腐蚀性；

8）可能影响工程稳定的不良地质作用的描述和对工程危害程度的评价；

9）场地稳定性和适宜性的评价。

2. 岩土工程勘察报告应对岩土利用、整治和改造的方案进行分析论证，提出建议；对工程施工和使用期间可能发生的岩土工程问题进行预测，提出监控和预防措施的建议。

3. 对岩土的利用、整治和改造的建议，宜进行不同方案的技术经济论证，并提出对设计、施工和现场监测要求的建议。

4. 任务需要量，可提交下列专题报告：

1）岩土工程测试报告；

2）岩土工程检验或监测报告；

3）岩土工程事故调查与分析报告；

4）岩土利用、整治或改造方案报告；

5）专门岩土工程问题的技术咨询报告。

5. 对丙级岩土工程勘察的成果报告内容可适当简化，采用以图表为主，辅以必要的文字说明；对甲级岩土工程勘察报告的成果除应符合本节规定外，尚可对专门的岩土工程问题提交专门的试验报告、研究报告或监测报告。

二、图表要求

绘制图表时，图例样式、图表上线条的粗细、线条的样式、字体大小、字形的选择等应符合有关的规范和标准。

（一）平面图

1. 拟建工程位置图

可作为报告书的附件，当图幅较小时，也可作为文字报告的插图或附在建筑物与勘探点平面位置图的角部，当建筑物与勘探点平面图已能明确拟建工程的位置时，可省去该图。

拟建工程位置图应符合下列要求：拟建工程应以醒目的图例表示；城市中的拟建工程应标出邻近街道和知名地物名称；不在城市中的拟建工程应标出邻近村镇、山岭、水系及其他重要地物的名称；规模较大重要的拟建工程宜标出经纬度或大地坐标。

2. 建筑物与勘探点平面位置图

包括有如下内容：1）拟建建筑物的轮廓线、轮廓尺寸、层数（或高度）及其名称或编号；2）已有建筑物的轮廓线、层数及其名称；3）勘探点的位置、类型和编号；4）剖面线的位置和编号；5）原位测试点的位置和编号；6）已有的其他重要地物；7）方向标，必要的文字说明。

比例尺应根据工程规模和勘察阶段确定，宜采用1∶500，也可采用1∶200或1∶1000、1∶2000、1∶5000。勘探点和原位测试点应标明地面标高，无地下水等水位线图时，应标明地下水稳定水位深度或标高。可行性研究阶段及初期阶段，尚未确定拟建建筑平面位置时，可不绘制拟建建筑物的轮廓线，并将图名改为勘探点平面布置图。

3. 地下水位等水位线图

当工程需要时可绘制此图。

图中主要内容：水文地质观测点位置，标注点号、测点高程和地下水位深度及高程；拟建建筑物的轮廓线、编号和层数；等水位线。

存在地表水体（河、湖、塘、沟）时应标注地下水位高程，水系范围较大时应多处标注水位高程。在图的空隙处绘制图例并说明地下水和地表水位的观测日期。

4. 持力层层面等高线图

当工程需要时可编制该图以供设计和施工时参考。

主要包括以下内容：1）拟建建筑物的轮廓线、编号和层数；2）勘探点位置并标注孔号、孔口高程及层面高程；3）层面等高线。

（二）剖面图

1. 工程地质剖面图

主要包括下列内容：1）勘探孔在剖面上的位置、编号、地面标高、勘探深度、勘探孔间距，剖面方向；2）岩土图例符号、岩土分层编号、分层界线、接触关系界线、地层产状；3）断层等地质构造的位置、产状及性质；4）深洞、土洞、塌陷、滑坡、地裂缝、古河道、埋藏的湖滨、古井、防空洞、孤石及其他埋藏物；5）地下水稳定水位；6）取样位置；7）静力触探、动力触探曲线或标志；8）标准贯入、波速等原位测试的位置及测试结果；9）标尺，根据情况可位于左边或两边都有。

分层编号的顺序从上到下由小到大，除夹层和透镜体外，下层编号不应小于上层编号。需要时可标明地层年代和成因的代号。当已知室内地坪设计标高或场地整平地面标高时，宜标明在剖面图上。比例尺应根据地质条件、勘探孔的疏密、深度等具体情况确定。

绘制剖面图上的岩层倾角时，应将真倾角换算成视倾角，并考虑水平比例尺与垂直比例尺的不同，准确绘制。上覆土层较厚，岩层倾角不能确定时，可不表示倾角。除按实际钻孔（探井）绘制剖面图外，需要时也可用插值法绘制推测的剖面图。

2. 钻孔柱状图

钻孔柱状图由表头和主体两部分组成。

表头部分包括工程编号、工程名称、钻孔编号、孔口标高、钻孔直径、钻孔深度、勘探日期、制图人和检查人。

主体部分包括地层编号、地质年代和成因、层底深度、层底标高、层厚、柱状图（图例与剖面图同）、取样及原位测试位置、岩土描述、地下水位、测试成果、岩芯采取率或RQD、附注。

岩土的描述包括了以下内容：1）对岩石应描述名称、风化程度、颜色、矿物成分(结晶岩)、结构与构造、裂隙宽度、间距和充填情况、工程岩体质量等级及其他特征；2）碎石土应描述名称、颜色、浑圆度、一般和最大粒径、均匀性、含有物、密实度、湿度、母岩名称、风化程度及其他特征；3）砂土和粉土应描述名称、颜色、均匀性、含有物、密实度、湿度及其他特征；4）黏性土应描述名称、颜色、均匀性、含有物、状态及其他特征。对于特殊性岩土，尚应描述的内容还有湿陷性土的孔隙特征，残积土的结构特征，有机土的臭味、有机物含量和分解情况，人工填土的成分，盐渍土的含盐量及盐的成分，膨胀土的裂隙特征，其他特殊物质。

在测试成果栏中，当进行标准贯入或动力触探、波速测试、点荷载试验、压水试验及其他原位测试时，应标明其测试到的值。

（三）测试图表

1. 室内试验图表

1）土工试验成果表

汇总了室内土工试验的主要成果数据，包括：孔及土样编号、取样深度、土的名称、颗粒级配百分数、天然含水量、天然密度、饱和度、天然孔隙比、液限、塑限、液性指数、塑性指数、压缩系数、压缩模量、黏聚力、内摩擦角。工程需要时可增加最小孔隙比、最大孔隙比、相对密实度、不均匀系数、曲率系数。当进行了高压固结试验、渗透性试验。固结系数试验、湿陷性试验、膨胀性试验及其他特殊性项目试验时，应在本表中增加有关特性指标，而当工程未做某些指标时，可将冗余的栏目删除。

各栏目的指标均应标明指标名称、符号、计量单位。界限含水量应注明测定方法，压缩系数及压缩模量应注明压力段范围，抗剪强度指标应注明三轴或直剪，注明不排水剪、固结排水剪或排水剪。

2）室内试验成果还有颗粒分析成果图表、固结试验成果图表、高压固结试验成果图表、剪切试验成果图表、地下水质分析报告等，工程需要时应进行试验。

2. 原位测试图表

原位测试的图表包括有平板荷载试验成果图表、静力触探成果图表、动力触探成果图表、现场十字板剪切试验成果图表、跨孔法或单孔法波速测试成果图表、钻孔抽水试验成果图表以及单桩静荷载试验成果图表等，可按工程需要选用。

在室内土工试验和现场原位测试数据的基础上，对地基土的物理力学指标进行统计和分析，将统计和分析成果列于下面表格中：

1）地基土物理力学指标数理统计成果表

主要包括以下内容：层序，岩土名称，岩土的常规物理力学及原位测试项目的范围值、平均值、变异系数及统计频数。本表是提供地基土的评价指标及编制物理力学指标设计参数表的重要基础资料。

2）地基土物理力学指标设计参数表

主要包括以下内容：层序，岩土名称，岩土的常规物理力学、原位测试指标及建议采用的各项设计参数值。该表反映了场地地基土的物理力学性质和提供了设计参数。

读者可结合具体一个项目的勘察报告按照上述内容进行阅读理解。

习题与思考题

2-1　岩土工程勘察的定义、目的和任务是什么？

2-2　土样质量分为几个等级？每个土试样质量等级对取样方法和工具有什么要求？

2-3　工程地质勘探的常用方法有哪些？原位测试方法主要有哪些？

2-4　室内土工试验对不同土类的试验项目有哪些？

2-5　简述岩土工程勘察的基本内容和所附的图表。

2-6　室内土工试验中岩土参数的平均值、标准值和设计值的区别，是如何得到的？对于不同岩土指标值如何选用？

参考文献

[1]　张忠苗．工程地质学．北京：中国建筑工业出版社，2007年2月第一版．

[2]　王奎华主编．岩土工程勘察．北京：中国建筑工业出版社，2005处1月第一版．

[3]　周景星、李广信、虞石民、王洪瑾编著．基础工程．北京：清华大学出版社，2007年2月第二版．

[4]　孔宪立、石振明主编．工程地质学．北京：中国建筑工业出版社，2001年12月第一版．

[5]　曾巧玲、崔江余、陈文化、白冰主编．基础工程．北京：清华大学出版社，北京交通大学出版社，2007年．

[6]　中华人民共和国国家标准．《岩土工程勘察规范》GB 50021—2001．北京：中国建筑工业出版社，2002年．

[7]　刘之葵、牟春梅、朱寿增等编著．岩土工程勘察．北京：中国建筑工业出版社，2012年．

[8]　项伟、唐辉明主编．岩土工程勘察．北京：化学工业出版社，2012年．

第3章 浅 基 础

3.1 概述

地基和基础在建筑物的设计和施工中占有重要地位，它对建筑物的安全和工程造价影响很大，因此，合理选择地基基础的类型非常重要。设计地基基础时，应主要考虑以下因素：一是建筑物的性质，包括其用途、上部结构类型、重要性、荷载的大小及性质；二是场地工程地质和水文地质条件；三是施工条件、工期和造价等其他方面的要求。

常见的地基基础形式主要分为：天然地基或人工地基上的浅基础；复合地基；深基础；深浅结合的基础（如桩-筏、桩-箱基础）等。如果地基为良好土层或上部有较厚的良好土层，一般将基础直接设置在天然土层上，此时地基称之为天然地基，采用地基处理方法对上部土层进行改良后的地基则称为人工地基。如果基础的埋置深度较小（小于5m），或者虽然埋置深度超过5m但小于基础宽度（如筏形基础、箱形基础等大尺寸基础），这类基础称为浅基础，从建筑物荷载传递过程的角度来分析，浅基础是通过基础底面把荷载扩散分布于浅部地层，如墙下、柱下扩展基础，计算中不考虑基础侧面的摩阻力。深基础的埋置深度与基础底面相比则较大，其作用是把承受的荷载相对集中地传递到地基深部，如桩基础。一般而言，天然地基上浅基础埋置深度不深，无需复杂的施工设备，便于施工，而且工期短、造价低，在满足地基承载力和变形要求的前提下，应优先选用。若采用简单的浅基础方案难以满足地基承载力和变形要求，则应考虑采用天然地基上的复杂浅基础（如连续基础）、复合地基、人工地基上的浅基础或深基础等地基基础形式。

天然地基上浅基础的设计内容包括下列各方面：

（1）初步选择基础的材料和结构形式；

（2）确定基础的埋置深度；

（3）计算地基承载力特征值，并经过深度和宽度修正，确定修正后的地基承载力特征值；

（4）根据作用在基础顶面荷载和深宽修正后的地基承载力特征值，计算基础的底面积；

（5）计算基础高度并确定剖面形状；

（6）若地基持力层下部存在软弱土层时，需验算软弱下卧层的承载力；

（7）地基基础设计等级为甲、乙级建筑物和部分丙级建筑物应计算地基的变形；

（8）对建在斜坡上或有水平荷载作用的建筑物，必要时验算建筑物的稳定性；

（9）基础细部结构和构造设计；

（10）绘制基础施工图。

（1）～（7）中不满足要求时，应对基础设计进行调整，如加大埋深或加宽基础，直至全部满足要求。

天然地基上浅基础设计所需资料，包括以下几项：

（1）建筑场地的地形图；

（2）岩土工程勘察成果报告；

（3）建筑物平面图、立面图、荷载、特殊结构物布置与标高；

（4）建筑场地环境，邻近建筑物基础类型与埋深，地下管线分布；

（5）工程总投资与当地建筑材料供应情况；

（6）施工队伍技术力量与工期要求。

如果地基软弱，为了减轻不均匀沉降的危害，在进行基础设计的同时，更应把地基、基础和上部结构视为一个统一的整体，从三者相互作用的概念出发，从整体上对建筑设计和结构设计采取相应的措施，并对施工提出具体要求。

本章主要讨论浅基础的类型及天然地基上浅基础的设计原则、计算方法，这些原则和方法也基本适用于人工地基上的浅基础。

3.2 浅基础的类型以及适用条件

浅基础（Shallow Foudation）根据结构形式主要可分为扩展基础、联合基础、柱下条形基础、柱下交叉条形基础、筏形基础、箱形基础和壳体基础等。根据基础所用材料的性能可分为无筋基础（刚性基础）和钢筋混凝土基础。

3.2.1 扩展基础

墙下条形基础和柱下独立基础（单独基础）统称为扩展基础（Spread Foundation）。扩展基础的作用是把墙或柱的荷载扩散分布于基础底面，使之满足地基承载力和变形的要求。扩展基础包括无筋扩展基础和钢筋混凝土扩展基础。

1. 无筋扩展基础（Non-reinforced Spread Foundation）

由砖、毛石、素混凝土、毛石混凝土以及灰土等材料修建的墙下条形基础或柱下独立基础称为无筋扩展基础，旧称刚性基础（图 3-1）。无筋扩展基础的材料抗压强度较大，但抗拉和抗剪强度都不高，为了使基础内产生的拉应力和剪应力不超过相应的材料强度设计值，设计时需加大基础的高度。

采用砖或毛石砌筑无筋扩展基础时，在地下水位以上可用混合砂浆，在水下或地基土潮湿时则应采用水泥砂浆。当荷载较大，或要减小基础高度时，可采用素混凝土基础，也可以在素混凝土中掺体积占25%～30%的毛石（石块尺寸不宜超过300mm），即做成毛石混凝土基础，以节约水泥。灰土基础宜在比较干燥的土层中使用，多用于我国华北和西北地区。灰土由石灰和土配制而成，作为基础材料用的灰土一般为三七灰土（体积比），即用三分石灰和七分黏性土拌匀后在基槽内分层夯实，夯实合格的灰土承载力可达250～300kPa。在我国南方常用三合土基础。三合土是由石灰、砂和骨料（矿渣、碎砖或碎石）加水泥混合而成的。

无筋扩展基础技术简单、材料充足、造价低廉、施工方便，多用于6层和6层以下（三合土基础不宜超过4层）的民用建筑和轻型厂房。

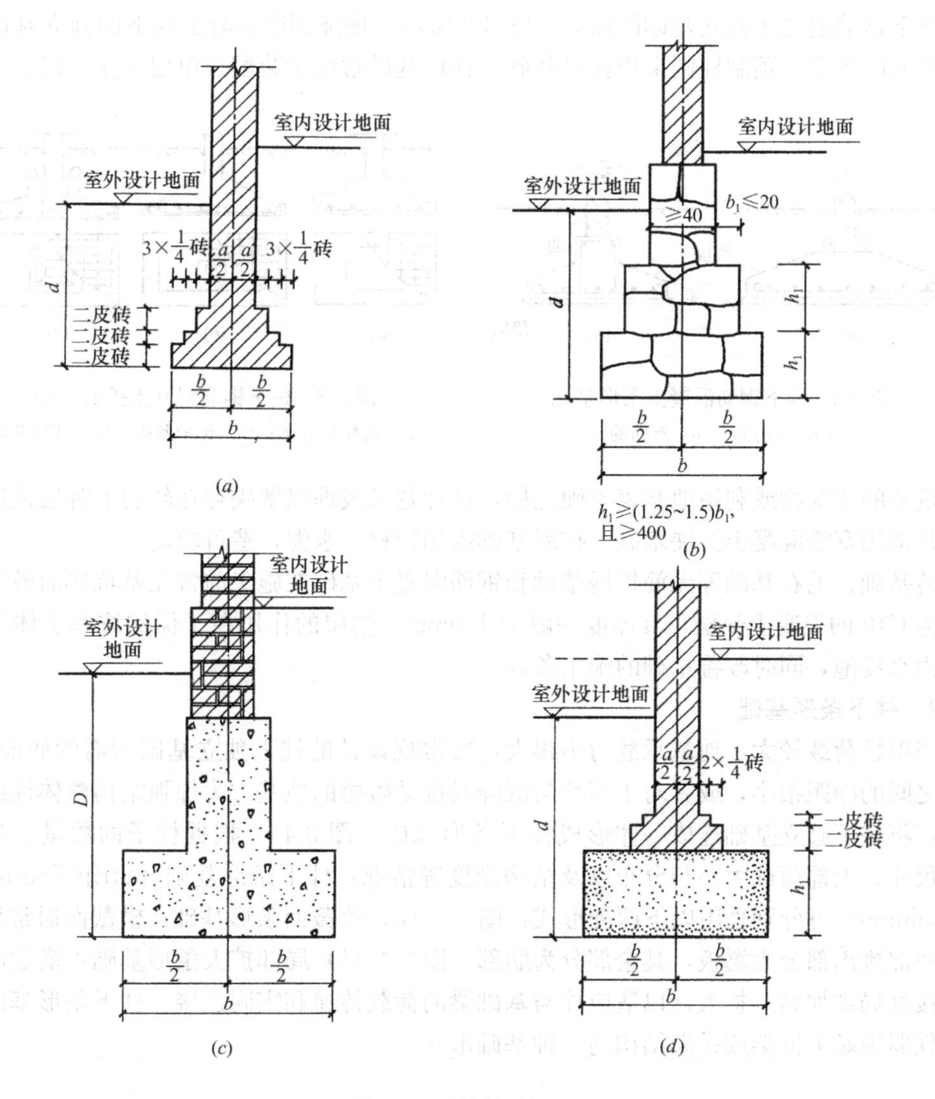

图 3-1　无筋扩展基础

(a) 砖基础；(b) 毛石基础；(c) 混凝土基础或毛石混凝土基础；(d) 灰土基础或三合土基础

2. 钢筋混凝土扩展基础（Reinforced Spread Foundation）

由钢筋混凝土材料建造的扩展基础称为钢筋混凝土扩展基础，简称扩展基础，旧称柔性基础，可分为墙下钢筋混凝土条形基础和柱下钢筋混凝土独立基础两类。这类基础的抗弯和抗剪性能良好，适用于上部结构荷载较大，或偏心荷载、承受弯矩和水平荷载的建筑物基础。

(1) 墙下钢筋混凝土条形基础（Reinforced Spread Foundation under Wall）

墙下钢筋混凝土条形基础的构造如图 3-2 所示。一般情况下可采用无肋式（或称板式）墙基础，但当基础延伸方向的墙上荷载及地基土的压缩性不均匀时，为了增强基础的整体性和纵向抗弯能力，减小不均匀沉降，常采用带肋的墙基础［图 3-2 (b)］，即在肋部配置足够的纵向钢筋和箍筋，以承受由不均匀沉降引起的弯曲应力。

(2) 柱下钢筋混凝土独立基础（Reinforced Single Foundation under Column）

柱下钢筋混凝土独立基础的构造如图 3-3 所示。现浇钢筋混凝土柱下的独立基础可做成锥形或阶梯形；预制柱则采用杯口基础。杯口基础常用于装配式单层工业厂房。

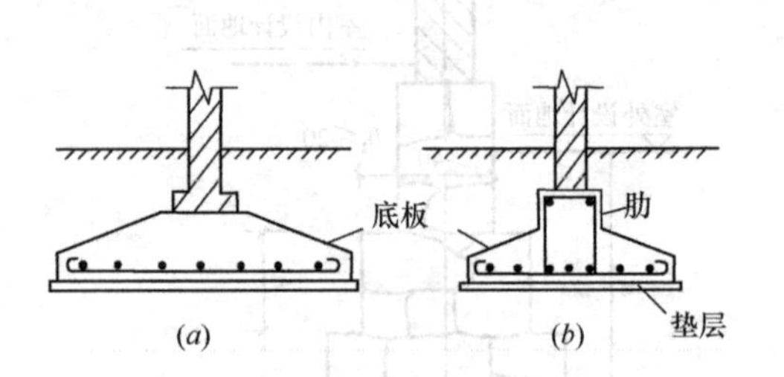

图 3-2 墙下钢筋混凝土条形基础

(*a*) 无肋的；(*b*) 有肋的

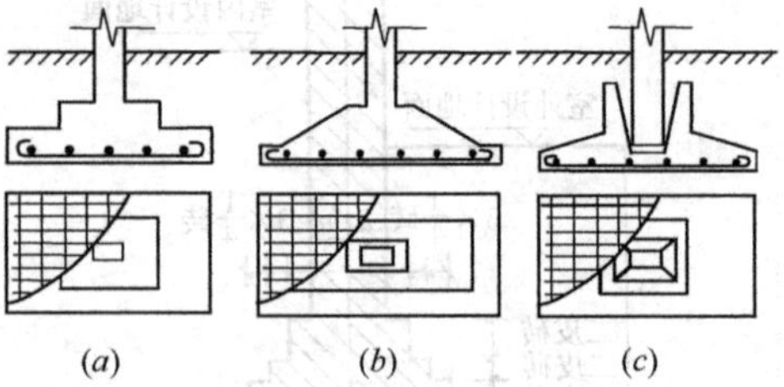

图 3-3 柱下钢筋混凝土扩展基础

(*a*) 阶梯形基础；(*b*) 锥形基础；(*c*) 杯口基础

重要的建筑物或利用地基表土硬壳层，设计宽基浅埋以解决存在软弱下卧层强度太低时，常采用钢筋混凝土扩展基础。扩展基础需用钢材、水泥，造价较高。

砖基础、毛石基础等无筋扩展基础和钢筋混凝土基础在施工前常在基坑底面敷设强度等级为 C10 的混凝土垫层，其厚度一般为 100mm。垫层的作用在于保护坑底土体不被扰动或雨水浸泡，同时改善基础的施工条件。

3.2.2 柱下条形基础

当单柱荷载较大，地基承载力不很大，按常规设计的柱下独立基础所需的底面积大，基础之间的净距很小，或者对于不均匀沉降或振动敏感的地基，为加强结构整体性或施工方便，将柱下独立基础连成一体形成柱下条形基础（图 3-4）。根据柱子的数量、基础的剖面尺寸、上部荷载大小与分布以及结构刚度等情况，柱下条形基础（Strip Footing under Column）可分别采用以下两种形式：图 3-4（*a*）等截面条形基础：横截面通常呈倒 T 形，底部挑出部分为翼板，其余部分为肋部。图 3-4（*b*）局部扩大条形基础：横截面在与柱交接处局部加高或扩大，以适应柱与基础梁的荷载传递和牢固连接。柱下条形基础是常用于软弱地基上框架或排架结构的一种基础形式。

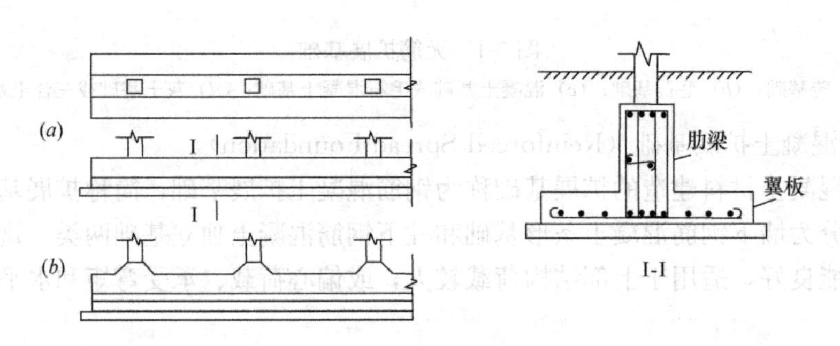

图 3-4 柱下条形基础

(*a*) 等截面条形基础；(*b*) 局部扩大条形基础

3.2.3 柱下交叉条形基础

当单柱的上部荷载大，地基土较软弱，按条形基础设计无法满足地基承载力要求时，则可在柱下沿纵横两向分别设置钢筋混凝土条形基础，形成柱下交叉条形基础（图 3-5），即十字交叉基础（Cross Footing under Column），使基础底面面积和基础整体刚度相应增大，同时可以减小地基的附加应力和不均匀沉降。

如果单向条形基础的底面积已能满足地基承载力的要求，则为了减少基础之间的沉降差，可在另一方向加设连梁，组成如图 3-6 所示的连梁式交叉条形基础。交叉条形基础的设计就可按单向条形基础来考虑。连梁的配置通常是带经验性的，但需要有一定的承载力和刚度，否则作用不大。

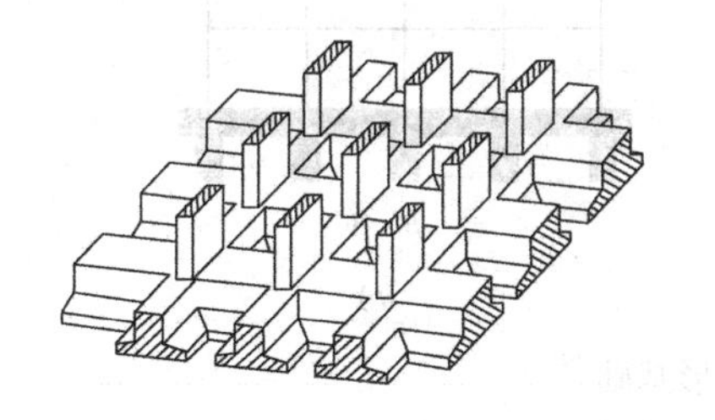

图 3-5　柱下交叉条形基础

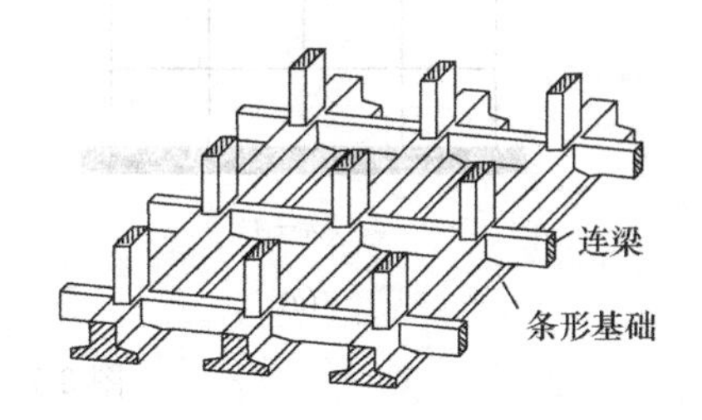

图 3-6　连梁式交叉条形基础

柱下交叉条形基础常做为多层建筑或地基较好的高层建筑的基础，对于较软弱的地基土，还可与桩基连用。

3.2.4　筏形基础

当上部结构荷载较大，地基土较软，采用十字交叉基础不能满足地基承载力要求或采用人工地基不经济时，可以在建筑物的柱、墙下方做成一块满堂的基础，即筏形（片筏）基础（Mat Foundation，Raft Foundation）。筏形基础由于其底面积大，埋置深度较大，故可减小基底压力，同时提高地基土的承载力，比较容易满足地基承载力的要求。筏板把上部结构连成整体，可以充分利用结构物的刚度，调整基底压力分布，减小不均匀沉降。此外，筏形基础还具有前述各类基础所不完全具备的功能，例如：能跨越地下浅层小洞穴、沟槽和局部软弱层；提供比较宽敞的地下使用空间；作为地下室、水池、油库等的防渗底板；增强建筑物的整体抗震性能；满足自动化程度较高的工艺设备对不允许有差异沉降的要求等等。

当地基有显著的软硬不均或结构物对差异变形很敏感时，采用筏形基础要慎重，这是由于筏板的覆盖面积大而厚度和抗弯刚度有限，不能调整过大的沉降差，这种情况下应考虑对地基进行局部处理或使用桩筏基础。另外，由于地基土上的筏板工作条件复杂，内力分析方法难以反映实际情况，设计中往往需要双向配置受力钢筋，工程造价有所提高，因此需要经过技术经济比较后才能确定是否选用筏形基础。

柱下筏形基础按结构特点可分为平板式（Flat Plate）和梁板式（Beams and Slab）两种类型（图 3-7）。平板式筏形基础是一大片钢筋混凝土平板，柱直接连于平板上，其基础的厚度不应小于 400mm，一般为 0.5～2.5m。其特点是施工方便、建造快，但混凝土用量大。当柱荷载较大时，可将柱位下板厚局部加大或设柱墩［图 3-7（*a*）］，以防止基础发生冲切破坏。若柱距较大，为了减小板厚，可在柱轴两个方向设置肋梁，形成梁板式筏形基础［图 3-7（*b*）］。梁板式则布置有主梁、次梁及平板，柱设在梁的交界处。当梁的断面一致时，则无主次梁之分。梁及平板的断面尺寸及配筋量均应根据计算而定。

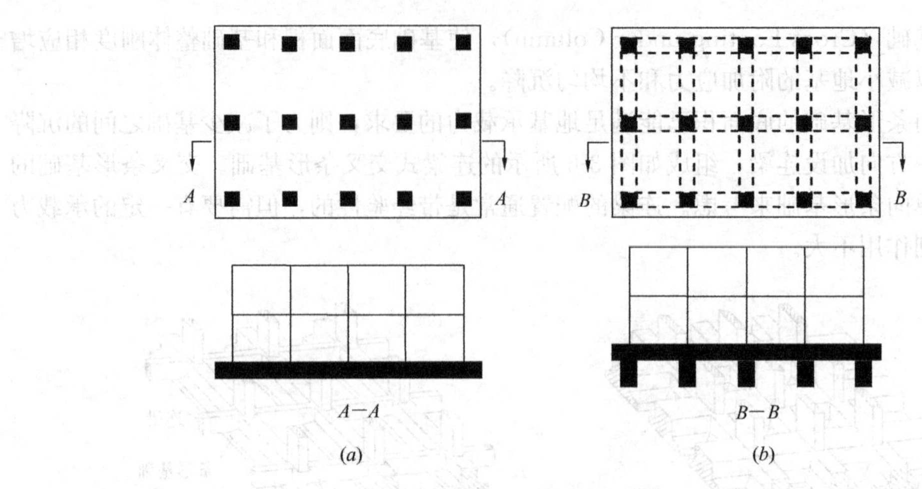

图 3-7　筏形基础

（a）平板式；（b）梁板式

3.2.5　箱形基础

箱形基础（Box Foundation）是由底板、顶板、外墙和一定数量的纵横内隔墙构成的整体刚度较大的单层或多层箱形钢筋混凝土结构（图 3-8）。适用于软弱地基上或不均匀地基土上建造带有地下室的高层、重型或对不均匀沉降有严格要求的建筑物。

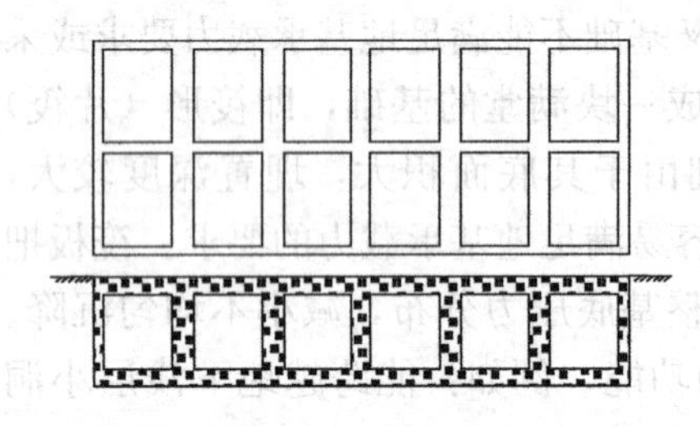

图 3-8　箱形基础

箱形基础刚度大、整体性好，可将上部结构荷载有效地扩散到地基土中，同时又能调整地基的不均匀沉降，减少不均匀沉降对上部结构的不利影响；箱形基础埋深较大，基础中空，开挖卸去的土重部分抵偿了上部结构传来的荷载（补偿效应），由此减小基底的附加应力，使地基沉降量减小；箱形基础为现场浇筑的钢筋混凝土整体结构，底板、顶板及内外墙厚度均较大，而且其长度、宽度和埋深都大，在地基作用下箱形基础发生滑移或倾覆的可能性很小，基础本身的变形也不大，因此它是一种抗震性能良好的基础形式。例如，1976 年唐山发生 7.8 级大地震时，唐山市平地上的房屋多有倒塌，但当地的最高建筑物——新华旅社 8 层楼未倒，该楼采用的是箱形基础。综上所述，与一般实体基础相比，箱形基础刚度大，整体性好，沉降量小且抗震性能较好。

我国第一个箱形基础工程是 1953 年设计的北京展览馆中央大厅的基础，此后，北京、上海以及全国各省市很多高层建筑采用箱形基础。

高层建筑的箱形基础往往与地下室结合考虑，其地下空间可作人防、设备间、库房、商店以及污水处理等。但由于内墙分隔，箱形基础地下室的用途不如筏基地下室广泛，例如不能用作地下停车场等。

箱形基础的钢筋水泥用量很大，工期长，造价高，施工技术比较复杂，在进行深基坑开挖时，还需考虑降低地下水位、坑壁支护及对周边环境的影响等问题。因此，箱形基础的采用与否，应在与其他可能的地基基础方案做技术经济比较之后再确定。

3.2.6　壳体基础

基础的形式做成壳体，可以发挥混凝土抗压性能好的特性。常见的壳体基础（Shell

Foundation）形式有三种，即正圆锥壳、M 形组合壳和内球外锥组合壳（图 3-9）。壳体基础可用作柱基础和筒形构筑物（如烟囱、水塔、料仓、中小型高炉等）的基础。

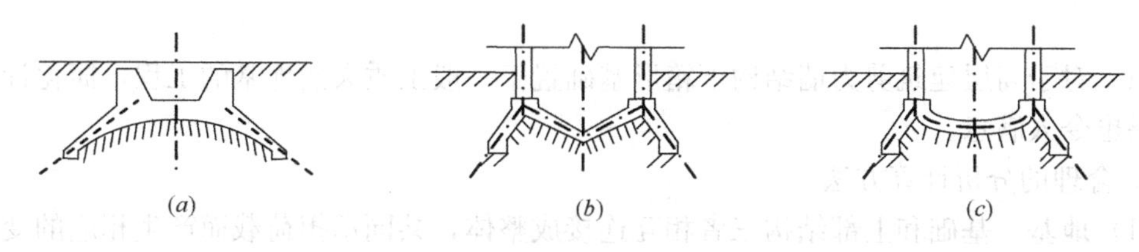

图 3-9　壳体基础的结构形式

(*a*) 正圆锥壳；(*b*) M 形组合壳；(*c*) 内球外锥组合壳

壳体基础的优点是材料省、造价低。中小型筒形构筑物的壳体基础，可比一般梁、板式的钢筋混凝土基础少用混凝土 30%～50%，节约钢筋 30%以上。此外，一般情况下施工时不必支模，土方挖运量也较少。不过，由于较难实行机械化施工，因此施工工期长，同时施工工作量大，技术要求高，近年来应用不多。

3.3　浅基础的设计计算原则

3.3.1　浅基础实用简化设计方法

1. 简化设计方法

在建筑结构的设计计算中，通常把上部结构、基础和地基三者分开考虑，视为彼此相互独立的结构单元，进行静力平衡分析计算。以图 3-10（*a*）中柱下条形基础上的框架结构为例，常规设计法的计算过程如下：首先，视框架柱底端为固定支座，将框架分离出来，按图 3-10（*b*）所示的计算简图计算荷载作用下的框架内力；其次，不考虑上部结构刚度，把求得的柱脚支座反力作为基础荷载反方向作用于条形基础上［图 3-10（*c*）］，并按直线分布假设计算基底反力［式（3-16）］，这样就可以求得基础的截面内力；最后，将基底压力（与基底反力大小相等、方向相反）施加于地基上［图 3-10（*d*）］，作为柔性荷载（不考虑基础刚度）来验算地基承载力和地基沉降。

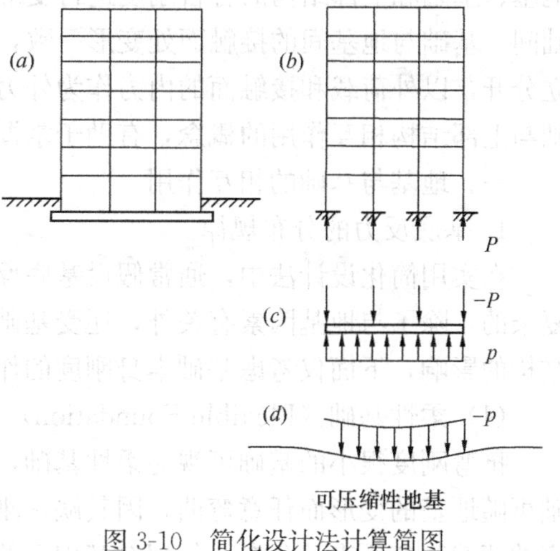

图 3-10　简化设计法计算简图

2. 对简化方法的评价

这种设计方法虽然满足了静力平衡条件，但却忽略了地基、基础和上部结构三者之间变形协调条件。

(1) 上述简化方法对于单层排架结构一类的上部柔性结构和地基土质较好的独立基础，可以得到满意的结果。

(2) 对于软弱地基上单层砖石砌体承重结构下的条形基础，按简化方法计算与实际差别较大。

(3) 对于钢筋混凝土框架结构一类的敏感性结构下的条形基础，简化方法与实际不同。

(4) 对于高层建筑剪力墙结构下箱形基础置于一般土质天然地基的工程，简化计算方法结果也令人满意。

3. 合理的分析计算方法

(1) 地基、基础和上部结构三者相互连接成整体，共同承担荷载而产生相应的变形。

(2) 三者按各自的刚度，对相互的变形产生制约作用，因而制约整个体系的内力、基底反力和结构变形及地基沉降发生变化。

(3) 三者之间同时满足静力平衡和变形协调两个条件。

(4) 需要建立正确反映结构刚度影响的理论。

(5) 需要合理反映土的变形特性的地基计算模型及其参数。

总之，只有利用合理的分析计算方法，才能揭示地基、基础和上部结构三者在外荷载作用下相互制约、彼此影响的内在联系，从而达到安全、经济的设计目的。鉴于从整体上进行相互作用分析难度较大，对于一般的基础设计仍然可以采用实用简化设计法，而对于复杂的或大型的基础，则宜在常规简化设计方法的基础上，采用成熟的计算软件考虑地基—基础—上部结构的相互作用。

3.3.2 地基、基础与上部结构相互作用的概念

上部结构通过墙、柱与基础连接，基础底面与地基直接接触，三者组成一个完整的体系。地基、基础与上部结构的相互作用一直是国内外的一项重要研究课题，其实质是根据地基、基础和上部结构的各自刚度进行变形协调计算，使在外荷载作用下，上部结构与基础间、基础与地基间的接触面处变形一致，由此求出接触面处的内力分布。然后把三者独立分开，以外荷载和接触面的内力作为外力，分别计算各自的应力和变形。了解地基、基础与上部结构相互作用的概念，有助于掌握各类基础的性能，更好地设计地基基础方案。

一、地基与基础的相互作用

1. 基底反力的分布规律

在实用简化设计法中，通常假设基底反力呈线性分布。但基底反力的实际分布是非常复杂的，除了与地基因素有关外，还受基础及上部结构的制约。为了便于分析，忽略上部结构的影响，下面仅考虑基础本身刚度的作用。

(1) 柔性基础（Flexible Foundation）

抗弯刚度很小的基础可视为柔性基础，如土工聚合物上填土可视为柔性基础。柔性基础可随地基的变形而任意弯曲，因其缺乏刚度，无力调整基底不均匀沉降，不能使传至基底的荷载改变原来的分布，作用在基础上的分布荷载将直接传递地基上，产生与荷载分布相同、大小相等的地基反力［图 3-11 (*a*)］。

按弹性半空间理论得到的计算结果及工程实践经验都表明，均布荷载下柔性基础的沉降呈碟形，即中部大、边缘小。显然，要使柔性基础的沉降趋于均匀，需增大基础边缘的荷载，相应减少中间荷载。这样，荷载和反力就变成了图 3-11 (*b*) 所示的分布。

(2) 刚性基础（Rigid Foundation）

刚性基础的抗弯刚度极大，基底平面沉降后依然保持平面。因此，在中心荷载作用

下，基础均匀下沉，基底保持水平；偏心荷载作用下沉降后基底为一倾斜平面。图 3-12 中的实线反力图为按弹性半空间理论求得的中心荷载下刚性基础基底反力图，基底反力边缘大、中部小，在基底边缘处，其值趋于无穷大。事实上，由于地基土的抗剪强度有限，基底边缘处的土体将首先发生剪切破坏，此时，应力将重新分布，部分应力将向中间转移，最终的反力图可呈图 3-12 中虚线所示的马鞍形。由此可见，刚性基础能跨越基底中部，将所承担的荷载相对集中地传至基底边缘，这种现象称为基础的“架越作用”。

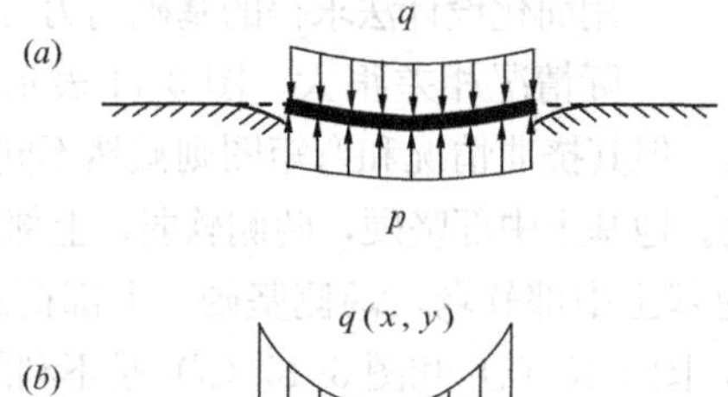

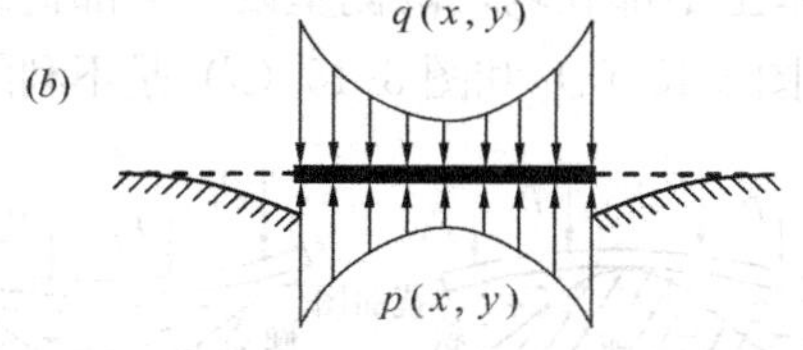

图 3-11　柔性基础的基底反力和沉降

(a) 荷载均布时，$p(x, y)$ =常数；

(b) 沉降均匀时，$p(x, y)$ ≠常数

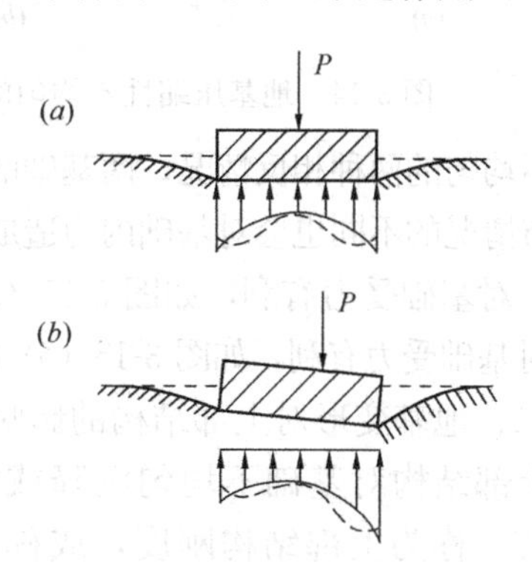

图 3-12　刚性基础

(a) 中心荷载；(b) 偏心荷载

一般来说，无论黏性土或无黏性土地基，只要刚性基础埋深和基底面积足够大、而荷载又不太大时，基底反力均呈马鞍形分布。

(3) 基础相对刚度的影响

图 3-13 (a) 表示黏性土地基上相对刚度很大的基础。当荷载不太大时，地基中的塑性区很小，基础的架越作用很明显；随着荷载的增加，塑性区不断扩大，基底反力将逐渐趋于均匀。在接近液态的软土中，反力近乎成直线分布。

图 3-13 (c) 表示岩石地基上相对刚度很小的基础，其扩散能力很低，基底出现反力集中的现象，此时基础的内力很小。

对于一般黏性土地基上相对刚度中等的基础［图 3-13 (b)］，其情况介于上述两者之间。

由此可见，基础架越作用的强弱取决于基础的相对刚度、土的压缩性以及荷载的大小。一般来说，基础的相对刚度愈大，沉降就愈均匀，但基础的内力将相应增大，故当地基局部软硬变化较大时，可采用整体刚度较大的连续基础；而当地基为岩石或压缩性很低的土层时，宜优先考虑采用扩展基础，或采用抗弯刚度不大的连续基础。

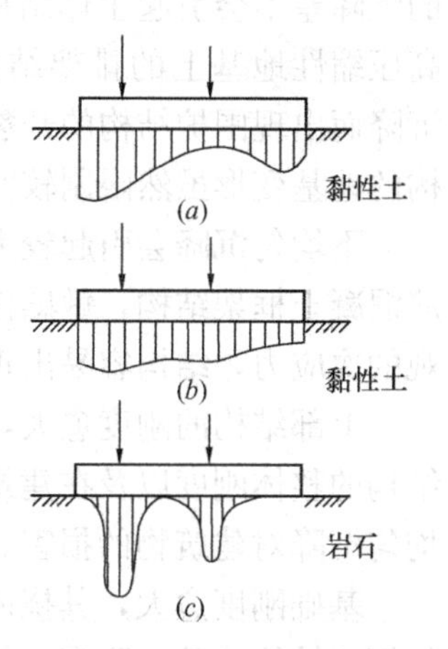

图 3-13　基础相对刚度与架越作用

(a) 基础刚度大；(b) 基础刚度适中；(c) 基础刚度小

(4) 邻近荷载的影响

上述有关基底反力分布的规律是在无邻近荷载影响的情况下得出的。如果基础受到相邻荷载影响，受影响一侧的沉降量

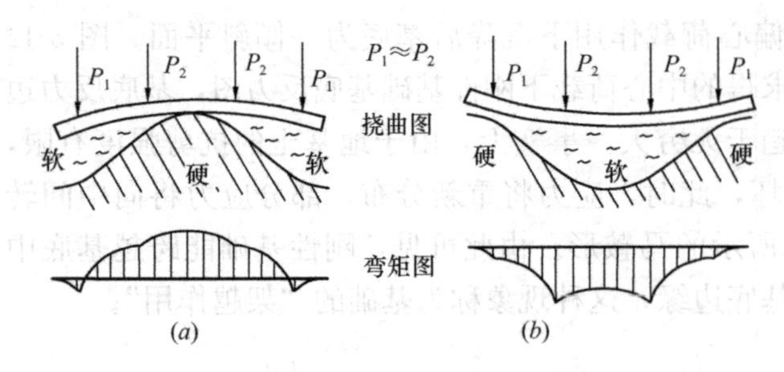

图 3-14　地基压缩性不均匀的影响

会增大，从而引起反力卸载，并使反力向基础中部转移，此时基底反力分布会发生明显的变化。

2. 地基非均质性及荷载大小的影响

当地基压缩性显著不均匀时，按实用简化设计法求得的基础内力可能与实际情况相差很大。图 3-14 表示地基压缩性不均匀的两种相反情况，两基础的柱荷载相同，但其挠曲情况和弯矩图则截然不同。柱荷载分布情况的不同也会对基础内力造成不同的影响。地基土中部坚硬，两侧软弱，上部荷载 $P_1 \ll P_2$，对基础受力有利，如图 3-15（a）所示；地基土中部软弱，两侧坚硬，上部荷载 $P_1 \gg P_2$，对基础受力有利，如图 3-15（b）所示；反之，图 3-15（c）和图 3-15（d）是不利的。

二、地基变形对上部结构的影响

上部结构对基础不均匀沉降或挠曲的抵抗能力，称为上部结构刚度，或称为整体刚度。根据整体刚度的大小，可将上部结构分为柔性结构、敏感性结构和刚性结构三类。

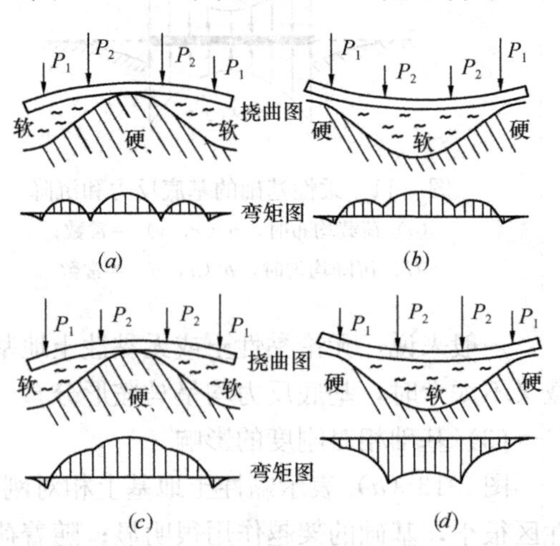

图 3-15　不均匀地基上条形基础柱荷载分布的影响

（a）$P_1 \ll P_2$；（b）$P_1 \gg P_2$；（c）$P_1 \gg P_2$；（d）$P_1 \ll P_2$

木结构和土堤类的填土工程可认为是完全柔性结构。钢筋混凝土排架结构也可视为柔性结构。上部柔性结构的变形与地基的变形一致。地基的变形对上部结构不产生附加应力，上部结构没有调整地基不均匀变形的能力，对基础的挠曲没有制约作用，即上部结构不参与地基、基础的共同工作，基础间的沉降差不会引起主体结构的次应力。但是，高压缩性地基上的排架结构会因柱基不均匀沉降而出现围护结构的开裂损坏，以及其他结构上和使用功能上的问题。因此，对这类结构的地基变形虽然限制较宽，但仍然不允许基础出现过量的沉降或沉降差。

不均匀沉降会引起较大次应力的结构，称为敏感性结构，例如砖石砌体承重结构和钢筋混凝土框架结构，敏感性结构对基础间的沉降差较敏感，很小的沉降差异就足以引起可观的次应力，结构容易出现开裂现象。

上部结构的刚度愈大，其调整不均匀沉降的能力就愈强。因此，可以通过加大或加强结构的整体刚度以及在建筑、结构和施工等方面采取适当的措施（详见 3.9 节）来防止不均匀沉降对建筑物的损害。

基础刚度愈大，其挠曲愈小，则上部结构的次应力也愈小。因此，对高压缩性地基上的框架结构，基础刚度一般宜刚而不宜柔；而对柔性结构，在满足允许沉降值的前提下，基础刚度宜柔不宜刚。

刚性结构指的是烟囱、水塔、高炉、筒仓这类刚度很大的高耸结构物，其下常为整体配置的独立基础。当地基不均匀或在邻近建筑物荷载或大面积地面堆载的影响下，基础转动倾斜，但几乎不会发生相对挠曲。

三、上部结构刚度对基础的影响

当上部结构具有较大的相对刚度（与基础刚度之比）时，对基础受力状况有一定影响。下面以绝对刚性和完全柔性的两种上部结构对条形基础的影响进行对比。

如图3-16，图（a）中的上部结构假定是绝对刚性的，因而当地基变形时，各个柱子同时下沉，对条形基础的变形来说，相当于在柱位处提供了不动支座；在地基反力作用下，犹如倒置的连续梁。图（b）中的上部结构假想为完全柔性的，它除了传递荷载外，对条形基础的变形无制约作用，即上部结构不参与相互作用。在上部结构为绝对刚性和完全柔性这两种极端情况下，条形基础的挠曲形式及相应的内力图形差别很大。除了像烟囱、高炉等整体构筑物可以认为是绝对刚性外，绝大多数建筑物的实际刚度介于绝对刚度和完全柔性之间，目前还难于定量计算，在实践中往往只能定性地判断其比较接近哪一种极端情况。例如剪力墙体系和筒体结构的高层建筑是接近绝对刚性的；单层排架和静定结构是接近完全柔性的。这些判断将有助于地基基础的设计工作。

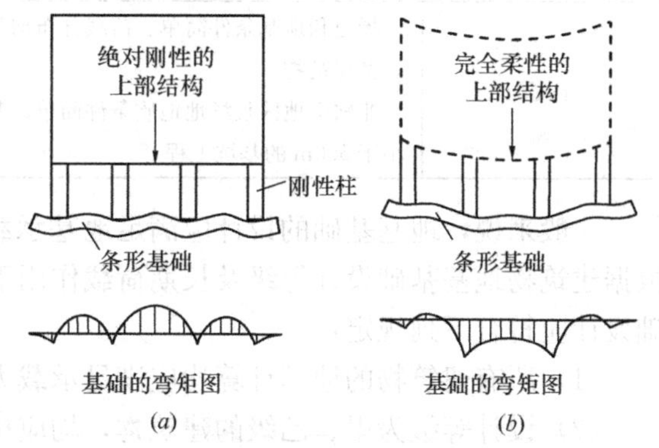

图3-16 上部结构刚度对基础受力状况的影响

（a）上部结构为绝对刚性时；（b）上部结构为完全柔性时

增大上部结构刚度，将减小基础挠曲和内力。上部结构刚度增大，自动将上部均匀荷载和自重向沉降小的部位传递，使地基变形的曲率减小；同时，底板的内力也随着上部结构刚度的增大而减小。

如果地基土的压缩性很低，基础的不均匀沉降很小，则考虑地基一基础一上部结构三者相互作用的意义就不大。因此，在相互作用中起主导作用的是地基，其次是基础，而上部结构则是在压缩性地基上基础整体刚度有限时起重要作用的因素。

3.3.3 地基基础设计基本原则

1. 基本规定

现行《建筑地基基础设计规范》GB 50007—2011根据地基复杂程度、建筑物规模和功能特征以及由于地基问题可能造成建筑物破坏或影响正常使用的程度，将地基基础设计分为三个设计等级（表3-1）。

地基基础设计等级 **表3-1**

设计等级	建筑和地基类型
甲级	重要的工业与民用建筑物 30层以上的高层建筑 体型复杂，层数相差超过10层的高低层连成一体的建筑物 大面积的多层地下建筑物（如地下车库、商场、运动场等） 对地基变形有特殊要求的建筑物 复杂地质条件下的坡上建筑物（包括高边坡） 对原有工程影响较大的新建建筑物 场地和地基条件复杂的一般建筑物 位于复杂地质条件及软土地区的2层及2层以上地下室的基坑工程 开挖深度大于15m的基坑工程 周边环境条件复杂、环境保护要求高的基坑工程

续表

设计等级	建筑和地基类型
乙级	除甲级、丙级以外的工业与民用建筑物 除甲级、丙级以外的基坑工程
丙级	场地和地基条件简单、荷载分布均匀的 7 层及 7 层以下民用建筑及一般工业建筑；次要的轻型建筑物 非软土地区且场地地质条件简单、基坑周边环境条件简单、环境保护要求不高且开挖深度小于 5.0m 的基坑工程

一般来说，地基基础的设计应满足地基承载力、变形和基础强度等要求。具体来说，根据建筑物地基基础设计等级及长期荷载作用下地基变形对上部结构的影响程度，地基基础设计应符合下列规定：

（1）所有建筑物的地基计算均应满足承载力计算的有关规定。

（2）设计等级为甲、乙级的建筑物，均应按地基变形设计。

（3）表 3-2 所列范围内设计等级为丙级的建筑物可不作变形验算，如有下列情况之一时，仍应作变形验算：

1）地基承载力特征值小于 130kPa，且体型复杂的建筑；

2）在基础上及其附近有地面堆载或相邻基础荷载差异较大，可能引起地基产生过大的不均匀沉降时；

3）软弱地基上的建筑物存在偏心荷载时；

4）相邻建筑距离过近，可能发生倾斜时；

5）地基内有厚度较大或厚薄不匀的填土，其自重固结未完成时。

（4）对经常受水平荷载作用的高层建筑、高耸结构和挡土墙等，以及建造在斜坡上或边坡附近的建筑物和构筑物，尚应验算其稳定性。

（5）当地下水埋藏较浅，建筑地下室或地下构筑物存在上浮问题时，尚应进行抗浮验算。

可不作地基变形计算设计等级为丙级的建筑物范围　　**表 3-2**

<table>
<tr><td rowspan="2">地基主要受力层情况</td><td colspan="3">地基承载力特征值 f_{ak}（kPa）</td><td>$80 \leqslant f_{ak} < 100$</td><td>$100 \leqslant f_{ak} < 130$</td><td>$130 \leqslant f_{ak} < 160$</td><td>$160 \leqslant f_{ak} < 200$</td><td>$200 \leqslant f_{ak} < 300$</td></tr>
<tr><td colspan="3">各土层坡度（%）</td><td>≤5</td><td>≤10</td><td>≤10</td><td>≤10</td><td>≤10</td></tr>
<tr><td rowspan="5">建筑类型</td><td colspan="3">砌体承重结构、框架结构（层数）</td><td>≤5</td><td>≤5</td><td>≤6</td><td>≤6</td><td>≤7</td></tr>
<tr><td rowspan="4">单层排架结构（6m 柱距）</td><td rowspan="2">单跨</td><td>吊车额定起重量（t）</td><td>10～15</td><td>15～20</td><td>20～30</td><td>30～50</td><td>50～100</td></tr>
<tr><td>厂房跨度（m）</td><td>≤18</td><td>≤24</td><td>≤30</td><td>≤30</td><td>≤30</td></tr>
<tr><td rowspan="2">多跨</td><td>吊车额定起重量（t）</td><td>5～10</td><td>10～15</td><td>15～20</td><td>20～30</td><td>30～75</td></tr>
<tr><td>厂房跨度（m）</td><td>≤18</td><td>≤24</td><td>≤30</td><td>≤30</td><td>≤30</td></tr>
</table>

续表

<table>
<tr><td rowspan="3">建筑类型</td><td>烟囱</td><td>高度（m）</td><td>≤40</td><td>≤50</td><td colspan="2">≤75</td><td>≤100</td></tr>
<tr><td rowspan="2">水塔</td><td>高度（m）</td><td>≤20</td><td>≤30</td><td colspan="2">≤30</td><td>≤30</td></tr>
<tr><td>容积（m^3）</td><td>50～100</td><td>100～200</td><td>200～300</td><td>300～500</td><td>500～1000</td></tr>
</table>

注：1. 地基主要受力层系指条形基础底面下深度为 $3b$（b 为基础底面宽度），独立基础下为 $1.5b$，且厚度均不小于 5m 的范围（二层以下一般的民用建筑除外）；

2. 地基主要受力层中如有承载力特征值小于 130kPa 的土层时，表中砌体承重结构的设计，应符合《建筑地基基础设计规范》第 7 章的有关要求；

3. 表中砌体承重结构和框架结构均指民用建筑，对于工业建筑可按厂房高度、荷载情况折合成与其相当的民用建筑层数；

4. 表中吊车额定起重量、烟囱高度和水塔容积的数值系指最大值。

2. 两种极限状态

随着建筑科学技术的发展，我国地基基础的设计方法也在不断改进，大致经历了从最初的允许承载力设计方法到单一安全系数极限状态设计方法以及目前的概率极限状态设计方法等三个阶段。

为了保证建筑物的安全使用，同时充分发挥地基的承载力，各个等级的地基基础设计均需要满足正常使用极限状态和承载力极限状态的要求。

（1）承载能力极限状态

保证地基具有足够的强度和稳定性，基底压力要小于或等于地基承载力特征值。理论上来讲，为了充分发挥地基的承载能力而又使地基不发生破坏，基础的基底压力一般应控制在界限荷载的范围内，使大部分地基土仍主要处于受压状态；当基底压力过大时，地基可能出现连续贯通的塑性破坏区，进入整体破坏阶段，导致地基承载能力丧失而失稳。另外，建造在斜坡上的建筑物会有沿斜坡滑动的趋势，易于丧失其稳定性；受有很大水平荷载的建筑物，会在基础底面或地基中出现滑动面，使建筑物失去抗滑稳定；有些建筑物在地震及较大静水平力作用下可能发生倾覆。

（2）正常使用极限状态

保证地基的变形值在容许范围内。地基在荷载及其他因素的影响下会发生均匀沉降或不均匀沉降。变形过大时可能危害到建筑物结构的安全（如产生裂缝、倒塌或其他不容许的变形），或影响建筑物正常使用，妨碍其设计功能的发挥。因此，对地基变形的控制，实质上主要是根据建筑物的要求而制定。

3. 荷载及荷载效应组合

作用在基础上的荷载，无论是轴向力、水平力和力矩，都是由恒载和活荷载两部分组成。

恒载是作用在结构上的不变荷载，包括建筑物及基础的自重、固定设备重量、土压力和正常水位时的水压力等。从地基沉降来看，恒载是长期作用的，是引起沉降的主要因素。

活荷载是作用在结构上的可变荷载，如楼面及屋面活荷载、吊车荷载、雪荷载及风荷载等，此外尚有地震荷载及其他特殊活荷载等。

在轴向荷载作用下，基础将发生沉降；在偏心荷载作用下，还将发生倾斜；在水平力作用下，还要进行沿基础底面滑动、沿地基内部滑动和基础倾覆稳定性等方面的验算。

地基基础设计时，所采用的荷载效应最不利组合与相应的抗力限值应按下列规定采用：

(1) 按地基承载力确定基础底面积及埋深时，传至基础底面上的荷载效应应按正常使用极限状态下荷载效应的标准组合。相应的抗力应采用地基承载力特征值。

(2) 计算地基变形时，传至基础底面上的荷载效应应按正常使用极限状态下荷载效应的准永久组合，不应计入风荷载和地震作用。相应的限值应为地基变形允许值。

(3) 计算挡土墙、地基或滑坡稳定以及基础抗浮稳定时，荷载效应应按承载能力极限状态下荷载效应的基本组合，但其分项系数均为1.0。

(4) 在确定基础或桩基承台高度、支挡结构截面、计算基础或支挡结构内力、确定配筋和验算材料强度时，上部结构传来的荷载效应组合和相应的基底反力、挡土墙土压力以及滑坡推力，应按承载能力极限状态下荷载效应的基本组合，采用相应的分项系数。

当需要验算基础裂缝宽度时，应按正常使用极限状态荷载效应标准组合。

(5) 正常使用极限状态下荷载效应的标准组合值、准永久组合值，和承载能力极限状态下的基本组合设计值的计算应参照按现行《建筑结构荷载规范》GB 50009—2012 的规定执行，其中对由永久荷载效应控制的基本组合值，也可采用简化原则，取标准组合值的1.35倍。

(6) 地基基础的设计使用年限不应小于建筑结构的设计使用年限；基础设计安全等级、结构设计使用年限、结构重要性系数应按有关规范的规定采用，但结构重要性系数γ_0不应小于1.0。

3.4 基础埋置深度

基础埋置深度（简称埋深（Embedded Depth of Foundation））是指基础底面至地面（一般指设计地面）的距离。选择基础的埋置深度是基础设计工作的重要环节，因为它的确定关系到地基基础方案的优劣、施工的难易和造价的高低。一般来说，在满足地基稳定和变形要求及有关条件的前提下，基础应尽量浅埋。对于土质地基上的基础，考虑到基础稳定性、材料的耐久性、基础大放脚的要求等因素，埋深不宜小于0.5m，基础顶面一般应至少低于设计地面0.1m；岩石地基上的基础则可不受此限制。

影响基础埋置深度的因素很多，其中根据工程的具体情况主要应考虑如下四个方面。

一、建筑物的类型、用途和环境条件

确定基础的埋深时，首先要考虑的是建筑物使用功能、用途、类型、规模、荷载大小与性质等方面的情况，例如有无地下室、设备基础和地下设施，是否属于半埋式结构物等。

对位于土质地基上的高层建筑，为了满足稳定性要求，其基础埋深应随建筑物高度适当增大。在抗震设防区，筏形和箱形基础的埋深不宜小于建筑物高度的1/15；桩筏或桩箱基础的埋深（不计桩长）不宜小于建筑物高度的1/18。对位于岩石地基上的高层建筑，基础埋深应满足抗滑要求。受到上拔力的基础如输电塔基础，也要求有较大的埋深以满足

抗拔要求。烟囱、水塔等高耸结构均应满足抗倾覆稳定性的要求。

确定冷藏库或高温炉窑这类建筑物的基础埋深时，应考虑热传导引起地基土因低温而冻胀或因高温而干缩的效应。

当建筑物各部分使用要求不同，或地基土质变化大，要求同一建筑物各部分基础埋深不相同时，应将基础做成台阶形逐步过渡，台阶的高宽比为 1∶2，每级台阶高度不超过 50cm，如图 3-17 所示。

当建筑场地邻近已存在建筑物时，新建工程的基础埋深不宜大于原有建筑基础，否则两基础之间的净距应大于两基础底面高差的 1～2 倍（土质好时可取低值），如图 3-18 所示，以免开挖新基坑时危及原有基础的安全稳定性。若不能满足此条件，则在基础施工期间应采取有效措施以保证邻近原有建筑物的安全，例如：新建基础分段开挖修筑；基坑壁设置临时加固支撑；事先设置板桩、地下连续墙等挡土结构；对原有建筑物的基础或地基进行托换加固等措施。

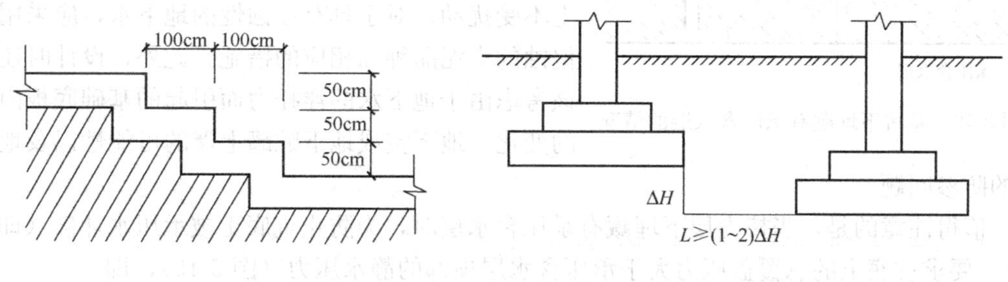

图 3-17　阶形基础

图 3-18　不同埋深的相邻基础

如果在基础影响范围内有管道或沟、坑等地下设施通过时，基础底面一般应低于这些设施的底面，否则应采取有效措施，消除基础对地下设施的不利影响。

在河流、湖泊等水体旁建造的建筑物基础，如可能受到流水或波浪冲刷的影响，其底面应位于冲刷线以下。

二、工程地质条件

直接支承基础的土层称为持力层，其下的各土层称为下卧层。为了满足建筑物对地基承载力和地基变形的要求，基础应尽可能埋置在良好的持力层上。当地基受力层（或沉降计算深度）范围内存在软弱下卧层时，软弱下卧层的承载力和地基变形也应满足要求。

在选择持力层和基础埋深时，应通过工程地质勘察报告详细了解拟建场地的地层分布、各土层的物理力学性质和地基承载力与土层压缩性等资料。对于中小型建筑物，一般把处于坚硬、硬塑或可塑状态的黏性土层，密实或中密状态的砂土层和碎石土层，以及属于低、中压缩性的其他土层视作良好土层；而把处于软塑、流塑状态的黏性土层，处于松散状态的砂土层、未经处理的填土和其他高压缩性土层视作软弱土层。下面针对工程中常遇到的土层分布情况，说明基础埋深的确定原则。

（1）在地基受力层范围内，自上而下都是良好土层，基础埋深由其他条件和最小埋深确定。

（2）自上而下都是软弱土层。对于轻型建筑，仍可考虑按情况（1）处理。如果地基承载力或地基变形不能满足要求，则应考虑采用连续基础、人工地基或深基础方案。基础方案的选择需从安全可靠、施工难易、造价高低等方面综合确定。

（3）上部为软弱土层而下部为良好土层。这时，持力层的选择取决于上部软弱土层的厚度。一般来说，软弱土层厚度小于2m时，应选取下部良好土层作为持力层；若软弱土层较厚，可按情况（2）处理。

（4）上部为良好土层而下部为软弱土层。这种情况在我国沿海地区较为常见，地表普遍存在一层厚度为2～3m的所谓“硬壳层”，硬壳层以下为孔隙比大、压缩性高、强度低的软土层。对于一般中小型建筑物，或6层以下的住宅，宜选择硬壳层作为持力层，基础尽量浅埋，即采用“宽基浅埋”方案，加大基底至软弱土层的距离。

三、水文地质条件

有地下水存在时，基础尽量埋置在地下水位以上，以避免地下水对基坑开挖、基础施工和使用期间的影响。对底面低于地下水位的基础，应考虑施工期间的基坑降水、坑壁围护、是否可能产生流砂、涌土等问题，并采取措施保护地基土不受扰动。对于具有侵蚀性的地下水，应采用抗侵蚀的水泥品种和相应的措施。此外，设计时还应该考虑由于地下水的浮托力而引起的基础底板内力的变化、地下室或地下贮罐上浮的可能性以及地下室的防渗问题。

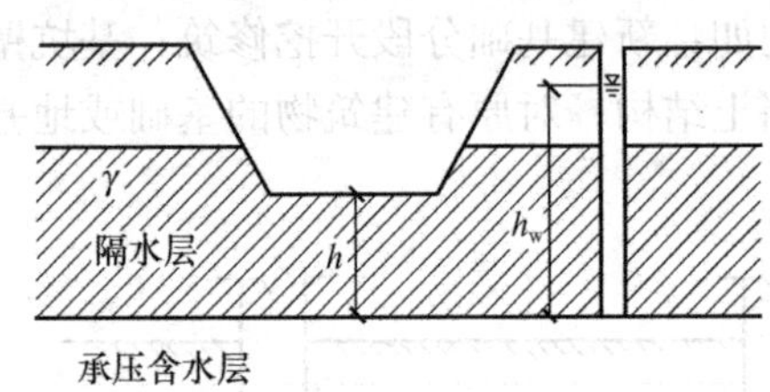

图3-19　基坑下埋藏有承压含水层的情况

值得注意的是，当持力层下埋藏有承压含水层时，为防止坑底土被承压水冲破（即流土），要求坑底土的总覆盖压力大于承压含水层顶部的静水压力（图3-19），即

$$\gamma h > \gamma_w h_w \tag{3-1}$$

式中　γ——土的重度，对潜水位以下的土取饱和重度（kN/m^3）；

γ_w——水的重度（kN/m^3）；

h——基坑底面至承压含水层顶面的距离（m）；

h_w——承压水位（m）。

如式（3-1）无法得到满足，则应设法降低承压水头或减小基础埋深。对于平面尺寸较大的基础，在满足式（3-1）的要求时，还应有不小于1.1的安全系数。

四、地基冻融条件

当地基土的温度低于摄氏零度时，土中部分孔隙水将冻结而形成冻土。冻土可分为季节性冻土和多年冻土两类。季节性冻土在冬季冻结而夏季融化，每年冻融交替一次。季节性冻土在我国东北、华北和西北地区广泛分布，冻土层厚度在0.5m以上，最大可达3m左右。

如果季节性冻土由细粒土（粉砂、粉土、黏性土）组成，冻结前的含水量较高且冻结期间的地下水位低于冻结深度不足1.5～2.0m，处于冻结深度范围内的土中水将被冻结形成冰晶体，而且冻结土会产生一种吸力，使未冻结区的自由水和部分结合水会不断地向冻结区迁移、聚集，使冰晶体逐渐扩大，引起土体发生膨胀和隆起，形成冻胀现象。位于冻胀区的基础所受到的冻胀力如大于基底压力，基础就有被抬起的可能。到了夏季，土体因温度升高而解冻，造成含水量增加，使土体处于饱和及软化状态，承载力降低，建筑物下陷，这种现象称为融陷。地基土的冻胀与融陷容易导致建筑物开裂损坏，影响建筑物的正常使用。

土冻结后是否会产生冻胀现象，主要与土的粒径大小、含水量的多少及地下水位高低等条件有关。对于结合水含量极少的粗粒土，因不发生水分迁移，故不存在冻胀问题；处于坚硬状态的黏性土，因为结合水的含量很少，冻胀作用也很微弱。此外，若地下水位高或通过毛细水能使水分向冻结区补充，则冻胀会较严重。

1. 地基冻胀性分类

《建筑地基基础设计规范》把地基土的冻胀性分为不冻胀、弱冻胀、冻胀、强冻胀和特强冻胀五类。地基冻胀性类别根据冻胀层的平均冻胀率的大小，按规范中表分类。

2. 季节性冻土地基的设计冻结深度

季节性冻土地基的设计冻结深度应按下式计算：

$$z_d = z_0 \psi_{zs} \psi_{zw} \psi_{ze} \tag{3-2}$$

式中 z_d——场地冻结深度（m），当有实测资料时按 $z_d = h' - \Delta z$ 计算；

h'——最大冻结深度出现时场地最大冻土层厚度（m）；

Δz——最大冻结深度出现时场地地表冻胀量（m）；

z_0——标准冻结深度（Standard Frost Penetration）（m），当无实测资料时，按“中国季节性冻土标准冻深线图”确定；

ψ_{zs}——土的类别对冻结深度的影响系数，按表 3-3 采用；

ψ_{zw}——土的冻胀性对冻结深度的影响系数，按表 3-4 采用；

ψ_{ze}——环境对冻结深度的影响系数，按表 3-5 采用。

土的类别对冻结深度的影响系数 **表 3-3**

土的类别	影响系数 ψ_{zs}
黏性土	1.00
细砂、粉砂、粉土	1.20
中、粗、砾砂	1.30
大块碎石土	1.40

土的冻胀性对冻结深度的影响系数 **表 3-4**

冻胀性	影响系数 ψ_{zw}
不冻胀	1.00
弱冻胀	0.95
冻胀	0.90
强冻胀	0.85
特强冻胀	0.80

环境对冻结深度的影响系数 **表 3-5**

周围环境	影响系数 ψ_{ze}
村、镇、旷野	1.00
城市近郊	0.95
城市市区	0.90

注：环境影响系数一项，当城市市区人口为 20 万～50 万时，按城市近郊取值；当城市市区人口大于 50 万小于或等于 100 万时，只计入市区影响；当城市市区人口超过 100 万时，除计入市区影响外，尚应考虑 5km 以内的郊区近郊影响系数。

3. 对于埋置于可冻胀土中的基础，其最小埋深 d_{min} 可按下式确定：

$$d_{min} = z_d - h_{max} \tag{3-3}$$

式中 z_d（设计冻结深度（m））和 h_{max}（基础底面下允许残留冻土层的最大厚度（m））可按《建筑地基基础设计规范》的有关规定查取。对于冻胀、强冻胀和特强冻胀地基上的建筑物，尚应采取相应的防冻害措施。

4. 防止冻害的措施主要有以下几项：

（1）对地下水位以上的基础，基础侧面应回填非冻胀性的中砂或粗砂，其厚度不应小于 200mm。对于地下水位以下的基础，可采用桩基础、保温性基础、自锚式基础，也可将独立基础或条形基础做成正梯形的斜面基础。

（2）宜选择地势高、地下水位低、地表排水良好的建筑场地。对低洼场地，宜在建筑物四周向外一倍冻结深度距离范围内，使室外地坪至少高出自然地面 300～500mm。

（3）防止雨水、地表水、生活污水等浸入建筑地基，应设置排水设施。山区应设截水沟或在建筑物下设置暗沟，排走地表水。

（4）在强冻胀性和特强冻胀性地基上，基础结构应设置钢筋混凝土圈梁和基础梁，并控制上部建筑的长高比，增强房屋的整体刚度。

（5）独立基础连系梁下或桩基础承台下有冻土时，应在梁或承台下留有相当于该土层冻胀量的空隙，防止因土的冻胀将梁或承台拱裂。

（6）外门斗、室外台阶和散水坡等部位宜与主体结构断开。散水坡分段不宜超过 1.5m，坡度不宜小于 3%，其下宜填非冻胀性材料。

（7）对跨年度施工的建筑，入冬前应对地基采取相应的防护措施；按采暖设计的建筑物，当冬季不能正常采暖，也应对地基采取保温措施。

3.5 地基承载力的确定

3.5.1 地基承载力特征值及影响其大小的因素

地基承载力特征值 f_{ak}（Characteristic Value of Subsoil Bearing Capacity）是指由载荷试验测定的地基土压力变形曲线线性变形阶段内规定变形所对应的压力值，其最大值为比例界限值。

不同地区、不同成因、不同土质的地基承载力特征值差别很大。影响地基承载力特征值的主要因素有以下几个方面：

（1）地基土的成因与堆积年代。通常冲积土与洪积土的承载力比坡积土的承载力大，风积土的承载力最小。同类土，堆积年代越久，地基承载力特征值越高。

（2）地基土的物理力学性质。这是最重要的因素。例如，碎石土和砂土的粒径越大，孔隙比越小，即密度越大，则地基承载力特征值越大。密实卵石 f_{ak}=800～1000kPa，而密实的角砾 f_{ak} 只有 400kPa，粒径减小，f_{ak} 约降低为 50%。稍密卵石 f_{ak}=300～500kPa，同为卵石，密度减小，f_{ak} 约降低为 38%～50%。粉土和黏性土的含水量越大，孔隙比越大即密度越小，则地基承载力特征值越小。例如，粉土孔隙比 e=0.5，含水量 w=10%，承载力特征值 f_{ak}=410kPa；若 e=1.0，w=35%，则 f_{ak}=105kPa，几乎降低为 25%。

（3）地下水。当地下水上升，地基土受地下水的浮托作用，土的天然重度减小为浮重度；同时土的含水量增高，则地基承载力降低。尤其对湿陷性黄土，地下水上升会导致湿陷。膨胀土遇水膨胀，失水收缩，对地基承载力影响很大。

（4）建筑物情况。通常上部结构体型简单，整体刚度大，对地基不均匀沉降适应性好，则地基承载力可取高值。基础宽度大，埋置深度深，地基承载力相应提高。

3.5.2 地基承载力特征值的确定

确定地基承载力特征值的方法主要有四种：①根据土的抗剪强度指标按理论公式计算；②由现场载荷试验的 p-s 曲线确定；③按规范提供的承载力表确定；④在土质基本相同的情况下，参照邻近建筑物的工程经验确定。在具体工程中，应根据地基基础的设计等级、地基岩土条件并结合当地工程经验选择确定地基承载力的适当方法，必要时可以按多种方法综合确定。

一、按土的抗剪强度指标确定

1. 地基极限承载力（Ultimate Bearing Capacity）理论公式

（1）定义

地基的极限荷载指地基在外荷载作用下产生的应力达到极限平衡时的荷载。

作用在地基上的荷载较小时，地基处于压密状态。随着荷载的增大，地基中产生局部剪切破坏（Local Shear Failure）的塑性区也越来越大。荷载继续增加，地基中的塑性区将发展为连续贯通的滑动面，地基丧失整体稳定而破坏，地基所能承受的荷载达到极限值。相当于现场载荷试验曲线（图 3.20）上第二阶段与第三阶段交界处 b 点所对应的荷载 p_u，称为地基的极限荷载。

（2）地基承载力特征值计算

根据地基极限承载力计算地基承载力特征值的公式如下：

$$f_a = p_u / K \tag{3-4}$$

式中 p_u——地基极限承载力（kPa）；

K——安全系数，其取值与地基基础设计等级、荷载的性质、土的抗剪强度指标的可靠程度以及地基条件等因素有关，对长期承载力一般取 $K=2\sim3$。

确定地基极限承载力的理论公式有多种，如斯肯普顿公式、太沙基公式、魏锡克公式和汉森公式等，其中魏锡克公式（或汉森公式）可以考虑的影响因素最多，如基础底面的形状、偏心和倾斜荷载、基础两侧覆盖层的抗剪强度、基底和地面倾斜、土的压缩性影响等等。而在实际工程中，比较常用的是太沙基公式。式（3-5）就是假设基底粗糙时，条形基础下地基发生整体剪切破坏（General Shear Failure）时的太沙基极限承载力理论公式，并推广应用于圆形或方形基础。

（3）太沙基公式

$$p_u = cN_c + qN_q + \frac{1}{2}\gamma BN_\gamma \tag{3-5}$$

式中 c——地基土的黏聚力（kPa）；

γ——地基土重度（kN/m^3）；

q——作用在基底平面上的超载，此处为基底以上填土的自重应力（kPa）；$q=\gamma D$，D 为填土高度；

N_c、N_q、N_γ——基底粗糙的承载力系数（Terzaghi's Bearing Capacity Factors），当基底完全粗糙时，可由地基土的内摩擦角 φ 从表 3-6 中查得。

太沙基极限承载力系数 **表 3-6**

φ（度）	N_γ	N_q	N_c	φ（度）	N_γ	N_q	N_c
0	0	1.00	5.7	22	6.5	9.17	20.2
2	0.23	1.22	6.5	24	8.6	11.4	23.4
4	0.39	1.48	7.0	26	11.5	14.2	27.0
6	0.63	1.81	7.7	28	15	17.8	31.6
8	0.86	2.2	8.5	30	20	22.4	37.0
10	1.20	2.68	9.5	32	28	28.7	44.4
12	1.66	3.32	10.9	34	36	36.6	52.8
14	2.20	4.00	12.0	36	50	47.2	63.6
16	3.0	4.91	13.6	38	90	61.2	77.0
18	3.9	6.04	15.5	40	130	80.5	94.8
20	5.0	7.42	17.6				

2. 规范推荐的理论公式

当荷载偏心距 $e \leqslant l/30$（l 为偏心方向基础边长）时，可以采用《建筑地基基础设计规范》推荐的以地基临界荷载 $p_{1/4}$ 为基础的理论公式来计算地基承载力特征值，计算公式如下：

$$f_a = M_b \gamma b + M_d \gamma_m d + M_c c_k \tag{3-6}$$

式中 f_a——由土的抗剪强度指标确定的地基承载力特征值（kPa）；

M_b、M_d、M_c——承载力系数，按土的内摩擦角标准值 φ_k 值查表 3-7；

γ——基底以下土的重度，地下水位以下取有效重度（kN/m^3）；

b——基础底面宽度（m），大于 6m 时按 6m 考虑；对于砂土，小于 3 时按 3m 考虑；

γ_m——基础底面以上土的加权平均重度，地下水位以下取有效重度（kN/m^3）；

d——基础埋置深度（m），取值方法与式（3-15）同，见后；

φ_k、c_k——基底下一倍基础短边宽度的深度内土的内摩擦角、黏聚力标准值。

上式与 $p_{1/4}$ 公式稍有差别。根据砂土地基的载荷试验资料，按 $p_{1/4}$ 公式计算的结果偏小较多，所以对砂土地基，当 b 小于 3m 时按 3m 计算，此外，当 $\varphi_k \geqslant 24°$时，采用比 M_b 的理论值大的经验修正值。

若建筑物施工速度较快，而地基持力层的透水性和排水条件不良时（例如厚度较大的饱和软黏土），地基土可能在施工期间或施工完工后不久因未充分排水固结而破坏，此时应采用土的不排水抗剪强度计算短期承载力。取不排水内摩擦角 $\varphi_u = 0$，由表 3-7 知 $M_b = 0$、$M_d = 1$、$M_c = 3.14$，将 c_k 改为 c_u（c_u 为土的不排水抗剪强度），由式（3-6）得短期承载力计算公式为：

$$f_a = 3.14 c_u + \gamma_m d \tag{3-7}$$

承载力系数 M_b、M_d、M_c　　表 3-7

土的内摩擦角 φ_k（°）	M_b	M_d	M_c
0	0	1.00	3.14
2	0.03	1.12	3.32
4	0.06	1.25	3.51
6	0.10	1.39	3.71
8	0.14	1.55	3.93
10	0.18	1.73	4.17
12	0.23	1.94	4.42
14	0.29	2.17	4.69
16	0.36	2.43	5.00
18	0.43	2.72	5.31
20	0.51	3.06	5.66
22	0.61	3.44	6.04
24	0.80	3.87	6.45
26	1.10	4.37	6.90
28	1.40	4.93	7.40
30	1.90	5.59	7.95
32	2.60	6.35	8.55
34	3.40	7.21	9.22
36	4.20	8.25	9.97
38	5.00	9.44	10.80
40	5.80	10.84	11.73

3. 关于理论公式的讨论和说明

（1）按理论公式计算地基承载力时，对计算结果影响最大的是土的抗剪强度指标的取值。一般应采取质量最好的原状土样以三轴压缩试验测定，且每层土的试验数量不得少于 6 组。

（2）地基承载力不仅与土的性质有关，还与基础的大小、形状、埋深以及荷载情况等有关，而这些因素对承载力的影响程度又随着土质的不同而不同。例如对饱和软土（$\varphi_u=0$，$M_b=0$），增大基底尺寸不可能提高地基承载力，但对 $\varphi_k>0$ 的土，增大基底宽度将使承载力随着 φ_k 的提高而显著增加。

（3）由式（3-6）可知，地基承载力随埋深 d 线性增加，但对实体基础（如扩展基础），增加的承载力将被基础和回填土重量的相应增加所部分抵偿。特别是对于饱和软土，由于 $M_d=1$，增加的承载力将与基础和回填土重量的增加部分基本相等，此时增大基础埋深作用不大。

（4）按土的抗剪强度确定的地基承载力特征值没有考虑建筑物对地基变形的要求，因此在基础底面尺寸确定后，还应进行地基变形验算。

（5）内摩擦角标准值 φ_k 和黏聚力标准值 c_k 可按下列方法计算：

将 n 组试验所得的 φ_i 和 c_i 代入下述式（3-8）、（3-9）和（3-10），分别计算出平均值 φ_m、c_m，标准差 σ_φ、σ_c 和变异系数 δ_φ、δ_c。

$$\mu=\frac{\sum_{i=1}^{n}\mu_i}{n} \tag{3-8}$$

$$\sigma = \sqrt{\frac{\sum_{i=1}^{n} \mu_i^2 - n\mu^2}{n-1}} \tag{3-9}$$

$$\delta = \sigma / \mu \tag{3-10}$$

式中 μ——某一土性指标试验平均值；

σ——标准差；

δ——变异系数。

按下述两式分别计算 n 组试验的内摩擦角和黏聚力的统计修正系数 ψ_{φ}、ψ_{c}：

$$\psi_{\varphi} = 1 - \left(\frac{1.704}{\sqrt{n}} + \frac{4.678}{n^2}\right)\delta_{\varphi} \tag{3-11}$$

$$\psi_{c} = 1 - \left(\frac{1.704}{\sqrt{n}} + \frac{4.678}{n^2}\right)\delta_{c} \tag{3-12}$$

最后按下述两式计算抗剪强度指标标准值 φ_{k}、c_{k}：

$$\varphi_{k} = \psi_{\varphi}\varphi_{m} \tag{3-13}$$

$$c_{k} = \psi_{\varphi}c_{m} \tag{3-14}$$

二、按地基载荷试验确定

对于设计等级为甲级建筑物或地质条件复杂、土质很不均匀的情况，采用现场载荷试验法可以取得较精确可靠的地基承载力数值。

载荷试验包括浅层平板载荷试验（Shallow Plate Load Test）、深层平板试验（Deep Plate Load Test）及螺旋板载荷试验（Spiral Plate Load Test）。前者适用于浅层地基，后两者适用于深层地基。

载荷试验的优点是压力的影响深度可达 1.5～2 倍承压板宽度，故能较好地反映天然土体的压缩性，对于成分或结构很不均匀的土层，如杂填土、裂隙土、风化岩等，它则显出用别的方法难以代替的作用，但其缺点是试验工作量和费用较大，时间较长。

下面讨论根据载荷试验成果 p-s 曲线确定地基承载力特征值的方法。

对于密实砂土、硬塑黏土等低压缩性土，其 p-s 曲线通常有比较明显的起始直线段和极限值，即呈急进破坏的“陡降型”，如图 3-20（a）所示。考虑到低压缩性土的承载力特征值一般由强度安全控制，故规范规定以直线段末点所对应的压力 p_1（比例界限荷载）作为承载力特征值。此时，地基的沉降量很小，强度安全贮备也足够。但是对于少数呈“脆性”破坏的土，p_1 与极限荷载 p_u 很接近，故当 $p_u < 1.5p_1$ 时，取 $p_u/2$ 作为地基承

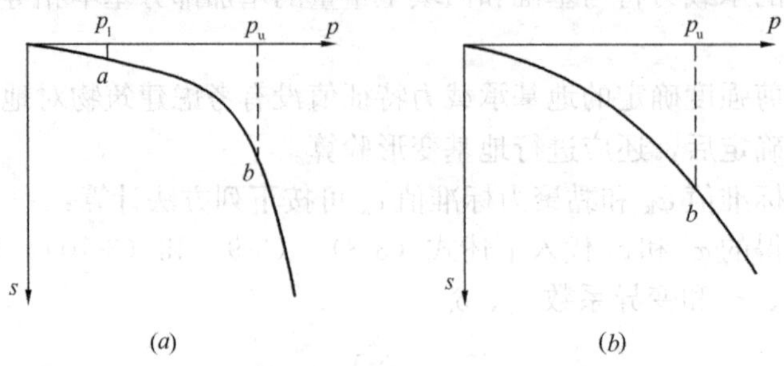

图 3-20 按载荷试验成果确定地基承载力特征值

（a）低压缩性土；（b）高压缩性土

载力特征值。

对于松砂、填土、可塑黏土等中、高压缩性土，其 p-s 曲线往往无明显的转折点，呈现渐进破坏的“缓变型”，如图 3-20（b）所示。由于中、高压缩性土的沉降量较大，故其承载力特征值一般受允许沉降量控制。因此，当压板面积为 0.25～0.50m^2 时，规范规定可取沉降 $s=$（0.01～0.015）b（b 为承压板宽度或直径）所对应的荷载（此值不应大于最大加载量的一半）作为地基承载力特征值。对同一土层，应选择三个以上的试验点，当试验实测值的极差（最大值与最小值之差）不超过其平均值的 30%时，取其平均值作为该土层的地基承载力特征值 f_{ak}。

三、按规范承载力修正公式确定

当基础宽度大于 3m 或埋置深度大于 0.5m 时，从载荷试验或其他原位测试、经验值等方法确定的地基承载力特征值，尚应根据基础的宽度和深度按下式进行修正：

$$f_a = f_{ak} + \eta_b \gamma (b-3) + \eta_d \gamma_m (d-0.5) \tag{3-15}$$

式中 f_a——修正后的地基承载力特征值（kPa）；

f_{ak}——地基承载力特征值（kPa）；

η_b、η_d——基础宽度和埋深的承载力修正系数，按基底下土的类别查表 3-8；

γ——基础底面以下土的重度，地下水位以下取有效重度（kN/m^3）；

b——基础底面宽度，当基底宽度小于 3m 时按 3m 考虑，大于 6m 时按 6m 考虑；

γ_m——基础地面以上土的加权平均重度，地下水位以下取有效重度（kN/m^3）；

d——基础埋置深度（m），一般自室外地面标高算起。在填方整平地区，可自填土地面标高算起，但填土在上部结构施工后完成时，应从天然地面标高算起。对于地下室，如采用箱形基础或筏基时，基础埋置深度在室外地面标高算起；当采用独立基础或条形基础时，应从室内地面标高算起。

承载力修正系数 **表 3-8**

土的类别		η_b	η_d
淤泥和淤泥质土		0	1.0
人工填土 e 或 I_L 大于等于 0.85 的黏性土		0	1.0
红黏土	含水比 $a_w>0.8$	0	1.2
	含水比 $a_w\leqslant0.8$	0.15	1.4
大面积压实填土	压实系数大于 0.95、黏粒含量含水比 $\rho_c\geqslant10\%$的粉土	0	1.5
	最大干密度大于 2.1t/m^3 的级配砂石	0	2.0
粉土	黏粒含量 $\rho_c\geqslant10\%$的粉土	0.3	1.5
	黏粒含量 $\rho_c<10\%$的粉土	0.5	2.0
e 或 I_L 均小于 0.85 的黏性土		0.3	1.6
粉砂、细砂（不包括很湿与饱和时的稍密状态）		2.0	3.0
中砂、粗砂、砾砂和碎石砂		3.0	4.4

注：1. 强风化和全风化的岩石，可参照所风化成的相应土类取值，其他状态下的岩石不修正；

2. 地基承载力特征值按深层平板载荷试验确定时，η_d 取 0；

3. 含水比是指土的天然含水量与液限的比值；

4. 大面积压实填土是指填土范围大于两倍基础宽度的填土。

四、按建筑经验确定

对于设计等级为丙级中的次要、轻型建筑物可根据临近建筑物的经验确定地基承载力特征值。

调查拟建场地附近的建筑物的结构类型、基础形式、地基条件和使用现状，对于确定拟建场地的地基承载力具有一定的参考价值。

在按建筑经验确定承载力时，需要了解拟建场地是否存在人工填土、暗浜或暗沟、土洞、软弱夹层等不利情况，对于地基持力层，可以通过现场开挖，根据土的名称和所处的状态估计地基承载力。这些工作还需在基坑开挖验槽时进行验证。

选择以上确定地基承载力特征值的方法的原则为：对于地基基础设计等级高的工程，应按多种方法综合确定地基承载力特征值；若用较少的方法确定或相关试验较少的情况，承载力特征值应取较低值。

【例题 3-1】 某基础宽 3.5m，埋深 1.8m。地表以下的土层为：第一层是填土，厚 0.6m，$\gamma=18.7\text{kN/m}$；第二层是粉质黏土，厚 1.0m，$\gamma=18.9\text{kN/m}^3$；第三层是细砂，厚度较大，中密，很湿～饱和，$\gamma=19.2\text{kN/m}^3$，$\gamma_{sat}=20.0\text{kN/m}^3$，地下水位在地表下 1.8m。由现场载荷试验得到地基承载力特征值 f_{ak} 为 180kPa；试确定修正后的地基承载力特征值 f_a。

【解】 基础埋深为 1.8m，因基底与地下水位齐平，故 γ 取有效重度 γ'，即

$$\gamma'=\gamma_{sat}-\gamma_w=20.0-10=10.0\text{kN/m}^3;$$

此外 $\gamma_m=(18.7\times0.6+18.9\times1.0+19.2\times0.2)/1.8=18.867\text{kN/m}^3$；

因为埋深 $d=1.8\text{m}>0.5\text{m}$，宽度 $b=3.5\text{m}>3.0\text{m}$，故还需对 f_{ak} 进行修正。查表 3-8，得承载力修正系数 $\eta_b=2.0$，$\eta_d=3.0$，代入式（3-15），得修正后的地基承载力特征值为：

$$\begin{aligned}f_a&=f_{ak}+\eta_b\gamma(b-3)+\eta_d\gamma_m(d-0.5)\\&=180+2.0\times10.0\times(3.5-3)+3.0\times18.867\times(1.8-0.5)\\&=263.6\text{kPa}。\end{aligned}$$

3.6 基础底面尺寸的确定

在初步选择基础类型和埋置深度后，就可以根据持力层的承载力特征值计算基础底面尺寸。如果地基荷载影响范围内存在着承载力明显低于持力层的下卧层，则所选择的基底尺寸尚须满足对软弱下卧层验算的要求。

3.6.1 按地基持力层承载力计算基底尺寸

一般柱、墙的基础通常为矩形基础或条形基础，且采用对称布置。按荷载对基底形心的偏心情况，上部结构作用在基础顶面处的荷载可以分为轴心荷载和偏心荷载两种。

1. 轴心荷载作用

在轴心荷载作用下，按地基持力层承载力计算基底尺寸时，要求基础底面压力满足下式要求：

$$p_k\leqslant f_a \tag{3-16}$$

式中 f_a——修正后的地基持力层承载力特征值（kPa）；

p_k——相应于荷载效应标准组合时，基础底面处的平均压力值（kPa），按下式计算：

$$p_k=(F_k+G_k)/A \tag{3-17}$$

A——基础底面面积（m^2）；

F_k——相应于荷载效应标准组合时，上部结构传至基础顶面的竖向力值（kN）；

G_k——基础自重和基础上的土重（kN），对一般实体基础，可近似地取 $G_k=\gamma_G Ad$（γ_G 为基础及回填土的平均重度，可取 $\gamma_G=20kN/m^3$，d 为基础平均埋深），但在地下水位以下部分应扣去浮托力，即 $G_k=\gamma_G Ad-\gamma_w Ah_w$（$h_w$ 为地下水位至基础底面的距离）。

将式（3-17）代入（3-16），得基础底面积计算公式如下：

$$A\geqslant F_k/(f_a-\gamma_G d+\gamma_w h_w) \tag{3-18}$$

在轴心荷载作用下，柱下独立基础一般采用方形，则其边长为：

$$b\geqslant\sqrt{\frac{F_k}{f_a-\gamma_G d+\gamma_w h_w}} \tag{3-19}$$

对于墙下条形基础，可沿基础长方向取单位长度 1m 进行计算，荷载也为相应的线荷载（kN/m），则条形基础宽度为：

$$b\geqslant F_k/(f_a-\gamma_G d+\gamma_w h_w) \tag{3-20}$$

在上面的计算中，一般先要对地基承载力特征值 f_{ak} 进行深度修正，然后按计算得到的基底宽度 b，考虑是否需要对 f_{ak} 进行宽度修正。如需要，修正后重新计算基底宽度，直至满足要求。最后确定的基底尺寸 b 和 l 均应取整（为 100mm 的倍数）。

【例题 3-2】 某宾馆设计框架结构，独立基础，按荷载效应的标准组合计算，传至±0.0 处的竖向力为 $F_k=2800kN$，基础埋深为 3m，地基土自上而下分为四层，各层土的厚度、重度及持力层的承载力特征值如图 3-21 所示，试计算基础底面积。

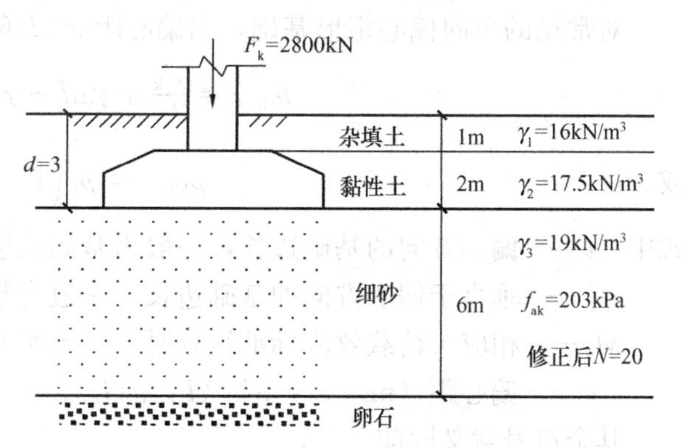

图 3-21

【解】（1）先进行地基承载力深度宽度修正。

查表 3-8，得细砂承载力的修正系数 $\eta_b=2.0$，$\eta_d=3.0$，基础埋深范围内地基土的加权平均重度 γ_m 为：

$$\gamma_m=(16\times1.0+17.5\times2.0)/(1+2)=17.0kN/m^3$$

先假设基底宽度 $b\leqslant3m$，由式（3-15）得经深度修正后的地基承载力特征值为：

$$\begin{aligned}f_a&=f_{ak}+\eta_b\gamma(b-3)+\eta_d\gamma_m(d-0.5)\\&=203+3.0\times17\times(3-0.5)\\&=330.5kPa\end{aligned}$$

（2）基底面积初算

$$A_0 \geqslant \frac{F_k}{f_a - \gamma_G d} = \frac{2800}{330.5 - 20 \times 3} = 10.35\text{m}^2$$

采用正方形基础，基础底边边长3.2m。因基底宽度超过3m，地基承载力特征值还需要重新进行宽深修正。

（3）地基承载力特征值宽深修正

$$\begin{aligned} f_a &= f_{ak} + \eta_b \gamma (b-3) + \eta_d \gamma_m (d-0.5) \\ &= 203 + 3.0 \times 17 \times (3-0.5) + 2.0 \times 19 \times (3.2-3.0) \\ &= 330.5 + 7.6 = 338.1\text{kPa} \end{aligned}$$

（4）基础底面面积

$$A_0 \geqslant \frac{F_k}{f_a - \gamma_G d} = \frac{2800}{338.1 - 20 \times 3} = 10.1\text{m}^2$$

实际采用基底面积为$3.2 \times 3.2 = 10.2\text{m}^2 > 10.1\text{m}^2$。

2. 偏心荷载作用

对偏心荷载作用下的基础，如果计算地基承载力特征值f_a时采用的是魏锡克或汉森一类理论公式，即在理论公式中已经考虑了荷载偏心和倾斜引起地基承载力的折减，此时基底压力只需满足条件［式（3-16）］的要求即可。否则，则除应满足式（3-16）的要求外，尚应满足以下附加条件：

$$p_{kmax} \leqslant 1.2 f_a \tag{3-21}$$

式中 p_{kmax}——相应于荷载效应标准组合时，按直线分布假设计算的基底边缘处的最大压力值（kPa）；

f_a——修正后的地基承载力特征值（kPa）。

对常见的单向偏心矩形基础，当偏心距$e \leqslant l/6$时，基底最大压力可按下式计算：

$$p_{kmax} = \frac{F_k}{bl} + \gamma_G d - \gamma_w h_w + \frac{6M_k}{bl^2} \tag{3-22}$$

或

$$p_{kmax} = p_k \left(1 + \frac{6e}{l}\right) \tag{3-23}$$

式中 l——偏心方向的基础边长，一般为基础长边边长（m）；

b——垂直于偏心方向的基础边长，一般为基础短边边长（m）；

M_k——相应于荷载效应标准组合时，基础所有荷载对基底形心的合力矩（kN·m）；

e——偏心距（m），$e = M_k/(F_k + G_k)$；

其余符号意义同前。

为了保证基础不致过分倾斜，通常还要求偏心距，应满足下列条件：

$$e \leqslant l/6 \tag{3-24}$$

一般认为，在中、高压缩性地基上的基础，或有吊车的厂房柱基础，不宜大于$l/6$；对低压缩性地基上的基础，当考虑短暂作用的偏心荷载时，可放宽至$l/4$。

确定矩形基础底面尺寸时，为了同时满足式（3-16）、（3-21）和（3-24）的条件，一般可按下述步骤进行：

（1）进行深度修正，初步确定修正后的地基承载力特征值。

（2）根据荷载偏心情况，将按轴心荷载作用计算得到的基底面积增大10%～40%，即取

$$A = (1.1 \sim 1.4)\frac{F_k}{f_a - \gamma_G d + \gamma_w h_w} \tag{3-25}$$

（3）选取基底长边 l 与短边 b 的比值 n（一般取 $n \leqslant 2$），于是有

$$b = \sqrt{A/n} \tag{3-26}$$

$$l = nb \tag{3-27}$$

（4）考虑是否应对地基承载力进行宽度修正。如需要，在承载力修正后，重复上述（2）、（3）两个步骤，使所取宽度前后一致。

（5）计算偏心距 e 和基底最大压力 p_{kmax}，并验算是否满足式（3-24）和（3-21）的要求。

（6）若 b、l 取值不适当（太大或太小），可调整尺寸再行验算，如此反复数次，定出合适的尺寸。

【例题 3-3】 某工厂厂房设计为框架结构，独立基础，上部荷载 $N=1600\text{kN}$，$M=400\text{kN}\cdot\text{m}$，水平荷载 $Q=50\text{kN}$。地基土分 3 层：表层人工填土，天然重度 $\gamma_1=17.2\text{kN/m}^3$，层厚 0.8m；第 2 层为粉土，$\gamma_2=17.7\text{kN/m}^3$，层厚 1.2m；第 3 层为黏土，孔隙比 $e=0.85$，液性指数 $I_L=0.60$，$\gamma_3=18.0\text{kN/m}^3$，层厚 8.6m。计算基础底面积。基础埋深为 $d=2.0\text{m}$，位于第 3 层黏土顶面。试设计柱基底面尺寸。

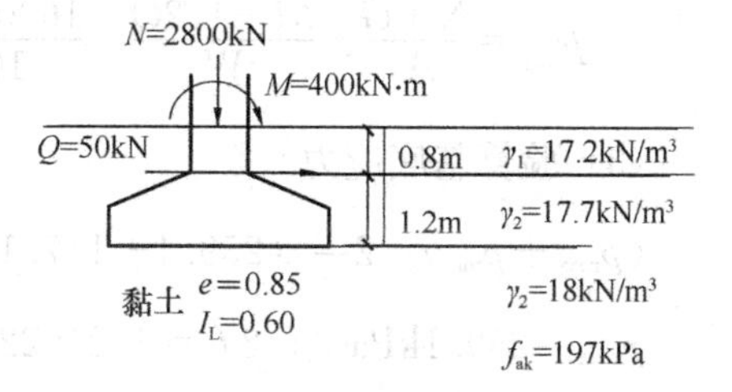

图 3-22

【解】 解法 1

（1）先按中心荷载初算 A_1

地基承载力特征值深度宽度修正。查表知 $e=0.85$ 的承载力修正系数 $\eta_b=0$，$\eta_d=1.0$。基础埋深范围地基土的加权平均重度 γ_m 为：

$$\gamma_m = \frac{17.2\times0.8+17.7\times1.2}{0.8+1.2} = 17.5\ \text{kN/m}^3$$

先假设基底宽度 $b \leqslant 3\text{m}$，经深度修正后的地基承载力特征值 f_a 为：

$$f_a = f_{ak} + \eta_d\gamma_m(d-0.5) = 197 + 1.0\times17.5\times(2-0.5) = 223\text{kPa}$$

基底面积初算：$A_1 = \dfrac{N}{f_a - \gamma_G d} = \dfrac{1600}{223-20\times2} = 8.74\ \text{m}^2$

（2）考虑偏心荷载不利影响

加大基础底面积 10%　$A=1.1A_1=1.1\times8.74=9.61\text{m}^2$，取 $3.0\times3.2=9.6\text{m}^2$，基础宽度不大于 3m。

计算基础及台阶上的土自重：$G=dA\gamma_G=2\times9.6\times20=384\text{kN}$

计算基底抵抗矩：$W=lb^2/6=3.0\times3.2^2/6=5.12\text{m}^3$

计算基底边缘最大与最小应力：

$$p_{\substack{max\\min}} = \frac{N+G}{A} \pm \frac{M+1.2Q}{W} = \frac{1600+384}{9.60} \pm \frac{400+60}{5.12} = 206.7\pm89.8 = {296.5 \atop 116.9}\text{kPa}$$

（3）验算基底应力

$(p_{max}+p_{min})/2=(296.5+116.9)/2=206.7\text{kPa}<f_a=223\text{kPa}$，安全；

p_{max}=296.5kPa>1.2f_a=1.2×223=267.6kPa，不安全。

因此，需重新设计基底尺寸。

解法 2：

（1）中心荷载作用基底面积计算同前，A_1=8.74m²。

（2）考虑偏心荷载不利影响

加大基础底面积 20%　$A=1.2A_1=1.2\times8.74=10.48\text{m}^2$，取 3.0×3.6=10.8m²，基础宽度不大于 3m。

计算基础及台阶上的土自重：$G=dA\gamma_G=2\times10.8\times20=432\text{kN}$

计算基底抵抗矩：$W=lb^2/6=3.0\times3.6^2/6=6.48\text{m}^3$

计算基底边缘最大与最小应力：

$$p_{\min}^{\max}=\frac{N+G}{A}\pm\frac{M+1.2Q}{W}=\frac{1600+432}{10.8}\pm\frac{400+60}{6.48}=188.1\pm71.0=\frac{259.1}{117.1}\text{kPa}$$

（3）验算基底应力

（$p_{max}+p_{min}$）/2=（259.1+117.1）/2=188.1kPa<f_a=223kPa，安全；

p_{max}=259.1kPa<1.2f_a=1.2×223=267.6kPa，满足要求。

3.6.2 软弱下卧层的承载力验算

当地基受力层范围内存在软弱下卧层（承载力显著低于持力层的高压缩性土层）时，除按持力层承载力确定基底尺寸外，还必须对软弱下卧层进行验算，要求作用在软弱下卧层顶面处的附加应力与自重应力之和不超过它的承载力特征值，即

$$\sigma_z+\sigma_{cz}\leqslant f_{az} \tag{3-28}$$

式中　σ_z——相应于荷载效应标准组合时，软弱下卧层顶面处的附加应力值（kPa）；

σ_{cz}——软弱下卧层顶面处土的自重应力值（kPa）；

f_{az}——软弱下卧层顶面处经深度修正后的地基承载力特征值（kPa）。

附加应力 σ_z 可参照双层地基中附加应力分布的理论解答按压力扩散角的概念计算（图 3-21）。假设基底处的附加压力（$p_0=p_k-\sigma_{cd}$）往下传递时按压力扩散角 θ 向外扩散至软弱下卧层顶面，根据基底与扩散面积上的总附加压力相等的条件，可得附加应力 σ_z 的计算公式如下：

条形基础
$$\sigma_z=\frac{b(p_k-\sigma_{cd})}{b+2z\tan\theta} \tag{3-29}$$

矩形基础
$$\sigma_z=\frac{lb(p_k-\sigma_{cd})}{(l+2z\tan\theta)\times(b+2z\tan\theta)} \tag{3-30}$$

式中　b——条形基础或矩形基础的底面宽度（m）；

l——矩形基础的底面长度（m）；

p_k——相应于荷载效应标准组合时的基底平均压力值（kPa）；

σ_{cd}——基底处土的自重应力值（kPa）；

z——在基底至软弱下卧层顶面的距离（m）；

θ——地基压力扩散角°，可按表 3-9 采用。

地基压力扩散角 θ 值 **表 3-9**

E_{s1}/E_{s2}	z/b	
	0.25	0.50
3	6°	23°
5	10°	25°
10	20°	30°

注：1. E_{s1}为上层土的压缩模量；E_{s2}为下层土的压缩模量；

2. $z/b<0.25$ 时取 $\theta=0°$，必要时，宜由试验确定；$z/b>0.50$ 时 θ 不变；z/b 在 0.25 与 0.50 之间可插值使用。

由式（3-30）可知，如要减小作用于软弱下卧层顶面的附加应力 σ_z，可以采取加大基底面积使扩散面积增大或减小基础埋深使 z 值增大的措施。前一措施虽然可以有效地减小 σ_z，但却可能使基础的沉降量增加。因为附加应力的影响深度会随着基底面积的增加而加大，从而可能使软弱下卧层的沉降量明显增加。反之，减小基础埋深可以使基底到软弱下卧层的距离增加，使附加应力在软弱下卧层中的影响减小，因而基础沉降随之减小。因此，当存在软弱下卧层时，上述后一措施更有效。

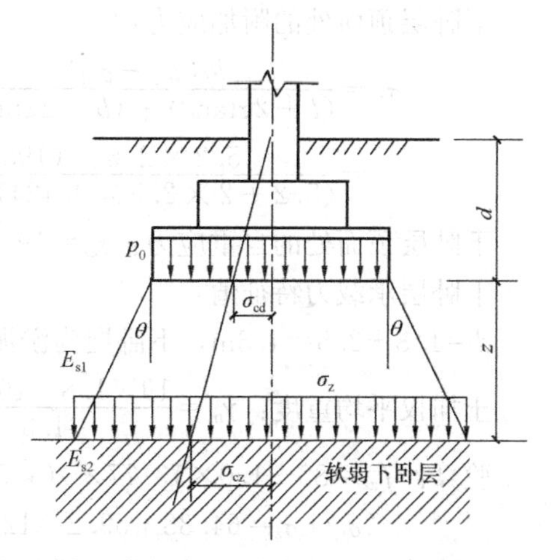

图 3-23 软弱下卧层验算

【例题 3-4】 图 3-24 中某单厂独立柱基础底面尺寸为 5.2m×2.6m，$G_k=486.7$kN，试根据图中各项资料验算持力层和软弱下卧层的承载力是否满足要求。

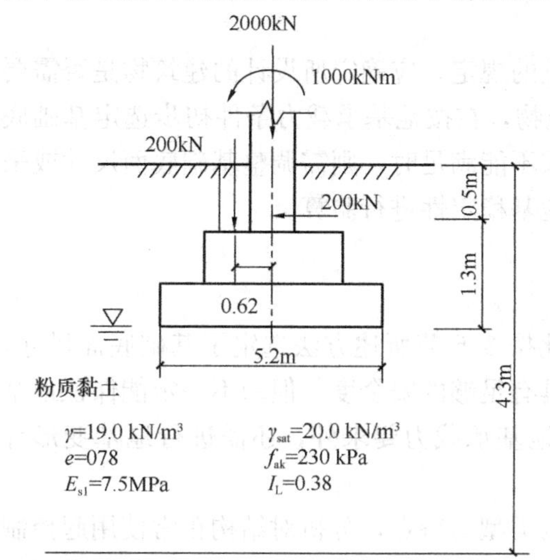

图 3-24

【解】 1. 持力层承载力验算

(1) 计算基底压力

作用在基底形心处的竖向力：$F_k+G_k=2000+200+20\times2.6\times5.2\times1.8=2686.7$ kN

作用在基底处的总力矩：$M_k=1000+200\times1.3+200\times0.62=1384$kN·m

总的偏心距：$e=\dfrac{M_k}{F_k}=\dfrac{1384}{2686.7}=0.515\text{m}<\dfrac{b}{6}=\dfrac{5.2}{6}=0.87\text{m}$（满足）

基底平均压力：

$$p_k=\frac{F_k+G_k}{A}=\frac{2687.7}{2.6\times5.2}=198.72\text{ kPa}$$

基底最大压力：

$$p_{kmax} = p_k\left(1+\frac{6e}{l}\right) = 198.72 \times \left(1+\frac{6\times 0.515}{5.2}\right) = 316.8\text{kPa}$$

（2）持力层承载力特征值

先对持力层承载力特征值 f_{ak} 进行修正。查表 3-8，得 $\eta_b=0$，$\eta_d=1.6$，由式（3-15），得：$f_a=230+1.6\times19.0\times(1.8-0.5)=269.6\text{kPa}>p=198.72\text{kPa}$（满足）

$$1.2f_a=1.2\times269.6=323.5\text{kPa}>p_{max}=316.8\text{kPa}\text{（满足）}$$

2. 软弱下卧层承载力验算

由 $E_{s1}/E_{s2}=7.5/2.5=3$，$z/b=2.5/2.6=0.96>0.50$，查表 3-9 得 $\theta=23°$，$\tan\theta=0.424$。

下卧层顶面处的附加应力：

$$\sigma_z = \frac{lb(p_k-\sigma_{cd})}{(l+2z\tan\theta)+(b+2z\tan\theta)}$$

$$= \frac{5.2\times2.6\times(198.72-19.0\times1.8)}{(5.2+2\times2.5\times0.424)(2.6+2\times2.5\times0.424)} = 64.33\text{kPa}$$

下卧层顶面处的自重应力：$\sigma_{cz}=19.0\times1.8+(20-10)\times2.5=59.2\text{kPa}$

下卧层承载力特征值：

$d=1.8+2.5=4.3\text{m}$，下卧层为淤泥质土，$\eta_b=0$，$\eta_d=1.0$，

土加权平均重度：$\gamma_m=\dfrac{19\times1.8+10\times2.5}{4.3}=13.77\text{kN/m}^3$；

验算：$f_{az}=85+1.0\times13.77\times(4.3-0.5)=137.33\text{kPa}$；

$\sigma_{cz}+\sigma_z=64.33+59.2=123.53\text{kPa}<f_{az}=137.33\text{kPa}$（满足）；

经验算，基础底面尺寸及埋深满足要求。

3.7 地基变形和稳定性验算

根据建筑物的具体条件和地基基础设计规范的规定，应确定所设计的建筑物是否需要进行地基变形验算。对不满足表 3-2 规定的建筑物，在按地基承载力条件初步选定基础底面尺寸后，还应进行地基变形验算，如变形要求不能满足时，则需调整基础底面尺寸或采取其他控制变形的措施。此外，必要时还应对地基稳定性进行验算。

3.7.1 地基变形验算

1. 地基变形验算条件

按 3.5 节方法确定地承载力特征值，并据此按 3.6 节所述方法选定了基础底面尺寸，一般已可保证建筑物在防止地基剪切破坏方面具有足够的安全度，但却不一定能保证地基变形满足要求。为了保证工程的安全，除满足地基承载力要求外，还需进行地基变形计算，防止地基变形事故的发生。

地基变形的验算，要针对建筑物的具体结构类型与特点，分析对结构正常使用起控制作用的地基变形特征。地基变形验算的要求是：建筑物的地基变形计算值 Δ 应不大于地基变形允许值 [Δ]（Allowable Deformation of Foundation），即要求满足下列条件：

$$\Delta \leqslant [\Delta] \tag{3-31}$$

地基变形特征可分为四种：

沉降量——独立基础中心点的沉降值或整幢建筑物基础的平均沉降值（m）；

沉降差——相邻两个柱基的沉降量之差（m）；

倾斜——基础倾斜方向两端点的沉降差与其距离的比值（‰）；

局部倾斜——砌体承重结构沿纵向 6～10m 内基础两点的沉降差与其距离的比值（‰）。

2. 地基变形允许值

地基变形允许值［Δ］的确定是一项十分复杂的工作，其中涉及许多因素，如建筑物的结构特点和具体使用要求、对地基不均匀沉降的敏感程度以及结构强度储备等。《建筑地基基础设计规范》综合分析了国内外各类建筑物的有关资料，提出了表 3-10 所列的建筑物地基变形允许值。对表中未包括的其他建筑物的地基变形允许值，可根据上部结构对地基变形的适应能力和使用上的要求确定。

建筑物的地基变形允许值　　表 3-10

<table>
<tr><th rowspan="2" colspan="2">变形特性</th><th colspan="2">地基土类别</th></tr>
<tr><th>中、低压缩性</th><th>高压缩性土</th></tr>
<tr><td colspan="2">砌体承重结构基础的局部倾斜</td><td>0.002</td><td>0.003</td></tr>
<tr><td colspan="2">工业与民用建筑相邻柱基的沉降差</td><td></td><td></td></tr>
<tr><td colspan="2">（1）框架结构</td><td>$0.002l$</td><td>$0.003l$</td></tr>
<tr><td colspan="2">（2）砌体墙填充的边排柱</td><td>$0.0007l$</td><td>$0.001l$</td></tr>
<tr><td colspan="2">（3）当基础不均匀沉降时不产生附加应力的结构</td><td>$0.005l$</td><td>$0.005l$</td></tr>
<tr><td colspan="2">单层排架结构（柱距为 6m）柱基的沉降量（mm）</td><td>（120）</td><td>200</td></tr>
<tr><td colspan="2">桥式吊车轨面的倾斜（按不调整轨道考虑）</td><td colspan="2"></td></tr>
<tr><td colspan="2">纵向</td><td colspan="2">0.004</td></tr>
<tr><td colspan="2">横向</td><td colspan="2">0.003</td></tr>
<tr><td rowspan="4">多层和高层建筑的整体倾斜</td><td>$H_g \leqslant 24$</td><td colspan="2">0.004</td></tr>
<tr><td>$24 < H_g \leqslant 60$</td><td colspan="2">0.003</td></tr>
<tr><td>$60 < H_g \leqslant 100$</td><td colspan="2">0.0025</td></tr>
<tr><td>$H_g > 100$</td><td colspan="2">0.002</td></tr>
<tr><td colspan="2">体型简单的高层建筑基础的平均沉降量（mm）</td><td colspan="2">200</td></tr>
<tr><td rowspan="6">高耸结构基础的倾斜</td><td>$H_g \leqslant 20$</td><td colspan="2">0.008</td></tr>
<tr><td>$20 < H_g \leqslant 50$</td><td colspan="2">0.006</td></tr>
<tr><td>$50 < H_g \leqslant 100$</td><td colspan="2">0.005</td></tr>
<tr><td>$100 < H_g \leqslant 150$</td><td colspan="2">0.004</td></tr>
<tr><td>$150 < H_g \leqslant 200$</td><td colspan="2">0.003</td></tr>
<tr><td>$200 < H_g \leqslant 250$</td><td colspan="2">0.002</td></tr>
<tr><td rowspan="3">高耸结构基础的倾斜（mm）</td><td>$H_g \leqslant 100$</td><td colspan="2">400</td></tr>
<tr><td>$100 < H_g \leqslant 200$</td><td colspan="2">300</td></tr>
<tr><td>$200 < H_g \leqslant 250$</td><td colspan="2">200</td></tr>
</table>

注：1. 本表数值为建筑物地基实际最终变形允许值；
2. 有括号者仅适用于中压缩性土；
3. l 为相邻柱基的中心距离（mm）；H_g 为自室外地面起算的建筑物高度（m）；
4. 倾斜指基础倾斜方向两端点的沉降差与其距离的比值；
5. 局部倾斜指砌体承重结构沿纵向 6m～10m 内基础两点的沉降差与其距离的比值。

一般来说，如果建筑物均匀下沉，那么即使沉降量较大，也不会对结构本身造成损坏，但可能会影响到建筑物的正常使用，或使邻近建筑物倾斜，或导致与建筑物有联系的其他设施的损坏。例如，单层排架结构的沉降量过大会造成桥式吊车净空不够而影响使用；高耸结构（如烟囱，水塔等）沉降量过大会将烟道（或管道）拉裂。

砌体承重结构对地基的不均匀沉降很敏感，其损坏主要是由于墙体挠曲引起局部出现斜裂缝，故砌体承重结构等敏感性结构的地基变形由局部倾斜控制。

框架结构和单层排架等柔性结构主要由于相邻柱基的沉降差而使构件受剪扭曲而损坏，因此其地基变形由沉降差控制。

高耸结构和高层建筑的整体刚度很大，可近似视为刚性结构，其地基变形应由建筑物的整体倾斜控制，对于多层建筑也应由倾斜值控制，必要时这些结构尚应控制平均沉降量。

地基土层的不均匀分布以及邻近建筑物的影响是高耸结构和高层建筑产生倾斜的重要原因。这类结构物的重心高，基础倾斜便重心侧向移动引起的偏心距荷载，不仅使基底边缘压力增加而影响倾覆稳定性，还会产生附加弯矩。因此，倾斜允许值应随结构高度的增加而递减。

3. 地基变形计算

现行《建筑地基基础设计规范》GB 50007—2011 规定，地基沉降采用各向同性均质线性变形体理论，其计算公式为：

$$s = \psi_s s' = \psi_s \sum_{i=1}^{n} \frac{p_0}{E_{si}}(z_i\overline{\alpha}_i - z_{i-1}\overline{\alpha}_{i-1}) \tag{3-32}$$

式中 s——地基中某点最终变形量（mm）；

s'——按分层总和法计算出的地基变形量（mm）；

ψ_s——沉降计算经验系数，根据地区沉降观测资料及经验确定，无地区经验时可采用表 3-11 的数值；

n——地基变形计算深度范围内所划分的土层数（图 3-22）；

p_0——对应于荷载效应准永久组合时的基础底面处的附加压力（kPa）；

E_{si}——基础底面下第 i 层土的压缩模量（MPa），应取土的自重压力至土的自重压力与附加压力之和的压力段计算；

z_i、z_{i-1}——基础底面至第 i 层土、第 $i-1$ 层土底面的距离（m）；

$\overline{\alpha}_i$、$\overline{\alpha}_{i-1}$——基础底面计算点至第 i 层土、第 $i-1$ 层土底面范围内平均附加应力系数，对于均布矩形荷载，可按表 3-13 采用。

沉降计算经验参数 ψ_s **表 3-11**

$\overline{E}_s$（MPa） 基底附加压力	2.5	4.0	7.0	15.0	20.0
$p_0 \geqslant f_{ak}$	1.4	1.3	1.0	0.4	0.2
$p_0 \leqslant 0.75 f_{ak}$	1.1	1.0	0.7	0.4	0.2

注：$\overline{E}_s$ 为变形计算深度范围内压缩模量的当量值，应按下式计算：

$$\overline{E}_s = \frac{\sum A_i}{\sum \frac{A_i}{E_{si}}}$$

式中 A_i——第 i 层土附加应力系数沿土层厚度的积分值。

图 3-25 中地基变形计算深度 z_n 应符合下式要求：

$$\Delta s'_n \leqslant 0.025 \sum_{i=1}^{n} \Delta s'_i \qquad (3\text{-}33)$$

式中 $\Delta s'_i$——在计算深度范围内，第 i 层土的计算变形值（mm）；

$\Delta s'_n$——在由计算深度向上取厚度为 Δz 的土层计算变形值（mm），Δz 见图 3-22 并按表 3-12 确定。

如确定的计算深度下部仍有较软土层时，应继续计算。

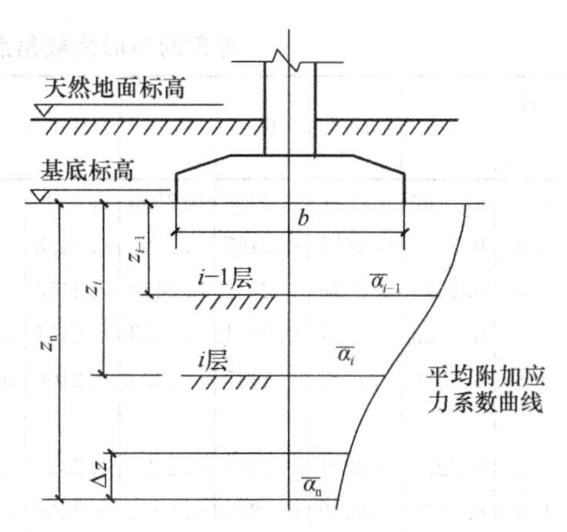

图 3-25 基础沉降计算的分层示意图

Δz **表 3-12**

b（m）	$b \leqslant 2$	$2 < b \leqslant 4$	$4 < b \leqslant 8$	$b > 8$
Δz（m）	0.3	0.6	0.8	1.0

当无相邻荷载影响，基础宽度在 1～30m 范围内时，基础中点的地基变形计算深度也可按下式简化公式计算：

$$z_n = b(2.5 - 0.4\ln b) \qquad (3\text{-}34)$$

式中 b——基础宽度（m）。

在计算深度范围内存在基岩时，z_n 可取至基岩表面；当存在较厚的坚硬黏性土层，其孔隙比小于 0.5、压缩模量大于 50MPa，或存在较厚的密实砂卵石层，其压缩模量大于 80MPa 时，z_n 可取至该层土表面。

计算地基变形时，应考虑相邻荷载的影响，其值可按应力叠加原理，采用角点法计算。在同一整体大面积基础上建有多幢高层和低层建筑，应该按照上部结构、基础与地基的共同作用进行变形计算。

按上述方法可得到基础上任意点的沉降，根据建筑物的结构特点可以进一步得到相应地基变形特征的计算值。

必须指出，目前的地基沉降计算方法还比较粗糙，因此，对于重要的或体型复杂的建筑物，或使用上对不均匀沉降有严格要求的建筑物，应进行系统的地基沉降观测。通过对观测结果的分析，一方面可以对计算方法进行验证，修正土的参数取值；另一方面可以预测沉降发展的趋势，如果最终沉降可能超出允许范围，则应及时采取处理措施。

在必要情况下，需要分别预估建筑物在施工期间和使用期间的地基变形值，以便预留建筑物有关部分之间的净空，考虑连接方法和施工顺序。此时，一般多层建筑物在施工期间完成的沉降量，对于砂土可认为其最终沉降量已完成 80%以上，对于其他低压缩性土可认为已完成最终沉降量的 50%～80%，对于中压缩性土可认为已完成 20%～50%，对于高压缩性土可认为已完成 5%～20%。

均布的矩形荷载角点下的平均竖向附加应力系数 $\bar{\alpha}$ 　　表 3-13

z/b ＼ l/b	1.0	1.2	1.4	1.6	1.8	2.0	2.4	2.8	3.2	3.6	4.0	5.0	10.0
0.0	0.2500	0.2500	0.2500	0.2500	0.2500	0.2500	0.2500	0.2500	0.2500	0.2500	0.2500	0.2500	0.2500
0.2	0.2496	0.2497	0.2497	0.2498	0.2498	0.2498	0.2498	0.2498	0.2498	0.2498	0.2498	0.2498	0.2498
0.4	0.2474	0.2479	0.2481	0.2483	0.2483	0.2484	0.2485	0.2485	0.2485	0.2485	0.2485	0.2485	0.2485
0.6	0.2423	0.2437	0.2444	0.2448	0.2451	0.2452	0.2454	0.2455	0.2455	0.2455	0.2455	0.2455	0.2456
0.8	0.2346	0.2372	0.2387	0.2395	0.2400	0.2403	0.2407	0.2408	0.2409	0.2409	0.2410	0.2410	0.2410
1.0	0.2252	0.2291	0.2313	0.2326	0.2335	0.2340	0.2346	0.2349	0.2351	0.2352	0.2352	0.2353	0.2353
1.2	0.2149	0.2199	0.2229	0.2248	0.2260	0.2268	0.2278	0.2282	0.2285	0.2286	0.2287	0.2288	0.2289
1.4	0.2043	0.2102	0.2140	0.2164	0.2190	0.2191	0.2204	0.2211	0.2215	0.2217	0.2218	0.2220	0.2221
1.6	0.1939	0.2006	0.2049	0.2079	0.2099	0.2113	0.2130	0.2138	0.2143	0.2146	0.2148	0.2150	0.2152
1.8	0.1840	0.1912	0.1960	0.1994	0.2018	0.2034	0.2055	0.2066	0.2073	0.2077	0.2079	0.2082	0.2084
2.0	0.1746	0.1822	0.1875	0.1912	0.1938	0.1958	0.1982	0.1996	0.2004	0.2009	0.2012	0.2015	0.2018
2.2	0.1659	0.1737	0.1793	0.1833	0.1862	0.1883	0.1911	0.1927	0.1937	0.1943	0.1947	0.1952	0.1955
2.4	0.1578	0.1657	0.1715	0.1757	0.1789	0.1812	0.1843	0.1862	0.1873	0.1880	0.1885	0.1890	0.1896
2.6	0.1503	0.1583	0.1642	0.1686	0.1719	0.1745	0.1779	0.1779	0.1812	0.1820	0.1825	0.1832	0.1838
2.8	0.1433	0.1514	0.1574	0.1619	0.1654	0.1680	0.1717	0.1739	0.1753	0.1763	0.1769	0.1777	0.1784
3.0	0.1369	0.1449	0.1510	0.1556	0.1592	0.1619	0.1658	0.1682	0.1698	0.1708	0.1715	0.1725	0.1733
3.2	0.1310	0.1390	0.1450	0.1497	0.1533	0.1562	0.1602	0.1628	0.1645	0.1657	0.1664	0.1675	0.1685
3.4	0.1256	0.1334	0.1394	0.1441	0.1478	0.1508	0.1550	0.1577	0.1595	0.1607	0.1616	0.1628	0.1639
3.6	0.1205	0.1282	0.1342	0.1389	0.1427	0.1456	0.1500	0.1528	0.1548	0.1561	0.1570	0.1583	0.1595
3.8	0.1158	0.1234	0.1293	0.1340	0.1378	0.1408	0.1452	0.1482	0.1502	0.1516	0.1526	0.1541	0.1554
4.0	0.1114	0.1189	0.1248	0.1294	0.1332	0.1362	0.1408	0.1438	0.1459	0.1474	0.1485	0.1500	0.1516
4.2	0.1073	0.1147	0.1205	0.1251	0.1289	0.1319	0.1365	0.1396	0.1418	0.1434	0.1445	0.1462	0.1479
4.4	0.1035	0.1107	0.1164	0.1210	0.1248	0.1279	0.1325	0.1357	0.1379	0.1396	0.1407	0.1425	0.1444
4.6	0.1000	0.1070	0.1127	0.1172	0.1209	0.1240	0.1287	0.1319	0.1342	0.1359	0.1371	0.1390	0.1410
4.8	0.0967	0.1036	0.1091	0.1136	0.1173	0.1204	0.1250	0.1283	0.1307	0.1324	0.1337	0.1357	0.1379
5.0	0.0935	0.1003	0.1057	0.1102	0.1139	0.1169	0.1216	0.1249	0.1273	0.1291	0.1304	0.1325	0.1348
5.2	0.0906	0.0972	0.1026	0.1070	0.1106	0.1136	0.1183	0.1217	0.1241	0.1259	0.1273	0.1295	0.1320
5.4	0.0878	0.0943	0.0996	0.1039	0.1075	0.1105	0.1152	0.1186	0.1211	0.1229	0.1243	0.1265	0.1292
5.6	0.0852	0.0916	0.0968	0.1010	0.1046	0.1076	0.1122	0.1156	0.1181	0.1200	0.1215	0.1238	0.1266
5.8	0.0828	0.0890	0.0941	0.0983	0.1018	0.1047	0.1094	0.1128	0.1153	0.1172	0.1187	0.1211	0.1240
6.0	0.0805	0.0866	0.0916	0.0957	0.0991	0.1021	0.1067	0.1101	0.1126	0.1146	0.1161	0.1185	0.1216
6.2	0.0783	0.0842	0.0891	0.0932	0.0966	0.0995	0.1041	0.1075	0.1101	0.1120	0.1136	0.1161	0.1193
6.4	0.0762	0.0820	0.0869	0.0909	0.0942	0.0971	0.1016	0.1050	0.1076	0.1096	0.1111	0.1137	0.1171
6.6	0.0742	0.0799	0.0847	0.0886	0.0919	0.0948	0.0993	0.1027	0.1053	0.1073	0.1088	0.1114	0.1149
6.8	0.0723	0.0779	0.0826	0.0865	0.0898	0.0926	0.0970	0.1004	0.1030	0.1050	0.1066	0.1092	0.1129

续表

z/b \ l/b	1.0	1.2	1.4	1.6	1.8	2.0	2.4	2.8	3.2	3.6	4.0	5.0	10.0
7.0	0.0705	0.0761	0.0806	0.0844	0.0877	0.0904	0.0949	0.0982	0.1008	0.1028	0.1044	0.1071	0.1109
7.2	0.0688	0.0742	0.0787	0.0825	0.0857	0.0884	0.0928	0.0962	0.0987	0.1008	0.1023	0.1051	0.1090
7.4	0.0672	0.0725	0.0769	0.0806	0.0838	0.0865	0.0908	0.0942	0.0967	0.0988	0.1004	0.1031	0.1071
7.6	0.0656	0.0709	0.0752	0.0789	0.0820	0.0846	0.0899	0.0922	0.0948	0.0968	0.0984	0.1012	0.1054
7.8	0.0642	0.0693	0.0736	0.0771	0.0802	0.0828	0.0871	0.0904	0.0929	0.0950	0.0966	0.0994	0.1036
8.0	0.0627	0.0678	0.0720	0.0755	0.0785	0.0811	0.0853	0.0886	0.0912	0.0932	0.0948	0.0976	0.1020
8.2	0.0614	0.0663	0.0705	0.0739	0.0769	0.0795	0.0837	0.0869	0.0894	0.0914	0.0931	0.0959	0.1004
8.4	0.0601	0.0649	0.0690	0.0724	0.0754	0.0779	0.0820	0.0852	0.0878	0.0898	0.0914	0.0943	0.0988
8.6	0.0588	0.0636	0.0676	0.0710	0.0739	0.0764	0.0805	0.0836	0.0862	0.0882	0.0898	0.0927	0.0973
8.8	0.0576	0.0623	0.0663	0.0696	0.0724	0.0749	0.0790	0.0821	0.0846	0.0866	0.0882	0.0912	0.0959
9.2	0.0554	0.0599	0.0637	0.0670	0.0697	0.0721	0.0761	0.0792	0.0817	0.0837	0.0853	0.0882	0.0931
9.6	0.0533	0.0577	0.0614	0.0645	0.0672	0.0696	0.0734	0.0765	0.0789	0.0809	0.0825	0.0855	0.0905
10.0	0.0514	0.0556	0.0592	0.0622	0.0649	0.0672	0.0710	0.0739	0.0763	0.0783	0.0779	0.0829	0.0880
10.4	0.0496	0.0537	0.0572	0.0601	0.0627	0.0649	0.0686	0.0716	0.0739	0.0759	0.0775	0.0804	0.0857
10.8	0.0479	0.0519	0.0553	0.0581	0.0606	0.0628	0.0664	0.0693	0.0717	0.0736	0.0751	0.0781	0.0834
11.2	0.0463	0.0502	0.0535	0.0563	0.0587	0.0609	0.0644	0.0672	0.0695	0.0714	0.0730	0.0759	0.0813
11.6	0.0448	0.0486	0.0518	0.0545	0.0569	0.0590	0.0625	0.0652	0.0675	0.0694	0.0709	0.0738	0.0793
12.0	0.0435	0.0471	0.0502	0.0529	0.0552	0.0573	0.0606	0.0634	0.0656	0.0674	0.0690	0.0719	0.0774
12.8	0.0409	0.0444	0.0474	0.0499	0.0521	0.0541	0.0573	0.0599	0.0621	0.0639	0.0654	0.0682	0.0739
13.6	0.0387	0.0420	0.0448	0.0472	0.0493	0.0512	0.0543	0.0568	0.0589	0.0607	0.0621	0.0649	0.0707
14.4	0.0367	0.0398	0.0425	0.0448	0.0468	0.0486	0.0516	0.0540	0.0561	0.0577	0.0592	0.0619	0.0677
15.2	0.0349	0.0379	0.0404	0.0426	0.0446	0.0463	0.0492	0.0515	0.0535	0.0551	0.0565	0.0592	0.0650
16.0	0.0332	0.0361	0.0385	0.0407	0.0425	0.0442	0.0469	0.0492	0.0511	0.0527	0.0540	0.0567	0.0625
18.0	0.0297	0.0323	0.0345	0.0364	0.0381	0.0396	0.0422	0.0442	0.0460	0.0475	0.0487	0.0512	0.0570
20.0	0.0269	0.0292	0.0312	0.0330	0.0345	0.0359	0.0383	0.0402	0.0418	0.0432	0.0444	0.0468	0.0524

* 3.7.2 按允许沉降差调整基础底面尺寸

如果地基变形计算值Δ大于地基变形允许值[Δ]，一般可以先考虑适当调整基础底面尺寸（如增大基底面积或调整基底形心位置）或埋深。通过调整，有可能使框架等敏感性结构的柱下扩展基础中荷载或地层差异较大的各柱基沉降趋于均匀，从而减少上部结构、基础、地基相互作用引起的结构次应力。本节调整基底尺寸的概念和方法均按满足允许沉降差的要求论述，但同样适用于按沉降量调整的情况。

如调整基底尺寸后仍不能满足地基变形要求，则需考虑是否可从建筑、结构、施工诸方面采取有效措施以防止不均匀沉降对建筑物的损害，或改用其他的地基基础设计方案。

1. 基本概念

同一建筑物下荷载不同的柱基础，如果只按一个统一的地基承载力特征值 f_a 来确定底面尺寸（即取 $p=f_a$），则各基础的沉降是不相同的，因而未必能满足地基变形允许值（主要是沉降量和沉降差）的要求。尤其当地基的压缩性高，各基础荷载大小相差悬殊时，矛盾会更加突出。为了说明这一概念，用下面给出的弹性力学公式计算地基沉降：

$$s=(1-\mu^2)\omega b p_0/E_0 \tag{3-35}$$

式中 s——圆形或矩形荷载（基础）下的地基沉降（mm）；

E_0、μ——地基土的变形模量和泊松比；

ω——沉降影响系数，按基础的刚度、底面形状及计算点位置而定，由表 3-14 查得，表中系数 ω_c、ω_0 和 ω_m 分别为柔性基础角点、中点和平均沉降影响系数；

b——圆形荷载的直径或矩形荷载的宽度（m）；

p_0——基底附加压力（kPa）。

沉降影响系数 ω 值 **表 3-14**

计算点位置 \ 荷载面形状		圆形	方形	矩形（l/b）										
				1.5	2.0	3.0	4.0	5.0	6.0	7.0	8.0	9.0	10.0	100.0
柔性基础	ω_c	0.64	0.56	0.68	0.77	0.89	0.98	1.05	1.11	1.16	1.20	1.24	1.27	2.00
	ω_0	1.00	1.12	1.36	1.53	1.78	1.96	2.10	2.22	2.32	2.40	2.48	2.54	4.01
	ω_m	0.85	0.95	1.15	1.30	1.52	1.70	1.83	1.96	2.04	2.12	2.19	2.25	3.70
刚性基础	ω_r	0.79	0.88	1.08	1.22	1.44	1.61	1.72	—	—	—	—	2.12	3.40

对于按条件 $p=f_a$ 设计的各基础，设具有相同的埋深 d 和沉降影响系数 ω，则基底附加压力均为 $p_0=p-\gamma_m d$，故由上式可知，底面尺寸愈大的基础（即柱荷载 F 越大），沉降量也愈大。

为了减小基础的沉降量，可以考虑适当增大基础的底面尺寸。现用基底平均净反力 $p_j=F/A=F/lb$ 仍来近似地代替式（3-35）中的 p_0，得

$$s=(1-\mu^2)\omega F/lE_0 \tag{3-36}$$

就同一基础而言，由于柱荷载 F 值是固定不变的，根据式（3-36），基础沉降量与基础底面尺寸成反比，即增大底面尺寸可以减少沉降量，因为此时基底附加压力 p_0 已随着底面积的增大而减小了。

对于相邻的两个基础 j 和 k，若都是以相同的地基承载力 f_a 确定其底面积，设柱荷载 $F_k>F_j$，则底面积 $A_k>A_j$，因此沉降 $s_k>s_j$。如沉降差 $\Delta_{kj}=s_k-s_j$ 超过允许值[Δ]时，就只能通过增大 k 基础的底面积来减小 s_k，从而使沉降差满足要求。

改变基础的边长比 n 亦可在一定程度上调整基础的沉降，边长比愈大，基础沉降愈小。对上述的基础 j 和 k，j 基础的边长比宜小，而 k 基础的边长比宜大。

但是，当地基存在压缩性大的软弱下卧层时，扩大基底面积，附加压力影响深度就愈大，不仅可能无法有效地减小沉降量，反而可能适得其反。此时，可以考虑通过减小基础埋深或采取其他方面的措施来解决（详见 3.9 节）。

2. 基础底面尺寸的调整

上述 j、k 两基础的沉降可分别表达为：

$$s_j=\delta_{jj}F_j+\delta_{jk}F_k \tag{3-37a}$$

$$s_k = \delta_{kk}F_k + \delta_{kj}F_j \tag{3-37b}$$

式中δ称为沉降系数（或称地基柔度系数），δ_{jk}表示k基础承受单位竖向柱荷载$F_k=1$时，在j础中心处引起的沉降，其余系数δ_{kj}、δ_{jj}和δ_{kk}的意义可照此类推。如不考虑邻近基础的影响（当地基压缩性较低且柱距较大时），则可取$\delta_{jk}=\delta_{kj}=0$。

对于均质地基，可用弹性力学公式计算δ。由式（3-36）可得$\delta_{jj}=(1-\mu_j^2)\omega_j/E_jl_j$及$\delta_{kk}=(1-\mu_k^2)\omega_k/E_kl_k$。当$j$、$k$两基础稍远时，$\delta_{jk}=(1-\mu_j^2)/\pi E_jr$，$\delta_{kj}=(1-\mu_k^2)/\pi E_kr$（$r$为两基础的中心距）。如两基础的地基条件相同，则有$\delta_{jk}=\delta_{kj}$。对非均质地基，可按分层总和法计算$\delta$（参见有关文献）。

设k基础的沉降较大，由式（3-37）可得k、j两基础的沉降差可表达为：

$$\Delta_{kj} = s_k - s_j = (\delta_{kk}-\delta_{jk})F_k - (\delta_{jj}-\delta_{kj})F_j \tag{3-38}$$

如$\Delta_{kj}>[\Delta]$，且按相同的f_a值选定了A_j和A_k，则只能将A_k增大为A_k^*，以便使沉降差由Δ_{kj}减小到$[\Delta]$。此时，k基础的基底附加压力减小为$p_k^*=F_k/A_k^*$，与其底面尺寸有关的沉降系数δ_{kk}和δ_{jk}相应改变为δ_{kk}^*和δ_{ik}^*，仿照式（3-38），有：

$$[\Delta] = (\delta_{kk}^* - \delta_j^*)F_k - (\delta_{jj}-\delta_{kj})F_j \tag{3-39}$$

鉴于沉降计算比较粗略，笔算时可近似取$\delta_{jk}^*=\delta_{jk}$，于是上式成为：

$$[\Delta] = (\delta_{kk}^* - \delta_j)F_k - (\delta_{jj}-\delta_{kj})F_j \tag{3-40}$$

从而有

$$\delta_{kk}^* = \delta_{jk} + \frac{[\Delta]+(\delta_{jj}-\delta_{kj})F_j}{F_k} \tag{3-41}$$

相应的调整后的基础底面尺寸为：

$$l_k^* = \frac{1-\mu_k^2}{E_k\delta_{kk}^*}\omega_k \tag{3-42}$$

$$b_k^* = l_k^*/n \tag{3-43}$$

柱网下的扩展基础群按允许沉降差调整基础底面尺寸时，应首先选取沉降差与柱距之比为最大的一对基础（j和k）来计算。由于对j或k有影响的临近基础i可能不止一个，故j和k基础的沉降应分别表达如下（设$s_k>s_j$）：

$$s_j = \delta_{jk}F_k + \left(\sum_{i=1}^{m}\delta_{ji}F_i\right)_{i\neq k} \tag{3-44a}$$

$$s_k = \delta_{kk}F_k + \left(\sum_{i=1}^{m}\delta_{ki}F_i\right)_{i\neq k} \tag{3-44b}$$

式（3-41）亦应改为下式：

$$\delta_{kk}^* = \delta_{jk} + \frac{[\Delta]+\left(\sum_{i=1}^{m}\delta_{ji}F_i - \sum_{i=1}^{m}\delta_{ki}F_i\right)_{i\neq k}}{F_k} \tag{3-45}$$

在求得A_k^*之后，可以研究其余基础（$i\neq k$）是否也需要调整，因为此时已可参照j、k两基础的情况大致作出判断，从而相应增大需要减少沉降的基础的底面积，而并不一定要逐一详细计算。

3.7.3 地基稳定性验算

一般建筑物不需要进行地基稳定性计算，但对于经常承受水平荷载作用的高层建筑、高耸结构，以及建造在斜坡上或边坡附近的建筑物和构筑物，应对地基进行稳定性验算。

在水平荷载和竖向荷载的共同作用下，基础可能和深层土层一起发生整体滑动破坏。这种地基破坏通常采用圆弧滑动面法进行验算，要求最危险的滑动面上各力对滑动中心所产生的抗滑力矩 M_r 与滑动力矩 M_s 之比应符合下式要求：

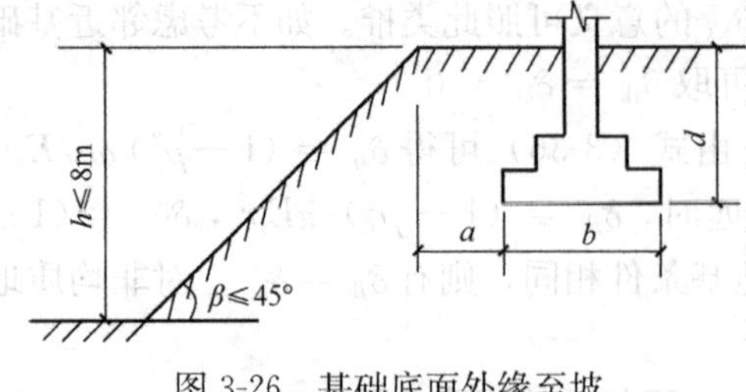

图 3-26　基础底面外缘至坡顶的水平距离示意图

$$K = M_r/M_s \geqslant 1.2 \tag{3-46}$$

式中　K——地基稳定安全系数。

对修建于坡高和坡角不太大的稳定土坡坡顶的基础（图 3-26），当垂直于坡顶边缘线的基础底面边长 $b \leqslant 3$ m 时，如基础底面外缘至坡顶边缘的水平距离应不小于 2.5m，且符合下式要求，则土坡坡面附近由基础所引起的附加压力不影响土坡的稳定性。

$$a \geqslant \xi b - d/\tan\beta \tag{3-47}$$

式中　a——基础底面外边缘线至坡顶的水平距离（m）；

b——垂直于坡顶边缘线的基础底面边长（m）；

d——基础埋置深度（m）；

β——边坡坡角（°）；

ξ——基础形状系数，对条形基础 $\xi = 3.5$；对矩形基础和圆形基础 $\xi = 2.5$。

当土坡的高度过大，坡度太陡，或式（3-47）的要求不能得到满足时，则应根据基底平均压力按圆弧滑动面法或其他类似的边坡稳定分析方法验算土坡连同其上建筑物地基的稳定性。

当地下水位高于基础底面标高时，建筑物基础存在浮力作用，此时应进行基础抗浮稳定性验算，对于简单的浮力作用情况，基础抗浮稳定性应符合下式要求：

$$K_w = G_k/N_{w,k} \geqslant 1.05 \tag{3-48}$$

式中　G_k—建筑物自重及压重之和（kN）；

$N_{w,k}$——浮力作用值（kN）；

K_w——抗浮稳定安全系数，一般情况下可取 1.05。

3.8　常用浅基础结构设计与计算

3.8.1　无筋扩展基础设计

无筋扩展基础的抗拉强度和抗剪强度较低，因此必须控制基础内的拉应力和剪应力使之不超过相应的材料强度值。可以通过控制材料强度等级和台阶宽高比（台阶的宽度与其高度之比）来确定基础的截面尺寸，而无需进行内力分析和截面强度计算。

图 3-27 所示为无筋扩展基础构造示意图，要求基础每个台阶的宽高比（b_2 ：h）都不得超过表 3-15 所列的台阶宽高比的允许值（可用图中角度 α 的正切 $\tan\alpha$ 表示），否则不安全，也不宜比宽高比的允许值小很多，否则不经济，如图 3-28 所示。设计时一般先选择适当的基础埋深和基础底面尺寸，设基底宽度为 b，则按上述要求，基础高度应满足下列条件：

$$h \geqslant \frac{b-b_0}{2\tan\alpha} \tag{3-49}$$

式中　b_0——基础顶面处的墙体宽度或柱脚宽度；

α——基础的刚性角。

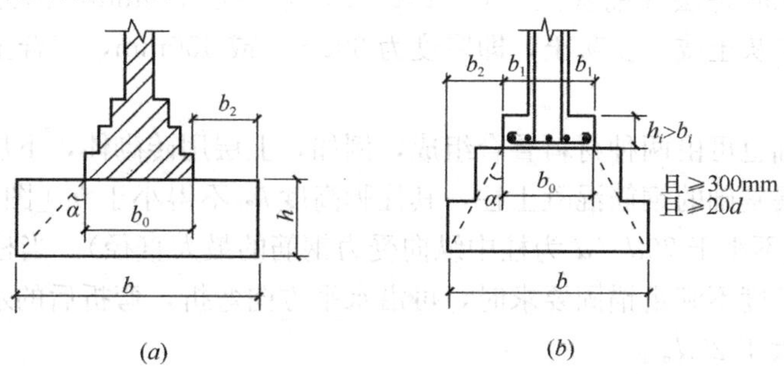

图 3-27　无筋扩展基础构造示意图

(a) 墙下无筋扩展基础；(b) 柱下无筋扩展基础

d——柱中纵向钢筋直径

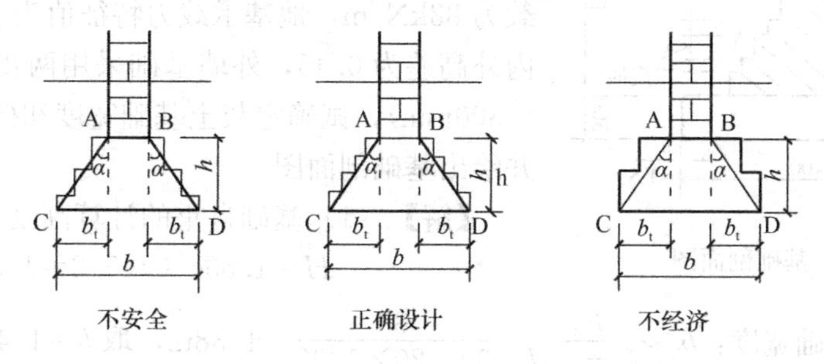

图 3-28　无筋扩展基础设计示意图

为节约材料和施工方便，基础常做成阶梯形。分阶时，每一台阶除应满足台阶宽高比的要求外，还需符合有关的构造规定。

无筋扩展基础台阶宽高比的允许值　　表 3-15

基础材料	质量要求	台阶宽高比的允许值（$\tan\alpha$）		
		$p_k \leqslant 100$	$100 < p_k \leqslant 200$	$200 < p_k \leqslant 300$
混凝土基础	C15 混凝土	1∶1.00	1∶1.00	1∶1.25
毛石混凝土基础	C15 混凝土	1∶1.00	1∶1.25	1∶1.50
砖基础	砖不低于 MU10，砂浆不低于 M5	1∶1.50	1∶1.50	1∶1.50
毛石基础	砂浆不低于 M5	1∶1.50	1∶1.50	—
灰土基础	体积比为 3∶7 或 2∶8 的灰土，其最小干密度： 粉土 1550kg/m^3 粉质黏土 1500kg/m^3 黏土 1450kg/m^3	1∶1.25	1∶1.50	—
三合土基础	石灰∶砂∶骨料的体积比 1∶2∶4～1∶3∶6 每层约虚铺 220mm，夯至 150mm	1∶1.50	1∶2.00	—

注：1. p_k 为荷载效应标准组合时基础底面处的平均压力（kPa）；
2. 阶梯形毛石基础的每阶伸出宽度不宜大于 200mm；
3. 当基础由不同材料叠合组成时，应对接触部分作局部受压承载力计算；
4. 对 $p_k > 300$ kPa 的混凝土基础，尚应进行抗剪验算；对基底反力集中于立柱附近的岩石地基，应进行局部受压承载力验算。

砖基础俗称大放脚，其各部分的尺寸应符合砖的模数。毛石基础的每阶伸出宽度不宜大于200mm，每阶高度通常取400～600mm，并由两层毛石错缝砌成。混凝土基础每阶高度不应小于200mm，毛石混凝土基础每阶高度不应小于300mm。

灰土基础施工时每层虚铺灰土220～250mm，夯实至150mm，称为一步灰土。根据需要可设计成二步灰土或三步灰土，即厚度为300mm或450mm，三合土基础厚度不应小于300m。

无筋扩展基础也可由两种材料叠合组成，例如，上层用砖砌体，下层用混凝土。

采用无筋扩展基础的钢筋混凝土柱，其柱脚高度 h_1 不得小于 b_1［图3-24（b）］，并不应小于300mm且不小于 $20d$（d 为柱中纵向受力钢筋的最大直径）。当柱中纵向钢筋在柱脚内的竖向锚固长度不满足锚固要求时，可沿水平方向弯折，弯折后的水平锚固长度不应小于 $10d$ 也不应大于 $20d$。

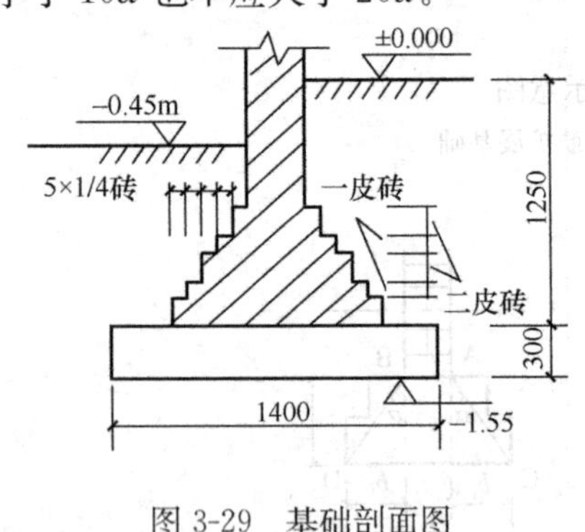

图3-29　基础剖面图

【例题3-5】　某办公楼外墙厚360mm，从室内设计地面算起的基础埋深为 $d=1.55$m，相应于荷载效应标准组合时，上部结构作用在基础顶面的轴心荷载为88kN/m，地基承载力特征值为 $f_{ak}=90$kPa，室内外高差为0.45，外墙基础采用两步灰土（厚度 $H_0=300$mm），试确定灰土基础宽度和砖放脚的台阶数，并绘出基础剖面图。

【解】（1）基础自重的计算高度：

$$H=1.55-0.45/2=1.32$$

（2）计算基础宽度：$b \geqslant \dfrac{F_k}{f_a-\gamma_G d}=\dfrac{88}{90-20\times 1.32}=1.38$m，取 $b=1.4$m

（3）确定基础放脚台阶数：$n \geqslant \left(\dfrac{b}{2}-\dfrac{a}{2}-b_2\right)\dfrac{1}{60}$

式中　b——基础宽度（mm）；

a——墙厚（mm）；

b_2——基础最大容许悬挑长度（mm），$b_2=\left[\dfrac{b_2}{H_0}\right]H_0$，其中 $\left[\dfrac{b_2}{H_0}\right]$ 为灰土基础宽高比的允许值，可由表3-15查得。

本例中，基底平均压力约为90kPa，查得 $\left[\dfrac{b_2}{H_0}\right]=\dfrac{1}{1.25}$，

则 $b_2=\left[\dfrac{b_2}{H_0}\right]H_0=\dfrac{1}{1.25}\times 300=240$mm

放脚台阶数：$n \geqslant \left(\dfrac{b}{2}-\dfrac{a}{2}-b_2\right)\dfrac{1}{60}=\left(\dfrac{1400}{2}-\dfrac{360}{2}-240\right)\dfrac{1}{60}=4.67$，取 $n=5$。

基础剖面图如例图3-5。

3.8.2　墙下钢筋混凝土条形基础设计

墙下钢筋混凝土条形基础是在上部结构荷载比较大，地基土质软弱，用无筋扩展基础无法满足要求或不经济时采用，其截面设计包括确定基础高度和基础底板配筋。在计算中，可不考虑基础及其上土的重力，而采用由基础顶面的荷载所产生的地基净反力 p_j，

因为由这些重力所产生的那部分地基反力将与重力相抵消；另外，沿墙长度方向取1m作为计算单元。

1. 构造要求

（1）锥形基础的边缘高度，不宜小于200mm，且两个方向的坡度不宜大于1∶3；基础高度小于等于250mm时，可做成等厚度板。

（2）基础下的垫层厚度不宜小于70mm，一般为100mm，每边伸出基础50～100mm，垫层混凝土强度等级不宜低于C10。

（3）基础受力钢筋最小配筋率不应小于0.15%，底板受力钢筋的最小直径不应小于10mm，间距不应大于200mm，也不应小于100mm。当有垫层时，混凝土的保护层净厚度不应小于40mm，无垫层时不应小于70mm。纵向分布钢筋的直径不应小于8mm，间距不应大于300mm，每延米分布钢筋的面积应不小于受力钢筋面积的1/10。

（4）混凝土强度等级不应低于C20。

（5）当基础宽度大于或等于2.5m时，底板受力钢筋的长度可取基础宽度的0.9倍，并宜交错布置。

（6）基础底板在T形及十字形交接处，底板横向受力钢筋仅沿一个主要受力方向通长布置，另一方向的横向受力钢筋可布置到主要受力方向底板宽度1/4处［图3-30（*a*）］。在拐角处底板横向受力钢筋应沿两个方向布置［图3-30（*b*）］。

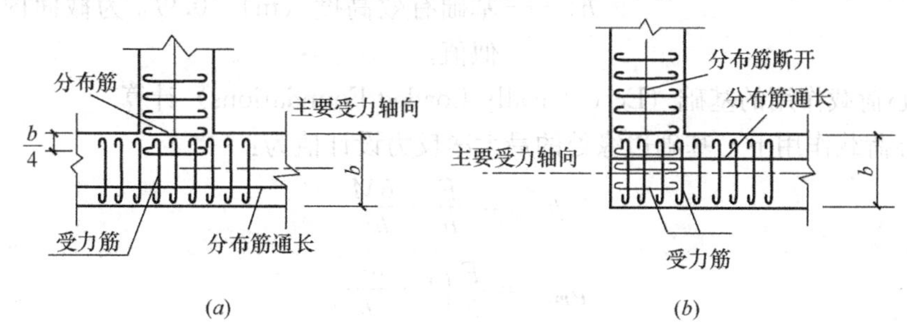

图3-30　墙下条形基础底板配筋构造

（*a*）T形交接处；（*b*）L形拐角处

（7）当地基软弱时，基础截面可采用带肋的板，以减少不均匀沉降的影响，肋的纵向钢筋按经验确定。

2. 轴心荷载作用的基础（Centrically Loaded Foundations）计算

（1）基础高度

基础内不配箍筋和弯起筋，故基础高度由混凝土的受剪承载力确定：

$$V \leqslant 0.7\beta_{hs} f_t h_0 \tag{3-50}$$

$$\beta_{hs} = (800/h_0)^{1/4} \tag{3-51}$$

式中　V——墙与基础交接处由基底平均净反力产生的单位长度剪力设计值（kN）；

β_{hs}——受剪切承载力截面高度影响系数，当$h_0 < 800$mm时，取$h_0 = 800$mm；当$h_0 > 2000$mm时，取$h_0 = 2000$mm；

其中

$$V = p_j b_1 \tag{3-52}$$

式中　p_j——相应于荷载效应基本组合时的地基净反力值，可按下式计算：

$$p_j = F/b \tag{3-53}$$

F——相应于荷载效应基本组合时上部结构传至基础顶面的竖向力值；

b——基础宽度；

h_0——基础有效高度；

f_t——混凝土轴心抗拉强度设计值；

b_1——基础计算截面的挑出长度，如图 3-31；当墙体材料为混凝土时，b_1 为基础边缘至墙脚的距离；当为砖墙且放脚不大于 1/4 砖长时，b_1 为基础边缘至墙脚距离加上 0.06m。

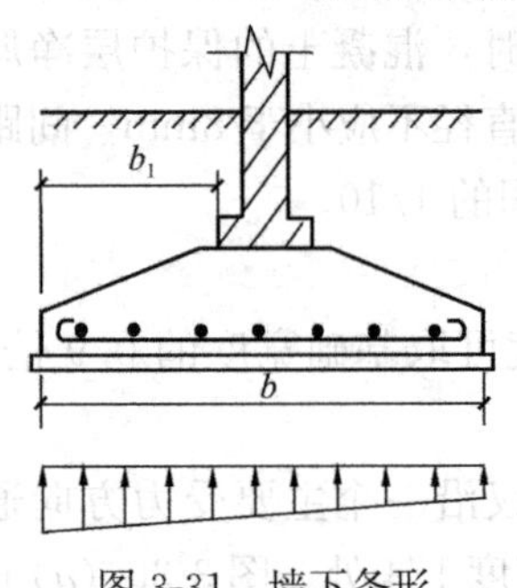

图 3-31 墙下条形基础的计算示意

(2) 基础底板配筋

底板悬臂段的最大弯矩设计值 M 为：

$$M = \frac{1}{2}p_j b_1^2 \tag{3-54}$$

基础每米长的受力钢筋截面面积：

$$A_s = \frac{M}{0.9 f_y h_0} \tag{3-55}$$

式中 A_s——钢筋面积（m^2）；

f_y——钢筋抗拉强度设计值（kPa）；

h_0——基础有效高度（m），$0.9h_0$ 为截面内力臂的近似值。

3. 偏心荷载作用的基础（Eccentrically Loaded Foundations）计算

在偏心荷载作用下，基础边缘处的最大净反力设计值为：

$$p_{j\max} = \frac{F}{b} + \frac{6M}{b^2} \tag{3-56}$$

或

$$p_{j\max} = \frac{F}{b}\left(1 + \frac{6e_0}{b}\right) \tag{3-57}$$

式中 M——相应于荷载效应基本组合时作用于基础底面的力矩值（kN·m）；

e_0——荷载的净偏心距（m），$e_0 = M/F$。

基础的高度和配筋仍按式（3-52）和（3-55）计算，但式中的剪力和弯矩设计值应改按下列公式计算：

$$V = \frac{1}{2}(p_{j\max} + p_{j1})b_1 \tag{3-58}$$

$$M = \frac{1}{6}(2p_{j\max} + p_{j1})b_1^2 \tag{3-59}$$

式中 p_{j1}——基础计算截面处的净反力设计值（图 3-31）。

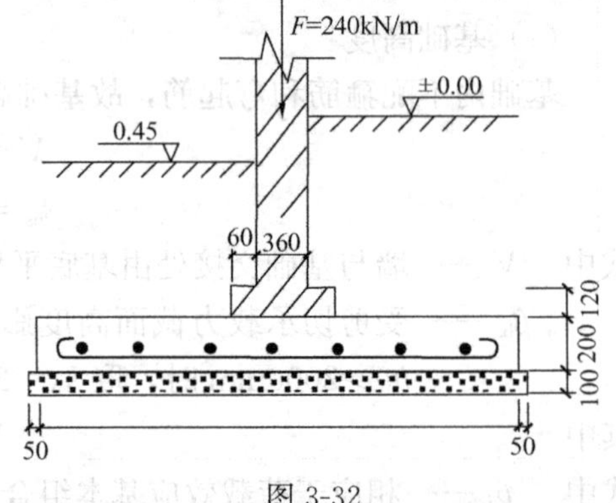

图 3-32

【例题 3-6】 某教学楼内墙钢筋混凝土基础。墙厚 360mm，相应于荷载效应标准组合时上部结构作用在基础顶面的轴心荷载为 240kN/m，基础埋深为 1.75m，经深度修正后地基承载力特征值为 f_{ak} =155kPa，混凝土强度等级采用

C20，$f_t=1.10\text{N/mm}^2$，钢筋采 HPB235 级，$f_y=210\text{N/mm}^2$。试设计此基础。

【解】 (1) 计算基础底面宽度：

先计算基础底面宽度（$f_a=f_{ak}=155\text{kPa}$）：

$$b=\frac{F_k}{f_a-\gamma_G d}=\frac{240}{155-20\times(1.75-0.45/2)}=1.93\text{m},\text{取 } b=2\text{m}。$$

(2) 确定基础板厚度：

砖大放脚采用一步，钢筋混凝土基础底板厚度由计算确定。

地基净反力

$$p_j=F/b=240/2=120\text{kPa}$$

基础边缘至砖墙计算截面的距离

$$b_1=\frac{1}{2}\times(2-0.36)=0.82\text{m}$$

基础有效高度

$$h_0\geqslant\frac{p_j b_1}{0.7f_t}=\frac{120\times0.82}{0.7\times1100}=0.14\text{m}=140\text{mm}$$

采用 C10、100mm 厚混凝土垫层，则底板厚度为：$h=h_0+40=140+40=180\text{mm}$

取 $h=200\text{mm}$，这时 $h_0=160\text{mm}$

(3) 底板配筋计算：

计算底板的最大弯矩

$$M=\frac{1}{2}p_j b_1^2=\frac{1}{2}\times120\times0.82^2=40.34\text{kNm}$$

计算底板配筋

$$A_s=\frac{M}{0.9f_y h_0}=\frac{40.34\times10^6}{0.9\times210\times160}=1334\text{ mm}^2$$

配钢筋 $\phi14@100$，$A_s=1906\text{mm}^2$。

以上受力筋沿垂直于砖墙长度的方向配置，纵向分布钢筋取 $\phi8@250$（例图 3-6），垫层用 C10 混凝土。

3.8.3 柱下钢筋混凝土独立基础设计

1. 构造要求

柱下钢筋混凝土独立基础按横截面形状分有角锥形和阶梯形两种，按施工方法可分为现浇柱基础和预制柱基础，应满足墙下钢筋混凝土条形基础的一般要求。

阶梯形现浇柱基础的构造参见图 3-33。阶梯形基础每阶高度一般为 300～500mm，当基础高度大于等于 600mm 而小于 900mm 时，阶梯形基础分二级；当基础高度大于等于 900mm 时，则分三级。当采用锥形基础时，其边缘高度不宜小于 200mm，顶部每边应沿柱边放出 50mm。柱下钢筋混凝土基础的受力筋应双向配

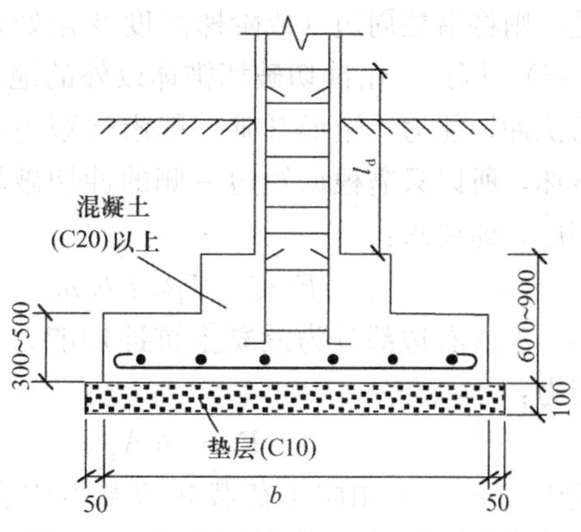

图 3-33 柱下钢筋混凝土独立基础的构造

置，最小配筋率不应小于0.15%。

现浇柱的纵向钢筋可通过插筋锚入基础中。插筋的数量、直径以及钢筋种类应与柱内纵向钢筋相同。插入基础的钢筋，上下至少应有两道箍筋固定。插筋与柱的纵向受力钢筋的连接方法，应按现行的《混凝土结构设计规范》规定执行。插筋的下端宜做成直钩放在基础底板钢筋网上。当符合下列条件之一时，可仅将四角的插筋伸至底板钢筋网上，其余插筋伸入基础的长度按锚固长度确定：①柱为轴心受压或小偏心受压，基础高度大于等于1200mm；②柱为大偏心受压，基础高度大于等于1400mm。

关于现浇和预制柱下钢筋混凝土基础更详细的构造要求详见《建筑地基基础设计规范》GB 50007—2011。

2. 轴心荷载作用的基础计算

（1）基础高度

为保证柱下独立基础双向受力状态，基础底面两个方向的边长一般都保持在相同或相近的范围内，试验结果和大量工程实践表明，当冲切破坏锥体落在基础底面以内时，如图3-34（*b*）所示，此类基础高度由混凝土受冲切承载力确定。计算分析也表明，冲切承载力验算满足要求的双向受力独立基础，其剪切所需的截面有效面积一般都能满足要求，因此无需进行受剪承载力验算。

特别指出，当基础底面全部落在45°冲切破坏锥体底边以内时，则成为刚性基础，无需进行冲切验算。

考虑到实际工作中柱下独立基础底面两个方向的边长比值有可能大于2，此类基础的受力状态接近于单向受力，柱与基础交接处不存在受冲切的问题，仅需对基础进行斜截面受剪承载力验算。如图3-34（*c*）所示，即当基础底面短边尺寸小于或等于柱宽加两倍基础有效高度时，应验算柱与基础交接处截面受剪承载力。

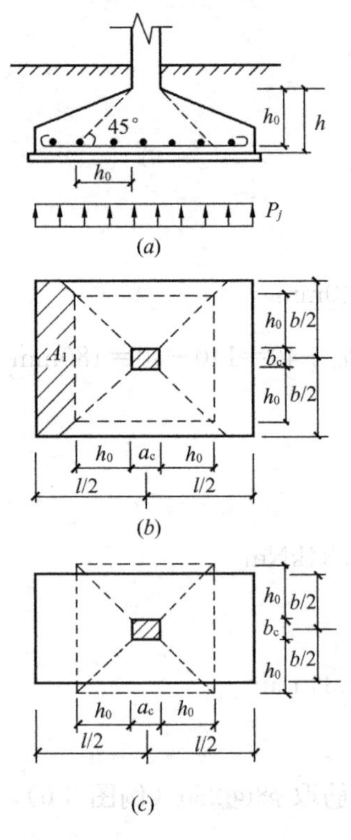

图3-34 柱下独立基础高度计算

（*a*）基础截面；（*b*）$b > b_c + 2h_0$；（*c*）$b \leqslant b_c + 2h_0$

1）冲切承载力验算

在柱荷载作用下，如果基础高度（或阶梯高度）不足，则将沿柱周边（或阶梯高度变化处）产生冲切破坏，形成45°斜裂面的角锥体（图3-35）。因此，由冲切破坏锥体以外的地基净反力所产生的冲切力应小于冲切面处混凝土的抗冲切能力。矩形基础一般沿柱短边一侧先产生冲切破坏，所以只需根据短边一侧的冲切破坏条件确定基础高度，即要求：

$$F_l \leqslant 0.7\beta_{hp} f_t b_m h_0 \tag{3-60}$$

上式右边部分为混凝土抗冲切能力，左边部分为冲切力：

$$F_l = p_j A_1 \tag{3-61}$$

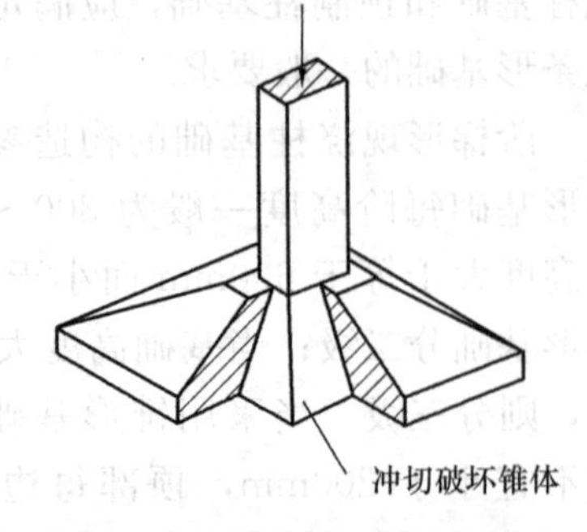

图3-35 独立基础冲切破坏

式中 p_j ——相应于荷载效应基本组合的地基净反力（kPa），$p_j = F/bl$；

A_1 ——冲切力的作用面积（m^2）（图 3-34 中的斜线面积），具体计算方法见后述；

β_{hp} ——受冲切承载力截面高度影响系数，当基础高度 h 不大于 800mm 时，β_{hp} 取 1.0；当 h 大于等于 2000mm 时，β_{hp} 取 0.9，其间按线性内插法取用；

f_t——混凝土轴心抗拉强度设计值（kPa）；

b_m ——冲切破坏锥体斜裂面上、下（顶、底）边长 b_t、b_b的平均值（m）；

h_0 ——基础冲切破坏锥体的有效高度（m）。

若柱截面长边、短边分别用 a_c、b_c 表示，则沿柱边产生冲切时，有

$$b_t = b_c$$

当冲切破坏锥体的底边落在基础底面积之内［图 3-34（b）］，即 $b > b_c + 2h_0$ 时，有

$$b_b = b_c + 2h_0$$

于是

$$b_m = (b_t + b_b)/2 = b_c + h_0$$

$$b_m h_0 = (b_c + h_0)h_0$$

$$A_1 = \left(\frac{l}{2} - \frac{a_c}{2} - h_0\right)b - \left(\frac{b}{2} - \frac{b_c}{2} - h_0\right)^2$$

而式（3-60）成为：

$$p_j\left[\left(\frac{l}{2} - \frac{a_c}{2} - h_0\right)b - \left(\frac{b}{2} - \frac{b_c}{2} - h_0\right)^2\right] \leqslant 0.7\beta_{hp} f_t (b_c + h_0) h_0 \tag{3-62}$$

设计时一般先按经验假定基础高度，得出 h_0，再代入式（3-60）进行验算，直至抗冲切力稍大于冲切力为止。

对于阶梯形基础，除了对柱边进行冲切验算外，还应对上一阶底边变阶处进行下阶的冲切验算。验算方法与上面柱边冲切验算相同，只是在使用式（3-62）时，a_c、b_c 分别换为上阶的长边 l_1 和短边 b_1（参考图 3-36），h_0 换为下阶的有效高度 h_{01}（参考图 3-37）。

2）斜截面受剪承载力验算

当 $b \leqslant b_c + 2h_0$ 时，如图 3-29（c）所示，则需验算柱与基础交接处截面受剪承载力：

$$V_s \leqslant 0.7\beta_{hs} f_t A_0 \tag{3-63}$$

$$\beta_{hs} = (800/h_0)^{1/4}$$

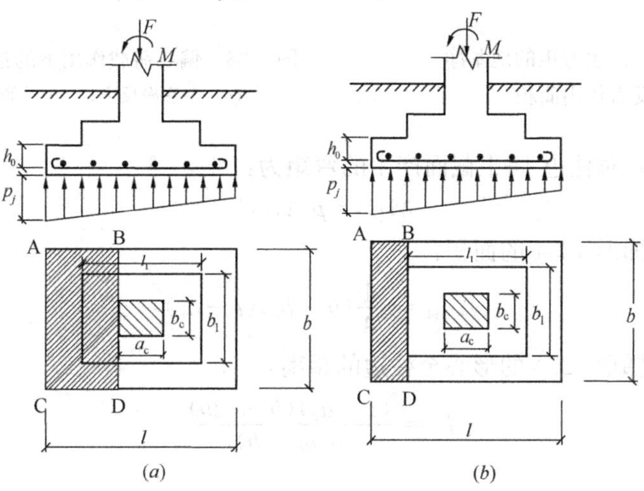

图 3-36　阶形基础验算受剪切承载力示意图

（a）柱与基础交接处；（b）基础变阶处

式中　V_s——相应于作用的基本组合时，柱与基础交接处的剪力设计值（kN）；即图 3-36 中阴影面积乘以基底平均净反力，$V_s = p_j A_0$ 。

β_{hs}——受剪切承载力截面高度影响系数，当 $h_0 < 800$mm 时，取 $h_0 = 800$mm；当 $h_0 > 2000$mm 时，取 $h_0 = 2000$mm；

A_0——验算截面处基础的有效截面面积（m^2）。当验算截面为阶形或锥形时，可将其截面折算成矩形截面，截面的折算宽度和截面的有效高度按规范 GB 50007—2011 附录 U 计算。

（2）底板配筋

在地基净反力作用下，一般矩形基础为双向受弯状态。当弯曲应力超过了基础的抗弯强度时，就发生弯曲破坏。其破坏特征是裂缝沿柱角至基础角将基础底面分裂成四块梯形面积。故配筋计算时，将基础板看成四块固定在柱边的梯形悬臂板（图 3-37）。

当基础台阶宽高比 $\tan\alpha \leqslant 2.5$ 时［参见图 3-38（a）］，底板弯矩设计值可按下述方法计算。

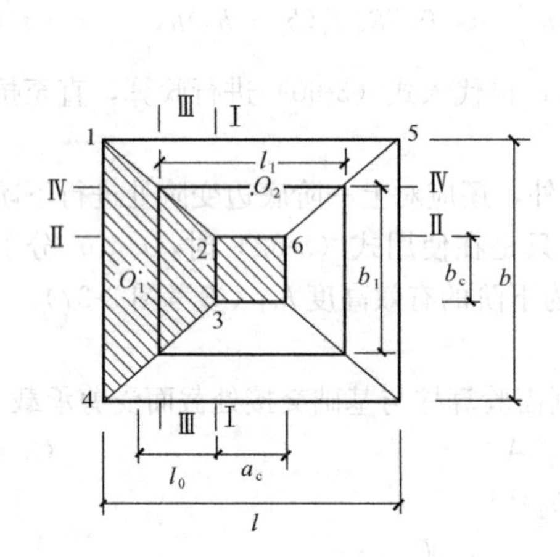

图 3-37　产生弯矩的地基净反力作用面积

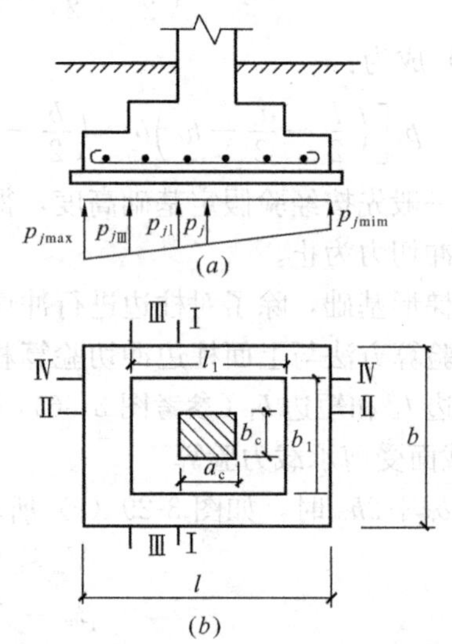

图 3-38　偏心荷载作用下的独立基础
（a）基底净反力；（b）平面图

地基净反力 p_j 对柱边Ⅰ-Ⅰ截面产生的弯矩为：

$$M_{\mathrm{I}} = p_j A_{1234} l_0$$

式中　A_{1234}——梯形 1234 的面积：

$$A_{1234} = \frac{1}{4}(b + b_c)(l - a_c)$$

l_0——梯形 1234 的形心至柱边的距离：

$$l_0 = \frac{(l - a_c)(b_c + 2b)}{6(b_c + b)}$$

于是

$$M_{\mathrm{I}} = \frac{1}{24} p_j (l - a_c)^2 (b_c + 2b) \tag{3-64}$$

垂直于Ⅰ-Ⅰ截面的受力筋面积可按下式计算：

$$A_{sI}=\frac{M_{I}}{0.9f_{y}h_{0}} \tag{3-65}$$

同理，由面积1265上的净反力可得柱边Ⅱ-Ⅱ截面的弯矩为：

$$M_{II}=\frac{1}{24}p_{j}(b-b_{c})^{2}(a_{c}+2l) \tag{3-66}$$

钢筋面积为：

$$A_{sII}=\frac{M_{II}}{0.9f_{y}h_{0}} \tag{3-67}$$

阶梯形基础在变阶处也是抗弯的危险截面，按式（3-64）～（3-67）可以分别计算上阶底边Ⅲ-Ⅲ和Ⅳ-Ⅳ截面的弯矩 M_{III} 、钢筋面积 A_{sIII} 和 M_{IV} 、A_{sIV} ，只要把各式中的 a_c 、b_c 换成上阶的长边 l_1 和短边 b_1 ，把 h_0 换为下阶的有效高度 h_{01} 便可。然后按 A_{sI} 和 A_{sIII} 中的大值配置平行于 l 边方向的钢筋，并放置在下层；按 A_{sII} 和 A_{sIV} 中的大值配置平行于b边方向的钢筋，并放置在上排。当基底和柱截面均为正方形时，$M_{I}=M_{II}$ ，$M_{III}=M_{IV}$ ，只需计算一个方向即可。

3. 偏心荷载作用的基础计算

当只在矩形基础长边方向产生偏心，且荷载偏心距 $e\leqslant l/6$ 时，基底净反力设计值的最大、最小值为：

$$\begin{matrix}p_{j\max}\\p_{j\min}\end{matrix}=\frac{F}{lb}\left(1\pm\frac{6e_{0}}{l}\right) \tag{3-68}$$

或

$$\begin{matrix}p_{j\max}\\p_{j\min}\end{matrix}=\frac{F}{lb}\pm\frac{6M}{bl^{2}} \tag{3-69}$$

（1）基础高度

可按式（3-62）或（3-63）计算，但应以 $p_{j\max}$ 代替式中的 p_j 。

（2）底板配筋

仍可按式（3-65）和（3-67）计算钢筋面积，但式（3-64）中的 M_{I} 应按下式计算：

$$M_{I}=\frac{1}{48}(l-a_{c})^{2}[(p_{j\max}+p_{jI})(2b+b_{c})+(p_{j\max}-p_{jI})b] \tag{3-70}$$

式中　p_{jI} 为柱边Ⅰ－Ⅰ截面处的基底净反力设计值。

同理式（3-65）中的 M_{II} 应按下式计算：

$$M_{II}=\frac{1}{48}(b-b_{c})^{2}(p_{j\max}+p_{j\min})(a_{c}+2l) \tag{3-71}$$

因 $p_{j}=\frac{1}{2}(p_{j\max}+p_{j\min})$ ，故上式与式（3-66）完全相同。

符合构造要求的杯口基础，在与预制柱结合形成整体后，其性能与现浇柱基础相同，故其高度和底板配筋仍按柱边和高度变化处的截面进行计算。

【例题3-7】　某多层厂房采用柱下钢筋混凝土锥形独立基础，已知相应于荷载效应标准组合时，传至±0.0的竖向力为 F_k=600kN，M_k=100kN·m，H_k=35kN，作用荷载以永久荷载为主。柱截面尺寸为400mm×600mm，基础底面尺寸为2.0m×2.6m。设计基础埋深为1.5m，垫层C10，100mm厚。基础材料采用C20混凝土，f_t=1.10N/

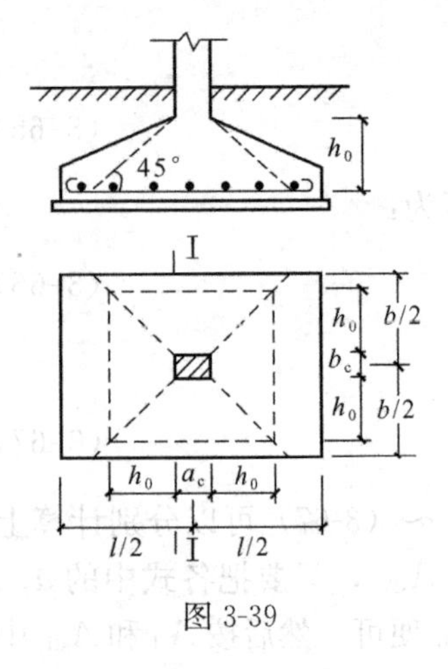

图 3-39

mm^2，试确定基础的高度，并计算基础弯矩最大界面的弯矩设计值及所需钢筋截面积。

【解】 采用C20混凝土，$f_t=1.10N/mm^2$，HPB235级钢筋，查得$f_y=210N/mm^2$。

所给条件是荷载效应的标准组合，当确定基础高度计算时，应采用承载能力极限状态下荷载效应的基本组合。对于永久荷载控制的基本组合，$S=1.35S_k$。

计算基底最大净反力设计值

$$\begin{aligned} p_{j\max} &= 1.35 \times \left(\frac{F_k}{A}+\frac{M_k}{W}\right) \\ &= 1.35 \times \left(\frac{600}{2\times 2.6}+\frac{100+35\times 1.5}{2\times 2.6^2/6}\right) \\ &= 183.06\text{kPa} \end{aligned}$$

（1）基础高度

柱边截面

取$h=450$mm，有垫层，$h_0=450-50=400$mm，则

$$b_c+2h_0=0.4+2\times 0.4=1.2<b=2\text{m}$$

因偏心受压，按式（3-61）计算时p_j取$p_{j\max}$。该式左边：

$$A_l=\left(\frac{2.6}{2}-\frac{0.6}{2}-0.4\right)\times 2-\left(\frac{2}{2}-\frac{0.4}{2}-0.4\right)^2=1.04\text{mm}^2$$

$$F_l=p_{j\max}A_l=183.06\times 1.04=190.38\text{kN}$$

该式右边：

$$0.7\beta_{hp}f_tb_mh_0=0.7\times 1.0\times 1100\times 0.8\times 0.4=246.4\text{kN}$$

$$F_l=190.38\text{kN}<0.7\beta_{hp}f_tb_mh_0=246.4\text{kN}\quad（满足）$$

（2）最大弯矩计算

基底应力分布：

$$p_j=1.35\times\frac{F_k}{A}=1.35\times\frac{600}{2\times 2.6}=155.77\text{kPa}$$

计算基础长边方向的弯矩设计值，取Ⅰ-Ⅰ截面（例图3-7）：

$$\begin{aligned} M_{\text{I}} &=\frac{1}{48}[(p_{j\max}+p_j)(2b+b_c)+(p_{j\max}-p_j)b](l-a_c)^2 \\ &=\frac{1}{48}[(183.06+155.77)(2\times 2+0.4)+(183.06-155.77)\times 2]\times(2.6-0.6)^2 \\ &=128.79\text{kN}\cdot\text{m} \end{aligned}$$

$$A_{s\text{I}}=\frac{M_{\text{I}}}{0.9f_yh_0}=\frac{128.79\times 10^6}{0.9\times 210\times 400}=1704\text{mm}^2$$

3.9 减轻不均匀沉降危害的措施

通常地基产生一些均匀沉降，对建筑物安全影响不大，可以通过预留沉降标高加以解决。但地基不均匀沉降超过限度时，使建筑物损坏或影响其使用功能。特别是高压缩性

土、膨胀土、湿陷性黄土以及软硬不均等不良地基上的建筑物，由于总沉降量大，相应的不均匀沉降也较大，因此，如果设计时考虑不周，就更易因不均匀沉降而开裂损坏。

1. 不均匀沉降产生原因

根据地基沉降计算公式 $s=\dfrac{\sigma \cdot h}{E_s}$ 分析可知：

（1）附加应力 σ 相差悬殊。如建筑物高低层交界处，上部荷载突变，将产生不均匀沉降。

（2）地基压缩层厚度 h 相差悬殊，或软弱土层厚薄变化大，如苏州虎丘塔，因地基压缩层厚度两侧相差一倍多，导致塔身严重倾斜与开裂。

（3）地基土的压缩模量 E_s 相差悬殊。地基持力层水平方向软硬交界处，产生不均匀沉降。

2. 不均匀沉降（Differential Settlement）引起墙体裂缝的形态

不均匀沉降常引起砌体承重结构开裂，尤其是在墙体窗口门洞的角位处。裂缝的位置和方向与不均匀沉降的状况有关。不均匀沉降引起墙体开裂的一般规律：斜裂缝下的基础（或基础的一部分）沉降较大。如果墙体中间部分的沉降比两端部大（“碟形沉降”），则墙体两端部的斜裂缝将呈八字形，有时（墙体长度大）还在墙体中部下方出现近乎竖直的裂缝。如果墙体两端部的沉降大（“倒碟形沉降”），则斜裂缝将呈倒置八字形。当建筑物各部分的荷载或高度差别较大时，重、高部分的沉降也常较大，并导致轻、低部分产生斜裂缝。

对于框架等超静定结构来说，各柱的沉降差必将在梁柱等构件中产生附加内力。当这些附加内力与设计荷载作用下的内力之和超过构件的承载能力时，梁、柱端和楼板将会出现裂缝。

防止和减轻不均匀沉降造成的损害，一直是建筑设计中的重要课题。通常可从两个方面考虑：一是采取措施增强上部结构和基础对不均匀沉降的适应能力；二是采取措施减少不均匀沉降或总沉降量。具体的措施有：①采用柱下条形基础、筏形基础和箱形基础等连续基础，以减少地基的不均匀沉降；②采用桩基或其他深基础，以减少总沉降量和不均匀沉降；③对地基进行人工处理，采用人工地基上的浅基础方案；④从地基、基础、上部结构相互作用的观点出发，在建筑、结构和施工等方面采取措施，以增强上部结构对不均匀沉降的适应能力。前三类措施造价偏高，有的需要具备一定的施工条件才能采用。因此，对于一般的中小型建筑物，应首先考虑在建筑、结构和施工方面采取减轻不均匀沉降危害的措施，必要时才采用其他的地基基础方案。

3.9.1 建筑措施（Architecture Measurement）

1. 建筑物的体型应力求简单

建筑物的体型指的是其在平面和立面上的轮廓形状。体型简单的建筑物，其整体刚度大，抵抗变形的能力强。因此，在满足使用要求的前提下，软弱地基上的建筑物应尽量采用简单的体型，如等高的“一”字形。实践表明，这样的建筑物地基受荷均匀，较少发生开裂。

平面形状复杂的建筑物（如“L”、“T”、“H”形等），由于基础密集，地基附加应力互相重叠，在建筑物转折处的沉降必然比别处大。加之这类建筑物的整体性差，各部分的刚度不对称，因而很容易因地基不均匀沉降而开裂。容易开裂部位如图 3-40 所示。

建筑物高低（或轻重）变化太大，在高度突变的部位，常由于荷载轻重不一而产生过量的不均匀沉降。如软土地基上紧接高差超过一层的砌体承重结构房屋，低者很容易开裂（图 3-41）。因此，当地基软弱时，建筑物的紧接高差以不超过一层为宜。

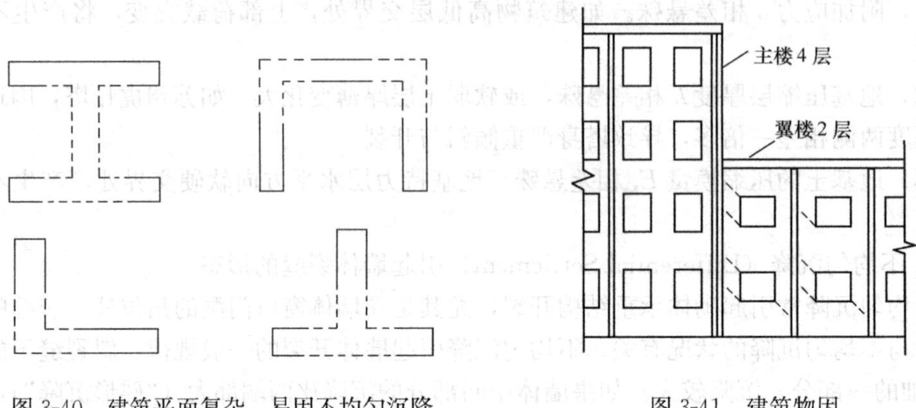

图 3-40 建筑平面复杂，易因不均匀沉降产生开裂的部位示意（虚线处）

图 3-41 建筑物因高差太大而开裂（虚线处）

建筑物在平面上的长度和从基础底面起算的高度之比，称为建筑物的长高比。长高比大的砌体承重房屋，其整体刚度差，纵墙很容易因挠曲过度而开裂（图 3-42）。调查结果表明，当预估的最大沉降量超过 120mm 时，对三层和三层以上的房屋，长高比不宜大于 2.5；对于平面简单，内、外墙贯通，横墙间隔较小的房屋，长高比的控制可适当放宽，但一般不大于 3.0。不符合上述要求时，一般要设置沉降缝。

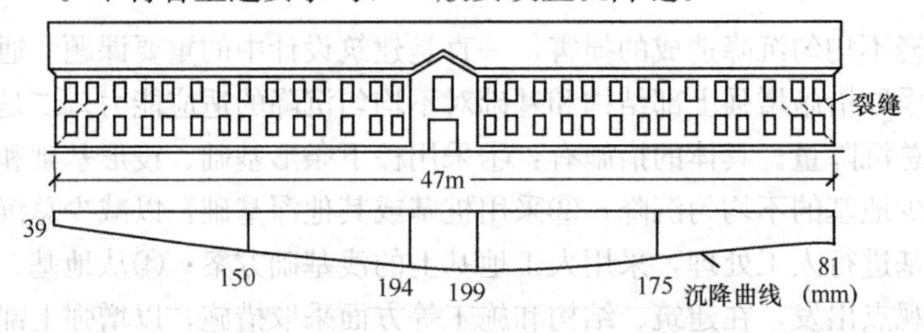

图 3-42 建筑物因长高比过大而开裂

合理布置纵、横墙，是增强砌体承重结构房屋整体刚度的重要措施之一。当地基不良时，应尽量使内、外纵墙不转折或少转折，内横墙间距不宜过大，且与纵墙之间的连接应牢靠，必要时还应增强基础的刚度和强度。

2. 设置沉降缝

当建筑物的体型复杂或长高比过大时，宜根据其平面形状和高度差异情况，在适当部位用沉降缝将建筑物（包括基础）分割成两个或多个独立的沉降单元。每个单元一般应体型简单、长高比小、结构类型相同以及地基比较均匀。这样的沉降单元具有较大的整体刚度，沉降比较均匀，一般不会再开裂。

建筑物的下列部位宜设置沉降缝：

（1）建筑物平面的转折处；

(2) 建筑物高度或荷载突变处；

(3) 长高比过大的砌体承重结构以及钢筋混凝土框架结构的适当部位；

(4) 地基土的压缩性有显著变化处；

(5) 建筑结构或基础类型不同处；

(6) 分期建造房屋的交界处；

(7) 拟设置伸缩缝处（沉降缝可兼作伸缩缝）。

沉降缝应有足够的宽度，以防止缝两侧的结构相向倾斜而相互挤压。缝内一般不得填塞材料（寒冷地区需填松软材料）。沉降缝的宽度可参照表 3-16 确定。

房屋沉降缝宽度 **表 3-16**

房屋层数	沉降缝宽度（mm）
二～三	50～80
四～五	80～120
五层以上	不小于 120

注：当沉降缝两侧单元层数不同时，缝宽按层数大者取用。

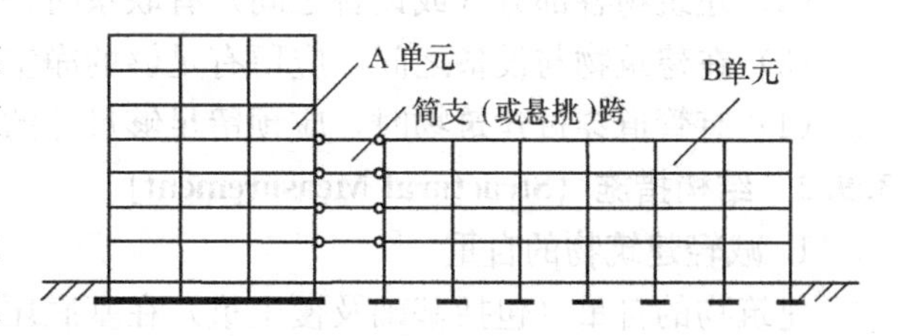

图 3-43 用简支（或悬挑）跨分割沉降单元示意图

沉降缝的造价颇高，且要增加建筑及结构处理上的困难，所以不宜多用。

如果沉降缝两侧的结构可能发生严重的相向倾斜，可以考虑将两者拉开一段距离，其间另外用能自由沉降的静定结构连接。对于框架结构，还可选取其中二跨（一个开间）改成简支或悬挑跨，使建筑物分为两个独立的沉降单元，例如图 3-43。

有防渗要求的地下室一般不宜设置沉降缝。因此，对于具有地下室和裙房的高层建筑，为减少高层部分与裙房间的不均匀沉降，常在施工时采用后浇带将两者断开，待两者间的后期沉降差能满足设计要求时再连接成整体。

3. 合理确定相邻建筑物的间距

当两基础相邻过近时，由于地基附加应力扩散和叠加影响，会使两基础的沉降比各自单独存在时增大很多。因此，在软弱地基上，两建筑物的距离太近时，相邻影响产生的附加不均匀沉降可能造成建筑物的开裂或互倾。这种相邻影响主要表现为：

(1) 同期建造的两相邻建筑物之间会彼此影响，特别是当两建筑物轻（低）重（高）差别较大时，轻者受重者的影响较大；

(2) 原有建筑物受邻近新建重型或高层建筑物的影响。

相邻建筑物基础之间所需的净距，可按表 3-17 选用。从该表中可见，决定基础间净距的主要指标是受影响建筑的刚度和影响建筑的预估平均沉降量，后者综合反映了地基的压缩性、影响建筑的规模和重量等因素的影响。

相邻高耸结构（或对倾斜要求严格的构筑物）的外墙间隔距离，可根据倾斜允许值计算确定。

相邻建筑物基础间的净距（m） **表 3-17**

影响建筑的预估平均沉降量 s（mm）	受影响建筑的长高比	
	$2.0 \leqslant L/H_f < 3.0$	$3.0 \leqslant L/H_f < 5.0$
70～150	2～3	3～6
160～250	3～6	6～9
260～400	6～9	9～12
>400	9～12	≥12

注：1. 表中 L 为房屋长度或沉降缝分割的单元长度（m）；H_f 为自基础底面算起的房度高度（m）；
2. 当受影响建筑的长高比为 $2.0 \leqslant L/H_f \leqslant 3.0$ 时，净距可适当缩小。

4. 建筑物标高的控制与调整

沉降改变了建筑物原有的标高，严重时将影响建筑物的使用功能，这时可采取下列措施进行调整：

（1）根据预估的沉降量，适当提高室内地坪或地下设施的标高；

（2）建筑物各部分（或设备之间）有联系时，可将沉降较大者的标高适当提高；

（3）在建筑物与设备之间，应留有足够的净空；

（4）有管道穿过建筑物时，应预留足够尺寸的孔洞，或采用柔性管道接头等。

3.9.2 结构措施（Structural Measurement）

1. 减轻建筑物的自重

建筑物的自重（包括基础及覆土重）在基底压力中所占的比例很大，据估计，工业建筑为 1/2 左右，民用建筑可达 3/5 以上。因此，减轻建筑物自重可以有效地减少地基沉降量。具体的措施有：

（1）采用空心砌块、多孔砖或其他轻质墙减少墙体的重量。

（2）选用轻型结构，如采用预应力混凝土结构、轻钢结构及各种轻型空间结构。

（3）减少基础及其上回填土的重量。可以选用覆土少、自重轻的基础形式，如壳体基础、空心基础等。如室内地坪较高，可以采用架空地板代替室内厚填土。

2. 设置圈梁

圈梁的作用在于提高砌体结构抵抗弯曲的能力，即增强建筑物的抗弯刚度。它是防止砖墙出现裂缝和阻止裂缝开展的一项有效措施。当建筑物产生碟形沉降时，墙体产生正向挠曲，下层的圈梁将起作用；反之，墙体产生反向挠曲时，上层的圈梁则起作用。由于不容易正确估计墙体的挠曲方向，故通常在房屋的上、下方都设置圈梁。

圈梁的布置，多层房屋宜在基础面附近和顶层门窗顶处各设置一道，其他各层可隔层设置（必要时也可层层设置），位置在窗顶或楼板下面。对于单层工业厂房及仓库，可结合基础梁、连梁、过梁等酌情设置。

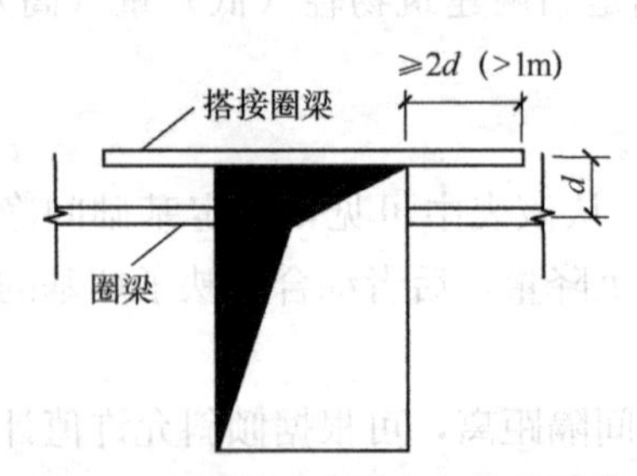

图 3-44　圈梁被墙洞中断时的搭接

圈梁必须与砌体结合成整体，每道圈梁应尽量贯通全部外墙、承重内纵墙及主要内横墙，即在平面上形成封闭系统。当没法连通（如某些楼梯间的窗洞处）时，应按图 3-44 所示的要求利用搭接圈梁进行搭接。如果墙体因开洞过大而受到严重削弱，且地基又很软弱时，还可考虑在削弱部位适当配筋，或利用钢筋混凝土边框加强。

圈梁有两种，一种是钢筋混凝土圈梁［图 3-45（a）］。梁宽一般同墙厚，梁高不应小于 120mm。混凝土强度等级宜采用 C20，纵向钢筋不宜少于 4ϕ8，绑扎接头的搭接长度按受力钢筋考虑，箍筋间距不宜大于 300mm。兼作跨度较大的门窗过梁时按过梁计算另加钢筋。另一种是钢筋砖圈梁［图 3-45（b）］，即在水平灰缝内夹筋形成钢筋砖带，高度为 4～6 皮砖，用 M5 砂浆砌筑，水平通长钢筋不宜少于 6ϕ6，水平间距不宜大于 120mm，分上、下两层设置。

3. 设置基础梁

钢筋混凝土框架结构对不均匀沉降很敏感，很小的沉降差异就足以引起可观的附加应力。对于采用单独柱基的框架结构，在基础间设置基础梁（图 3-46）是加大结构刚度、减少不均匀沉降的有效措施之一。基础梁的设置常带有一定的经验性（仅起承墙作用时例外），其底面一般置于基础表面（或略高些），过高则作用下降，过低则施工不便。基础梁的截面高度可取柱距的 1/14～1/8，上下均匀通长配筋，每侧配筋率为 0.4%～1.0%。

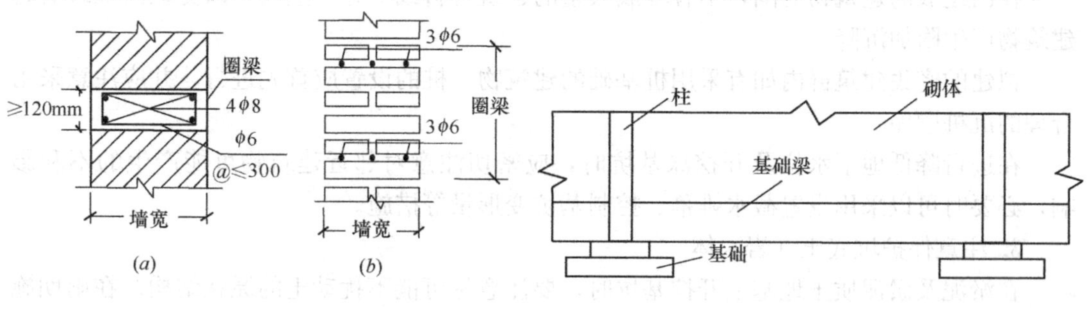

图 3-45　圈梁截面示意

（a）钢筋混凝土圈梁；（b）钢筋砖圈梁

图 3-46　支承墙体的基础梁

4. 减小或调整基底附加压力

（1）设置地下室或半地下室。其作用之一是以挖除的土重去补偿一部分甚至全部的建筑物重量，从而达到减小基底附加压力和沉降的目的。地下室（或半地下室）还可只设置于建筑物荷载特别大的部位，通过这种方法可以使建筑物各部分的沉降趋于均匀。

（2）调整基底尺寸。为了减小沉降差异，可以将荷载大的基础的底面积适当加大。

5. 采用对不均匀沉降欠敏感的结构形式

砌体承重结构、钢筋混凝土框架结构对不均匀沉降很敏感，而排架、三铰拱（架）等铰接结构则对不均匀沉降有很大的顺从性，支座发生相对位移时不会引起很大的附加应力，故可以避免不均匀沉降的危害。铰接结构的这类结构形式通常只适用于单层的工业厂房、仓库和某些公共建筑。必须注意的是，严重的不均匀沉降仍会对这类结构的屋盖系统、围护结构、吊车梁及各种纵、横联系构件造成损害，因此应采取相应的防范措施，例如避免用连续吊车梁及刚性屋面防水层，墙面加设圈梁等。

图 3-41 是建造在软土地基上的某仓库所用的三铰门架结构，使用效果良好。

油罐、水池等的基础底板常采用柔性底板，以便更好地适应不均匀沉降。

3.9.3　施工措施（Construction Measurement）

在软弱地基上进行工程建设时，采用合理的施工顺序和施工方法至关重要，这是减小

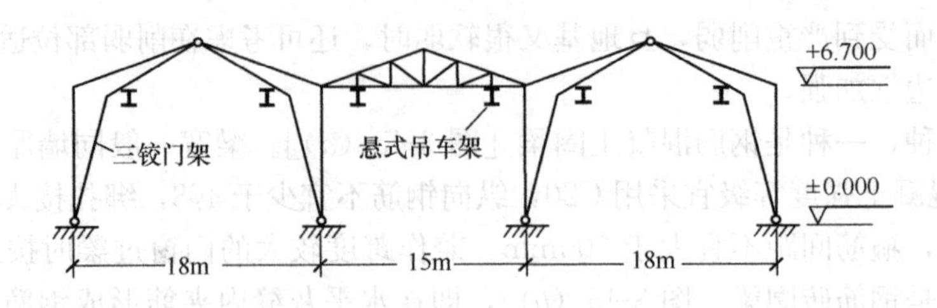

图 3-47　某仓库三铰门架结构示意图

或调整不均匀沉降的有效措施之一。

1. 遵照先重（高）后轻（低）的施工程序

当拟建的相邻建筑物之间轻（低）重（高）悬殊时，一般应按照先重后轻的程序进行施工，必要时还应在重的建筑物竣工后间歇一段时间，再建造轻的邻近建筑物。如果重的主体建筑物与轻的附属部分相连时，也应按上述原则处理。

2. 注意堆载、沉桩和降水等对邻近建筑物的影响

在已建成的建筑物周围，不宜堆放大量的建筑材料或土方等重物，以免地面堆载引起建筑物产生附加沉降。

拟建的密集建筑群内如有采用桩基础的建筑物，桩的设置应首先进行，并应注意采用合理的沉桩顺序。

在进行降低地下水位及开挖深基坑时，应密切注意对邻近建筑物可能产生的不利影响，必要时可以采用设置截水帷幕、控制基坑变形量等措施。

3. 注意保护坑底土（岩）体

在淤泥及淤泥质土地基上开挖基坑时，要注意尽可能不扰动土的原状结构。在雨期施工时，要避免坑底土体受雨水浸泡。通常的做法是：在坑底保留大约 300mm 厚的原土层，待施工混凝土垫层时才用人工临时挖去。如发现坑底软土被扰动，可挖去扰动部分，用砂、碎石（砖）等回填处理。当基础埋置在易风化的岩层上，施工时应在基坑开挖后立即铺筑垫层。

习题与思考题

3-1　地基基础有哪些类型？各适用于什么条件？

3-2　天然地基上的浅基础有哪些结构类型？各具有什么特点？

3-3　何谓地基、基础与上部结构三者共同工作？

3-4　基础为何要有一定的埋深？如何确定基础的埋深？

3-5　何谓地基承载力特征值？有哪几种确定方法？各适用于何种情况？

3-6　对地基承载力特征值为何要进行基础宽度与埋深的修正？如何进行基础的宽度和深度的修正？

3-7　基础底面积如何计算？中心荷载与偏心荷载作用下，基底面积计算有何不同？

3-8　何谓无筋扩展基础？何谓扩展基础？两种基础的材料有何不同？两者计算方法有什么区别？

3-9　无筋扩展基础和扩展基础适用于什么范围？扩展基础的材料和构造有何要求？

3-10　柱下基础通常为独立基础，基础底面积如何计算？

3-11　减轻不均匀沉降危害有哪些主要措施？其中有哪些措施实用且经济？

3-12　何谓补偿性基础设计？

3-13　某建筑物场地地表以下土层依次为：(1) 粉砂，厚 3.0m，潜水面在地表下 1m 处，饱和重度 $\gamma_{sat}=19kN/m^3$；(2) 黏土隔水层，厚 2.0m，重度 $\gamma=18kN/m^3$；(3) 粗砂，含承压水，承压水位在地表处，若基础埋深 $d=3.5m$，施工时将地下水位降到坑底，问需将粗砂层中的承压水位降低到什么深度才可避免发生坑底隆起？(取 $\gamma_w=10kN/m^3$)

(答案：2.3m)

3-14　某 25 万人口的城市，市区内某四层框架结构建筑物，有采暖，采用方形基础，基底平均应力为 130kPa。地面下 5m 范围内的黏性土为弱冻胀土。该地区的标准冻深为 2.2m。试计算在考虑冻胀性的情况下该建筑基础最小埋深。

(答案：$d_{min}=1.0m$)

3-15　某稳定边坡，坡角为 30°。矩形基础垂直于坡顶边缘线的底面边长为 2.8m，基础的埋置深度为 3m。试问基础底面外边缘线至坡顶的水平距离应大于多少？

(答案：$a\geqslant 1.8m$)

3-16　某条形基础底宽 $b=1.5m$，埋深 $d=1.5m$，地基土为粉土，内摩擦角标准值 $\varphi_k=22°$，黏聚力标准值 $c_k=5kPa$，原场地地下水位面在地面以下 5.0m 处，后来由于某原因导致地下水位上升至地面以下 1.0m，已知水位面以上土的重度 $\gamma=18.5kN/m^3$，水位面以下土的饱和重度 $\gamma_{sat}=19.5kN/m^3$。试比较地下水位上升前、后地基承载力特征值 f_a 的变化。

(答案：前：$f_a=196.5kPa$；后：$f_a=136.4kPa$)

3-17　某场地三个浅层平板载荷试验，试验数据见下表，试问该土层的承载力特征值。

试验点号	1	2	3
比例界限对应的荷载值 (kPa)	160	165	173
极限荷载 (kPa)	300	340	330

(答案：$f_a=166kPa$)

3-18　某民用建筑五层砌体承重结构，底层承重墙 240 厚，墙体传至基础±0.00 处荷载效应 $F_k=200kN/m$，该场地持力层土工实验的实验成果如下表格：

组序	1	2	3	4	5	6	7	8	9
φ 值 (°)	23.0	24.0	27.5	24.5	26.0	26.5	28.6	27.0	30.0
c 值 (kPa)	12.8	15.6	15.0	16.5	16.0	17.0	17.1	26.0	26.5

土层剖面及土的工程性质指标如图所示

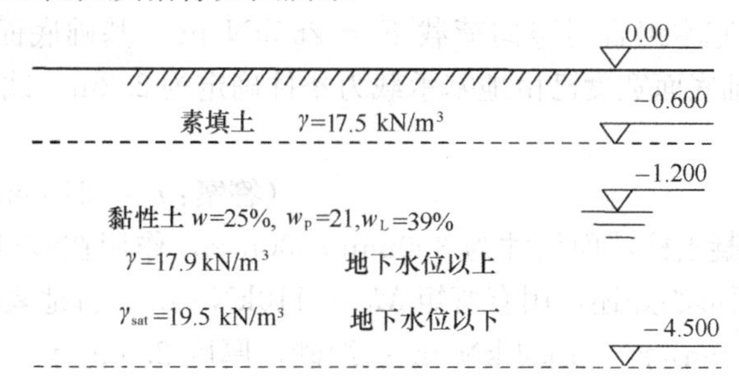

试按规范推荐的理论公式确定持力层地基承载力特征值。

（答案：$f_a = 198.6$kPa）

3-19 某建筑物采用条形基础，基础埋深 2.0m，基础宽度 2.5m，用静载荷试验法测得的地基承载力特征值 $f_{ak} = 203$kPa，地基为中砂，潜水面在地表下 0.6m 处，土的重度 γ=19kN/m³（假定地下水位面上、下土的重度相同），试确定修正后的地基承载力特征值。

（答案：$f_a = 262.4$kPa）

3-20 某承重墙厚 240mm，作用于地面标高处得荷载 $F_k = 200$kN/m，拟采用砖基础，埋深为 1.2m。地基土为粉质黏土，$\gamma = 18.0$ kN/m³，$e_0 = 0.90$，$f_{ak} = 180$kPa。试确定砖基础的底面宽度。

（答案：1.20m）

3-21 某柱基础采用方形基础，作用于地面处相应于荷载标准组合的轴心荷载设计值 $F_k = 800$kN，基础埋深为 1.2m（自室外地面起算），室内标高高于室外标高 0.60m，地基土为黏性土，γ=17kN/m³，e=0.70，I_L=0.80，地基承载力特征值 $f_{ak} = 200$kPa。试确定该基础的底面边长。

（答案：2.1m）

3-22 某柱下钢筋混凝土单独基础，底面尺寸为 3.0m×3.0m，基础埋深为 2.5m，传至基础顶面处的轴心荷载 $F_k = 1200$kN，弯矩为 $M_k = 100$kN·m，地面处的水平力 $Q_k = 70$kN。该处土层自地表起依次分布如下：第一层为粉质黏土，厚 6.0m，$\gamma = 18.0$ kN/m³，$\gamma_{sat} = 19.0$ kN/m³，$e = 0.80$，I_L=0.74，$f_{ak} = 200$kPa，$E_{s1} = 5.6$MPa；第二层为深厚淤泥质土，$\gamma_{sat} = 17.5$ kN/m³，w=45%，$f_{ak} = 78$kPa，$E_{s2} = 1.86$MPa。地下水位刚好在基底处。试验算持力层和软弱下卧层的地基承载力是否满足要求。

（答案：满足，持力层：$P_k = 183.3$kPa，$P_{kmax} = 244.6$kPa，$f_a = 257.6$kPa；

下卧层：$\sigma_z + \sigma_{cz} = 111.4$kPa，$f_{az} = 148.1$kPa）

3-23 某柱下钢筋混凝土单独基础，底面尺寸为 2.0m×2.0m，基础埋深为 1.5m，作用于地面处相应于荷载准永久组合时的竖向荷载 $F = 800$kN。场地土层自地表起依次分布如下：第一层为杂填土，厚 1.5m，$\gamma = 17.5$ kN/m³；第二层为粉质黏土，厚 2.0m，$\gamma = 18.5$ kN/m³，$e = 0.80$，$E_{s2} = 2.65$MPa，$f_{ak} = 200$kPa；第三层为黏土，厚度较大，$\gamma = 18.5$ kN/m³，$E_{s3} = 2.40$MPa。不考虑地下水的影响。试按规范法计算该基础的最终沉降量。

（注：满足式（3-33），取 $z_n = 6$m）（答案：90.9mm）

3-24 某厂房砖墙厚 240mm，墙下采用钢筋混凝土条形基础。作用在条形基础顶面处的相应与荷载效应基本组合时竖向荷载 $F = 265$kN/m，基础底面形心处的弯矩 $M = 10.5$kN·m/m。基础底面宽度已由地基承载力条件确定为 2.2m。试此设计此基础的高度并配筋。

（答案：$h = 210$mm，$A_s = 1930$ mm²）

3-25 某钢筋混凝土柱截面尺寸为 300mm×300mm，作用在基础顶面的轴心荷载 $F_k = 400$kN，基础底面形心处还作用有弯矩 $M_k = 110$kN·m。自地表起的土层情况为：素填土，松散，厚度 1.0m，$\gamma = 16.4$ kN/m³；细砂，厚度 2.6m，$\gamma = 18.0$ kN/m³，γ_{sat} =

20.0 kN/m^3，标准贯入试验锤击数 $N=10$；黏土，硬塑，厚度较大。地下水位在地表下1.6m处。取基础长宽比为1.5，试确定扩展基础的底面尺寸并设计基础截面及配筋。（可近似取荷载效应基本组合的设计值为标准组合值的1.35倍）

（答案：取 $d=1.6\text{m}$，得 $b=1.6\text{m}$；$h=600\text{mm}$，$h_1=300\text{mm}$，

$l_1=1.2\text{m}$，$b_1=0.8\text{m}$；

长边：$A_s=1314\ \text{mm}^2$；短边：构造配筋）

3-26　砌体结构由于不均匀沉降纵墙窗角产生的裂缝如下图所示，试定性判断沉降情况。

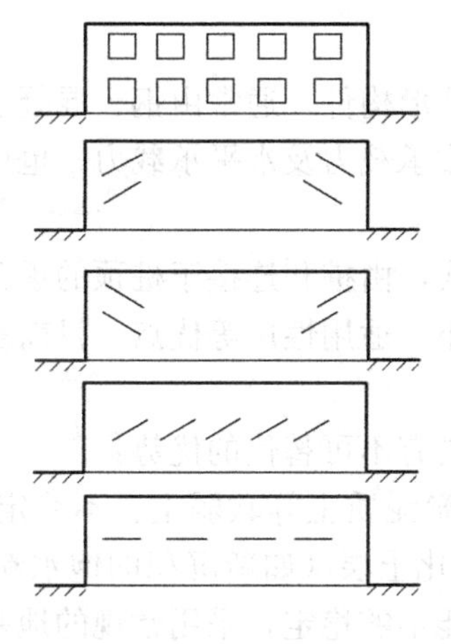

（答案：略）

参考文献

[1]　龚晓南，谢康和，土力学[M]. 北京：中国建筑工业出版社，2014.

[2]　华南理工大学等四校合编．地基及基础(新一版)[M]. 北京：中国建筑工业出版社，1991.

[3]　GB 50007—2011 建筑地基基础设计规范[S]. 北京：中国建筑工业出版社，2011.

[4]　华南理工大学等三校合编．基础工程[M]. 北京：中国建筑工业出版社，2003.

[5]　顾晓鲁，钱鸿缙，刘惠珊，汪时敏．地基与基础(第三版)[M]. 北京：中国建筑工业出版社，2003.

[6]　GB 50021—2002(2009年版)岩土工程勘察规范[S]. 北京：中国建筑工业出版社，2009.

[7]　GB 50009—2012 建筑结构荷载规范[S]. 北京：中国建筑工业出版社，2012.

[8]　GB 50010—2010 混凝土结构设计规范[S]. 北京：中国建筑工业出版社，2010.

[9]　陈希哲，土力学地基基础[M]. 北京：清华大学出版社，2004.

[10]　周景星，李广信，虞石明，王洪瑾．基础工程[M]. 北京：清华大学出版社，2007.

[11]　刘兴录，刘琠编．注册岩土工程师专业考试案例分析．北京：人民交通出版社，2009.

第4章 桩 基 础

4.1 概述

桩是一种深入岩土层中的柱形构件，通常由钢、混凝土或木料等材料构成，主要用来为上部结构提供竖向抗压或抗拔承载力及水平承载力，也可以单独成为挡土结构物，如基坑围护桩及抗滑桩。

桩基础是深基础的主要形式，由桩和连接于桩顶的承台共同构成。与浅基础相比，桩基础具有承载力高、工后沉降小、适用性广等优点，目前被广泛应用于各类工程中，其缺点是成本较高。

在下列情况下采用桩基础具有不可替代的优势：

1. 当地基浅层土为淤泥或淤泥质土等软弱土、不稳定的膨胀土、湿陷性土（湿陷性黄土、欠密实填土），以及易液化土层（如新沉积的饱水粉砂、粉土层）等，由于浅层土层不能提供足够的承载力或性能不够稳定，采用常规的地基处理方法也不能提供足够承载力或地基沉降不能满足要求时，浅基础就不再适用，此时需要采用桩基础将荷载传递到下伏基岩或其他承载性能良好的土层中。

2. 一些高耸结构物（如高层建筑、大型烟囱、输电线塔等）可能承受较大的风荷载或地震荷载以及码头、水闸等岸边结构物需要承受较大的波浪和静水压力或船舶靠岸的冲击力、抵抗滑坡的支挡结构物等，在这些工程中，基础在承担上部结构的竖向荷载的同时还承受着比较大的水平荷载，此时需要采用桩基础来抵抗上述水平荷载。

3. 有些建筑物的基础承受着较大的上拔力，如海洋平台和地上无足够重量的上部结构的地下空间结构物（如城市地下广场等、地下防空洞等），此时需要采用桩基础提供足够上拔力以保证地下结构物不被地下水浮力浮起或破坏。

4. 当桥梁所处的河段河床冲刷较大、河道不稳定或冲刷深度不能准确确定时，桥台和桥墩需要采用桩基以避免冲刷引起的浅基础的失稳。

5. 某些重要或特殊工程对地基沉降具有很高要求，如高速铁路对路基沉降要求很高，一旦路基差异沉降过大可能导致列车出轨或颠覆，此时也需要采用桩基础以保证地基基础沉降满足要求。

6. 某些建筑物本身抗震要求较高或内部安装有精密动力机械设备，对基础振动特性有特殊要求时，需要采用桩基础以满足抗震特性方面的要求。

从上述应用场合可以看出，桩基础能起到以下几方面的作用：

（1）提供较大的竖向抗压承载力，满足各种大荷载的高层建筑物、构筑物的需要；

（2）提供较大的水平承载力，以满足各种建筑物、构筑物抵抗风、波浪、滑坡推力、船舶靠岸冲击力等水平荷载的需要；

(3) 提供抗拔力，以满足某些工程的抗浮（抗风）设计要求；

(4) 穿越地基中的膨胀土、湿陷性土、易液化土层等特殊土地层，以提高基础的稳定性；

(5) 改善地基基础的抗震特性，提高建筑物、构筑物的抗震性能；

(6) 减少建筑物、构筑物的工后沉降量。

在各种不同工况下，桩基础作用的机理是不一样的，桩基础如何发挥作用牵涉到桩、土、承台及上部结构物之间的相互作用机制。长期以来，人们在桩基础的理论研究、试验和工程应用实践方面做了大量工作，但迄今为止，桩基础的作用机理仍未十分清楚，具体表现在理论计算得到的桩基承载力及沉降量往往与实际工程测试结果相去甚远。因此，目前在桩基础设计计算方面还存在很大的不确定性。本章将介绍桩基础的一些基本知识和现行工程设计方法。

4.2 桩基础的分类

学习桩基础的分类，目的是更好地掌握其特点以便设计、施工时更好的发挥桩基础的特长。桩型的选择需综合考虑所承受荷载的性质和大小，地基土的条件以及地下水位等因素。桩型可以按不同的方法分类。

4.2.1 按荷载传递方式分类

桩的承载力由两部分构成：

$$Q_u = Q_s + Q_p \tag{4-1}$$

式中 Q_u——单桩竖向极限承载力，kN；

Q_s——桩周土的极限侧摩阻力，kN；

Q_p——桩端土的极限端阻力，kN。

根据桩承载力构成比例的不同，桩基础可分为端承桩、摩擦桩、摩擦端承桩、端承摩擦桩四种。

1. 端承桩是指桩的承载力完全或主要由桩端岩（土）层提供，桩周土层的摩阻力可忽略不计的桩。此时桩穿越了整个软弱土层，桩尖进入到压缩性很低的岩（土）层，通常是基岩或密实的卵砾石层（当桩端进入基岩时又称为嵌岩桩）。端承桩长度一般不太长，在竖向荷载作用下，桩身纵向的压缩变形很小，因此桩身和桩周土之间摩擦力很小。桩顶荷载基本全部传递到桩底岩（土）层中。

2. 摩擦桩是指桩的承载力主要由桩周土侧摩阻力提供的桩，其桩底土的特性较差，端阻力可以忽略。此时，桩底土与桩周土相比，承载能力无明显提高，由于桩端面积相对很小，因此总的端阻力很小，相对于侧摩阻力可以忽略。

3. 摩擦端承桩和端承摩擦桩是两种介于端承桩和摩擦桩之间的过渡类型，其共同特征是，桩的承载力由桩周土侧摩阻力和桩端土端阻力共同组成，不同的是摩擦端承桩的端阻力占总承载力的比例大一些，而端承摩擦桩的侧摩阻力占总承载力的比例大一些。

一般而言，若性质较好土层的埋深不是很大，为了减少桩基础的沉降和更好地发挥桩材料的抗压能力，应该将桩打入承载性能较好的土层中，此时的桩端土层一般称为持力层。

4.2.2 按成桩方法分类

基桩的成桩方法不同，不仅采用的机具设备和工艺过程不同，而且影响成桩后桩与桩周土接触边界的状态及桩土间共同作用性能。桩的成桩方法种类很多，基本形式可分为预制桩和灌注桩两大类。

一、预制桩　预制桩一般在工厂内（也有少数在现场）制桩成型，通常采用钢筋混凝土材料用模具制作而成，也可采用钢或木料制作而成，预制桩制成后运输到打桩现场，在设计指定位置采用锤击打入、振动打入、静力压入、螺旋式锚入、水冲法和预钻孔沉桩等方法将其打入到土层中。目前工程中采用的主要是锤击打入法和静力压桩方法，介绍如下：

图 4-1　锤击打入法施工现场

1. 锤击打入桩通过打桩机锤击设备将各种预先制好的桩（主要为钢筋混凝土桩，也有钢桩和很少使用的木桩）打入地基内所需要的深度，参见图 4-1。桩锤选用参见《建筑桩基技术规范》JGJ 94—2008 附录 H。桩帽用以保护桩头，因锤的质量比桩加桩帽还大，桩和桩帽之间可用桩垫来减缓冲击力。桩垫的材料多为钢丝绳弯成，也可用木材、橡胶或者其他弹性材料制成。这种施工方法噪声和振动很大，一般适用于空旷地带使用，在人口密集的城市、乡村区域不允许使用。

在挤土效应强烈或难以打入的密实土层中进行锤击法打入施工时，可以用射水或预钻导入孔的方法以方便沉桩。预钻导入孔应比桩径小 50～100mm，深度为桩长的 1/3～1/2，然后打入。

2. 静力压桩法这种方法通过带有大量配重的压桩机将桩压入到地基土层中（见图 4-2），这种施工方法的振动和噪声较小，是目前城市区域预制桩的最主要施工方法。

图 4-2　静压法施工现场

预制桩有如下优点：

（1）预制桩施工质量较为稳定；

（2）预制桩打入较松散的粉土、砂砾层时，由于桩周和桩端土受到挤密，桩侧表面法向应力有所提高，桩侧摩阻力和桩端阻力也相应提高；

（3）施工工期相对较短，现场无泥浆污染。

预制桩缺点如下：

（1）不易穿透较厚的砾石、密实砂土等硬夹层（除非采用预钻孔、射水等辅助沉桩措施）；

（2）如采用锤击打入法施工，会产生振动、噪声污染；

（3）打桩过程产生挤土效应，特别是在饱和软黏土地区沉桩可能导致周围建筑物、道路、管线及其他市政设施的损坏；

（4）由于桩的贯入能力受多种因素制约以及地质条件变化因素的影响，常出现桩打不到设计标高而截桩的现象（见图 4-1），造成浪费；

（5）预制桩因为承受运输、起吊、打击应力等因素影响，需配置较多钢筋，混凝土强度等级也相应提高，因此造价一般高于灌注桩。

二、灌注桩　灌注桩是在现场地基中钻、挖桩孔，然后在孔内放入钢筋骨架，再灌注混凝土而形成的桩。根据施工方法的不同，灌注桩主要分为振动沉管灌注桩、钻孔或冲抓成孔灌注桩、人工挖孔灌注桩三类。灌注桩在成孔过程中需要采取相应的措施和方法来保证孔壁稳定和提高桩体质量。

1. 振动沉管灌注桩是用振动桩机先将带桩尖（或桩靴）的钢套管沉入地基土中成孔，再往沉管中放入钢筋笼和填入混凝土，然后一边振动一边拔管而形成的灌注桩。振动沉管灌注桩的成桩桩径一般较小（通常不大于 500mm），桩径以 426mm 和 377mm 居多，桩长一般不超过 40m，因此，该桩型一般只用于 7 层以下的多层建筑物中。沉管灌注桩还可以采用管内夯扩的方式形成扩大头（夯扩桩）。振动沉管灌注桩和夯扩桩的施工顺序参见图 4-3。

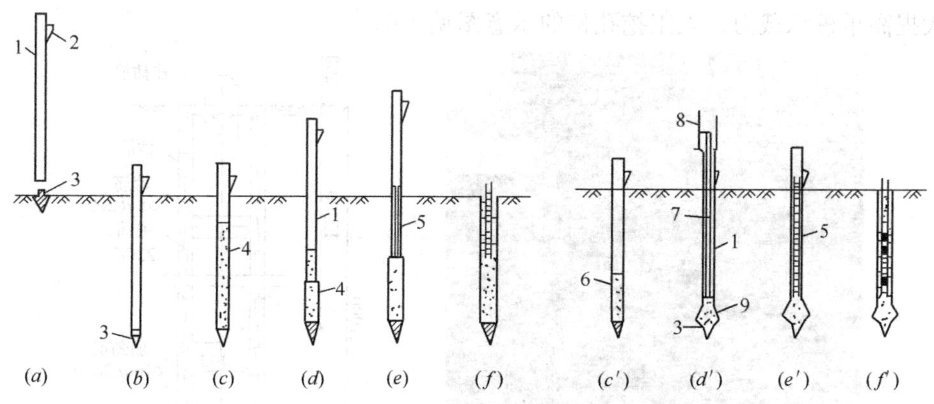

图 4-3　沉管灌注桩和夯扩桩的施工顺序示意图

沉管灌注桩工艺：(*a*) 打桩机就位；(*b*) 沉管；(*c*) 浇灌混凝土；(*d*) 边拔管边振动；
(*e*) 安放钢筋笼，继续浇筑混凝土；(*f*) 成型
夯扩桩工艺；(*c*′) 浇灌扩底混凝土；(*d*′) 内夯扩底；
(*e*′) 安放钢筋笼，继续浇筑混凝土；(*f*′) 成型
1—桩管；2—混凝土注入口；3—预制桩桩尖；4—混凝土；5—钢筋笼；
6—初灌扩底混凝土；7—夯锤；8—吊绳；9—扩大头

2. 钻孔或冲抓成孔灌注桩采用钻机钻孔或冲抓设备成孔（成孔时可配合泥浆护壁），然后在孔中插入钢筋笼后再灌注混凝土。在非饱和黏土中成孔不一定需要孔壁支撑。在地下水位以下钻孔时，一般用分散性黏土（如膨润土）泥浆来维护孔壁。桩身混凝土的浇注通过插到孔底的混凝土导管完成（图 4-4、图 4-5）。对于端承型桩，如果钻孔桩的桩底沉渣不能清除干净，则钻孔灌注桩的承载力可能会大大降低。

3. 人工挖孔灌注桩，是采用人工开挖成孔的方式，开挖同时要做好护壁和支撑工作，以免孔壁坍塌，成孔后，放入钢筋笼再用混凝土导管浇筑混凝土成桩。人工挖孔桩一般适

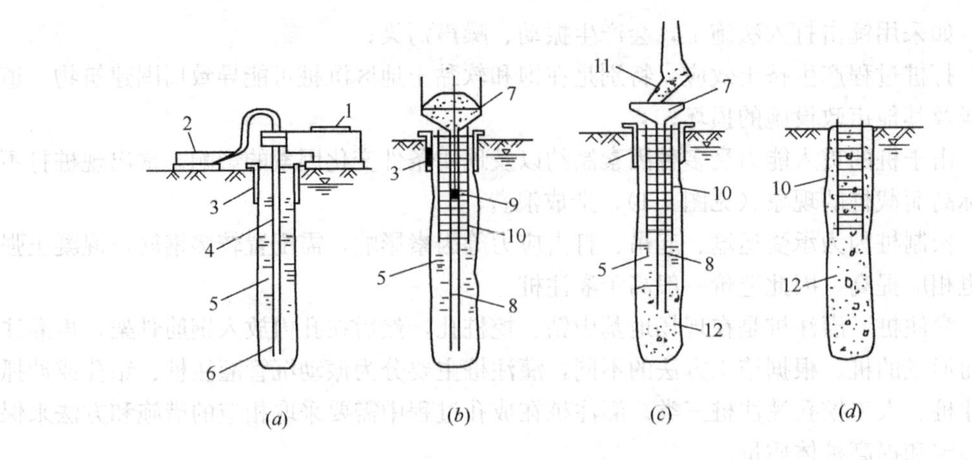

图 4-4　钻孔灌注桩的施工过程

(a) 成孔；(b) 下导管和钢筋笼；(c) 浇灌水下混凝土；(d) 成桩
1—钻机；2—泥浆泵；3—护筒；4—钻杆；5—护壁泥浆；6—钻头；7—漏斗；
8—混凝土导管；9—导管塞；10—钢筋笼；11—进料斗；12—混凝土

用于持力层埋深较浅的情况，桩径一般不小于 800mm，加上人工挖孔质量较有保障，而且桩底一般可清理干净，故承载力往往较高。如有需要，还可以在桩底附近形成扩大头，可大大提高单桩承载力。人工挖孔桩的示意图见 4-6。

图 4-5　钻孔灌注桩施工现场

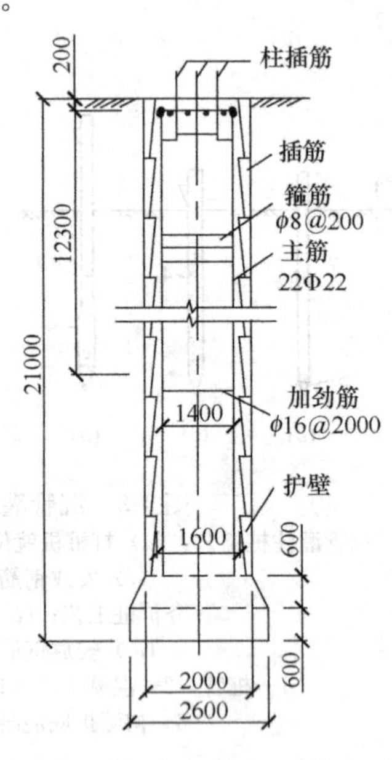

图 4-6　人工挖孔桩示例

灌注桩有以下优点：

(1) 施工过程无大的噪声和振动（沉管灌注桩除外）；

(2) 可根据土层变化情况任意改变桩长；根据同一建筑物的荷载分布与土层情况可以采用不同的桩径，对于承受侧向荷载的桩，可设计成有利于提高横向承载力的异型桩，还可设计成变截面桩，即在弯矩较大的上部采用较大的断面；

（3）可以穿过各种软硬夹层，将桩端置于坚实土层或嵌入基岩，还可扩大桩底，以充分发挥桩身强度和持力层的承载力；

（4）桩身钢筋可根据荷载沿深度逐渐减小的传递特征，以及土层的变化配置。无需像预制桩那样配置起吊、运输、打击钢筋。配筋率相对低，同体积桩造价约为预制桩的40%～70%。

灌注桩的缺点：

（1）钻孔（冲抓成孔）灌注桩会产生较大量的泥浆污染；

（2）除人工挖孔外，施工质量相对较难控制；

（3）施工周期相对较长。

4.2.3 按材料分类

按桩身材料，可分为混凝土桩、钢桩、木桩和组合材料桩等。

1. 混凝土桩

混凝土桩的材料由钢筋混凝土构成，又可分为预制桩（见图 4-7）和灌注桩两种基本类型。

图 4-7　预应力管桩和预制方桩

2. 钢桩

钢桩通常为管桩（图 4-8）或轧制的 H 型钢桩。槽钢和工字钢也可用作钢桩。但热轧宽翼缘 H 型钢（GB 11263）更适用些，因为其腹板和翼缘等厚且长度相近，而槽钢和工字钢的腹板比翼缘薄且长，参见图 4-9。钢桩如果需接长，可焊接或铆接。

图 4-8　圆形截面钢管桩

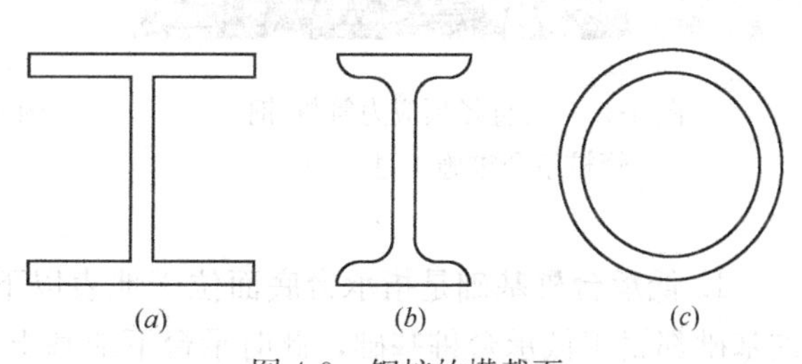

图 4-9　钢桩的横截面
（a）H 型（宽翼缘）；（b）工字型；（c）管型

钢管桩可开口或闭口打入。当桩很难打入时，比如遇到密实的砂砾、页岩和软岩时，钢管桩可以焊上圆锥形桩端（或桩靴）。

钢桩存在腐蚀问题。地下水中的一些成分和泥炭土、有机质土都具有腐蚀性。一般应加厚钢桩。很多情况下，在桩的表面涂上环氧涂层能有效地防腐，且打桩时涂层也不容易损坏。在大多数腐蚀区域，有混凝土外壳的钢桩也能有效防腐。

3. 木桩

木桩用树干制成，其长度一般不超过 10～20m，桩端直径不应小于 150mm。木桩的承载力一般限制在 220～270kN。作为桩的木材应该是直的、完好的。木桩一般用于临时工程，但当整个桩身处于水位以下或木桩处于饱和土中，可以作为永久性基础。但在海水中，木桩受到各种有机物的侵蚀在短短几个月便会遭到严重的破坏，在地下水位以上的桩还容易受到昆虫的破坏。需要用防腐剂对木桩进行处理，以提高其寿命。木桩主要应用于古代工程中，在很多考古工程中有所发现，如中国考古学家分别于 1973 年和 1978 年在浙江省余姚市的河姆渡文化遗址中发现了占地 4 万 m^2 的木桩和木结构遗存，经同位素测定，最长时间距今有 7000 余年。除少数临时工程外，现代工程中已极少使用木桩。

4. 组合材料桩

组合材料桩有两种形式，一是如钢管桩在打入后用混凝土填实，形成同一截面上存在两种材料的组合桩。二是一根桩的下部采用一种材料，而上部采用另一种材料。如码头、桥梁工程中常用的大直径预应力管桩与钢管桩组合桩，就是上部采用大直径预应力管桩而下部采用钢管桩作为桩靴的组合桩。见下图 4-10。

4.2.4 按承台位置分类

按承台位置，桩基础可分为高承台桩基础和低承台桩基础，见图 4-11。

图 4-10 大直径预应力管桩-钢管桩组合桩施工过程中

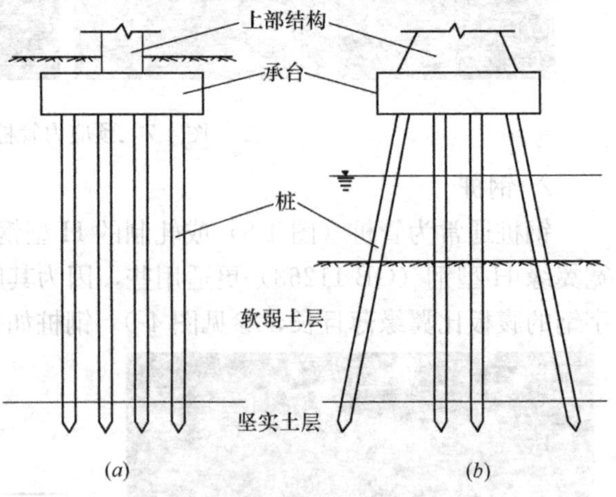

图 4-11 低承台桩基础和高承台桩基础示意图
(a) 低承台桩基础；(b) 高承台桩基础

1. 低承台桩基础是指承台底面位于地表以下的桩基础。绝大部分工业与民用建筑的桩基础都属于低承台桩基础，此时承台下地基土可能承受部分竖向压力。

2. 高承台桩基础是指承台底面位于地表以上的桩基础。此类桩基础常用于桥梁、码头和海洋钻井平台的基础等。

4.3 单桩轴向荷载传递特性

4.3.1 荷载传递机理

桩侧阻力和桩端阻力的发挥过程就是桩、土体系荷载的传递过程。桩顶受竖向荷载后，桩身压缩而向下位移，桩侧表面受到土的向上摩阻力，桩身荷载通过发挥出来的侧阻力传递到桩周土层中去，从而使桩身荷载与桩身压缩变形随深度递减。随着荷载增加，桩端出现竖向位移和桩端反力。桩端位移加大了桩身各截面的位移，并促使桩侧摩阻力进一步发挥。一般来说，靠近桩身上部土层的侧阻力先于下部土层发挥，而侧阻力先于端阻力发挥。为端承桩时，忽略桩周土的摩擦力，从而沿整个桩长所有截面的轴向荷载为常量，等于桩顶荷载。

由图 4-12（a）看出，任一深度 z 桩身截面荷载为：

$$Q(z)=Q_0-U\int_0^z q_s(z)\mathrm{d}z \tag{4-2}$$

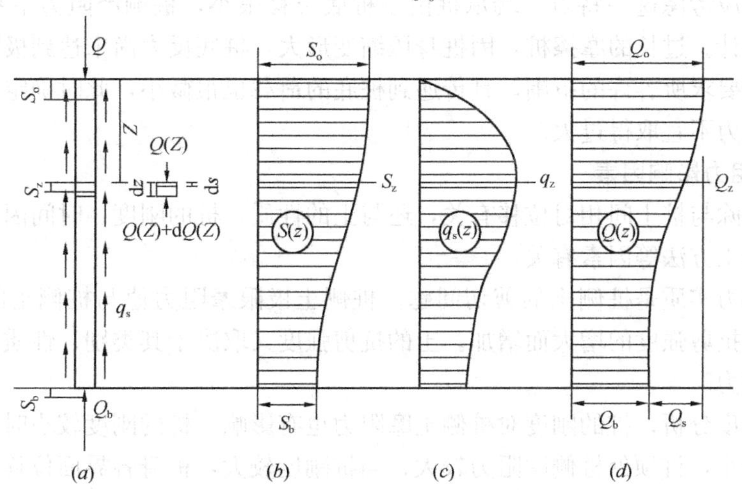

图 4-12 桩土体系荷载传递分析

竖向位移为：

$$S(z)=S_0-\frac{1}{AE_p}\int_0^z Q(z)\mathrm{d}z \tag{4-3}$$

由微分段 dz 的竖向平衡可求得 $q_s(z)$ 为：

$$q_s(z)=-\frac{1}{U}\frac{\mathrm{d}Q(z)}{\mathrm{d}z} \tag{4-4}$$

微分段 dz 的压缩量为：

$$\mathrm{d}S(z)=-\frac{Q(z)}{AE_p}\mathrm{d}z$$

故

$$Q(z)=-AE_p\frac{\mathrm{d}S(z)}{\mathrm{d}z} \tag{4-5}$$

将式（4-5）代入（4-2）得：

$$q_s(z)=\frac{AE_p}{U}\frac{\mathrm{d}^2S(z)}{\mathrm{d}z^2} \tag{4-6}$$

式（4-2）～（4-6）中　A——桩身截面面积；

E_{p}——桩身弹性模量；

U——桩身周长。

式（4-6）就是桩土体系荷载传递分析计算的基本微分方程。通过在桩身埋设应力或位移测试元件（钢筋应力计、应变片、应变杆等）利用上述公式（4-5）和（4-6）即可求出轴力和侧阻力沿桩身的变化曲线（图4-12d、c）。

若桩顶荷载Q逐级增加，桩与桩周土之间的相对位移增大，黏性土达到4～6mm，砂性土达到6～10mm时，桩身摩阻力基本发挥达到最大值，这与桩的截面尺寸和长度无关。黏性土中桩端阻力在桩端位移达到桩宽或桩径的25%时发挥最大值，砂性土中约为8%～10%。上述位移界限的下限值对应于打入桩，上限值对应于钻孔桩，钻孔桩因为孔底虚土、沉渣压缩的影响，发挥桩端阻力极限值所需位移更大。上述相对位移的大小还表明，Q_{s}（或桩身单位面积摩阻力q_{s}）充分发挥所需桩端位移要比桩端阻力充分发挥所需桩端位移小得多，因此桩侧摩阻力总先充分发挥出来。这被一些试验结果所证实。在确定桩的承载力时，应考虑这一特点。端承桩由于桩底位移很小，桩侧摩阻力不易得到充分发挥，常忽略不计。过长的摩擦桩，因桩身压缩变形大，桩底反力尚未达到极限值，桩顶位移已超过使用要求所容许的范围，且传递到桩底的荷载也很微小，此时确定桩的承载力时桩底极限承阻力不宜取得过大。

4.3.2　桩侧阻力影响因素

桩侧阻力除与桩土间相对位移有关，还与土的性质、桩的刚度、时间因素、土中应力状态及桩的施工方法等因素有关。

桩侧摩阻力实质是桩侧土的剪切问题。桩侧土极限摩阻力值与桩侧土的剪切强度有关，随着土的抗剪强度的增大而增加。土的抗剪强度又取决于其类别、性质、状态和剪切面上的法向应力。

从位移角度分析，桩的刚度对桩侧土摩阻力也有影响。桩的刚度较小时，桩顶截面位移大而桩底较小，桩顶处桩侧摩阻力较大；当桩刚度较大，桩身各界面位移较接近，由于桩的下部侧面土的初始法向应力较大，土的抗剪强度也较大，以致桩下部桩侧摩阻力大于桩上部。

由于桩底地基土压缩是逐渐完成，因此桩侧摩阻力所承担荷载将随时间由桩身上部向桩下部位移。桩基施工过程中及完成后桩侧土的性质、状态在一定范围内会有变化，影响桩侧摩阻力，往往也有时间效应。

土的类别、性状也是主要因素。例如，在塑性状态黏性土中打桩，在桩侧造成对土的扰动，加上挤压使桩周土内孔隙水压力上升，土的抗剪强度减低，桩侧摩阻力变小。待打桩完成经过一段时间后，超孔隙水压力逐渐消散，再加上黏土的触变性质，其抗剪强度不但能恢复，往往还超过原来强度，使桩侧摩阻力得到提高。砂土中打桩，桩侧摩阻力的变化与砂土的初始密度有关，如密实砂性土有剪胀性会使摩阻力出现峰值后有所下降。

桩侧摩阻力的大小及分布决定着桩身轴力随深度的变化及数值。由于影响桩侧摩阻力的因素即桩土间的相对位移、土中侧向应力、土质分布及性状均随深度变化，因此用物理力学方程精确地描述桩侧阻力沿深度的分布规律较困难，只能用实验研究，即桩在承受竖向荷载时，量测桩身内力和应变，计算各界面轴力，求得侧阻力分布和桩端阻力。现以图

4-13 所示两例说明其分布变化，其曲线上数字为相应的桩顶荷载。黏性土中预制桩桩侧摩阻力沿深度分布形状近乎抛物线，在桩顶处摩阻力等于 0，桩身中段摩阻力比下段大；钻孔桩具有不同于沉桩的特点，从图 4-13（*b*）可见，从地面起的桩侧摩阻力呈线性增加，其深度仅为桩径的 5～10 倍，沿桩长的摩阻力分布比较均匀。为简化起见，常假设沉桩摩阻力在地面处为 0，沿桩入土深度呈线性分布，而钻孔灌注桩则近似假设桩侧摩阻力沿桩身均匀分布。

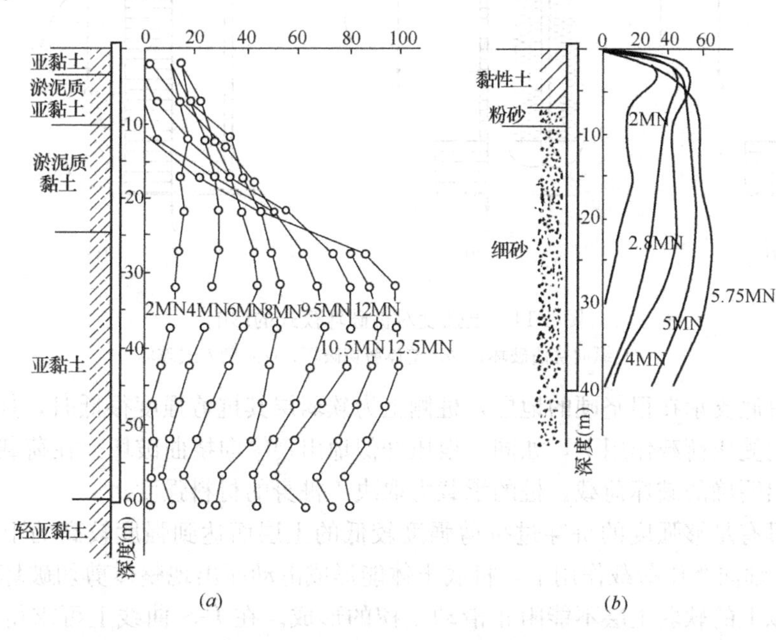

图 4-13　预制桩（左）和钻孔桩（右）桩侧摩阻力（kPa）分布曲线

（*a*）预制桩桩侧摩阻力；（*b*）钻孔桩桩侧摩阻力

4.3.3　桩端阻力影响因素

桩端阻力与土的性质、持力层上覆荷载（覆盖土层厚度）、桩径、桩底作用力、时间及桩底进入持力层深度等因素有关，其主要影响因素仍为桩端地基土的性质。桩端地基土的受压刚度和抗剪刚度大，则桩端阻力也大，桩端极限阻力取决于持力层土的抗剪强度和上覆荷载及桩径大小。由于桩端地基土受压固结逐步完成，因此随时间增长，桩端阻力土层的固结长度和桩底阻力也相应增长。

模型与现场试验研究表明，桩的承载力（主要是桩端阻力）随着桩的入土深度，特别是进入持力层的深度而变化，这种特性称为深度效应。桩端进入持力砂土层或硬黏土层时，桩的极限阻力随着进入持力层的深度线性增加。达到一定深度后，桩端极限阻力保持稳定值。这一深度称为临界深度 h_c，它与持力层的上覆荷载和持力层土的密度有关。上覆荷载越小，持力层土密度越大，则 h_c 越大。当持力层下存在软弱土层时，桩底距下卧层顶面的距离 t 小于某一值 t_c 时，桩底阻力将随着 t 的减小而下降。t_c 称为桩底硬层的临界深度。持力层土密度越高、桩径越大，则 t_c 越大。由此可见，对于以夹于软弱层中硬层作为桩端持力层时，要根据夹层厚度，综合考虑基桩进入持力层的深度和桩底硬层的厚度。《建筑地基基础设计规范》GB 50007—2011 要求嵌岩灌注桩桩端以下 3 倍桩径且不小于 5m 范围内应无软弱夹层、断裂破碎带和洞穴分布，且在桩底应力扩散范围内应无岩体临空面。

4.3.4 单桩在轴向荷载下的破坏模式

轴向受压荷载作用下，单桩的破坏是由地基土强度破坏或桩身材料强度破坏所引起，而以地基土强度破坏居多，以下介绍工程实践中常见的几种典型破坏模式（图 4-14）。

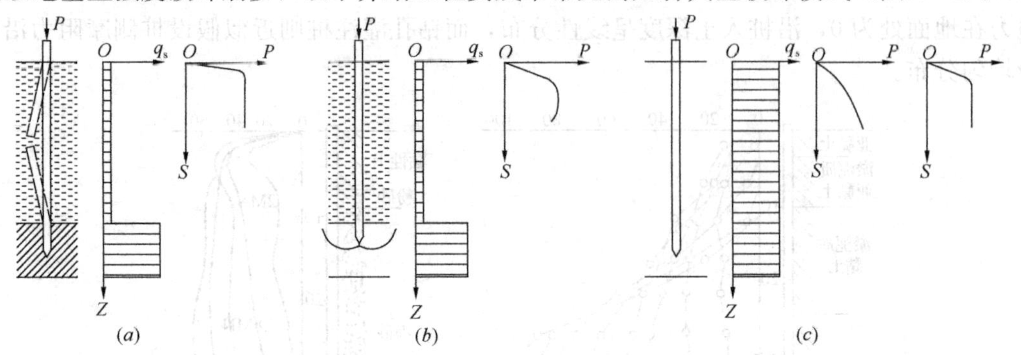

图 4-14 土强度对桩破坏模式的影响

（*a*）纵向挠曲破坏；（*b*）整体剪切破坏；（*c*）刺入式破坏

（1）当桩底支承在很坚硬的地层，桩侧土为软弱层其抗剪强度很低时，如图 4-14*a* 所示，桩在轴向受压荷载作用下，如同一根压杆似地出现纵向挠曲破坏。在荷载—沉降 *P-S* 曲线上呈现出明确的破坏荷载。桩的承载力取决于桩身的材料强度。

（2）当具有足够强度的桩穿过抗剪强度较低的土层而达到强度较高的土层时（如图 4-14*b*），桩在轴向受压荷载作用下，桩底土体能形成滑动面出现整体剪切破坏，这是因为桩底持力层以上的软弱土层不能阻止滑动土楔的形成。在 *P-S* 曲线上可求得明确的破坏荷载。桩的承载力主要取于桩底土的支承力，桩侧摩阻力也起一部分作用。

（3）当具有足够强度的桩入土深度较大或桩周土层抗剪强度较均匀时（如图 4-14*c*），桩在轴向受压荷载作用下，将会出现刺入式破坏。根据荷载大小和土质不同，试验中得到的 *P-S* 曲线上可能没有明显的转折点或有明显的转折点（表示破坏荷载）。桩所受荷载由桩侧摩阻力和桩底反力共同支承，即一般所称摩擦桩或几乎全由桩侧摩阻力支承即纯摩擦桩。

4.3.5 负摩阻力

上述桩侧阻力 Q_s（或桩身单位面积摩阻力 q_s）向上作用于桩上，起到承受桩顶荷载的作用，可称为正摩阻力，这对应于在一层软弱土中的桩受到竖向荷载的情况。如果在这种情况下，不仅是桩，桩周围的土也受到荷载作用，则土的沉降可能会大于桩的沉降，即土相对桩向下移动，土对桩的摩擦阻力也向下。这种情况下的摩阻力被称为负摩阻力，见图 4-15。负摩阻力对桩产生向下的拉力，以下几种条件可能产生负摩阻力：

（1）地表土的回填整平引起桩周土加载；

（2）桩处于未完全固结的新填土中；

（3）地表作用长期荷载；

（4）荷载中的动力作用引起的土固结（如松砂，触变性土）；

（5）地下水位的下降会导致任意深度土层的竖向有效应力的增大，黏土层会产生固结沉降；

（6）桩周土具有湿陷性，遇水后相对桩向下位移。

由上可见，当桩穿过软弱高压缩性土层而支撑在坚硬的持力层上时，最易发生桩的负摩阻力。要确定桩身的负摩阻力的大小，就要先确定土层产生负摩阻力的范围和负摩阻力强度的大小。

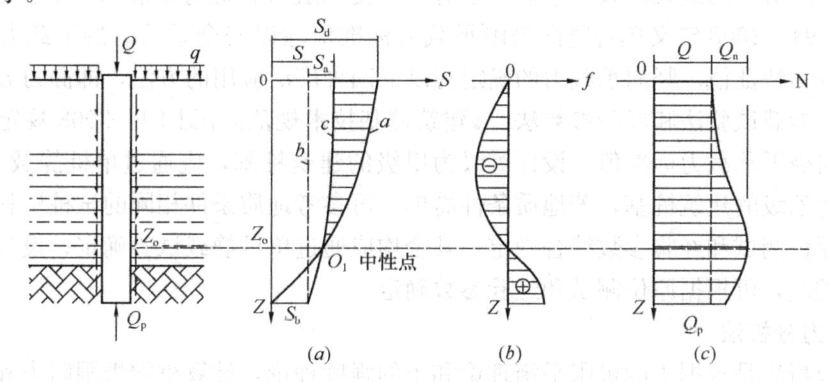

图 4-15　中心点的位置及荷载传递

(a) 位移曲线；(b) 桩侧摩阻力分布；(c) 桩身轴力分布

S_d—地面沉降；S—桩的沉降；S_a—桩身压缩；S_b—桩底下沉；

Q_n—由负摩阻力引起的桩身最大轴力；Q_p—桩端阻力

桩身负摩阻力并不一定发生于整个软弱压缩土层中，产生负摩阻力的范围就是桩侧土层对桩产生相对下沉的范围。它与桩侧土层的压缩、桩身弹性压缩和桩底下沉直接相关。桩侧土层的压缩决定于地表作用荷载、土的自重和土的压缩性质，并随压缩深度逐渐减小；而桩在荷载作用下，桩底的下沉在桩身各截面都是定值；桩身压缩变形随深度逐渐减少。因此，桩侧土下沉量有可能在某一深度处与桩身的位移量相等。在此深度以上，桩侧土下沉大于桩的位移，桩身受到向下作用的负摩阻力；此深度以下，桩的位移大于桩侧土的下沉，桩身受到向上作用的正摩阻力。正、负摩阻力变换处的位置，称为中性点，如图 4-15 (a) O_1 点所示。

中性点的位置取决于桩与桩侧土的相对位移，与作用荷载和桩周土的性质有关。当桩侧土层压缩变形大，桩底下土层坚硬，桩的下沉量小时，中性点位置就会下移。此外，由于桩侧土层及桩底下土层的性质和作用荷载的不同，其位置会不一样，中性点位置随着时间也会有变化。精确计算中性点位置比较困难，可按表 4-1 的经验值确定。

中性点深度 l_n　　　　**表 4-1**

持力层性质	黏性土、粉土	中密以上砂	砾石、卵石	基岩
中性点深度比 l_n/l_0	0.5～0.6	0.7～0.8	0.9	1.0

注：1. l_n、l_0 分别为中性点深度和桩周软弱土层下限深度。

2. 桩穿越自重湿陷性黄土层时，按列表值增大 10%（持力层为基岩除外）。

3. 当桩周土层固结和桩基固结沉降同时完成时，取 $l_0=0$。

4. 当桩周土层计算沉降量小于 20mm 时，l_n 应按照列表值乘以 0.4～0.8 折减。

4.4　单桩竖向承载力的确定

单桩的承载力包括竖向承载力和水平承载力，其中竖向承载力一般指承受向下作用荷载的能力，此外还有承受向上作用荷载的能力，即抗拔承载力，而水平承载力将在4.5节介绍。单桩竖向极限承载力是指单桩在竖向荷载作用下达到破坏状态前或出现不适于继续承载的变形所对应的最大荷载，它取决于对桩的支承阻力和桩身承载力。《建筑桩基技术规范》JGJ 94—2008定义单桩竖向极限承载力标准值除以安全系数后的承载力值称为单桩竖向承载力特征值。竖向承载力的确定有以下四种广泛应用的方法，即静力分析法、静力触探法、静载试验法和经验参数法。《建筑桩基技术规范》JGJ 94—2008规定设计采用的单桩竖向极限承载力标准值：设计等级为甲级的建筑桩基，应通过单桩静载实验确定；设计等级为乙级的建筑桩基，若地质条件简单，可参考地质条件相同的试桩资料，结合静力触探等原位测试和经验参数综合确定，其余均应通过单桩静载试验确定；设计等级为丙级的建筑桩基，可根据原位测试和经验参数确定。

4.4.1 静力分析法

静力分析法是根据土的极限平衡理论和土的强度理论，计算桩端极限阻力和桩侧极限摩阻力，也即利用土的强度指标计算桩的极限承载力，然后将其除以安全系数从而确定单桩承载力特征值。

一、极限桩端阻力 Q_p

以刚塑性理论为基础，假定不同的破坏滑动面状态，可以得到不同的极限桩端阻力理论表达式，单位面积极限桩端阻力公式可统一表达为：

$$q_{pu} = \zeta_c c N_c + \zeta_\gamma \gamma_1 b N_\gamma + \zeta_q \gamma h N_q \tag{4-7}$$

式中 N_c、N_γ、N_q——分别反映土的黏聚力 c，桩底以下滑动土体自重和桩底平面以上边载（竖向压力 γh）影响的条形基础无量纲承载力系数，仅与土的内摩擦角 φ 有关；

ζ_c、ζ_γ、ζ_q——桩端为方形、圆形时的形状系数；

b、h——分别为桩端底宽（直径）和桩的入土深度；

c——土的黏聚力；

γ_1——桩端平面以下土的有效重度；

γ——桩端平面以上土的有效重度。

由于 N_γ 与 N_q 接近，而桩径 b 远小于桩的入土深度 h，故可将式（4-7）中第二项略去，变成：

$$q_{pu} = \zeta_c c N_c + \zeta_q \gamma h N_q \tag{4-8}$$

式中 ζ_c、ζ_q——形状系数，见表4-2（引自 Arpad kezdi，1975）

形状系数 表4-2

φ	ζ_c	ζ_q
<22°	1.20	0.80
25°	1.21	0.79
30°	1.24	0.76
35°	1.32	0.68
40°	1.68	0.52

式（4-8）中几个系数之间有以下关系：

$$N_c = (N_q - 1)\cot\varphi \tag{4-9}$$

$$\zeta_c = \frac{\zeta_q N_q - 1}{N_q - 1} \tag{4-10}$$

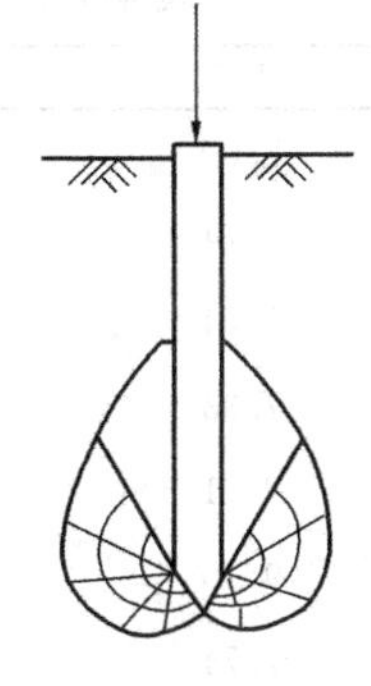

图 4-16 几种桩端土滑动面图 Meyerhof (1953)

1. 梅耶霍夫法

有代表性的梅耶霍夫（Meyerhof，1953）桩端阻力极限平衡理论公式的假设滑动面图形表示于图 4-16。其承载力系数 $N_q^* = \zeta_q N_q$（N_q 为条形基础埋深影响承载力系数）值表示于图 4-17。由图可见，由于假定滑动面图形不同，相应的承载力系数相差很大。

当桩端土为饱和黏性土（$\varphi_u = 0$）时，极限端阻力公式进一步简化。此时，式（4-8）中 $N_q = 1$，$\zeta_c N_c = N_c^* = 1.3N_c = 9$（桩径 $d \leqslant$ 30cm 时）。根据试验，单位面积桩端承载力随桩径增加而略有减小。$d = 30 \sim 60$cm 时，$N_c^* = 7$；$d > 60$cm 时，$N^* = 6$。因此，对于桩端为饱和黏性土的极限端阻力公式为：

$$q_{pu} = N_c^* c_u + \gamma h = (6 \sim 9)c_u + \gamma h \tag{4-11}$$

式中 c_u——土的不排水剪切强度。

2. 杨布法

杨布（Janbu，1976）提出的极限桩端端阻力公式和式（4-8）相同，$q_{pu} = cN_c + \overline{p}N_q$，$N_c = (N_q - 1)\cot\varphi$，$\overline{p} = \frac{1+2k_0}{3}\gamma h$，但主张承载力系数 N_q 用下式计算：

$$N_q = (\tan\varphi + \sqrt{1+\tan^2\varphi})^2 \cdot e^{2\psi\tan\varphi} \tag{4-12}$$

式中 φ 表示于图 4-18，其值由高压缩性软土的 60°变成密实土的 105°。

k_0——静止土压力系数。

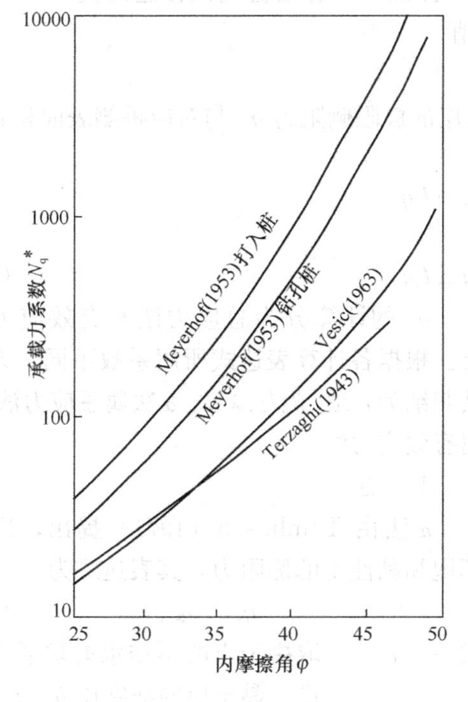

图 4-17 不同作者的承载力系数与土的内摩擦角关系

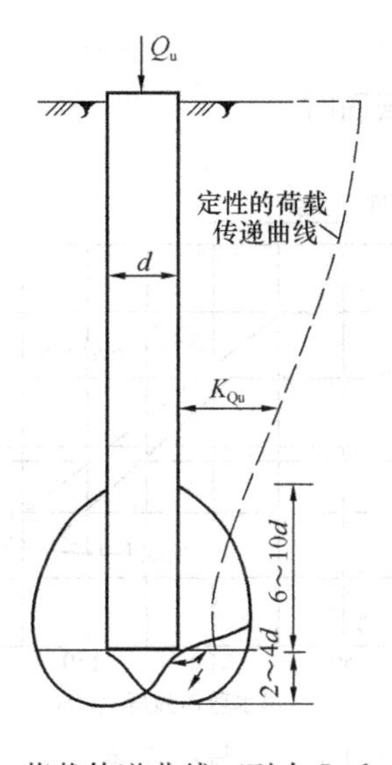

图4-18 荷载传递曲线（引自 Janbu，1976）

表 4-3 给出了杨布（Janbu）公式中的 N_c、N_q 值。

Janbu 公式算得的承载力因素 N_c、N_q **表 4-3**

φ	$\psi=75$	90	105
0	N_c=1.00	1.00	1.00
	N_q=5.74	5.74	5.74
5	1.50	1.57	1.64
	5.69	6.49	7.33
10	2.25	2.47	2.71
	7.11	8.34	9.70
20	5.29	6.40	7.74
	11.78	14.83	18.53
30	13.60	18.40	24.90
	21.82	30.14	41.39
35	23.08	33.30	48.04
	31.53	46.12	67.18
40	41.37	64.20	99.61
	48.11	75.31	117.52
45	79.90	134.87	227.68
	78.90	133.87	226.68

不管采用那一种理论方法计算 Q_p，都必须注意，只有当桩端位移达到桩宽的 10%～25%时，Q_p才完全发挥，这是砂土中的临界值。

二、极限桩侧阻力 Q_s

极限桩侧阻力 Q_s 表示为桩身范围内各土层的极限侧阻力 q_{si} 与对应桩侧表面积 $u_i l_i$ 乘积之和：

$$Q_s = \sum u_i l_i q_{si} \tag{4-13}$$

当桩身为等截面时

$$Q_s = u \sum l_i q_{si} \tag{4-14}$$

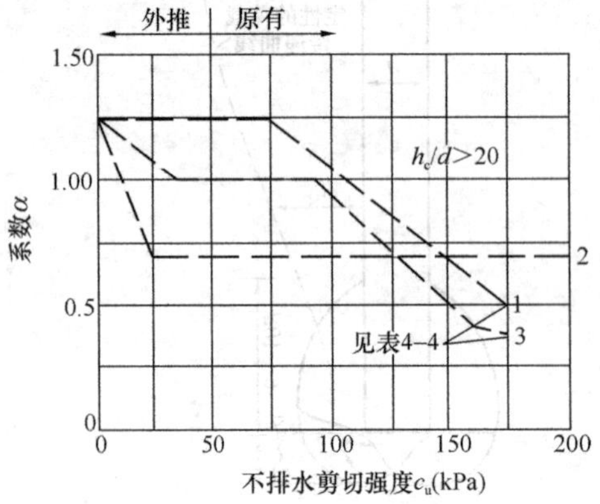

q_{si} 的计算分为总应力法和有效应力法两类。根据各计算表达式所用系数不同，人们将其归纳为 α 法、β 法、λ 法。α 法属总应力法，β 法属有效应力法。

1. α 法

α 法由 Tomlinson（1971）提出，用于计算饱和黏性土的侧阻力，其表达式为：

$$q_s = \alpha c_u \tag{4-15}$$

式中　α——取决于土的不排水剪切强度和桩进入黏土层的深度比 h_c/d，可按表 4-4 和图 4-19 确定。

图 4-19　α 与 c_u 关系
（其中曲线编号见表 4-4）

c_u ——桩侧饱和黏性土的不排水剪切强度，采用无侧限压缩、三轴不排水压缩或原位十字板、旁压试验等测定。

打入硬到极硬黏土中的桩 α 值 **表 4-4**

编　号	土质条件	h_c/d	α
1	为砂或砂砾覆盖	<20 >20	1.25 图 4-19
2	为软黏土或粉砂覆盖	$8<\frac{h_c}{d}\leqslant 20$ >20	0.4 图 4-19
3	无覆盖	$8<\frac{h_c}{d}\leqslant 20$ >20	0.4 图 4-19

注：h_c/d——桩进入黏土层的深度与直径之比。

2. β 法

β 法由 Chandler（1968）提出。β 法又称有效应力法，用于计算黏性土和非黏性土的侧阻力，其表达式为：

$$q_s=\sigma'_v k_0 \tan\delta \tag{4-16}$$

对于正常固结黏性土，$k_0\approx 1-\sin\varphi'$，$\delta\approx\varphi'$ 因而得：

$$q_s=\sigma'_v(1-\sin\varphi')\tan\varphi'=\beta\sigma'_v \tag{4-17}$$

式中　β——系数，$\beta\approx(1-\sin\varphi')\tan\varphi'$，当 $\varphi'=20°\sim30°$ 时，$\beta=0.24\sim0.29$；据试验统计，$\beta=0.24\sim0.40$，平均为 0.32；

k_0 ——土的静止压力系数；

δ ——桩、土间的摩擦角；

σ'_v ——桩侧计算土层的平均竖向计算有效应力，地下水位以下取土的浮重度；

φ' ——桩侧计算土层的有效内摩擦角。

应用 β 法时要注意以下问题：

（1）该法的基本假设认为成桩过程引起的超孔隙水压力已消散，土已固结，因此对于成桩休止时间短的桩不能用 β 法计算其侧阻力。

（2）考虑到侧阻的深度效应，对于长径比 l/d 大于侧限临界长径比 $(l/d)_{cr}$ 的桩，可按下式取修正的 q_s 值：

$$q_s=\beta\cdot\sigma'_v\left(1-\lg\frac{l/d}{(l/d)_{cr}}\right) \tag{4-18}$$

式中临界长径比 $(l/d)_{cr}$，对于均匀土层可取 $(l/d)_{cr}=10\sim15$，当硬层上覆盖有软弱土层时，$(l/d)_{cr}$ 从硬层顶面算起。

（3）当桩侧土为很硬的黏土层时，考虑到剪切滑裂面不是发生于桩侧土中，而是发生于桩土界面，此时取 $\delta=(0.5\sim0.75)\varphi'$ 代入式（4-16）中。

3. λ 法

综合 α 法和 β 法的特点，Vijayvergiya and Focht（1972）提出如下适用于黏性土的 λ 法：

$$q_s=\lambda(\sigma'_v+2c_u) \tag{4-19}$$

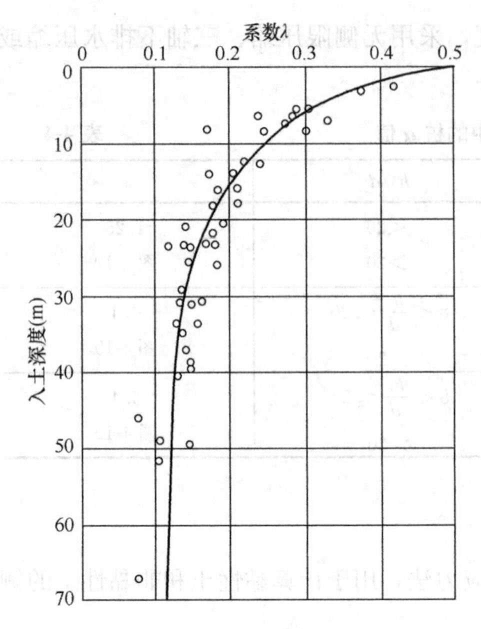

图 4-20　λ 与桩入土深度的关系

式中 σ'_{v}、c_{u}——分别与式(4-15)、(4-16)中同；

λ——系数，可由图 4-20 确定。

图 4-20 所示 λ 系数是根据大量静载实验资料回归分析得出。由图看出，λ 系数随桩的入土深度增加而递减，至 20m 以下基本保持常量。这主要是反映了侧阻的深度效应及有效应力 σ'_{v} 的影响随深度的增加而递减所致。因此，在应用该法时，应将桩侧土的 q_{s} 分层计算，即根据各层土的实际平均埋深由图 4-20 取相应的 λ 值和 σ'_{v}、c_{u} 值计算各层土的 q_{s} 值。

三、单桩竖向承载力特征值

单桩的极限竖向承载力特征值 R_{a} 应按下式确定：

$$Q_{\mathrm{uk}} = Q_{\mathrm{p}} + Q_{\mathrm{s}}$$

$$R_{\mathrm{a}} = \frac{Q_{\mathrm{uk}}}{K} \tag{4-20}$$

式中　Q_{uk}——单桩竖向极限承载力标准值；

K——安全系数，取 $K=2$。

【例题 4-1】 预应力混凝土空心管桩的长度为 10m，完全打入匀质砂层中，桩的外径为 600mm，内径为 340mm。砂的干重度 $\gamma_{\mathrm{d}} = 16.8\mathrm{kN/m^3}$，平均摩擦角为 35°。不考虑桩端空心效应，分别用梅耶霍夫法和杨布法计算桩的极限桩端阻力 Q_{p}；用 β 法计算桩周土的单位面积侧阻力 q_{s}，确定桩侧阻力 Q_{s}；假定安全系数为 2，估算桩的竖向特征承载力。

【解】

因 $c=0$，由式(4-8)得：

$$Q_{\mathrm{p}} = \sigma'_{\mathrm{v}} N_{\mathrm{q}}^{*} A_{\mathrm{p}}$$

$$\sigma'_{\mathrm{v}} = \gamma_{\mathrm{d}} L = 16.8 \times 10 = 168\mathrm{kPa}$$

1. 桩端阻力计算

(1) 梅耶霍夫法

据 $\varphi=35°$，查图 4-17 得 $N_{\mathrm{q}}^{*} \approx 130$

$$Q_{\mathrm{p}} = \sigma'_{\mathrm{v}} N_{\mathrm{q}}^{*} A_{\mathrm{p}} = 168 \times 130 \times \frac{3.14}{4} \times (0.6^2 - 0.34^2) = 4190\mathrm{kN}$$

(2) 杨布法

密砂土的 $\psi=105°$，据 $\varphi=35°$，查表 4-3 得 $N_{\mathrm{q}}^{*} \approx 67.18$

$$Q_{\mathrm{P}} = \bar{p} N_{\mathrm{q}} A_{\mathrm{p}} = \frac{1+2k}{3} \gamma_{\mathrm{d}} L N_{\mathrm{q}} A_{\mathrm{p}}$$

$$= \frac{1+2(1-\sin 35°)}{3} \times 168 \times 67.18 \times \frac{3.14}{4} \times (0.6^2 - 0.34^2)$$

$$= 2783.40\mathrm{kN}$$

取梅耶霍夫法和杨布法承载力公式计算值的平均值作为该桩的极限端承力：

$$Q_{\mathrm{p}}=\frac{1}{2}\times(4190+2783)=3487\mathrm{kN}$$

2. 桩侧阻力计算

由式（4-17）知任意深度的单位面积侧阻力为

$$q_{\mathrm{s}}=\sigma'_{\mathrm{v}}(1-\sin\varphi')\tan\varphi'$$

取临界深度 $l'=15d=15\times0.6=9\mathrm{m}$，在深度 $z=0\sim9\mathrm{m}$，$\sigma'_{\mathrm{v}}=\gamma z=16.8z$，平均值 $\sigma'_{\mathrm{vav}}=\frac{1}{2}\times16.8\times9=75.6\mathrm{kPa}$；$z\geqslant9\mathrm{m}$ 时，$\sigma'_{\mathrm{v}}=16.8\times9=151.2\mathrm{kPa}$，并保持不变。

$z=0\sim l'$ 内的摩阻力 $f=q_{\mathrm{s}}$：

$$Q_{\mathrm{s}}=u_{\mathrm{p}}fl'=3.14\times0.6\times75.6\times(1-\sin35°)\times\tan35°\times9=867.4\mathrm{kN}$$

$z=l'-l$ 内的摩阻力：

$$Q_{\mathrm{s}}=u_{\mathrm{p}}f_{z=l'}(l-l')=3.14\times0.6\times151.2\times(1-\sin35°)\times\tan35°\times(10-9)=192.8\mathrm{kN}$$

故总摩阻力 $Q_{\mathrm{s}}=867.4+192.8=1060.2\mathrm{kN}$

3. 特征承载力计算

桩的极限承载力

$$Q_{\mathrm{u}}=Q_{\mathrm{p}}+Q_{\mathrm{s}}=3487+1060=4547\mathrm{kN}$$

故竖向特征承载力 $R_{\mathrm{a}}=\frac{Q_{\mathrm{u}}}{K}=\frac{4547}{2}=2274\mathrm{kN}$

计算的允许承载力还应和桩身材料的允许抗压力相比，取其中较小值。

4.4.2 桩的静载荷试验

上述单桩承载力估算方法具有一定的局限性，因此，多数工程必须进行一定桩数的载荷试验，用以确定桩的竖向和水平承载力。图 4-21 为现场竖向载荷试验的示意图，静载荷试验装置主要由加载系统和测量系统组成。桩上的荷载通过液压千斤顶逐步施加，且每步加载后有足够时间让沉降发展。加载的反力装置一般采用锚桩，也可采用堆载。反力系统所能提供的反力应大于预估最大试验荷载的 1.2 倍。采用工程桩作为锚桩时，锚桩的数量不能少于 4 根，并应对实验过程中的锚桩的上拔量进行监测。反力系统也可以采用压重平台反力装置或锚桩压重联合反力装置。采用压重平台，压重必须大于预估最大实验荷载

(a)

(b)

图 4-21 现场竖向载荷试验

(a) 锚桩法；(b) 堆载法

的1.2倍，且压重应在试验开始前一次加上，并均匀稳固放置于平台上，压重施加于地基的压应力不宜大于地基承载力特征值的1.5倍。桩的沉降用百分表记录。为准确测量桩的沉降，消除相互干扰，要求必须有基准系统。基准系统有基准桩、基准梁组成，且保证在试桩、锚桩（或压重平台支墩）与基准桩之间有足够的距离，一般应大于4倍桩直径并不小于2m。《建筑地基基础设计规范》GB 50007—2011规定，单桩竖向静载荷试验在同一条件下的试桩数量，不宜少于总桩数的1%，且不应少于3根。对竖向载荷试验的具体规定以慢速维持荷载法为例，摘录于下：

1. 开始试验的时间

预制桩在砂土中入土7d后才能开始试验，在黏性土中不得少于15d，对于饱和软黏土不得少于25d，因为黏土需要一定时间获得其触变强度。灌注桩应在桩身混凝土达到设计强度后，才能进行。

2. 加载试验

加载一般分为10级，每级加载量为预估极限荷载的1/10，且总的荷载至少加至拟定工作荷载的2倍，第一级加载量可取分级荷载的2倍。

测读桩沉降量的时间间隔：每级加载后，每5min、10min、15min时各测读一次，以后每隔15min读一次，累计1h后每隔0.5h读一次。

在每级荷载作用下，桩的沉降量连续两次在每小时内小于0.1mm时可视为稳定。符合下列条件之一可终止加载：

（1）当荷载-沉降（Q-s）曲线上有可判定极限承载力的陡降段，且桩顶总沉降量超过40mm。

（2）$\frac{\Delta s_{n+1}}{\Delta s_n} \geqslant 2$，且经24h尚未达到稳定（$\Delta s_n$ 为第 n 级荷载的沉降增量；Δs_{n+1} 为第 $n+1$ 级荷载的沉降增量）。

3. 卸载观测

（1）桩长25m以上的非嵌岩桩，Q-s 曲线呈缓变形时，桩顶总沉降量大于60～80mm。

（2）在特殊条件下，可根据具体要求加载至桩顶总沉降量大于100mm（桩底支承在坚硬岩土层上，桩的沉降量很小时，最大加载量不应小于设计荷载的2倍）。

（3）每级卸载值为加载值的两倍。

（4）卸载后隔15min测读一次，读两次后，隔0.5h再读一次，即可卸下一级荷载。

（5）全部卸载后，隔3h再测读一次。

4. 单桩竖向极限承载力应按下列方法确定：

采用以上试验装置和方法进行试验，实验结果一般可以整理成 Q-s 、s-lg$t$ 等曲线。Q-s 曲线表示桩顶荷载与沉降的关系，s-lg$t$ 表示对应荷载下沉降随时间变化关系。根据这两类曲线可确定单桩极限承载力 Q_u 。

（1）作 Q-s 曲线和其他辅助分析所需的曲线。

（2）当陡降段明显时，取相应于陡降段起点的荷载值。

（3）如 $\frac{\Delta s_{n+1}}{\Delta s_n} \geqslant 2$，且经24h尚未达到稳定，取前一级荷载值为极限承载力。

（4）Q-s 曲线呈缓变形时，取桩顶总沉降量 $s=40$mm 所对应的荷载值。当桩长大于

40m 时，宜考虑桩身的弹性压缩；对于大直径桩（不小于 800mm），可取 $s=0.05D$（D 为桩端直径）对应的荷载。

因此，陡降形 Q-s 曲线发生明显陡降的起始点对应的荷载或 s-lg$t$ 曲线尾部明显向下弯曲的前一级荷载值即为单桩极限承载力。如图 4-22 和图 4-23 所示，某工程试桩的破坏荷载为 7800kN，尽管还未稳定，但满足终止加载条件（2）后便开始卸载，单桩极限承载力为 7020kN。

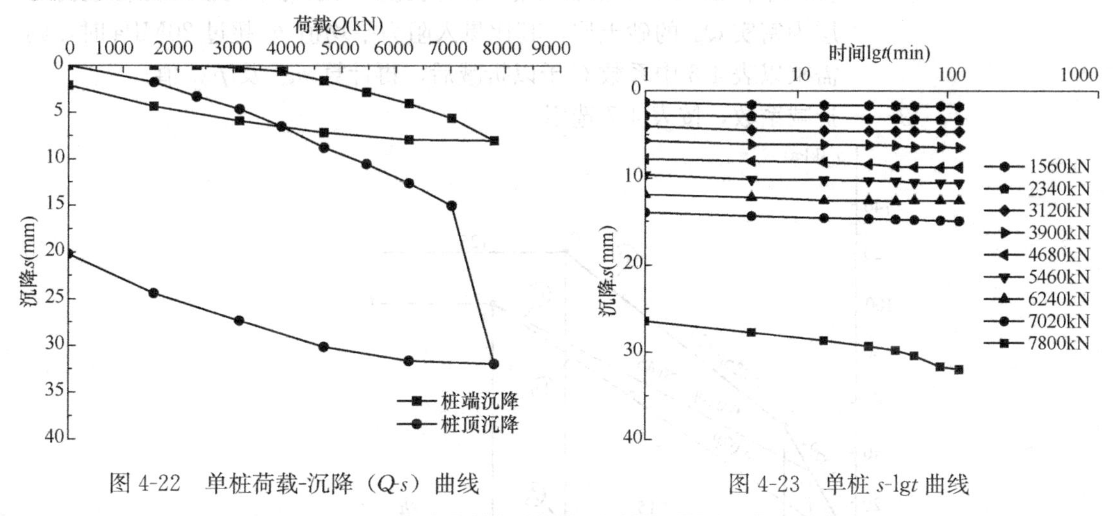

图 4-22　单桩荷载-沉降（Q-s）曲线

图 4-23　单桩 s-lg$t$ 曲线

5. 参加统计的试桩，当满足其极差不超过平均值的 30%时，可取其平均值为单桩竖向极限承载力。极差超过平均值的 30%时，宜增加试桩数量并分析离差过大的原因，结合工程具体情况确定极限承载力。对桩数为 3 根及 3 根以下的柱下桩台，取最小值。将单桩竖向极限承载力除以安全系数 2，为单桩竖向承载力特征值 R_a 。

当桩端持力层为密实砂卵石或其他承载力类似的土层时，对单桩竖向承载力很高的大直径端承型桩，可采用深层平板载荷试验确定桩端土的承载力特征值，试验方法应符合《建筑地基基础设计规范》GB 50007—2011 规定。

4.4.3　静力触探法

《建筑桩基技术规范》JGJ 94—2008 规定，对于地质条件简单的乙级建筑桩基和全部丙级桩基，可根据原位测试和经验参数确定单桩竖向极限承载力。

当根据单桥探头静力触探（圆锥底面积为 15cm²，底部带 7cm 高滑套，锥角 60°）资料确定混凝土预制桩单桩竖向极限承载力标准值时，如无当地经验，可按下式计算：

$$Q_{uk}=Q_{sk}+Q_{pk}=u\sum q_{sik}l_i+\alpha p_{sk}A_p \tag{4-21}$$

当 $p_{sk1}\leqslant p_{sk2}$ 时

$$p_{sk}=\frac{1}{2}(p_{sk1}+\beta\cdot p_{sk2}) \tag{4-22}$$

当 $p_{sk1}>p_{sk2}$ 时

$$p_{sk}=p_{sk2} \tag{4-23}$$

式中　Q_{sk}、Q_{pk}——分别为总极限侧阻力标准值和总极限端阻力标准值；

u——桩身周长；

q_{sik}——用静力触探比贯入阻力值估算的桩周第 i 层土的极限侧阻力；

l_i——桩周第 i 层土的厚度；

α——桩端阻力修正系数，可按表 4-5 取值；

p_{sk}——桩端附近的静力触探比贯入阻力标准值（平均值）；

A_p——桩端面积；

p_{sk1}——桩端全截面以上 8 倍桩径范围内的比贯入阻力平均值；

p_{sk2}——桩端全截面以下 4 倍桩径范围内的比贯入阻力平均值，如桩端持力层为密实 Q_{sk} 的砂土层，其比贯入阻力平均值 p_s 超过 20MPa 时，则需乘以表 4-6 中系数 C 予以折减后，再计算 p_{sk2} 及 p_{sk1} 值；

β——折减系数，按表 4-7 选用。

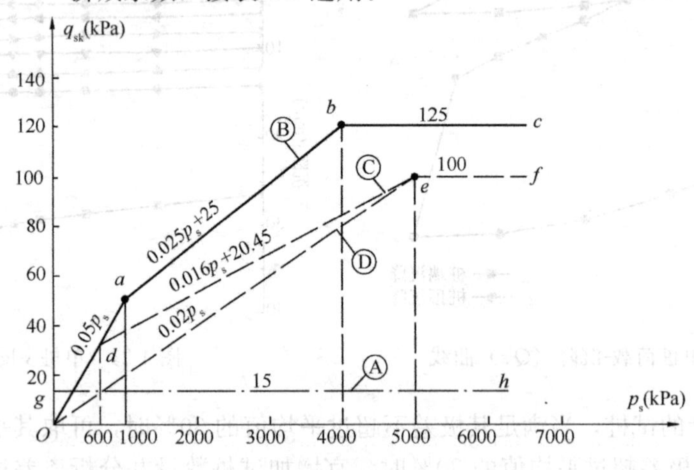

图 4-24　q_{sk}-p_s 曲线

注：1. q_{sik} 值应结合土工试验资料，依据土的类别、埋藏深度、排列次序，按图 4-24 折线取值；图 4-24 中，直线Ⓐ（线段 gh）适用于地表下 6m 范围内的土层；折线Ⓑ（$oabc$）适用于粉土及砂土土层以上（或无粉土及砂土土层地区）的黏性土；折线Ⓒ（线段 $odef$）适用于粉土及砂土土层以下的黏性土；折线Ⓓ（线段 oef）适用于粉土、粉砂，细砂及中砂。

2. p_{sk} 为桩端穿过的中密～密实砂土、粉土的比贯入阻力平均值；p_{sl} 为砂土、粉土的下卧软土层的比贯入阻力平均值；

3. 当桩端穿过粉土、粉砂、细砂及中砂层底面时，折线Ⓓ估算的 q_{sik} 值需乘以表 4-8 中系数 η_s 值。

桩端阻力修正系数 α 值　　**表 4-5**

桩长（m）	l<15	15≤l≤30	30< l≤60
α	0.75	0.75～0.90	0.90

注：桩长 15m≤l≤30m，α 值按 l 值直线内插；l 为桩长（不包括桩尖高度）。

系　数　C　　**表 4-6**

p_s(MPa)	20～30	35	>40
系数 C	5/6	2/3	1/2

折减系数 β　　**表 4-7**

p_{sk2}/p_{sk1}	≤5	7.5	12.5	≥15
β	1	5/6	2/3	1/2

注：表 4-6、表 4-7 可内插取值。

系数 η_s 值　　表 4-8

p_{sk}/p_{sl}	≤5	7.5	≥10
η_s	1.00	0.50	0.33

当根据双桥探头静力触探（双桥探头的圆锥底面积为 15cm²，锥角 60°，摩擦套筒高 21.85cm，侧面积 300cm²）资料确定混凝土预制桩单桩竖向极限承载力标准值时，对于黏性土、粉土和砂土，如无当地经验时可按下式计算：

$$Q_{uk}=Q_{sk}+Q_{pk}=u\sum l_i\cdot\beta_i\cdot f_{si}+\alpha\cdot q_c\cdot A_p \tag{4-24}$$

式中　f_{si}——第 i 层土的探头平均侧阻力（kPa）；

q_c——桩端平面上、下探头阻力，取桩端平面以上 $4d$（d 为桩的直径或边长）范围内按土层厚度的探头阻力加权平均值（kPa），然后再和桩端平面以下 $1d$ 范围内的探头阻力进行平均；

α——桩端阻力修正系数，对于黏性土、粉土取 2/3，饱和砂土取 1/2；

β_i——第 i 层土桩侧阻力综合修正系数，黏性土、粉土：$\beta_i=10.04(f_{si})^{-0.55}$；砂土：$\beta_i=5.05(f_{si})^{-0.45}$。

4.4.4　经验参数法

我国《建筑桩基技术规范》JGJ 94—2008 规定，根据土的物理指标和承载力参数之间的经验关系确定单桩竖向极限承载力标准值时，宜按下式估算：

$$Q_{uk}=Q_{sk}+Q_{pk}=u\sum q_{sik}l_i+q_{pk}A_p \tag{4-25}$$

建筑物、构筑物使用时允许的桩顶荷载用承载力特征值表示，单桩竖向承载力特征值为：

$$R_a=Q_{uk}/K \tag{4-26}$$

式中　Q_{uk}——单桩竖向极限承载力标准值，kPa；

Q_{sk}、Q_{pk}——分别为单桩的总极限侧阻力标准值和总极限端阻力标准值，kN；

q_{sik}、q_{pk}——分别为桩侧第 i 层土的极限侧阻力标准值和极限端阻力标准值（kPa），由当地静载荷试验结果统计分析算得。如无当地经验，分别参考表 4-9 和 4-10 中给出的 q_{sik} 和 q_{pk} 值；

A_p——桩底端横截面面积，m²；

u——桩身周边长度，m；

l_i——桩在第 i 层岩土中的长度，m。

K——安全系数，一般取 $K=2$。

表 4-9 和表 4-10 是《建筑桩基技术规范》JGJ 94—2008 给出的混凝土预制桩和灌注桩在常见土层中的摩阻力经验值。这是对全国各地收集到的几百根试桩资料进行统计分析后得到的。由于全国各地地基性质差异很大，用这些表格指导各地的设计时有其局限性，而使用各地方自己的承载力参数更合理些。目前全国许多省市的工程建设规范中已提供了这类参数表。

桩的极限侧阻力标准值 q_{sik}（kPa）　　表 4-9

土的名称	土 的 状 态	混凝土预制桩	泥浆护壁钻（冲）孔桩	干作业钻孔桩
填土		22～30	20～28	20～28

续表

土的名称	土 的 状 态		混凝土预制桩	泥浆护壁钻（冲）孔桩	干作业钻孔桩
淤泥			14～20	12～18	12～18
淤泥质土			22～30	20～28	20～28
黏性土	流塑	$I_L>1$	24～40	21～38	21～38
	软塑	$0.75<I_L\leqslant1$	40～55	38～53	38～53
	可塑	$0.50<I_L\leqslant0.75$	55～70	53～68	53～66
	硬可塑	$0.25<I_L\leqslant0.50$	70～86	68～84	66～82
	硬塑	$0<I_L\leqslant0.25$	86～98	84～96	82～94
	坚硬	$I_L\leqslant0$	98～105	96～102	94～104
红黏土	$0.7<a_w\leqslant1$		13～32	12～30	12～30
	$0.5<a_w\leqslant0.7$		32～74	30～70	30～70
粉土	稍密	$e>0.9$	26～46	24～42	24～42
	中密	$0.75\leqslant e\leqslant0.9$	46～66	42～62	42～62
	密实	$e<0.75$	66～88	62～82	62～82
粉细砂	稍密	$10<N\leqslant15$	24～48	22～46	22～46
	中密	$15<N\leqslant30$	48～66	46～64	46～64
	密实	$N>30$	66～88	64～86	64～86
中砂	中密	$15<N\leqslant30$	54～74	53～72	53～72
	密实	$N>30$	74～95	72～94	72～94
粗砂	中密	$15<N\leqslant30$	74～95	74～95	76～98
	密实	$N>30$	95～116	95～116	98～120
砾砂	稍密	$5<N_{63.5}\leqslant15$	70～110	50～90	60～100
	中密（密实）	$N_{63.5}>15$	116～138	116～130	112～130
圆砾、角砾	中密、密实	$N_{63.5}>10$	160～200	135～150	135～150
碎石、卵石	中密、密实	$N_{63.5}>10$	200～300	140～170	150～170
全风化软质岩		$30<N\leqslant50$	100～120	80～100	80～100
全风化硬质岩		$30<N\leqslant50$	140～160	120～140	120～150
强风化软质岩		$N_{63.5}>10$	160～240	140～200	140～220
强风化硬质岩		$N_{63.5}>10$	220～300	160～240	160～260

注：1. 对于尚未完成自重固结的填土和以生活垃圾为主的杂填土，不计算其侧阻力；

2. a_w 为含水比，$a_w=w/w_l$，w 为土的天然含水量，w_l 为土的液限；

3. N 为标准贯入击数；$N_{63.5}$ 为重型圆锥动力触探击数；

4. 全风化、强风化软质岩和全风化、强风化硬质岩系指其母岩分别为 $f_{rk}\leqslant15MPa$、$f_{rk}>30MPa$ 的岩石。

桩的极限端阻力标准值 q_{pk}（kPa） **表 4-10**

土名称	土的状态	桩型	混凝土预制桩桩长 l（m）				泥浆护壁钻（冲）孔桩桩长 l（m）				干作业钻孔桩桩长 l（m）		
			$l \leqslant 9$	$9 < l \leqslant 16$	$16 < l \leqslant 30$	$l > 30$	$5 \leqslant l < 10$	$10 \leqslant l < 15$	$15 \leqslant l < 30$	$30 \leqslant l$	$5 \leqslant l < 10$	$10 \leqslant l < 15$	$15 \leqslant l$
黏性土	软塑	$0.75 < I_L \leqslant 1$	210～850	650～1400	1200～1800	1300～1900	150～250	250～300	300～450	300～450	200～400	400～700	700～950
	可塑	$0.50 < I_L \leqslant 0.75$	850～1700	1400～2200	1900～2800	2300～3600	350～450	450～600	600～750	750～800	500～700	800～1100	1000～1600
	硬可塑	$0.25 < I_L \leqslant 0.50$	1500～2300	2300～3300	2700～3600	3600～4400	800～900	900～1000	1000～1200	1200～1400	850～1100	1500～1700	1700～1900
	硬塑	$0 < I_L \leqslant 0.25$	2500～3800	3800～5500	5500～6000	6000～6800	1100～1200	1200～1400	1400～1600	1600～1800	1600～1800	2200～2400	2600～2800
粉土	中密	$0.75 \leqslant e \leqslant 0.9$	950～1700	1400～2100	1900～2700	2500～3400	300～500	500～650	650～750	750～850	800～1200	1200～1400	1400～1600
	密实	$e < 0.75$	1500～2600	2100～3000	2700～3600	3600～4400	650～900	750～950	900～1100	1100～1200	1200～1700	1400～1900	1600～2100
粉砂	稍密	$10 < N \leqslant 15$	1000～1600	1500～2300	1900～2700	2100～3000	350～500	450～600	600～700	650～750	500～950	1300～1600	1500～1700
	中密、密实	$N > 15$	1400～2200	2100～3000	3000～4500	3800～5500	600～750	750～900	900～1100	1100～1200	900～1000	1700～1900	1700～1900
细砂	中密、密实	$N > 15$	2500～4000	3600～5000	4400～6000	5300～7000	650～850	900～1200	1200～1500	1500～1800	1200～1600	2000～2400	2400～2700
中砂			4000～6000	5500～7000	6500～8000	7500～9000	850～1050	1100～1500	1500～1900	1900～2100	1800～2400	2800～3800	3600～4400
粗砂			5700～7500	7500～8500	8500～10000	9500～11000	1500～1800	2100～2400	2400～2600	2600～2800	2900～3600	4000～4600	4600～5200
砾砂	中密、密实	$N > 15$	6000～9500		9000～10500		1400～2000		2000～3200		3500～5000		
角砾、圆砾		$N_{63.5} > 10$	7000～10000		9500～11500		1800～2200		2200～3600		4000～5500		
碎石、卵石		$N_{63.5} > 10$	8000～11000		10500～13000		2000～3000		3000～4000		4500～6500		
全风化软质岩		$30 < N \leqslant 50$	4000～6000				1000～1600				1200～2000		
全风化硬质岩		$30 < N \leqslant 50$	5000～8000				1200～2000				1400～2400		
强风化软质岩		$N_{63.5} > 10$	6000～9000				1400～2200				1600～2600		
强风化硬质岩		$N_{63.5} > 10$	7000～11000				1800～2800				2000～3000		

注：1. 砂土和碎石类土中桩的极限端阻力取值，宜综合考虑土的密实度，桩端进入持力层的深径比 h_b/d，土愈密实，h_b/d 愈大，取值愈高；

2. 预制桩的岩石极限端阻力指桩端支承于中、微风化基岩表面或进入强风化岩、软质岩一定深度条件下极限端阻力。

3. 全风化、强风化软质岩和全风化、强风化硬质岩指其母岩分别为 $f_{rk} \leqslant 15$MPa、$f_{rk} > 30$MPa 的岩石。

目前预应力混凝土空心桩也是工程中常用的一种桩型。当根据土的物理指标与承载力参数之间的经验关系确定敞口预应力混凝土空心桩单桩竖向极限承载力标准值时，可按下列公式计算：

$$Q_{uk} = Q_{sk} + Q_{pk} = u\sum q_{sik} l_i + q_{pk}(A_j + \lambda_p A_{p1}) \tag{4-27}$$

$$当\ h_b/d < 5\ 时，\lambda_p = 0.16 h_b/d \tag{4-28}$$

$$当\ h_b/d \geqslant 5\ 时，\lambda_p = 0.8 \tag{4-29}$$

式中 q_{sik}、q_{pk}——分别按本教材表 4-9、4-10 取与混凝土预制桩相同值；

A_j——空心桩桩端净面积：管桩：$A_j = \frac{\pi}{4}(d^2 - d_1^2)$；空心方桩：$A_j = b^2 - \frac{\pi}{4}d_1^2$；

A_{p1}——空心桩敞口面积：$A_{p1} = \frac{\pi}{4}d_1^2$；

λ_p——桩端土塞效应系数；

d、b——空心桩外径、边长；

d_1——空心桩内径；

h_b/d——桩端进入持力层的深径比。

桩端置于完整、较完整基岩的嵌岩桩单桩竖向极限承载力，由桩周土总极限侧阻力和嵌岩段总极限阻力组成。当根据岩石单轴抗压强度确定单桩竖向极限承载力标准值时，可按下列公式计算：

$$Q_{uk} = Q_{sk} + Q_{rk} \tag{4-30}$$

$$Q_{sk} = u\sum q_{sik} l_i \tag{4-31}$$

$$Q_{rk} = \zeta_r f_{rk} A_p \tag{4-32}$$

式中 Q_{sk}、Q_{rk}——分别为土的总极限侧阻力、嵌岩段总极限阻力；

q_{sik}——桩周第 i 层土的极限侧阻力，无当地经验时，可根据成桩工艺按表 4-9 取值；

f_{rk}——岩石饱和单轴抗压强度标准值，黏土岩取天然湿度单轴抗压强度标准值；

ζ_r——嵌岩段侧阻和端阻综合系数，与嵌岩深径比 h_r/d、岩石软硬程度和成桩工艺有关，可按表 4-11 采用；表中数值适用于泥浆护壁成桩，对于干作业成桩（清底干净）和泥浆护壁成桩后注浆，ζ_r 应取表列数值的 1.2 倍。

嵌岩段侧阻和端阻综合系数 ζ_r　　表 4-11

嵌岩深径比 h_r/d	0	0.5	1.0	2.0	3.0	4.0	5.0	6.0	7.0	8.0
极软岩、软岩	0.60	0.80	0.95	1.18	1.35	1.48	1.57	1.63	1.66	1.70
较硬岩、坚硬岩	0.45	0.65	0.81	0.90	1.00	1.04				

注：1. 极软岩、软岩指 $f_{rk} \leqslant 15$MPa，较硬岩、坚硬岩指 $f_{rk} > 30$MPa，介于二者之间可内插取值。

2. h_r 为桩身嵌岩深度，当岩面倾斜时，以坡下方嵌岩深度为准；当 h_r/d 为非表列值时，ζ_r 可内插取值。

《建筑桩基技术规范》GB 50007—2008还给出了大直径灌注桩、钢管桩、后注浆灌注桩等特殊桩型的承载力估算方法，限于篇幅不一一列出。

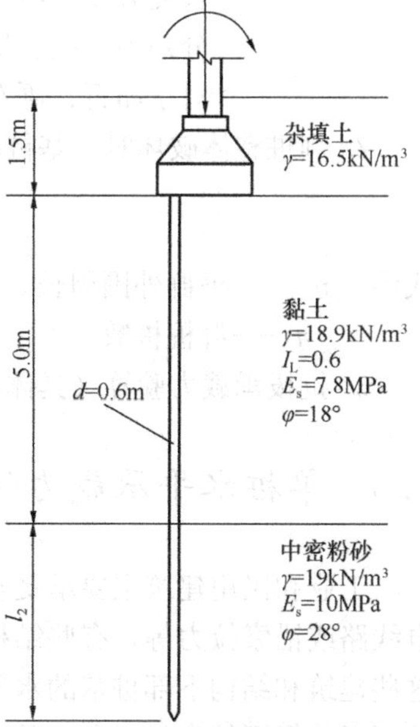

【例题4-2】 柱下桩基础的地基剖面如图4-25所示，承台底面位于杂填土的下层面，其下黏土层厚5m，液性指数 $I_L=0.6$，下面为10m厚的中密粉细砂层，拟采用外直径为60cm，内直径34cm的钢筋混凝土预制空心管桩基础，如要求单桩竖向承载力的特征值达880kN，试求桩的长度。

图4-25 计算示意图

【解】

桩径 $d=0.6\text{m}$，则

截面积 $A_p=\dfrac{\pi d^2}{4}=0.28\text{m}^2$

桩周长 $u=\pi d=1.884\text{m}$

查表4-9，求桩侧阻力标准值，

黏土层：由 $I_L=0.6$，经内插得 $q_{s1k}=60\text{kPa}$

粉砂层：中密，取 $q_{s2k}=57\text{kPa}$

查表4-10，求桩端端阻力标准值，估计桩长为介于9～16m，中密粉砂，取 $q_{pk}=2500\text{kPa}$，结合式（4-27）和（4-29）得：

$$R_a=\frac{u\sum q_{sik}l_i+q_{pk}(A_j+\lambda_p A_{pl})}{K}$$

$$880=\frac{1.884\times(60\times5+57\times l_2)+2500\times\left[\left(\dfrac{3.14}{4}\times(0.6^2-0.34^2)+0.8\times\dfrac{3.14}{4}\times0.34^2\right)\right]}{2}$$

求得 $l_2=5\text{m}$

故桩长 $l=5+5=10\text{m}$

4.4.5 桩基抗拔承载力计算

当地下结构的重力小于所受的浮力（如地下车库、水池放空时），或高耸结构（如输电塔等）受到较大的倾覆弯矩时，就需要设置抗拔桩基础。基桩的抗拔极限承载力标准值也可通过现场单桩上拔载荷试验确定，单桩上拔静载荷试验与抗压静载荷试验方法相似，但桩的抗拔承载与抗压承载机理有很大不同，例如抗拔桩的桩端不发挥作用。群桩基础及其基桩的抗拔极限承载力的确定应符合下列规定：对于设计等级为甲级和乙级的建筑桩基，基桩的抗拔极限承载力应通过现场单桩上拔静荷载试验确定，依据《建筑基桩检测技术规范》JGJ 106—2014进行；如无当地经验，群桩基础及设计等级为丙级的建筑桩基，基桩的抗拔极限承载力取值可按下列规定计算：

1. 单桩或群桩呈非整体破坏时，基桩的抗拔极限承载力标准值可按下式计算：

$$T_{uk}=\sum\lambda_i q_{sik}u_i l_i \tag{4-33}$$

式中 T_{uk}——基桩抗拔极限承载力标准值；

λ_i——抗拔系数，砂土取0.50～0.70，黏性土、粉土取0.70～0.80，桩长 l 与桩径 d 之比小于20时，λ 取小值；

q_{sik} ——桩侧表面第 i 层土的抗压极限侧阻力标准值，按表 4-9 取值；

u_i ——破坏表面周长，对于等直径桩取 $u=\pi d$；对于扩底桩，当自桩底起算的长度 $l_i \leqslant (4 \sim 10)d$ 时取 $u=\pi D$，当 $l_i > (4 \sim 10)d$ 时取 $u=\pi d$，D、d 分别为扩底、桩身直径；l_i 取值随内摩擦角增大而增大，对于软土取低值，对于卵石、砾石取高值。

2. 群桩整体破坏时，基桩的抗拔极限承载力标准值可按下式计算：

$$T_{gk} = \frac{1}{n} u_l \sum \lambda_i q_{sik} l_i \tag{4-34}$$

式中 u_l ——桩群外围周长。

n ——群桩桩数

3. 抗拔承载力验算（具体验算过程详见 § 4.6.4 有关内容）。

4.5 单桩水平承载力的确定

工业和民用建筑主要承受竖向荷载，同时可能作用水平荷载，例如风力、地震力和输电线路或锚索拉力等，有些结构主要承受水平力，如挡土墙、水闸和码头等，有必要了解这些建筑和结构下部桩基的水平承载力。确定受水平荷载的桩的承载力是很困难的，但仍然可以从保证桩身材料和地基强度与稳定性以及桩顶水平位移满足要求来分析和确定桩的水平承载力。

本节先分析水平荷载作用下竖直桩的应力和变形，给出允许水平承载力的计算公式，再介绍确定单桩水平承载力的现场试验方法。

4.5.1 水平荷载作用下桩的破坏机理

当一根桩受到水平力和力矩作用时，桩身产生横向位移或挠曲，并与桩侧土协调变形。桩身对土产生侧向压应力，同时土抗力反作用于桩。桩土共同作用，协调变形，相互影响。桩在横向荷载作用下的工作性状和破坏机理，通常有下列两种情况。

第一种情况：桩径较大，入土深度小或桩周土较松软，即桩的刚度远大于土层刚度，桩的相对刚度较大时，受水平力作用时挠曲变形不明显，如同刚体一样围绕桩周某一点转动，如图 4-26（a）所示。若不断增大横向荷载，则可能由于桩周土强度不够而失稳，使桩丧失承载的能力或破坏。因此，基桩的水平承载力特征值可能由桩周土的强度及稳定性决定。

第二种情况：当桩径较小，入土深度大或桩周土较坚实，即桩的相对刚度较小时，由于桩周土有足够大的抗力，桩身发生挠曲变形，其侧向位移随着深度增大而逐渐减小，以致达到一定深度后，几乎不受荷载影响形成一段嵌固的地基梁，桩的变形如图 4-26（b）所示波状曲线。若水平荷载不断增大，可使桩身在较大弯矩处发生断裂或使桩发生过大的侧向位移超过了桩或构筑物的容许变形值。因此基桩的水平承载力特征值将由桩身材料的抗剪强度或侧向变形条件决定。

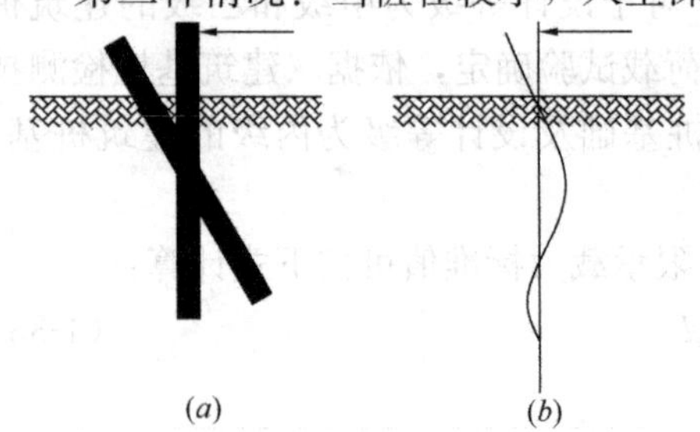

图 4-26 桩在水平荷载作用下变形示意图
（a）刚性桩；（b）弹性桩

以上是桩顶自由的情况，当桩顶受到约束而呈嵌固条件时，桩的内力和位移情况以及桩的水平向承载力仍可由上述两种条件确定。

4.5.2 弹性单桩内力和位移分析计算

确定单桩水平承载力特征值有分析计算和水平静载试验两种途径。分析计算法根据某些假定而建立理论（如弹性地基梁理论），计算桩在水平荷载作用下，桩身内力与位移及桩对土的作用力，验算桩身材料和桩侧土的强度与稳定及桩顶位移等，从而可评定桩的水平承载力特征值。

1. 文克尔地基模型与弹性地基梁

（1）文克尔地基模型

该模型由文克尔（E. Winkler）于 1867 年提出。该模型假设地基土表面上任一点处的变形 s_i 与该点所受的压力强度 p_i 成正比，而与其他点上的压力无关，即

$$p_i = Cs_i$$

式中　C——地基抗力系数，也称地基系数（kN/m^3）

文克尔地基模型把地基视为刚性基座上由一系列侧面无摩擦的土柱组成，并可以用一系列独立的弹簧来模拟，如图 4-27（*a*）所示。其特征为地基仅在荷载作用区域下发生与压力成正比例的变形，在区域外的变形为零。基底反力分布图形与地基表面的竖向位移图形相似，如图 4-27（*b*）。显然当基础的刚度很大，受力后不发生挠曲，则按照文克尔地基的假定，基底反力成直线分布，如图 4-27（*c*）所示。受中心荷载时，则均匀分布。将设置在文克尔地基上的梁称为弹性地基梁。

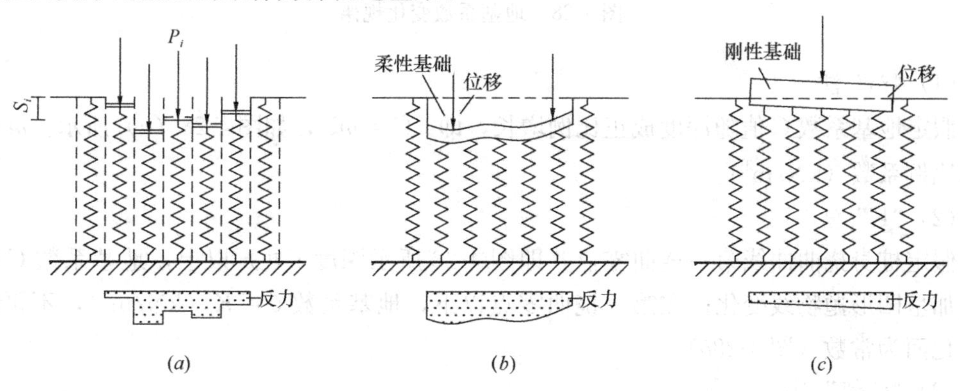

图 4-27　文克尔地基模型示意图

（*a*）侧面无摩阻力的土桩弹簧体系；（*b*）柔性基础下的弹簧地基模型；（*c*）刚性基础下的弹簧地基模型

（2）桩的弹性地基梁解法

桩顶受到轴向力、水平力和弯矩时，如果略去轴向力影响，桩就可以看做一个设置在弹性地基中的竖梁（若作用于杆的力或弯矩均与杆的轴线相垂直，并使该杆发生弯曲，这个杆就称为梁）。求解其内力的方法有三种：（1）用数学方法解桩在受荷后的弹性挠曲微分方程，再从力的平衡条件求出桩各部分的内力位移（这是当前广泛采用的一种）；（2）将桩分成有限段，用差分式近似代替桩的弹性挠曲微分方程中各阶导数式而求解的有限差分法；（3）将桩划分为有限单元的离散体，然后根据力的平衡和位移协调条件，解得桩各部分内力和位移的有限元法。本教材介绍第 1 种。弹性地基梁解法从土力学观点认为是不

严密的，但由于概念明确，方法简单，结果偏安全，在国内外使用较为普遍。我国公路、铁路、水利在桩的设计中常采用的“m”法、“K”法、“C值”法、“常数”法等都属于此种方法。

2. 地基系数分布规律

地基系数C值可通过各种实验方法取得，如可以对试桩在不同类别土质及不同深度进行实测后换算得到。大量实验表明，地基系数C值不仅与土的类别及其性质有关，而且也随着深度而变化。由于实测客观条件和分析方法不尽相同等原因，所采用C值随深度的分布规律也各不相同。目前国内采用的地基系数分布规律的几种不同图示如图4-28所示。

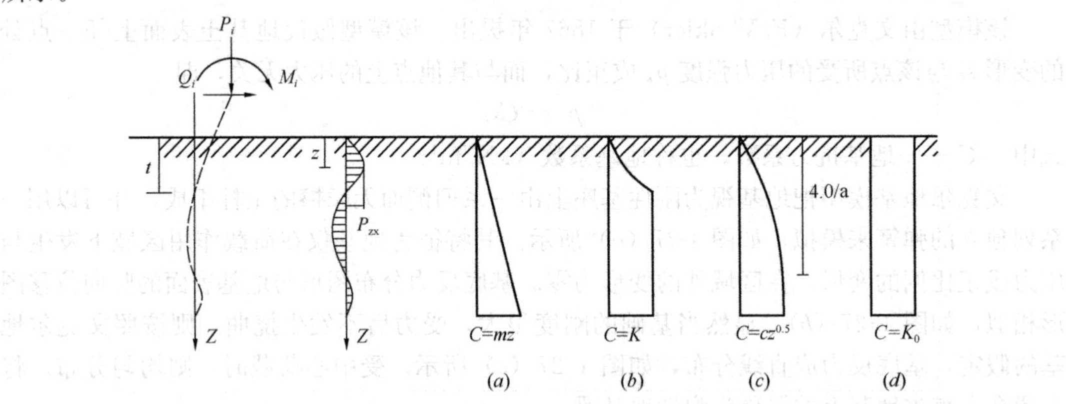

图4-28　地基系数变化规律

(1)“m”法

假定地基系数C值随深度成正比例增长，即 $C=mz$ ，如图4-28（a）所示。m称为地基比例系数（kN/m^4）。

(2)“K”法

假定桩身挠曲曲线第一挠曲零点（即图4-28所示深度t处）以上，地基系数C随深度增加呈凹形抛物线变化；在第一挠曲零点以下，地基系数$C=K$（kN/m^3），不再随深度变化而为常数（图4-28b）。

(3)“C值”法

假定地基系数C随着深度成抛物线规律增加，即$C=cz^{0.5}$，如图4-28（c）所示。c为地基土比例系数（$kN/m^{3.5}$）。

(4)“常数”法（又称张有龄法）

假定地基系数C沿深度均匀分布，即$C=K_0$（kN/m^3）为常数，如图4-28（d）所示。

上述四种方法均为按文克尔假定的弹性地基梁法。实测资料分析表明，对桩的变位和内力主要影响为上部土层，故宜根据土质特性来选择恰当的计算方法。对固结黏土和地面为硬壳层的情况，可考虑使用“常数”法；对于其他土质一般可用“m”法或“C值”法；当桩径大、容许位移小时宜选用“C值”法。“K”法误差较大，现较少采用。

地基水平抗力系数的比例常数m，如无试验资料，可参考表4-12所列数值。

地基土水平抗力系数的比例系数 m 值 表 4-12

序号	地基土类别	预制桩、钢桩		灌注桩	
		m (MN/m^4)	相应单桩在地面处水平位移 (mm)	m (MN/m^4)	相应单桩在地面处水平位移 (mm)
1	淤泥；淤泥质土；饱和湿陷性黄土	2～4.5	10	2.5～6	6～12
2	流塑（$I_L>1$）、软塑（$0.75<I_L\leqslant1$）状黏性土；$e>0.9$ 粉土；松散粉细砂；松散、稍密填土	4.5～6.0	10	6～14	4～8
3	可塑（$0.25<I_L\leqslant0.75$）状黏性土、湿陷性黄土；$e=0.75$～0.9 粉土；中密填土；稍密细砂	6.0～10	10	14～35	3～6
4	硬塑（$0<I_L\leqslant0.25$）、坚硬（$I_L\leqslant0$）状黏性土、湿陷性黄土；$e<0.75$ 粉土；中密的中粗砂；密实老填土	10～22	10	35～100	2～5
5	中密、密实的砾砂、碎石类土			100～300	1.5～3

注：1. 当桩顶水平位移大于表列数值或灌注桩配筋率较高（≥0.65%）时，m 值应适当降低；当预制桩的水平向位移小于 10mm 时，m 值可适当提高；

2. 当水平荷载为长期或经常出现的荷载时，应将表列数值乘以 0.4 降低采用；

3. 当地基为可液化土层时，表列数值尚应乘以有关系数。

3. 水平荷载作用下单桩计算

考虑一长度为 l 的桩，在桩顶（即 $z=0$）作用有水平集中力 H_0、弯矩 M_0 和地基水平抗力 σ_x 作用下产生挠曲，如图 4-29（a）所示。图 4-29（b）给出了桩的挠曲变形和反力，图 4-29（c）为挠度、截面转角、弯矩、剪力和土水平抗力的正号规定。

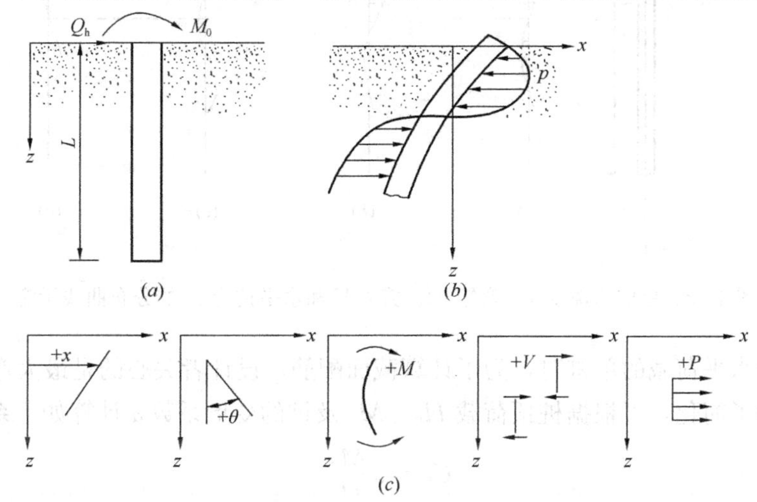

图 4-29 水平荷载作用下的竖直桩（Braja M. Das，1990）

根据简化文克尔模型，将弹性介质（此时为土）视为一系列不相联系的无限接近的弹簧，根据材料力学中梁的挠曲微分方程可得：

$$EI\frac{d^4x}{dz^4}=-\sigma_x b_0=-k_x x b_0 \tag{4-35}$$

或
$$\frac{d^4x}{dz^4}+\frac{k_x b_0}{EI}x=0$$

式中 k_x ——土的水平抗力系数。

b_0 ——桩截面的计算宽度。

EI ——桩身抗弯刚度，$E=0.85E_c$。

依据 m 法假定 $k_x=mz$ 代入上式得到：

$$\frac{d^4x}{dz^4}+\frac{mb_0}{EI}zx=0 \tag{4-36}$$

令
$$\alpha=\sqrt[5]{\frac{mb_0}{EI}} \tag{4-37}$$

α 称为桩的水平变形系数，其单位是 1/m。将式（4-37）代入式（4-36），得：

$$\frac{d^4x}{dz^4}+\alpha^5 zx=0 \tag{4-38}$$

注意到梁的挠度 x 与转角 φ、弯矩 M 和剪力 V 的微分关系，利用幂级数积分可得到微分方程式（4-38）的解答，从而求出桩身各截面的内力 M、V 和位移 x、φ 以及土的水平抗力 σ_x。计算这些项目时，可查用已编制的系数表。图 4-30 为单桩的 x、M、V 和 σ_x 的分布图形。后续式（4-42）、(4-43）即是从上述“m”法求得的。

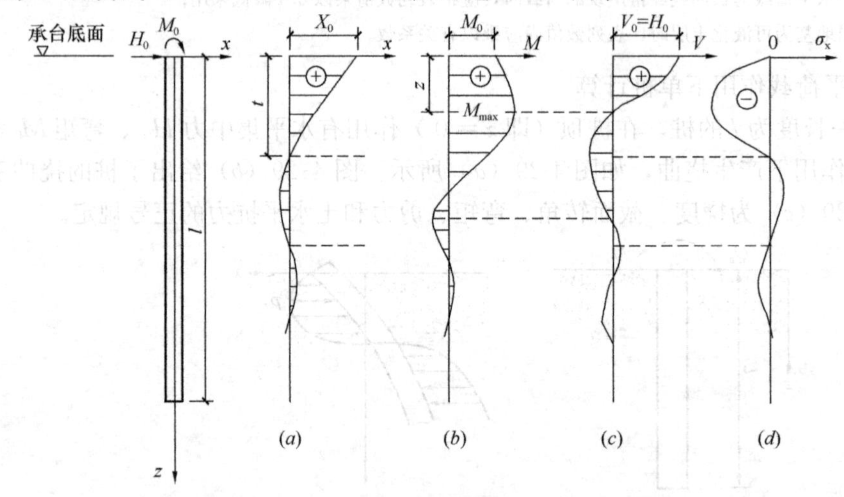

图 4-30 单桩的挠度 x、弯矩 M、剪力 V 和水平抗力 σ_x 的分布曲线示意

设计承受水平荷载的单桩时，为了计算截面配筋，设计者关心的是最大弯矩值和最大弯矩位置。为了简化，可根据桩顶荷载 H_0、M_0 及桩的变形系数 α 计算如下系数：

$$C_I=\alpha\frac{M_0}{H_0} \tag{4-39}$$

由系数 C_I 从表 4-13 查得相应的换算深度 $\bar{h}$（$\bar{h}=\alpha z$），则桩身最大弯矩深度 z_{max} 为：

$$z_{max}=\frac{\bar{h}}{\alpha} \tag{4-40}$$

同时，由系数 C_{I} 或换算深度 $\bar{h}$ 从表 4-13 查得相应的系数 C_{II}，则桩身最大弯矩 $M_{\max}$ 为：

$$M_{\max}=C_{\mathrm{II}}M_0 \tag{4-41}$$

表 4-13 是按桩长 $l\geqslant\frac{4.0}{\alpha}$ 编制，当 $l<\frac{4.0}{\alpha}$ 时，另查有关设计手册。

桩顶刚接于承台的桩，其桩身所产生的弯矩和剪力的有效深度为 $z=\frac{4.0}{\alpha}$（对桩周为中等强度的土，直径为 400mm 左右的桩来说，此值约为 4.5～5m），在这个深度以下，桩身的内力 M、V 实际上可忽略不计，只需按构造配筋或者不配筋。

计算桩身最大弯矩位置和最大弯矩的系数 C_{I} 和 C_{II} **表 4-13**

$\bar{h}=\alpha z$	C_{I}	C_{II}	$\bar{h}=\alpha z$	C_{I}	C_{II}
0.0	∞	1.00000	1.4	−0.14479	−4.59637
0.1	131.25234	1.00050	1.5	−0.29866	−1.87585
0.2	34.18640	1.00382	1.6	−0.43385	−1.12838
0.3	15.54433	1.01248	1.7	−0.55497	−0.73996
0.4	8.78145	1.02914	1.8	−0.66546	−0.53030
0.5	5.53903	1.05718	1.9	−0.76797	−0.39600
0.6	3.70896	1.10130	2.0	−0.86474	−0.30361
0.7	2.56562	1.16902	2.2	−1.04845	−0.18678
0.8	1.79134	1.27365	2.4	−1.22954	−0.11795
0.9	1.23825	1.44071	2.6	−1.42038	−0.07418
1.0	0.82435	1.72800	2.8	−1.63525	−0.04530
1.1	0.50303	2.29939	3.0	−1.89298	−0.02603
1.2	0.24563	3.87572	3.5	−2.99386	−0.00343
1.3	0.03381	23.43769	4.0	−0.04450	0.01134

4.5.3 水平静载荷试验

水平静荷载试验是研究水平荷载作用下桩基承载性状的重要手段，也是确定单桩水平承载力的最可靠方法。《建筑桩基技术规范》JGJ 94—2008 规定，对于承受水平荷载较大的设计等级为甲级、乙级的建筑桩基，单桩水平承载力特征值应通过单桩水平静荷载试验确定，试验的方法可参考现行行业标准《建筑基桩检测技术规范》JGJ 106—2014 执行。对于钢筋混凝土预制桩、钢桩、桩身配筋率不小于 0.65%的灌注桩，可根据静载结果取地面处水平位移为 10mm（对于水平位移敏感的建筑物取水平位移 6mm）所对应的荷载的 75%作为单桩的水平承载力特征值。对于桩身配筋率小于 0.65%的灌注桩，可取单桩水平静载荷试验获得的水平临界荷载的 75%为单桩的水平承载力特征值。当缺少单桩水平静载荷试验资料时，可按下列公式估算桩身配筋率小于 0.65%的灌注桩的单桩水平承载力特征值：

$$R_{ha}=\frac{0.75\alpha\gamma_m f_t W_0}{\nu_M}(1.25+22\rho_g)\left(1\pm\frac{\zeta_N\cdot N_k}{\gamma_m f_t A_n}\right) \tag{4-42}$$

式中 α——桩的水平变形系数；

R_{ha}——单桩水平承载力特征值，$\pm$ 号根据桩顶竖向力性质确定，压力取“+”，拉力取“−”；

γ_m——桩截面模量塑性系数，圆形截面 $\gamma_m=2$，矩形截面 $\gamma_m=1.75$；

f_t——桩身混凝土抗拉强度设计值；

W_0——桩身换算截面受拉边缘的截面模量，圆形截面为 $W_0=\frac{\pi d}{32}[d^2+2(a_E-1)\rho_g d_0^2]$，方形截面为：$W_0=\frac{b}{6}[b^2+2(a_E-1)\rho_g b_0^2]$，其中 d 为桩直径，d_0 为扣除保护层厚度的桩直径；b 为方形截面边长，b_0 为扣除保护层厚度的桩截面宽度；a_E 为钢筋弹性模量与混凝土弹性模量的比值；

ν_M——桩身最大弯矩系数，按表 4-14 取值，当单桩基础和单排桩基纵向轴线与水平力方向相垂直时，按桩顶铰接考虑；

ρ_g——桩身配筋率；

A_n——桩身换算截面积，圆形截面为：$A_n=\frac{\pi d^2}{4}[1+(a_E-1)\rho_g]$；

方形截面为：$A_n=b^2[1+(a_E-1)\rho_g]$

ζ_N——桩顶竖向力影响系数，竖向压力取 0.5，竖向拉力取 1.0；

N_k——在荷载效应标准组合下桩顶的竖向力（kN）。

桩顶（身）最大弯矩系数 ν_m 和桩顶水平位移系数 ν_x **表 4-14**

桩顶约束情况	桩的换算埋深（a_E）	ν_M	ν_x
铰接、自由	4.0	0.768	2.441
	3.5	0.750	2.502
	3.0	0.703	2.727
	2.8	0.675	2.905
	2.6	0.639	3.163
	2.4	0.601	3.526
固接	4.0	0.926	0.940
	3.5	0.934	0.970
	3.0	0.967	1.028
	2.8	0.990	1.055
	2.6	1.018	1.079
	2.4	1.045	1.095

注：1. 铰接（自由）的 ν_M 系桩身的最大弯矩系数，固接的 ν_M 系桩顶的最大弯矩系数；
2. 当 $a_E>4$ 时取 $a_E=4.0$。

对于混凝土护壁的挖孔桩，计算单桩水平承载力时，其设计桩径取护壁内直径。

当桩的水平承载力由水平位移控制，且缺少单桩水平静载荷试验资料时，可按下式估算预制桩、钢桩、桩身配筋率不小于 0.65%的灌注桩单桩水平承载力特征值：

$$R_{ha} = 0.75 \frac{\alpha^3 EI}{\nu_x} x_{0a} \tag{4-43}$$

式中　EI ——桩身抗弯刚度，对于钢筋混凝土桩，$EI = 0.85E_c I_0$；其中 I_0 为桩身换算截面惯性矩：圆形截面为 $I_0 = W_0 d_0/2$；矩形截面为 $I_0 = W_0 b_0/2$；

x_{0a} ——桩顶允许水平位移；

ν_x ——桩顶水平位移系数，按表 4-14 取值，取值方法同 ν_M。

桩承受水平荷载的试验可在两根桩间放置一个千斤顶，在这两根桩间施加水平力。如果做力矩产生水平位移的试验，可在地面上一定高度给桩施加水平力，必要时还可进行带承台桩的载荷试验。

1. 试验装置

试验装置包括加载系统和位移观测系统。加载系统采用水平施加荷载的千斤顶，位移观测系统采用安装在基准架上的百分表或电感位移计。

2. 试验方法

(1) 单向多循环加卸载法

此法主要模拟风浪、地震力、制动力、波浪冲击力和机器扰力等循环性动力水平荷载。

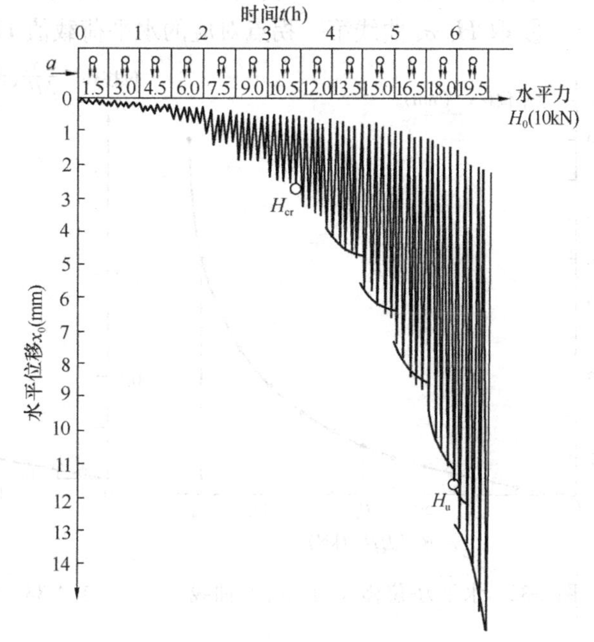

图 4-31　H_0-t-x_0 关系曲线

试验加载分级加载量一般取预估横向极限荷载的 1/10～1/15。图 4-31 中，一级荷载为 1.5×10kN。根据桩径大小并适当考虑土层软硬，对于直径 300～1000mm 的桩，每级荷载增量可取 2.5～20kN。每级荷载施加后，恒载 4min 测读横向位移，然后卸载至 0，停 2min 测读残余横向位移，至此完成一个加卸载循环。5 次循环后，开始加下一级荷载。当桩身折断或水平位移超过 30～40mm（软土取 40mm）时，终止试验。

(2) 慢速连续加载法

此法模拟桥台、挡土墙等长期静止水平荷载的连续荷载试验，类似于竖直静载试验慢速法。荷载分级同上，每级荷载施加后维持其恒定值，并按 5min、10min、15min、30min……测读位移值，直至每小时位移值小于 0.1mm，开始加下一级荷载。当加载至桩身折断或位移超过 30～40mm，便终止加载。卸载时按加载量 2 倍逐级进行，每 30min 卸载一级，并于每次卸载前测读一次位移。

3. 成果资料

常规循环荷载试验一般绘制“水平力-时间-位移”（H_0-t-x_0）曲线（图 4-31）；连续荷载试验常绘制“水平力-位移”（H_0-x_0）曲线（图 4-32）和“水平力-位移梯度”（H_0-$\Delta x_0/\Delta H_0$）曲线（图 4-33）。利用循环荷载试验资料，取每级循环荷载下的最大位移作为该荷载下的位移值，亦可绘制上述各种曲线关系。

4. 按成果资料确定单桩水平承载力

(1) 单桩水平临界荷载

单桩水平临界荷载 H_{cr} 是指桩断面受拉区混凝土退出工作前所受最大荷载，通常取单桩水平临界荷载的75%为单桩水平承载力特征值。单桩水平临界荷载 H_{cr} 可按下列方法综合确定：

① 取单向多循环加载法时的 H_0-t-x_0 曲线或慢速维持荷载法时的 H_0-x_0 曲线出现拐点的前一级水平荷载值 H_{cr}。

② 取 H_0-$\Delta x_0/\Delta H_0$ 曲线或 $\lg H_0$-$\lg x_0$ 曲线上第一拐点对应的水平荷载值 H_{cr}。

③ 取 H_0-σ_s 曲线第一拐点对应的水平荷载值 H_{cr}。

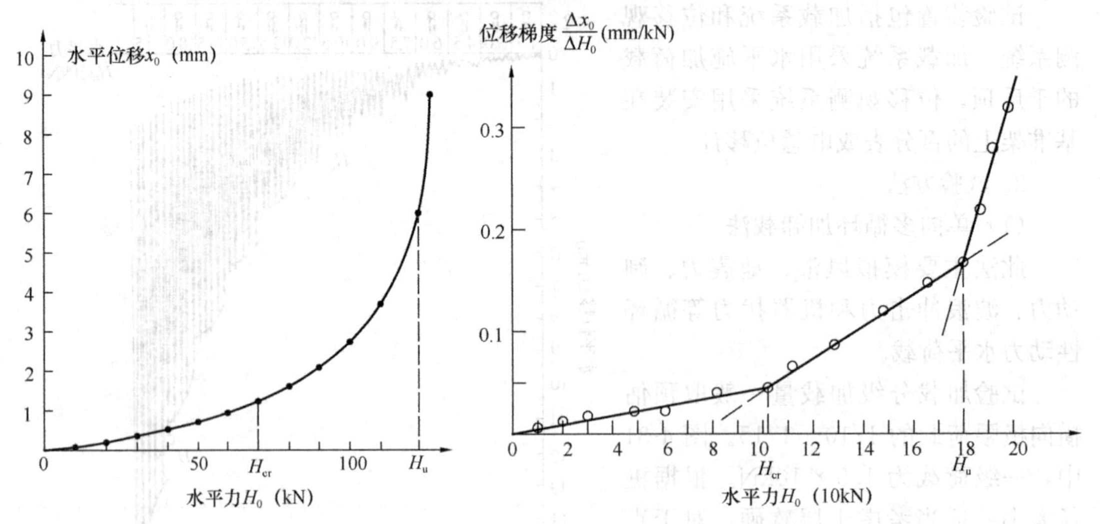

图 4-32 水平力-位移（H_0-x_0）曲线

图 4-33 水平力-位移梯度（H_0-$\Delta x_0/\Delta H_0$）曲线

(2) 单桩水平极限荷载

单桩水平极限荷载 H_u 是指桩身材料破坏或产生结构所能承受的最大变形前的最大荷载。单桩水平极限荷载可按下列方法综合确定：

水平极限荷载：

①取单向多循环加载法时的 H_0-t-x_0 曲线产生明显陡降的前一级，或慢速维持荷载法时的 H_0-x_0 曲线发生明显陡降的起始点对应的水平荷载值 H_u。

② 取慢速维持荷载法时的 H_0-$\lg t$ 曲线尾部出现明显弯曲的前一级水平荷载值 H_u。

③ 取 H_0-$\Delta x_0/\Delta H_0$ 曲线或 $\lg H_0$-$\lg x_0$ 曲线上第二拐点对应的水平荷载值 H_u。

④ 取桩身折断或受拉钢筋屈服时的前一级水平荷载值 H_u。

得到水平极限荷载 H_u，除以安全系数 $K=2$，即得到水平承载力特征值 R_{ha}。采用水平静载荷试验确定单桩横向设计承载力时，还应注意按上述强度确定的极限荷载时的位移是否超过结构使用要求的水平位移，否则应按变形条件来控制。水平位移容许值根据桩身材料强度、土发生横向抗力的要求及墩台结构顶部使用要求来确定。可取试桩在地面处水平位移不超过6～10mm，定位确定单桩横向承载力的判断标准，以满足结构物、桩和土的变形安全度要求。

4.6 桩基的设计与构造

4.6.1 桩基设计的步骤

桩基设计一般分为以下步骤：

1. 收集设计所需的基础资料，如地质勘察报告、当地建设主管部门发布的相关文件、地方规范、周边项目的设计经验等；

2. 确定桩基设计等级；

3. 选择桩型和持力层；

4. 确定单桩承载力；

5. 估算桩数，并进行平面布置；

6. 桩基受力计算；

7. 桩身设计，同时满足桩身构造要求；

8. 承台设计，同时满足承台构造要求。

4.6.2 桩基的设计等级和选型

桩基设计等级根据建筑物规模、体形、功能、场地和环境的复杂程度，以及由于桩基问题可能造成建筑物破坏或影响正常使用的程度，划分为甲、乙、丙三级，见表 4-15。

建筑桩基设计等级 **表 4-15**

设计等级	建 筑 类 型
甲级	1. 重要的建筑； 2. 30 层以上或高度超过 100m 的高层建筑； 3. 体形复杂且层数相差超过 10 层的高低层（含纯地下室）连体建筑； 4. 20 层以上框架-核心筒结构及其他对差异沉降有特殊要求的建筑； 5. 场地和地基条件复杂的 7 层以上的一般建筑及坡地、岸边建筑； 6. 对相邻既有工程影响较大的建筑
乙级	除甲级、丙级以外的工业与民用建筑物
丙级	场地和地基条件简单、荷载分布均匀的 7 层及 7 层以下的一般建筑

桩基设计等级的确定关系到实际设计过程中所要完成的设计内容以及设计所需数据的获取方式，比如甲级桩基非嵌岩和非深厚坚硬持力层时需进行沉降计算，而丙级桩基则不作强制要求；又如单桩极限承载力，甲级桩基应通过静载试验确定，乙级桩基一般也应通过静载试验确定，只有地质条件简单时才可根据原位测试和经验参数确定，而丙级桩基则不作强制要求。

明确了桩基设计等级后便可确定桩型。确定桩型时，首先根据上部结构的荷载水平以及场地土层的分布列出可用的桩型，然后根据施工条件和环境条件进一步缩小候选桩型范围，最后根据经济比较决定采用的桩型。较为常用的筛选桩型的方法如，场地周边有密集的建筑群、重要的地下管线、河岸堤坝时不宜采用挤土桩；穿越土层含淤泥、碎石、砾石或在地下水位以下时不宜采用干作业法的非挤土桩；作业条件危险、桩孔易坍塌或渗水时不宜采用人工挖孔桩；住宅小区附近不宜采用锤击桩，等等。

4.6.3 桩基的布置

桩基在平面布置时首先应确保的是桩间距必须满足最小中心距的要求，合适的桩中心距对减小挤土效应和群桩效应的不利影响至关重要。最小中心距详见表 4-16。桩间距确定后，应尽量使桩群的合力点与上部结构传来的竖向永久荷载合力点重合。以上两点都满足的情况下，使桩群在水平力和力矩较大方向有较大的抗弯截面模量。

基桩的最小中心距 **表 4-16**

土类与成桩工艺		排数不少于 3 排且桩数不少于 9 根的摩擦型桩基	其他情况
非挤土灌注桩		$3.0d$	$3.0d$
部分挤土桩	非饱和土、饱和非黏性土	$3.5d$	$3.0d$
	饱和黏性土	$4.0d$	$3.5d$
挤土桩	非饱和土、饱和非黏性土	$4.0d$	$3.5d$
	饱和黏性土	$4.5d$	$4.0d$
钻、挖孔扩底桩		$2D$ 或 $D+2.0\text{m}$（当 $D>2\text{m}$）	$1.5D$ 或 $D+1.5\text{m}$（当 $D>2\text{m}$）
沉管夯扩、钻孔挤扩桩	非饱和土、饱和非黏性土	$2.2D$ 且 $4.0d$	$2.0D$ 且 $3.5d$
	饱和软土	$2.5D$ 且 $4.5d$	$2.2D$ 且 $4.0d$

注：1. d—圆桩设计直径或方桩设计边长，D—扩大端设计直径。
2. 当纵横向桩距不相等时，其最小中心距应满足“其他情况”一栏的规定。
3. 当为端承桩时，非挤土灌注桩的“其他情况”一栏可减小至 $2.5d$。

桩基的竖向布置应选择较硬土层作为桩端持力层，桩端全截面进入持力层的深度，对黏性土、粉土不宜小于 2 倍桩径，砂土不宜小于 1.5 倍桩径，碎石土不宜小于 1 倍桩径。如果存在软弱下卧层，桩端下硬持力层厚度不宜小于 3 倍桩径。当均匀布桩可能导致桩端荷载水平差异较大时，可以采用变刚度调平设计，局部增加桩长是一种很好的设计方法。当然变刚度调平设计不仅限于在竖向布置上变刚度，还包括在平面布置上变刚度，如局部增强、变桩距、变桩径等，但是实践证明在荷载集度高的地方局部增加桩长是最有效的，因为桩局部加长，可使荷载有更大的扩散范围，从而使桩基影响范围内的桩端土受荷水平接近，进而使沉降趋于均匀。框架—核心筒结构中的核心筒、主裙楼连体建筑中的高层主体是荷载集度高的典型代表。

4.6.4 桩的计算

一、一般计算

对于一般建筑物和受水平力（包括力矩与水平剪力）较小的高层建筑群桩基础，按下列公式计算柱、墙、核心筒群桩中基桩或复合基桩的桩顶作用效应：

1. 轴心竖向力作用下

$$N_{\mathrm{k}}=\frac{F_{\mathrm{k}}+G_{\mathrm{k}}}{n} \tag{4-44}$$

2. 偏心竖向力作用下

$$N_{i\mathrm{k}}=\frac{F_{\mathrm{k}}+G_{\mathrm{k}}}{n}\pm\frac{M_{x\mathrm{k}}y_i}{\Sigma y_j^2}\pm\frac{M_{y\mathrm{k}}x_i}{\Sigma x_j^2} \tag{4-45}$$

3. 水平力作用下

$$H_{ik}=\frac{H_k}{n} \tag{4-46}$$

式中 N_k——荷载效应标准组合轴心竖向力作用下基桩的平均竖向力；

N_{ik}——荷载效应标准组合偏心竖向力作用下第 i 基桩的竖向力；

H_{ik}——荷载效应标准组合下作用于第 i 基桩顶处的水平力；

F_k——荷载效应标准组合下作用于承台顶面的竖向力；

G_k——桩基承台和承台上土自重标准值，对稳定的地下水位以下部分应扣除水的浮力；

n——桩基中的桩数；

M_{xk}、M_{yk}——荷载效应标准组合下，作用于承台底面，绕通过桩群形心的 x、y 主轴的力矩；

x_i、x_j、y_i、y_j——第 i、j 基桩至 y、x 轴的距离；

H_k——荷载效应标准组合下作用于桩基承台底面的水平力。

式（4-44）～（4-46）中的桩数 n 需事先预估，然后根据 n 以及桩基平面布置原则确定 x_i、x_j、y_i、y_j，计算所得的 N_k、H_{ik}需同时满足下列不等式：

在轴心竖向力作用下

$$N_k \leqslant R \tag{4-47}$$

在偏心竖向力作用下，

$$N_{kmax} \leqslant 1.2R \tag{4-48}$$

在水平力作用下，

$$H_{ik} \leqslant R_h \tag{4-49}$$

式中 N_{kmax}——按式（4-45）计算所得的 N_{ik}中的最大值，即荷载效应标准组合偏心竖向力作用下，桩顶最大竖向力；

R——基桩竖向承载力特征值；

R_h——基桩水平承载力特征值。

竖向荷载作用下，由于桩土相对位移，桩间土会对承台产生一定的竖向抗力，成为桩基竖向承载力的一部分，此种效应称为承台效应。考虑承台效应的基本条件是确保在上部荷载作用下，承台底土能永久地发挥承载力，因此前提必须是摩擦型桩基，且必须有一定的沉降，同时最好有足够大的承台底面积。基于此，端承型桩基、桩数少于 4 根的摩擦型柱下独立桩基不考虑承台效应，承台底为可液化土、湿陷性土、高灵敏度软土、欠固结土、新填土时，沉桩引起超孔隙水压力和土体隆起时，也不考虑承台效应。当没有条件考虑承台效应时，基桩竖向承载力特征值 R 取单桩的竖向承载力特征值 R_a；当有条件考虑承台效应时，基桩竖向承载力特征值 R 按下列公式计算：

$$R=R_a+\eta_c \cdot f_{ak} \cdot A_c \tag{4-50}$$

$$A_c=(A-nA_{ps})/n \tag{4-51}$$

式中 R_a——单桩的竖向承载力特征值；

η_c——承台效应系数，可按表 4-17 取值；

f_{ak}——承台下 1/2 承台宽度且不超过 5m 深度范围内各层土的地基承载力特征值按厚度加权的平均值；

A_c——计算基桩所对应的承台底净面积；

A_{ps}——桩身截面面积；

A——承台计算域面积，对于柱下独立桩基，A 为承台总面积。

承台效应系数 η_c 表 4-17

B_c/l \ S_a/d	3	4	5	6	>6
≤0.4	0.06～0.08	0.14～0.17	0.22～0.26	0.32～0.38	0.50～0.80
0.4～0.8	0.08～0.10	0.17～0.20	0.26～0.30	0.38～0.44	
>0.8	0.10～0.12	0.20～0.22	0.30～0.34	0.44～0.50	
单排桩条形承台	0.15～0.18	0.25～0.30	0.38～0.45	0.50～0.60	

注：1. 表中 S_a/d 为桩中心距与桩径之比；B_c/l 为承台宽度与桩长之比。当计算基桩为非正方形排列时，$S_a=\sqrt{A/n}$，A 为承台计算域面积，n 为总桩数。

2. 对于桩布置于墙下的箱、筏承台，η_c可按单排桩条形承台取值。

3. 对于单排桩条形承台，当承台宽度小于 1.5d 时，η_c按非条形承台取值。

4. 对于采用后注浆灌注桩的承台，η_c宜取低值。

5. 对于饱和黏性土中的挤土桩基、软土地基上的桩基承台，η_c宜取低值的 0.8 倍。

对于可能出现受压失稳的桩，如高承台基桩、桩侧为可液化土、土的不排水抗剪强度小于 10kPa 土层中的细长桩，尚应进行桩身压屈验算方能判断基桩竖向承载力特征值，具体验算方法见国家现行《建筑桩基技术规范》JGJ 94—2008，本教材中不再详述。

二、抗拔计算与裂缝验算

地下室在水浮力的作用下、高耸建筑在风荷载或地震作用下，以及建筑物在地震作用、冻胀或膨胀力作用下，都有可能使基桩产生向上的拔力，需进行基桩和群桩的抗拔承载力计算。抗拔承载力所对应的荷载效应为上拔力减去上部结构永久荷载标准组合，可变荷载不得参与到上部结构荷载组合中。

承受拔力的桩基，应同时验算群桩基础呈整体破坏和呈非整体破坏时基桩的抗拔承载力：

$$N_k \leqslant T_{gk}/2 + G_{gp} \tag{4-52}$$

$$N_k \leqslant T_{uk}/2 + G_p \tag{4-53}$$

式中 N_k——按荷载效应标准组合计算的基桩拔力；

T_{gk}——群桩呈整体破坏时基桩的抗拔极限承载力标准值；

T_{uk}——群桩呈非整体破坏时基桩的抗拔极限承载力标准值；

G_{gp}——群桩基础所包围体积的桩土总自重除以总桩数，地下水以下取浮重度；

G_p——基桩自重，地下水以下取浮重度，对于扩底桩应按表 4-18 确定桩、土柱体周长，计算桩、土自重。

扩底桩破坏表面周长 表 4-18

自桩底起算的长度 l_i	≤（4～10）d	>（4～10）d
u_i	πD	πd

注：l_i对于软土取低值，对于卵石、砾石取高值；l_i取值按内摩擦角增大而增加。

混凝土不是一种好的抗拉材料，以混凝土为主材的桩在拔力的作用下可能产生裂缝，桩又是工作在潮湿的土壤之中，水分透过裂缝会对钢筋产生锈蚀，长时间作用后会对桩基安全带来极为不利的影响，所以抗拔桩必须确定裂缝控制等级，然后根据控制等级采取相应的措施。

桩身裂缝控制等级及最大裂缝宽度应根据环境类别和水土介质腐蚀性等级按表 4-19 选用。对于严格要求不出现裂缝的一级控制等级，需设置预应力筋；对于一般要求不出现裂缝的二级控制等级，可采用提高混凝土强度等级、控制基桩抗拔承载力取值、采用预应力等措施，但配筋率应满足抗拔力要求；对于限制裂缝宽度的三级控制等级，应进行桩身裂缝宽度计算，根据计算结果修正混凝土强度等级、配筋率等。

桩身的裂缝控制等级及最大裂缝宽度限值　　表 4-19

环境类别		钢筋混凝土桩		预应力混凝土桩	
		裂缝控制等级	w_{lim}（mm）	裂缝控制等级	w_{lim}（mm）
二	a	三	0.2（0.3）	二	0
	b	三	0.2	二	0
三		三	0.2	一	0

注：1. 水、土为强、中腐蚀性时，抗拔桩裂缝控制等级应提高一级；

2. 二 a 类环境中，位于稳定地下水位以下的基桩，其最大裂缝宽度限值可采用括弧中的数值。

裂缝宽度计算及控制标准应按国家现行《混凝土结构设计规范》GB 50010—2010 及《建筑桩基技术规范》JGJ 94—2008 中的相关条文进行。

三、软弱下卧层承载力验算

桩间距$<6d$ 的群桩基础，当桩端平面以下存在低于桩端持力层承载力的 1/3 的软弱下卧层时，需进行软弱下卧层的承载力验算，特别是当持力层厚度相对于桩基平面尺寸较薄时尤其应注意。桩基下软弱下卧层示意图如图 4-34 所示。验算时，软弱下卧层的地基承载力只进行深度修正，且修正系数取为 1。考虑到承台底面以上土已挖除且可能和土体脱空，因此修正深度从承台底部计算至软弱土层顶面。验算公式为

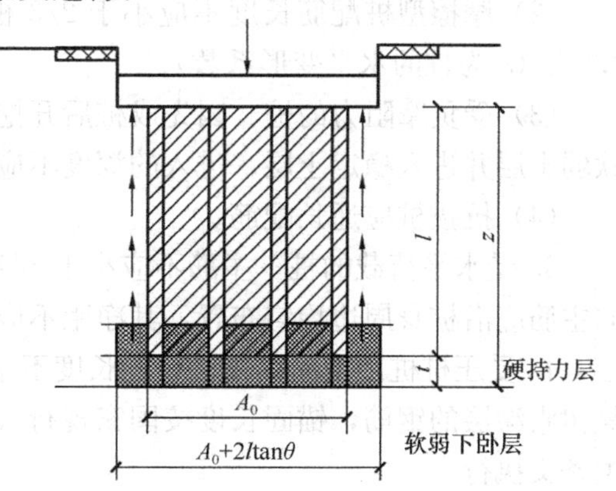

图 4-34　桩基下软弱下卧层示意图

$$\sigma_z + \gamma_m z \leqslant f_{az} \tag{4-54}$$

$$\sigma_z = \frac{(F_k + G_k) - 3/2(A_0 + B_0) \cdot \Sigma q_{sik} l_i}{(A_0 + 2t \cdot \tan\theta) \cdot (B_0 + 2t \cdot \tan\theta)} \tag{4-55}$$

式中　σ_z——作用于软弱下卧层顶面的附加应力；

γ_m——软弱层顶面以上各土层重度（地下水位以下取浮重度）按厚度加权平均值；

t——硬持力层厚度；

f_{az}——软弱下卧层经深度 z 修正的地基承载力特征值；

A_0、B_0——桩群外缘矩形底面的长、短边边长；

q_{sik}——桩周第 i 层土的极限侧阻力标准值；

θ——桩端硬持力层压力扩散角，按表 4-20 取值。

桩端硬持力层压力扩散角 θ 　　**表 4-20**

E_{s1}/E_{s2}	$t=0.25B_0$	$t\geqslant 0.50B_0$
1	4°	12°
3	6°	23°
5	10°	25°
10	20°	30°

注：1. E_{s1}、E_{s2}为硬持力层、软弱下卧层的压缩模量；

2. 当 $t<0.25B_0$时，取 $\theta=0°$，必要时，宜通过试验确定；当 $0.25B_0<t<0.50B_0$时，可内插取值。

4.6.5 桩身构造

基桩按灌注桩、预制桩和预应力实心桩、预应力空心桩分别提出桩身构造要求。

一、灌注桩的要求

1. 配筋率：当桩身直径为 300～2000mm 时，正截面配筋率可取 0.65%～0.2%（小直径桩取高值）；对受荷载特别大的桩、抗拔桩和嵌岩端承桩应根据计算确定配筋率，且不应小于上述规定值。

2. 配筋长度：

（1）端承型桩和位于坡地、岸边的基桩应沿桩身通长配筋；

（2）摩擦型桩配筋长度不应小于 2/3 桩长；当受水平荷载时，配筋长度尚不宜小于 $4.0/\alpha$（α 为桩的水平变形系数）；

（3）受负摩阻力的桩、因先成桩后开挖基坑而随地基土回弹的桩，其配筋长度应穿过软弱土层并进入稳定土层，进入的深度不应小于（2～3）d；

（4）抗拔桩应通长配筋。

3. 受水平荷载的桩，主筋不应小于 $8\phi12$；抗压桩和抗拔桩，主筋不应少于 $6\phi10$；纵向主筋应沿桩身周边均匀布置，其净距不应小于 60mm。

4. 受压桩桩顶钢筋锚入承台的长度不小于 35 倍钢筋直径，抗拔桩桩顶钢筋或采用环氧树脂涂层的钢筋，锚固长度按国家现行《混凝土结构设计规范》GB 50010—2010 的相关条文执行。

5. 箍筋应采用螺旋式，直径不应小于 6mm，间距宜为 200～300mm；受水平荷载较大的桩基以及考虑主筋作用计算桩身受压承载力时，桩顶以下 $5d$ 范围内的箍筋应加密，间距不应大于 100mm；当桩身位于液化土层范围内时箍筋应加密。

6. 当钢筋笼长度超过 4m 时，应每隔 2m 设一道直径不小于 12mm 的焊接加劲箍筋。

7. 桩身混凝土强度等级不得小于 C25，混凝土预制桩尖强度等级不得小于 C30。

8. 主筋的混凝土保护层厚度不应小于 35mm，水下灌注桩的主筋混凝土保护层厚度不得小于 50mm。

二、预制桩和预应力实心桩的要求

1. 桩的截面边长不应小于 200mm；预应力混凝土预制实心桩的截面边长不宜小于 350mm。

2. 混凝土强度等级不宜低于 C30；预应力实心桩的混凝土强度等级不应低于 C40。

3. 桩身配筋应按吊运、打桩及桩在使用中的受力等条件计算确定。采用锤击法沉桩时，预制桩的最小配筋率不宜小于 0.8%；静压法沉桩时，最小配筋率不宜小于 0.6%。主筋直径不宜小于 14mm，打入桩桩顶以下（4～5）d 长度范围内箍筋应加密至间距不大于 100mm，并设置钢筋网片。

4. 纵向钢筋的混凝土保护层厚度不宜小于 30mm。

5. 预制桩的分节长度应根据施工条件及运输条件确定，每根桩的接头数量不宜超过 3 个，接头位置应避开液化土层。

6. 预制桩的桩尖可将主筋合拢焊在桩尖辅助钢筋上，对于持力层为密实砂和碎石类土时，宜在桩尖处包以钢板桩靴，加强桩尖。

三、预应力空心桩的要求

1. 预应力混凝土空心桩按截面形式可分为管桩、空心方桩。

2. 桩尖形式宜根据地层性质选择闭口形或敞口形，闭口形分为平底十字形和锥形。

3. 桩的连接可采用端板焊接连接、法兰连接、机械啮合连接、螺纹连接。每根桩的接头数量不宜超过 3 个。

4. 桩顶与承台的连接分为桩顶截桩时和桩顶不截桩时，连接方法如图 4-35a、b 所示。

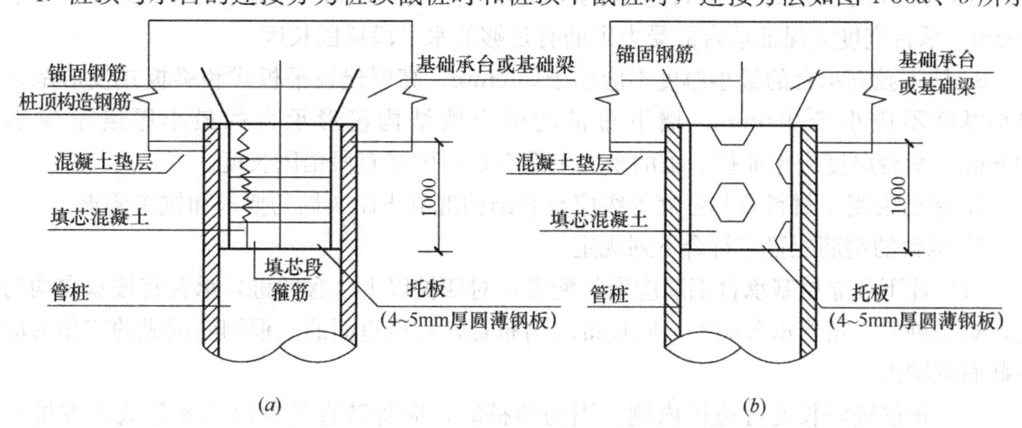

图 4-35 管桩桩顶与承台连接方式

（a）不截桩桩顶与承台连接方式；（b）截桩桩顶与承台连接方式

5. 桩端嵌入遇水易软化的强风化岩、全风化岩和非饱和土时，应在沉桩后对桩端以上约 2m 范围内采取有效的防渗措施，可采用微膨胀混凝土填芯或在内壁预涂柔性防水材料。

4.6.6 承台计算

根据受力特性，承台可分为板式承台和梁式承台。板式承台即承台作为卧置于基桩上的板双向受力，柱下独立多桩承台、筏形承台等均属于板式承台，需计算受冲切、受剪和受弯承载力，但三桩承台可不进行抗剪承载力计算。梁式承台即承台作为卧置于基桩上的梁来工作，近乎单向受力，两桩承台、条形承台梁均属于梁式承台，需计算受弯、受剪承载力，不需计算受冲切承载力。单桩承台主要作用是将桩和柱可靠连接起来，一般无须计算。

承台的计算步骤：

1. 根据上部荷载、桩顶反力计算承台内力，即弯矩、剪力、冲切力。

2. 以抗冲切、抗剪切验算确定承台高度。一般板式承台高度以抗冲切验算确定，梁式承台高度以剪切验算确定。注意此时所得只是承台的计算高度，承台的实际高度还需加上保护层厚度。

3. 以抗弯验算确定承台配筋。

4. 如果承台混凝土强度等级低于柱或桩，还应验算局部受压承载力。

由于承台计算均属于承载能力计算，所以荷载应按基本组合。抗震设防区的承台与非抗震设防区的承台计算步骤相同，区别在于荷载应按考虑地震作用的基本组合，承载力应除以相应的抗震调整系数 γ_{RE}。

承台计算的公式较为复杂，且分类较多，两桩承台、三桩承台、多桩承台、条形承台、筏形承台均有不同的算法，限于篇幅，本教材不予详述其他具体验算内容可参见国家现行《建筑桩基技术规范》JGJ 94—2008。

4.6.7 承台构造

桩基承台除满足抗弯、抗剪、抗冲切、抗压等计算所需外，还应满足下列构造要求：

1. 承台底面埋深不应小于 0.6m，且承台顶面应低于室外设计地面不小于 0.1m，一般情况下承台埋深不宜小于建筑物高度的 1/18，埋于地下水位以下时应采取防侵蚀措施。

2. 承台的最小宽度不应小于 500mm，边桩中心至承台边缘的距离不应小于桩的直径或边长，且桩的外边缘至承台边缘的距离不应小于 150mm，对于条形承台不应小于 75mm。承台宽度应保证承台的受力主筋有足够的水平段锚固长度。

3. 柱下独立承台的最小厚度不应小于 300mm；高层建筑平板式和梁板式筏形承台的最小厚度不应小于 400mm；墙下布桩的剪力墙结构筏形承台的最小厚度不应小于 200mm。承台厚度应保证柱、桩的受力主筋有足够的竖直段锚固长度。

4. 承台混凝土材料及其强度等级应符合结构混凝土耐久性的要求和抗渗要求。

5. 承台的钢筋配置应符合下列规定：

（1）柱下独立桩基承台钢筋应通长配置，对四桩以上（含四桩）承台宜按双向均匀布置，对三桩的三角形承台应按三向板带均匀布置，且最里面的三根钢筋围成的三角形应在柱截面范围内。

（2）钢筋锚固长度自边桩内侧（当为圆桩时，应将其直径乘以 0.8 等效为方桩）算起，不应小于 $35d_g$（d_g为钢筋直径）。当不满足时应将钢筋向上弯折，此时水平段的长度不应小于 $25d_g$，弯折段长度不应小于 $10d_g$。

（3）承台纵向受力钢筋的直径不应小于 12mm，间距不应大于 200mm，最小配筋率不应小于 0.15%。

6. 筏形承台板或箱形承台板在计算中当仅考虑局部弯矩作用时，在纵横两个方向的下层钢筋配筋率不宜小于 0.15%；上层钢筋应按计算配筋率全部连通。当筏板的厚度大于 2000mm 时，宜在板厚中间部位设置直径不小于 12mm、间距不大于 300mm 的双向钢筋网。

7. 承台底面钢筋的混凝土保护层厚度，当有混凝土垫层时，不应小于 50mm，无垫层时不应小于 70mm，且不应小于桩头嵌入承台内的长度。

8. 桩嵌入承台内的长度对中等直径桩（250mm$<d<$800mm）不宜小于 50mm；对大直径桩（$d\geqslant$800mm）不宜小于 100mm。

9. 柱与承台的连接构造应符合下列规定：

（1）柱纵向主筋应锚入承台不小于35倍纵向主筋直径。当承台高度不满足锚固要求时，竖向锚固长度不应小于20倍纵向主筋直径，并向柱轴线方向呈90°弯折。

（2）当有抗震设防要求时，对于一、二级抗震等级的柱，纵向主筋锚固长度应乘以1.15的系数；对于三级抗震等级的柱，纵向主筋锚固长度应乘以1.05的系数。

10. 承台与承台之间的连接构造应符合下列规定：

（1）一柱一桩时，应在桩顶两个主轴方向上设置联系梁。当桩与柱的截面直径之比大于2时，可不设联系梁。

（2）两桩桩基的承台，应在其短向设置联系梁。

（3）有抗震设防要求的柱下桩基承台，宜沿两个主轴方向设置联系梁。

（4）联系梁顶面宜与承台顶面位于同一标高。联系梁宽度不宜小于250mm，其高度可取承台中心距的1/10～1/15，且不宜小于400mm。

（5）联系梁配筋应按计算确定，梁上下部配筋不宜小于2根直径12mm钢筋；位于同一轴线上的相邻跨联系梁纵筋应连通。

11. 承台和地下室外墙与基坑侧壁间隙应灌注素混凝土或搅拌流动性水泥土，或采用灰土、级配砂石、压实性较好的素土分层夯实，其压实系数不宜小于0.94。

【例题4-3】 如图4-36所示，厂房排架柱桩基设计等级为丙级，上部结构传至承台顶面的竖向力$F_k=2200kN$，水平力$H_k=200kN$，传至承台底面的力矩$M_{xk}=3600kN \cdot m$，承台埋深1.8m；桩型采用直径600mm的预应力管桩，壁厚130mm，单桩竖向抗压承载力特征值$R_a=1200kN$，竖向抗拔承载力特征值$R_a^b=300kN$，单桩水平承载力特征值$R_{ha}=70kN$，计算后得知基桩为摩擦型桩，摩阻力占承载力的65%；场地以饱和黏性土为主，桩端平面以下3m处有软弱下卧层，硬持力层与软弱下卧层的压缩模量比$E_{s1}/E_{s2}=5$，未修正的地基承载力特征值$f_{ak}=100kPa$，桩端平面以上土的天然重度$\gamma_m=10kN/m^3$；柱截面600mm×600mm，柱混凝土强度等级C35，承台混凝土强度等级C30，预应力管桩混凝土强度等级C60，桩土综合重度按$20kN/m^3$计，荷载效应标准组合转为基本组合的综合分项系数取1.25，不考虑地震作用。试设计这个柱下独立承台桩基。

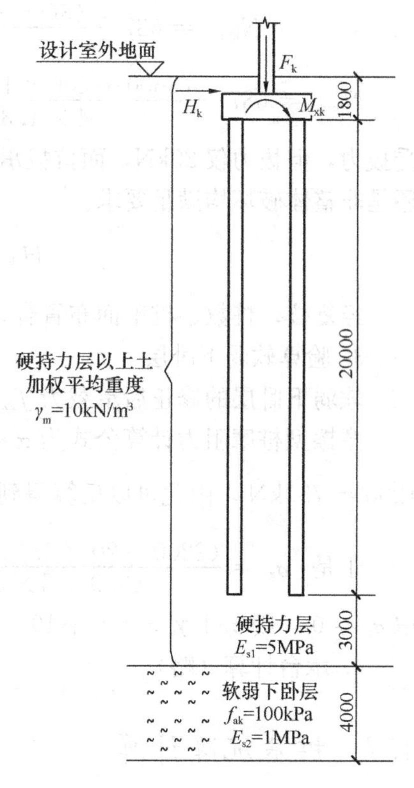

图4-36 计算示意图

【解】

1. 初估桩数。桩数未定时，承台大小无法确定，桩土自重G_k也无法确定，所以需先预估桩数，然后验证这些桩是否满足承载力要求。

在不计自重的轴心力作用下，$n \geqslant \frac{F_k}{R_a}=\frac{2200}{1200}=1.83$，得桩数$n_1=2$；

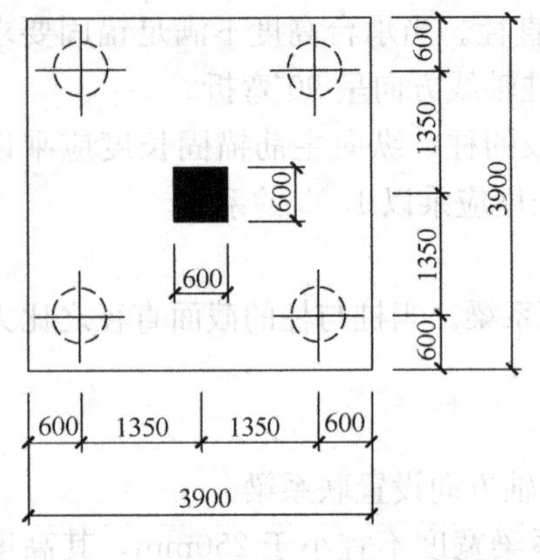

图 4-37　四桩承台平面布置图

在水平力作用下，$n \geqslant \frac{H_k}{R_{ha}} = \frac{200}{70} = 2.86$，得桩数 $n_2 = 3$；

n_1、n_2 中取大值应为 3，但考虑到弯矩较大，故将桩数暂估为 4 桩。预应力管桩属挤土桩，在饱和黏性土中桩中心距 $s \geqslant 4.5d = 4.5 \times 600 = 2700\text{mm}$，取 $s = 2700\text{mm}$，承台平面如图 4-37。

2. 复核桩数、桩平面布置是否合适

$$N_k = \frac{F_k + G_k}{n} = \frac{2200 + 20 \times 3.9 \times 3.9 \times 1.8}{4} = 687\text{kN} < R_a$$

为计算柱底水平力在承台底产生的弯矩，需预估承台高度，此处暂定为 1.1m，于是

$$N_{kmax} = 687 + \frac{(3600 + 200 \times 1.1) \times 1.35}{4 \times 1.35^2} = 1394\text{kN} < 1.2R_a$$

$N_{kmin} = 687 - \frac{(3600 + 200 \times 1.1) \times 1.35}{4 \times 1.35^2} = -20\text{kN} < 0$，即在较大的弯矩作用下桩受拔力，但拔力仅 20kN，而抗拔承载力 R_a^b 比拔力大很多，所以直接能判断不论整体破坏还是非整体破坏均满足要求。

$$H_{ik} = \frac{200}{4} = 50\text{kN} < R_{ha}$$

经复核，桩数、桩平面布置合理可用。

3. 验算软弱下卧层

软弱下卧层的修正后承载力 $f_{az} = 100 + 1.0 \times 10 \times (20 + 3) = 330\text{kPa}$

摩擦型桩摩阻力计算公式为 $\pi \cdot d \Sigma q_{sik} l_i$，而摩阻力又占桩承载力的 65%，即 $65\% \times 1200 = 780\text{kN}$，由此可以反算得到 $\Sigma q_{sik} l_i = \frac{780}{3.14 \times 0.6} = 414\text{kN/m}$

于是，$\sigma_z = \frac{(2200 + 20 \times 3.9 \times 3.9 \times 1.8) - 3/2(3.9 + 3.9) \times 414}{(3.9 + 2 \times 3\tan25°) \times (3.9 + 2 \times 3\tan25°)} = -46.7 < 0$，取 $\sigma_z = 0$，则 $\sigma_z + \gamma_m z = 0 + 10 \times (1.8 + 20 + 3) = 248\text{kPa} < f_{az}$，满足要求。

4. 承台计算（略）

4.7　桩基沉降计算

4.7.1　单桩沉降的计算

桩基础发生超出允许值的沉降会对建筑物的稳定产生严重影响，因此需对其沉降进行严格控制。竖向荷载作用下单桩的沉降由以下三部分构成：

（1）桩身弹性压缩引起的桩顶沉降；

（2）由于桩身侧摩阻力向下传递，在桩端以下土层中产生附加应力而引起土层压缩，从而产生桩端沉降；

（3）桩端荷载引起桩端以下土层压缩而产生的桩端沉降。

单桩的沉降不仅与桩长、桩与土的相对压缩性、桩周土的性质有关，还与荷载水平、荷载持续时间有关。当荷载水平较低时，桩端土尚未产生明显的塑性变形且桩与桩周土之间尚未发生滑移，这时桩端土体的压缩可近似采用弹性理论法计算；当荷载水平较高时，桩端土将产生明显的塑性变形，导致单桩沉降特性相对低荷载水平时发生明显变化。若荷载持续时间较短，桩端土体的压缩特性一般呈现弹性性能；若荷载持续时间很长，则需要考虑沉降的时间效应，即土的固结和次固结效应，这一点对于软土地区而言尤为重要。

对地基基础设计等级为甲级的建筑物桩基、体型复杂、荷载不均匀或桩端以下存在软弱土层的设计等级为乙级的建筑物桩基和摩擦型桩基，应进行沉降验算；而对嵌岩桩、设计等级为丙级的建筑物桩基以及对沉降无特殊要求的条形基础下不超过两排桩的桩基可不进行沉降验算。

目前，单桩沉降的计算方法主要有：荷载传递分析法、弹性理论法、剪切变形传递法、有限单元分析法等。

4.7.2 群桩沉降的计算

群桩的沉降较单桩复杂，是桩、承台和地基土之间相互影响的结果。群桩中各单桩桩顶荷载向下传递的过程中，会产生应力重叠而改变桩与土的受力状况，从而使得群桩的沉降性状较单桩有明显不同，是一个十分复杂的问题。一般而言，群桩的沉降涉及群桩的几何尺寸、成桩工艺、桩基施工流程、土的性质、荷载情况、承台设置方式等多种影响因素。

《建筑地基基础设计规范》GB 50007—2011 规定，桩基础的沉降采用单向压缩分层总和法按下式计算：

$$s = \psi_{p} \sum_{j=1}^{m} \sum_{i=1}^{n_j} \frac{\sigma_{j,i} \Delta h_{j,i}}{E_{sj,i}} \tag{4-56}$$

式中 s——桩基最终计算沉降量（mm）；

m——桩端平面以下压缩层范围内土层总数；

$E_{sj,i}$——桩端平面下第 j 层土第 i 个分层在自重应力至自重应力加附加应力作用段的压缩模量（MPa）；

n_j——桩端平面下第 j 层土的计算分层数；

$\Delta h_{j,i}$——桩端平面下第 j 层土的第 i 个分层厚度（m）；

$\sigma_{j,i}$——桩端平面下第 j 层土第 i 个分层的竖向附加应力（kPa）；

ψ_{p}——桩基沉降计算经验系数，各地区应根据当地的工程实测资料统计对比确定。

地基内的应力分布宜采用各向同性均质线性变形体理论进行计算，具体地可分为两种计算方法，即：①实体深基础法；②明德林（Mindlin）应力公式法。

1. 实体深基础法

当桩距不大于 6 倍桩径时，实体深基础法将桩群、承台和桩周土看作一个实体深基础，实体深基础的底面与桩端齐平，不计实体的竖向变形，以实体在桩底平面处产生的附加压力 p_{b} 作为弹性地基表面的荷载，用基于布辛尼斯克（Boussinesq）应力解的方法求解桩端以下各土层的应力分布，按照浅基础的沉降计算方法进行计算，求出桩端以下土层的压缩变形作为桩基础的沉降量。

$$s = \psi_{ps} s' \tag{4-57}$$

式中　s'——按分层总和法计算出的地基变形量。

实体深基础桩基沉降计算经验系数应根据地区桩基础沉降观测资料及经验统计确定，在不具备条件时，可按表4-21取值。

桩基沉降计算经验系数　　**表4-21**

$\overline{E}_s$ (MPa)	≤15	25	35	≥45
ψ_{ps}	0.5	0.4	0.35	0.25

注：$\overline{E}_s$ 为桩端平面以下变形计算范围土层压缩模量的当量值，表内数据可插值。

实体深基础桩底平面处的基底附加压力 p_b 的计算有两种方法：

(1) 考虑应力扩散作用（图4-38*a*）

假定荷载从最外围桩顶的外侧以 $\varphi_0/4$ 的角度向下扩散，与桩端平面交于C和D两点，实体为ABCD，基底面积

$$A_p = \left(a_0 + 2l\tan\frac{\varphi_0}{4}\right)\times\left(b_0 + 2l\tan\frac{\varphi_0}{4}\right) \tag{4-58}$$

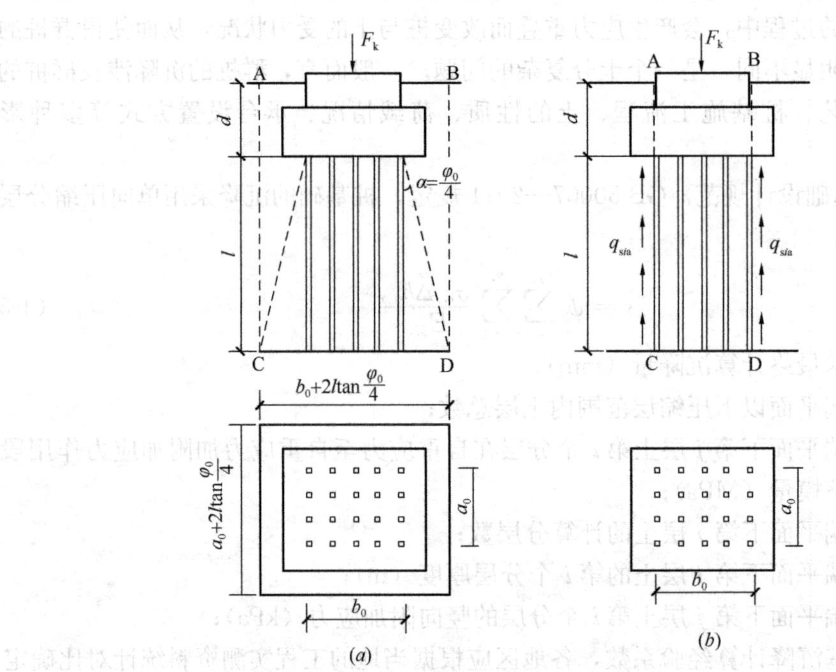

图4-38　实体深基础

(*a*) 考虑扩散作用；(*b*) 不考虑扩散作用

式中　a_0、b_0——分别为相对边桩外边缘的间距（m）；

φ_0——桩长 l 范围内各土层内摩擦角的加权平均值，即 $\varphi_0 = \frac{\sum \varphi_i l_i}{l}$，其中 φ_i 为厚 l_i 的第 i 层土的内摩擦角。

桩端平面CD处的附加压力

$$p_b = (F_k + G - W_{cs} - W_{ps})/A_p \tag{4-59}$$

式中　G——群桩和承台的自重，等于群桩和承台的体积与混凝土容重的乘积，混凝土

容重可取（23-25）kN/m^3，混凝土强度等级高、配筋率高时取大值（kN）；

W_{cs} ——开挖的承台体积的土体自重（kN）；

W_{ps} ——灌注桩群桩体积的土体自重，对打入预制桩，取 $W_{ps}=0$（kN）。

在计算 G、W_{cs} 和 W_{ps} 时，对地下水位以下部分应取浮重度计算。

（2）不考虑应力扩散作用（图 4-38*b*）

此情况下不考虑荷载的扩散作用，但考虑了群桩外侧面的侧摩阻力。仅将桩和桩间土视为实体基础 ABCD，基底面积

$$A_p = a_0 \times b_0 \tag{4-60}$$

桩端平面 CD 处的附加压力，

$$p_b = (F_k + G - W_{cs} - W_{ps} - S)/A_p \tag{4-61}$$

式中　S ——群桩外侧面与土向上的总摩阻力，$S=2(a_0+b_0)\Sigma q_{sia} l_i$（kN）；

q_{sia} ——单位面积桩侧阻力特征值（kPa），由表 4-9 中的桩极限侧阻力标准值除以安全系数确定。

2. 明德林（Mindlin）应力公式法

盖德斯（Geddes，1966 年）用 Mindlin 解代替 Boussinesq 应力解求解桩端以下土层的附加应力。采用 Mindlin 应力公式法计算式（4-58）中竖向附加应力时，可将各根桩在该点所产生的附加应力逐根叠加，按下式计算：

$$\sigma_{j,i} = \sum_{k=1}^{n}(\sigma_{zp,k} + \sigma_{zs,k}) \tag{4-62}$$

式中　$\sigma_{j,i}$ ——桩端平面下第 j 层土第 i 个分层的竖向附加应力（kPa）；

$\sigma_{zp,k}$ ——第 k 根桩的端阻力在深度 z 处产生的应力（kPa）；

$\sigma_{zs,k}$ ——第 k 根桩的侧摩阻力在深度 z 处产生的应力（kPa）。

z 的坐标原点在承台底部群桩形心处。

相应于作用的准永久组合时，轴心竖向力作用下单桩的附加荷载 Q，由桩端阻力 Q_p 和桩侧摩阻力 Q_s 共同承担。桩端阻力简化为一集中荷载，其值为 αQ；桩侧摩阻力简化为沿桩轴线的线性荷载，并假定由沿桩身均匀分布和沿桩身线性增长分布两种形式组成，其值分别为 βQ 和（1-α-β）Q，如图 4-39 所示。

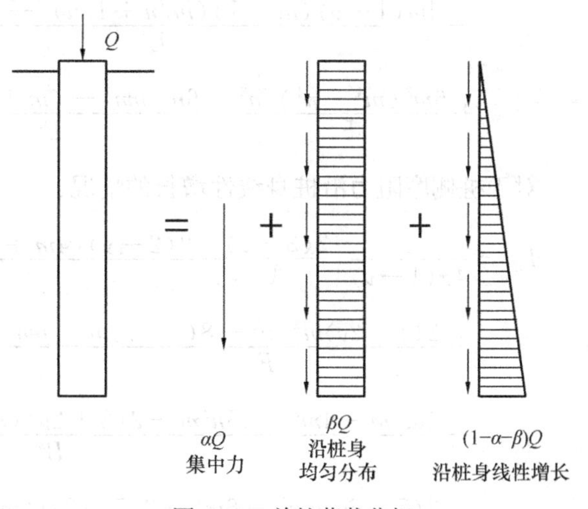

图 4-39　单桩荷载分担

式（4-64）中，第 k 根桩的端阻力在深度 z 处产生的应力：

$$\sigma_{zp,k} = \frac{Q_p}{l^2} I_{p,k} = \frac{\alpha Q}{l^2} I_{p,k} \tag{4-63}$$

式中　Q——单桩在竖向荷载的准永久组合作用下的附加荷载，$Q=Q_p+Q_s$（kN）；

α ——桩端阻力比，$\alpha = Q_p/Q$；

l——桩长（m）；

$I_{p,k}$——应力影响系数，可用对Mindlin应力公式进行积分的方式推导得出。

式（4-64）中，第k根桩的侧摩阻力在深度z处产生的应力：

$$\sigma_{zs,k} = \frac{Q}{l^2}[\beta I_{s1,k} + (1-\alpha-\beta) I_{s2,k}] \tag{4-64}$$

式中 $I_{s1,k}$，$I_{s2,k}$——应力影响系数，可用对Mindlin应力公式进行积分的方式推导得出。

对于一般摩擦型桩可假定桩侧摩阻力全部是沿桩身线性增长的（即$\beta=0$），则式（4-64）可简化为：

$$\sigma_{zs,k} = \frac{Q}{l^2}(1-\alpha) I_{s2,k} \tag{4-65}$$

对于桩端的集中力：

$$I_p = \frac{1}{8\pi(1-\nu)}\left\{\frac{(1-2\nu)(m-1)}{A^3} - \frac{(1-2\nu)(m-1)}{B^3} + \frac{3(m-1)^3}{A^5} + \frac{3(3-4\nu)m(m+1)^2 - 3(m+1)(5m-1)}{B^5} + \frac{30m(m+1)^3}{B^7}\right\} \tag{4-66}$$

对于桩侧摩阻力沿桩身均匀分布的情况：

$$I_{s1} = \frac{1}{8\pi(1-\nu)}\left\{\frac{2(2-\nu)}{A} - \frac{2(2-\nu)+2(1-2\nu)(m^2/n^2+m/n^2)}{B} + \frac{(1-2\nu)2(m/n)^2}{F} - \frac{n^2}{A^3} - \frac{4m^2-4(1+\nu)(m/n)^2m^2}{F^3} - \frac{4m(1+\nu)(m+1)(m/n+1/n)^2-(4m^2+n^2)}{B^3} + \frac{6m^2(m^4-n^4)/n^2}{F^5} - \frac{6m[mn^2-(m+1)^5/n^2]}{B^5}\right\} \tag{4-67}$$

对于桩侧摩阻力沿桩身线性增长的情况：

$$I_{s2} = \frac{1}{4\pi(1-\nu)}\left\{\frac{2(2-\nu)}{A} - \frac{2(2-\nu)(4m+1)-2(1-2\nu)(1+m)m^2/n^2}{B} - \frac{2(1-2\nu)m^3/n^2-8(2-\nu)m}{F} - \frac{mn^2+(m-1)^3}{A^3} - \frac{4\nu n^2m+4m^3-15n^2m-2(5+2\nu)(m/n)^2(m+1)^3+(m+1)^3}{B^3} - \frac{2(7-2\nu)mn^2-6m^3+2(5+2\nu)(m/n)^2m^3}{F^3} - \frac{6mn^2(n^2-m^2)+12(m/n)^2(m+1)^5}{B^5} + \frac{12(m/n)^2m^5+6mn^2(n^2-m^2)}{F^5}\right.$$

$$+2(2-\nu)\ln\left(\frac{A+m-1}{F+m}\times\frac{B+m+1}{F+m}\right)\Big\} \tag{4-68}$$

式中　$A=[n^2+(m-1)^2]^{\frac{1}{2}}$；$B=[n^2+(m+1)^2]^{\frac{1}{2}}$；$F=\sqrt{n^2+m^2}$；$n=r/l$；$m=z/l$；

ν——地基土的泊松比；

r——计算点与桩身轴线的水平距离（m）；

z——计算应力点与承台底面的竖向距离（m）。

将公式（4-63）、（4-65）代入公式（4-62），得到桩端平面下第 j 层土第 i 个分层的竖向附加应力：

$$\sigma_{j,i}=\sum_{k=1}^{n}(\sigma_{\mathrm{zp,k}}+\sigma_{\mathrm{zs,k}})=\frac{Q}{l^2}\sum_{k=1}^{n}[\alpha I_{\mathrm{p,k}}+(1-\alpha)I_{\mathrm{s2,k}}] \tag{4-69}$$

将公式（4-69）代入公式（4-56），得到单向压缩分层总和法沉降计算公式：

$$s=\psi_{\mathrm{pm}}\frac{Q}{l^2}\sum_{j=1}^{m}\sum_{i=1}^{n_j}\frac{\Delta h_{j,i}}{E_{\mathrm{s}j,i}}\sum_{k=1}^{n}[\alpha I_{\mathrm{p,k}}+(1-\alpha)I_{\mathrm{s2,k}}] \tag{4-70}$$

采用 Mindlin 应力公式计算桩基础的最终沉降量时，相应于作用的准永久组合时，轴心竖向力作用下单桩附加荷载的桩端阻力比 α 和桩基沉降计算经验系数 ψ_{pm} 应根据当地工程的实测资料统计确定。无地区经验时，ψ_{pm} 值可按表 4-22 选用。

Mindlin 应力公式法计算桩基沉降经验系数　　表 4-22

$\overline{E}_{\mathrm{s}}$ (MPa)	≤15	25	35	≥40
ψ_{pm}	1.00	0.8	0.6	0.3

上述计算桩基沉降的实体深基础法和 Mindlin 应力公式法存在以下缺陷：①实体深基础法，其附加应力按 Boussinesq 解计算与实际情况不符（计算应力偏大），且实体深基础模型不能反映桩的长径比、距径比等的影响；②Mindlin 应力公式法，Geddes 提出的应力叠加和分层总和方法对于大桩群不能手算，且要求假定侧阻力分布，并给出桩端荷载分担比。针对上述问题，《建筑桩基技术规范》JGJ 94—2008 推荐了针对不同桩中心距的桩基沉降计算方法：

1. 桩中心距不大于 6 倍桩径的桩基

对于桩中心距不大于 6 倍桩径的桩基，其最终沉降量的计算可采用等效作用分层总和法。等效作用面位于桩端平面，等效作用面积为桩承台投影面积，等效作用附加压力近似取承台底附加压力。桩基任一点最终沉降量：

$$s=\psi\cdot\psi_{\mathrm{e}}\cdot s' \tag{4-71}$$

式中　s——桩基最终沉降量（mm）；

s'——采用 Boussinesq 解，按实体深基础法计算出的桩基沉降量（mm）；

ψ——桩基沉降计算经验系数，当无当地经验时，按表 4-23 确定；

ψ_{e}——桩基等效沉降系数。

桩基沉降计算经验系数 ψ　　表 4-23

$\overline{E}_s$ (MPa)	≤10	15	20	35	≥50
ψ	1.2	0.9	0.65	0.5	0.4

桩基等效沉降系数 ψ_e，为相同基础平面尺寸条件下，按不同几何参数刚性承台群桩 Mindlin 位移解沉降计算值与不考虑群桩侧面剪应力和应力不扩散实体深基础 Boussinesq 解沉降计算值之比。按如下简化公式计算：

$$\psi_e = C_0 + \frac{n_b - 1}{C_1(n_b - 1) + C_2} \tag{4-72}$$

式中　n_b——矩形布桩时的短边布桩数，当布桩不规则时，$n_b = \sqrt{n \cdot B_c / L_c}$，且要求 $n_b > 1$；当 $n_b = 1$ 时，按下述情况 2 计算；

C_0、C_1、C_2——根据群桩距径比 s_a/d、长径比 l/d 及基础长宽比 L_c/B_c，查相关表格确定；

L_c、B_c、n——分别为矩形承台的长、宽及总桩数。

对比公式（4-71）与（4-57）可以发现，等效分层总和法和实体深基础法基本相同，仅增加了一个等效沉降系数 ψ_e。乘以等效沉降系数 ψ_e，实质上纳入了按 Mindlin 位移解计算桩基沉降时，附加应力及桩群几何参数的影响。

2. 单桩、单排桩、疏桩基础

对于单桩、单排桩、桩中心距大于 6 倍桩径的疏桩基础的沉降计算，根据承台底地基土是否分担荷载分成两种情况：

（1）承台底地基土分担荷载的情况

按 Boussinesq 解求得承台底土压力在地基中某点产生的附加应力，与基桩在该点产生的附加应力叠加，采用等效作用分层总和法计算沉降，同时计入桩身的压缩，即得到桩底最终沉降量。

（2）承台底地基土不分担荷载的情况

按照 Mindlin 应力公式法计算桩端土的压缩量，同时计入桩身的压缩，即得到桩底最终沉降量。

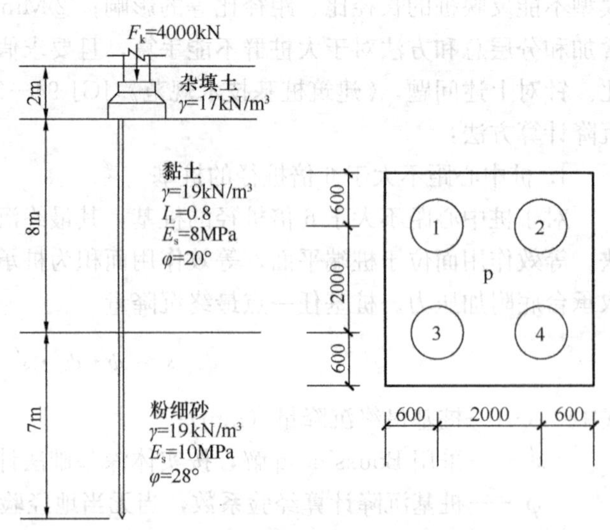

图 4-40　计算示意图

【例题 4-4】 某柱下桩基础的地质剖面如图 4-40 所示，杂填土层厚 2m，承台底面位于该土层下层面，黏土层厚 8m，液性指数 $I_L = 0.8$，其下为中密粉细砂，层厚 12m，粉细砂层以下为不可压缩层，由上部结构传至承台顶面的竖向力 F_k = 4000kN。经设计计算决定采用钢筋混凝土预应力管桩，桩径 600mm，壁厚 110mm，桩长 15m，桩的布置形式如图所示，承台厚度取为 1m，桩轴心距离承台边缘 600mm，同排桩轴心距2000mm。试分别采用实体深基础法和明德林应力公式法（桩底土不分层）计算桩基础的沉降量，泊松比$\nu=0.33$，取桩端阻力比$\alpha=0.2$。

【解】

1. 实体深基础法

（1）考虑荷载扩散

扩散角 $\dfrac{\varphi_0}{4}=\dfrac{\sum\varphi_i l_i}{4l}=\dfrac{20^\circ\times8+28^\circ\times7}{4\times15}=5.9^\circ$

$$\tan5.9^\circ=0.1033$$

由式（4-60）得底面积

$$A_p=\left(a_0+2l\tan\frac{\varphi_0}{4}\right)\times\left(b_0+2l\tan\frac{\varphi_0}{4}\right)$$

$$=(2.6+2\times15\times0.1033)\times(2.6+2\times15\times0.1033)$$

$$=32.48m^2$$

承台体积 $V_c=3.2\times3.2\times1=10.24m^3$

群桩体积 $V_{gp}=4\times\dfrac{3.14}{4}\times(0.6^2-0.38^2)\times15=10.15m^3$

取承台和桩的钢筋混凝土容重为25 kN/m³，承台体积土体的容重为17 kN/m³，由式（4-61）得桩端平面的附加应力

$p_b=(F_k+G-W_{cs}-W_{ps})/A_p$

$\quad=[4000+(10.24+10.15)\times25-10.24\times17]/32.48=133.5kPa$

桩端平面划分为4个矩形，$\dfrac{l}{b}=\dfrac{5.699/2}{5.699/2}=1$，$\dfrac{z}{b}=\dfrac{5}{5.699/2}=1.755$

查表得$\bar{\alpha}=0.1862$，据$E_s=10MPa$，查表4-21得$\psi_{ps}=0.5$

最终沉降量

$$s=\psi_{ps}\frac{p_b}{E_s}z\times4\bar{\alpha}=0.5\times\frac{133.5}{10\times10^3}\times5\times4\times0.1862=24.86mm$$

（2）不考虑荷载扩散

由式（4-60）得底面积

$$A_p=a_0\times b_0=2.6\times2.6=6.76m^2$$

群桩外侧面与土向上的总摩阻力：

参照表4-9，黏土层和粉细砂层的桩侧摩阻力特征值分别取26kPa和25kPa，则

$$S=2(a_0+b_0)\sum q_{sia}l_i=2\times(2.6+2.6)\times(26\times8+25\times7)=3983.2kN$$

由式（4-63）得桩端平面的附加压力：

$p_b=(F_k+G-W_{cs}-W_{ps}-S)/A_p$

$\quad=[4000+25\times(10.24+10.15)-17\times10.24-3983.2]/6.76$

$\quad=52.14kPa$

桩端平面分为4个矩形

$$\frac{l}{b}=\frac{2.6/2}{2.6/2}=1, \frac{z}{b}=\frac{5}{2.6/2}=3.846$$

查表 $\bar{\alpha}=0.1148$

最终沉降量

$$s=\psi_{ps}\frac{p_b}{E_s}z\times4\bar{\alpha}=0.5\times\frac{52.14}{10\times10^3}\times5\times4\times0.1148=6\text{mm}$$

2. 明德林应力公式法

由于群桩分布的对称性

$$\sigma_{j,i}=\sum_{k=1}^{4}(\sigma_{zp,k}+\sigma_{zs,k})=4(\sigma_{zp,1}+\sigma_{zs,1})$$

计算点在群桩形心 p 点，$z=17.5$m，1 号桩的 r 值

$$r=\sqrt{1^2+1^2}=1.414\text{m}$$

用式（4-68）和式（4-70）分别计算桩的应力影响系数

$$I_{p,1}=3.7744\ ;\ I_{s2,1}=1.3298$$

用式（4-72）计算得最终沉降量为：16.15mm

从以上计算结果可以看出，实体深基础法考虑荷载扩散与不考虑荷载扩散计算结果差距较大，与明德林应力公式法计算结果也有差距，故上述计算理论存在一定的局限性。

4.8 桩基础动力检测

桩基在制桩、起吊、运输、成桩等过程中，由于操作不当，成桩后桩身可能存在不同程度的缺陷。不同类型桩的缺陷类型有所不同：①混凝土预制桩由于打桩拉应力、冲击能量过大、挤土效应、起吊不合理等因素引起的桩身开裂或断裂，或由于焊接不当导致焊接不良等；②灌注桩由于施工因素引起的缩径、扩径、离析、断桩及沉渣过厚等。为保证桩基成桩质量满足设计要求，有必要在施工后进行桩基质量检测。常用的桩基质量检测方法有静载荷试验、钻孔抽芯法、动力检测（低应变法、高应变法、声波透射法）等，其中，动力检测方法具有无损伤、方便、快捷、费用较低等特点，在桩基工程中被广泛采用。

4.8.1 技术要求

《建筑地基基础设计规范》GB 5007—2011 规定，桩身完整性检验宜采用两种或多种合适的检验方法进行。直径大于 800mm 的混凝土嵌岩桩应采用钻孔抽芯法或声波透射法检测，检测桩数不得少于总桩数的 10%，且不得少于 10 根，且每根柱下承台的抽检桩数不应少于 1 根。直径不大于 800mm 的桩以及直径大于 800mm 的非嵌岩桩，可根据桩径和桩长的大小，结合桩的类型和当地经验采用钻孔抽芯法、声波透射法或动测法进行检测。检测的桩数不应少于总桩数的 10%，且不少于 10 根。

桩基施工后，宜先进行工程桩的桩身完整性检测，后进行承载力检测。当采用低应变法或声波透射法检测时，受检桩混凝土强度应至少达到设计强度的 70%，且不小于 15MPa；采用高应变法检测时，受检桩混凝土强度应达到设计要求。

根据桩身缺陷程度及其对单桩承载性能的影响按表 4-24 可判定桩基质量等级。

桩身完整性分类表　　表 4-24

桩基质量等级	分 类 标 准
Ⅰ类	无缺陷的完整桩
Ⅱ类	有轻度缺陷，但不影响或基本不影响原设计桩身结构强度的桩
Ⅲ类	有明显缺陷，影响原设计桩身结构强度的桩
Ⅳ类	有严重缺陷的桩、断桩

4.8.2 低应变法

低应变法适用于检测混凝土桩的桩身完整性，判定桩身缺陷程度及位置。

低应变检测时采用激振锤对桩顶面施加一激振力，使桩顶面的质点受迫振动并产生弹性波沿桩身向下传播。一般认为，在一定深度以下，桩内传播的波可视为平面波（具体与桩的截面直径，敲击波的波长，敲击点的面积大小有关），当桩身存在某些缺陷造成桩身截面阻抗（可能由混凝土密度、截面积或材料波速 C 变化引起）发生变化，就会产生波的反射（见图 4-41），反射的信号被放置在桩顶的加速度传感器（图 4-42）所接收并可以用速度时程响应曲线（反射波曲线）的形式表示。通过对记录波形的时域（相位、频率、波幅、旅行时、波速）分析和频谱分析就可综合判定桩身质量（表 4-25）。低应变检测流程如图 4-43 所示。

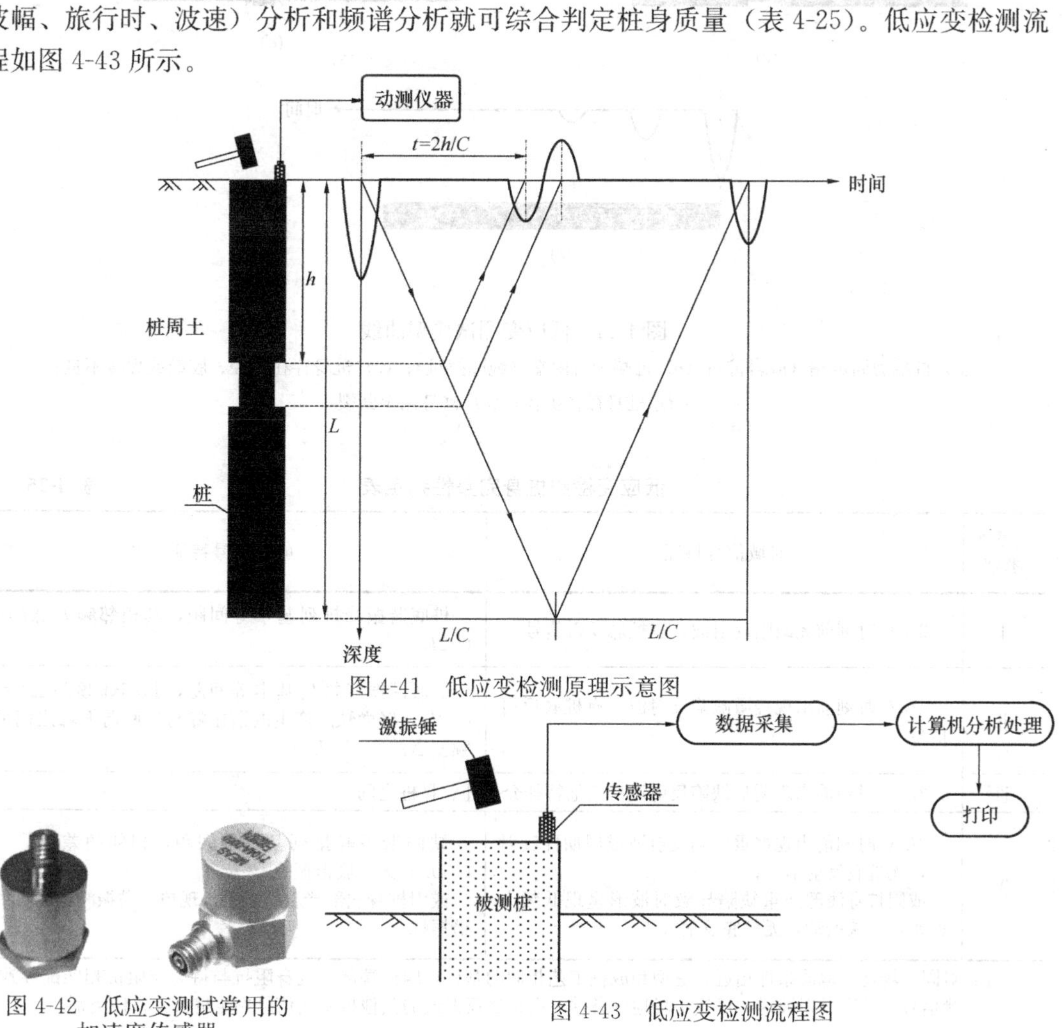

图 4-41　低应变检测原理示意图

图 4-42　低应变测试常用的加速度传感器

图 4-43　低应变检测流程图

低应变检测获得的桩顶反射波曲线是桩、土、激振力共同作用的结果，其曲线特征受三者共同的影响。当桩端支承条件、桩身缺陷特征不同时，桩顶反射波曲线存在较为明显的差异，如图 4-44 所示，这是桩身缺陷类型及缺陷程度识别的依据。但实测反射波曲线通常更为复杂，分析判断时需要充分了解场地土层条件、成桩情况等，且要求操作者具有一定的实践经验。

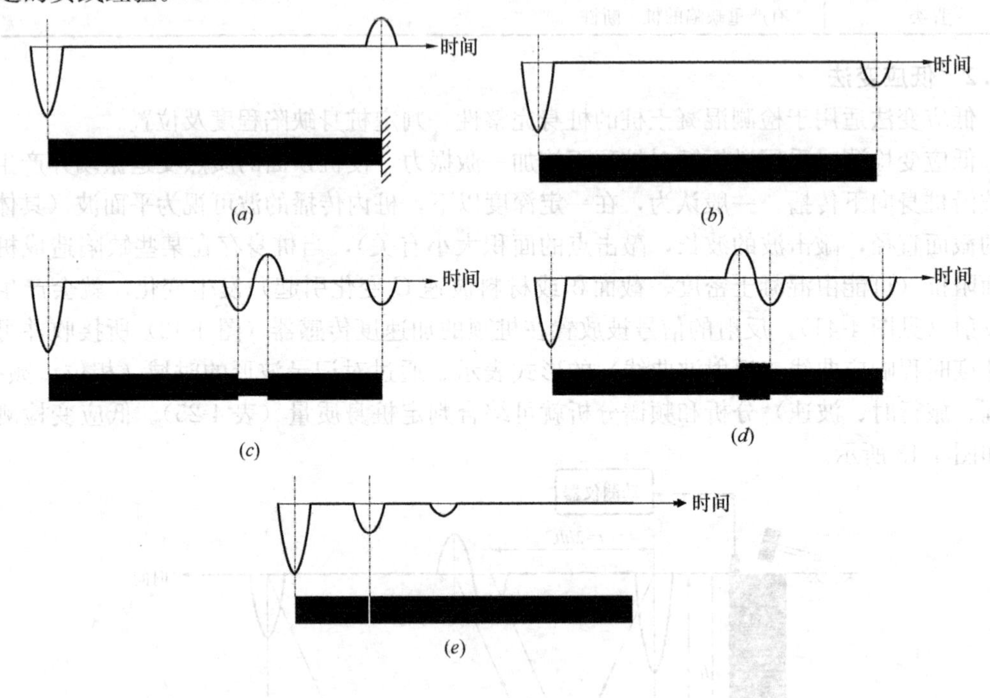

图 4-44 低应变测试典型曲线

(*a*) 桩端为固定端（嵌岩桩）；(*b*) 桩端为自由端（纯摩擦桩）；(*c*) 桩身存在缩径、胶结或焊接不良；(*d*) 桩身存在扩径；(*e*) 桩身完全断裂

低应变检测桩身完整性判定表 **表 4-25**

完整性类别	时域信号特征	幅频信号特征
Ⅰ	$2L/C$ 时刻前无缺陷反射波，有桩底反射信号	桩底谐振峰排列基本等间距，其相邻频差 $\Delta f \approx C/2L$
Ⅱ	$2L/C$ 时刻前出现轻微缺陷反射波，有桩底反射信号	桩底谐振峰排列基本等间距，其相邻频差 $\Delta f \approx C/2L$，轻微缺陷产生的谐振峰与桩底谐振峰之间的频差 $\Delta f' > C/2L$
Ⅲ	$2L/C$ 时刻前出现明显缺陷反射波，其他特征介于Ⅱ、Ⅳ桩之间	
Ⅳ	$2L/C$ 时刻前出现严重缺陷反射波或周期性反射波，无桩底反射信号； 或因桩身浅部严重缺陷导致时波形呈现低频大振幅，衰减振动，无桩底反射波	缺陷谐振峰排列基本等间距，相邻频差 $\Delta f' > C/2L$，无桩底谐振峰； 或因桩身浅部严重缺陷只出现单一谐振峰，无桩底谐振峰

注：对同一场地、地质条件相近、桩型和成桩工艺相同的基桩，因桩端部分桩身阻抗与持力层阻抗相匹配导致实测信号无桩底反射波时，可按本场地同条件下有桩底反射波的其他桩实测信号判定桩身完整性类别。

4.8.3 高应变法

高应变法可用于判定单桩竖向抗压承载力是否满足设计要求，检测桩身缺陷及其位置，判定桩身完整性类别，分析桩侧及桩端土阻力，进行打桩过程监控。

高应变法与低应变法的根本区别在于它用重锤冲击桩顶，使桩土之间产生一定的位移，激发桩土之间的摩擦力，并采用波动理论分析桩身质量和计算单桩承载力。高应变法可作为一种辅助模拟静载试验的方法。高应变法确定单桩承载力的基本原理如下：

高应变法的基本理论是一维波动理论，即桩基在锤击作用下，应力波以波速 C 沿桩身传播，引起桩身截面产生运动。

假定桩为弹性杆，桩的纵向位移 U 是纵向坐标 y 和时间 t 两个变量的函数，可用一个二阶偏微分方程来描述。高应变检测现场采集的数据是桩身 M 截面处（传感器位置）力 $F_{\mathrm{m}}(t)$ 和速度 $V_{\mathrm{m}}(t)\cdot Z(y)$ 随时间变化的两条曲线（图 4-45），两条曲线分离即为土阻力产生的应力波。桩身阻力变化产生的应力波是各种在采样时间 t 内到达 M 截面处上、下应力波的叠加。

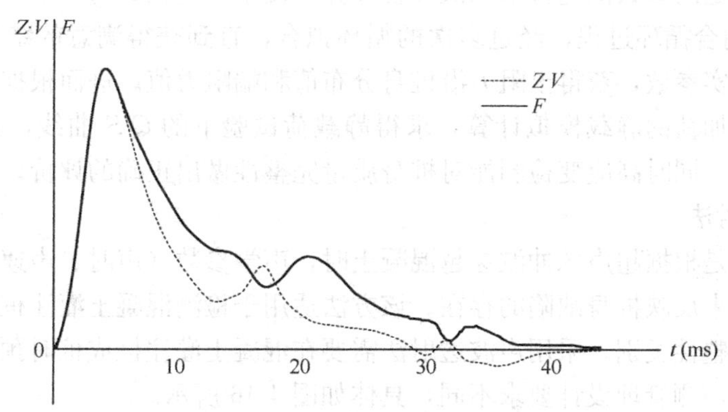

图 4-45 高应变测试力和速度时程曲线

获得实测数据后，可根据凯司分析法或实测曲线拟合法判定单桩竖向抗压承载力。

(1) 凯司分析法（CASE 法）

该方法适合于桩身截面阻抗均匀的中、小直径桩的打桩分析，分析计算主要采用下列公式：

$$R_{\mathrm{c}}=\frac{1}{2}(1-j_{\mathrm{c}})[F(t_1)+Z\cdot V(t_1)]+\frac{1}{2}(1+j_{\mathrm{c}})\left[F\left(t_1+\frac{2L}{C}\right)-Z\cdot V\left(t_1+\frac{2L}{C}\right)\right] \tag{4-73}$$

$$Z=\frac{E\cdot A}{C} \tag{4-74}$$

式中 R_{c}——由凯司法判定的单桩竖向抗压承载力（kN）；

j_{c}——凯司法阻尼系数；

t_1——速度第一峰对应的时刻（s）；

$F(t_1)$——t_1 时刻的锤击力（N）；

$V(t_1)$——t_1 时刻的质点运动速度（m/s）；

Z——桩身截面力学阻抗（N·s/m）；

A——桩身截面面积（m^2）；

L——测点下桩长（m）；

C——纵波在桩身混凝土中的传播速度（m/s）；

E——桩身混凝土弹性模量（N/m^2）。

（2）实测曲线拟合法

实测曲线拟合法是采用CAPWAPC算法，即所谓波动方程波形拟合方法，通过将现场采集到的$F_m(t)$和$V_m(t) \cdot Z(y)$两条曲线转换成CAPWAPC程序能执行的文件，作为CAPWAPC程序的原始数据，具体过程如下：

1）输入桩长、入土深度、波速及各单元桩土模型参数的第一次假定值；

2）从一根实测曲线$F_m(t)$或$V_m(t) \cdot Z(y)$出发，由（1）输入的假定值进行波动理论的计算，即可得到相应的另一条曲线的计算结果；

3）计算结果和相应的另一根实测曲线相比较，根据曲线对比显示的差别，重新设定参数的假定值。

输入重新设定的参数值进行第二次拟合计算，使整个过程成为一个“假定-计算-比较-实测-假定”的闭合循环过程，经过多次的循环拟合，直到获得满意的结果，最终得到桩土模型的各种真实参数，获得土阻力沿桩身分布值和端阻力值。进而根据地层的岩土力学参数，进行分级加荷的静载模拟计算，求得静载荷试验下的Q-S曲线，最终确定合理的单桩极限承载力。同时高应变检测能对桩身质量完整性做出正确的评价。

4.8.4 声波透射法

声波透射法是根据超声脉冲波穿越混凝土时，声学参数（声时、声速、频率、能量及波形等）的变化来反映桩身缺陷的存在。该方法适用于检测混凝土灌注桩桩身缺陷及其位置，判定桩身完整性类别。采用声波透射法需要在混凝土灌注桩成桩时预埋声测管，对应不同的桩径D，声测管埋设计要求不同，具体如图4-46所示。

采用声波透射法现场检测时，将发射与接收声波换能器通过深度标志分别置于两根声测管中，发射与接收声波换能器应以相同标高（图4-47a）或保持固定高差（图4-47b）同步升降，测点间距不应大于100mm。在桩身质量可疑的声测线附近，应采用增加声测线或采用扇形扫测、交叉斜测、CT影响技术等方式，进一步确定桩身缺陷的位置和范围。

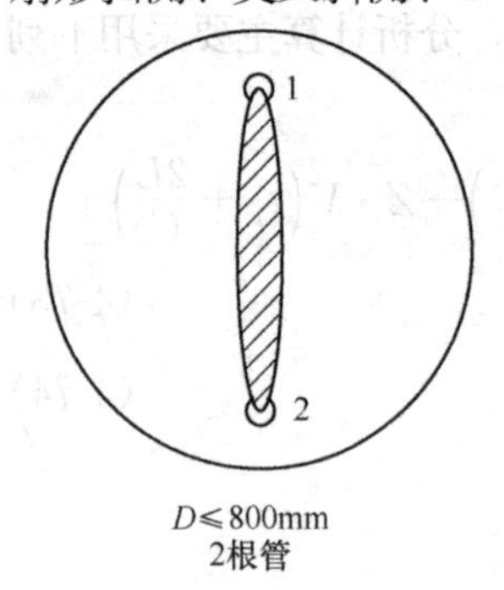

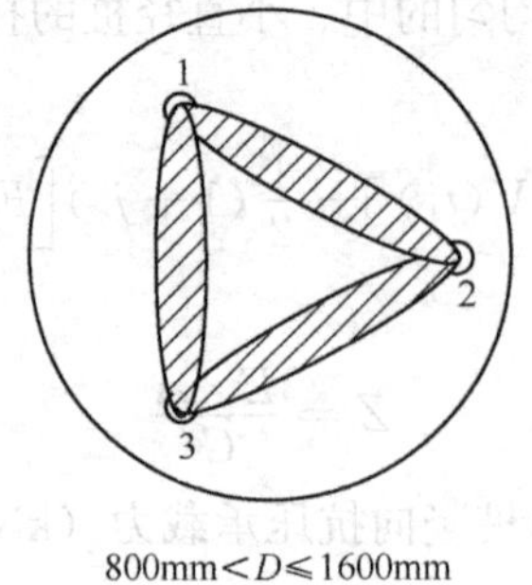

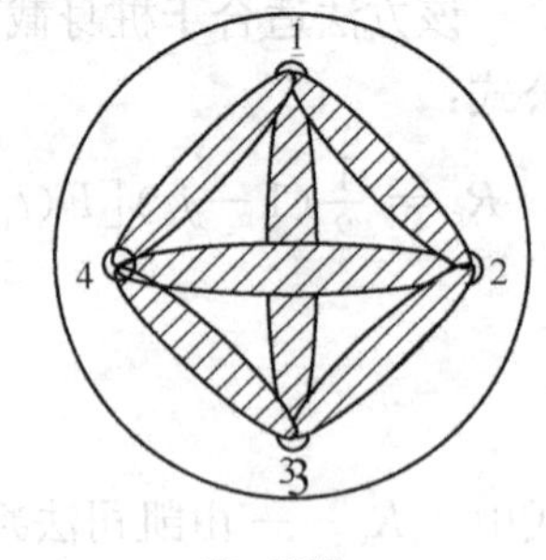

图4-46 声测管布置图

通过现场检测，可获得各测点的声时、声速、波幅及主频数据，并绘制各声学参数随深度的变化曲线。综合分析各声学参数曲线的异常特征，并参照表4-26即可判定桩身完整性类别。

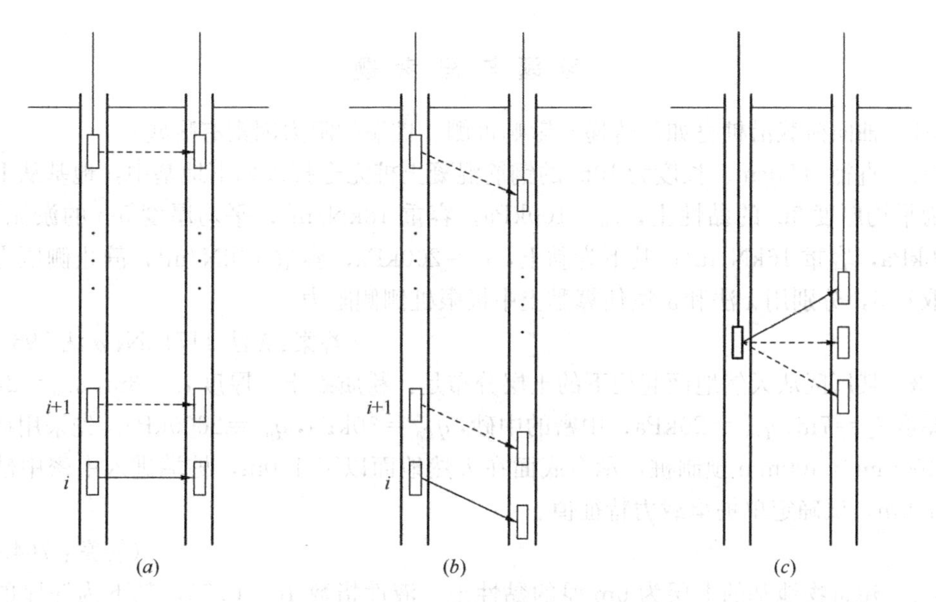

图 4-47　平测、斜测和扇形扫测示意图

(a) 平测；(b) 斜测；(c) 扇形扫测

声波透射法检测桩身完整性判定表　　　**表 4-26**

类 别	特 征
Ⅰ	所有声测线声学参数无异常，接收波形正常； 存在声学参数轻微异常、波形轻微畸变的异常声测线，异常声测线在任一检测剖面的任一区段内纵向不连续分布，且在任一深度横向分布的数量小于检测剖面数量的 50%
Ⅱ	存在声学参数轻微异常、波形轻微畸变的异常声测线，异常声测线在一个或多个检测剖面的一个或多个区段内纵向连续分布，或在一个或多个深度横向分布的数量大于或等于检测剖面数量的 50%； 存在声学参数明显异常、波形明显畸变的异常声测线，异常声测线在任一检测剖面的任一区段内纵向不连续分布，且在任一深度横向分布的数量小于检测剖面数量的 50%
Ⅲ	存在声学参数明显异常、波形明显畸变的异常声测线，异常声测线在一个或多个检测剖面的一个或多个区段内纵向连续分布，但在任一深度横向分布的数量小于检测剖面数量的 50%； 存在声学参数明显异常、波形明显畸变的异常声测线，异常声测线在任一检测剖面的任一区段内纵向不连续分布，但在一个或多个深度横向分布的数量大于或等于检测剖面数量的 50%； 存在声学参数严重异常、波形严重畸变或声速低于低限值的异常声测线，异常声测线在任一检测剖面的任一区段内纵向不连续分布，且在任一深度横向分布的数量小于检测剖面数量的 50%
Ⅳ	存在声学参数明显异常、波形明显畸变的异常声测线，异常声测线在一个或多个检测剖面的一个或多个区段内纵向连续分布，且在一个或多个深度横向分布的数量大于或等于检测剖面数量的 50%； 存在声学参数严重异常、波形严重畸变或声速低于低限值的异常声测线，异常声测线在一个或多个检测剖面的一个或多个区段内纵向连续分布，或在一个或多个深度横向分布的数量大于或等于检测剖面数量的 50%

注：1. 完整性类别由Ⅳ类往Ⅰ类依次判定。

2. 对于只有一个检测剖面的受检桩，桩身完整性判定应按该检测剖面代表桩全部横截面的情况对待。

习题与思考题

4-1 轴向荷载沿桩身如何传递？影响桩侧、桩端的阻力因素有哪些？

4-2 直径为50cm、长度为10m的钢筋混凝土桩完全打入如下地基中，地基从上至下分别为平均厚度3m的黏性土，$c_u=100kPa$，容重$18kN/m^3$；平均厚度5m的淤泥质土，$c_u=50kPa$，容重$16kN/m^3$；其下为黏土，$c_u=200kPa$，容重$19kN/m^3$，静止侧压力系数统一取0.5，分别用λ法和α法估算黏土中极限桩侧侧阻力。

（答案：λ法1171kN；α法596.6kN）

4-3 某厂区从天然地面起往下的土层分布是：粉质黏土，厚度$l_1=3m$，$q_{s1a}=24kPa$；粉土厚度$l_2=7m$，$q_{s2a}=20kPa$；中密的中砂，$q_{s3a}=30kPa$，$q_{pa}=2600kPa$。先采用截面边长为400mm×400mm预制桩，承台底面在天然地面以下1.0m，桩端进入中密中砂的深度为1.0m，试确定单桩承载力特征值。

（答案：764.8kN）

4-4 建筑物地基的上层为6m厚的黏性土，液性指数$I_L=0.75$，其下为深厚的中密细砂，拟打入外径600mm，内径340mm的钢筋混凝土预制空心管桩，如要求单桩竖向承载力的特征值达1200kN，不考虑桩端空心效应，试求桩的长度。

（答案：约13m）

4-5 如图4-48所示，柱的矩形截面边长为450mm及$h_c=600mm$，相应于荷载效应标准组合时作用于桩底（标高为−0.5m）的荷载为：$F_k=3040kN$，M_k（作用于长边方向）$=160kN·m$，$H_k=140kN$，拟采用混凝土预制桩基础，桩的方形截面边长为$b_p=400mm$，桩长15m。已确定单桩竖向承载力特征值$R_a=540kN$，承台混凝土强度等级为C20，配置HRB335钢筋，试设计该桩基础（承台设计部分略去）。（答案略）

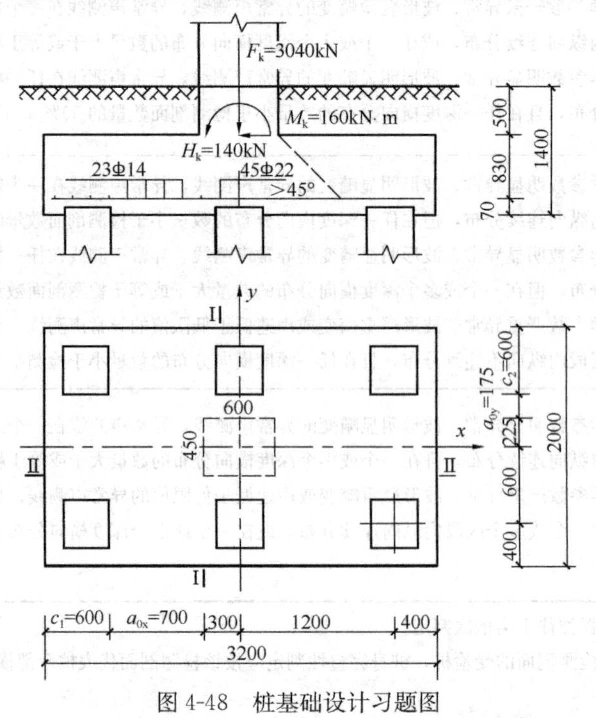

图4-48 桩基础设计习题图

4-6　例题 4.4 中，假设其他条件不变，试分析同排桩轴心距的变化对桩基沉降量的影响（考虑同排桩轴心距为 1500mm 和 2500mm 的情况，采用实体深基础法，考虑荷载扩散）。

（答案：同排桩轴心距为 1500mm 时，沉降量为 28.7mm；
同排桩轴心距为 2500mm 时，沉降量为 22.1mm）

4-7　桩基础动力检测方法有哪些？简述各方法的检测目的。

参 考 文 献

[1]　中华人民共和国国家标准．GB 50007—2011 建筑地基基础设计规范．北京：中国建筑工业出版社，2011.

[2]　中华人民共和国行业标准．JGJ 94—2008 建筑桩基技术规范．北京：中国建筑工业出版社，2008.

[3]　中华人民共和国行业标准．JGJ 106—2003 建筑基桩检测技术规范．北京：中国建筑工业出版社，2003.

[4]　中华人民共和国国家标准．GB 50010—2010 混凝土结构设计规范．北京：中国建筑工业出版社，2011.

[5]　《桩基工程手册》编写委员会．桩基工程手册[M]. 北京：中国建筑工业出版社，1995.

[6]　袁聚云，楼晓明，姚笑青，熊巨华，李镜培．基础工程设计原理[M]. 北京：人民交通出版社，2011.

[7]　王晓谋．基础工程[M]. 北京：人民交通出版社，2010.

[8]　华南理工大学，浙江大学，湖南大学．基础工程[M]. 北京：中国建筑工业出版社，2010.

[9]　罗骐先．桩基工程手册[M]. 北京：人民交通出版社，2003.

[10]　雷林源．桩基动力学[M]. 北京：冶金工业出版社，2000.

第5章　深　基　础

5.1　概述

当建筑物荷载很大，而浅层土不能满足承载力要求时，或者建筑物对地基的沉降和稳定性要求较高时，常需要采用深基础。这是因为基础埋置越深，地基土的承载力越大，沉降越小，稳定性也越高。

深基础的种类很多，除第4章讲述的桩基础以外，墩、地下连续墙、沉井和沉箱等都属于深基础。深基础的主要特点在于一般需要采用特殊的施工方法，以便能最经济有效地解决深开挖边坡的稳定、排水以及减小对邻近建筑物的影响等问题。

建造深基础，有时可以用明挖法开挖基坑到设计标高，然后在坑底建造基础的方法来实现，如一般墩基础的施工。但基础埋置越深，边坡稳定和基坑排水的问题就越难解决，因而往往需要采用板桩围护、人工降低地下水位等办法，从而给施工带来不便，不仅工作量大，而且有时候也很不经济。在这种情况下，宜采用像沉井、沉箱、地下连续墙等特殊施工方法。

本章将分别对墩、地下连续墙、沉井和沉箱四种深基础进行讲述。

5.2　墩基础

墩基础是指用人工或机械在岩土中成孔后，现场灌注埋深大于3 m、直径不小于800 mm，且埋深与墩身直径的比小于6或埋深与扩底直径的比小于4的刚性基础。墩身有效长度一般不宜超过5 m。因为埋深过大时，若按墩基础设计则不符合其实际工作性状，因此对墩基础规定了上述长径比界限及有效长度，以区别于人工挖孔桩。当超过此限制时，则应按挖孔桩设计。

5.2.1　墩基础的类型与工程特点

（一）墩基础的类型

作为一种深基础，主要用于承受上部结构传来的竖向压力及水平荷载，但也可用于发挥抗拔作用。

按传递上部压力的方式，墩可分为摩擦墩与端承墩两种基本类型，如图5-1（*a*）和（*b*）所示；当主要用于承受水平荷载时，则称为水平受力墩，如图5-1（*c*）所示。

尽管墩的截面形状一般是圆形的，但根据墩身轴向截面形状的不同，可以分为柱形墩、锥形墩与齿形（或阶梯形）墩三种类型，分别见图5-2（*a*）、（*b*）和（*c*）所示。

按墩底形式的不同，还可分直身墩、扩底墩和嵌岩墩，分别见图5-3（*a*）、（*b*）和（*c*）所示。其中直身墩主要用于墩底为坚硬土层或岩层、承载力较易满足要求的情况；当需要墩底承担更大的荷载时，可采用扩底墩；当墩底支承于岩层时，为了防止水平荷载引起墩底滑动，则可采用嵌岩墩。

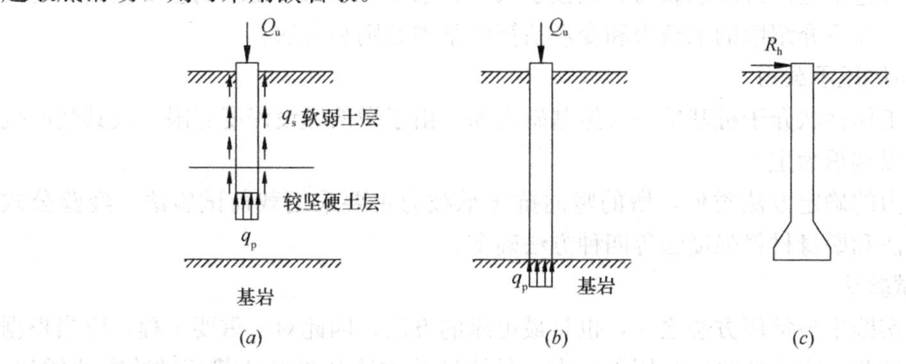

图 5-1　按受力情况分类

(a) 摩擦墩；(b) 端承墩；(c) 水平受力墩

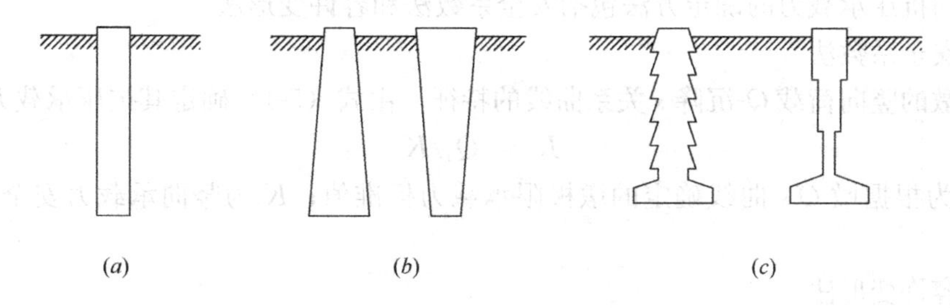

图 5-2　按墩身轴向截面形状分类

(a) 柱形墩；(b) 锥形墩；(c) 齿形（或阶梯形）墩

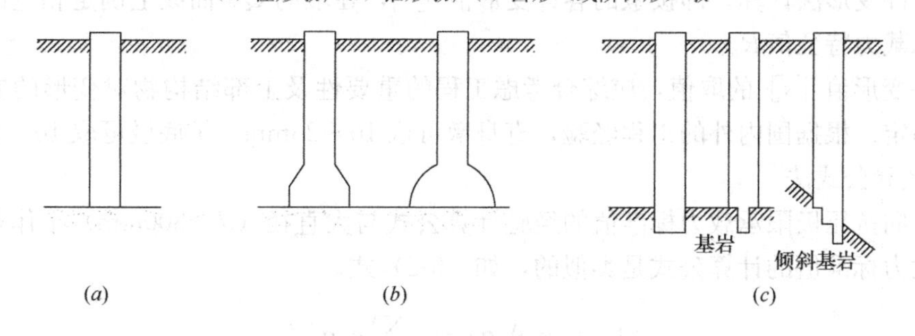

图 5-3　三种墩底形式

(a) 直身墩；(b) 扩底墩；(c) 嵌岩墩

此外，按照施工方法的不同，可分为钻孔墩、挖孔墩和冲孔墩。

（二）墩基础的主要工程特点

与桩基础相比，墩基础具有以下主要工程特点：

（1）承载力高，因此当上部结构传来的荷载较为集中而且又很大，但基础的平面布置受到场地条件的限制时，可用墩基础代替群桩基础。

（2）可承受较大的水平荷载，而扩底墩还具有很大的抗拔力。

（3）墩的成孔比打桩容易，当孔深不大时对环境影响较小，并且可避免桩基施工中有时出现的桩的侧移、浮起等问题。

5.2.2 墩基础的承载力与变形计算

墩的承载力包括竖向抗压承载力、抗拔承载力和水平承载力；变形则主要包括墩的沉降与水平位移。以下介绍墩的承载力和变形估算的基本原则和方法。

（一）竖向抗压承载力

墩基础的工作性状介于桩基础与天然基础之间。由于墩的埋设深度有限，故其竖向抗压承载力一般以端承为主。

与桩承载力的确定方法类似，墩的竖向抗压承载力主要采用载荷试验法、经验公式法、理论公式法和墩身材料强度法等四种方法确定。

1. 载荷试验法

这是工程实践中最常用方法之一，也是最可靠的方法。因此对于重要工程，应当根据墩的现场载荷试验确定墩的竖向抗压承载力。具体试验方法与单桩的载荷试验方法类似，可参见第4章。

墩竖向抗压承载力的确定方法包括安全系数法和容许变形法。

（1）安全系数法

根据墩的竖向荷载 Q-沉降 s 关系曲线的特征，由式（5-1）确定其抗压承载力特征值。

$$R_a = Q_u / K \tag{5-1}$$

式中，Q_u 为根据墩 Q-s 曲线确定的墩极限承载力标准值；K 为竖向承载力安全系数，一般可取2。

（2）容许变形法

当工程较为重要、上部结构物对变形的要求较高而需要按变形控制原则进行设计时，可采用容许变形法计算。即按墩的容许变形值 $[s]$，在墩的 Q-s 曲线上确定相应的荷载作为墩的承载力特征值 R_a。

容许变形值 $[s]$ 的取值，应综合考虑工程的重要性及上部结构物对变形的要求和土层条件确定。根据国内外的工程经验，直身墩可取10～25mm；扩底墩可取10～15mm。

2. 经验公式法

墩竖向抗压极限承载力标准值的经验计算公式与大直径（$d \geqslant 800$mm）干作业桩竖向极限承载力标准值的计算公式是类似的，如（5-2）式。

$$Q_{uk} = \varphi_p A_p q_{pk} + u \sum_{i=1}^{n} \varphi_{si} q_{ski} l_i \tag{5-2}$$

式中 Q_{uk}——墩竖向抗压极限承载力标准值，kN；

q_{pk}——墩底土层极限端阻力标准值，kPa；

A_p——墩底面积，m^2；

u——墩身截面周长，m；

l_i——扩大墩端以上第 i 层土的厚度，m；

q_{ski}——第 i 层土极限侧阻力标准值，kPa；

φ_p、φ_{si} 分别为大直径桩的端阻、侧阻尺寸效应系数，具体取值可参阅现行《建筑地基基础设计规范》。

墩端阻力标准值 q_{pk} 及侧阻力标准值 q_{ski} 可根据地区经验，参照条件类似的其他地基情况确定。经验公式的精度较低，一般只在初步设计阶段用于估计墩的竖向抗压承载力标准值，而对于重要墩基工程不应仅凭经验公式计算确定。

3. 理论公式法

根据土的极限平衡理论，墩的竖向抗压极限承载力标准值可采用理论公式(5-3)式计算：

$$Q_{uk}=Q_{sk}+Q_{pk} \tag{5-3}$$

式中 Q_{uk}——墩竖向抗压极限承载力标准值，kN；

Q_{sk}——墩侧壁总极限摩阻力标准值，kN；

Q_{pk}——墩底极限承载力标准值，kN。

当墩底下土层较硬时，可按整体剪切破坏计算墩的极限承载力标准值。

（1）在式（5-3）中，Q_{sk} 按（5-4）式计算：

$$Q_{sk}=u\sum_{i=1}^{n}p_{sik}l_i \tag{5-4}$$

式中 u——墩身周长，m；

p_{sik}——第 i 层土对墩侧壁的极限摩阻力，按（5-5）式计算，kPa；

其余符号意义同（5-2）式。

$$p_{sik}=K_{0i}\sigma'_{vi}\tan\varphi'_i+\alpha_i \tag{5-5}$$

式中 K_{0i}——第 i 层土的静止侧压力系数；

σ'_{vi}——第 i 层土的平均有效竖向压力，kPa；

φ'_i——第 i 层土墩-土界面的有效摩擦角，°；

α_i——第 i 层土墩-土界面的黏着力，kPa。

(2) Q_{pk} 按（5-6）式计算：

$$Q_{pk}=A_p(cN_c^*+qN_q^*+\frac{1}{2}\gamma D_p N_\gamma^*) \tag{5-6}$$

式中 A_p——墩底面积，m^2；

q——墩底面处的上覆有效压力，kPa；

D_p——墩底直径，m；

c、γ——为墩底土的黏聚力（kPa）和重度（地下水位以下取浮重度），kN/m^3；

N_c^*、N_q^*、N_γ^*——深基础的承载力因素，可按太沙基深基础极限承载力公式或梅耶霍夫公式计算（参见第4章）。

根据经验公式（5-2）或者理论公式（5-3）计算得到墩的极限承载力标准值 Q_{uk} 之后，选定安全系数 K，即可由（5-7）式得到墩竖向抗压承载力特征值 R_a。

$$R_a=\frac{1}{K}Q_{uk} \tag{5-7}$$

在式（5-7）中，竖向承载力安全系数 K 的选定与承载力因素 N_c^*、N_q^*、N_γ^* 的确定方法有关，一般取 2.0 ~ 4.0。

4. 材料强度法

当墩置于坚硬土层或岩层上时，其竖向抗压承载力特征值可能由墩身材料强度控制，此时应保证在竖向荷载作用下墩身材料强度满足要求。对于轴心受压情况，可由（5-8）式确定。

$$R_a \leqslant (A - A_s) f_c + A_s f_s \quad (5\text{-}8)$$

式中 R_a——墩竖向抗压承载力特征值，kN；

A——墩身截面积，m^2；

A_s——墩身截面内加劲钢材的截面积，m^2；

f_c——混凝土轴心抗压强度设计值，kPa；

f_s——钢材抗压强度设计值，kPa。

（二）沉降估算

目前对墩的沉降进行准确计算还较为困难，因此必要时应通过现场原位测试确定墩在工作荷载作用下的沉降。

墩的沉降可由式（5-9）进行估算：

$$S = S_p + S_b + S_s \quad (5\text{-}9)$$

式中 S——墩顶沉降量，cm；

S_p——墩身轴向压缩变形，cm；

S_b——墩底下土层压缩变形，cm；

S_s——墩底沉渣压缩变形，cm。

其中，墩身轴向压缩变形 S_p 可视为弹性变形，在已知墩顶竖向荷载及墩身侧摩阻力的分布情况时，可按材料力学方法计算；墩底下土层的压缩变形 S_b 通常按分层总和法计算；墩底沉渣压缩变形 S_s 可根据沉渣的厚度和密度情况等，按薄压缩层计算或按经验估算。

墩身越长，其轴向压缩变形越大；置于岩层上的墩，尤其是嵌入硬质微风化或新鲜岩层中的墩，墩底下岩层的压缩性一般很小，可忽略不计。但在成孔过程中有孔壁塌落或孔底沉渣较厚时，则可能会导致不可忽略的墩底压缩变形，这种情况下的墩底压缩变形则应当计入。

5.2.3 抗拔承载力

墩的极限抗拔承载力标准值采用（5-10）式计算（参见图 5-4*a*）：

$$N_k = T_{uk} + G_p \quad (5\text{-}10)$$

式中 N_k——墩的极限抗拔承载力标准值，kN；

T_{uk}——墩的净极限抗拔承载力标准值，kN；

G_p——墩体的自重，处于地下水位以下部分的墩自重应取浮重度，kN。对于扩底墩，可参照现行《建筑桩基技术规范》关于扩底基桩自重计算的规定，确定墩、土柱体周长，进而计算墩、土自重。

墩的净极限抗拔承载力标准值 T_{pk} 应通过墩的抗拔试验来确定。与桩类似，墩的类型不同、土质条件不同，其净极限抗拔承载力标准值的确定方法也有所不同：对于直身墩，一般可参照单桩极限抗拔承载力标准值的确定方法进行计算；对于扩底墩，不像直身墩那样沿墩壁外土体产生剪切破坏，而是沿扩大的墩头顶面带动更大范围的土体产生剪切破坏（见图 5-4*b*），因此其抗拔承载力比同样条件下的直身墩的抗拔承载力要高。

墩的抗拔承载力特征值由（5-11）式计算：

$$N_a = \frac{T_{uk}}{K} + \alpha G_p \quad (5\text{-}11)$$

式中　N_a——墩的抗拔承载力特征值，kN；

K——净极限抗拔力安全系数。当 T_{uk} 由抗拔试验确定时，取 $K=2.0$；当 T_{uk} 采用理论计算值时，取 $K=2.0\sim3.0$；

α——系数，取0.9～1.0；其余符号意义同（5-10）式。

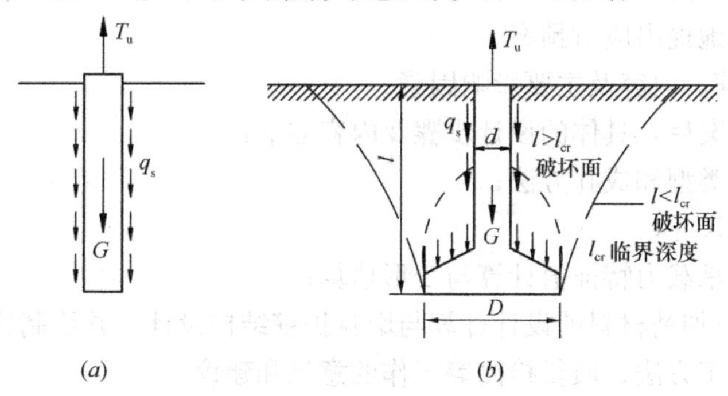

图5-4　墩的抗拔破坏模式

(a) 直身墩；(b) 扩底墩

5.2.4　墩的水平承载力与位移

墩的水平承载力一般比普通单桩高得多，是抵抗水平地震力、波浪及船舶撞击力等荷载作用的有效基础形式。

根据墩身长度 l 与墩的相对刚度系数 S_r 的比值 β 的大小，可分为刚性墩（$\beta\leqslant2$）、半刚性墩（$2<\beta<4$）和柔性墩（$\beta\geqslant4$）三种。

$$S_r=\sqrt[5]{\frac{E_cI}{m}} \tag{5-12}$$

式中　E_cI——墩身抗弯刚度，$kN\cdot m^2$；

m——墩侧土的水平抗力系数的比例系数，kN/m^4。

当由多墩共同承担水平荷载时，作用于各墩顶的水平荷载可按式（5-13）进行分配：

$$R_{hi}=\frac{S_{ri}}{\sum_{j=1}^{n}S_{rj}}\sum_{j=1}^{n}R_{hj} \tag{5-13}$$

式中　S_{ri}——第 i 个墩的相对刚度系数，由式（5-12）计算；

R_{hj}——第 j 个墩分担的水平荷载，kN；

n——墩的数量。

墩的水平承载力一般应由现场水平载荷试验确定。对于次要工程和初步设计阶段，可参考第4章进行估算。

5.2.5　墩基础的设计要点

（一）设计依据与原则

建（构）筑物的结构形式、场地与地基的工程地质条件、荷载的类型、大小及其组合、墩基承载力与沉降的设计控制准则等是墩基础设计的主要依据。墩基方案就是在考虑上述条件并结合墩基础的工程特点与施工方法的基础上确定的。

墩的体型大、承载力高、刚度大，在很多情况下是单墩独立工作，只有少数情况下才需要多墩共同工作。因此在墩位布置、承载力与变形计算等方面都较群桩基础更为简便。

但由于每个墩承担的荷载较群桩中的单桩更大且较集中，因此墩基础的设计一般应根据每个墩的具体条件分别进行。

此外，墩的工作性状与墩的施工方法、工艺密切相关。因此，墩的设计还应紧密结合实际工程中墩的施工技术、土层条件的不同而可能带来的问题，如墩侧土层塌落、地下水涌孔等，有针对性地提出应对预案。

（二）设计步骤、内容及主要影响因素

确定墩基础方案后，具体的设计步骤及内容如下：

（1）选定墩的类型和成孔方法；

（2）拟定墩的尺寸；

（3）进行墩的承载力特征值计算与变形估算；

（4）墩体配筋/加劲材料的设计计算与墩身护壁结构设计，并绘制施工图；

（5）提出对施工方法、质量检测等工作的意见和建议。

影响墩基础设计的主要因素有：

（1）上部结构的复杂性及对不均匀沉降的敏感程度；

（2）地震力、负摩阻力、膨胀土的膨胀力等特殊荷载；

（3）施工对邻近建（构）筑物的影响，如成孔造成土层侧移及渗水等问题；

（4）水质侵蚀、水流对河床的冲刷、岸坡失稳等不利环境因素对墩工作性状的影响；

（5）设计方案可能会因为施工中遇到复杂地质条件而改变；

（6）施工技术的先进性、墩基质量检测方法的可靠性。

5.2.6 墩基础的施工要点

（一）施工程序

1. 场地清整

场地清整是施工前期首要的准备工作，同时应安排好施工临时建筑物和设施，为正式施工准备好条件。

2. 放线定位

在整平的施工场地上，按设计要求放出建筑物轴线及边线；在设计墩位处设置定位标志。

3. 成孔施工

墩基的成孔方法主要有钻孔和挖孔（人工或机械）两种方法。

墩的成孔不用钻机而采用人工或机械挖掘的条件主要有：

（1）地质条件较好，没有淤泥、流沙等严重不良情况；

（2）地下水位较低或地层渗水量很少；

（3）缺乏钻孔设备，或不用钻机可节省造价。

与钻孔墩比较，挖孔墩有如下优点：

（1）施工工艺和设备比较简单。只用护筒、套筒或简单的模板、简单的起吊设备如绞车等，必要时准备潜水泵等备用，由人工或机械自上而下开挖；

（2）质量更好。不涉及卡钻，不断桩，不塌孔，绝大多数情况下无须浇筑水下混凝土，墩底无沉淀浮泥；易于扩大墩端，提高墩身承载力；

（3）速度更快。由于护筒内挖土方量很小，进尺比钻孔快，且无须重大设备如钻机等，所有孔可同时平行施工，加快施工进度；

（4）成本更低。其造价一般比钻孔墩低30%～40%。

挖孔墩是在旱地施工墩台的基础上发展起来的，用于大桥的边滩、引桥以及城市跨线桥、立交桥最为有利。在城市桥梁施工中，用挖孔墩除了可以节省钻机等机具外，还可以避免钻机的噪声污染和泥浆对街道环境的污染。后来逐渐发展到水中也采用挖孔墩，直径也由1.0～1.5m发展到4～6m，深度由小于10 m发展到大于20 m，并由小直径的挖孔实心墩发展到大直径的挖孔空心墩。挖孔墩还可用来处理一些在钻孔墩施工过程中出现的事故。

（二）施工中的常见问题及其处理方法

1. 定位偏差

无论采用哪种方法成孔，要使墩基在地面定位正确相对容易，但要保持在成孔中轴线绝对不发生偏移则比较困难。当墩穿过大块砾石或出现孔壁坍塌时，成孔就容易偏斜，定位就比较困难。一般要求墩中心偏差不大于5 cm，墩轴线垂直偏差不超过墩有效长度的0.5%～1.0%。

当出现定位偏差时，首先应当考虑适当扩大墩身直径，以调整墩身荷载偏心作用。也可采用加强墩身的方法。否则应考虑重新对墩进行定位、成孔。

2. 墩孔进水

当墩身穿过地下水位以下的渗透水层时，无论是在成孔过程中、成孔后还是混凝土灌注过程中，墩孔进水都是墩基施工较为常见的问题，直接影响施工操作，除了使挖孔受阻、检查不便外，更为重要的是影响墩侧土层的稳定性，如侧土塌落、承载力下降、墩底持力层土质软化，使墩的承载力下降，沉降增大。

解决墩孔进水的措施主要有排水法和挡水法。

排水法是在成孔前和成孔中采用人工方法降低深层地下水位。但在附近有建（构）筑物时，或者在岸坡或岸坡附近，这种方法可能会造成环境影响，或者带来岸坡稳定性问题。

挡水法有两种具体措施：

（1）设防水套筒。在穿过透水层范围设置插入不透水层的钢套筒。此筒可永久留在孔内充水或用膨润土泥浆护壁，平衡孔壁内外水压。

（2）采用水下混凝土浇筑技术。若事先估计墩孔有进水可能性时，就要提前优先考虑采用套筒防水，不得已时才采用水下混凝土浇筑方法。

上述两种挡水方法对于置于岩层上的墩而言很难进行。此时可考虑在成孔前先对岩缝等进行压力灌浆，以减小其渗透性。

（三）混凝土质量事故

墩的质量事故主要包括混凝土振捣不密实、混凝土骨料分离或离析、混凝土夹泥、墩体颈缩等。出现这些事故的原因很多，其中施工中的排水、拔套筒等环节最容易引起这些质量问题。

当孔内有积水，尤其是积水较多时，应采用套筒水下灌注混凝土，以免造成混凝土骨料产生离析。

在拔出套筒时，混凝土在套筒内的高度以能平衡筒内外土、水压力为准，防止水或土侵入混凝土。此外，套筒内混凝土不宜过高或存留时间过长，以免造成拔筒时套筒受到混凝土的摩阻力过大，或者造成墩身空洞甚至断墩。

5.3 地下连续墙

5.3.1 概念

运用特殊的成槽设备在地下修筑墙体，既可以用作支护结构并承受上部结构的荷载，也可以同时或仅起到防渗和截水的作用。随着工业和城市建设的发展，重型厂房、高层建筑以及各种大型地下设施日益增多，这些建筑物的基础面积大、荷载大、埋置深，在高地下水位的软土地基中施工十分困难，因此地下连续墙作为基坑支护和深基础的结构形式得到迅速发展和完善。图 5-5（*a*）为武汉阳逻长江大桥南锚特大型深基坑，该基坑直径 70m，深度 41.5m，采用壁厚 1.5m 的圆形地下连续墙支护；香港环球贸易广场塔楼高 450m，坐落于一个主断层上，塔楼基坑开挖深度 35m，也采用了圆形地下连续墙支护，见图 5-5（*b*）。

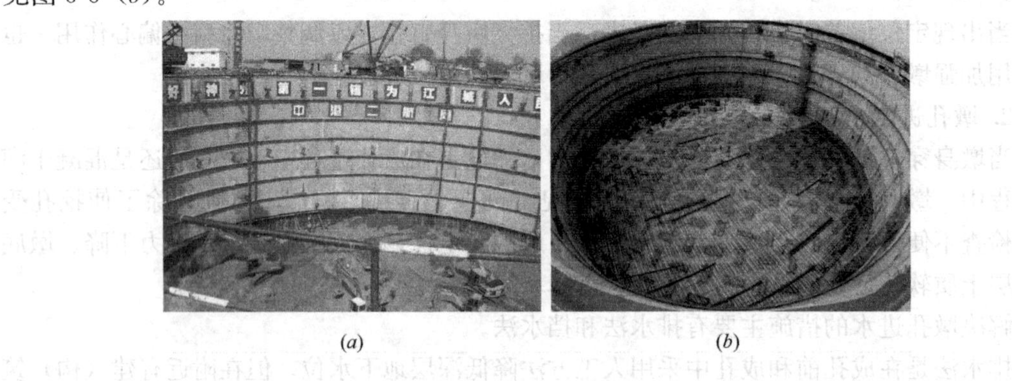

(*a*)　　(*b*)

图 5-5　深基坑地下连续墙支护

（*a*）武汉阳逻长江大桥南锚基坑；（*b*）香港环球贸易广场塔楼基坑

5.3.2 地下连续墙的类型和应用

地下连续墙的一般建筑工序是沿着深基础或地下结构物的周边，在土中开挖出一定宽度与深度的槽（孔）来，然后在槽（孔）中安放钢筋笼，浇注混凝土，逐步形成连续的地下钢筋混凝土墙。其关键技术是在地下形成窄而深的槽并保持坑壁的稳定。

地下连续墙按施工工艺不同，可分为桩排式、槽段式和预制拼装式三种，见图 5-6。按墙体材料分，最主要的有钢筋混凝土或素混凝土，还有塑性混凝土（由黏土、水泥和级配砂石所合成的一种低弹模并具有一定强度的混凝土）、黏土、土工膜（塑料布）等数种。

1. 桩排式地下连续墙

用打入桩、钻孔灌注桩、深层搅拌桩或旋喷桩构成地下连续的桩排，其排列方式可以一线连接或搭接，如没有防渗要求也可以间隔布置（见图 5-6*a*）。为提高承受水平推力的能力，还可构成 H 形。桩排式地下连续墙多用于基坑支护工程。

2. 槽段式地下连续墙

用多头钻、液压抓斗或锯槽机等专用设备在地下挖成一段深槽并用泥浆护壁，吊入钢筋笼和为了与下一槽段连接的接头管（箱），水下浇灌混凝土，待混凝土初凝后拔出接头

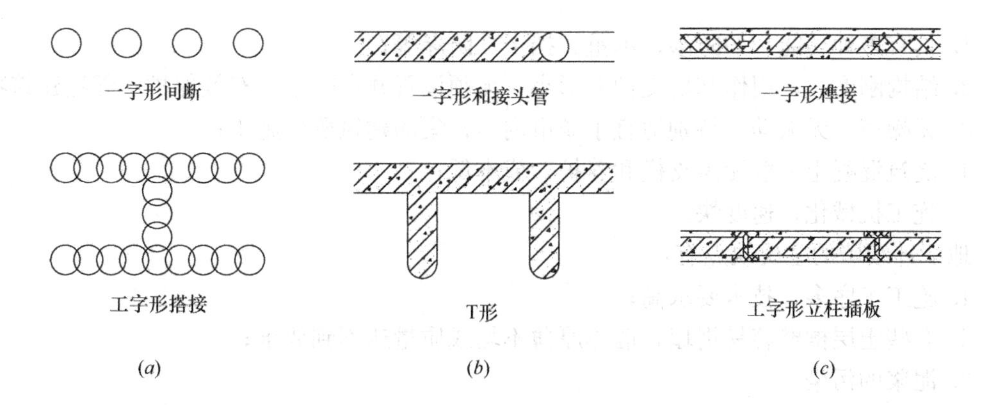

图 5-6　地下连续墙的平面形式

(a) 桩排式；(b) 槽段式；(c) 预制拼装式

管（箱），再施工下一槽段。槽段式地下连续墙的每段长度为 6～9m，厚度一般为 0.45～1.0m。目前已能形成薄至 0.08m 深达 40m 的地下连续墙。

护壁泥浆由膨润土或细黏土制成，其比重在 1.05～1.10，且不易沉淀。通常泥浆的液面保持高出地下水位 0.5～1.0m，因此能平衡地下水压力和土压力，同时泥浆渗入土体孔隙在槽壁形成一层致密、透水性很小的泥皮，维持槽壁的稳定。泥浆由搅拌机搅拌，并可循环使用。

3. 预制拼装式地下连续墙

在槽中放入预制的钢筋混凝土槽板，在泥浆中加入固化剂，使其固化后形成连续墙体两壁的自凝灰浆。为了准确定位、防渗和增加横向承载力，在预制件连接处可设导向止水配件或预留搭接钢筋。此外，还可在槽中放入土工膜形成地下防渗墙体。

除了上述三种基本结构形式外，还可将它们加以配合，形成复合式地下连续墙，如槽段式和预制拼装式相结合，用旋喷增加段间止水性等。

地下连续墙应根据使用功能进行设计，以满足防渗、支护以及承重的要求。在做支护结构计算时，要计算土压力和水压力，必要时应选择土层锚杆或内支撑等稳定措施。

意大利和法国于 1950 年代在土坝中建造地下连续墙用作防渗墙，起截水止漏作用，或作为支护措施代替板桩。后来在墨西哥的应用创造了高速施工的记录。以后欧美、日本等国相继采用，逐渐发展为一种新的地下墙体和基础类型。我国 1950 年代也是首先应用作密云水库白河主坝的防渗心墙，以后相继用于地铁和工民建工程，起到护壁和承重作用；有的工程还和逆作法结合使用。日本为该技术使用最多的国家。

在工程应用中，地下连续墙主要有以下四种类型：

（1）作为地下工程基坑的挡土防渗墙，它是施工用的临时结构；

（2）在开挖期作为基坑施工的挡土防渗结构，以后与主体结构侧墙以某种形式结合，作为主体结构侧墙的一部分；

（3）在开挖期作为挡土防渗结构，以后单独作为主体结构侧墙使用；

（4）作为建筑物的承重基础、地下防渗墙、隔振墙等。

5.3.3　地下连续墙的优缺点

地下连续墙的主要优点表现在：

1. 具有多种功能，如防渗、承重、挡土、防爆等；

2. 结构刚度大，用作基坑支护变形小，无须设置井点降水，有效保护了邻近建筑物；

3. 无噪声、无振动，特别适宜于城市内与密集的建筑群中施工；

4. 浇筑混凝土一般无需支模和养护，成本低；

5. 施工机械化，速度快。

地下连续墙的主要缺点有：

1. 施工工序多、技术要求高；

2. 有些土层槽壁容易坍塌，墙体厚薄不均或质量达不到要求；

3. 泥浆的污染。

5.3.4 地下连续墙的施工方法

在地面上用抓斗式或回转式成槽机械，沿着开挖工程的周边，在泥浆护壁的情况下开挖出一条狭长的深槽。形成一个单元槽段后，在槽内放入预先在地面上制作好的钢筋笼，然后用导管法浇灌混凝土，完成一个单元的墙段。各单元墙段之间以特定的接头方式相互连接，形成一条地下连续墙壁（见图 5-7）。

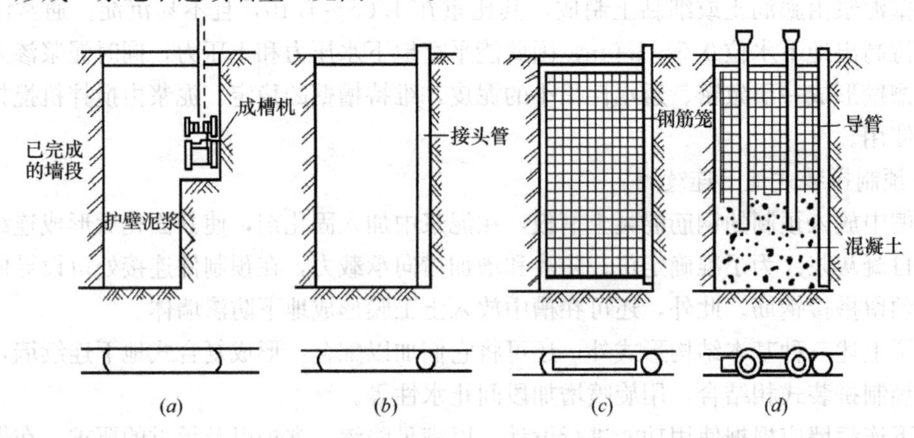

图 5-7 地下连续墙施工程序示意图

(*a*) 成槽；(*b*) 放入接头管；(*c*) 放入钢筋笼；(*d*) 浇筑混凝土

现浇钢筋混凝土壁板式连续墙的主要施工程序有：修筑导墙、泥浆制备与处理、深槽挖掘、钢筋笼制备与吊装、浇筑混凝土。

（一）修筑导墙

在地下连续墙施工以前，必须沿着地下墙的墙面线开挖导沟，修筑导墙。导墙是临时结构，主要作用是：挡土，防止槽口坍陷；作为连续墙施工的基准；作为重物支承；存蓄泥浆等。

导墙常采用钢筋混凝土制筑（现浇或预制），也有用钢的。常用的钢筋混凝土墙断面如图 5-8 所示。

（二）泥浆护壁

地下连续墙施工的基本特点是利用泥浆护壁进行成槽。泥浆的主要作用除护壁外，还有携渣、冷却钻具和润滑作用。泥浆的质量对地下墙施工具有重要意义，控制其性能的指标有密度、黏度、失水量、pH 值、稳定性、含砂量等。

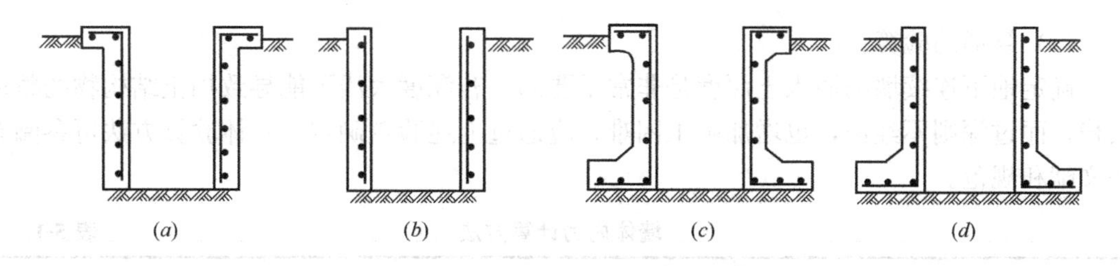

图 5-8　导墙的几种断面形式

（三）挖掘深槽

用专用的挖槽机械来完成。挖槽机械应按不同地质条件及现场情况选用。目前国内外常用的挖槽机械按其工作原理分为抓斗式、冲击式和回转式三大类，我国当前应用最多的是吊索式蚌式抓斗、导杆式蚌式抓斗及回转式多头钻等。

（四）混凝土墙体浇筑

槽段挖至设计高程并清底后，应尽快进行墙段钢筋混凝土的浇筑。具体包括下列内容：

(1) 吊放接头管或其他接头构件；

(2) 吊放钢筋笼；

(3) 插入浇筑混凝土的导管，并将混凝土连续浇筑到要求的高程；

(4) 拔出接头管。

5.3.5　地下连续墙设计计算

（一）地下连续墙的破坏类型

地下连续墙的破坏类型分为稳定性破坏和强度破坏。其中稳定性破坏分为整体失稳、基坑底隆起、管涌和流砂等；强度破坏分为支撑强度不足、压屈和墙体强度不足。

（二）地下连续墙的设计计算

地下连续墙的设计首先应考虑其应用目的和施工方法，然后确定结构的类型和构造，使它具有足够的强度、刚度和稳定性。

1. 作用在地下墙体上的荷载

作用在墙体上的荷载主要是土压力和水压力。砂性土应按水土分算的原则计算；黏性土宜按水土合算的原则计算。当地下墙用作主体结构的一部分或结构物基础时，还必须考虑作用在墙体上的各种其他荷载。

作用在地下连续墙上的水压力与土压力不同，它与墙的刚度及位移无关，按静水压力计算。

地下连续墙作为结构物基础或主体结构时的荷载，应根据上部结构的种类不同而有差异。一般情况下，它与作用在桩基础或沉井基础上的荷载大致相同。

2. 墙体内力计算

墙体内力的计算方法总结在表 5-1 中供读者了解和参考。

3. 地下连续墙挡土结构的稳定性验算

地下连续墙挡土结构的稳定性主要采用下列方法验算。

(1) 土压力平衡的验算；

(2) 基坑底面隆起的验算；

(3) 管涌的验算。

确定地下连续墙的插入土深度是非常重要的，若深度太浅可能导致挡土结构物的整体失稳，而过深则不经济，也增加施工困难，应通过上述验算确定。具体验算方法可参阅有关文献和规范。

墙体内力计算方法 **表 5-1**

类 别	计算理论及方法	方法的基本条件	方法名称举例
(1)	较古典的钢板桩计算理论	土压力已知 不考虑墙体变形 不考虑支撑变形	假想梁（等值梁）法 二分之一分割法 太沙基法
(2)	横撑轴力、墙体弯矩不变化的方法	土压力已知 考虑墙体变形 不考虑支撑变形	山肩邦男法
(3)	横撑轴力、墙体弯矩随施工变化的方法	土压力已知 考虑墙体变形 考虑支撑变形	日本《建筑基础结构设计规范》的弹性法 有限单元法
(4)	共同变形理论（弹性）	土压力随墙体变化而变化 考虑墙体变形 考虑支撑变形	森重龙马法 有限单元法（包括土体质） 《公路桥涵地基与基础设计规范》法
(5)	非线性变形理论	考虑土体为非线性介质 考虑墙体变形 考虑支撑变形 考虑施工分部开挖	考虑分部开挖的非线性有限单元法

5.4 沉井

5.4.1 概述

沉井是一个由混凝土或钢筋混凝土作成的井筒，无盖、无底。一般先在地面上就地浇筑带刃脚的井筒，待混凝土达到设计强度后，在井筒内把土挖出，筒身靠自重克服土对筒外壁的摩阻力而逐渐下沉。可以及时不断接长筒身，继续挖土下沉，一直到井底到达设计标高为止。这个施工过程也可用预制件运到设计地点，然后用混凝土将井底封塞，使整个筒体成为一个空心的基础或支墩。沉井的整个施工过程见图 5-9。沉井的应用已有很长的

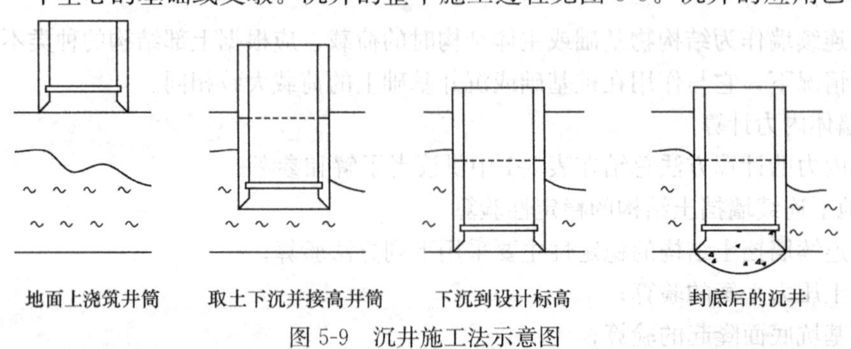

图 5-9 沉井施工法示意图

历史，它是由古老的掘井作业发展而成的一种施工方法，用沉井法修筑的基础叫做沉井基础，目前我国大型建（构）筑物采用的沉井基础的尺寸是很大的，见图 5-10。

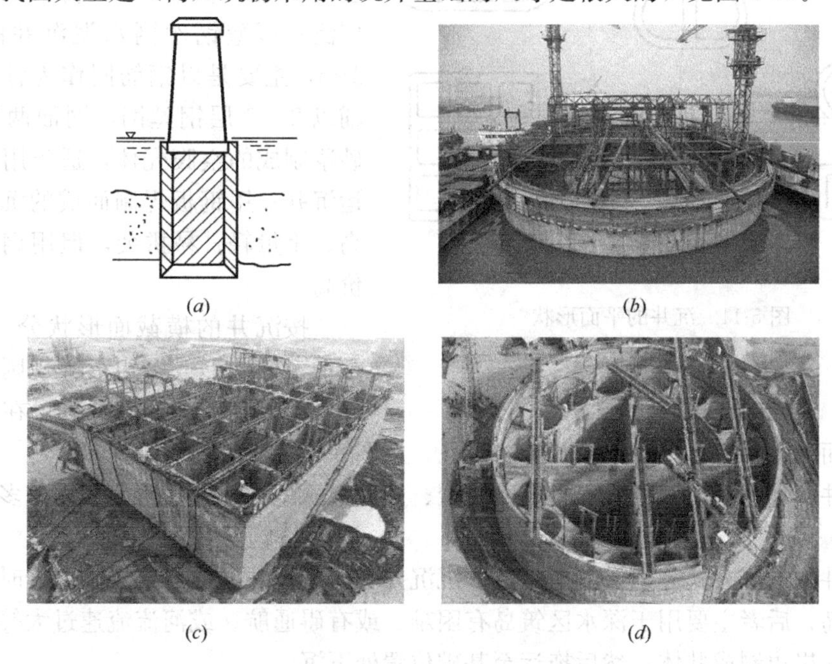

图 5-10　我国新近采用的沉井基础

(*a*) 示意图；(*b*) 单孔沉井；(*c*) 矩形多孔沉井；(*d*) 圆形多孔沉井

从沉井的施工过程可以看出，沉井基础具有如下显著优点：

(1) 沉井作为基础的一部分，结构刚度大，无须坑壁支护和防水；

(2) 基坑开挖量和回填量小，基础埋深越大，该优点越突出；

(3) 适合地下水位高、渗透系数大的地基，甚至在水下施工。

沉井的缺点有：

(1) 施工期较长；

(2) 对粉细砂类土在井内抽水易发生流砂现象，造成沉井倾斜；

(3) 沉井下沉过程中遇到大孤石、树干或井底岩层表面倾斜过大时，均会给施工带来一定困难。

根据经济合理、施工可行的原则，在下列情况下，可以采用沉井基础：

(1) 上部结构荷载较大，而表层地基土的容许承载力不足，做扩大基础开挖工程量大、支撑困难，但在一定深度下有好的持力层，与其他深基础相比较，采用沉井基础经济上较为合理的；

(2) 在山区河流中，虽然土质较好，但冲刷大，或河中有较大卵石不便桩基础施工时；

(3) 岩层表面较平坦且覆盖层薄，但河水较深，采用扩大基础施工围堰有困难时。

5.4.2　沉井的类型与构造

（一）沉井的类型

按沉井的材料分，沉井通常有混凝土沉井、钢筋混凝土沉井、薄壁钢丝网水泥沉井、

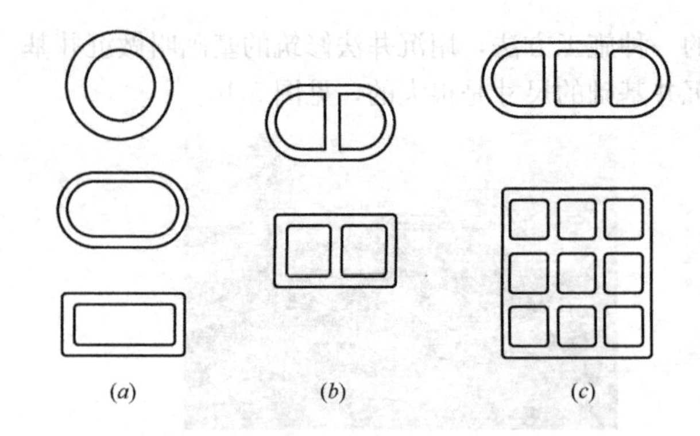

图 5-11　沉井的平面形状
(a) 单孔沉井；(b) 单排双孔沉井；
(c) 单排多孔和多排多孔沉井

钢板沉井和砖石沉井等。其中钢筋混凝土沉井是最常用的，在桥梁工程中应用广泛；薄壁钢丝网水泥沉井的壁厚约3cm，主要是以钢筋网作为骨架，两侧辅以2～3层钢丝网，网面两侧抹水泥砂浆制成的空腹壳体，适于用作深水浮运沉井；用钢板焊制而成的沉井，强度高、重量轻、易拼装，但用钢量大，造价高。

按沉井的横截面形状分，有圆形、方形、椭圆形或多边形等规则形状。对于平面尺寸较大的沉井，可在井中设置隔墙，从而又可分为单孔、单排孔和多排孔，见图5-10和5-11。

按沉井的竖直剖面形状分，有直壁柱型、外壁单阶型、外壁多阶型和内壁多阶型，见图5-12。

按沉井的下沉方式分，有就地制造下沉沉井和浮运沉井。前者处于浅水区时，需要先在水中筑岛；后者主要用于深水区筑岛有困难、或有碍通航、或河流流速过大等情况，此时需要先在岸边制成井体，然后拖运至基础位置处下沉。

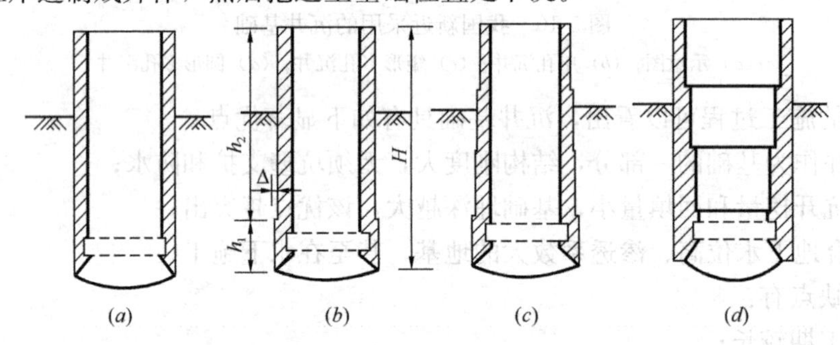

图 5-12　沉井剖面形状
(a) 直壁柱型；(b) 外壁单阶型；(c) 外壁多阶型；(d) 内壁多阶型

（二）沉井的构造

1. 沉井的一般构造

沉井由井壁、刃脚、隔墙（多孔时）、井孔、凹槽、射水管、封底和盖板等组成，见图5-13。刃脚位于井筒的最下端，其作用是在沉井下沉时起切土作用。刃脚底面（又称踏面）宽度一般为10～30cm。在坚硬地基上施工时，也可制成尖角，并用型钢（如角钢）加强。钢筋混凝土的强度等级应不低于C20。井筒是主要承担外部水土压力和自重的结构，壁厚须经承载力设计，一般厚度在4～150cm。井筒内可设置隔墙以增加刚度、减少外壁的净跨距，同时又把沉井分成多个取土井，施工时便于掌握挖土位置以控制下沉方

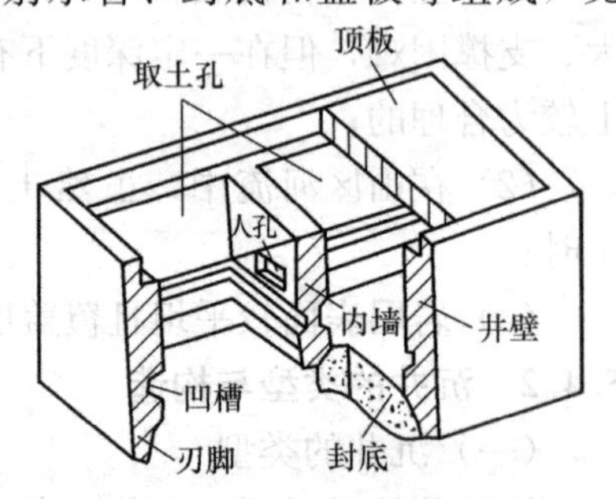

图 5-13　沉井的构造

向。当沉井下沉到达设计标高后，在沉井底面用混凝土封底、顶部浇筑钢筋混凝土顶盖。

2. 浮运沉井的构造

(1) 不带气筒的浮运沉井

不带气筒的浮运沉井适用于水深较浅、流速不大、河床较平、冲刷较小的自然条件。一般在岸边制造，通过滑道拖拉下水，浮运到墩位，再接高下沉到河床。这种沉井可用钢、木、钢筋混凝土、钢丝网及水泥等材料组合。

钢丝网水泥薄壁沉井是由内、外壁组成的空心沉井，这是制造浮运沉井较好的方法，具有施工方便、节省钢材等优点。沉井的内壁、外壁及横隔板都是钢筋钢丝网水泥制成。做法是将若干层钢丝网均匀地铺设在钢筋网的两侧，外面涂抹不低于M5的水泥砂浆，使它充满钢筋网和钢丝网之间的间隙并形成厚1～3 mm的保护层。

(2) 带钢气筒的浮运沉井

带钢气筒的浮运沉井是适用于水深流急的巨型沉井，主要由双壁的沉井底节、单壁钢壳、钢气筒等组成，见图5-14。

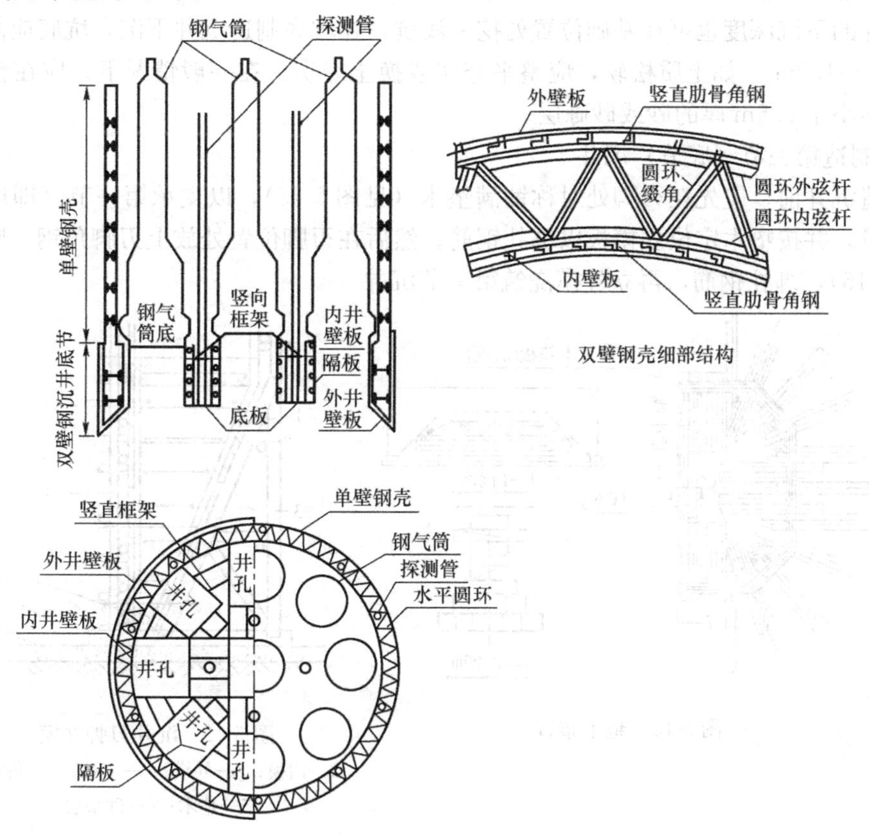

图5-14 带钢气筒的浮运沉井

(3) 组合式沉井

当采用低桩承台而围水挖基浇筑承台有困难时；或者当沉井刃脚遇到倾斜较大的岩层或在沉井范围内地基土软硬不均而水深较大时，可采用上面是沉井下面是桩基的混合式基础，或称组合式沉井。

施工时按设计尺寸做成沉井，下沉到预定标高后，浇筑封底混凝土和承台，在井内预留孔位钻孔灌注成桩。

这种混合式沉井既有围水挡土作用，又作为钻孔桩的护筒，还作为桩基的承台。

5.4.3 沉井施工

由于沉井在深基础施工中所具有的优点，使其在桥梁工程、工业和民用建筑中得到了很好的应用。例如长江大桥工程曾成功地下沉了一个底面尺寸为20.2m×24.9m的巨型沉井，穿过的覆盖层厚度达58.87m。又如福州市一个23层高的大楼有两层地下室基础，深达9.5m，平面形状为椭圆形，长轴达40m，短轴21m，成功地整体下沉到位。

沉井基础的施工一般可分为旱地施工、水中筑岛施工及浮运沉井施工三种。

(一) 旱地上沉井的施工

桥梁墩台位于旱地时，沉井可以就地制造、挖土下沉、封底、充填井孔以及浇筑顶板。以下介绍在旱地上沉井的施工顺序。

1. 整平场地

如天然地面土质较好，只需将地面杂物清掉整平地面，就可在其上制造沉井。如为了减小沉井的下沉深度也可在基础位置处挖一浅坑，在坑底制造沉井下沉，坑底应高出地下水位0.5～1.0m。如土质松软，应整平夯实或换土夯实。在一般情况下，应在整平场地上铺上不小于0.5m厚的砂或砂砾层。

2. 制造第一节（底节）沉井

制造沉井前，应先在刃脚处对称铺满垫木（见图5-15），以支承第一节（即底节）沉井的重量，并按垫木定位立模板以绑扎钢筋。然后在刃脚位置处放上刃脚角钢，竖立内模（见图5-16），绑扎钢筋，再立外模浇筑第一节沉井。

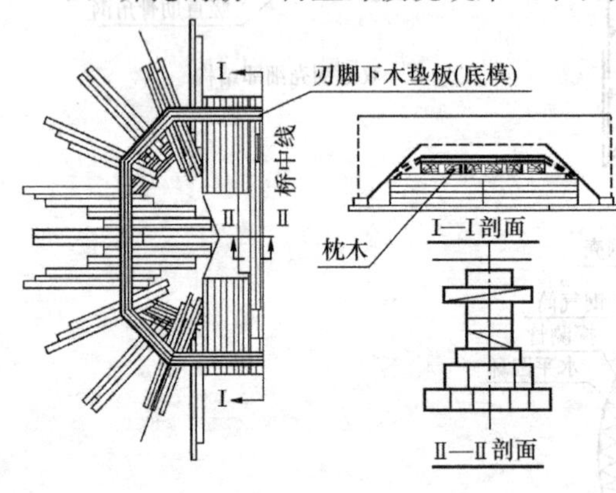

图5-15 垫木布置

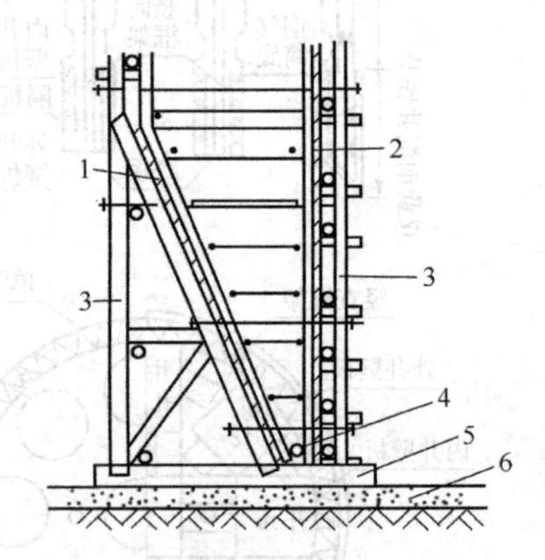

图5-16 沉井刃脚立模

1—内模；2—外模；3—立柱；4—角钢；5—垫木；6—砂垫层

3. 拆模及抽垫

当沉井混凝土强度达设计强度的70%时可拆除模板，达设计强度后方可抽撤垫木。抽撤垫木应“分区、依次、对称、同步”地向沉井外抽出。其顺序为：先内壁下，再短边，再长边，最后定位垫木。长边下垫木隔一根抽一根，以固定垫木为中心，由远而近对称地抽，最后抽除固定垫木，并随抽随用砂土回填捣实，以免沉井开裂、移动或偏斜。

4. 挖土下沉

沉井下沉施工可分为排水下沉和不排水下沉。

排水下沉：当沉井穿过的土层较稳定，不会因排水而产生大量流砂时，可采用排水下沉。它适用于土层渗水量不大且排水时不会产生涌土或流砂的情况；人工挖土可使沉井均匀下沉和清除井下障碍物，但应保证施工安全。排水下沉时，有时也用机械除土。

不排水下沉：适用于土层不稳定，地下水涌水量大，为防止因井内排水产生流砂等不利现象时采用。不排水下沉一般都采用机械除土，挖土工具可以是抓土斗或水力吸泥机。如土质较硬，水力吸泥机需配以水枪射水将土冲松。由于吸泥机是将水和土一起吸出井外，故需经常向井内加水并维持井内水位高出井外水位 1～2m，以免发生涌土或流砂现象。

5. 接高沉井

第一节沉井顶面下沉至距地面还剩 1～2m 时，应停止挖土，接筑第二节沉井。接筑前应使第一节沉井位置正直，凿毛顶面，然后立模浇筑混凝土。待混凝土强度达设计要求后，再拆模继续挖土下沉。

6. 筑井顶围墙

当沉井顶面低于地面或水面，则需要在沉井上接筑围堰。围堰的平面尺寸略小于沉井，其下端与井顶上预埋锚杆相连。围堰是临时性的，待墩台身出水后可拆除。

7. 地基检验和处理

基底检验：检验内容是地基土质是否和设计相符，是否平整，并对地基进行必要的处理。

基底处理：砂性土或黏性土地基，一般可在井底铺一层砾石或碎石至刃脚底面以上 200 mm。对于风化岩石地基，应凿除风化岩层，若岩层倾斜，还应凿成阶梯形。要确保井底地基尽量平整，浮土、软土清除干净，以保证封底混凝土、沉井与地基结合紧密。

8. 封底、充填井孔及浇筑顶盖

地基经检验及处理符合要求后，应立即进行封底。如封底是在不排水情况下进行，则可用导管法灌注水下混凝土。若灌注面积大，可用多根导管，以先周围后中间，先低后高的次序进行灌注。待混凝土达设计强度后，再抽干井孔中的水，填筑井内圬土。如井孔中不填料或仅填以砾石，则井顶面应浇筑钢筋混凝土顶盖，以支承墩台，然后砌筑墩身，墩身出土（或水面）后可拆除临时性的井顶围堰。

（二）水中沉井的施工

1. 筑岛法

在浅水或者地面可能被水淹没的旱地，当水流速度不大时，可采用筑岛法施工。

当水深小于 3m，流速≤1.5m/s 时，可采用砂或砾石在水中筑岛（见图 5-17*a*），周围用草袋围护；若水深或流速加大，可采用围堤防护筑岛（见图 5-17*b*）；当水深较大（通常<15m）或流速较大时，宜采用钢板桩围堰筑岛（见图 5-17*c*）。

2. 浮运法

水深较大，如超过 10m 时，筑岛法很不经济，且施工也困难，可改用浮运法施工。在这种情况下，沉井第一节需加临时性底板做成水密性浮体。沉井在岸边做成，利用在岸边铺成的滑道滑入水中，然后用绳索牵引到设计井位，见图 5-18。待准确定位后，迅速向井孔内或井壁腔搁内对称、均衡地注水，使井沉至河床。

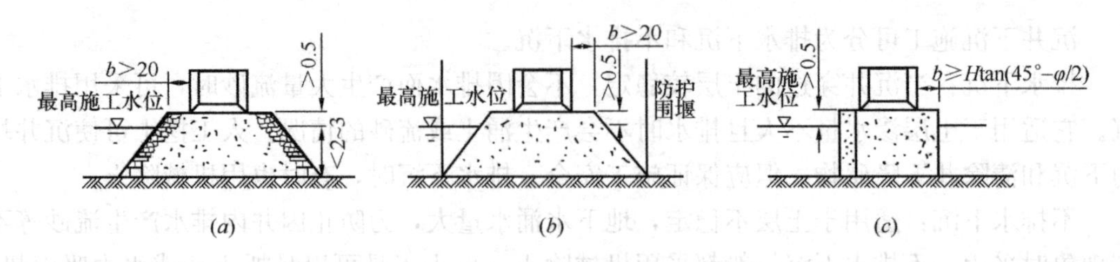

图 5-17　水中筑岛下沉沉井

(a) 无围堰防护土岛；(b) 有围堰防护土岛；(c) 围堰筑岛

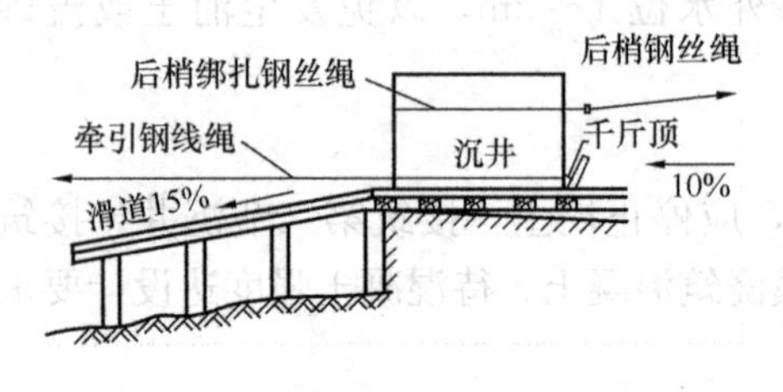

图 5-18　浮运沉井下水示意图

（三）泥浆润滑套与壁后压气沉井施工法

1. 泥浆润滑套

泥浆润滑套是借助泥浆泵和输送管道将特制的泥浆压入沉井外壁与土层之间（见图 5-19），在沉井外围形成有一定厚度的泥浆层。主要利用泥浆的润滑减阻，降低沉井下沉中受到的摩擦阻力。

2. 壁后压气沉井法

它是通过对沿井壁内周围预埋的气管中喷射高压气流，气流沿喷气孔射出，再沿沉井外壁上升，形成一圈压气层（又称空气幕），使井壁周围土松动，减少井壁摩阻力，促使沉井顺利下沉。

与泥浆润滑套相比，壁后压气沉井法在停气后即可恢复土对井壁的摩阻力，下沉量易于控制，且所需施工设备简单，可以水下施工，经济效果好，在一般条件下较泥浆润滑套更为方便，适用于细、粉砂类土和黏性土中。

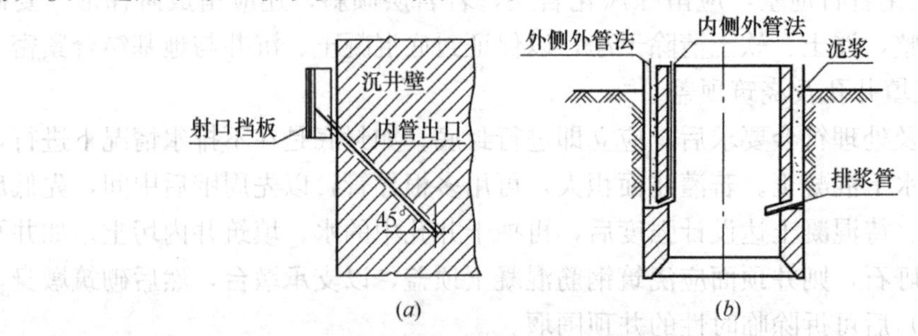

图 5-19　射口挡板与压浆管构造

(a) 射口挡板；(b) 外管法压浆管构造

（四）沉井下沉过程中遇到的问题及处理

1. 偏斜

产生偏斜原因有：(1) 土岛表面松软，河底土质软硬不匀；(2) 井壁与刃脚中线不重合；(3) 抽垫方法欠妥，回填不及时；(4) 除土不均匀对称；(5) 刃脚遇障碍物顶住而未及时发现；(6) 排土堆放不合理，或单侧受水流冲击淘空等导致沉井承受不对称外力作用。

发生倾斜的纠正方法有：(1) 在沉井高的一侧集中挖土，在低的一侧回填砂石；(2) 在沉井高的一侧加重物或用高压射水冲松土层；(3) 在沉井顶面施加水平力扶正。

2. 沉井下沉困难

原因有：(1) 开挖面深度不够，正面阻力大；(2) 偏斜，或刃脚下遇到障碍物、坚硬岩层和土层；(3) 井壁摩阻力大于沉井自重；(4) 井壁无减阻措施或泥浆套、空气幕等减阻构件遭到破坏。

解决下沉困难的措施主要是增加压重和减少井壁摩阻力。其中增加压重的方法有：(1) 提前接筑下节沉井；(2) 在井顶加压砂袋、钢轨等重物；(3) 不排水下沉时，可井内抽水；减小井壁摩阻力的方法有：(1) 井壁内埋设高压射水管组，射水辅助下沉；(2) 利用泥浆套或空气幕辅助下沉；(3) 增大开挖范围和深度；(4) 必要时还可采用 0.1～0.2kg 炸药起爆助沉。

3. 突沉

原因有：(1) 井壁摩阻力较小，当刃脚下土被挖除时，沉井支承削弱；(2) 排水过多；(3) 挖土太深；(4) 出现塑流。

防止突沉的措施有：(1) 控制均匀挖土，减小刃脚处挖土深度；(2) 在设计时可采用增大刃脚踏面宽度或增设底梁的措施提高刃脚阻力。

4. 流砂

主要原因是土中动水压力的水力梯度大于临界值。

防止流砂的措施有：(1) 排水下沉时发生流砂，可采取向井内灌水；(2) 不排水除土下沉时，减小水力梯度；(3) 采用井点，或深井和深井泵降水。

5.4.4 沉井的设计与计算

沉井的设计主要是计算外荷载，包括水压力和土压力，并确定井壁的厚度和布筋；在地下水位变化的情况下或下沉过程中，还应对沉井进行上浮验算。在沉井下沉过程，刃脚的受力最复杂，如遇到大块石或树根等障碍物，阻碍下沉；有时又会因挖土而悬空。除采用适当的简化计算模型外，还必须事先做好地基勘探工作，并对可能发生的问题事先加以预防。在沉井结构上可布置射水管，射水管的管口设在刃脚下端和井壁外侧，如沉井受阻，可用高压水（压力大于 0.6 MPa）将井壁四周的土冲松以减小摩擦力，以利下沉。

进行沉井设计与计算前，必须掌握如下有关资料：(1) 上部或下部结构尺寸要求和设计荷载；(2) 水文和地质资料；(3) 拟采用的施工方法。

沉井的设计与计算内容包括沉井作为整体深基础计算和施工过程中沉井的结构强度计算。

（一）沉井尺寸的拟定

1. 沉井高度

沉井顶面和底面的高差即为沉井的高度。设计时根据上部结构、水文地质条件、施工方法及各土层的承载力等，由上部结构的底标高和沉井基础底面的埋置深度即可确定沉井的高度。当沉井高度过大时，可以按每节不超过 5.0m 分节制作。当地基土为软弱土时，为了防止因沉井过高、重量太大给制模、筑岛和抽垫下沉带来的困难，第一节（底节）高度不宜大于沉井宽度的 0.8 倍。

2. 沉井的平面形状和尺寸

沉井的平面形状应与上部结构底部形状相适应。因此平面尺寸由上部结构底面的尺寸和地基土的容许承载力决定。具体而言，沉井平面尺寸为上部结构底部尺寸加上不小于沉井全高的 1/50 且不小于 0.2m 的襟边宽度；对于浮运沉井，其襟边宽度不宜小于 0.5m。

当沉井施工需要修筑围堰、架立模板时，还应加大襟边尺寸。

（二）沉井作为整体深基础的设计与计算

沉井作为整体深基础设计的程序是：根据上部结构特点、荷载大小以及水文、地质情况，结合沉井的构造要求及施工方法，拟定出沉井的平面尺寸和埋置深度，然后进行沉井基础的计算。

计算分为两种情况：

(1) 沉井基础埋置深度在地面以下或局部最深冲刷线以下不超过5m时，可按浅基础设计计算的规定，不考虑沉井周围土体对沉井的约束作用，按浅基础设计计算（包括地基的承载力、沉井稳定性与下沉量等验算）。

(2) 当沉井埋置较深时，需要考虑基础井壁外侧土体横向弹性抗力的影响，按刚性桩计算内力和土抗力，同时应考虑井壁外侧接触面摩阻力，进行地基承载力、变形和沉井稳定性的分析与验算。

沉井底部的地基承载力应满足：

$$F+G\leqslant R_j+R_f \tag{5-14}$$

式中 F——沉井顶面作用荷载，kN；

G——包括井内填料或设备的沉井自重，kN；

R_j——井底地基土的总反力，kN；

R_f——沉井外侧壁的总容许摩阻力，kN。通常假定摩阻力沿深度呈梯形分布，即地面以下5m范围内呈三角形分布，5m以下为常数，见图5-20。

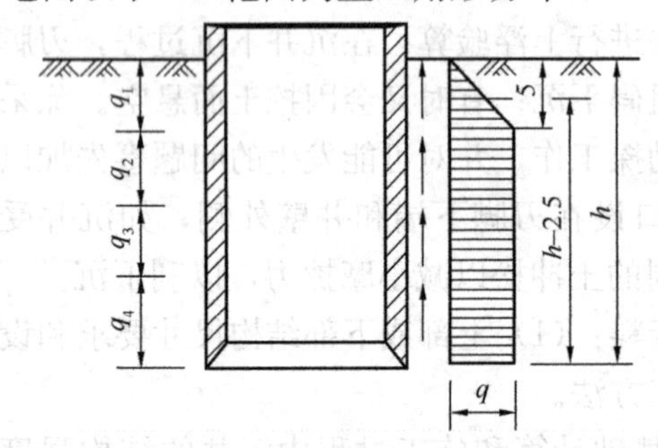

图5-20 井侧摩阻力分布假定

沉井底部地基土的总反力 R_j 等于该处土的承载力容许值 f_a 与支承面积 A 的乘积即：

$$R_j=f_aA \tag{5-15}$$

总容许摩阻力为：

$$R_f=U(h-2.5)q \tag{5-16}$$

式中，U 为沉井横截面周长，其余符号意义见图5-20。

对于桥梁墩台、水工结构物等受水平力较大的构筑物，若基础埋置较深，验算地基应力、变形和沉井的稳定性时，可考虑沉井侧面上的弹性抗力约束作用。此法的基本假定条件为：

(1) 地基土作为弹性变形介质，水平向（横向）地基系数 C_z 随深度 z 按比例系数 m 线性增加，即 $C_z=mz$；

(2) 不考虑基础与土之间的黏着力和摩阻力；

(3) 沉井基础的刚度与土的刚度之比为无限大。

基于上述假定，沉井基础在横向外荷载作用下只发生转动而无挠曲变形，即相当于“m”法中刚性桩的条件，因此可以将沉井深基础视为刚性桩，计算其内力和井壁外侧土抗力。

根据井底支承条件的不同，分为两种情况：

1. 非岩石地基上沉井基础计算

沉井基础受到墩台水平力 H 及偏心竖向力 N 作用时（见图5-21a），为了计算方便，可以将上述外力等效为中心荷载 N 和水平力 H 的共同作用，等效后的水平力 H 距离基底的作用高度 λ 为（见图 5-21b）：

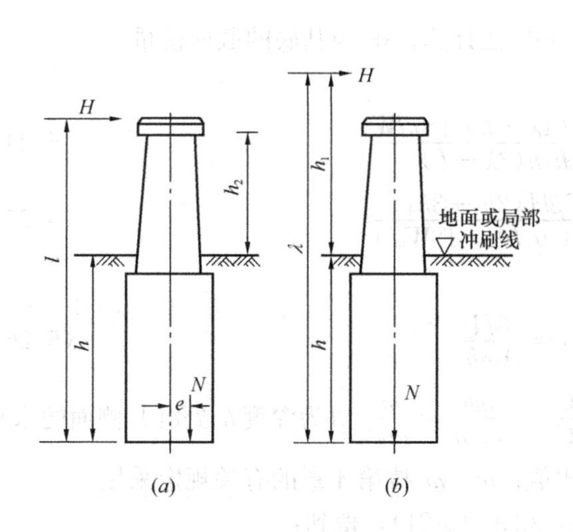

图 5-21　荷载作用情况

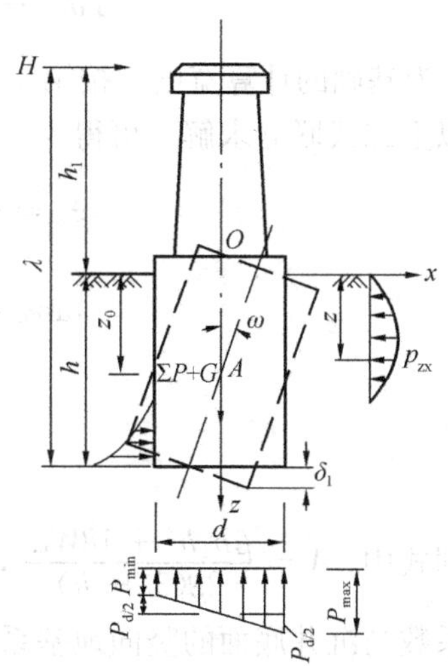

图 5-22　水平及竖直荷载作用下的应力分布

$$\lambda = \frac{Ne + Hl}{H} = \frac{\Sigma M}{H} \tag{5-17}$$

式中的符号意义见图 5-22。

首先，考虑沉井在水平力 H 作用下的情况。

由于水平力的作用，沉井将围绕位于地面下 z_0 深度处的 A 点转动一 ω 角（见图 5-22），则地面（或最大冲刷线）以下深度 z 处沉井基础产生的水平位移 Δx 和土的横向抗力 p_{zx} 分别为：

$$\Delta x = (z_0 - z)\tan\omega \tag{5-18}$$

$$p_{zx} = \Delta x C_z = C_z(z_0 - z)\tan\omega \tag{5-19}$$

将深度 z 处水平向地基系数 $C_z = mz$ 代入（5-19）式，可以得到：

$$p_{zx} = mz(z_0 - z)\tan\omega \tag{5-20}$$

由（5-20）式可见，沉井井壁外侧土的横向抗力沿深度按二次抛物线变化。

沉井基础底面处的压应力计算，可假设基底水平面上竖向地基系数 C_0 不变，故其压应力图形与基底各点竖向位移图相似，则基底边缘最大压应力为：

$$p_{\frac{d}{2}} = C_0\delta_1 = C_0\frac{d}{2}\tan\omega \tag{5-21}$$

式中，C_0 为基底面上（地面下深度 h）的地基系数，可按第 4 章取值；d 为基底宽度或直径；δ_1 为基底边缘处的竖向位移。

在式（5-18）、（5-20）和（5-21）中，有两个未知数 z_0 和 ω。为此，以基础为脱离体，由水平方向的静力平衡条件和对坐标原点 O 的弯矩平衡条件，可建立如下两个平衡方程式。

$\Sigma X = 0$，可以得到：

$$H - \int_0^h p_{zx}b_1\mathrm{d}z = H - b_1 m\tan\omega\int_0^h z(z_0 - z)\mathrm{d}z = 0 \tag{5-22}$$

$\Sigma M_O = 0$，可以得到：

$$Hh_1 - \int_0^h p_{zx} b_1 z \mathrm{d}z - p_{\frac{d}{2}} W = 0 \tag{5-23}$$

式中，b_1为基础的计算宽度，按第 4 章的“m”法计算；W 为基底的截面模量。

对以上二式联立求解，可得：

$$z_0 = \frac{\beta b_1 h^2 (4\lambda - h) + 6dW}{2\beta b_1 h (3\lambda - h)} \tag{5-24}$$

$$\tan\omega = \frac{12\beta H (2h + 3h_1)}{mh(\beta b_1 h^3 + 18Wd)} \tag{5-25}$$

或

$$\tan\omega = \frac{6H}{Amh} \tag{5-26}$$

上列式中，$A = \dfrac{\beta b_1 h^3 + 18Wd}{2\beta(3\lambda - h)}$，$\beta = \dfrac{C_h}{C_0} = \dfrac{mh}{m_0 h} = \dfrac{m}{m_0}$，$\beta$ 为深度 h 处沉井侧面的水平向地基系数与沉井底面的竖向地基系数的比值；m、m_0按第 4 章的有关规定采用。

将上述 z_0和 $\tan\omega$ 表达式代入式（5-20）和式（5-21），得到：

$$p_{zx} = \frac{6H}{Ah} z (z_0 - z) \tag{5-27}$$

$$p_{\frac{d}{2}} = \frac{3Hd}{A\beta} \tag{5-28}$$

当有竖向荷载 N 及水平力 H 同时作用时，则基底平面边缘处的压应力为：

$$p_{\min}^{\max} = \frac{N}{A_0} \pm \frac{3Hd}{A\beta} \tag{5-29}$$

式中，A_0为基底面积。

离地面或最大冲刷线以下深度 z 处基础截面上的弯矩为：

$$\begin{aligned} M_z &= H(\lambda - h + z) - \int_0^z p_{zx} b_1 (z_0 - z) \mathrm{d}z \\ &= H(\lambda - h + z) - \frac{Hb_1 z^3}{2hA}(2z_0 - z) \end{aligned} \tag{5-30}$$

2. 基底嵌入基岩内的计算方法

若沉井基底嵌入基岩内，在水平力 H 和竖直偏心荷载 N 作用下，可以认为基底不产生水平位移，则基础旋转中心 A 与基底中心点吻合，即 $z_0 = h$，为一已知值（见图 5-23）。这样，在基底嵌入处便存在一水平阻力 P。由于 P 对基底中心点的力臂很小，一般可忽略 P 对 A 点的力矩。

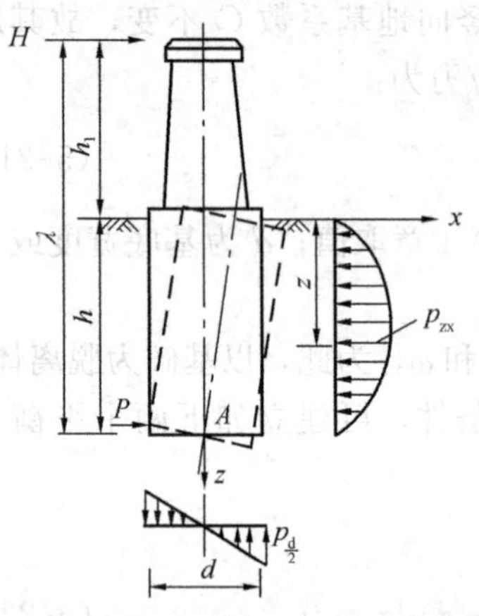

图 5-23　水平力作用下的应力分布

当基础水平力 H 作用时，地面下深度 z 处产生的水平位移 Δx，并引起井壁外侧土的横向抗力 p_{zx}，分别为：

$$\left.\begin{aligned} \Delta x &= (h - z)\tan\omega \\ p_{zx} &= mz\Delta x = mz(h - z)\tan\omega \end{aligned}\right\} \tag{5-31}$$

基底边缘处的竖向应力为：

$$p_{\frac{d}{2}} = C_0\delta_1 = C_0 \frac{d}{2}\tan\omega = \frac{mhd}{2\beta}\tan\omega \tag{5-32}$$

式中，C_0为岩石地基系数，按第4章取值；d为基底宽度或直径。

仅需建立一个弯矩平衡方程，上述公式中未知数ω便可求解，即：由$\Sigma M_A=0$，有：

$$H(h+h_1) - \int_0^h p_{zx}b_1(h-z)\mathrm{d}z - p_{\frac{d}{2}}W = 0 \tag{5-33}$$

解上式，得：

$$\tan\omega = \frac{H}{mhD_0} \tag{5-34}$$

式中，$D_0 = \dfrac{b_1\beta h^3 + 6dW}{12\lambda\beta}$。

将（5-34）式代入式（5-31）和（5-32），可得：

$$p_{zx} = (h-z)z\frac{H}{D_0 h} \tag{5-35}$$

$$p_{\frac{d}{2}} = \frac{Hd}{2\beta D_0} \tag{5-36}$$

同理，当有竖向荷载N及水平力H同时作用时，可以得到基底边缘处的应力为：

$$p_{\min}^{\max} = \frac{N}{A_0} \pm \frac{Hd}{2\beta D_0} \tag{5-37}$$

根据水平向荷载的平衡关系，可以求出嵌入处未知的水平阻力P：

$$P = \int_0^h b_1 p_{zx}\mathrm{d}z - H = H\left(\frac{b_1h^2}{6D_0} - 1\right) \tag{5-38}$$

地面以下z深度处沉井基础截面上的弯矩为：

$$M_z = H(\lambda - h + z) - \frac{Hb_1z^3}{12D_0h}(2h-z) \tag{5-39}$$

3. 墩台顶面的水平位移

沉井基础在水平H和力矩M作用下，墩台顶水平位移δ由地面处水平位移$z_0\tan\omega$、地面至墩顶h_2范围内水平位移$h_2\tan\omega$以及台身（或立柱）h_2范围内的弹性挠曲变形引起的墩顶水平位移δ_0三部分所组成：

$$\delta = (z_0 + h_2)\tan\omega + \delta_0 \tag{5-40}$$

鉴于一般沉井基础转角很小，存在近似关系：$\tan\omega = \omega$。此外，考虑沉井基础实际刚度并非无穷大，需考虑刚度对墩顶水平位移的影响，故引入系数k_1和k_2，反映实际刚度对地面处水平位移及转角的影响。因此根据（5-40）式得到：

对于非岩石地基上的基础：

$$\delta = (z_0k_1 + h_2k_2)\omega + \delta_0 \tag{5-41}$$

同理，对于嵌入岩石地基上的墩台顶面水平位移，则可以采用下式计算：

$$\delta = (hk_1 + h_2k_2)\omega + \delta_0 \tag{5-42}$$

式中，k_1、k_2都是αh和$\dfrac{\lambda}{h}$的函数，按表5-2查取。

系数 k_1、k_2 的值　　表 5-2

αh	系数	λ/h				
		1	2	3	5	∞
1.6	k_1	1.0	1.0	1.0	1.0	1.0
	k_2	1.0	1.1	1.1	1.1	1.1
1.8	k_1	1.0	1.1	1.1	1.1	1.1
	k_2	1.1	1.2	1.2	1.2	1.3
2.0	k_1	1.1	1.1	1.1	1.1	1.2
	k_2	1.2	1.3	1.4	1.4	1.4
2.2	k_1	1.1	1.2	1.2	1.2	1.2
	k_2	1.2	1.5	1.6	1.6	1.7
2.4	k_1	1.1	1.2	1.3	1.3	1.3
	k_2	1.3	1.8	1.9	1.9	2.0
2.6	k_1	1.1	1.3	1.4	1.4	1.4
	k_2	1.4	1.9	2.1	2.2	2.3

注：1. $\alpha=\sqrt[5]{mb_1/EI}$；

2. $\alpha h<1.6$ 时，$k_1=k_2=1.0$。

4. 验算

(1) 基底应力验算

在沉井荷载作用效应分析中，沉井基底计算的最大压应力，不应超过沉井底面处地基土的承载力容许值 $[f_a]$，即：

$$p_{max}\leqslant[f_a] \tag{5-43}$$

(2) 横向抗力验算

沉井侧壁地基土的横向抗力 p_{zx}，实质上是根据文克尔弹性地基梁假定，得出的横向荷载效应值，应小于井壁周围地基土的极限抗力值。沉井基础在外力作用下，深度 z 处产生水平位移时，井壁（背离位移）一侧将产生主动土压力 P_a，而另一侧将产生被动土压力 P_p。故其极限抗力可以用土压力表示为：

$$p_{zx}\leqslant P_p-P_a \tag{5-44}$$

由朗肯土压力理论可知：

$$P_p=\gamma z\tan^2(45°+\frac{\varphi}{2})+2c\tan(45°+\frac{\varphi}{2})\text{，}P_a=\gamma z\tan^2(45°-\frac{\varphi}{2})-2c\tan\left(45°-\frac{\varphi}{2}\right)$$

代入式 (5-44)，可以得到：

$$p_{zx}\leqslant\frac{4}{\cos\varphi}(\gamma z\tan\varphi+c) \tag{5-45}$$

对于桥梁结构，考虑性质和荷载情况，结合试验结果可知，沉井侧壁地基土横向抗力 p_{zx} 的最大值，一般出现在 $z=\dfrac{h}{3}$ 和 $z=h$ 处，把它们分别代入 (5-45) 式，可以得到：

$$p_{\frac{h}{3}x}\leqslant\frac{4}{\cos\varphi}\left(\frac{\gamma h}{3}\tan\varphi+c\right)\eta_1\eta_2 \tag{5-46}$$

$$p_{hx}\leqslant\frac{4}{\cos\varphi}(\gamma h\tan\varphi+c)\eta_1\eta_2 \tag{5-47}$$

式中　$p_{\frac{h}{3}x}$——相应于 $z=h/3$ 深度处的水平压应力；

h——基础埋置深度；

p_{hx}——相应于 $z=h$ 深度处的水平压应力；

η_1——取决于上部结构形式的系数，一般取 $\eta_1=1$，对于拱桥取 $\eta_1=0.7$；

η_2——考虑恒载对基础底面中心所产生的弯矩 M_g 在总弯矩 M 中所占百分比的系数，即 $\eta_2=1-0.8\dfrac{M_g}{M}$。

（3）墩台顶面水平位移验算

桥梁墩台设计时，除应考虑基础沉降外，还需验算地基变形和墩台身弹性水平变形所引起的墩台顶水平位移是否满足上部结构的设计要求。

（三）沉井施工过程中结构强度计算

在沉井施工及营运过程的不同阶段，沉井受到的荷载作用不尽相同。因此，沉井结构强度必须满足各阶段最不利情况荷载作用的要求。

对沉井各部分进行设计时，必须了解和确定不同阶段最不利荷载的作用状况，拟定出相应的计算图式，然后计算截面应力，进行配筋设计以及结构抗力分析与验算，以保证沉井结构在施工各阶段中的强度和稳定。以下介绍主要的验算内容。

1. 沉井自重下沉验算

为了使沉井能在自重作用下顺利下沉，沉井重力（不排水下沉时，应计浮重度）须大于土与井壁间的摩阻力标准值，将两者之比称为下沉系数 K，要求：

$$K=\frac{T}{Q}>1.15\sim1.25 \tag{5-48}$$

式中　K——下沉系数；对淤泥质黏土和粉质黏土层，K 取小值，其余土层可取大值；

T——井侧土层对井壁的总摩阻力；

Q——沉井自重。当采用不排水下沉时，应扣除浮力，只计浮重度。

当不能满足（5-48）式的要求时，可选择下列措施直至满足要求：

（1）加大井壁厚度或调整取土井尺寸；

（2）如为不排水下沉者，则下沉到一定深度后可采用排水下沉；

（3）增加附加荷载压沉或射水助沉；

（4）采用泥浆润滑套或壁后压气法减阻等措施。

2. 第一节（底节）沉井的竖向挠曲验算

（1）底节沉井的竖向挠曲验算

1）排水挖土下沉

对于矩形和圆端形沉井，在排水挖土下沉的整个过程中，沉井支承点相对容易控制。因此可将沉井视为支承于长边的四个固定支点上的梁，且支点控制在最有利位置处，即支点和跨中所产生的弯矩大致相等（见图 5-24*a*），以此验算沉井井壁顶部和下部的弯曲抗拉强度。当沉井长宽之比 $l/b>1.5$ 时，一般两支点间距可取 $0.7l$。

2）不排水挖土下沉

当采用不排水挖土下沉时，由于井孔中有水，挖土不易均匀，机械挖土时刃脚下的支点位置很难控制，沉井下沉过程中可能出现最不利支承，因此应按最不利的支承情况验算

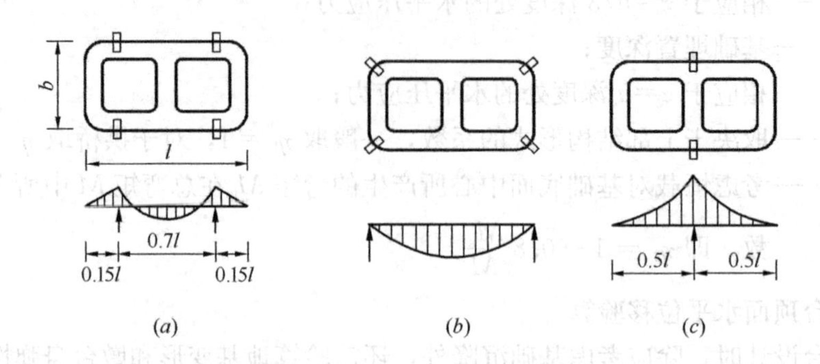

图 5-24　沉井底节支点布置与井壁竖向强度验算

（a）排水挖土下沉；（b）、（c）不排水挖土下沉

井壁混凝土的抗拉强度。

对于矩形和圆端形沉井，可按两种不利情况分别验算：一种情况是沉井支承于四个角点上或视为支承于短边的两个端点（其弯矩图见图 5-24*b*）。此时，沉井受力如同两端支承的简支梁，在自重作用下，可能在短边下部出现竖向开裂；另一种情况是因为遇到孤石等障碍物，使得沉井支承于长边的中央，沉井成为一个悬臂梁（其弯矩图见图 5-24*c*），在自重作用下，支点附近最小竖向界面（通常发生在井壁与隔墙交接处）顶部可能开裂。

如果计算的绕曲应力超过沉井材料的容许值，可增加底节沉井高度或按需要增设水平钢筋，以防止沉井竖向开裂。

（2）底节沉井内的隔墙验算

当底节沉井内隔墙跨度较大时，应按灌注第二节沉井混凝土内隔墙的荷载验算内隔墙的抗拉强度。

其最不利情况为：内隔墙下的土已挖空，第二节沉井的内隔墙已浇筑，但尚未凝固。此时隔墙按由井壁简支的梁进行计算；作用荷载除了第一、二节内隔墙自重外，还应计入第二节隔墙模板等施工临时荷载。当验算结果表明底节隔墙强度不足时，可增设水平向钢筋；或者在底节沉井下沉后，在浇筑第二节沉井前，在隔墙下夯填粗砂，使第二节隔墙荷载直接传到粗砂上，以节省钢材。

3. 沉井刃脚受力计算

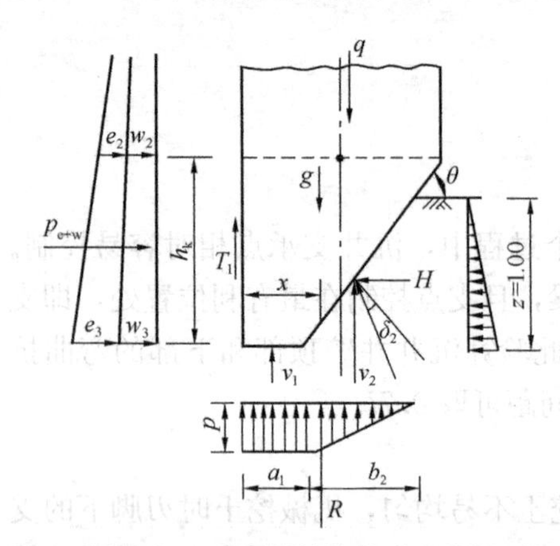

图 5-25　刃脚向外挠曲受力分析

刃脚是沉井结构中受力较复杂的部位：当刃脚切入土中时受到向外的弯曲应力；当挖空刃脚下内侧土体时，刃脚又受到外部土、水压力作用而产生向内的弯曲应力。

为简化起见，一般按竖向和水平向分别计算。竖向分析时，近似地将刃脚结构视为固定于刃脚根部井壁处的悬臂梁（见图 5-25）。根据刃脚内外侧作用力的不同组合，可能向外或向内挠曲。

在水平面上，则视刃脚结构为一封闭的框架，在水、土压力作用下使其在水平面内发生弯曲变形。可分别推出刃脚悬臂分配系数 α 和水平框架分配系数β如下。

刃脚悬臂作用的分配系数α为：

$$\alpha=\frac{0.1l_1^4}{h_k^4+0.05l_1^4}\leqslant 1.0(\alpha>1.0\text{ 时，取 }\alpha=1.0) \tag{5-49}$$

刃脚框架作用的分配系数β为：

$$\beta=\frac{h_k^4}{h_k^4+0.05l_2^4} \tag{5-50}$$

式中 l_1——支承于内隔墙间的外壁最大计算跨径，m；

l_2——支承于内隔墙间的外壁最小计算跨径，m；

h_k——刃角斜面部分的高度，m。

需要说明的是，式（5-49）和（5-50）只适应于内隔墙底面距刃角底面为0.5m或者大于0.5m但有竖向承托加强的情况。否则，水平力将全部由悬臂梁作用承担，即$\alpha=1.0$。而此时刃脚不再起水平框架作用，但仍应按构造要求布置水平钢筋，使其能承担一定的正负弯矩。

（1）刃脚竖向受力分析

刃脚竖向内力按悬臂梁计算，认为刃脚根部嵌固于井壁，刃脚高度作为悬臂梁长度，并根据以下两种最不利情况分别计算。

1）刃脚向外挠曲的内力计算

最不利位置：当沉井下沉过程中刃脚内侧切入土中深约1.0m，同时浇筑完上节沉井，且沉井上部露出地面或水面约一节沉井高度时，刃脚斜面上受到土的抗力最大，且井壁外土、水压力最小，处于刃脚向外挠曲的最不利状态。

刃脚高度范围内的外力有：

① 刃脚外侧土压力及水压力的合力p_{e+w}：

$$p_{e+w}=\frac{1}{2}(p_{e_2+w_2}+p_{e_3+w_3})h_k \tag{5-51}$$

式中 $p_{e_2+w_2}$、$p_{e_3+w_3}$——分别为刃脚根部处和底部处土水、压力强度之和（见图5-25）；

h_k——刃角斜面部分的高度，参见图5-25。

p_{e+w}的作用点（至刃脚根部的距离）为：

$$a\approx\frac{h_k}{3}\frac{P_{e_2+w_2}+2P_{e_2+w_3}}{P_{e_2+w_2}+P_{e_2+w_3}} \tag{5-52}$$

式中的符号意义同前。

② 作用在刃脚外侧单位宽度上的摩阻力T_1（参见图5-25）：

可按$T_1=\tau h_k$和$T_1=0.5E$两式分别计算，并取其较小者。其中，τ为土与井壁单位面积上的摩阻力（kPa），可由表5-3查得；E为刃脚外侧总的土压力。

τ的参考取值 **表5-3**

土类	井壁与土之间的摩阻力（kPa）
黏性土	25～50
砂性土	12～25
卵石	15～30
砾石	15～20
软土	10～12
泥浆土	3～5

③刃脚下抵抗力 R 的计算。

刃脚下竖向反力 R（参见图 5-25，取单位宽度）可按下式计算：

$$R = q - T' \tag{5-53}$$

式中 q——井壁周长单位宽度上的自重，水下部分取有效自重；

T'——沉井入土部分井壁周长单位宽度上侧阻力的总摩阻力，仍取 $T_1 = \tau h_k$ 和 $T_1 = 0.5E$ 中的较小者。

R 的作用点距井壁外侧的距离 x 的计算公式：

$$x = \frac{1}{R}\left[v_1 \frac{a_1}{2} + v_2\left(a_1 + \frac{b_2}{2}\right)\right] \tag{5-54}$$

式中 a_1——刃脚踏面宽度（见图 5-25），m；

b_2——刃脚内侧入土斜面在水平面上的投影长度（见图 5-25），m；

v_1——刃脚踏面土反力（假定为均匀分布）的合力；

v_2——刃脚斜面上的土反力（假定为地面处为 0 的三角形分布）的垂直分力（相应的水平分力为 H，见图 5-25）。

水平分力 H 按下式计算：

$$H = v_2 \tan(\theta - \delta) \tag{5-55}$$

式中 θ——刃脚斜面与水平面的夹角；

δ——刃脚斜面与土之间的界面摩擦角。

H 的作用点位于距刃脚底面（1/3）m 处。

④ 刃脚单位宽度自重 g 的计算：

$$g = \frac{\lambda + a_1}{2} h_k \cdot \gamma_k \tag{5-56}$$

式中 λ——井壁厚度，m；

γ_k——钢筋混凝土刃脚的重度（kN/m^3）。当沉井为不排水下沉时，取其浮重度；其余符号意义同前。

刃脚单位宽度自重 g 的作用点至根部中心轴的距离 x_1：

$$x_1 = \frac{\lambda^2 + a_1\lambda - 2a_1^2}{6(\lambda + a_1)} \tag{5-57}$$

式中符号意义同前。

求出以上各力的数值、方向及作用点后，再算出各力对刃脚根部中心轴的弯矩总和值 M_0、竖向力 N_0 及剪力 Q，其算式为：

$$M_0 = M_R + M_H + M_{e+w} + M_{T1} + M_g \tag{5-58}$$

$$N_0 = R + T_1 + g \tag{5-59}$$

$$Q = p_{e+w} + H \tag{5-60}$$

式中，M_R、M_H、M_{e+w}、M_{T1}、M_g 分别为反力 R、横向力 H、土压力及水压力 p_{e+w}、刃脚底部的外侧摩阻力 T_1 以及刃脚自重 g 对刃脚根部中心轴的弯矩，其中作用在刃脚部分的各水平力均应按规定考虑分配系数 α（见（5-49）式）。上述各式数值的正负号视具体情况而定。

得到 M_0、N_0 和 Q 后，即可按受压挠曲截面计算混凝土应力及刃脚内侧所需的竖向钢筋用量。

2）刃脚向内挠曲的内力计算

当刃脚下沉至设计标高后，刃脚下的土已挖空而又未浇筑封底混凝土时，刃脚处于向内绕曲的最不利情况。此时，同样将刃脚视为根部嵌固的悬臂梁，计算其最大向内弯矩。具体计算方法同前。

3）刃脚水平受力分析

如前所述，刃脚水平受力的计算图式为一封闭的平面框架，其最不利的情况是：沉井已下沉至设计高程，刃脚下的土已挖空，尚未浇筑封底混凝土的时候，刃脚受到最大水平剪力作用。

作用于刃脚的外荷载与计算刃脚向内挠曲时是一样的。由于刃脚有悬臂作用及水平闭合框架的作用，故当刃脚作为悬臂考虑时，刃脚所受水平力乘以 α，而作用于框架的水平力应乘以分配系数 β 后，其值作为水平框架上的外力，由此求出框架的弯矩及轴向力值，再计算框架所需的水平钢筋用量。

闭合框架属于超静定结构，对于不同形式框架的内力计算，可按一般结构力学的方法进行。以下根据常用沉井水平框架的平面形式，介绍其内力计算公式。

① 单孔矩形框架（见图 5-26）

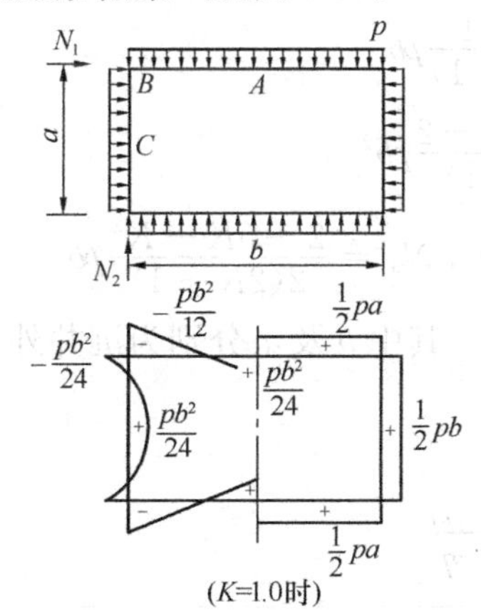

图 5-26　单孔矩形框架受力

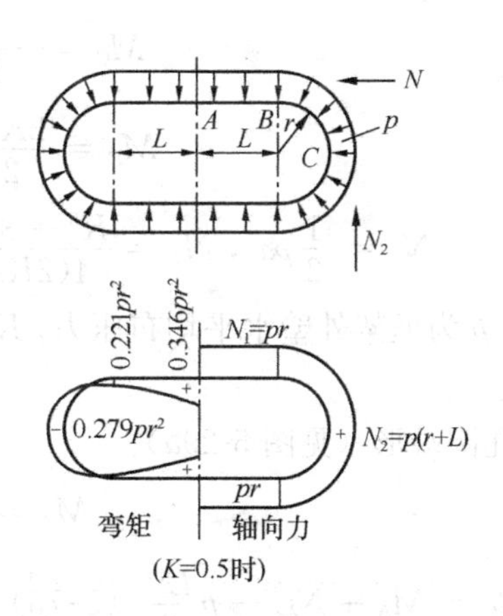

图 5-27　单孔圆端形框架受力

A 点处的弯矩（长边中点）：

$$M_A = \frac{1}{24}(-2K^2 + 2K + 1)pb^2 \tag{5-61}$$

B 点处的弯矩（角点）：

$$M_B = -\frac{1}{12}(K^2 - K + 1)pb^2 \tag{5-62}$$

C 点处的弯矩（短边中点）：

$$M_C = \frac{1}{24}(K^2 + 2K - 2)pb^2 \tag{5-63}$$

轴向力：

$$短边\quad N_2 = \frac{1}{2}pb\text{，}长边\ N_1 = \frac{1}{2}pa \tag{5-64}$$

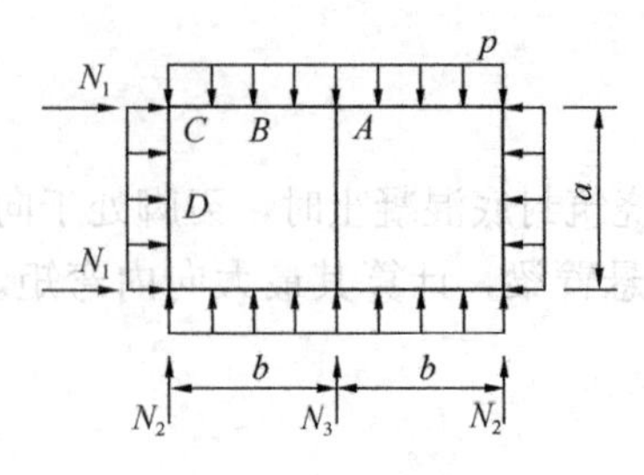

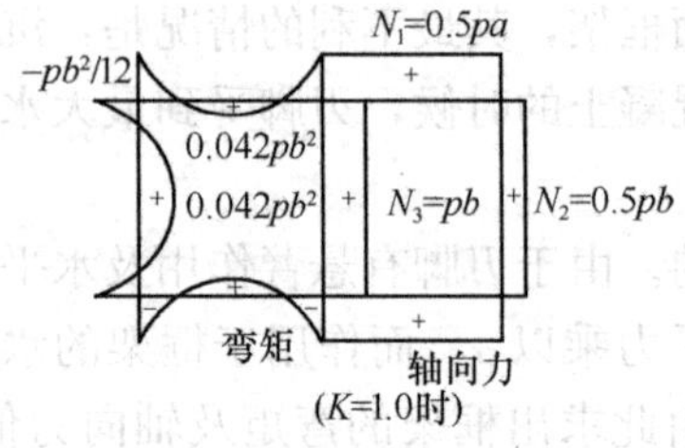

图 5-28 双孔矩形框架受力

式中，p 为框架外壁水平均布压力；$K=a/b$，其中 b 及 a 分别为沉井外壁中心线的长度和宽度。

② 单孔圆端形（见图 5-27）：

$$M_A=\frac{K(12+2\pi K+2K^2)}{6\pi+12K}pr^2 \tag{5-65}$$

$$M_B=\frac{2K(3-K^2)}{3\pi+6K}pr^2 \tag{5-66}$$

$$M_C=-\frac{K(3\pi-6+6K+2K^2)}{3\pi+6K}pr^2 \tag{5-67}$$

$$N_1=pr,\ N_2=p(r+L) \tag{5-68}$$

式中，p 为框架外壁水平均布压力；$K=L/r$，L 为圆心至圆端形井壁中心的距离；r 为端圆半径。

③ 双孔矩形（见图 5-28）

$$M_A=\frac{K^3-3K-1}{12(2K+1)}pb^2 \tag{5-69}$$

$$M_B=\frac{-K^3+3K+1}{24(2K+1)}pb^2 \tag{5-70}$$

$$M_C=-\frac{2K^3+1}{12(2K+1)}pb^2 \tag{5-71}$$

$$M_D=\frac{2K^3+3K^2-2}{24(2K+1)}pb^2 \tag{5-72}$$

$$N_1=\frac{1}{2}pa,\ N_2=\frac{K^3+3K+2}{4(2K+1)}pb,\ N_3=\frac{2+5K-K^3}{2(2K+1)}pb \tag{5-73}$$

式中，p 为框架外壁水平均布压力；$K=a/b$，其中 b 及 a 分别为沉井外壁中心线的长度和宽度。

④ 双孔圆端形（见图 5-29a）

$$M_A=p\frac{\zeta\delta_1-\rho\eta}{\delta_1-\eta} \tag{5-74}$$

$$M_C=M_A+NL-p\frac{L^2}{2} \tag{5-75}$$

$$M_D=M_A+N(L+r)-pL\left(\frac{L}{2}+r\right) \tag{5-76}$$

$$N=\frac{\zeta-\rho}{\eta-\delta_1} \tag{5-77}$$

$$N_1=2N \tag{5-78}$$

$$N_2=pr \tag{5-79}$$

$$N_3=p(L+r)-\frac{N_1}{2} \tag{5-80}$$

式中：

$$\zeta=\frac{L(0.25L^3+\frac{\pi}{2}rL^2+3r^2L+\frac{\pi}{2}r^3)}{L^2+\pi rL+2r^2} \tag{5-81}$$

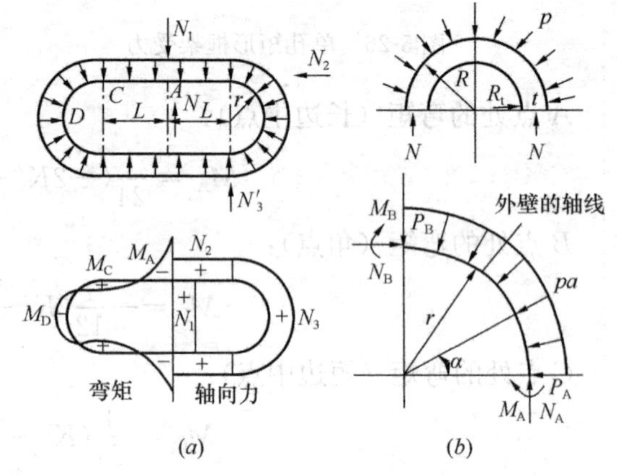

图 5-29 双孔圆端形受力
（a）双孔圆端形框架受力；
（b）圆形沉井井壁的土压力

$$\eta=\frac{\frac{2}{3}L^3+\pi rL^2+4r^2L+\frac{\pi}{2}r^2}{L^2+\pi rL+2r^2} \tag{5-82}$$

$$\rho=\frac{\frac{1}{3}L^3+\frac{\pi}{2}rL^2+2r^2L}{2L+\pi r} \tag{5-83}$$

$$\delta_1=\frac{L^2+\pi rL+2r^2}{2L+\pi r} \tag{5-84}$$

其余符号意义见图 5-29（a）。

⑤ 圆形沉井（见图 5-29b）

$$p_a=P_A(1+\omega'\sin\alpha) \tag{5-85}$$

$$\omega'=\omega-1\text{，}\omega=\frac{P_B}{P_A} \tag{5-86}$$

$$N_A=P_A\times r(1+0.785\omega') \tag{5-87}$$

$$M_A=-0.149P_Ar^2\omega' \tag{5-88}$$

$$N_B=P_A\times r(1+0.5\omega') \tag{5-89}$$

$$M_B=0.137P_Ar^2\omega' \tag{5-90}$$

式中　N_A、M_A、P_A——A 截面上的轴向力、弯矩和剪力；

N_B、M_B、P_B——B 截面（垂直于 A 截面）上的轴向力、弯矩和剪力；

r——井壁（刃脚）轴线的半径；其余符号意义见图 5-29（b）。

4. 井壁受力计算

（1）井壁竖向拉应力验算

沉井在下沉过程中，若上部土层工程性质明显优于下部土层时，当刃脚下土体已被挖空，沉井上部性质好的土层将提供足够的侧壁摩阻力（例如大于沉井自重），阻止沉井下沉，则使下部沉井近似呈悬挂状态，井壁结构就有在自重作用下被拉断的可能。因此，需要验算井壁的竖向拉应力是否满足抗拉要求。拉应力的大小与井壁摩阻力的分布有关，在判断可能夹住沉井的土层不明显时，可近似假定沿沉井高度成“倒三角形”分布，即在地面处摩阻力最大，而刃脚底面处为零（见图 5-30）。据此，可推导出等截面井壁当下沉至设计标高、刃脚下土体被挖空时井壁出现最大拉应力的计算公式如（5-91）式。

$$S_{max}=\frac{G}{h}\cdot\frac{h}{2}-\frac{G}{h^2}\cdot\left(\frac{h}{2}\right)^2=\frac{1}{4}G \tag{5-91}$$

式中各符号的意义见图 5-30。

可见井壁最大竖向拉应力为沉井自重的 1/4，位置在沉井入土深度 h 的一半处。当 S_{max} 大于井壁材料的容许抗拉强度时，则需要布置必要的竖向受力钢筋。

对每节井壁接缝处的竖向拉应力进行验算时，假定竖向拉应力全部由接缝处的钢筋承担。

对于台阶形的变截面井壁，对每节井壁都应进行验算（验算截面取在变截面处），计算方法与等截面相同，具体可参阅现行《公路桥梁地基与基础设计规范》。

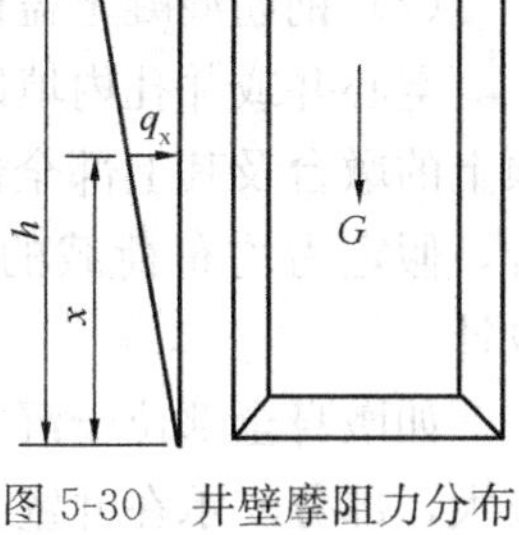

图 5-30　井壁摩阻力分布

如果为不排水下沉，则水的浮力会使竖向拉应力减小。所以沉井竖向拉应力的验算通常由排水下沉情况控制。

(2) 井壁横向（水平）受力计算

当井沉至设计高程，且刃脚下土已挖空而未封底时，井壁承受的水平力（土、水压力的合力）为最大。此时，应按水平框架分析内力，验算井壁材料强度，其计算方法与前述刃脚框架的计算方法相同。

由于作用在井壁上的水平力沿深度是增加的，因此井壁的水平内压力随深度而增加，为了节约材料，应分段进行计算。

① 刃脚根部以上高度等于井壁厚度的一段井壁的计算

该段井壁为刃脚悬臂梁的固定端，作用于该段的水平荷载，除了该段范围内的土、水压力以外，还承担由刃脚段传来的水平剪力，见图 5-31。因此，作用在该段井壁上的均布荷载为：

$$p = E + W + Q \tag{5-92}$$

式中，Q 为刃脚传来的剪力，其值等于作用在刃脚悬臂梁梁上的水平外力乘以分配系数 α（见（5-49）式）。

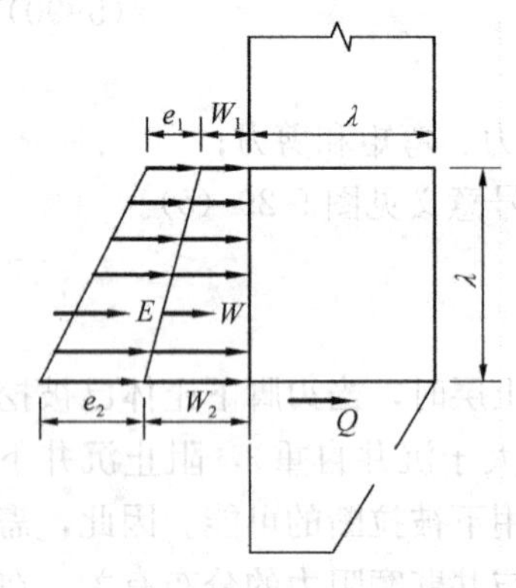

图 5-31　刃脚根部以上高度等于井壁厚度的一段井壁的受力

② 井壁其余控制截面的计算

根据井壁截面的变化（或井壁分节情况），逐段计算。取每一段最下端处单位高度的井壁为该段的控制段来计算。这些段所承受的水平力为各水平框架范围内的土压力和水压力之和，即

$$p = E + W \tag{5-93}$$

对于采用泥浆润滑套的沉井，若台阶以上泥浆压力大于上述土、水压力之和，则井壁压力按泥浆压力计算

5. 混凝土封底及顶盖的计算

(1) 封底混凝土厚度计算

沉井封底混凝土的厚度应根据基底承受的反力情况而定。作用于封底混凝土的竖向反力可分为两种情况：

一种是沉井水下封底后，在施工抽水时（即井孔未填实）封底混凝土需承受基底水压力和运营后地基土的向上反力；

一种是空心沉井在使用阶段，封底混凝土须承受沉井基础全部最不利荷载组合所产生的基底反力，如井孔内填砂或有水时，可扣除其重力，但不计浮力。

封底混凝土厚度，可按弯拉验算和剪切验算两种方法计算，并取其大者作为控制值。

(2) 钢筋混凝土盖板计算

空心井或井孔内填以砾砂石的实心沉井，井顶必须浇筑钢筋混凝土盖板，用以支承井顶上的墩台及其上部全部荷载。盖板厚度一般是预先拟定的，按盖板承受最不利荷载组合，假定为均布荷载的双向板或圆板（对于多孔沉井按连续板）进行内力计算和配筋设计。

如墩身全部位于沉井襟边以内，还应验算盖板的剪应力和井壁支承压力。如墩身尺寸较大，部分支承在井壁上则不需进行盖板的剪力验算，只进行井壁压应力的验算。

（四）浮运沉井计算要点

1. 浮运沉井稳定性验算

浮运沉井在浮运过程中和就位接高下沉过程中均为浮体，要有一定的吃水深度，使重心低而不易倾覆，保证浮运时稳定；同时还必须具有足够的高出水面的高度，使沉井不因风浪等而沉没。因此，除前述计算外，还应考虑沉井浮运过程中的受力情况，进行浮体稳定性（沉井重心、浮心和定倾半径的分析确定与比较）和井壁露出水面高度等的验算。现以带临时性底板的浮运沉井为例，说明浮运沉井稳定性验算。

（1）浮心位置计算

根据沉井重量等于沉井排开水的重量的浮力原理，沉井吃水深 h_0（从底板算起，见图 5-32）为：

$$h_0 = \frac{V_0}{A_0} \tag{5-94}$$

对圆端形沉井：

$$A_0 = 0.7854d^2 + Ld \tag{5-95}$$

式中，d 为圆端外直径，L 为圆端中心至圆端中心之间的距离（参见图 5-33）。

浮心的位置高度 O_1，以刃脚踏面（即底面）起算为 $h_3 + Y_1$ 时，Y_1 可由下式求得：

$$Y_1 = \frac{M_1}{V} - h_3 \tag{5-96}$$

式中 M_1——各排水体积（m^3）（包括沉井底板以上部分的排水体积 V_0、刃脚体积 V_1、底板下隔墙体积 V_2）与其中心至刃脚底面距离的乘积；$V = V_0 + V_1 + V_2$。

如各部分的乘积分别以 M_0、M_2、M_3 表示，则：

$$M_1 = M_0 + M_2 + M_3 \tag{5-97}$$

$$M_0 = V_0\left(h_1 + \frac{h_0}{2}\right) \tag{5-98}$$

$$M_2 = V_1 \frac{2h_1\lambda' + a}{9\lambda' + a} \tag{5-99}$$

$$M_3 = V_2\left(\frac{2h_4\lambda_4 + a_1}{3\lambda_4 + a_1} + h_3\right) \tag{5-100}$$

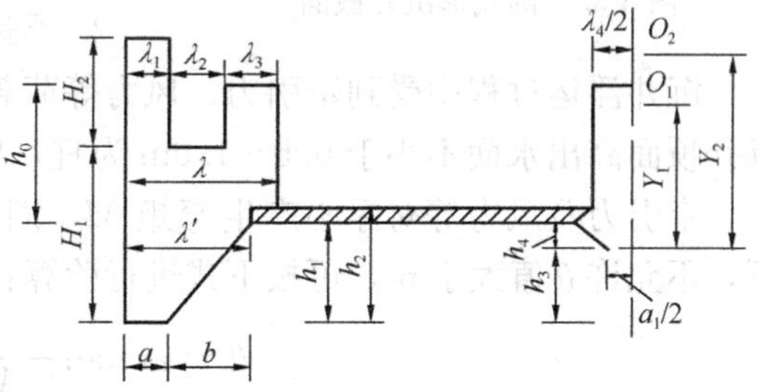

图 5-32　浮心位置计算示意图

式中 h_1——底板至刃脚踏面的距离，m；

h_3——隔墙底面距刃脚踏面的距离，m；

h_4——底板下的隔墙高度，m；

λ'——底板下井壁的厚度，m；

λ_4——隔墙厚度，m；

a_1——隔墙底底面的宽度，m；

a——刃脚踏面的宽度，m。

（2）重心位置计算

设重心位置 O_2 离刃脚踏面的距离为 Y_2，则：

$$Y_2 = \frac{M_{II}}{V} \tag{5-101}$$

式中　M_{II}——沉井各部分体积与其中心到刃脚踏面距离的乘积，并假定沉井各部分圬工的单位重相同，$V=V_0+V_1+V_2$。

令重心 O_2 至浮心 O_1 的距离为 Y，则：

$$Y=Y_2-(h_3+Y_1) \tag{5-102}$$

式中　Y 为重心至浮心的距离，m。重心在浮心之上为正，反之为负。

（3）定倾半径的计算

定倾半径 ρ 为定倾中心到浮心 O_1 的距离，由下式计算：

$$\rho=\frac{I_{x-x}}{V_0} \tag{5-103}$$

式中，I_{x-x} 薄壁沉井浮体排水截面面积的惯性矩，m^4。对圆端形沉井（见图 5-33），其值为：

$$I_{x-x}=0.049d^4+\frac{1}{12}Ld^3 \tag{5-104}$$

式中各符号的意义见图 5-33。

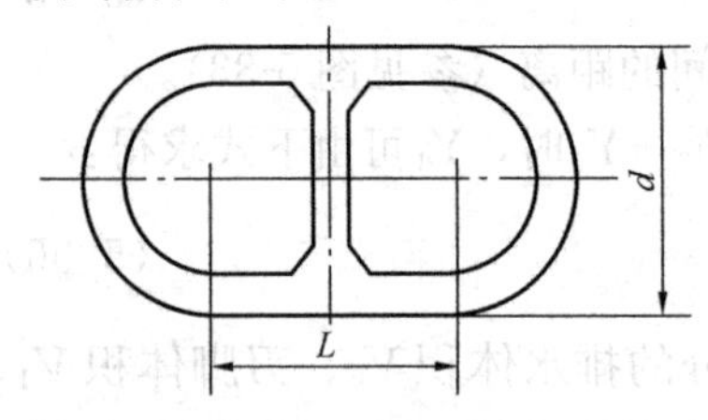

图 5-33　圆端形沉井截面

对带气筒浮运沉井，可根据气筒布置、各阶段气筒使用与连通情况，分别确定定倾半径 ρ。

（4）浮运沉井稳定的必要条件

浮运沉井的稳定性应满足重心 O_2 到浮心 O_1 的距离 Y 小于定倾中心到浮心的距离 ρ，即：

$$\rho-Y>0 \tag{5-105}$$

2. 浮运沉井露出水面最小高度验算

沉井浮运过程中受到牵引力、风力等荷载作用，不免会产生一定的倾斜，故一般要求沉井顶面高出水面不小于 0.5～1.0m 为宜，以保证沉井在拖运过程中的安全。

牵引力及风力等对浮心产生弯矩 M，因而使沉井旋转（倾斜）角度 θ。在一般情况下，不允许 θ 值大于 6°，可按下式进行验算：

$$\theta=\arctan\frac{M}{\gamma_w V(\rho-Y)}\leqslant 6° \tag{5-106}$$

沉井浮运时露出水面的最小高度 h 按下式计算：

$$h=H-h_0-h_1-d\tan\theta\geqslant f \tag{5-107}$$

式中，γ_w 为水的重度，取 $10kN/m^3$；f 为允许最小高度；其余符号意义同前。

5.5　沉箱

沉井如果在下沉前先封闭井筒的底部或顶部，则称为沉箱。沉箱分两类：

5.5.1　盒式沉箱

盒式沉箱的井筒底部预先封闭。这种沉箱一般在岸上做好，然后从水上拖运到建筑场地就位，再在箱体内填以砂、碎石、水或混凝土等重物，令其下沉至地表面，用以作为建筑物的基础或作为构筑物的主体。显然，这种作法，箱的入土不能很深，且要求承载面比较平坦。当地面不平整时，常要求用水下开挖整平的方法先行处理。对于一些建造于水中或水下的构筑物，如桥墩、船坞、重力式海洋平台等，用这种方法施工往往比较经济。

5.5.2 气压沉箱

当沉井的下沉深度要求达到地下水位下较深时（例如 15 m 以上），难以采用降低地下水位的办法进行井内开挖，而采用水下机械开挖又不易做到均匀以保证井身竖直下沉，在这种情况下就常采用气压沉箱。气压沉箱的构造和施工过程如图 5-34 所示。与沉井不同的是，沉箱的顶部是封闭的，形成一个高度不小于 3m 的工作仓，工作仓内有专用井管通入压缩空气，以阻止仓外地下水的渗入，从而保证工人得以在仓内进行挖土作业。井管也是人员和运输通道，其上方与气闸相连接。气闸是进出工作仓的门户，工人在气闸内经受气压的变换后，再进入工作仓或返回大气中。图 5-34 是运用气压沉箱进行水下深基坑的施工。如果水位较浅，可用袋装黏土筑岛，在岛上浇筑沉箱，然后挖土下沉并接高井筒。当沉箱下沉到位后，用混凝土封闭工作仓。

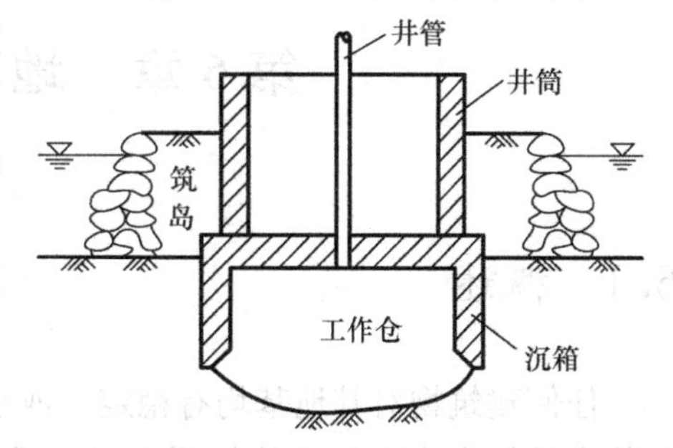

图 5-34　气压沉箱的构造和施工

气压沉箱结构复杂、施工费用高，且带气压工作对人体健康有影响，因此气压沉箱已很少采用，在实际工程中，应优先考虑采用桩排或地下连续墙方案。

关于沉箱的计算，也应分整体验算和结构强度验算两方面，可参考 5.4 节沉井的相关计算。

习 题 与 思 考 题

5-1　与桩基础相比，墩基础有哪些主要工程特点？

5-2　墩基础施工中常会遇到哪些问题？沉井下沉过程中会遇到哪些问题？它们应如何处理？

5-3　地下连续墙挡土结构的稳定性验算包括哪些内容？墙体内力的计算方法有哪些？

5-4　沉井作为整体深基础的设计程序是什么？计算分为哪两种情况？

5-5　请推导等截面沉井下沉至设计标高、刃脚下土体被挖空时，井壁最大竖向拉应力的计算公式（5-91）式。

参 考 文 献

[1]　张明义主编，基础工程．北京：中国建材工业出版社，2003 年．

[2]　龚晓南主编，基础工程．北京：中国建筑工业出版社，2008 年．

[3]　王钊主编，基础工程原理．武汉：武汉大学出版社，2001 年．

[4]　周景星，王洪瑾，虞石民，李广信编，基础工程．北京：清华大学出版社，1996 年．

[5]　中华人民共和国国家标准，《建筑地基基础设计规范》GB 5007—2011．北京：中国建筑工业出版社，2011 年．

[6]　中华人民共和国行业标准，《公路桥梁地基与基础设计规范》JTG D63—2007．北京：人民交通出版社，2007 年．

[7]　中华人民共和国行业标准，《建筑桩基技术规范》JGJ 96—2008．北京：中国建筑工业出版社，2008．

[8]　Braja M. Das. Principles of foundation engineering，PWS-KENT Publishing Company，1990.

第6章　地基处理与复合地基

6.1　概述

任何建筑物对其地基均有稳定（或承载力）和变形两方面要求。当天然地基的承载力不能满足作为建筑物地基的要求时，或在建筑物荷载作用下，地基产生的变形（包括沉降、水平位移，及不均匀沉降）超过相应的允许值时，就需要对天然地基进行地基处理以满足作为建筑物地基的要求。

地基处理是古老而又年轻的领域。说其古老是因为诸如灰土垫层和短桩处理等地基处理技术在我国的应用历史可追溯到数千年前；说其年轻则是因为现有大多数的地基处理技术均是伴随着现代文明的发展而产生的。对我国而言，现有的大部分地基处理技术是随着我国改革开放以来的基本建设持续高速发展而发展的。表6-1为部分地基处理方法在我国得到应用的最早年份。从表中可以看出大部分地基处理方法是在改革开放以后才在工程建设中得到应用的。有的地基处理方法是从国外引进的，并在工程实践中加以改造，以适应我国国情，有的则是我国工程技术人员自行研制的。

部分地基处理方法在我国应用最早年份　　**表6-1**

地基处理方法	普通砂井法	袋装砂井法	真空预压法	塑料排水带法	砂桩法	土桩法	灰土桩	振冲法
年份	1950年代	1970年代	1980年	1981年	1950年代	1950年代中	1960年代中	1977年

地基处理方法	强夯法	高压喷射注浆法	浆液深层搅拌法	粉体深层搅拌法	土工合成材料	强夯置换法	EPS超轻质填料法
年份	1978年	1992年	1977年	1983年	1970年代末	1988年	1995年

地基处理方法	低强度桩复合地基法	刚性桩复合地基法	锚杆静压桩法	掏土纠倾法	顶升纠倾法	树根桩法	沉管碎石桩法	石灰桩法
年份	1990年	1981年	1982年	1960年代初	1986年	1981年	1978年	1953年

注：表中资料引自《地基处理》第11卷，第1期，4。

到目前为止，可以说国外有的地基处理方法我国基本上都有。各地还因地制宜地发展了许多适合我国国情的地基处理技术。越来越多的土木工程技术人员掌握了各种地基处理方法。地基处理技术的普及和提高在我国发展都很快。

我国地基处理理论发展也很快。在探讨加固机理、改进施工机械和施工工艺、发展检验手段、提高处理效果、改进设计方法等方面都取得不少进展。

地基土体是自然、历史的产物，区域性强。即是在同一场地，同一层土，沿深度、沿水平方向均存在差异。我国地域辽阔，各地工程地质条件差异也很大。因此，在工程实践中一定要因地制宜，充分利用地方资源，合理地选用地基处理方法。

天然地基经地基处理后形成的地基称为人工地基。采用各种地基处理方法处理后形成的人工地基大致上可以分为二大类：一类是指天然地基土体在地基处理过程中得到全面的土质改良，处理后地基中土体的物理力学性质是比较均匀的。另一类是指天然地基在地基处理过程中部分土体得到增强，或被置换，或在天然地基中设置加筋材料，加固区是由基体（天然地基土体）和增强体两部分组成的人工地基。前一类可称为均质地基，后一类称为复合地基。

近些年来，复合地基技术在我国发展很快，并形成了较系统的复合地基理论。

目前在我国应用的复合地基类型主要有：由多种施工方法形成的各类砂石桩复合地基、水泥土桩复合地基、低强度桩复合地基、土桩、灰土桩复合地基等。目前复合地基技术在房屋建筑、公路、铁路、堆场、机场、堤坝等土木工程建设中得到广泛应用。

本章将首先简要介绍地基处理原理和地基处理方法分类、地基处理方法选用原则和规划程序，然后阐述复合地基概论，并对几种常用的地基处理方法作较详细的介绍和发展展望。

6.2 地基处理原理与地基处理方法分类

在土木工程中应用的地基处理方法很多，根据加固地基的原理通常将地基处理方法分为下述六类：

（1）置换；

（2）排水固结；

（3）灌入固化物；

（4）振密、挤密；

（5）加筋；

（6）冷热处理。

除按加固原理进行分类以外，还可将地基处理方法根据处理深度分为浅层处理技术和深层处理技术两大类；也可将地基处理方法分为物理的地基处理方法、化学的地基处理方法，以及生物的地基处理方法等类别。

下面首先介绍地基处理加固原理，然后介绍根据地基处理的加固原理对地基处理方法进行分类情况，以及各种处理方法的适用范围。

（1）置换

采用抗剪强度较高、压缩性较小的材料，如：碎石、砂石料、灰土、粉煤灰或矿渣等，置换天然地基中部分或全部软弱土体，以形成双层地基或复合地基，达到提高地基承载力、减少沉降的这一类地基处理方法称为置换法。

加固原理主要属于置换的地基处理方法有：换土垫层法、挤淤置换法、褥垫法、强夯置换法等地基处理方法。

（2）排水固结

根据固结理论，饱和软黏土在荷载作用下将发生排水固结。在排水固结过程中，土体压缩性减小，抗剪强度提高。排水固结法加固地基是指让地基土体在一定预压荷载作用下产生排水固结，促使土体压缩性减小，抗剪强度提高，以达到提高地基承载力，减少工后沉降的目的。

加固原理属于排水固结的地基处理方法可按预压加载方法和在地基中设置竖向排水系统的不同来分类。按预压加载方法可分为：加载预压法、超载预压法、真空预压法、真空与堆载联合预压法等。按在地基中设置的竖向排水系统可分为：普通砂井法、袋装砂井法和塑料排水带法等。

（3）灌入固化物

向地基土体中灌入或拌入固化物，如水泥，石灰，以及其他化学固化浆材等，通过固化物与土体之间产生一系列的物理化学作用，在地基中形成复合土体，以达到提高地基承载力，减少沉降的这一类地基处理方法称为灌入固化物法。有时形成的复合土体还用于抗渗和防渗。

加固原理属于灌入固化物的地基处理方法有：深层搅拌法、高压喷射注浆法、灌浆法等。深层搅拌法又可分为喷浆深层搅拌法和喷粉深层搅拌法两种。按施工工艺和加固原理灌浆法又可分为渗入性灌浆法、劈裂灌浆法和压密灌浆法三种。

（4）振密、挤密

采用振动或挤密的方法使地基土体密实，以达到提高地基承载力和减少沉降的这一类地基处理方法称为振密、挤密法。

加固原理属于振密、挤密的地基处理方法有：表层原位压实法、强夯法、振冲密实法、挤密砂石桩法、爆破挤密法、土桩和灰土桩法、夯实水泥土桩法、柱锤冲扩桩法等。

（5）加筋

在地基中设置强度高、模量大的筋材，如：土工格栅、土工织物等，以达到提高地基承载力、减少沉降的这一类地基处理方法称为加筋法。

加固原理属于加筋法的地基处理方法有：加筋土垫层法和加筋土挡墙法。

（6）冷热处理

通过冻结地基土体，或焙烧、加热地基土体以改变土体物理力学性质达到地基处理目的这一类地基处理方法称为冷热处理法。

加固原理属于冷热处理的地基处理方法有：冻结法和烧结法两种。

现有地基处理方法的简要原理和适用范围如表 6-2 所列。

地基处理方法分类及其适用范围 表 6-2

类别	方法	简要原理	适用范围
置换	换土垫层法	将软弱土或不良土开挖至一定深度，回填抗剪强度较高、压缩性较小的岩土材料，如砂、砾、石渣等，并分层压密成垫层，与下卧原有土层形成双层地基。垫层不仅能有效扩散基底压力，提高地基承载力、减少沉降，也能加速地基固结	各种软弱土地基
	挤淤置换法	通过抛石或夯击回填碎石置换淤泥达到加固地基的目的，也有采用爆破实行挤淤置换	淤泥或淤泥质黏土地基

续表

类别	方法	简要原理	适用范围
置换	褥垫法	当建（构）筑物的地基一部分压缩性较小，而另一部分压缩性较大时，为了避免不均匀沉降，在压缩性较小的区域，通过换填法铺设一定厚度压缩性较大的土料形成褥垫，通过褥垫的压缩量达到减少沉降差的目的	建（构）筑物的地基一部分压缩性较小，而另一部分压缩性较大时
	强夯置换法	采用边填碎石边强夯的方法在地基中形成碎石墩体，由碎石墩、墩间土以及碎石垫层形成复合地基，以提高承载力，减小沉降	粉砂土和软黏土地基等
排水固结	加载预压法	在地基中设置水平排水层一砂垫层和竖向排水系统（竖向排水系统通常有普通砂井、袋装砂井、塑料排水带等），以增加土体排水通道、缩短排水距离，加速地基在预压荷载作用下的排水固结和变形，以及地基土强度的增长。卸去预压荷载后再建造建（构）筑物，既提高了地基承载力也减小了工后沉降	软黏土、杂填土、泥炭土地基等
	超载预压法	原理基本上与堆载预压法相同，不同之处是其预压荷载大于设计使用荷载。超载预压不仅可减少工后固结沉降，还可消除部分工后次固结沉降	同上
	真空预压法	在软黏土地基中设置排水体系（同加载预压法），然后在上面形成一不透气层（覆盖不透气密封膜，或其他措施）通过对排水体系进行长时间不断抽气抽水，在地基中形成负压区，而使软黏土地基产生排水固结，达到提高地基承载力，减小工后沉降的目的	软黏土地基
	真空与堆载联合预压法	即真空预压法与堆载预压法的联合使用，两者的加固效果可叠加	同上
灌入固化物	深层搅拌法	利用深层搅拌机将水泥浆或水泥粉和地基土原位搅拌形成圆柱状、格栅状或连续墙水泥土增强体，形成复合地基，以提高地基承载力，减小沉降。也常用来形成水泥土防渗帷幕。深层搅拌法分喷浆搅拌法和喷粉搅拌法两种	淤泥、淤泥质土、黏性土和粉土等软土地基，有机质含量较高时应通过试验确定适用性
	高压喷射注浆法	利用高压喷射专用机械，在地基中通过高压喷射流冲切土体，用浆液置换部分土体，形成水泥土增强体。按喷射流组成形式，高压喷射注浆法有单管法、二重管法、三重管法。按施工工艺可形成定喷，摆喷和旋喷。高压喷射注浆法可形成复合地基以提高承载力，减少沉降，也常用于形成水泥土防渗帷幕	淤泥、淤泥质土、黏性土、粉土、黄土、砂土、人工填土和碎石土等地基，当含有较多的大块石，或地下水流速较快，或有机质含量较高时应通过试验确定适用性
	渗入性灌浆法	在灌浆压力作用下，将浆液灌入地基中以填充原有孔隙，改善土体的物理力学性质	中砂、粗砂、砾石地基
	劈裂灌浆法	在灌浆压力作用下，浆液克服地基土中初始应力和土的抗拉强度，使地基中原有的孔隙或裂隙扩张，用浆液填充新形成的裂缝和孔隙，改善土体的物理力学性质	岩基或砂、砂砾石、黏性土地基
	挤密灌浆法	在灌浆压力作用下，向土层中压入浓浆液，在地基形成浆泡，挤压周围土体。通过压密和置换改善地基性能。在灌浆过程中因浆液的挤压作用可产生辐射状上抬力，引起地面隆起	常用于可压缩性地基，排水条件较好的黏性土地基

续表

类别	方法	简要原理	适用范围
振密、挤密	表层原位压实法	采用人工或机械夯实、碾压或振动，使土体密实。密实范围较浅，常用于分层填筑	杂填土、疏松无黏性土、非饱和黏性土、湿陷性黄土等地基的浅层处理
	强夯法	采用重量为10～40t的夯锤从高处自由落下，地基土体在强夯的冲击力和振动力作用下密实，可提高地基承载力，减少沉降	碎石土、砂土、低饱和度的粉土与黏性土，湿陷性黄土、杂填土和素填土等地基
	振冲密实法	一方面依靠振冲器的振动使饱和砂层发生液化，砂颗粒重新排列孔隙减小，另一方面依靠振冲器的水平振动力，加回填料使砂层挤密，从而提高地基承载力，减小沉降，并提高地基土体抗液化能力。振冲密实法可加回填料也可不加回填料。加回填料，又称为振冲挤密碎石桩法	黏粒含量小于10%的疏松砂性土地基
	挤密砂石桩法	采用振动沉管法等在地基中设置碎石桩，在制桩过程中对周围土层产生挤密作用。被挤密的桩间土和密实的砂石桩形成砂石桩复合地基，达到提高地基承载力，减小沉降的目的	砂土地基、非饱和黏性土地基
	爆破挤密法	利用在地基中爆破产生的挤压力和振动力使地基土密实以提高土体的抗剪强度，提高地基承载力和减小沉降	饱和净砂、非饱和但经灌水饱和的砂、粉土、湿陷性黄土地基
	土桩、灰土桩法	采用沉管法、爆扩法和冲击法在地基中设置土桩或灰土桩，在成桩过程中挤密桩间土，由挤密的桩间土和密实的土桩或灰土桩形成土桩复合地基或灰土桩复合地基，以提高地基承载力和减小沉降，有时用于消除黄土的湿陷性	地下水位以上的湿陷性黄土、杂填土、素填土等地基
	夯实水泥土桩法	在地基中人工挖孔，然后填入水泥与土的混合物，分层夯实，形成水泥土桩复合地基，提高地基承载力和减小沉降	同上
	柱锤冲扩桩法	在地基中采用直径300～500mm，长2～5m，质量1～8t的柱状锤，将地基土层冲击成孔，然后将拌合好的填料分层填入桩孔夯实，形成柱锤冲扩桩，形成复合地基，以提高地基承载力和减小沉降	同上
加筋	加筋土垫层法	在地基中铺设加筋材料（如土工织物、土工格栅等、金属板条等）形成加筋土垫层，以增大压力扩散角，提高地基稳定性	筋条间宜用无黏性土；适用于各种软弱地基
	加筋土挡墙法	利用在填土中分层铺设加筋材料以提高填土的稳定性，形成加筋土挡墙。挡墙外侧可采用侧面板形式，也可采用加筋材料包裹形式	应用于填土挡土结构

续表

类别	方法	简要原理	适用范围
冷热处理	冻结法	冻结土体，改善地基土截水性能，提高土体抗剪强度，形成挡土结构或止水帷幕	饱和砂土或软黏土，作施工临时措施
	烧结法	钻孔加热或焙烧，减少土体含水量，减少压缩性，提高土体强度，达到地基处理目的	软黏土、湿陷性黄土，特别适用于有富余热源的地区

6.3 地基处理方法选用原则和规划程序

地基处理工程要做到确保工程质量、经济合理和技术先进。

我国地域辽阔，工程地质条件千变万化，各地施工机械条件、技术水平、经验积累，以及建筑材料品种、价格都有差异。在选用地基处理方法时一定要因地制宜，充分发挥地方优势，利用地方资源，合理选用地基处理方法。

如表 6-2 中所示，每种地基处理方法都有一定的适用范围，没有一种地基处理方法是万能的。一定要根据具体工程情况，选用合适的地基处理方法。在引用外地的某一地基处理方法时应该克服盲目性，注意地区特点。因地制宜是选用地基处理方法的一项最重要的选用原则。

下面结合介绍图 6-1 所示的地基处理规划程序进一步说明地基处理方法的选用原则。

首先，要认真分析所建工程对地基的要求和场地工程地质条件，确定是否需要进行地基处理。在考虑是否需要进行地基处理时，应重视上部结构、基础和地基的共同作用，考虑上部结构体型、整体刚度等因素对地基性状的影响。

在选用具体的地基处理方案前，应根据地基工程地质条件、地基处理方法的加固原理、过去的经验以及机具设备和材料条件，进行地基处理方案的可行性研究，提出多种技术上可行的地基处理方案。

然后，对拟选用的技术上可行的多种地基处理方案进行技术、经济、进度、环境保护要求等方面的综合比较分析，初步确定采用一种或几种地基处理方法。这也是地基处理方案的优化过程。

最后，根据初步确定的地基处理方案，根据需要决定是否进行小型现场试验或进行补充调查。然后进行施工设计，再进行地基处理施工。

在施工过程中要进行监测、检测。根据监测和检测结果确定是否需要对原设计进行修改或补充。

实践表明，图 6-1 所示的程序是比较恰当的地基处理规划程序。

这里还须特别强调的是要重视对天然地基工程地质条件的详细了解。许多由地基问题造成的工程事故，或地基处理达不到预期目的造成的工程事故，往往是由于对天然地基工程地质条件了解不够全面而造成的。

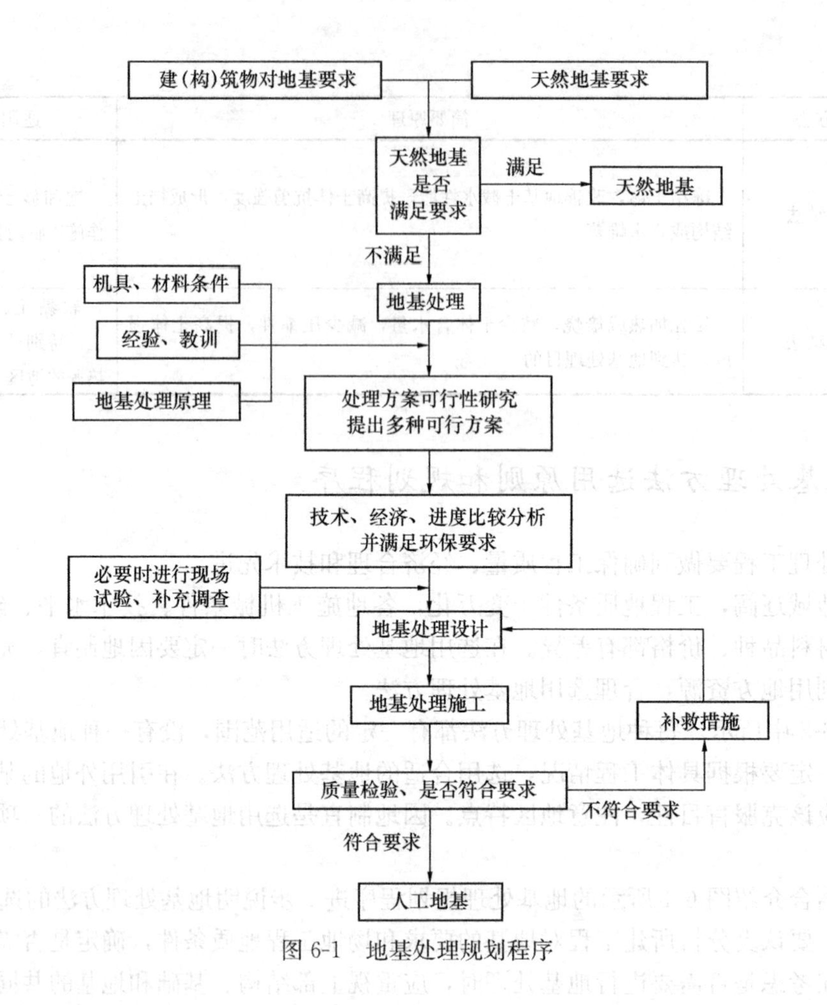

图 6-1　地基处理规划程序

6.4　复合地基概论

6.4.1　发展概况

复合地基一词国外最早见于1960年左右，国内还要晚一些。复合地基技术近年来在我国得到重视和发展是与我国工程建设对其的需求分不开的。1990年在河北承德，中国建筑学会地基基础专业委员会在黄熙令院士主持下召开了我国第一次以复合地基为专题的学术讨论会。会上交流、总结了复合地基技术在我国的应用情况，有力地促进了复合地基理论和实践在我国的发展。龚晓南院士在复合地基引论（地基处理，1991～1992）和《复合地基》（1992，浙江大学出版社）中较系统地总结了国内外复合地基理论和实践方面的研究成果，提出了基于广义复合地基概念的复合地基定义和复合地基理论框架，总结了复合地基承载力和沉降计算思路和方法。1996年中国土木工程学会土力学及基础工程学会地基处理学术委员会在浙江大学召开了复合地基理论和实践学术讨论会，总结成绩、交流经验，共同探讨发展中的问题，促进了复合地基理论和实践水平的进一步提高。近年来复合地基理论研究和工程实践日益得到重视，复合地基在我国已成为工程建设中一种常用的地基基础形式。

随着地基处理技术和复合地基理论的发展，近些年来，复合地基技术在我国各地的应用日益增多。目前复合地基技术已在房屋建筑、高等级公路、铁路、堆场、机场、堤坝等土木工程建设中得到广泛应用。

6.4.2　定义和分类

复合地基是指天然地基在地基处理过程中部分土体得到增强，或被置换，或在天然地基中设置加筋材料，加固区是由基体（天然地基土体）和增强体两部分组成的人工地基。复合地基示意图如图 6-2 所示。

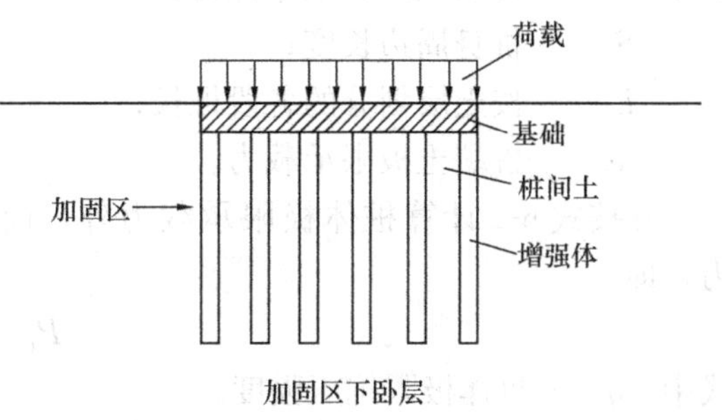

图 6-2　复合地基示意图

根据复合地基中增强体的布置方向复合地基可分为竖向增强体复合地基和水平向增强体复合地基两大类。竖向增强体复合地基习惯上称为桩体复合地基。根据桩体材料的性质桩体复合地基又可分为散体材料桩复合地基和粘结材料桩复合地基两类，根据桩体刚度大小粘结材料桩复合地基又可分为柔性桩复合地基和刚性桩复合地基两类。

因此，复合地基的分类可归纳为如下所示：

- 复合地基
  - 竖向增强体(桩体）复合地基
    - 散体材料桩复合地基
    - 粘结材料桩复合地基
      - 柔性桩复合地基
      - 刚性桩复合地基
  - 水平向增强体复合地基

水平向增强体复合地基在工程中应用较少，对其作用机理认识还很不成熟，其承载力和沉降计算方法有待进一步探讨。这里主要介绍桩体复合地基。

6.4.3　桩体复合地基承载力计算

桩体复合地基的承载力由桩体（竖向增强体）承载力和桩间土承载力两部分组成。计算时先分别确定桩体承载力和桩间土承载力，然后根据一定的原则将这两部分承载力叠加就得到复合地基的承载力。根据这一思路，桩体复合地基的极限承载力 P_{cf} 可用下式表示：

$$P_{cf} = k_1\lambda_1 mP_{pf} + k_2\lambda_2(1-m)P_{sf} \tag{6-1}$$

式中　P_{pf}——单桩极限承载力，单位 kPa；

P_{sf}——天然地基极限承载力，单位 kPa；

k_1——反映复合地基中桩体实际极限承载力与单桩极限承载力不同的修正系数；

k_2——反映复合地基中桩间土实际极限承载力与天然地基极限承载力不同的修正系数；

λ_1——复合地基破坏时，桩体发挥其极限强度的比例，称为桩体极限强度发挥度；

λ_2——复合地基破坏时，桩间土发挥其极限强度的比例，称为桩间土极限强度发挥度；

m——复合地基面积置换率，$m=\dfrac{A_p}{A}$，其中 A_p 为桩体横断面积，A 为对应的加固面积。

桩体极限承载力可通过现场试验确定。如无试验资料，对刚性桩复合地基和柔性桩复合地基，桩体极限承载力也可采用类似摩擦桩极限承载力计算式估算，其表达式为

$$P_{pf} = [\sum f S_a L_i + A_p R]/A_p \tag{6-2}$$

式中 f——桩周土的极限摩擦力；

S_a——桩身周边长度；

L_i——按土层划分的各段桩长；

R——桩端土极限承载力。

除按式 6-2 计算桩体极限承载力外，尚需计算桩身材料强度允许的单桩极限承载力，即

$$P_{pf} = q \tag{6-3}$$

式中 q——桩体极限抗压强度。

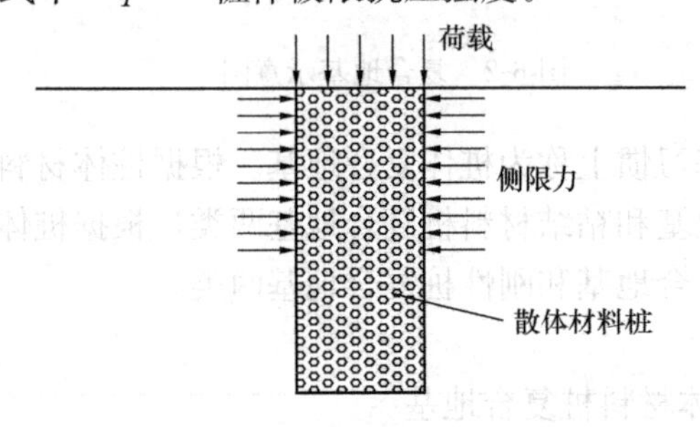

图 6-3 散体材料桩极限承载力示意图

由式（6-2）和式（6-3）计算所得的二者中取较小值为桩体的极限承载力。

对散体材料桩复合地基，散体材料桩的极限承载力主要取决于桩侧土体所能提供的最大侧限力，如图 6-3 所示。散体材料桩在荷载作用下，桩体发生鼓胀，桩周土进入塑性状态，可以通过计算桩间土所能提供的侧向极限应力计算单桩极限承载力。其一般表达式可表示为：

$$P_{pf} = \sigma_{ru} K_p \tag{6-4}$$

式中 σ_{ru}——桩侧土体所能提供的最大侧限力，kPa；

K_p——桩体材料的被动土压力系数。

桩侧土体所能提供的最大侧向极限力常用计算方法有 Brauns（1978）计算式，圆筒形孔扩张理论计算式等，这里只介绍 Brauns（1978）计算式。

Brauns（1978）计算式是为计算碎石桩承载力提出的，其原理及计算式也适用于一般散体材料桩情况。Brauns 认为，在荷载作用下，桩体产生鼓胀变形。在极限平衡状态，桩体的鼓胀变形使桩周土进入被动极限平衡状态，桩周土极限平衡区如图 6-4（a）所示。为计算方便，Brauns 作了下述三条假设：

（1）桩周土极限平衡区位于桩顶附近，滑动面成漏斗形，桩体鼓胀破坏段长度等于 $2r_o \mathrm{tg}\delta_p$，其中 r_o 为桩体半径，$\delta_p = 45° + \varphi_p/2$，$\varphi_p$ 为散体材料桩桩体材料的内摩擦角；

（2）桩周土与桩体间摩擦力 $\tau_M = 0$；极限平衡土体中，环向应力 $\sigma_\theta = 0$；

（3）计算中不计地基土和桩体的自重。

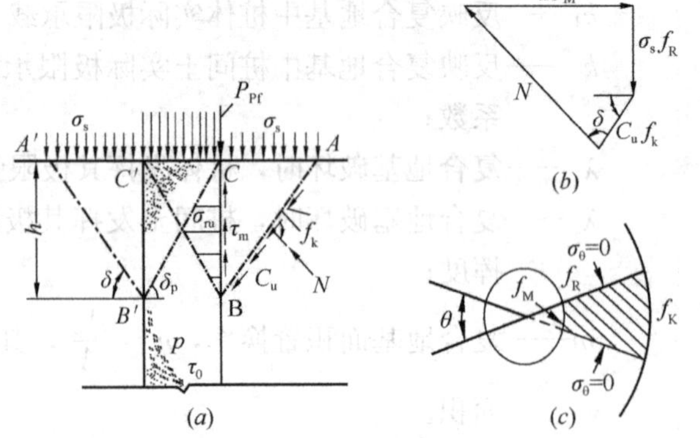

图 6-4 Brauns（1978）计算图式

（a）桩周土极限平衡区；（b）多边形；（c）θ 角度区

在上述假设的基础上，作用在图 6-4（c）中阴影部分土体上力的多边形如图 6-4（b）所示。图中 f_M、f_K 和 f_R 分别表示阴影部分所示的平衡土体的

桩周界面、滑动面和地表面的面积。根据力的平衡，可得到在极限荷载作用下，作用在桩周土上的极限应力 σ_{ru} 为

$$\sigma_{ru} = \left(\sigma_s + \frac{2c_u}{\sin 2\delta}\right)\left(\frac{\mathrm{tg}\delta_p}{\mathrm{tg}\delta} + 1\right) \tag{6-5}$$

式中 c_u——桩间土不排水抗剪强度；

δ——滑动面与水平面夹角；

σ_s——桩周土表面荷载，如图 6-4（a）所示；

δ_p——桩体材料内摩擦角。

将式（6-5）代入式（6-4）可得到桩体极限承载力为

$$P_{pf} = \sigma_{ru}\,\mathrm{tg}^2\delta_p = \left(\sigma_s + \frac{2c_u}{\sin 2\delta}\right)\left(\frac{\mathrm{tg}\delta_p}{\mathrm{tg}\delta} + 1\right)\mathrm{tg}^2\delta_p \tag{6-6}$$

滑动面与水平面的夹角 δ 可按下式用试算法求出

$$\frac{\sigma_s}{2c_u}\mathrm{tg}\delta_p = -\frac{\mathrm{tg}\delta}{\mathrm{tg}2\delta} - \frac{\mathrm{tg}\delta_p}{\mathrm{tg}2\delta} - \frac{\mathrm{tg}\delta_p}{\sin 2\delta} \tag{6-7}$$

当 $\sigma_s=0$ 时，式（6-6）可改写为

$$P_{pf} = \frac{2c_u}{\sin 2\delta}\left(\frac{\mathrm{tg}\delta_p}{\mathrm{tg}\delta} + 1\right)\mathrm{tg}^2\delta_p \tag{6-8}$$

此时夹角 δ 可按下式用试算法求得

$$\mathrm{tg}\delta_p = \frac{1}{2}\mathrm{tg}\delta(\mathrm{tg}^2\delta - 1) \tag{6-9}$$

设桩体材料的内摩擦角 $\varphi_p=38°$（碎石内摩擦角常取为 38°），则 $\delta_p=64°$。由式（6-9）试算得 $\delta=61°$，再代入式（6-8）可得 $P_{pf}=20.8c_u$。这就是 Brauns 理论的碎石桩承载力简化计算式。

桩体复合地基极限承载力计算式 6-1 中天然地基极限承载力除了直接通过载荷试验，以及根据土工试验资料，查阅有关规范确定外，常采用 Skempton 极限承载力公式进行计算。Skempton 极限承载力公式为

$$P_{sf} = c_u N_c\left(1 + 0.2\frac{B}{L}\right)\left(1 + 0.2\frac{D}{L}\right) + \gamma D \tag{6-10}$$

式中 D——基础埋深；

B——基础宽度；

L——基础长度；

c_u——不排水抗剪强度；

N_c——承载力系数，当 $\varphi=0$ 时，$N_c=5.14$。

已知桩体极限承载力 P_{pf} 和桩间土极限承载力 P_{sf}，就可根据式（6-1）得到复合地基极限承载力 P_{cf} 值。

复合地基的容许承载力 P_{cc} 计算式为

$$P_{cc} = \frac{P_{cf}}{K} \tag{6-11}$$

式中 K——安全系数。

当复合地基加固区下卧层为软弱土层时，按复合地基加固区容许承载力计算基础的底面尺寸后，尚需对下卧层承载力进行验算。要求作用在下卧层顶面处附加应力 p_o 和自重应力 σ_r 之和 p 不超过下卧层土的容许承载力 $[R]$，即

$$p = p_o + \sigma_r \leqslant [R] \tag{6-12}$$

为了简化起见，实用上附加应力 p_o，可以采用压力扩散法计算。

复合地基承载力也可采用特征值形式表示，桩体复合地基承载力特征值表达式为

$$f_{spk} = K_1\lambda_1 m f_{pk} + K_2\lambda_2(1-m)f_{sk} \tag{6-13}$$

式中 f_{spk}——复合地基承载力特征值，kPa；

f_{pk}——桩体承载力特征值，kPa；

f_{sk}——天然地基承载力特征值，kPa；

K_1——反映复合地基中桩体实际的承载力特征值与单桩承载力特征值不同的修正系数；

K_2——反映复合地基中桩间土实际的承载力特征值与天然地基承载力特征值不同的修正系数；

λ_1——复合地基达到承载力特征值时，桩体实际承担荷载与桩体承载力特征值的比例；

λ_2——复合地基达到承载力特征值时，桩间土实际承担荷载与桩间土承载力特征值的比例；

m——复合地基面积置换率。

必须注意：式（6-13）中 K_1、K_2 和 λ_1、λ_2 的取值与式 6-1 是不相同的。

6.4.4 复合地基沉降计算

在各类复合地基沉降实用计算方法中，通常把复合地基沉降量分为二部分，如图 6-5 所示。图中 h 为复合地基加固区厚度，z 为荷载作用下地基压缩层厚度。加固区的压缩量为 S_1，加固区下卧层土体压缩量为 S_2。于是，复合地基的总沉降量 S 表达式为

$$S=S_1+S_2 \tag{6-14}$$

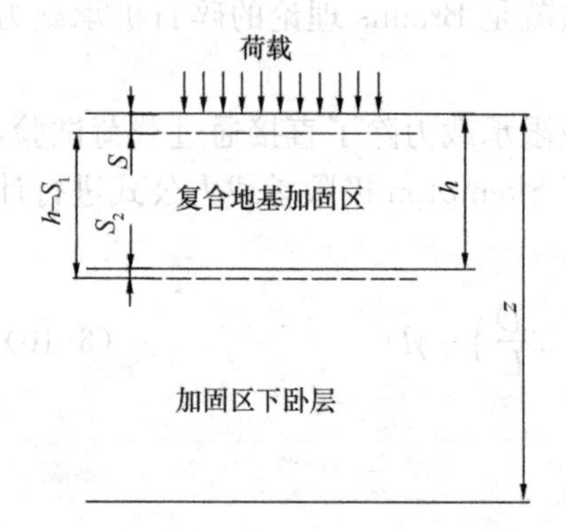

图 6-5 复合地基沉降计算模式

复合地基加固区土层压缩量 S_1 可采用复合模量法、应力修正法和桩身压缩量法计算。下面分别作简要介绍：

（1）复合模量法（E_c 法）

将复合地基加固区中增强体和基体两部分视为一复合土体，采用复合压缩模量 E_{cs} 来表征复合土体的压缩性。采用分层总和法计算加固区土层压缩量 S_1，表达式为

$$S_1 = \sum_{i=1}^{n_1} \frac{\Delta p_i}{E_{csi}} H_i \tag{6-15}$$

式中 n_1——加固区分层数；

Δp_i——第 i 层复合土上附加应力增量；

E_{csi}——第 i 层复合土层的复合压缩模量；

H_i——第 i 层复合土层的厚度。

复合压缩模量 E_{csi} 的表达式为

$$E_{csi} = mE_p + (1-m)E_{si} \tag{6-16}$$

式中 E_p——桩体的压缩模量；

E_{si}——第 i 层土体的压缩模量。

（2）应力修正法（E_s法）

在应力修正法中，通过计算桩间土的压缩量来计算复合地基加固区土层压缩量。根据桩间土承担的荷载和桩间土的压缩模量，采用分层总和法计算。

$$S_1 = \sum_{i=1}^{n} \frac{\Delta p_{si}}{E_{si}} H_i = \mu_s \sum_{i=1}^{n_1} \frac{\Delta p_i}{E_{si}} H_i = \mu_s S_{1s} \tag{6-17}$$

式中 μ_s——应力修正系数，$\mu_s = \dfrac{1}{1+m(n-1)}$；

n—— 复合地基桩土应力比；

Δp_i——未加固地基在荷载 P 作用下第 i 层土上的附加应力增量；

Δp_{si}——复合地基中第 i 层桩间土的附加应力增量，相当于未加固地基在荷载 P_s作用下第 i 层土上的附加应力增量；

S_{1s}——未加固地基（天然地基）在荷载 P 用下相应厚度内的压缩量。

（3）桩身压缩量法（E_p法）

在桩身压缩量法中，通过计算桩身的压缩量和桩底端刺入下卧层土体中的刺入量来计算复合地基加固区土层压缩量。在荷载作用下，桩身的压缩量 S_p可用下式计算：

$$S_p = \frac{(\mu_p p + p_{bo})}{2E_p} h \tag{6-18}$$

式中 μ_p——应力修正系数，$\mu_p = \dfrac{n}{1+m(n-1)}$；

h——加固区厚度，也等于桩身长度 l；

E_p——桩身材料变形模量；

p——复合地基上荷载密度；

p_{bo}——桩底端端承力密度。

加固区土层的压缩量表达式为

$$S_1 = S_P + \Delta \tag{6-19}$$

式中 S_P——桩身压缩量；

Δ——桩底端刺入下卧层土体中的刺入量。

若刺入量 $\Delta=0$，则桩身压缩量就是加固区土层压缩量。

复合地基加固区下卧层土层压缩量 S_2通常采用分层总和法计算。在分层总和法计算中，作用在下卧层土体上的荷载（或称附加应力）是难以精确计算的。目前在工程应用上，常采用下述方法计算作用在下卧层土体上的荷载。

（1）压力扩散法

图 6-6（a）为采用压力扩散法计算复合地基加固区下卧层上的荷载示意图。作用在复合地基上荷载密度为 p，宽度为 B，长度为 D，加固区厚度为 h，复合地基压力扩散角为 β，则作用在下卧土层上的荷载 p_b为

$$p_b = \frac{BDp}{(B+2h\text{tg}\beta)(D+2h\text{tg}\beta)} \tag{6-20}$$

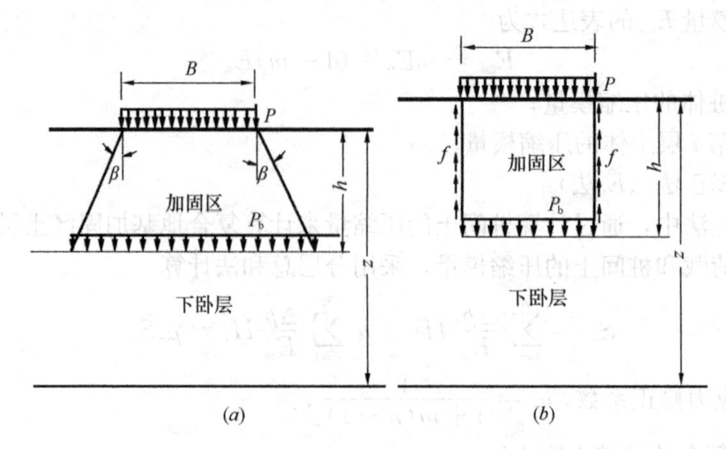

图 6-6　压力扩散法和等效实体法

(a) 压力扩散法；(b) 等效实体法

对条形基础，仅考虑宽度方向扩散，则式 6-20 可改写为

$$p_b = \frac{Bp}{(B + 2h\mathrm{tg}\beta)} \tag{6-21}$$

复合地基压力扩散角不同于双层地基压力扩散角，其值比双层地基压力扩散角小。

(2) 等效实体法

图 6-6 (b) 为采用等效实体法计算加固区下卧层上的荷载示意图。作用在复合地基上荷载密度为 p，长度为 D，宽度为 B，加固区厚度为 h，f 为等效实体平均侧摩阻力密度，则作用在下卧土层上的荷载 p_b 为

$$p_b = \frac{BDp - (2B + 2D)hf}{BD} \tag{6-22}$$

对条形基础，上式可改写为

$$p_b = p - \frac{2h}{B}f \tag{6-23}$$

在计算中要重视等效实体平均侧摩阻力密度的合理选用。

复合地基在荷载作用下的沉降计算也可采用有限单元法。在计算中，几何模型处理上大致上可以分为两类：一类在计算单元划分上把单元分为增强体单元和土体单元，并根据需要在增强体单元和土体单元之间设置或不设置界面单元。另一类是在计算单元划分上把单元分为加固区复合土体单元和非加固区土体单元，复合土体单元采用复合体材料参数。

各类复合地基沉降计算采用上述何种方法为宜，需具体问题具体分析。

6.4.5　基础刚度和垫层对桩体复合地基性状影响

在建筑工程中，无论是条形基础，还是筏板基础，基础刚度都很大，可称为刚性基础。在交通工程中，人们发现路堤下的桩体复合地基性状与建筑工程中刚性基础下复合地基性状有较大差别。为叙述方便，将类似路堤下的桩体复合地基称为柔性基础下复合地基。当复合地基各种参数都相同时，在荷载作用下，柔性基础下复合地基的桩土荷载分担比要比刚性基础下复合地基的桩土荷载分担比小，也就是说刚性基础下复合地基中桩体承担的荷载要比柔性基础下复合地基桩体承担的大。现场试验研究表明（吴慧明，2002）：柔性基础下桩体复合地基和刚性基础下桩体复合地基的破坏模式是不同的。当荷载不断增

大时，一般情况下，柔性基础下桩体复合地基破坏是由土体先破坏造成的，而刚性基础下桩体复合地基破坏是由桩体先破坏造成的。试验研究表明桩体复合地基极限承载力大小与基础刚度有关。在相同的条件下，刚性基础下复合地基比柔性基础下复合地基的极限承载力大。在应用式 6-1 计算复合地基极限承载力时，对刚性基础下复合地基，$\lambda_1=1.0$，λ_2小于 1.0；而对柔性基础下复合地基，$\lambda_2=1.0$，λ_1小于 1.0。试验研究成果还表明：在相同的条件下，柔性基础下复合地基的沉降要比刚性基础下复合地基的沉降大。

柔性基础下桩体复合地基沉降较大的原因有两个方面：一是土中应力大，二是桩会向上刺入像路堤这样的柔性基础。

为了提高柔性基础下复合地基桩土荷载分担比，减小复合地基沉降，可在复合地基和柔性基础之间设置刚度较大的垫层，如灰土垫层，土工格栅碎石垫层等。不设较大刚度的垫层的柔性基础下桩体复合地基应慎用。

为了改善刚性基础下复合地基性状，常在复合地基和刚性基础之间设置柔性垫层。柔性垫层一般为砂石垫层。设置柔性垫层可减小桩土荷载分担比，同时还可改善复合地基中桩体上端部分的受力状态。柔性垫层的存在使桩体上端部分竖向应力减小，水平向应力增大，造成该部分桩体中剪应力减小，这对改善低强度桩的桩体受力状态是非常有利的。设置柔性垫层可增加桩间土承担荷载的比例，较充分利用桩间土的承载潜能。

刚性基础下复合地基桩土荷载分担比与设置的砂石垫层的厚度有关。垫层厚度愈厚，桩土荷载分担比愈小。但是当垫层厚度达到一定数值后，继续增加垫层厚度，桩土荷载分担比并不会继续减小。在实际工程中，还需考虑工程费用。综合考虑上述因素后，通常采用的砂石垫层厚度为 300～500mm。

6.5 换土垫层法

6.5.1 加固机理和适用范围

采用换土垫层法加固地基就是将基础底面以下不太深的一定范围内软弱土层挖去，然后用强度高、压缩性低的岩土材料，如砂、碎石、矿渣、灰土、土工格栅加砂石料等材料分层填筑，采用碾压、振密等方法使垫层密实。通过垫层将上部荷载扩散传到垫层下卧层地基中，达到提高地基承载力和减少沉降的目的。

换土垫层法适用于软弱土层较薄，而且分布在浅层的各类不良地基的处理。

6.5.2 换土垫层法设计

换土垫层法加固地基设计包括垫层材料的选用、铺设范围和厚度的确定，以及地基沉降计算等内容。

1. 垫层材料合理选用

采用的垫层材料可根据工程的具体条件因地制宜合理选用下述材料：

（1）砂、碎石或砂石料；

（2）灰土；

（3）粉煤灰或矿渣；

（4）土工合成材料加碎石垫层等。

2. 垫层铺设范围

垫层铺设范围应满足基础底面压力扩散的要求。垫层铺设宽度 B 可根据当地经验确定。对条形基础，也可按下式计算。

$$B \geqslant b + 2z\text{tg}\theta \tag{6-24}$$

式中 B——垫层底面宽度，m；

b——基础底面宽度；

z——垫层厚度；

θ——压力扩散角，可按表 6-3 采用。

整片垫层的铺设宽度可根据施工的要求适当加宽。垫层顶面每边宜超出基础底边不小于 300mm，或从垫层底面两侧向上，按当地开挖基坑经验放坡。

压力扩散角（°） **表 6-3**

换填材料 / z/b	中砂、粗砂、砾砂圆砾、角砾、卵石、碎石、石屑、矿渣	粉质黏土、粉煤灰	灰土
0.25	20	6	28
≥0.50	30	23	

注：1. 当 $z/b<0.25$ 时，除灰土取 $\theta=28°$ 外，其余材料均取 $\theta=0°$，必要时，宜由试验确定；

2. 当 $0.25<z/b<0.5$ 时，值 θ 可内插求得。

3. 垫层厚度

确定垫层厚度需遵循的原则即：要求垫层底面处土的自重应力与荷载作用下产生的附加应力之和不大于同一标高处的地基承载力特征值，如图 6-7 所示。其表达式为：

$$p_z + p_{cz} \leqslant f_{az} \tag{6-25}$$

式中 p_z——荷载作用下垫层底面处的附加应力，kPa；

p_{cz}——垫层底面处土的自重应力，kPa；

f_{az}——垫层底面处经深度修正后的地基承载力特征值，kPa。

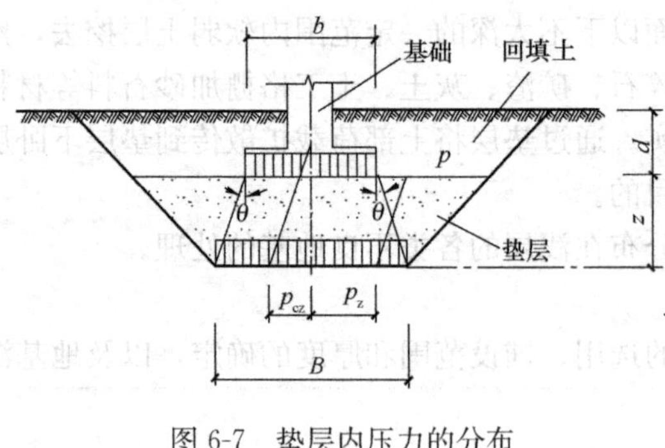

图 6-7 垫层内压力的分布

在设计计算时，先根据垫层的地基承载力特征值确定出基础宽度，再根据下卧层的承载力特征值确定垫层的厚度。一般情况下，垫层厚度不宜小于 0.5m，也不宜大于 3m。垫层太厚成本高而且施工比较困难，垫层效用并不随厚度线性增大。

对条形基础和矩形基础，垫层底面处的附加压力分别按式（6-26）和式（6-27）计算：

条形基础

$$p_z = \frac{b(p_k - p_c)}{b + 2z\text{tg}\theta} \tag{6-26}$$

矩形基础

$$p_z = \frac{bl(p_k - p_c)}{(b + 2z\text{tg}\theta)(l + 2z\text{tg}\theta)} \tag{6-27}$$

式中 p_k——荷载作用下，基础底面处的平均压力（即基底压力），kPa；

p_c——基础底面处土的自重压力，kPa；

l、b——基础底面的长度和宽度，m；

z——垫层的厚度，m；

θ——垫层的压力扩散角，可按表 6-3 采用。

垫层的地基承载力宜通过试验确定。

4. 沉降验算

换土垫层法地基的沉降计算一般仅考虑下卧层的变形，但对沉降要求较严或垫层较厚的情况，还应计算垫层自身的变形。

换土垫层法地基的沉降量可采用分层总和法计算。

6.5.3 施工和质量检验

换土垫层法施工包括开挖原地基土和铺填垫层两部分。

开挖土应注意避免坑底土层扰动，应采用干挖土法。

铺填垫层应根据不同的换填材料选用不同的施工机械。垫层需分层铺填，分层密实。砂石垫层宜采用振动碾碾压；粉煤灰垫层宜采用平碾、振动碾、平板振动器、蛙式夯等碾压方法密实；灰土垫层宜采用平碾、振动碾等方法密实等。

垫层法施工质量检验应分层进行。每层铺填密实施工后进行质量检验，经检验符合设计要求后才能进行下一层铺填密实施工。

对灰土、粉煤灰和砂石垫层的施工质量可采用环刀法，贯入仪，静力触探，轻型动力触探或标准贯入试验等方法进行质量检验；对砂石、矿渣垫层可用重型动力触探检验垫层质量。

6.6 排水固结法

6.6.1 加固机理和适用范围

采用排水固结法加固地基是通过对地基施加预压荷载，使软黏土地基土体产生排水固结，土体孔隙体积减小、抗剪强度提高，达到减少地基工后沉降和提高地基承载力的目的。

根据太沙基一维固结理论，土体固结速率与土体渗透系数、压缩模量（或压缩系数、体积压缩系数）和土体固结最大排水距离有关，而且与最大排水距离成二次方关系。因此，有效缩短最大排水距离，可以加速土体固结，大大缩短地基土固结所需的时间。例如：在一维固结条件下，当地基最大排水距离为 10.0m 时，若达到某一固结度所需时间为 10 年，则在相同条件下，当最大排水距离由 10.0m 降至 1.0m 时，达到同一固结度所需时间仅为 1.2 个月。因此，采用排水固结法加固地基时，为了加快地基固结和强度增长，缩短预压时间，一般通过在地基中设置排水体以增加排水通道、有效缩短排水距离，达到快速加固地基的目的。

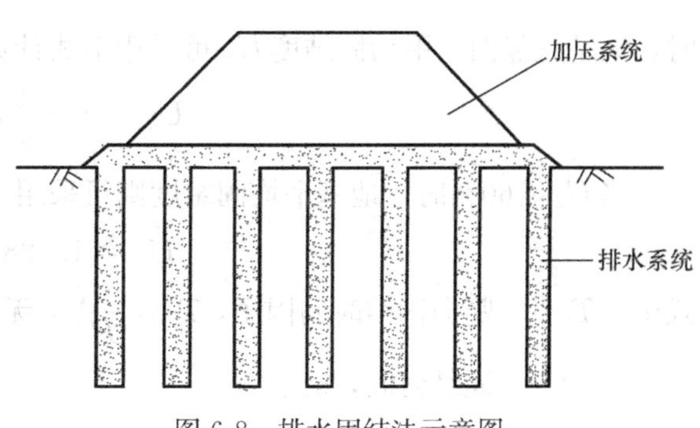

图 6-8 排水固结法示意图

如图 6-8 所示，排水固结法加固地基通常由排水系统和加压系统两部分组成。排水系统一般由水平向排水垫层和竖向排水体组成。水平向排水垫层一般采用砂垫层，也有由砂垫层加土工合成材料垫层复合形成。在地基中设置的竖向排水体通常有普通砂井、袋装砂井和塑料排水带等形式。加压系统通常采用下述方法：堆载法，真空预压法，真空和堆载联合预压法等。

普通砂井通常指采用水冲法、沉管法等施工工艺在地基中成孔，然后灌入砂，在地基中形成的竖向排水体一砂井。普通砂井直径一般采用 300mm 以上。

袋装砂井是指用土工布缝成细长袋子，再灌入砂，采用插设袋装砂井专用施工设备将其插入地基中，形成竖向排水体一袋装砂井。袋装砂井直径一般采用 70～80mm 左右。

塑料排水带由排水蕊带和滤膜两部分组成。塑料排水带由工厂生产。采用插设塑料排水带的专用设备将其插入地基中形成竖向排水体一塑料排水带。塑料排水带的截面为矩形，宽约 100mm，厚约 3～5mm，固结计算时一般按“截面周长相等”原则将其换算成圆形截面，相应的直径称为当量直径（又称等效直径），其值约为 65～70mm。

普通砂井、袋装砂井和塑料排水带三种竖向排水体各有优缺点，应根据工程条件通过技术经济比较后合理选用。由于塑料排水带可在工厂成批生产，成本相对较低且质量较有保障，因此目前在排水固结法处理地基的工程中一般均采用塑料排水带。

排水固结法适用于处理淤泥质土、淤泥、冲填土等饱和软黏性土地基。

6.6.2 地基固结度计算

1. 天然地基平均固结度计算

对于图 6-9 所示的天然地基一维固结问题，常采用 Terzaghi 一维固结理论计算。图中 k_v、E_s 分别为土体的竖向渗透系数和压缩模量；H 为最大（竖向）排水距离。

图 6-9 天然地基一维固结计算示意图

Terzaghi 一维固结方程为

$$\frac{\partial u}{\partial t} = c_v \frac{\partial^2 u}{\partial z^2} \tag{6-28}$$

式中 u——土体中超（静）孔隙水压力，kPa；

c_v——土体一维固结系数，$c_v = \dfrac{k_v E_s}{\gamma_w}$，$cm^2/s$；

k_v——土体竖向渗透系数，cm/s；

E_s——土体压缩模量，kPa；

γ_w——水重度，kN/m^3。

根据 Terzaghi 一维固结理论，对于最大排水距离为 H 的土层，当平均固结度≥30%时，地基（竖向）平均固结度 $\bar{U}_z$ 可采用下式计算：

$$\bar{U}_z = 1 - \frac{8}{\pi^2} e^{-\frac{\pi^2 T_v}{4}} \tag{6-29a}$$

当 $\bar{U}_z$≤60%时，地基平均固结度则可采用下式计算：

$$\bar{U}_z = 1.128\sqrt{T_v} \tag{6-29b}$$

式中 T_v——竖向固结时间因子，$T_v = \dfrac{c_v t}{H^2}$，无量纲；

t——固结时间，s。

2. 打穿砂井地基平均固结度计算

在地基中设置长度与软土层厚度相等的竖向排水体后形成的砂井（包括普通砂井、袋装砂井和塑料排水带等）地基称为打穿砂井地基，图 6-10 为其固结计算示意图。图中：

r_w——砂井半径，$r_w=d_w/2$，cm；对于塑料排水带，$r_w=D_p/2$；

d_w——砂井直径，cm；对于塑料排水带，$d_w=D_p$；

D_p——塑料排水带当量直径，cm；其确定见 6.6.4 节；

r_s——涂抹区半径，即砂井打设时在井周土体中形成的筒状扰动区外半径，cm；

r_e——砂井影响区半径，$r_e=d_e/2$，cm；

d_e——砂井影响区直径，cm；其值取决于砂井间距和布置方式，见 6.6.4 节；

k_h——土体水平向渗透系数，cm/s；

k_s——涂抹区土体渗透系数，cm/s；

k_w——砂井材料的渗透系数，cm/s；对于塑料排水带，$k_w=4q_w/(\pi d_w{}^2)$；

q_w——塑料排水带的排通量（即单位水力梯度作用下单位时间内从塑料排水带中流过的水量，又称为通水量），cm^3/s；一般由生产厂家直接给定；

H——软土层最大竖向排水距离，cm。单面排水时 H 即等于砂井长度，双面排水时 H 等于砂井长度的一半。

工程实践表明，涂抹区（即筒状扰动区）内土体的渗透系数 k_s 一般小于原状土体的渗透系数 k_h，这将延缓原状土体中的孔隙水流入砂井从而使固结速率减慢。此种现象称为涂抹作用。类似地，若砂井的排水能力差（例如渗透系数 k_w 不大，或塑料排水带的排通量 q_w 较小），土体中的孔隙水从砂井中排出就不能畅通无阻，从而也将使固结速率减慢。此种现象则称为井阻作用。

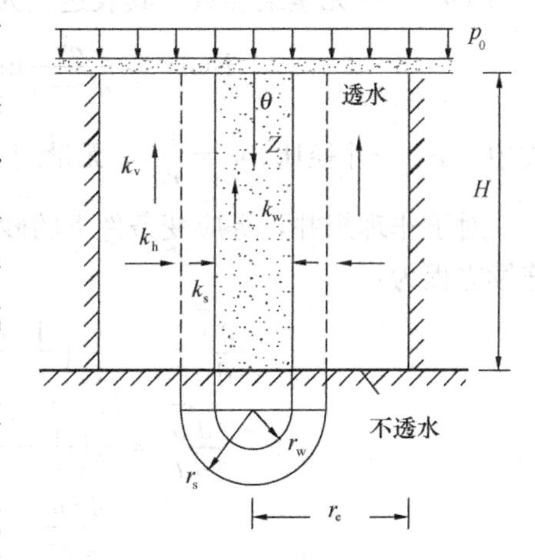

图 6-10　砂井地基固结计算示意图

显然：如砂井施工对土体无扰动（即涂抹区厚度为零，$r_s=r_w$；或 $k_s=k_h$），涂抹作用就不存在；如砂井排水能力无限大（例如渗透系数 $k_w=\infty$，或塑料排水带的排通量 $q_w=\infty$），则井阻作用也就不复存在。通常将不存在涂抹作用和井阻作用的砂井称为理想井（实际工程中不存在），否则就称为非理想井。相应地，可将不考虑涂抹作用和井阻作用的砂井固结理论称为理想井理论，否则就称为非理想井理论。

在荷载作用下，砂井地基中土体既发生水平径向排水固结，也发生竖向排水固结。因此，砂井地基固结问题从严格意义上来说属于三维空间问题。但为工程计算简便起见，固结分析时一般将砂井地基固结问题简化为轴对称固结问题，其中渗流是空间轴对称的，而变形仅是一维的（即忽略水平向变形）。

对于同时考虑径向固结和竖向固结（简称为径竖向组合固结）的砂井地基轴对称固结方程的求解，Carrillo（1942）已从数学上证明可将其分解为竖向固结方程（即式（6-28））和径向固结方程分别求解，并且在分别求得径向平均固结度和竖向平均固结度后，可按下式计算砂井地基的总平均固结度 $\bar{U}_{rz}$：

$$\bar{U}_{rz} = 1-(1-\bar{U}_z)(1-\bar{U}_r) \tag{6-30}$$

式中 $\bar{U}_z$——砂井地基竖向平均固结度，按式6-29计算；

$\bar{U}_r$——砂井地基径向平均固结度。

Barron（1948）在等应变假设条件下提出了砂井地基的径向排水固结方程：

$$\frac{\partial \bar{u}}{\partial t} = c_h\left(\frac{1}{r}\frac{\partial u}{\partial r}+\frac{\partial^2 u}{\partial r^2}\right) \tag{6-31}$$

式中 c_h——土体水平向固结系数，$c_h = \frac{k_h E_s}{\gamma_w}$，$cm^2/s$。

根据方程（6-31）及井周孔压为零等求解条件，Barron（1948）给出了适用于理想井的砂井地基径向平均固结度 $\bar{U}_r$ 计算式：

$$\bar{U}_r = 1-e^{-\frac{8T_h}{F(n)}} \tag{6-32}$$

式中 T_h——径向固结时间因子，$T_h = \frac{c_h t}{d_e^2}$，无量纲；

$F(n)$——无量纲参数，其表达式为

$$F(n) = \frac{n^2}{n^2-1}\ln(n)-\frac{3n^2-1}{4n^2} \approx \ln(n)-\frac{3}{4} \tag{6-33}$$

式中 n——井径比，$n = \frac{r_e}{r_w}$，无量纲。

对于非理想井，等应变条件下的砂井地基径向排水固结方程以及土体与砂井间的流量连续方程为：

$$\frac{\partial \bar{u}}{\partial t} = c_h\frac{k_s}{k_h}\left(\frac{1}{r}\frac{\partial u}{\partial r}+\frac{\partial^2 u}{\partial r^2}\right) \qquad r_w \leqslant r \leqslant r_s \tag{6-34a}$$

$$\frac{\partial \bar{u}}{\partial t} = c_h\left(\frac{1}{r}\frac{\partial u}{\partial r}+\frac{\partial^2 u}{\partial r^2}\right) \qquad r_s \leqslant r \leqslant r_e \tag{6-34b}$$

$$\frac{\partial^2 u_w}{\partial z^2} = -\frac{2}{r_w}\frac{k_s}{k_w}\left(\frac{\partial u}{\partial r}\right)\Big|_{r=r_w} \tag{6-34c}$$

根据方程（6-34）及图6-10所示的求解条件，谢康和（1987；1989）给出了适用于非理想井的砂井地基径向平均固结度 $\bar{U}_r$ 精确计算式：

$$\bar{U}_r = 1-\sum_{m=1}^{\infty}\frac{2}{M^2}\exp(-B_r t) \tag{6-35}$$

式中 $B_r = \frac{8c_h}{d_e^2(F_a+D)}$；$D = \frac{8G(n^2-1)}{M^2 n^2}$；$M = \frac{(2m-1)\pi}{2}$；$m = 1,2,3,\cdots$；

$F_a = \left(\ln\frac{n}{s}+\frac{k_h}{k_s}\ln s-\frac{3}{4}\right)\frac{n^2}{n^2-1}+\frac{s^2}{n^2-1}\left(1-\frac{k_h}{k_s}\right)\left(1-\frac{s^2}{4n^2}\right)+\frac{k_h}{k_s}\frac{1}{n^2-1}\left(1-\frac{1}{4n^2}\right)$；

s——涂抹比，$s = \frac{r_s}{r_w}$，无量纲；

G——对于普通或袋装砂井，$G = \frac{k_h}{k_w}\left(\frac{H}{d_w}\right)^2$；对于塑料排水带，$G = \frac{\pi^2 k_h H^2}{4q_w}$。

为便于实际应用，谢康和（1987；1989）还给出了与式（6-35）精度相近的砂井地基径向平均固结度近似计算公式：

$$\overline{U}_{r} = 1 - \exp\left(-\frac{8T_{h}}{F_{ns} + \pi G}\right) \tag{6-36}$$

式中　$F_{ns} = \ln n - \frac{3}{4} + (k_{h}/k_{s} - 1)\ln s$ 。

式（6-36）所示的砂井地基径向平均固结度计算式尚可改写为：

$$\overline{U}_{r} = 1 - \exp\left(-\frac{8T_{h}}{F}\right) \tag{6-37}$$

式中

$$F = F_{n} + F_{s} + F_{r} \tag{6-38a}$$

$$F_{n} = \ln n - \frac{3}{4} \tag{6-38b}$$

$$F_{s} = \left(\frac{k_{h}}{k_{s}} - 1\right)\ln s \tag{6-38c}$$

$$F_{r} = \pi G = \pi \frac{k_{h}}{k_{w}} \left(\frac{H}{d_{w}}\right)^{2} = \frac{\pi^{2} k_{h} H^{2}}{4q_{w}} \tag{6-38d}$$

F_{n}、F_{s}和 F_{r}分别称为几何因子、涂抹因子和井阻因子，分别代表了砂井的几何排列、涂抹作用和井阻作用对砂井地基径向平均固结度的影响。几何因子 F_{n}、涂抹因子 F_{s}和井阻因子 F_{r}越小，砂井地基的径向平均固结度越大，砂井地基固结越快。

我国建筑地基处理规范 JGJ 79—2002 和浙江省建筑地基基础设计规范 DB 33/1001—2003，J 10252—2003 中的砂井地基径向平均固结度计算式即为式（6-37）。

比较可见，当涂抹因子 $F_{s}=0$（即涂抹作用不存在，$s=1$ 或 $k_{s}=k_{h}$）和井阻因子 $F_{r}=0$（即井阻作用不存在，$k_{w}=\infty$或 $q_{w}=\infty$，或砂井的长径比 $H/d_{w}=0$），式（6-35）、（6-36）、（6-37）所示的非理想砂井地基径向平均固结度计算式就转化为式（6-32）所示的理想砂井地基径向平均固结度计算式。

将竖向平均固结度 $\overline{U}_{z}$ 计算式（6-29a）和径向平均固结度 $\overline{U}_{r}$ 计算式（6-37）代入式（6-30），即可得到考虑了径竖向组合固结的砂井地基总平均固结度 $\overline{U}_{rz}$ 计算式，即：

$$\overline{U}_{rz} = 1 - \frac{8}{\pi^{2}} e^{-\left(\frac{\pi^{2} T_{v}}{4} + \frac{8T_{h}}{F}\right)} = 1 - \frac{8}{\pi^{2}} e^{-\left(\frac{\pi^{2} c_{v}}{4H^{2}} + \frac{8c_{h}}{Fd_{e}^{2}}\right)t} \tag{6-39}$$

3. 平均固结度普遍式

曾国熙（1975）建议地基平均固结度可采用下述普遍表达式表示：

$$\overline{U} = 1 - \alpha e^{-\beta t} \tag{6-40}$$

式中　α，β——参数。

将式（6-29a）、（6-32）、（6-36）、（6-37）、（6-39）与普遍式（6-40）比较可见，不同地基在不同条件下的平均固结度计算式均具有普遍式（6-40）所示的形式，只是参数 α，β 之值不同，如表 6-4 所示。

不同地基在不同条件下的平均固结度计算公式及参数 α，β 值　　表 6-4

地基类别	条件	平均固结度计算公式	α	β	备注
天然地基	竖向排水固结 ($\bar{U}_z \geqslant 30\%$)	$\bar{U}_z = 1-\frac{8}{\pi^2}e^{-\frac{\pi^2 c_v}{4H^2}t}$	$\frac{8}{\pi^2}$	$\frac{\pi^2 c_v}{4H^2}$	Terzaghi 解
砂井地基	径向排水固结（理想井）	$\bar{U}_r = 1-e^{-\frac{8c_h}{F(n)d_e^2}t}$ $\left[F(n)=\ln(n)-\frac{3}{4}\right]$	1	$\frac{8c_h}{F(n)d_e^2}$	Barron 解
	径向排水固结（非理想井）	$\bar{U}_r = 1-e^{-\frac{8c_h t}{Fd_e^2}}$ $\left[F=\ln(n)-\frac{3}{4}+\left(\frac{k_h}{k_s}-1\right)\ln(s)+\pi\frac{k_h}{k_w}\left(\frac{H}{d_w}\right)^2\right]$	1	$\frac{8c_h}{Fd_e^2}$	谢康和解
	径、竖向组合排水固结（非理想井）	$\bar{U}_{rz} = 1-\frac{8}{\pi^2}e^{-\left(\frac{\pi^2 c_v}{4H^2}+\frac{8c_h}{Fd_e^2}\right)t}$ $\left[F=\ln(n)-\frac{3}{4}+\left(\frac{k_h}{k_s}-1\right)\ln(s)+\frac{\pi^2 k_h H^2}{4q_w}\right]$	$\frac{8}{\pi^2}$	$\frac{\pi^2 c_v}{4H^2}+\frac{8c_h}{Fd_e^2}$	谢康和解

4. 未打穿砂井地基平均固结度计算

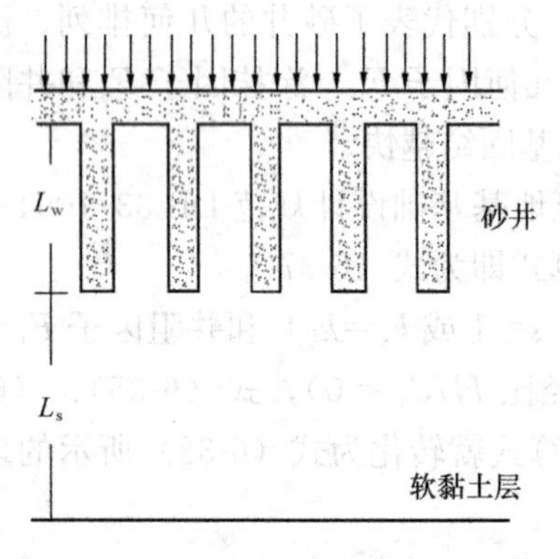

图 6-11　未打穿砂井地基示意图

当软黏土层过厚，或施工条件所限，实际砂井工程中常会发生砂井未能打穿软黏土层的情况，称为未打穿砂井地基，如图 6-11 所示。图中 L_w 表示砂井长度，L_s 表示砂井底面以下软黏土层厚度。

未打穿砂井地基平均固结度 $\bar{U}$ 计算式最早由 Hart (1958) 提出，即：

$$\bar{U} = \rho\bar{U}_{rz} + (1-\rho)\bar{U}_z \tag{6-41}$$

式中　ρ——砂井长度与软黏土层总厚度之比值，其表达式为

$$\rho = \frac{L_w}{L_w + L_s} \tag{6-42}$$

我国早期在应用式（6-41）计算未打穿砂井地基平均固结度时，定义式（6-41）中的 $\bar{U}_{rz}$ 为砂井区的平均固结度，并采用 Barron (1948) 理想砂井理论计算；将 $\bar{U}_z$ 定义为砂井底面以下软黏土层的平均固结度并采用 Terzaghi 一维固结理论计算，且计算时将砂井底面作为该下卧软黏土层的排水面。这种方法称为国内常用法。显然，将砂井底面作为下卧土层的排水面过分夸大了砂井的排水能力，如此算得的未打穿砂井地基平均固结度理论上必然过大。

为克服国内常用法的上述不足，并考虑实际砂井工程中存在的涂抹和井阻作用，谢康和（1987，2006）提出了计算未打穿砂井地基平均固结度的改进法。该法仍采用式（6-41）计算未打穿砂井地基平均固结度，但其中的 $\bar{U}_{rz}$ 和 $\bar{U}_z$ 的计算与国内常用法不同。改进

法中，当软黏土层底面不排水（即 $H=L_w+L_s$ ）时，式（6-41）中的$\bar{U}_{rz}$和$\bar{U}_z$按下列公式计算：

$$\bar{U}_{rz}=1-\alpha\exp(-\beta_{rz}t) \tag{6-43}$$

$$\bar{U}_z=1-\alpha\exp\left(-\frac{\beta_z}{c}t\right) \tag{6-44}$$

式中：

$$c=(1-a\rho)^2 \tag{6-45a}$$

$$a=1-\sqrt{\beta_z/\beta_{rz}} \quad 0\leqslant a\leqslant 1 \tag{6-45b}$$

$$\beta_{rz}=\beta_z+\beta_r \tag{6-45c}$$

$$\beta_z=\frac{\pi^2 c_v}{4H^2} \tag{6-45d}$$

$$\beta_r=\frac{8c_h}{Fd_e^2} \tag{6-45e}$$

改进法与国内常用法的主要区别在于：不再人为地将砂井底面作为砂井下卧软黏土层的排水面，而是认为下卧软黏土层的排水面介于砂井顶面和底面之间（$0\leqslant a\leqslant 1$），取决于砂井的排水能力（由 β_{rz} 值体现）。

5. 分级加载条件下地基的平均固结度计算

上述的地基平均固结度计算式都是在瞬时加载条件下得到的。在实际工程中，预压荷载往往是分级逐渐施加的。现以图6-12为例说明分级逐渐施加荷载时地基固结度计算方法。图中表示荷载分级施加情况：从 t_0（$t_0=0$）时刻到 t_1，匀速施加第一级荷载 Δp_1；从 t_1时刻到 t_2，维持荷载不变进行预压；从 t_2时刻到 t_3，匀速施加第二级荷载 Δp_2；从 t_3时刻起维持荷载不变继续预压。曾国熙（1975）建议在这种情况下采用下述计算式计算地基固结度。

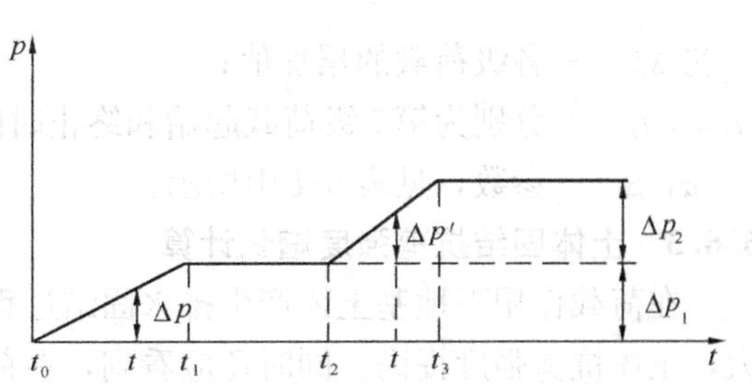

图 6-12　分级加载条件下加荷曲线

当 $0<t<t_1$时，对 Δp 而言的固结度为

$$\bar{U}_t=\frac{1}{t}\left[t-\frac{\alpha}{\beta}(1-e^{-\beta t})\right] \tag{6-46}$$

对 Δp_1 而言的固结度为

$$\bar{U}_t=\frac{1}{t_1}\left[t-\frac{\alpha}{\beta}(1-e^{-\beta t})\right] \tag{6-47}$$

对$\sum\Delta p$ 而言的固结度为

$$\bar{U}_t=\frac{\Delta p_1}{t_1\sum\Delta p}\left[t-\frac{\alpha}{\beta}(1-e^{-\beta t})\right] \tag{6-48}$$

当 $t_1<t<t_2$时，对 Δp_1 而言的固结度

$$\bar{U}_t=1+\frac{\alpha}{\beta t_1}\left[e^{-\beta t}-e^{-\beta(t-t_1)}\right] \tag{6-49}$$

对$\sum\Delta p$ 而言的固结度

$$\bar{U}_{t}=\frac{\Delta p_1}{\sum\Delta p}\left\{1+\frac{\alpha}{\beta t_1}\left[e^{-\beta t}-e^{-\beta(t-t_1)}\right]\right\} \tag{6-50}$$

当 $t_2<t<t_3$ 时，对 $\sum\Delta p$ 而言的固结度

$$\bar{U}_{t}=\frac{\Delta p_1}{t_1\sum\Delta p}\left\{t_1+\frac{\alpha}{\beta}\left[e^{-\beta t}-e^{-\beta(t-t_1)}\right]\right\}+\frac{\Delta p_2}{(t_3-t_2)\sum\Delta p}\left\{(t-t_2)+\frac{\alpha}{\beta}\left[e^{-\beta(t-t_2)}-1\right]\right\} \tag{6-51}$$

当 $t>t_3$ 时，对 $\sum\Delta p$ 而言的固结度

$$\bar{U}_{t}=\frac{\Delta p_1}{t_1\sum\Delta p}\left\{t_1+\frac{\alpha}{\beta}\left[e^{-\beta t}-e^{-\beta(t-t_1)}\right]\right\}+\frac{\Delta p_2}{(t_3-t_2)\sum\Delta p}\left\{(t_3-t_2)+\frac{\alpha}{\beta}\left[e^{-\beta(t-t_2)}-e^{-\beta(t-t_3)}\right]\right\} \tag{6-52}$$

多级等速加荷下修正后对 $\sum\Delta p$ 而言的固结度可归纳为下式表示：

$$\bar{U}_{t}=\sum_{i=1}^{n}\frac{q_i}{\sum\Delta p}\left[(t_i-t_{i-1})-\frac{\alpha}{\beta}e^{-\beta t}\left(e^{\beta t_i}-e^{\beta t_{i-1}}\right)\right] \tag{6-53}$$

式中　n——固结时间 t 所对应的荷载级数，如图 6-12 中，当 $t_2<t<t_3$ 时，$n=3$；

q_i——第 $i(1\leqslant i\leqslant n)$ 级荷载的加荷速率，如图 6-12 中，$q_1=\frac{\Delta p_1}{t_1}$；

$\sum\Delta p$——各级荷载的累加值；

t_{i-1}，t_i——分别为第 i 级荷载起始和终止时间。当 $i=n$ 时，t_i 改用 t；

α，β——参数，见表 6-4 中所示。

6.6.3　土体固结抗剪强度增长计算

在荷载作用下地基土体产生排水固结过程中，土体中超孔隙水压力消散，有效应力增大，土体抗剪强度提高。同时还应看到，在荷载作用下，地基土体产生蠕变可能导致土体抗剪强度的衰减。为了综合考虑在荷载作用下地基土体抗剪强度两种变化趋势，地基土体某时刻的抗剪强度 τ_f 可以用下式表示：

$$\tau_f=\tau_{fo}+\Delta\tau_{fc}-\Delta\tau_{ft} \tag{6-54}$$

式中　τ_{fo}——地基中某点初始抗剪强度；

$\Delta\tau_{fc}$——由于排水固结而增长的抗剪强度增量；

$\Delta\tau_{ft}$——由于土体蠕变引起的抗剪强度衰减量。

考虑到由于蠕变引起的抗剪强度衰减量 $\Delta\tau_{ft}$ 难以计算，曾国熙（1975）建议将式(6-54)改写为

$$\tau_f=\eta(\tau_{fo}+\Delta\tau_{fc}) \tag{6-55}$$

式中　η——考虑土体蠕变抗剪强度折减系数，在工程设计中可取 $\eta=0.75\sim0.90$。

对正常固结黏土，采用有效应力指标表示的抗剪强度表达式为

$$\tau_f=\sigma'\mathrm{tg}\varphi' \tag{6-56}$$

式中　φ'——土体有效内摩擦角；

σ'——剪切面上法向有效应力。

由式 6-56 可以得到由土体固结产生的抗剪强度增量表达式为

$$\Delta\tau_{fc}=\Delta\sigma'\mathrm{tg}\varphi' \tag{6-57}$$

由图 6-13 可见，剪切面上法向应力 σ' 可用最大有效主应力 σ_1' 表示，其关系式为

$$\sigma' = \frac{\cos^2\varphi'}{1+\sin\varphi'}\sigma_1' \tag{6-58}$$

结合式（6-57）和式（6-58），可得

$$\Delta\tau_{fc} = \frac{\sin\varphi'\cos\varphi'}{1+\sin\varphi'}\Delta\sigma_1' = K\Delta\sigma_1' \tag{6-59}$$

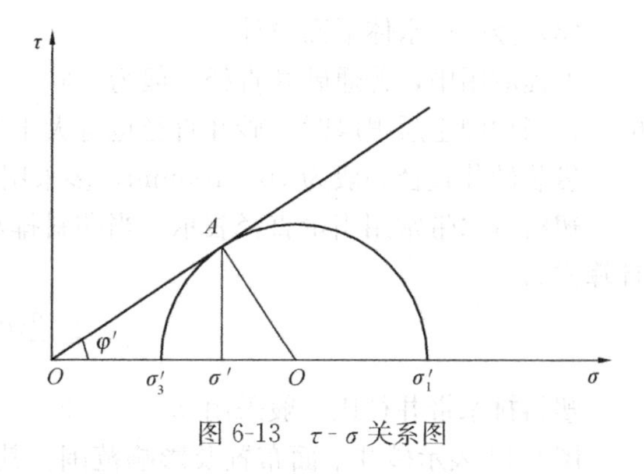

图 6-13 τ-σ 关系图

设在预压荷载作用下，地基中某点总主应力增量为 $\Delta\sigma_1$。当该点土体固结度为 U 时，土体中相应的有效主应力增量 $\Delta\sigma_1'$ 为

$$\Delta\sigma_1' = \Delta\sigma_1 - \Delta u = U\Delta\sigma_1 \tag{6-60}$$

式中 Δu——土体中超孔隙水压力增量。

结合式（6-55）、式（6-59）和式（6-60），可得

$$\begin{aligned}\tau_f &= \eta[\tau_{f0} + K(\Delta\sigma_1 - \Delta u)] \\ &= \eta[\tau_{f0} + KU\Delta\sigma_1]\end{aligned} \tag{6-61}$$

式中 K——土体有效内摩擦角的函数，$K = \dfrac{\sin\varphi'\cos\varphi'}{1+\sin\varphi'}$；

U——地基中某点固结度，为简便计，常用平均固结度代替；

$\Delta\sigma_1$——荷载引起的地基中某点最大主应力增量，可按弹性理论计算；

Δu——荷载引起的地基中某点超孔隙水压力增量。

6.6.4 堆载预压法设计

在排水固结法中，加压系统采用堆载预压的称为堆载预压法。堆载预压用的材料可用砂石，也可用其他材料。有时也可利用建筑物或构筑物自重。当预压荷载超过使用荷载时，又称为超载预压。

下面介绍堆载预压法加固地基设计。堆载预压法设计包括排水系统设计和加压系统设计两部分。排水系统设计包括竖向排水体的材料选用，排水体长度、断面、平面几何布置等；加压系统设计主要包括堆载预压计划（即加荷曲线）的确定和堆载材料的选用，以及堆载预压过程中的现场监测设计等。

下面以砂井地基设计为例，说明堆载预压法设计计算步骤。具体设计计算步骤如下：

1. 排水系统设计

（1）竖向排水体的材料选择

竖向排水体可采用普通砂井、袋装砂井和塑料排水带。可根据材料资源、施工条件和经济分析比较确定。

（2）竖向排水体设置深度设计

根据工后沉降的控制要求和地基承载力的要求确定地基处理深度，然后由处理深度确定竖向排水体的设置深度。若软土层较薄，竖向排水体应贯穿软土层。若软土层中有砂层，而且砂层中没有承压水，应尽量打至砂层。但砂层中有承压水，应留有一定厚度的软土层不打穿，防止承压水与竖向排水体连通。

（3）竖向排水体平面设计

工程应用中，普通砂井直径一般为 300～500mm，多采用 400mm，井径比常采用 n=6～8。当加固土层很厚时，砂井直径也有大于 1000mm 的。

袋装砂井直径一般为 70～100mm，多采用 70mm，井径比常采用 n=15～30。

塑料排水带常用当量直径表示。当塑料排水带宽度为 b，厚度为 δ 时，其当量直径 D_P 计算式为

$$D_P = \frac{2(b+\delta)}{\pi} \tag{6-62}$$

塑料排水带井径比一般采用 n=15～30。

图 6-14 表示砂井平面布置及影响范围。其中图（a）表示等边三角形（又称梅花形）布置，图（b）表示正方形布置。图中等面积圆表示一个砂井的影响范围，称为砂井影响区。砂井影响区直径 d_e 与砂井间距 l 关系如下：

$$\left.\begin{aligned} d_e &= \sqrt{\frac{2\sqrt{3}}{\pi}}l = 1.05l \quad \text{等边三角形排列} \\ d_e &= \sqrt{\frac{4}{\pi}}l = 1.13l \quad \text{正方形排列} \end{aligned}\right\} \tag{6-63}$$

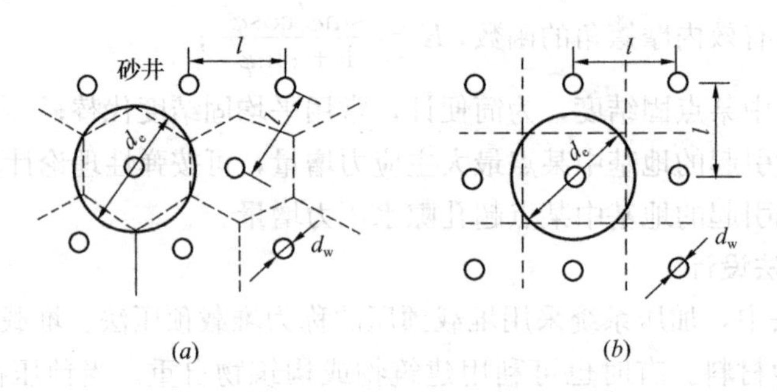

图 6-14 竖向排水体平面布置及影响范围

井径比 n 的取值主要取决于土体的压缩和渗透等特性以及预压加固期限的要求，一般需要根据上节所述的砂井地基固结理论计算确定，详见本节算例。井径比取值小，表示最大排水距离短，地基固结速度快，但地基处理成本提高。

在预压法处理地基中，竖向排水体布置范围一般要比上部结构基础范围稍大一些，以利于提高地基稳定性，减小在荷载作用下由于地基土体的侧向变形引起的沉降。

若地基中的软黏土层厚度不大，或在软黏土层中含有较多的夹砂层，在地基中不设竖向排水体也能满足预压工期要求，则可不需要再在地基中设置竖向排水体系，以降低地基处理成本。

（4）水平排水砂垫层设计

水平排水砂垫层是预压法处理地基排水系统的一部分。排水砂垫层应采用中粗砂铺设，含泥量须小于 5%，砂垫层的厚度一般应大于 400mm。水平排水系统也可采用土工合成材料与砂垫层形成的混合垫层。

水平排水系统应能保证在预压加固过程中由地基中排出的水能引出预压区。

（5）砂井地基固结计算算例

【例题 6-1】 某饱和地基软黏土层厚 10m，其下为不透水硬黏土层，拟采用排水固结法处理。竖向排水体采用直径为 7cm 的袋装砂井，间距拟定为 1.2m，按梅花形布置。堆载预压时荷载单级均速施加，加载时间 $t_1=30\text{d}$，然后保持恒载预压。软黏土渗透系数 $k_h=2k_v=5\times10^{-7}\text{cm/s}$，固结系数 $c_h=2c_v=2\times10^{-3}\text{cm}^2/\text{s}$。若设计要求地基的平均固结度在堆载开始后 60d 时达到 70%，问：

a. 如不考虑涂抹作用，仅考虑井阻作用，砂井渗透系数 $k_w=2\times10^{-2}\text{cm/s}$，该处理方案能否满足设计对固结度的要求？

b. 如涂抹作用和井阻作用均需考虑，涂抹区土体渗透系数 $k_s=0.4k_h=2\times10^{-7}\text{cm/s}$，涂抹区半径 $r_s=8.75\text{cm}$，该处理方案能否满足设计对固结度的要求？

【解】

因软黏土底部为不透水硬黏土层，故 $H=10\text{m}$

袋装砂井按梅花形布置，故 $d_e=1.05\times1.2=1.26\text{m}$，则 $n=d_e/d_w=18$。

a. 当不考虑涂抹作用，仅考虑井阻作用时：

由式（6-38），

$F_n=\ln(n)-3/4=\ln(18)-0.75=2.14$；不考虑涂抹作用，$F_s=0$

$$F_r=\pi G=\pi\frac{k_h}{k_w}\left(\frac{H}{d_w}\right)^2=\pi\times\frac{5\times10^{-7}}{2\times10^{-2}}\left(\frac{1000}{7}\right)^2=3.14\times0.51=1.601$$

$$F=F_n+F_s+F_r=2.14+0+1.601=3.741$$

由式（6-45），

$$\beta_z=\frac{\pi^2c_v}{4H^2}=\frac{\pi^2\times10^{-3}}{4\times1000^2}=2.47\times10^{-9}/\text{s}$$

$$\beta_r=\frac{8c_h}{Fd_e^2}=\frac{8\times2\times10^{-3}}{3.74\times126^2}=2.6947\times10^{-7}/\text{s}$$

$$\beta_{rz}=\beta_z+\beta_r=0.0247\times10^{-7}+2.6947\times10^{-7}=2.72\times10^{-7}/\text{s}$$

因荷载单级均速施加，$t_1=30\text{d}$，且所求的固结度对应的固结时间 $t=60\text{d}$，$t>t_1$，故固结度计算式为（6-49）式，即

$$\bar{U}_t=1+\frac{\alpha}{\beta t_1}\left[e^{-\beta t}-e^{-\beta(t-t_1)}\right]$$

其中 $\alpha=\frac{8}{\pi^2}=0.811$

$$\beta t_1=\beta_{rz}t_1=2.72\times10^{-7}\times30\times24\times60\times60=0.705$$

$$\beta t=\beta_{rz}t=2.72\times10^{-7}\times60\times24\times60\times60=1.41$$

故堆载开始后 60d 时该袋装砂井地基的平均固结度为：

$$\begin{aligned}\bar{U}_t&=1-\frac{\alpha}{\beta t_1}e^{-\beta t}(e^{\beta t_1}-1)\\&=1-\frac{0.811}{0.705}\times e^{-1.41}\times(e^{0.705}-1)\\&=1-0.288=71.2\%>70\%\end{aligned}$$

满足设计要求。

b. 当同时考虑涂抹作用和考虑井阻作用时：

$s = r_s/r_w = 8.75/3.5 = 2.5$；由式（6-38），

$$F_s = \left(\frac{k_h}{k_s} - 1\right)\ln(s) = \left(\frac{5\times10^{-7}}{2\times10^{-7}} - 1\right)\times\ln(2.5) = 1.374$$

$$F = F_n + F_s + F_r = 2.14 + 1.374 + 1.601 = 5.115$$

由式（6-45），

$$\beta_r = \frac{8c_h}{Fd_e^2} = \frac{8\times2\times10^{-3}}{5.115\times126^2} = 1.9703\times10^{-7}/\mathrm{s}$$

$$\beta_{rz} = \beta_z + \beta_r = 0.0247\times10^{-7} + 1.9703\times10^{-7} = 1.995\times10^{-7}/\mathrm{s}$$

$$\beta t_1 = \beta_{rz}t_1 = 1.995\times10^{-7}\times30\times24\times60\times60 = 0.517$$

$$\beta t = \beta_{rz}t = 1.995\times10^{-7}\times60\times24\times60\times60 = 1.034$$

故堆载开始后60d时该袋装砂井地基的平均固结度为：

$$\bar{U}_t = 1 - \frac{\alpha}{\beta t_1}e^{-\beta t}(e^{\beta t_1} - 1)$$

$$= 1 - \frac{0.811}{0.517}\times e^{-1.034}\times(e^{0.517} - 1)$$

$$= 1 - 0.378 = 62.2\% < 70\%$$

不满足设计要求。可通过减小袋装砂井间距来满足设计对固结度的要求。

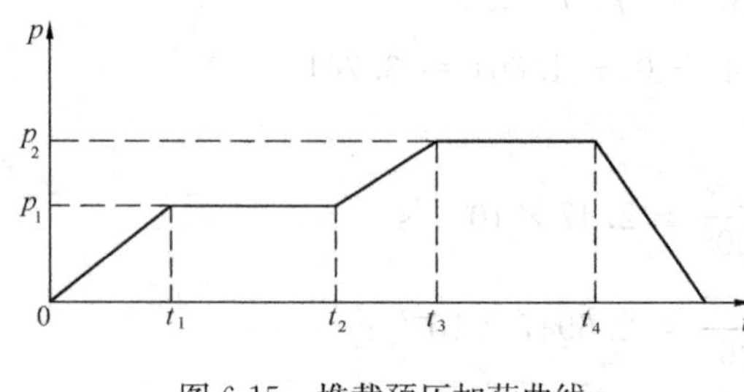

图6-15　堆载预压加荷曲线

2. 加压系统设计

根据初步确定的排水系统和对地基处理的要求，初步拟定一个堆载预压计划，即荷载与时间关系（称为加荷曲线），如图6-15所示。在图6-15中，预压荷载分二次等速加载。第一次预压荷载为 p_1，加荷期限为 t_1，然后保持恒载 p_1 预压至时间 t_2；第二次增加预压荷载为（$p_2 - p_1$），加荷从 t_2 时刻开始，加荷期限为（$t_3 - t_2$），再保持恒载预压，堆载预压结束时间为 t_4。对这一初步拟定的堆载预压计划，需要作下述几项验算。

（1）堆载预压过程中地基稳定性验算

主要验算加载阶段地基的稳定性。因为若加载阶段中地基稳定，则在恒载预压阶段中地基肯定是稳定的。通常采用稳定分析方法验算堆载预压计划中加载量和加载速率是否合理。稳定分析一般可采用圆弧滑动法分析。

第一级加载时，加载量大小主要取决于天然地基承载力；第二级加载时，加载量大小取决于在前一级堆载作用下至第二级加载时地基承载力的提高。此时地基承载力的提高主要与第一次加载量和此时地基达到的固结度有关。根据地基固结情况以及土体蠕变对强度的影响计算第二级荷载施加时 t_2 时刻地基土体抗剪强度，然后进行稳定性计算。

若在加载阶段中地基的稳定性不能满足，可修改预压计划或排水系统设计。通过减小一次加载量或减慢加荷速率；或通过减小井径比，以提高地基的固结速率，进一步提高土体的强度，以达到满足地基的稳定要求。若在加载过程中地基稳定分析的安全度偏大，可修改预压计划增加加载量或加快加荷速率，或修改排水系统设计如增大井径比（即增大砂井间距），以节约投资等。

(2) 堆载预压结束时刻 (t_4) 地基承载力和工后沉降是否满足设计要求

通过计算预压荷载作用下地基固结度、地基土体抗剪强度的提高，可进一步得到经堆载预压处理后的地基承载力，判断通过堆载预压处理后的地基是否已满足提高地基承载力的要求。

通过计算在预压阶段地基的固结沉降和固结度，可进一步计算工作荷载作用下的沉降。若工后沉降不能满足要求，可通过延长堆载时间，或减小井径比以增加平均固结度 $\bar{U}$，或增大预压荷载，达到减少工后沉降的目的。

通过对初步拟定的堆载预压计划的验算，不断调整堆载预压计划，必要时还要调整排水系统的设计。通过不断调整，反复验算，确定排水系统和堆载预压计划设计。

3. 现场监测设计

堆载预压法现场监测项目一般包括地面沉降，地表水平位移观测和地基土体中孔隙水压力观测，如有条件也可进行地基中深层沉降和水平位移观测。

在堆载预压过程中，如果地基沉降速率突然增大，说明地基中可能产生较大的塑性变形区。若塑性区持续发展，可能发生地基整体破坏。一般情况下，沉降速率应控制在10～20mm/d。

通过水平位移观测可限制加荷速率，监视地基的稳定性。当堆载接近地基极限荷载时，坡脚及外侧观测点水平位移会迅速增大。

通过地基中孔隙水压力观测资料可以反算土的固结系数，推算地基固结度，计算地基土体强度增长，控制加荷速率。

通过深层沉降观测可以了解各层土的固结情况，以利于更好地控制加荷速率。

通过测量在不同深度的水平位移可得到地基土体的水平位移沿深度变化情况。通过深层侧向位移观测可更有效地控制加荷速率，保证地基稳定。

6.6.5 堆载预压法施工及质量检验

堆载预压法施工包括排水系统施工和堆载预压施工。

排水系统施工包括设置砂垫层施工和设置竖向排水体施工两部分。

在铺摊砂垫层时应注意与竖向排水体的连接，以保证排水固结过程中，排水流畅。

前面已经谈到竖向排水体通常有普通砂井、袋装砂井和塑料排水带三类。三类竖向排水体设置施工方法各不相同。设置普通砂井成孔方法有两种：沉管法和水冲法。设置袋装砂井和塑料排水带施工采用专用施工设备。施工设备品种较多，如塑料排水带插带机等。如需详细了解请参阅《地基处理手册》(2000，中国建筑工业出版社) 及其他施工手册。

堆载预压应按照堆载预压计划进行加载，并根据现场测试资料不断调整堆载预压计划，确保堆载预压过程中地基稳定性。堆载预压用料应尽可能就近取材，如卸载后，材料还能二次应用最好。

排水固结法施工过程中主要通过沉降观测、地基中超孔隙水压力监测来检验其处理效果，也可在加载不同阶段进行不同深度的十字板抗剪强度试验和取土进行室内试验检验地基处理效果，并且通过上述检验手段验算预压过程中地基稳定性。

预压完成后，可通过沉降观测成果、超孔隙水压力监测成果以及对预压后地基进行十字板抗剪强度试验及室内土工试验检验处理效果。

6.6.6 真空预压法

真空预压法与堆载预压法不同的是加压系统，两者排水系统基本上是相同的。真空预压法是通过在砂垫层和竖向排水体中形成负压区，在土体内部与排水体间形成压差，迫使地基土中水排出，地基土体产生固结。

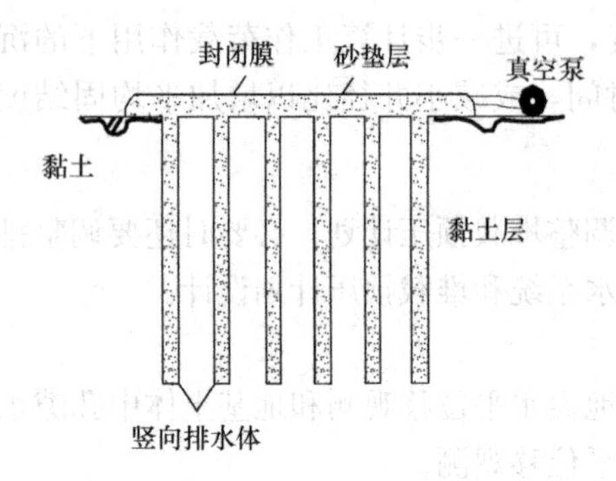

图 6-16 真空预压法示意图

图 6-16 为真空预压法示意图。真空预压法工艺过程如下：首先在地基中设置塑料排水带等竖向排水通道，在地表面铺设砂垫层，形成排水系统。在地表面铺设砂垫层时，在砂垫层中埋设排水管道，并与抽真空装置（如射水泵）连接，形成抽气抽水系统。在砂垫层上铺设不透气封闭膜，并在加固区四周将薄膜埋入地基土中一定深度以满足不漏水不漏气的密封要求。最后通过抽气抽水在砂垫层和竖向排水体中形成负压区。薄膜下的真空度一般可达 80kPa，最大可达 93kPa。通过持续不断抽气抽水，土体在压差作用下，土体中孔隙水排出土体，土体发生固结。

真空预压法加固地基原理是土体在压差（p_a-p_v）作用下排水固结，这里 p_a 为大气压力，p_v为砂垫层中气压。地基土体除了在压差作用下固结外，抽气抽水形成地下水位下降也促使地基土体产生排水固结。

真空预压法加固地基过程中，地基土体中有效应力不断增加，地基不存在失稳问题。地基土体固结过程中，地基产生沉降，同时产生水平位移。与堆载预压法不同，真空预压过程中地基土体水平位移一开始就向加固区中心方向移动。由于不存在地基稳定问题，真空预压抽真空度可一步到位，以缩短真空预压工期。

真空预压是否满足设计要求，何时停止抽气抽水可通过地基沉降量的完成量来评定。

为了了解地基固结情况，可在地基中设置孔隙水压力测点，地面沉降和深层沉降测点。为了了解地基变形情况，也可在加固区外侧埋设测斜管进行深层土体水平位移测量。在真空预压过程中，要重视土体水平位移对周围环境的影响。

现场测试设计基本同堆载预压法。

真空预压法加固地基的有效加固深度取决于真空区的扩展范围。真空区的扩展范围的影响因素很多，如抽真空的功率，地基土和竖向排水体的渗透系数。真空预压过程中真空区的扩展规律还在探讨之中。

若单纯采用真空预压法不能满足地基加固设计要求，可采用真空预压和堆载预压相结合的处理方法，通常称为真空与堆载联合预压法。在真空与堆载联合预压法中，真空预压和堆载预压加固效果可分别计算，然后将两者叠加就可得到联合预压法的加固效果。

6.7 深层搅拌法

6.7.1 加固机理、分类和适用范围

深层搅拌法是通过特制的施工机械一各种深层搅拌机，沿深度将固化剂（水泥浆，或水泥粉等，外加一定的掺合剂）与地基土体就地强制搅拌形成水泥土桩或水泥土块体的一

种地基处理方法。第二次世界大战后，美国首先研制成功水泥深层搅拌法，所制成的水泥土桩称为就地搅拌桩（Mixed-in-place-Pile）。1953 年，日本从美国引进水泥深层搅拌法。我国于 1977 年由冶金部建筑研究总院和交通部水运规划设计院引进、开发水泥深层搅拌法，并很快在全国得到推广应用，成为软土地基处理的一种重要手段。深层搅拌法施工顺序示意图如图 6-17 所示。

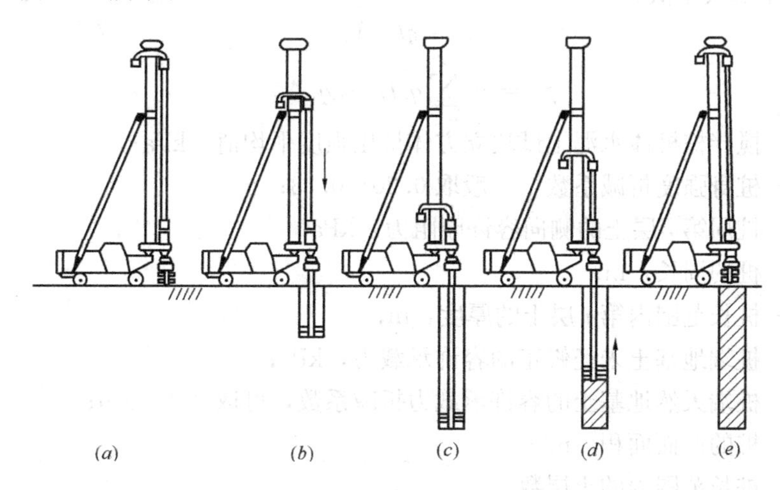

图 6-17　深层搅拌法施工顺序示意图

(*a*) 机械就位；(*b*) 边搅边喷；(*c*) 达设计深度；(*d*) 搅拌上升；(*e*) 搅拌结束

深层搅拌法分喷浆深层搅拌法和喷粉深层搅拌法两种。前者通过搅拌叶片将由喷嘴喷出的水泥浆液和地基土体就地强制拌和均匀形成水泥土；后者通过搅拌叶片将由喷嘴喷出的水泥粉体和地基土体就地强制拌和均匀形成水泥土。一般说来，喷浆拌和比喷粉拌和均匀性好；但有时对高含水量的淤泥，喷粉拌和也有一定的优势。

深层搅拌法适用于处理淤泥、淤泥质土、黄土、粉土和黏性土等地基。对有机质含量较高的地基土，应通过试验确定其适用性。深层搅拌法是通过搅拌叶片就地拌和的，当加固地基土体的抗剪强度较高时，就地搅拌所需的功率也较大。遇到抗剪强度较高的土层时，采用深层搅拌法可能会搅不动。因此，深层搅拌法适用于加固较软弱的土层。

通过深层搅拌法在地基中形成的水泥土强度高、模量大、渗透系数小。可根据需要将地基土体加固成块状、圆柱状、壁状、格栅状等形状的水泥土。深层搅拌法主要用于形成水泥土桩复合地基，以提高地基承载力，减少沉降；也可用于构筑挡土结构用于基坑支护；也可用于形成止水帷幕在基坑工程中用于止水等用途。

6.7.2　深层搅拌法设计

在具体介绍深层搅拌桩复合地基设计步骤前首先说明两点：在介绍深层搅拌桩复合地基设计中采用容许承载力值概念；下面介绍的深层搅拌桩复合地基的设计思路也可应用于其他柔性桩复合地基的设计。

深层搅拌桩复合地基设计步骤如下：

1. 确定单桩的容许承载力

根据天然地基工程地质情况和荷载情况，初步确定桩长 l 和桩径 d，水泥掺合比 a_w，并由此初步确定单桩的容许承载力。

水泥掺合比 a_w 通常可采用15%～25%。选定水泥掺合比 a_w 后可通过试验确定水泥土强度。也可首先确定采用的水泥土强度，通过试验确定采用的水泥掺合比 a_w。

由桩身材料强度确定的单桩承载力如式（6-64）所示；由桩侧摩阻力和桩端承载力提供的单桩承载力如式（6-65）所示。单桩竖向容许承载力 p_p 取由式（6-64）和式（6-65）计算所得结果中的较小值。

$$p_p = \eta f_{cu} A_p \tag{6-64}$$

$$p_p = u_p \sum_{i=1}^{n} q_{si} l_i + a q_p A_p \tag{6-65}$$

式中 f_{cu}——搅拌桩桩体水泥土试块立方体抗压强度平均值，kPa；

η——桩身强度折减系数，一般取0.20～0.33；

q_{si}——桩周第 i 层土的侧向容许摩阻力，kPa；

u_p——桩的周长，m；

l_i——桩长范围内第 i 层土的厚度，m；

q_p——桩端地基土未经修正的容许承载力，kPa；

a——桩端天然地基土的容许承载力折减系数，可取0.4～0.6；

A_p——桩的截面面积，m^2；

n——桩长范围内的土层数。

2. 确定复合地基容许承载力要求值。

根据荷载的大小和初步确定的基础深度 D 和宽度 B，可确定复合地基容许承载力要求值。

3. 计算复合地基置换率

根据所需的复合地基容许承载力值、单桩容许承载力值和桩间土容许承载力值，可采用下式计算复合地基置换率 m：

$$m = \frac{p_c - \beta p_s}{\frac{p_p}{A_p} - \beta p_s} \tag{6-66}$$

式中 p_c——复合地基容许承载力，kPa；

m——复合地基置换率，无量纲；

p_s——桩间天然地基土容许承载力，kPa；

p_p——桩的容许承载力，kN；

A_p——桩的横截面积，m^2；

β——桩间土承载力折减系数。

4. 确定桩数

复合地基置换率确定后，可根据复合地基置换率确定总桩数：

$$n = \frac{mA}{A_p} \tag{6-67}$$

式中 n——总桩数；

A——基础底面积。

5. 确定桩位平面布置

总桩数确定后，即可根据基础形状和采用一定的布桩形式（如三角形布置、或正方形、或梯形布置等）合理布桩，确定实际用桩数。

6. 验算加固区下卧软弱土层的地基强度

当加固范围以下存在软弱下卧土层时，应进行加固区下卧土层的强度验算。可将复合地基加固区视为一个假想实体基础进行下卧层地基强度验算。

$$R_b = \frac{p_c \cdot A + G - V\bar{q}_s - p_s(A - F_1)}{F_1} \leqslant R'_a \tag{6-68}$$

式中 R_b——假想实体基础底面处的平均压力；

G——假想实体基础的自重；

V——假想实体基础的侧表面积；

$\bar{q}_s$——桩周土的平均摩擦力；

F_1——假想实体基础的底面积；

R'_a——假想实体基础底面处修正后的地基容许承载力；其余符号同前。

当加固区下卧层强度验算不能满足要求时，需重新设计。一般需增加桩长或扩大基础面积，直至加固区下卧层强度验算满足要求。

7. 沉降计算

在竖向荷载作用后，水泥土桩复合地基产生的沉降 S 包括复合地基加固区本身的压缩变形量 S_1 和加固区以下下卧土层的沉降量 S_2 两部分，即

$$S = S_1 + S_2 \tag{6-69}$$

水泥土桩复合地基沉降可采用分层总和法计算，其计算式为

$$S = \sum_{i=1}^{n} \frac{\Delta p_i}{E_i} h_i \tag{6-70}$$

式中 Δp_i——第 i 层土上附加应力增量。

E_i——第 i 层土压缩模量。对加固区，为复合压缩模量 E_c；

h_i——第 i 层土的厚度。

复合压缩模量 E_c 可采用下式计算：

$$E_c = mE_p + (1 - m)E_s \tag{6-71}$$

式中 m——复合地基置换率；

E_p——水泥土压缩模量；

E_s——土的压缩模量。

若沉降不能满足设计要求，则应增加桩长，再重新进行设计计算。对深厚软黏土地基，水泥土桩复合地基沉降主要来自加固区以下土层的压缩量。

8. 确定垫层

根据基础情况可在复合地基和基础间设置垫层。对刚性基础，可设置一柔性垫层，如设置 30～50cm 厚的砂石垫层；对土堤等情况，可设置一刚度较大的垫层，如加筋土垫层，或灰土垫层等。

6.7.3 质量检验

深层搅拌桩复合地基质量检验主要采用下述方法：

(1) 水泥土桩质量受施工影响较多，应重视检查施工记录：包括桩长、水泥用量、复喷复搅情况、施工机具参数等。

(2) 检查桩位、桩数或水泥土桩结构尺寸及其定位情况。

（3）在已完成的工程桩中应抽取2%～5%的桩进行质量检验。一般可在成桩后7d以内，使用轻便触探器钻取桩身水泥土样，观察搅拌均匀程度，同时根据轻便触探击数用对比法判断桩身强度。也可抽取5%以上桩采用动测进行桩身质量检验。

（4）采用单桩载荷试验检验水泥土桩的承载力。也可采用复合地基载荷试验检验深层搅拌桩复合地基的承载力。

6.8 挤密砂石桩法

6.8.1 加固机理和适用范围

在地基中设置砂石桩（也包括碎石桩和砂桩），并在设置桩体过程中对桩间土进行挤密，形成挤密砂石桩复合地基，以达到提高地基承载力，减小沉降目的的一类地基处理方法，统称为挤密砂石桩法。

在地基中设置挤密砂石桩最常用的方法有振冲法和振动沉管法两种。采用振冲法施工通常采用碎石填料，形成振冲挤密碎石桩复合地基；采用振动沉管法施工既可采用碎石填料形成振动挤密碎石桩复合地基，也可采用砂石填料形成振动挤密砂石桩复合地基。采用振动沉管法施工时若采用砂作为填料，则形成挤密砂桩复合地基。

挤密砂石桩法常用于处理砂土、粉土和杂填土地基。在桩体设置过程中，桩间土体被有效振密、挤密。挤密砂石桩复合地基具有承载力提高幅度大，工后沉降小的优点。

6.8.2 挤密砂石桩法设计

采用挤密砂石桩法加固地基设计内容包括施工方法的选用，桩长、桩径、桩位布置、复合地基置换率和加固范围的确定，地基沉降计算以及质量检验方法等。

1. 施工方法的选用

在地基中设置砂石桩可采用多种方法，如振冲法，振动沉管法等。可根据工程地质条件、施工设备条件、拟采用的桩径、桩长，并根据经济指标分析决定选用施工方法。振冲法和振动沉管法施工将在下节中介绍。

2. 桩长

主要根据工程地质条件确定，应让砂石桩穿过主要软弱土层，以满足控制沉降要求。对可液化地基，应满足抗液化设计要求。挤密砂石桩桩长不宜小于4.0m。

3. 复合地基置换率设计

可根据经验进行挤密砂石桩复合地基初步设计，然后通过现场试验提供设计参数，包括砂石桩桩径，单桩承载力和桩间土地基承载力等。根据现场试验提供的设计参数，修改完善设计。

复合地基置换率m表达式为

$$m=\frac{p_{cf}-\lambda p_{sf}}{p_{pf}-\lambda p_{sf}} \tag{6-72}$$

式中 p_{cf}——复合地基极限承载力，kPa；

p_{pf}——砂石桩单桩极限承载力，kPa，可根据经验公式估计，再通过现场试验测定；

p_{sf}——桩间土地基极限承载力，kPa，可根据经验公式估计，再通过现场试验测定；

λ——桩间土地基承载力修正系数，根据工程地质条件，以及施工工艺确定。

4. 加固范围和桩位布置

挤密砂石桩处理范围宜在基础外缘扩大1～3排桩。对可液化地基，在基础外缘扩大宽度不小于可液化土层厚度的1/2，并应不小于5m。

桩位布置一般可采用三角形布置，或正方形布置。

5. 垫层

挤密砂石桩法加固地基宜在桩顶铺设一砂石垫层，一般可取300～500mm厚。

6. 沉降计算

挤密砂石桩复合地基沉降可采用分层总和法计算。挤密砂石桩加固范围内复合土体压缩模量 E_c 可采用下式计算。

$$E_c = mE_p + (1-m)E_s \tag{6-73}$$

式中 E_p——砂石桩体压缩模量；

E_s——挤压后桩间土压缩模量，可由原位试验测定；

m——复合地基置换率。

若计算沉降不能满足要求，一般宜增加桩长，以减小沉降量。

6.8.3 施工及质量检验

挤密砂石桩施工方法主要有振冲法和振动沉管法，下面作简要介绍。

1. 振冲法

采用振冲法在地基中设置碎石桩步骤如下：

首先利用振冲器的高频振动和高压水流，边振边冲，将振冲器在地面预定桩位处沉到地基中设计的预定深度，形成桩孔。经过清孔后，向孔内逐段填入碎石，每段填料在振冲器振动作用下振挤、密实。然后提升振冲器，再向孔内填入一段碎石，再用振冲器将其振、挤密实。通过重复填料和振密，在地基中形成碎石桩桩体。在振冲置桩过程中同时将桩间土振实挤密。采用振冲法在地基中设置碎石桩施工顺序示意图如图6-18所示。

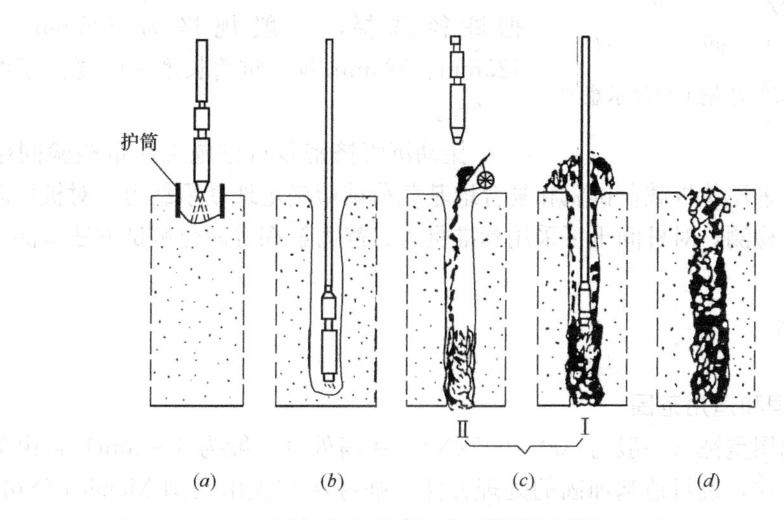

图6-18 振冲法施工顺序示意图

(a) 定桩位；(b) 造孔；(c) 填料和振实制桩；(d) 制桩完毕

振冲法施工采用的振冲器可根据工程地质条件、设计桩长、桩径等情况选用不同功率的振冲器。振冲器常用型号有30kW、55kW、75kW振冲器等。桩体填料粒径视选用振冲器不同而异。常用填料粒径选用范围为：采用30kW振冲器施工时，一般采用填料粒径为20～80mm；采用55kW振冲器施工时，填料粒径为30～100mm；采用75kW振冲器施工时，填料粒径为40～150mm。

振冲碎石桩桩体质量可通过在振冲施工过程中合理控制密实电流、填料量和留振时间来保证。密实电流是指振冲器在振挤密实填料时的最大电流值。填料量是指设置一根碎石桩用的填料。留振时间是指振挤密实填料所用的振动时间。在正式施工前应通过现场试验确定水压、密实电流、填料量和留振时间等施工参数。

振冲碎石桩的施工质量检验可采用单桩载荷试验和碎石桩复合地基载荷试验。对碎石桩桩体可用重型动力触探试验进行随机检验，对桩间土的检验可采用标准贯入试验，静力触探试验等进行。

2. 振动沉管法

采用振动沉管法在地基中设置挤密砂石桩步骤如下：

首先利用振动桩锤将桩管振动沉入到地基中的设计深度，在沉管过程中对桩间土体产生挤压。然后向管内投入砂石料，边振动边提升桩管，直至拔出地面。通过沉管振动使填入砂石料密实，在地基中形成砂石桩，并挤密振密桩间土。采用振动沉管法在地基中设置砂石桩的施工顺序示意图如图6-19所示。

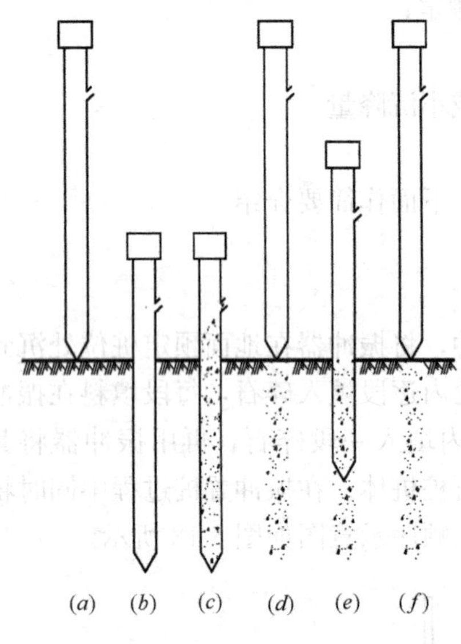

图6-19　振动沉管法施工顺序示意图

振动沉管法施工主要设备有振动沉拔桩机、下端装有活瓣桩靴的桩管和加料设备。桩管直径可根据桩径选择，一般规格为325mm、375mm、425mm、525mm等。桩管长度一般要大于设计桩长1～2m。

振动沉管挤密砂石桩施工质量检验同振冲法施工质量检验，可采用单桩载荷试验和复合地基载荷试验确定地基承载力。对桩体质量可采用动力触探试验检测，对桩间土可采用标准贯入、静力触探等原位测试方法检测。

6.9　强夯法

6.9.1　加固机理和适用范围

强夯法是利用重锤（一般为100～600kN），在高处（一般为6～40m）自由落体落下强力夯击地基土体，进行地基加固的处理方法。强夯法首先由法国Menard公司于20世纪60年代创用。1978年我国交通部一航局科研所和协作单位在天津首先展开试验研究，并获得成功。由于强夯法施工设备简单，效果显著、工效高和加固费用低，很快得到推广应用。图6-20为一强夯加固地基现场。采用强夯法加固地基可减小地基土体的压缩性，提高地基承载力，消除湿陷性黄土的湿陷性，提高砂土地基抗液化能力等。

图 6-20　强夯法加固现场

对非饱和土，强夯冲击力对地基土的压密过程同实验室的击实试验类似，挤密、振密地基土体的效果明显；对饱和无黏性土地基，在冲击力作用下，土体可能发生液化，其压密过程同爆破挤密和振动压密过程类似，挤密、振密效果也是明显的。对饱和黏性土地基，在锤击作用下，在夯击点附近地基土体结构破坏，产生触变，在一定范围内地基土体中将产生超孔隙水压力。饱和黏性土地基采用强夯加固效果取决于土体触变恢复和地基土中超孔隙水压力能否消散，地基土体能否产生排水固结。在强夯作用下，淤泥和淤泥质土土体结构强度破坏后土体强度很难恢复，而且土体渗透系数小，地基土体中产生的超孔隙水压力也很难消散，故对淤泥和淤泥质土地基不宜采用强夯法加固。

强夯法常用来加固碎石土、砂土、低饱和度的黏性土、素填土、杂填土、湿陷性黄土等地基。对于饱和度较高的黏性土地基等，如有工程经验或试验证明采用强夯法有加固效果的也可采用。对淤泥与淤泥质土地基不宜采用强夯法加固，国内已有数例报道采用强夯法加固饱和软黏土地基失败的工程实例。

强夯法加固地基至今还没有一套成熟的设计计算方法，通常根据经验和现场试验得到设计、施工参数进行设计和施工。采用强夯法加固地基过程中由于振动、噪音等对周围环境产生的不良影响应引起足够的重视。

6.9.2　强夯法设计

强夯法加固地基设计包括下述内容：

1. 有效加固深度和单击夯击能的确定

强夯有效加固深度直接影响采用强夯法加固地基的效果。强夯法加固地基有效加固深度主要取决于单击夯击能和土的工程性质。单击夯击能的确定主要与锤重和落距有关，也与地基土性质，夯锤底面积等因素有关。强夯加固地基有效加固深度 H 的影响因素比较复杂，一般应通过试验确定。在试验前也可采用修正 Menard 经验公式估算。修正 Menard 经验公式为

$$H = K\sqrt{\frac{Wh}{10}} \tag{6-74}$$

式中　W——锤重，kN；

h——落距，m；

K——修正系数，一般为 0.36～0.8。

式（6-74）是工程实用经验公式。其中修正系数的取值，依靠地区经验的积累。

《建筑地基处理技术规范》JGJ 79—2002 规定，强夯法加固地基有效加固深度应根据

现场试夯或当地经验确定，在缺少试验资料或经验时，可按表6-5提供的强夯法的有效加固深度预估。

强夯法的有效加固深度（m） 表6-5

单击夯击能（kN·m）	碎石土、砂土等粗颗粒土	粉土、黏性土、湿陷性黄土等细颗粒土
1000	5.0～6.0	4.0～5.0
2000	6.0～7.0	5.0～6.0
3000	7.0～8.0	6.0～7.0
4000	8.0～9.0	7.0～8.0
5000	9.0～9.5	8.0～8.5
6000	9.5～10.0	8.5～9.0
8000	10.0～10.5	9.0～9.5

注：强夯法的有效加固深度从最初起夯面算起。

根据地基加固设计要求确定强夯法加固深度，然后根据要求的加固深度选用强夯施工应采用的单击夯击能。

2. 夯锤和落距的选用

单击夯击能确定后，可根据单击夯击能和施工设备条件确定夯锤重量和落距。夯锤重量确定后还需确定夯锤尺寸。

起重设备可用履带式起重机、轮胎式起重机，以及专用的强夯机械。

夯锤材质可用铸钢，也可用钢板为壳，壳内灌混凝土制成。夯锤底平面一般为圆形。夯锤中需要设置若干个上下贯通的气孔。在夯锤中设置上下贯通的气孔既可减小起吊夯锤时的吸力，又可减少夯击时落地前瞬间气垫的上托力。夯锤底面积大小取值与夯锤重量和地基土体性质有关，通常取决于表层土质，对砂性土地基一般采用2～4m^2，对黏性土地基一般采用3～6m^2。

3. 夯击范围和夯击点布置

采用强夯法处理地基时，强夯加固的范围应大于上部结构基础范围。通常要求强夯加固范围每边超出基础外缘范围宽度为设计强夯加固深度的1/2至1/3，并不小于3m。

夯击点布置一般可采用三角形或正方形布置。第一遍夯击点间距可取5～9m，以后每遍夯击点间距可以与第一遍相同，也可适当减小。对加固深度要求较深或采用的单击夯击能较大的工程，所选用的第一遍夯击点间距可适当增大。

4. 夯击击数和夯击遍数

每遍每夯点夯击击数可通过试验确定。一般以最后二击的平均夯沉量小于某一数值作为标准。如当单击夯击能小于4000kN·m时，最后二击平均夯沉量不宜大于50mm；当单击夯击能为4000～6000kN·m时，最后二击平均夯沉量不宜大于100mm；当单击夯击能大于6000kN·m时，最后二击平均夯沉量不宜大于200mm。每遍每夯点夯击击数也可采用连续二击的沉降差小于某一数值作为标准。

夯击遍数应视现场地质条件和工程要求确定，也与每遍每夯击点夯击数有关。夯击遍数一般可采用2～3遍，最后再以低能量对整个加固场地满夯1～2遍。

5. 间歇时间

间歇时间是指两遍夯击之间的时间间隔。时间间隔大小取决于地基土体中超孔隙水压力消散的快慢。对渗透性好的地基，强夯在地基中形成的超孔隙水压力消散很快，夯完一遍，第二遍可连续夯击。若地基土渗透性较差，强夯在地基土体中形成的超孔隙水压力消散较慢，二遍夯击之间所需间歇时间要长，黏性土地基夯完一遍一般需间歇 3～4 星期才能进行下一遍夯击。

6. 垫层设计

强夯施工设备较重，要求强夯施工场地能支承较重的强夯起重设备。强夯施工前一般需要铺设垫层，使地基具有一层较硬的表层能支承较重的强夯起重设备，并便于强夯夯击能的扩散，同时也可加大地下水位与地表的距离，有利于强夯施工。对场地地下水位在一2m 深度以下的砂砾石层，无需铺设垫层可直接进行强夯；对地下水位较高的饱和黏性土地基与易于液化流动的饱和砂土地基，都需要铺设垫层才能进行强夯施工，否则地基土体会发生流动。铺设垫层的厚度可根据场地的土质条件、夯锤的重量和夯锤的形状等条件确定。

7. 现场测试设计

现场测试可包括下述内容：

(1) 地面沉降观测

每夯击一次应及时测量夯击坑及夯坑周围地面的沉降、隆起。通过每一夯击后夯击坑的沉降量控制夯击击数。通过地面沉降观测可以估计强夯处理地基的效果。

(2) 孔隙水压力观测

对黏性土地基，为了了解强夯加固过程中地基中超孔隙水压力的消散情况，要求沿夯击点等距离不同深度以及等深度不同距离埋设孔隙水压力测头，测量在夯击和间歇过程中地基土体中孔隙水压力沿深度和水平距离变化的规律。从而确定夯击点的影响范围，合理选用夯击点间距，夯击间歇时间等。

(3) 强夯振动影响范围观测

如需了解强夯对周围环境的影响，可通过测试地面振动加速度了解强夯振动的影响范围。通常将地表的最大振动加速度等于 $0.98m/s^2$（即认为是相当于 7 度地震烈度）的位置作为设计时振动影响的安全距离。为了减小强夯振动对周围建筑物的影响，可在夯区周围设置隔振沟。

(4) 深层沉降和侧向位移测试

为了了解强夯处理过程中深层土体的位移情况，可在地基中设置深层沉降标测量不同深度土体的竖向位移和在夯坑周围埋设测斜管测量土体侧向位移沿深度的变化。通过对地基深层沉降和侧向位移的测试可以有效地了解强夯处理有效加固深度和强夯的影响范围。

6.9.3 强夯法质量检验

强夯法处理地基加固效果检验可根据地基工程地质情况及地基处理要求选择下列方法进行：室内土工试验、现场十字板试验、动力触探试验、静力触探试验、旁压仪试验、波速试验和载荷试验等。通过强夯加固前后测试结果的比较分析可了解强夯加固地基效果。

当强夯施工所产生的振动对邻近建筑物或设备可能产生有害影响时，应设置监测点，并采取隔振、防振措施。

*6.10 低强度桩复合地基

6.10.1 加固机理和适用范围

低强度桩是指由水泥、石子及其他掺和料（如砂、粉煤灰、石灰等）制成，桩身强度一般在5～15MPa范围内的桩体。由低强度桩与天然地基组成的桩体复合地基称为低强度桩复合地基。如水泥粉煤灰碎石桩复合地基（CFG桩复合地基）、低强度水泥砂石桩复合地基、二灰混凝土桩复合地基、低标号素混凝土桩复合地基等。采用低强度桩复合地基可以较充分发挥竖向增强体的强度，充分利用加固材料，同时又可以较好利用桩间土的强度。因此具有较好的经济效益和社会效益。

低强度桩复合地基适用性强，可用于处理各类淤泥、淤泥质土、黏性土、粉土、砂土、人工填土等地基。低强度桩复合地基既适用于刚性基础，也适用于堤坝、路基等基础。目前低强度桩复合地基已在建筑、市政、交通、水利等部门得到广泛应用。

6.10.2 低强度桩复合地基设计

低强度桩复合地基设计中采用承载力特征值概念。

低强度桩复合地基设计步骤如下：

1. 确定单桩承载力特征值

根据工程地质情况和荷载情况，初步确定低强度桩的桩长和桩径，并由此初步确定单桩承载力特征值。

首先计算由桩侧摩阻力和端承力提供的低强度桩单桩承载力特征值 R_a，该值可采用下式计算，

$$R_a = u_p \sum_{i=1}^{n} q_{si} l_i + q_p A_p \tag{6-75}$$

式中 u_p——桩的周长，m；

n——桩长范围内土层数；

q_{si}——桩周第 i 层土的侧阻力特征值，kPa；

q_p——桩端地基土承载力特征值，kPa；

l_i——桩长范围内第 i 层土的厚度，m；

A_p——桩的截面面积，m^2。

然后计算桩身强度确定的低强度桩单桩承载力特征值，其值可采用下式计算：

$$R_a = \frac{1}{3} f_{cu} A_p \tag{6-76}$$

式中 f_{cu}——低强度桩桩体试块（边长150mm立方体）标准养护28d立方体抗压强度平均值，kPa；

比较由式（6-75）和式（6-76）计算值，两者中取小值。

低强度桩单桩承载力特征值也可通过试验确定。采用单桩载荷试验确定低强度桩单桩承载力特征值时，可将试验确定的低强度桩单桩极限承载力值除以安全系数2，得到低强度桩单桩承载力特征值。

2. 确定低强度桩复合地基置换率 m

在进行设计时，常需要根据所需要达到的复合地基承载力特征值、单桩承载力特征值和桩间土承载力特征值，计算复合地基置换率 m，并得到设计用桩数。

低强度桩复合地基承载力特征值可用下式计算：

$$f_{spk} = m\frac{R_a}{A_p} + \beta(1-m)f_{sk} \tag{6-77}$$

式中 m——复合地基面积置换率；

R_a——单桩承载力特征值；

A_p——桩的截面面积；

β——桩间土承载力折减系数，宜按地区经验取值，如无经验时可取 0.75～0.95，天然地基承载力较高时取大值；

f_{sk}——处理后的桩间土承载力特征值，宜根据施工情况按当地经验取值。如无经验时，可取天然地基承载力特征值。

由式（6-77）可得到复合地基置换率 m 的计算式：

$$m = \frac{f_{spk} - \beta f_{sk}}{\dfrac{R_a}{A_p} - \beta f_{sk}} \tag{6-78}$$

3. 确定所需总桩数和布桩

复合地基置换率确定后，可根据复合地基置换率确定所需总桩数 n：

$$n = \frac{mA}{A_p} \tag{6-79}$$

式中 n——总桩数；

A——基础底面积。

总桩数确定后，即可根据基础形状和采用一定的布桩形式（如三角形布置、或正方形、或梯形布置等）合理布桩，确定实际用桩数。

低强度混凝土桩可只在基础范围内布置。桩顶与基础之间一般应设置褥垫层，厚度宜取 300～500mm。

4. 加固区下卧土层的地基强度验算

低强度桩复合地基中的桩一般都坐落在较好的持力层上，因此一般不需要验算加固区下卧土层的地基强度。但当加固范围以下确实存在软弱下卧土层时，应进行加固区下卧土层的强度验算。计算方法同深层搅拌桩复合地基设计计算。

当加固区下卧层强度验算不能满足要求时，需重新设计。一般需增加桩长，或扩大基础面积，直至加固区下卧层强度验算满足要求。

5. 沉降计算

低强度混凝土桩复合地基的沉降计算可按桩土模量比大小采用不同的计算方法。当桩土模量比较大时，可采用类似桩基础沉降计算方法计算；当桩土模量较小时，可采用深层搅拌桩复合地基沉降计算方法计算。

6.10.3 施工和质量检验

在工程中常用的低强度桩复合地基有：低标号素混凝土桩复合地基、水泥粉煤灰碎石桩复合地基（CFG 桩复合地基）、二灰混凝土桩复合地基和低强度水泥砂石桩复合地基等。采用的低强度桩不同，其施工工艺也有区别。多数低强度桩采用振动沉管灌注成桩，也有采用钻孔取土成孔灌注成桩，包括长螺旋钻孔管内泵压成桩、长螺旋钻孔灌注成桩、泥浆护壁钻孔灌注成桩等。振动沉管灌注成桩适用于粉土、黏性土及素填土地基，当软土较为深厚且布桩较密，或周边环境有严格要求时，应重视其挤土效应，谨慎选用。

低强度桩施工前应按设计要求进行配合比试验，施工时应按配合比配置混合料。

施工质量检验主要是检查施工记录、混合料坍落度、桩数、桩位偏差、褥垫层厚度、夯填度和桩体试块抗压强度等。可采用低应变动力测试检测桩身完整性，采用复合地基载荷试验检验低强度桩复合地基承载力。

*6.11　加筋土挡墙法

图 6-21 表示两类加筋土挡墙：条带式加筋土挡墙和包裹式加筋土挡墙，分别如图 6-21（*a*）和图 6-21（*b*）所示。在条带式加筋土挡墙中，土工合成材料加筋条带在填土中按一定间距排列，一端按所需长度伸入土内，另一端与支挡结构外侧面板联结。包裹式加筋土挡墙施工顺序为：首先在地表面满铺土工织物，并留有一定长度的土工织物用于包裹在土工织物上的填土。然后在土工织物上填土压实，再将已铺的土工织物外端部分卷回一定的长度。再在其上满铺一层土工织物，然后再在土工织物上填土压实，并将后铺的土工织物外端部分卷回一定长度。每层填土厚约 0.3～ 0.5m。一层一层一直填到设计高度。可根据需要在包裹式加筋土挡墙结构外侧设置面板或进行绿化。对设置面板的，需在加筋土挡墙中埋设锚固杆件以固定面板。

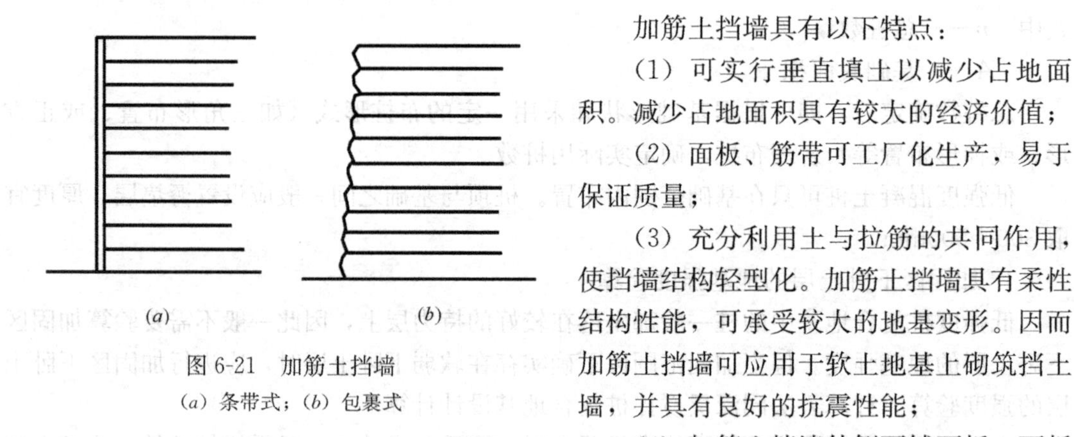
(*a*)　　(*b*)

图 6-21　加筋土挡墙
（*a*）条带式；（*b*）包裹式

加筋土挡墙具有以下特点：

（1）可实行垂直填土以减少占地面积。减少占地面积具有较大的经济价值；

（2）面板、筋带可工厂化生产，易于保证质量；

（3）充分利用土与拉筋的共同作用，使挡墙结构轻型化。加筋土挡墙具有柔性结构性能，可承受较大的地基变形。因而加筋土挡墙可应用于软土地基上砌筑挡土墙，并具有良好的抗震性能；

（4）加筋土挡墙外侧可铺面板，面板的形式可根据需要拼装，造型美观，适用于城市道路的支挡工程。加筋土挡墙也可与三维植被网结合，在加筋土挡墙外侧进行绿化，景观效果也好。

加筋土挡墙设计包括两个方面，一方面是加筋土挡墙的整体稳定验算，另一方面是加筋土中拉筋的验算。一般先按经验初定一个断面，然后验算拉筋的受力，确定拉筋的设置，确定拉筋的长度。最后验算挡土结构的整体稳定性。若挡土结构的整体稳定性不能满足要求，则需调整拉筋的设置；若稳定性验算安全系数偏大，可进一步进行优化，调整拉筋的设置以获得合理断面。

习题与思考题

6-1 按加固机理地基处理方法可以分为哪几类？简述各类地基处理方法加固地基的机理。

6-2 简述地基处理的选用原则和地基处理规划程序。

6-3 简述复合地基的定义和本质，为什么要对复合地基进行分类？简述各类复合地基的荷载传递机理。

6-4 评述刚性基础下桩体复合地基和柔性基础下桩体复合地基性状的差异。

6-5 按排水系统分类，排水固结法可分为几类？按预压加载方法分类，排水固结法又可分为几类？试分析各类排水固结法的优缺点。

6-6 简述砂井地基堆载预压法设计步骤及注意点。

6-7 某淤泥质黏土层厚15m，下为不透水土层。该淤泥质黏土层固结系数 $c_h=2c_v=4.0\times10^{-3}\ cm^2/s$，拟采用大面积堆载预压法加固，竖向排水体采用袋装砂井，直径为70mm，正方形排列，间距1.40m，深度15.0m。预压荷载80kPa，一次匀速加载，加载时间为60d，试计算加荷后90d土层平均固结度。

（答案：90d时土层平均固结度为93.4%）

6-8 某饱和软土地基，黏土层厚16m，其上、下均为透水砂层。拟采用塑料排水带堆载预压法处理。排水带等效直径为6.6cm，间距为1.3m，按正三角形布置。荷载单级施加，加载时间为90d。已知黏土的固结系数 $c_h=2c_v=0.003cm^2/s$；水平向渗透系数与排水带渗透系数之比 $k_h/k_w=0.0001$；涂抹区土体渗透系数 $k_s=0.2k_h$；涂抹区直径为排水带等效直径的2倍。试分别按理想井和非理想井固结理论计算 $t=150$d 时地基的平均固结度。

（答案：按理想井计算，平均固结度为99%；按非理想井计算，平均固结度为75.9%）

6-9 某软土地基天然地基承载力特征值为80kPa，采用深层搅拌法加固，桩径为0.50m，桩长15.0m，经载荷试验得搅拌桩单桩承载力特征值为160kN，桩间土承载力折减系数取0.75，设计要求复合地基承载力特征值为180kPa，试计算复合地基置换率。

（答案：该搅拌桩复合地基置换率为0.16）

6-10 某天然地基承载力特征值为100kPa，采用振冲挤密碎石桩加固，碎石桩桩长为10m，桩径1.2m，正方形布置，桩中心距为1.80m，桩体承载力特征值为450kPa，在桩的设置过程中，桩间土承载力提高了25%，试计算挤密碎石桩复合地基承载力。

（答案：该挤密碎石桩复合地基承载力为238kPa）

6-11 简述强夯法加固地基机理及适用范围。

6-12 简述低强度桩复合地基加固地基机理及适用范围。

6-13 某天然地基承载力特征值为100kPa，设计要求复合地基承载力特征值为200kPa，拟采用低强度桩复合地基加固地基，试完成一地基处理设计。

参考文献

[1] 龚晓南主编，地基处理手册(第二版)．北京：中国建筑工业出版社．2002.

[2] 龚晓南，地基处理新技术．西安：陕西科学技术出版社．1997.
[3] 龚晓南，复合地基理论及工程应用．北京：中国建筑工业出版社，2002.
[4] 殷宗泽、龚晓南主编，地基处理工程实例．北京：中国水利水电出版社，2000.
[5] 叶书麟、叶观宝，地基处理．北京：中国建筑工业出版社，1997.
[6] 龚晓南主编，地基处理技术发展与展望．北京：中国水利水电出版社，2004.
[7] Carrillo N. Simple two and three dimensional cases in the theory of consolidation of soils[J]. Journal of Mathematics and Physics，1942，21：1-5.
[8] Barron R A. Consolidation of fine-grained soils by drain wells[J]. Trans. ASCE，1948，113：718-754.
[9] Hart E G，Kindner R L，Boyer W C. Analysis for partially penetrating sand drains[J]. Journal of Soil Mechanics and Foundation Division，ASCE，1958，84(SM4)：1-15.
[10] 谢康和．砂井地基：固结理论、数值分析与优化设计．浙江大学博士学位论文．杭州：1987.
[11] 谢康和，曾国熙．等应变条件下的砂井地基固结解析理论[J]．岩土工程学报．1989，11(2)，3-17.
[12] 谢康和，周开茂．未打穿竖向排水井地基固结理论[J]．岩土工程学报，2006，28(6)，679-684.

第7章　基　坑　工　程

7.1　概述

7.1.1　基本概念

基坑工程既是基础工程的重要组成部分，也是土木工程中的传统课题。随着城市化建设和地下空间利用的发展，基坑工程呈现出数量多、平面规模和深度大、施工难度大的趋势，由此引起的基坑稳定性和变形以及对周围环境的影响越来越受关注。

为进行建（构）筑物地下部分的施工由地面向下开挖出的空间称为基坑。与基坑开挖相互影响的周边建（构）筑物、地下管线、道路、岩土体与地下水体统称为基坑周边环境。为挖除地面以下建（构）筑物地下结构范围的土方，保证主体地下结构的安全施工及保护基坑周边环境而采取的围护、支撑、降水、加固、挖土与回填等工程措施总称为基坑工程。支挡或加固基坑侧壁的承受土压力、水压力等荷载的结构称为基坑支护结构。

基坑支护设计时，应综合考虑基坑周边环境和地质条件的复杂程度、基坑深度等因素，按下表采用支护结构的安全等级。对同一基坑的不同部位，可采用不同的安全等级。

支护结构的安全等级　　表 7-1

安全等级	破　坏　后　果
一级	支护结构失效、土体过大变形对基坑周边环境或主体结构施工安全的影响很严重
二级	支护结构失效、土体过大变形对基坑周边环境或主体结构施工安全的影响严重
三级	支护结构失效、土体过大变形对基坑周边环境或主体结构施工安全的影响不严重

7.1.2　基坑支护结构的作用

基坑支护结构的作用可以分为三个方面：

(1) 保证基坑四周边坡的稳定性，保证主体地下结构的施工空间要求。也就是说基坑围护体系要能起到挡土作用，这是土方开挖和地下室施工的必要条件。

(2) 保证基坑四周相邻建（构）筑物、道路和地下管线在基坑工程施工期间的安全和正常使用。这要求在支护结构施工、土方开挖及地下室施工过程中控制土体的变形，使基坑周围地面沉降和水平位移控制在容许范围以内。

应根据周围建筑物、构筑物及地下管线的位置、承受变形能力、重要性及被损害可能发生的后果确定其具体要求。有时还需要确定应控制的变形量，按变形要求进行设计。

(3) 保证基坑工程施工作业面在地下水位以上。通过截水、降水、排水等措施，保证基坑工程施工作业面在地下水位以上。

7.1.3　基坑工程的特点

基坑工程主要包括基坑支护结构设计与施工和土方开挖，是一项综合性很强的系统工程，它要求岩土工程和结构工程技术人员密切配合。基坑支护结构是临时结构，一般而言，在地下工程施工完成后，支护结构就不再需要。

基坑工程具有下述特点：

1. 基坑工程具有较大的风险性

一般情况下，基坑围护是临时措施，地下室主体施工完成时围护体系即完成任务。与永久性结构相比，临时结构的安全储备要求可小一些。基坑围护体系安全储备较小，因此具有较大的风险性。基坑工程施工过程中应进行监测，并应有应急措施。在施工过程中一旦出现险情，需要及时抢救。

2. 基坑工程具有很强的区域性

岩土工程区域性强，岩土工程中的基坑工程区域性更强。如软黏土地基、砂土地基、黄土地基等工程地质和水文地质条件不同的地基中基坑工程差异性很大。同一城市不同区域也有差异。基坑工程的围护体系设计与施工和土方开挖都要因地制宜，根据本地情况进行，外地的经验可以借鉴，但不能简单搬用。

3. 基坑工程具有很强的个性

基坑工程的围护体系设计与施工和土方开挖不仅与工程地质和水文地质条件有关，还与基坑相邻建筑物、构筑物及市政地下管线的位置、抵御变形的能力、重要性，以及周围场地条件有关。有时，保护相邻建（构）筑物和市政设施的安全是基坑工程设计与施工的关键。这就决定了基坑工程具有很强的个性。因此，对基坑工程进行分类、对支护结构允许变形规定统一标准都是比较困难的。

4. 基坑工程综合性强

基坑工程不仅需要岩土工程的知识，也需要结构工程的知识，作为一个支护体系的设计工程师，必须同时具备这两方面的知识。当然也可以依靠岩土工程师和结构工程师相互配合进行设计。

基坑工程涉及土力学中稳定、变形和渗流三个基本课题，三者融合在一起，需要综合处理。有的基坑工程土压力引起围护结构的稳定性是主要矛盾，有的土中渗流引起流土破坏是主要矛盾，有的基坑周围地面变形量是主要矛盾。基坑工程区域性和个性强也表现在这一方面。

5. 基坑工程具有较强的时空效应

基坑的深度和平面形状对基坑围护体系的稳定性和变形有较大影响，在基坑围护体系设计中要注意基坑工程的空间效应。土体是蠕变体，特别是软黏土，具有较强的蠕变性。作用在围护结构上的土压力随时间变大，蠕变将使土体强度降低，将使土坡稳定性变小。基坑工程具有很强的时间效应。

6. 基坑工程是系统工程

基坑工程主要包括围护体系设计和施工及土方开挖两部分。土方开挖的施工组织是否合理将对围护体系是否成功产生重要影响。不合理的土方开挖方式、步骤和速度可能导致主体结构桩基变位，围护结构过大的变形，甚至引起围护体系失稳导致破坏。基坑工程是系统工程，在施工过程中应加强监测，力求实行信息化施工。

7. 基坑工程的环境效应

基坑开挖势必引起周围地基中地下水位的变化和应力场的改变，导致周围地基土体的变形，对相邻建筑物、构筑物及地下管线产生影响。影响严重的将危及相邻建筑物、构筑物及地下管线的安全及正常使用。因此基坑工程的环境效应应给予重视。

7.2 支护结构类型以及适用范围

7.2.1 支护结构形式分类

支护结构形式主要可以分为下述几类：

（1）放坡开挖及简易支护；

（2）重力式水泥土挡墙；

（3）土钉墙或复合土钉墙；

（4）桩墙式支护结构，一般可分为悬臂式、内撑式和拉锚式三种，双排桩门架式结构也可归类于此类结构；

（5）其他形式支护结构，主要有拱式组合型、沉井、冻结法等。

7.2.2 放坡开挖结构及适用范围

放坡开挖是选择合理的基坑边坡以保证在开挖过程中边坡的稳定性，包括坡面的自立性和边坡整体稳定性。放坡开挖示意图如图 7-1 所示。放坡开挖适用于地基土质较好，开挖深度不深，以及施工现场有足够放坡场所的工程。放坡开挖一般费用较低，能采用放坡开挖应尽量采用放坡开挖。有时虽有足够放坡的场所，但挖土及回填土方量大，考虑工期、工程费用并不合理，也不宜采用放坡开挖。

在放坡开挖过程中，为了增加基坑边坡稳定性，减少挖土土方量，常采用简易围护。如在坡脚采用草袋装土或块石堆砌挡土（图 7-2）或在坡脚采用松木桩或水泥搅拌桩围护（图 7-3）等。

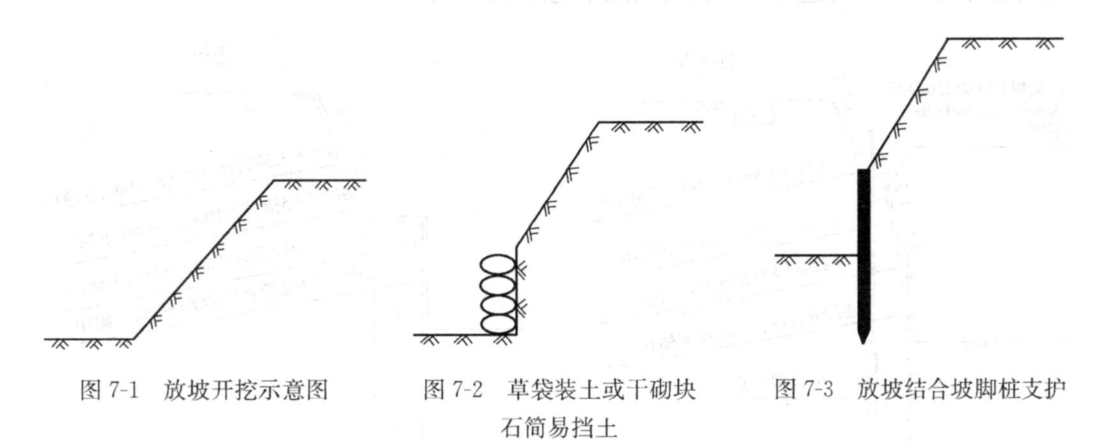

图 7-1　放坡开挖示意图　　图 7-2　草袋装土或干砌块石简易挡土　　图 7-3　放坡结合坡脚桩支护

7.2.3 重力式水泥土挡墙及适用范围

重力式水泥土挡墙示意图如图 7-4 所示。目前在工程中用得较多的重力式水泥土挡墙，常采用深层搅拌法形成，有时也采用高压喷射注浆法形成。为了节省投资，平面常采用格栅状布置（图 7-5）。水泥土与其包围的天然土形成重力式挡墙支挡周围土体，保持基坑边坡稳定。重力式水泥土挡墙常用于软黏土地区开挖深度约在 6.0m 以内的基坑工程。采用高压喷射注浆法施工可以在砂类土地基中形成水泥土挡墙。近几年来也有采用较大功率的三轴或多轴深层搅拌机械在粉土、砂土地基中形成水泥土挡墙的工程实例。水泥土抗拉强度低，重力式水泥土挡墙适用于较浅的基坑工程，其变形也比较大。

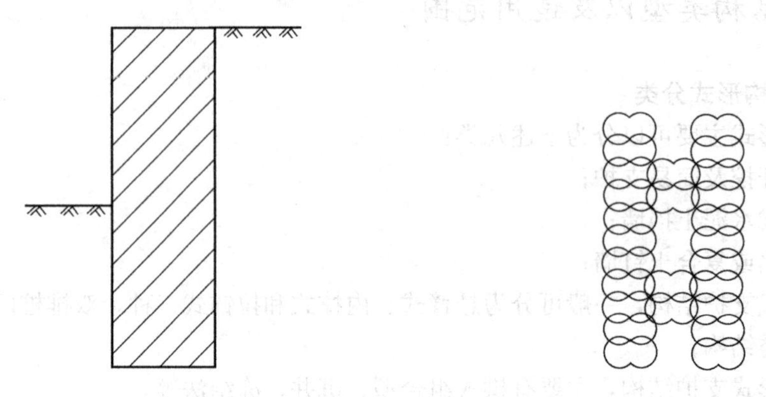

图 7-4　重力式水泥土挡墙剖面示意图　　　图 7-5　重力式水泥土挡墙平面布置示意图

7.2.4　土钉墙、复合土钉墙及适用范围

土钉墙是指边开挖基坑，边在土坡中设置土钉，在坡面上铺设钢筋网，并通过喷射混凝土形成混凝土面板，形成土钉墙支护结构。土钉一般通过钻孔、插钢筋和注砂浆或纯水泥浆来设置；也可采用打入或射入方式设置土钉。其支护机理可理解为通过在基坑边坡中设置土钉，形成加筋土重力式挡墙起到挡土作用。土钉墙支护结构示意图如图 7-6 所示，适用于地下水位以上或人工降水后的黏性土、粉土、杂填土及非松散砂土、卵石土等，一般认为不适用于淤泥质土及未经降水处理地下水位以下的土层地基中基坑围护。土钉墙支护基坑的深度一般不超过 12m，使用期限不超过 18 个月。

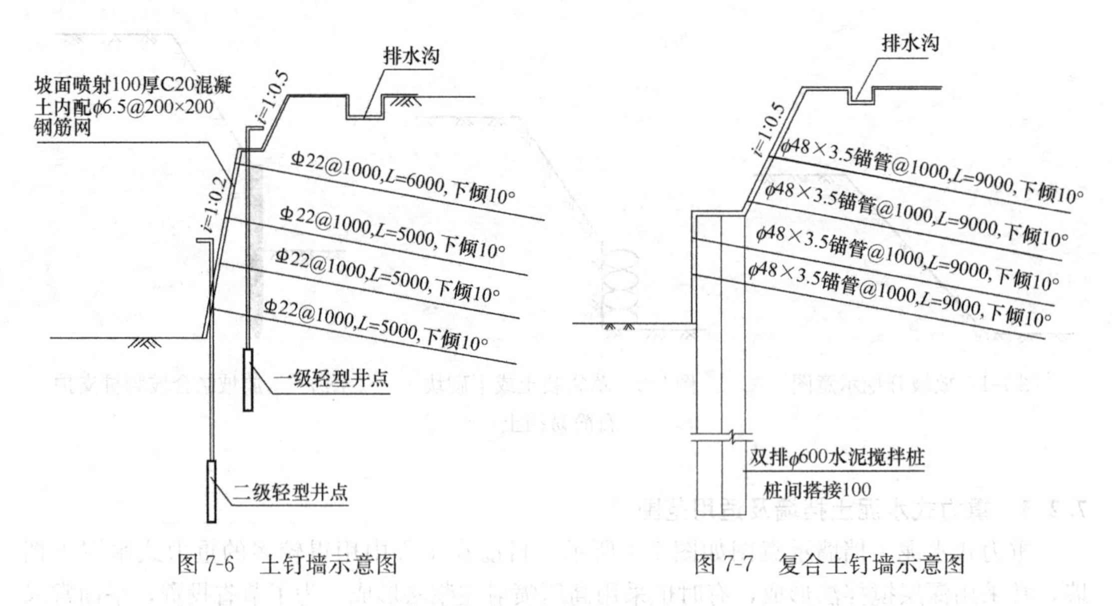

图 7-6　土钉墙示意图　　　图 7-7　复合土钉墙示意图

近年来，在淤泥或淤泥质土中发展了水泥搅拌桩、微型钢管桩或钻孔灌注桩超前支护与土钉墙结合的复合土钉墙支护技术（图 7-7），通过工程实践已经积累了一定的经验，

但一般认为深厚软黏土中采用复合土钉墙支护的基坑深度不宜超过 6m。

7.2.5 悬臂式桩墙支护结构及适用范围

悬臂式桩墙支护结构示意图如图 7-8 所示，常采用钢筋混凝土桩排桩墙、木板桩、钢板桩、钢筋混凝土板桩、型钢水泥土搅拌墙（SMW 工法）、地下连续墙等形式。钢筋混凝土桩常采用钻孔灌注桩、人工挖孔灌注桩、沉管灌注桩及预制桩。悬臂式支护结构依靠足够的入土深度和结构的抗弯能力来维持整体稳定和结构的安全。悬臂结构所受土压力分布是开挖深度的一次函数，其剪力是深度的二次函数，弯矩是深度的三次函数，水平位移是深度的五次函数。悬臂式结构对开挖深度很敏感，容易产生较大的变形，对相邻建（构）筑物产生不良影响。悬臂式围护结构适用于土质较好、开挖深度较浅的基坑工程。

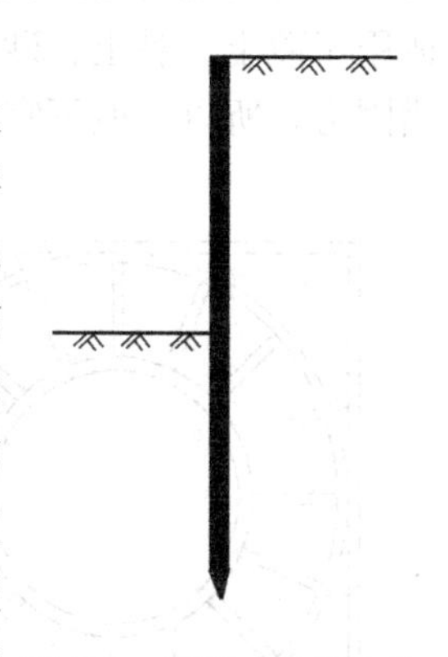

图 7-8 悬臂式桩墙支护结构示意图

广义讲，一切没有支撑和锚固的支护结构均可归属悬臂式支护结构，这里仅指没有内撑和锚固的板桩墙、排桩墙和地下连续墙支护结构。

7.2.6 内撑式桩墙支护结构及适用范围

内撑式桩墙支护结构由支护墙和内支撑结构两部分组成。支护墙常采用 SMW2 法墙、钢筋混凝土桩排桩墙和地下连续墙形式。内撑体系可采用水平支撑和斜支撑。根据不同开挖深度又可采用单层水平支撑、二层水平支撑及多层水平支撑，分别如图 7-9(*a*)(*b*) 及 (*d*)。当基坑平面面积很大，而开挖深度不大时，宜采用单层斜支撑如图 7-9（*c*）所示。

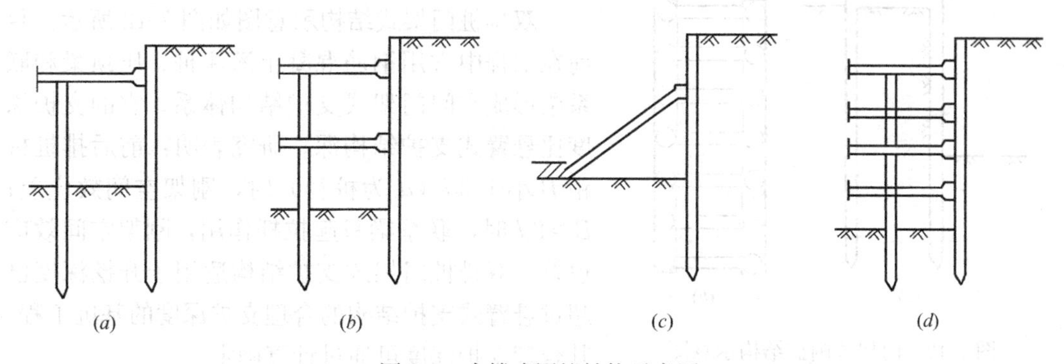

图 7-9 内撑式围护结构示意图

内撑常采用钢筋混凝土支撑和钢管（或型钢）支撑两种。钢筋混凝土支撑体系的优点是刚度好、变形小，而钢管支撑的优点是钢管可以回收，设置时间短，且加预应力方便。支撑平面可采用井字对撑、大角撑、边桁架、圆环支撑等多种形式，图 7-10 表示双圆环支撑体系平面示意图，近年来还涌现了鱼腹梁式支撑、型钢组合内支撑等新技术。

内撑式桩墙支护结构适用范围广，可适用各种土层和基坑深度。

7.2.7 锚拉式桩墙支护结构及适用范围

锚拉式桩墙支护结构由支护墙和锚固体系两部分组成。支护墙同内撑式支护结构，常采用 SMW2 法、钢筋混凝土排桩墙和地下连续墙形式。锚固体系可分为锚杆式和地面拉锚式两种。随基坑深度不同，锚杆式也可分为单层锚杆、二层锚杆和多层锚杆。地面拉锚式围护结构和双层锚杆式支护结构示意图分别如图 7-11（*a*）（*b*）所示。地面拉锚式需要有足够的场地设置锚桩或其他锚固物。锚杆式需要地基土能提供较大的锚固力。锚杆式较适用于砂土、黏土、砂卵石或岩石地基。由于深厚软黏土地基不能提供锚杆锚固段足够的锚固力，所以一般不宜采用。

图 7-10　圆环内撑体系平面示意图

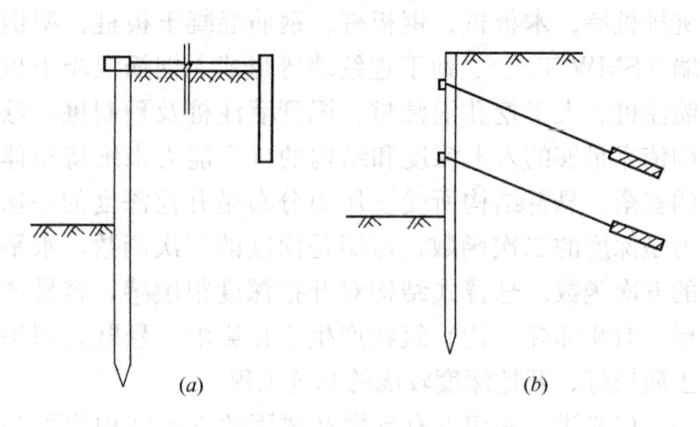

图 7-11　锚拉式支护结构示意图
（a）地面拉锚式；（b）双层锚杆式

*7.2.8　其他形式支护结构及适用范围

其他形式支护结构主要有双排桩门架式支护结构、拱式组合型支护结构、沉井和冻结法等。

1. 双排桩门架式支护结构

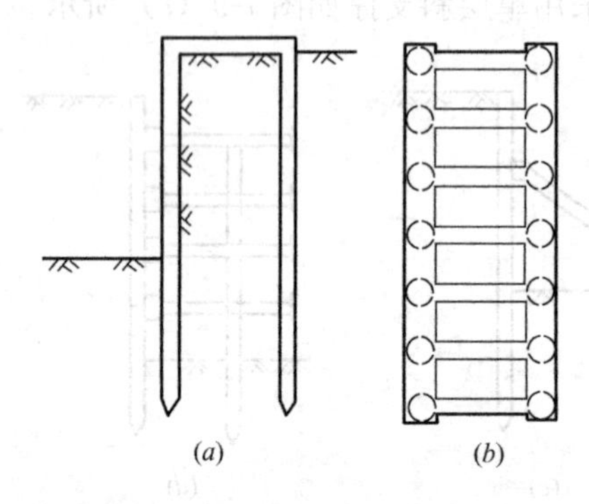

图 7-12　门架式围护结构示意图
（a）剖面；（b）平面

双排桩门架式结构示意图如图 7-12 所示。目前在工程中常用钢筋混凝土灌注桩、压顶梁和联系梁形成空间门架式支护结构体系。它的支护深度比悬臂式支护结构深。研究表明：前后排桩桩距 B 小于 $3d$（d 为桩径）时，刚架空间效应差；$B>8d$ 时，联系梁只起拉杆作用，刚架空间效应也差。双排桩门架式支护结构适用于开挖深度已超过悬臂式支护结构的合理支护深度的基坑工程。其合理支护深度可通过计算确定。

2. 拱式组合型支护结构

图 7-13 表示钢筋混凝土桩同深层搅拌桩水泥土拱组合形成的支护结构示意图。水泥土抗拉强度很小，抗压强度很大，形成水泥土拱可有效利用材料性能。拱脚采用钢筋混凝土桩，接受水泥土拱产生的土压力。采用内撑式支护形式，合理应用拱式组合型围护结构可取得较好经济效益。

3. 沉井

对形状规则、平面尺寸较小的地下结构通常采用沉井形成支护体系。

4. 冻结法

通过冻结基坑四周土体，利用冻结土抗剪强度高，止水性能好的特性，保持基坑边坡稳定。冻结法对地基土类适用范围广，但应考虑其冻结工程对周围的影响，电源不能中断，以及工程费用等问题。

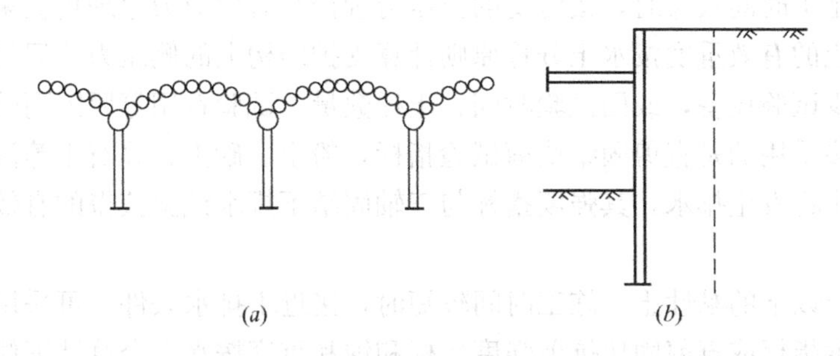

图 7-13　拱式组合型围护结构示意图

(a) 平面；(b) 剖面

7.3　支护结构侧压力计算

7.3.1　侧压力计算原则及土的指标选取

作用在支护结构上的荷载中除了土压力外，在地下水位以下还作用有水压力，支护结构侧压力等于由土的自重产生的侧向压力、水压力及基坑周围建筑物、地面超载、施工荷载等其他情况引起的附加侧向土压力之和。

土压力计算理论主要有朗肯理论和库仑理论，称为古典土压力理论。它们都是按极限平衡条件导出的。库仑理论假设土的黏聚力为零，其优点是考虑了墙与土体间的摩擦力作用，并能考虑地面及墙面为倾斜面的情况；其缺点是对于黏性土必须采用等代摩擦角，即取黏聚力 $c=0$ 而相应增大土的内摩擦角 φ 值，对于层状土尚要简化等代为均质土才能计算。此外，当有地下水，特别是有渗流效应时，库仑理论是不适用的。而朗肯理论则不论砂土或黏性土，均质土或层状土均可适用，也适用于有地下水及渗流效应的情况。它假设地面为水平，墙面为竖直，符合基坑工程的一般情况。因此，目前通常采用朗肯理论计算基坑围护工程中的土压力。

按照我国现行建筑基坑支护技术规程（JGJ120－2012），计算支护结构侧压力时，土、水压力计算方法和土的物理力学指标取值按以下原则确定：

(1) 对地下水位以上的黏性土，土的强度指标应选用三轴试验固结不排水抗剪强度指标或直剪试验固结快剪指标；对地下水位以上的粉土、砂土、碎石土，应采用有效应力抗剪强度指标，如无条件取得有效应力强度指标，缺少有效应力指标时，也可选用三轴试验固结不排水抗剪强度指标或直剪试验固结快剪强度指标。土的重度取天然重度。

(2) 对地下水位以下的粉土、砂土、碎石土等渗透性能较强的土层，应采用有效应力抗剪强度指标和土的有效重度按水土分算原则计算侧压力；如无条件取得有效应力强度指标时，可选用三轴试验固结不排水抗剪强度指标或直剪试验固结快剪强度指标。

(3) 对地下水位以下的淤泥、淤泥质土和黏性土，宜按水土合算原则计算侧压力。此时，对正常固结和超固结土，土的抗剪强度指标可结合工程经验选用三轴试验固结不排水抗剪强度指标或直剪试验固结快剪指标。土的重度取饱和重度。

土作用于支护结构上的侧压力很难精确计算，有一定的地区经验性。对地下水位以下的各类土，当施工时间较长时，按传统的土压力理论和有效应力原理均应采用土的有效应力强度指标和土的有效重度按水土分算原则计算支护结构上的侧压力。但目前国内有的勘测单位或因缺少试验设备，或因试验时间、土样数量、试验费用等原因而较少进行三轴试验，工程上较多采用的是直剪固结快剪试验指标，粉土、砂土、碎石土等渗透性能较强的土在剪切过程中将发生排水，其强度指标与三轴固结不排水试验获得的有效应力指标比较接近。

对地下水位以下的黏性土，施工时间较短时，接近不排水条件，可采用土的三轴固结不排水抗剪强度指标或直剪固快抗剪强度指标和饱和重度按水土合算计算侧压力，这一做法目前尚没有严谨的理论支撑，而主要是基于工程经验的考虑。如果按理论采用有效应力强度指标，由于开挖引起的孔隙水压力难以估算，采用考虑孔压影响的直剪固快指标代替有效应力指标也是可行的方法。

7.3.2 水土合算计算侧压力

不考虑地下水作用时，按朗肯土压力理论，由式（7-1）计算主动土压力和式（7-2）计算被动土压力。

$$p_{ak} = (\Sigma \gamma_i h_i + q)K_a - 2c\sqrt{K_a} \tag{7-1}$$

$$p_{pk} = \Sigma \gamma_i h_i K_p + 2c\sqrt{K_p} \tag{7-2}$$

式中 p_{ak}——计算点处的主动土压力强度标准（kPa），$p_{ak} \leqslant 0$，取 $p_{ak}=0$；

p_{pk}——计算点处的被动土压力强度标准（kPa）；

γ_i——计算点以上第 i 层土的重度（kN/m^3），地下水位以下取饱和重度；

h_i——计算点以上第 i 层土的厚度（m）；

q——地面均布荷载（kPa）；

K_a——计算点处的主动土压力系数，$K_a = \tan^2(45° - \varphi/2)$；

K_p——计算点处的被动土压力系数，$K_p = \tan^2(45° + \varphi/2)$；

c，φ——计算点处土的内聚力标准值（kPa）和内摩擦角标准值（°）。

7.3.3 水土分算计算侧压力

1. 水压力

静水压力的计算比较简单，但在墙前后有水位差且存在水力联系时将发生渗流，渗流效应将使水压力的分布复杂化。

地下水无渗流时，作用在支护结构上主动土压力侧的静水压力，在基坑内地下水位以上按静止水压力三角形分布计算；在坑内地下水位以下按矩形分布计算，见图 7-14。对承压水，地下水位应取测压管水位；当有多个含水层时，应取计算点所在含水层的地下水位。

当采用悬挂式截水帷幕，地下水达到稳定渗流时，宜考虑渗流对土压力的影响，可取平均水力坡降按图 7-15 所示的一维稳定渗流近似方法计算支护结构主动土压力侧的水压力，并不计作用于围护墙被动侧的水压力。图中基坑内地下水位处的静水压力 P_w 为 $2\gamma_w \dfrac{\Delta h \Delta h_w}{\Delta h_w + 2\Delta h}$，支护结构底端处压力为零。

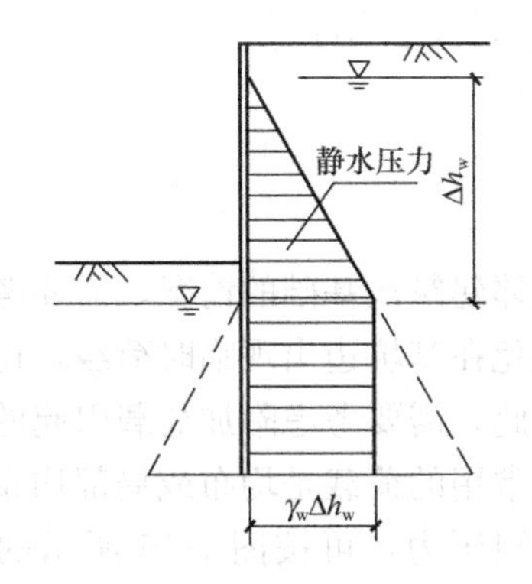

图 7-14　地下水无渗流时的水压力分布

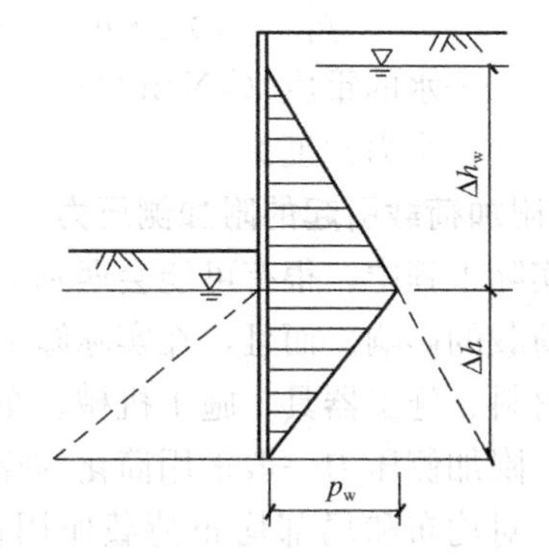

图 7-15　地下水有稳定渗流时的近似水压力分布

当渗流路径内存在渗透性不同的土层时，可按不同土层相应的水力坡降计算水压力。对邻近还有水源补给等更一般的情况，应该首先进行渗流的流网分析，根据流网分析得到墙前及墙后的水压力。

2. 考虑水下浮力的土压力

根据朗肯土压力理论，在水位以下采用土的有效重度 γ_i'，抗剪强度指标采用有效应力指标 c'、φ'来计算土压力。

$$p_{ak}' = (\gamma_{01} \cdot h_{01} + \Sigma \gamma_i' \cdot h_i + q)K_a' - 2c'\sqrt{K_a'} \tag{7-3}$$

$$p_{pk}' = (\gamma_{02} \cdot h_{02} + \Sigma \gamma_i' \cdot h_i)K_p' + 2c'\sqrt{K_p'} \tag{7-4}$$

式中　p_{ak}'——计算点的有效应力主动土压力强度标准值（kPa）；

p_{pk}'——计算点的有效应力被动土压力强度标准值（kPa）；

γ_i'——计算点以上，地下水位线以下各土层的有效重度（即浮容重）（kN/m^3）；

γ_{01}——坑外地下水位以上各土层平均天然重度（kN/m^3）；

h_{01}——坑外地下水位以上土层总厚度（m）；

γ_{02}——坑内地下水位以上各土层平均天然重度（kN/m^3）；

h_{02}——坑内地下水位以上土层总厚度（m）；

K_a'——计算点处的有效主动土压力系数，$K_a' = \tan^2(45° - \varphi'/2)$；

K_p'——计算点处的有效被动土压力系数，$K_p' = \tan^2(45° + \varphi'/2)$。

3. 考虑渗流作用的土压力

由于渗流的存在，不仅使得作用在围护结构前后的水压力发生变化，而且，使得水下土颗粒不仅受到浮力作用，而且受到渗透压力的作用。渗透压力与浮力一样都表现为体积力。

墙后（即坑外）土体受到的渗透压力是向下的，与有效重力方向一致，墙前（即坑内）土体受到的渗透压力是向上的，与有效重力方向相反。

渗透压力表达式：

$$G_D = \gamma_w \cdot i \tag{7-5}$$

考虑渗流作用的土压力式改写为：

$$p_{ak}' = [\gamma_{01} \cdot h_{01} + \Sigma(\gamma_i' + \gamma_w \cdot i_i)h_i + q]\, K_a' - 2c'\sqrt{K_a'} \tag{7-6}$$

$$p'_{pk}=[\gamma_{02}\cdot h_{02}+\Sigma(\gamma'_i-\gamma_w\cdot i_i)h_i]K'_p+2c'\sqrt{K'_p} \tag{7-7}$$

式中 γ_w——水的重度（kN/m³）；

i_i——水力梯度。

7.3.4 附加荷载引起的附加侧压力

在实际工程中，很有可能会遇到基坑开挖附近有相邻建筑浅基础的情况，需要考虑邻近基底荷载的影响。而且，在实际施工过程中，很难避免在基坑边出现临时荷载，比如各种建筑材料、施工器具、施工机械、车辆、人员等。因此，需要考虑附加荷载引起的附加侧压力。附加侧压力一般采用简化的算法近似计算。最常用的荷载是均布或局部均布的荷载作用。对均布和局部均布荷载作用在支护结构上的侧压力，可按图 7-16 所示的方法计算。

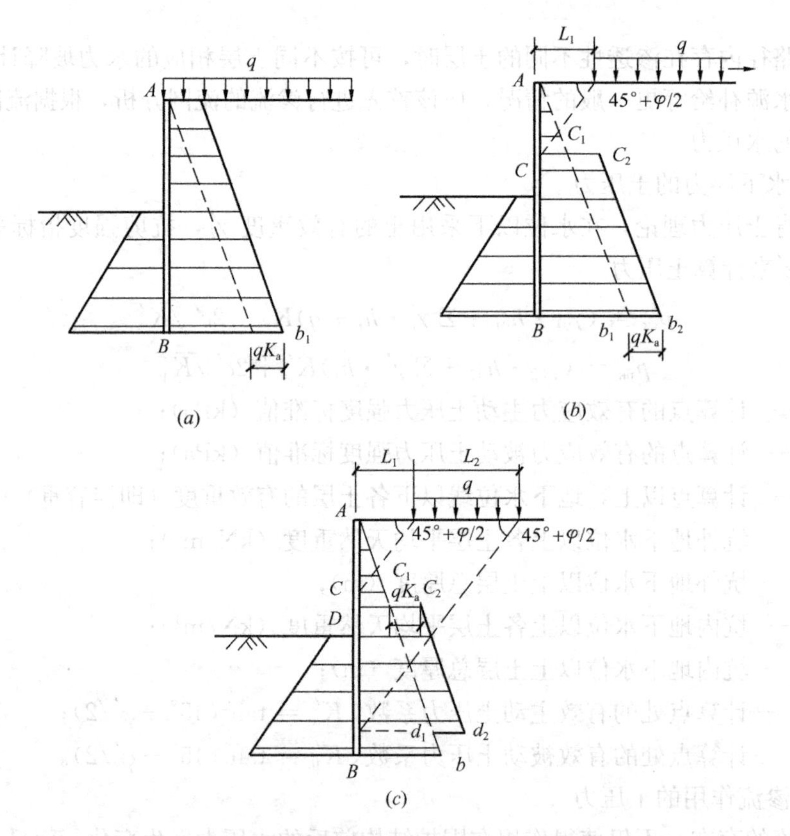

图 7-16 均布和局部均布荷载作用下的侧向土压力计算

(a) 坑壁顶满布均布荷载；(b) 距墙顶 L_1 处作用均布荷载；(c) 距墙顶 L_1 处作用宽 L_2 的均布荷载

其他附加荷载的情况，如集中荷载，基坑外侧不规则荷载等，可以查询相关的手册或规范。

* 7.3.5 经验土压力

1. 平面（空间）杆系结构弹性支点法中的主动土压力

如图 7-17 所示，采用平面（空间）杆系结构弹性支点法（即弹性地基梁法）计算带撑（锚）桩墙式支护结构时被动土压力按土弹簧的反力考虑，坑底标高以上主动土压力按朗肯理论计算，而有足够工程经验时坑底以下主动土压力可取与坑底标高处主动土压力相等的矩形分布模式。

这是一种经验土压力计算模式，仅适用于带撑（锚）桩墙式支护结构的弹性地基梁法，不适合悬臂式支护结构。根据我国数百个基坑工程实测数据的分析，这种主动土压力分布模式计算得到的墙体位移较符合实际，而整个深度内均按朗肯主动土压力理论计算时，计算结果往往产生较大的墙底踢脚位移，与实际情况不符。

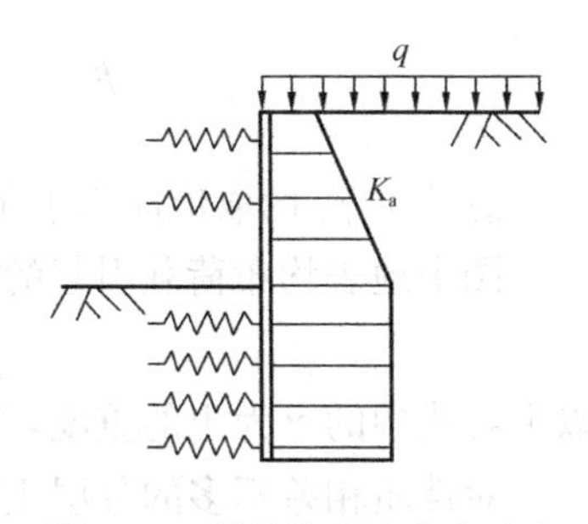

图 7-17　弹性抗力法中主动土压力经验分布图

以上土压力分布模式的一个解释是，由于坑内被动土压力弹簧是有初始压力的，而弹性地基梁法计算分析时没有考虑这个初始压力，对应地，主动区压力在分析时也应相应地减小，如果被动区初始压力按 K_0 静止土压力计，那么主动区压力也应在坑底标高以下相应地减去 K_0 静止土压力（按坑底以下深度计）。而坑底以下主动土压力取与坑底标高处的主动土压力相等的矩形分布模式，实际上是在坑底标高以下减去 K_a 主动土压力（按坑底以下深度计），是偏保守的简化算法。另一个解释是，支挡结构的土压力分布与其位移模式密切相关，一般带撑（锚）桩墙式支护结构的位移模式为两端小、中间大的"鼓胀形"，这种变形模式下的支挡结构土压力分布更接近图 7-17 所示的经验土压力模式。

2. 土钉墙、复合土钉墙上的土压力

在土体自重和地表均布荷载的作用下，各土钉中产生拉力，各层土钉最大拉力所反映的各深度表观土压力，实际上是反映潜在滑裂面上各点的侧压力，它并不是作用在某个竖直平面上的实际土压力，根据经验，这个侧压力按以下算法计算：

$$p = p_1 + p_q \tag{7-8}$$

式中　p——潜在滑裂面上各点的表观土压力；

p_1——潜在滑裂面上各点由支护土体自重引起的侧压力，据图 7-18；

p_q——地表均布荷载引起的侧压力。

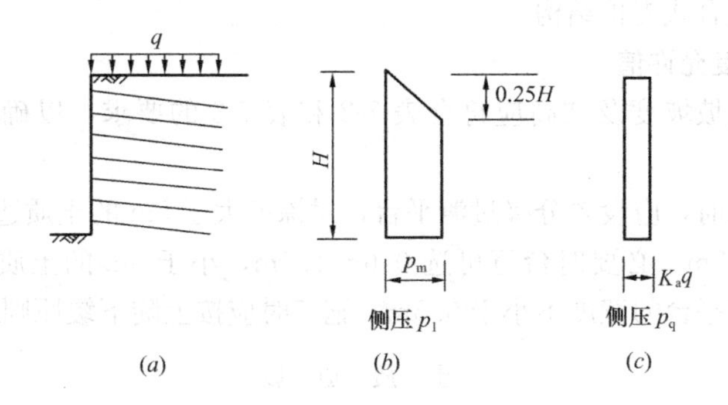

图 7-18　土钉墙侧压力的分布

图中自重应力引起的侧压力峰压 p_m 按以下方法计算：

对于 $\frac{c}{\gamma H} \leqslant 0.05$ 的砂土和粉土：

$$p_m = 0.55K_a\gamma H \tag{7-9}$$

对于 $\frac{c}{\gamma H} > 0.05$ 的一般黏性土：

$$p_m = K_a\left(1-\frac{2c}{\gamma H}\frac{1}{\sqrt{K_a}}\right)\gamma H \leqslant 0.55K_a\gamma H \tag{7-10}$$

黏性土 p_m 的取值应不小于 $0.2\gamma H$。

图中地表均布荷载引起的侧压力取为：

$$p_q = K_a q \tag{7-11}$$

以上各式中的 γ 为土的重度，H 为基坑深度，K_a 为朗肯主动土压力系数。

对性质相差不多的分层土体，上式中的 φ、c 及 γ 值可取各层土的参数 $\mathrm{tg}\varphi_j$、c_j 及 γ_j 按其厚度 h_j 加权的平均值求出。

对于流塑黏性土，侧压力 p_i 的大小及其分布需根据相关测试数据专门确定。

我国现行《建筑基坑支护技术规程》JGJ 120—2012 也提供了土钉墙的经验土压力计算方法。

7.4 放坡开挖

7.4.1 概述

在基坑开挖施工中，在周边环境允许的前提下，选择合理的基坑边坡坡度，使基坑开挖后的土体，在无加固及支撑的条件下，依靠土体自身的强度，在新的平衡状态下取得稳定的边坡。这类无支护措施下的基坑开挖方法通常称为放坡开挖。一般来说，该方法所需的工程费用较低，施工工期短，可为主体结构施工提供宽敞的作业空间。在场地条件允许的情况下通常优先采用放坡开挖。

开挖场地土质一般为杂填土、黏性土或粉土，场地较开阔，地下水位较低或降水后不会对相邻建筑物、道路及管线产生不利影响时，可采用放坡开挖。

当基坑不具备全深度放坡开挖条件时，若有条件，上段可自然放坡，下段可设置其他支护体系，形成组合式支护结构。

7.4.2 边坡的坡度允许值

自立边坡的放坡坡度及坡高应符合表 7-2 和表 7-3 的要求，以确保基坑的稳定性与安全。

分级放坡开挖时，应设置分级过渡平台，对深度大于 5m 的土质边坡，各级过渡平台的宽度为 1.0～1.5m，必要时台宽可选 0.6～1.0m，小于 5m 的土质边坡可不设过渡平台。岩石边坡过渡平台的宽度不小于 0.5m，施工时应按上陡下缓原则开挖。

土 质 边 坡　　表 7-2

土的类别	密实度或状态	坡度容许值（高宽比）	
		坡高 5m 以内	坡高 5～10m
碎石土	密实	1∶0.35～1∶0.5	1∶0.50～1∶0.75
	中密	1∶0.5～1∶0.75	1∶0.75～1∶1.00
	稍密	1∶0.75～1.1.00	1∶1.00～1∶1.25
砂土		1∶1.00（或自然休止角）	

续表

土的类别	密实度或状态	坡度容许值（高宽比）	
		坡高 5m 以内	坡高 5～10m
粉土	密实 中密 稍密	1∶0.40～1∶0.60 1∶0.60～1∶1.00 1∶1.00～1∶1.50	1∶0.60～1∶1.00 1∶1.00～1∶1.50
黏性土	坚硬 硬塑 可塑	1∶0.75 1∶1.00～1∶1.25 1∶1.25～1∶150	1∶1.00～1∶1.25 1∶1.25～1∶1.50 1∶1.50～1∶2.50
残积土（混合土）	坚硬～硬塑（中～密实） 可塑（中密）	1∶0.50～1∶0.75 1∶0.75～1∶1.00	1∶0.75～1∶1.00 1∶1.00～1∶1.25
全风化黏性土	坚硬 硬塑 可塑	1∶0.50～1∶0.75 1∶0.75～1∶1.00 1∶1.00～1∶1.25	1∶0.75～1∶1.00 1∶1.00～1∶1.25 1∶1.25～1∶1.50
杂填土	中密或密实的建筑垃圾	1∶0.75～1∶1.00	

注：1. 表中碎石土的充填物为坚硬或硬可塑状态的黏性土；

2. 砂土、粉土放坡开挖时，坑外一定范围及坑内地下水位应控制在开挖面以下；

3. 残积土、混和土、全风化黏性土等特殊性土的坡度容许值也可参照自然类比法确定。

岩 石 边 坡 **表 7-3**

岩石类别	风化程度	坡度容许值（高宽比）	
		坡高在 8m 以内	坡高 8～15m
硬质岩石	微风化 中等风化 强风化	1∶0.10～1∶0.20 1∶0.20～1∶0.35 1∶0.35～1∶0.50	1∶0.20～1∶0.35 1∶0.35～1∶0.50 1∶0.50～1∶0.75
软质岩石	微风化 中等风化 强风化	1∶0.35～1∶0.50 1∶0.50～1∶0.75 1∶0.75～1∶1.00	1∶0.50～1∶0.75 1∶0.75～1∶1.00 1∶1.00～1∶1.25

注：1. 硬质岩石：饱和单轴抗压强度大于 30MPa；软质岩石：饱和单轴抗压强度小于等于 30MPa。岩石坚硬程度分类参照现行国家标准《工程岩体分级标准》GB 50218；

2. 本表适用于无外倾软弱结构面的边坡。

土质边坡放坡开挖如遇边坡高度大于 5m，具有与边坡开挖方向一致的斜向界面，有可能发生土体滑移的软弱淤泥或含水量丰富的夹层、坡顶堆载、堆物有可能超载时，应对边坡整体稳定性进行验算，必要时进行有效加固及支护处理。

7.4.3 边坡稳定验算

边坡的稳定分析大都采用极限平衡静力计算方法来计算边坡的抗滑安全系数。这种方法的主要步骤是：在斜坡的断面图中绘一滑动面，算出作用在该滑动面上的剪应力，并以此剪应力与滑动面上的抗剪强度相比较，从而确定抗滑安全系数。对众多的滑动面进行类似的计算，从中找出最小的安全系数，就是该边坡的稳定安全系数 F_s。在放坡开挖设计时，应调整至合适的坡度，或采用折线式或台阶式放坡开挖（图 7-19），使得计算的边坡稳定安全系数 F_s满足工程要求。对 F_s的要求值因工程重要程度及所采用的分析方法而不同，以下将在介绍各种常用分析方法中给出相应的 F_s经验值。

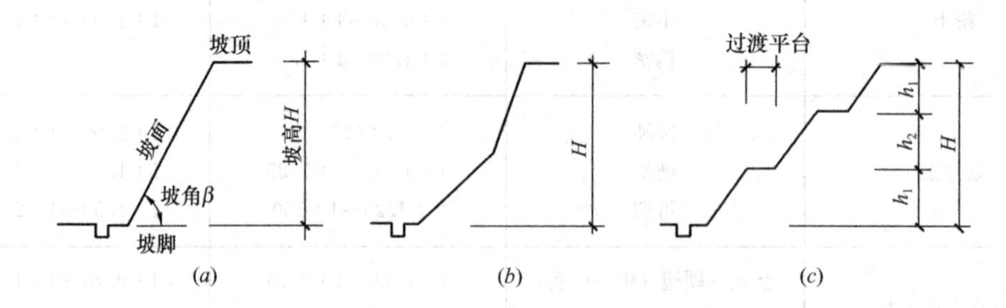

图 7-19 常用边坡形式

（a）单坡式；（b）折线式；（c）台阶式

边坡潜在滑动面的形状，有的近似圆弧形，或对数螺旋线形，有的可用折线来表示，还有的是不规则形状的滑动面，主要取决于斜坡断面构造以及土的层次与性质。

通常采用条分法分析，即先假定若干可能的剪切面（滑动面），然后将滑动面以上土体分成若干垂直土条，对作用于各土条上的力进行静力平衡分析，求出在极限平衡状态下土体稳定的安全系数，并通过一定数量的试算，找出最危险滑动面位置及相应的最低安全系数。

下面仅介绍假定滑动面为圆弧的两种条分法分析原理，即费伦纽斯法和简化毕肖普法。

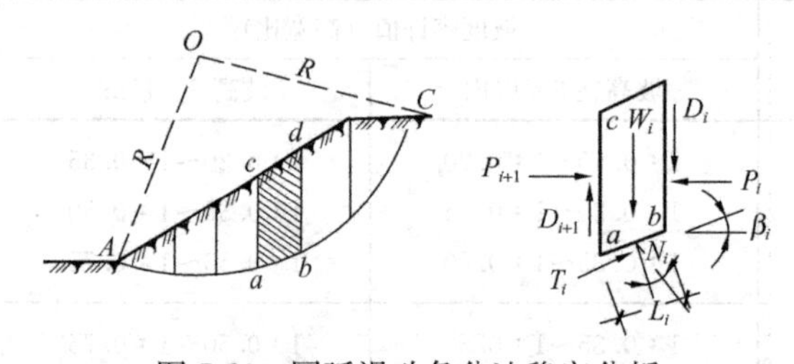

图 7-20 圆弧滑动条分法稳定分析

1. 费伦纽斯法

费伦纽斯法（又称瑞典圆弧滑动法或瑞典法）是条分法中最古老而又是最简单的方法。它假定滑动面是个圆柱面（根据滑坡实地观察，均匀黏性土坡的滑动面与圆柱面十分接近），在进行条分法分析时，按比例画出土坡的坡面（图 7-20），AC 为假定的一个圆弧滑动面，其圆心在 O 点，半径为 R，将该滑动面以上的土体分成若干垂直土条，现取其中第 i 条分析其受力情况，作用在土条上的力有：土条自重 W_i（包括作用在土条上的荷载），作用在条块地面 ab（简化为直线）的剪切力 T_i 和法向力 N_i，以及作用在土条侧面 bd 和 ac 上的剪力 D_i、D_{i+1} 和法向力 P_i、P_{i+1}。以上作用于土条上的力系是非静定的。为此，假定每一土条两侧的作用力大小相等，方向相反，在考虑力和力矩平衡时可相互抵消，这样土条上的力仅考虑 W_i、N_i 和 T_i。由此产生的误差一般在 10%～15%以内，但有的文献认为在某些情况下误差可高达 60%。

根据隔离体的平衡条件：

$$N_i = W_i \cos\beta_i \tag{7-12}$$

$$T_i = W_i \sin\beta_i \tag{7-13}$$

式中 β_i——滑动面 ab 与水平面夹角

作用在 ba 面上的单位反力和剪力为：

$$\sigma_i = (1/l_i)N_i = (1/l_i)W_i\cos\beta_i \tag{7-14}$$

$$\tau_i = (1/l_i)T_i = (1/l_i)W_i\sin\beta_i \tag{7-15}$$

滑动面 $AabC$ 的总剪切力为各土条剪切力之和。即：

$$T = \Sigma T_i = \Sigma W_i\sin\beta_i \tag{7-16}$$

土条 ab 上抵抗剪切的抗剪强度为：

$$\begin{aligned}\tau_{fi} &= (c + \sigma_i \mathrm{tg}\varphi)l_i \\ &= cl_i + W_i\cos\beta_i \mathrm{tg}\varphi\end{aligned} \tag{7-17}$$

总抗剪强度为各土条抗剪强度之和：

$$T_f = \Sigma\tau_{fi} = \Sigma(cl_i + W_i\cos\beta_i\mathrm{tg}\varphi) \tag{7-18}$$

土坡稳定安全系数：

$$F_s = T_f/T = [\Sigma(cl_i + W_i\cos\beta_i\mathrm{tg}\varphi)]/[\Sigma W_i\sin\beta_i] \tag{7-19}$$

由于滑弧圆心是任意选定的，它不一定是最危险滑弧，为了求得最危险滑弧，需假定各种不同的圆弧面（即任意选定圆心），按上述方法分别算出相应的稳定安全系数，最小安全系数即为该边坡的稳定安全系数，相应圆弧就是最危险滑动面，理论上要求最小稳定安全系数 $F_{smin} > 1$，在深基坑工程中按费伦纽斯法计算时一般要求 $F_{smin} = 1.2 \sim 1.4$，视具体工程要求取值。这种试算筛选的工作量很大，一般由计算机完成。

2. 简化毕肖普法

上述费伦纽斯法忽略了土条条间力及孔隙水压力，因此会产生一定误差，毕肖普考虑了条间力与孔隙水压力的作用，于 1955 年提出了一个新的安全系数公式。

如图 7-21 所示，E_i、X_i 分别表示法向和切向条间力，W_i 为土条自重，Q_i 为水平作用力，N_i、T_i 分别表示底部的总法向力（包括有效法向力及孔隙水压力）和切向力，其余符号见图。

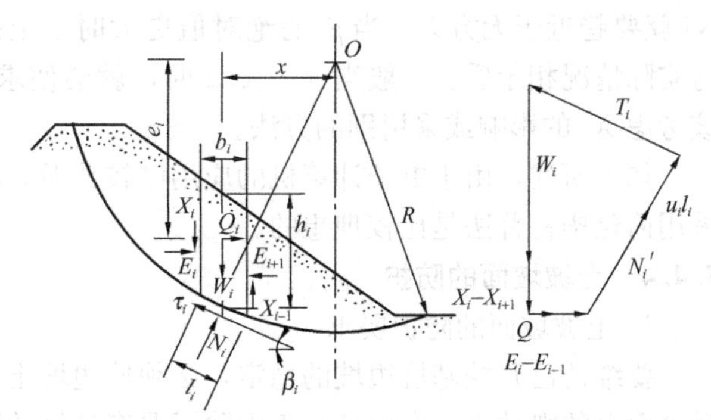

图 7-21　毕肖普法边坡稳定分析

每一土条垂直方向力的平衡条件为：

$$W_i + X_i - X_{i+1} - T_i\sin\beta_i - N_i\cos\beta_i = 0 \tag{7-20}$$

或 $N_i = W_i + X_i - X_{i+1} - T_i\sin\beta_i$

根据安全系数的定义及摩尔-库仑准则可得：

$$T_i = (\tau_i l_i)/F_s = (c_i l_i)/F_s + [(N_i - u_i l_i)(\mathrm{tg}\varphi'_i)]/F_s \tag{7-21}$$

代入上式，求得土条底部总法向力为：

$$N_i = [W_i + (X_i - X_{i+1}) - (c'_i l_i \sin\beta_i)/F_s + (u_i l_i \mathrm{tg}\varphi'_i \sin\beta_i)/F_s](1/m_{\beta_i}) \tag{7-22}$$

式中：$m_{\beta_i} = \cos\beta_i + (\mathrm{tg}\varphi'_i\sin\beta_i)/F_s$。

在极限平衡时，各土条对圆心的力矩之和应当为零，这时，条间力的作用相互抵消，因此得：

$$\Sigma W_i X_i - \Sigma T_i R + \Sigma Q_i e_i = 0 \tag{7-23}$$

将式（7-21）和式（7-22）代入上式，且 $X_i = R\sin\beta_i$，最后可得到安全系数公式：

$$F_s = \Sigma(1/m_{\beta_i})\{c'_i b_i + [W_i - ub_i + (X_i - X_{i+1})]\text{tg}\varphi'_i\}/(\Sigma W_i \sin\beta_i + \Sigma Q_i e_i/R) \tag{7-24}$$

式中：X_i 及 X_{i+1} 是未知的，为使问题得到解决，毕肖普又假定各土条之间的切向条间力忽略不计，这样式（7-24）可简化为：

$$F_s = \Sigma(1/m_{\beta_i})[c'_i b_i + (W_i - ub_i)\text{tg}\varphi'_i]/(\Sigma W_i \sin\beta_i + \Sigma Q_i e_i/R) \tag{7-25}$$

上式中 Q_i 为考虑地震引起的土条惯性力。深基坑属于短期工程，一般不考虑抗震，即 $Q_i=0$，故上式可简化为：

$$F_s = \Sigma(1/m_{\beta_i})[c'_i b_i + (W_i - ub_i)\text{tg}\varphi'_i]/\Sigma W_i \sin\beta_i \tag{7-26}$$

式中的孔隙水压力是两个因素引起的，一是在坡面平面上作用有临时堆载；二是静水压力。当坡体中存在地下水时，一般将有渗流作用，为了简化计算，建议按下述方法处理：

（1）将地面堆载 q 叠加在土条重量 W_i 中。由荷载 q 产生的孔隙水压力难以估计，但数值不大可在计算静水压力中一起考虑。

（2）地下水在渗流条件下引起的水压力计算，按理应画出流网图，但为了简化，可仅画出浸润线，即在渗流条件下的地下水位面。令各土条底部中点的水头为 h_i，则 $\mu_i=\gamma_\omega h_i$，由于实际的 h'_i 略小于 h_i，令取 h_i，已可近似弥补地面堆载引起的孔隙水压力。其中的误差，可以在安全系数中考虑。

用简化的毕肖普法计算，精度较高，其误差只有2%～7%，对于深基坑工程，可取 $F_s=1.25$。基本上已可将上述低估了的孔隙水压力考虑在内。

对于 β_i 为负值的那些土条，如果 m_β 趋于零，则简化毕肖普法就不能用。因为在计算中忽略了 X_i 的影响，但又必须维持各土条的极限平衡，当土条的 β_i 使 m_β 趋近于零时，Ni 就要趋近于无穷大，当 β_i 的绝对值更大时，土条底部的 T_i 要求和滑动方向相同，这与实际情况相矛盾。一般当 $m_\beta \leqslant 0.2$ 时，就会使求出的 F 值产生较大的误差，这时就应该考虑 X_i 的影响或采用别的方法。

如上所述，由于电子计算机的应用已较普及，在土坡稳定分析方面有各种现成程序，采用简化毕肖普法是比较理想的。

7.4.4 土坡坡面的防护

1. 土坡坡面的防护要求

要维持已开挖基坑边坡的稳定，必须使边坡土体内潜在滑动面上的抗滑力始终大于该滑动面上的滑动力。在设计施工中除了要有良好的降、排水措施，有效控制产生边坡滑动力的外部荷载外，尚应考虑到在施工期间，边坡受到气候季节变化和降雨、渗水、冲刷等作用下，使边坡土质变松，土内含水量增加，土的自重加大，导致边坡土体抗剪强度的降低而又增加了土体内的剪应力。造成边坡局部滑坍或产生不利于边坡稳定的影响。因此，在边坡设计施工中，还必须采取适当的构造措施，对边坡坡面加以防护。

2. 土坡坡面的防护方法

根据工程特性、基坑所需的施工工期、边坡条件及施工环境等要求，常用的坡面防护方法有：水泥砂浆抹面，浆砌片石护坡，堆砌砂土袋护坡，铺设抗拉或防水土工布护面。

（1）水泥砂浆抹面：对于易风化的软质岩石、老黏性土及破碎岩石边坡的坡面常用3～5cm厚水泥砂浆抹面。也可先在坡面挂铁丝网再喷抹水泥砂浆。

（2）浆砌片石护坡：对各种土质或岩石边坡，可用浆砌片石护坡。也可在坡脚处砌筑一定高度的浆砌片石或红砖墙，用于反压及挡土，并与排水沟相接。

（3）堆砌砂土袋护坡：对已发生或将要发生滑坍失稳或变形较大的边坡，常用砂土袋（草袋、土工织物袋），堆置于坡脚或坡面。

（4）铺设抗拉或防水土工布护面：用于边坡面防水、防风化、防坡面土流失的加固处理，在土工布上可上覆素土、砂土或水泥砂浆抹面。

7.5 桩墙式支护结构

7.5.1 概述

当施工场地狭窄、地质条件较差、基坑较深或周边环境敏感需严格控制基坑开挖引起的变形时，应采用桩墙式支护结构，这种类型的支护结构在工程中应用最为广泛。

桩墙式支护结构由支护墙及支撑系统组成。常用形式有悬臂式、内撑式和锚拉式。

支护墙分桩排式结构和墙式结构。桩排式结构的常用桩型有钻孔灌注桩、沉管灌注桩、人工挖孔桩、板桩、咬合桩等；墙式结构的常用形式有现浇式或预制的地下连续墙、型钢水泥土连续墙（SMW工法墙、TRD工法墙等）。

本节主要介绍桩墙式支护结构的设计方法及需要验算的内容。

7.5.2 悬臂式支护静力平衡法（Blum法）

基本假定：假设支护墙在土压力作用下绕坑底以下不动点C转动，C点以上支护墙迎坑面一侧土压力为被动土压力，另一侧为主动土压力，C点以下刚好相反，迎坑面一侧为主动土压力，另一侧为被动土压力。计算简图见7-22。

支护墙的插入深度及墙身内力可根据墙身外力及力矩的平衡，由平衡方程（7-27）求得。

$$\left.\begin{aligned}E_{a1}+E_{a2}&=E_p\\E_{a1}t_1+E_{a2}t_2&=E_pt_3\end{aligned}\right\}\tag{7-27}$$

式中 E_{a1}，E_{a2}，E_p——分别为AB、DE、BD段土压力的合力（kN/m）；

t_1，t_2，t_3——分别为AB、DE、BD段土压力的合力至墙端E点的距离（m）。

墙体的设计插入深度可视工程情况乘以1.15～1.25的经验调整系数。

以上计算需要求解四次方程，往往需要经过迭代计算。

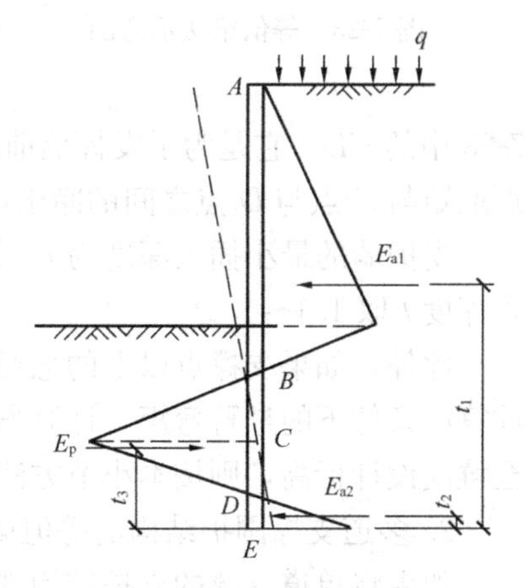

图7-22 悬臂式支护结构分析简图（Blum法）

墙体的最大弯矩位置在基坑面以下，可根据剪力$Q=0$条件按常规方法确定。

7.5.3 等值梁法

等值梁法是工程界中应用较广泛的一种用以估算支护结构内力和支护墙嵌固深度的方法，适用于设置支撑和锚杆的桩墙式支护结构。

本小节首先讨论单层支撑或锚杆的情况，然后再讨论多层支撑或锚杆的支护结构。

1. 单层撑（锚）支护结构

对于单层撑（锚）桩墙式支护结构，由于墙下段的土压力大小、方向均不确定，因此它是一种超静定结构。超静定结构的内力，光靠力的平衡条件是无法求解的，必须引入变形协调条件。等值梁法是一种不考虑土与结构变形的近似计算方法，因此必须对结构受力作出近似假设后方可求解。

图 7-23 表示一均质无黏性土的土压力分布示意图。图中 OE 为主动土压力，BF 为被动土压力，影线部分表示作用于墙上的净土压力，C 点的净土压力为零。今取墙 OBC 段为分离体，则 C 点将作用有剪力 P_0 及弯矩 M_c，实践表明，一般 M_c 不大。为此，等值梁作出近似假设，令 $M_c=0$。也就是假设 C 点为一铰节点，只有剪力 P_0 而无弯矩，因此，也有人称等值梁法为假想铰法。

当引入 C 点为铰点的假设之后，OBC 段成为静定梁，只要净土压力$\triangle OGC$ 确定，即可按静力平衡条件求解 OBC 梁段的内力。

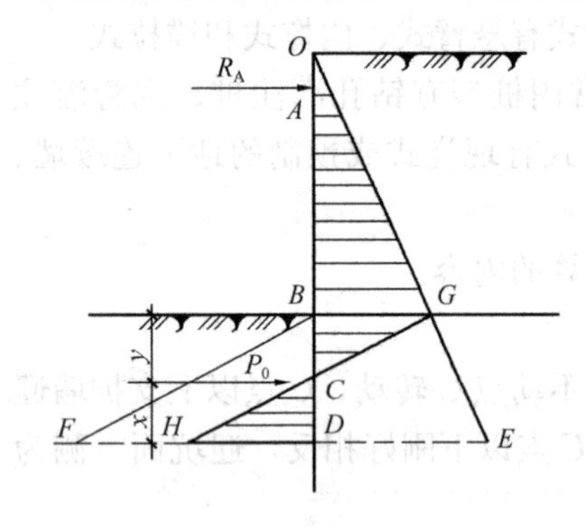

图 7-23　等值梁法示意图

黏性土的土压力分布不同于图 7-23 的图形，但计算方法是一样的。

计算的方法与步骤如下：

(1) 计算墙后与墙前土压力的分布。

(2) 计算净土压力的零点深度 y，如图 7-23 所示。

(3) 计算支撑力。取 OBC 段为分离体。对 C 点取矩，令 $M_c=0$，可得支撑力 R_A。

(4) 计算 OBC 段剪力为零点的位置，该点以上的作用力产生的弯矩，即墙的最大弯矩。

(5) 求 C 点的剪力 P_0，$P_0=\triangle OGC-R_A$。

(6) 求 C 点以下必要的埋入深度。此深度 x 即图 7-23 中的 CD。它是为了发挥墙前的净被动土压力对 D 点的力矩以平衡 P_0。根据 P_0 对 D 点取矩与 C 点与 D 点之间的净土压力对 D 点取矩的力矩平衡方程，可得到 x。

支护墙的最小插入深度为 $t_0=y+x$，这是极限平衡条件下的插入深度。一般设计插入深度 t 取 $1.1\sim1.2t_0$。

此外，如果支撑点以上的悬臂段较大时，则当基坑开挖至设置支撑前的标高时，尚应计算此条件下的悬臂弯矩，计算方法可参阅 7.5.2 小节。而支撑设置之后，直至基坑开挖至坑底设计标高，则按本小节方法计算。

2. 多道支撑围护结构的等值梁计算法

如果将单道支撑的支护结构视为一次超静定结构，则多道支撑就是多次超静定结构，因此在用等值梁法计算多道支撑的支护结构时，常又引入新的假设条件，例如假定各支撑均承担半跨内的主动土压力，或假定各个支撑点均为铰接，即该处弯矩为零等等，这里仅介绍一种结合开挖过程分层设置支撑情况的近似计算法。

由于多道支撑总是在基坑分层开挖过程中至各层支撑的底标高时分层设置的，因此它假设在设置第二道支撑后继续向下开挖时，已经求得的第一道支撑力不变。以下以此类推，就可以求出各开挖阶段的各道支撑力与围护墙内力。具体步骤如下：

(1) 基坑开挖至第一道支撑梁的底标高，此时可按悬臂墙计算墙上段的负弯矩（墙下段弯矩很小，可不必计算）。

(2) 设置第一道支撑后，继续开挖至第二道支撑底标高。按此条件用等值梁法计算，主、被动土压力仅需计算至净土压力零点即假想铰点以下即可。土压力分布已知后，便可求出铰点深度，第一道支撑力 R_1 与最大弯矩，其余不必计算。

(3) 设置第二道支撑后，开挖至第三道支撑底标高。同样按此条件计算主、被动土压力，再求新的铰点深度。假设第一道支撑力 R_1 不变，求第二道支撑力 R_2 与最大弯矩。

(4) 重复以上步骤，至最后一道支撑已设置并开挖至坑底面设计标高，计算主、被动土压力及铰点深度。仍设以上已求得的各道支撑力保持不变，求最后一道支撑力 R_n 及最大弯矩。此时尚应按上述的单撑围护结构等值梁法中的 (5) 与 (6) 步骤计算墙的入土深度。

(5) 按以上各阶段求得的墙上弯矩作出弯矩包络图，计算围护墙的配筋，按求得的支撑力设计各道支撑与围檩。

7.5.4 弹性支点法

1. 简介

等值梁法基于极限平衡状态理论，假定支挡结构前、后受极限状态的主、被动土压力作用，不能反映支挡结构的变形情况，亦即无法预先估计开挖对周围建筑物的影响，故一般仅作为支护体系内力计算的校核或估算方法之一。弹性支点法（又称竖向放置弹性地基梁法）则能够考虑支挡结构的平衡条件和结构与土的变形协调，分析中所需参数单一且土的水平抗力系数取值已积累一定的经验，并可有效地计入基坑开挖过程中多种因素的影响，如作用在挡墙两侧土压力的变化，支撑数量随开挖深度的增加而变化，支撑预加轴力和支撑架设前的挡墙位移对挡墙内力、变形变化的影响等，同时从支挡结构的水平位移可以初步估计开挖对邻近建筑物的影响程度，因而在实际工程中已经成为一种重要的设计方法和手段。

弹性支点法取挡墙作为竖直放置的弹性地基梁，悬臂式和撑（锚）桩墙式支护结构的平面杆系结构弹性支点法的结构分析模型见图 7-24，其中支护墙嵌固段的土反力用土弹簧来模拟，锚杆和内支撑对挡土构件的约束作用应按弹性支座考虑。

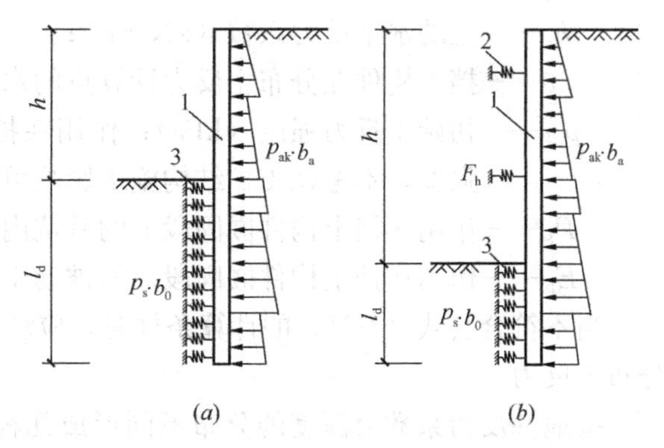

图 7-24 弹性支点法的计算图示

(a) 悬臂式支挡结构；(b) 锚拉式支挡结构或支撑式支挡结构

1—挡土构件；2—由锚杆或支撑简化而成的弹性支座；

3—计算土反力的弹性支座

2. 侧压力计算宽度与土抗力计算宽度

挡土结构采用排桩且取单根支护桩进行分析时，排桩外侧土压力计算宽度（b_a）应取排桩间距；排桩嵌固段上的土反力（p_s）和初始土反力（p_{s0}）的计算宽度（b_0）应按图 7-25 确定。

排桩的土反力计算宽度应按下列规定计算：

对于圆形桩：

$$b_0 = 0.9(1.5d + 0.5) \quad (d \leqslant 1\text{m})$$
$$b_0 = 0.9(d + 1) \quad (d > 1\text{m}) \tag{7-28}$$

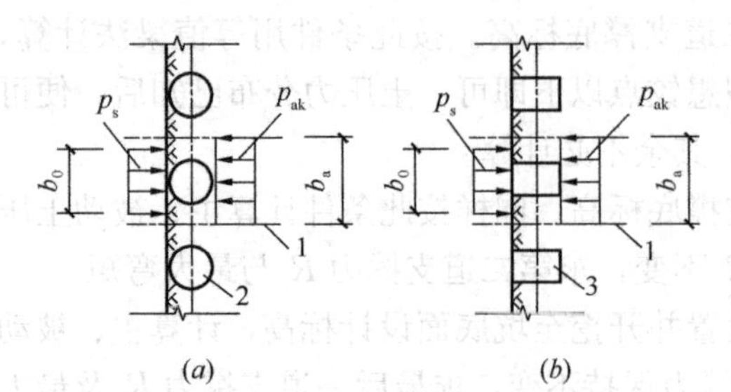

图 7-25　排桩计算宽度

(a) 圆形截面排桩计算宽度；(b) 矩形或工字型截面排桩计算宽度

1—排桩对称中心线；2—圆形桩；3—矩形桩或工字型桩

对于矩形桩或工字形桩：

$$b_0 = 1.5 + 0.5 \quad (b \leqslant 1\text{m}) \tag{7-29}$$
$$b_0 = b + 1 \quad (b > 1\text{m})$$

式中　b_0——单桩土反力计算宽度（m）；当计算的 b_0 大于排桩间距时，取 b_0 等于排桩间距；

d——桩的直径（m）；

b——矩形桩或工字形桩的宽度（m）。

采用地下连续墙且取单幅墙进行分析时，地下连续墙外侧土压力计算宽度（b_a）应取包括接头的单幅墙宽度，地下连续墙嵌固段上的土反力（p_s）和初始土反力（p_{s0}）的计算宽度（b_0）取包括接头的单幅墙宽度，当采用墙幅直剪采用刚性接头时也可简单取单位宽度 1m 作为侧压力和土反力的计算宽度。

3. 土反（抗）力与支撑（锚杆）力

支挡结构的抗力（地基反力）用土弹簧来模拟，地基反力的大小与挡墙的变形有关，即地基反力由水平地基反力系数同该深度挡墙变形的乘积确定。

作用在挡土构件上的分布土反力可按下列公式计算：

$$p_s = k_s v + p_{s0} \tag{7-30}$$

挡土构件嵌固段上的基坑内侧分布土反力应符合下列条件：

$$P_s \leqslant E_p \tag{7-31}$$

式中　p_s——分布土反力（kPa）；

k_s——土的水平反力系数（kN/m^3）；

v——挡土构件在分布土反力计算点的水平位移值（m）；

p_{s0}——初始土反力强度（kPa）；作用在挡土构件嵌固段上的基坑内侧初始土压力强度，不考虑支护结构施工影响可按静止土压力计算；

P_s——作用在挡土构件嵌固段上的基坑内侧土反力合力（kN）；

E_p——作用在挡土构件嵌固段上的被动土压力合力（kN）。

当不符合公式（7-31）的计算条件时，应增加挡土构件的嵌固长度或取 $P_s = E_p$ 时的分布土反力。

按地基反力系数沿深度的分布不同形成几种不同的方法，图 7-26 给出地基反力系数的五种分布图示，用下面的通式表达：

$$k_s = A_0 + Bz^n \tag{7-32}$$

式中：z 为地面或开挖面以下深度：B 为比例系数；n 为指数，反映地基反力系数随深度而变化的情况；A_0 为地面或开挖面处土的地基反力系数，一般取为零。

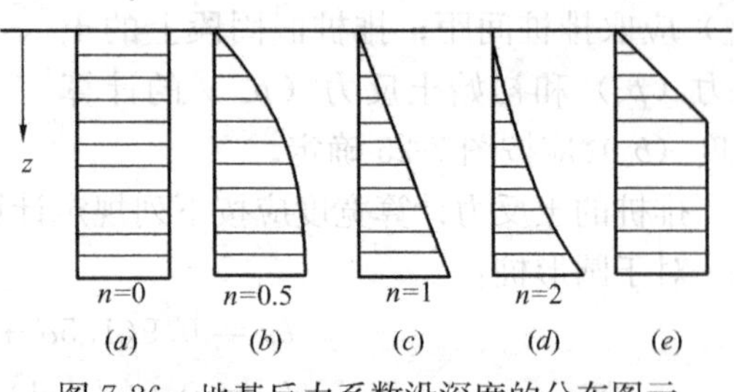

图 7-26　地基反力系数沿深度的分布图示

根据 n 的取值而将采用图 7-26（a）、（b）、（d）分布模式的计算方法分别称为张氏法、C 法和 K 法。在图 7-26（c）中取 n

=1，考虑开挖卸荷影响，则有：

$$k_s = m(z-h) \tag{7-33}$$

式中 m——土的水平反力系数的比例系数（kN/m^4）；

z——计算点距地面的深度（m）；

h——计算工况下的基坑开挖深度（m）。

此式表明水平地基反力系数沿深度按线性规律增大，由于我国以往应用此种分布图时，用 m 表示比例系数，故通称 m 法。

水平地基反力系数 k_s 和比例系数 m 的取值原则上宜由现场试验确定，也可参照当地类似工程的实践经验，国内不少基坑工程手册或规范也都给出了相应土类 k_s 和 m 的大致范围，当无现场试验资料或当地经验时可参照表 7-4 和表 7-5 选用，也可按下列经验公式估算：

$$m = \frac{0.2\varphi^2 - \varphi + c}{v_b} \tag{7-34}$$

式中 m——土的水平反力系数的比例系数（MN/m^4）；

c、φ——土的黏聚力（kPa）、内摩擦角（°），对多层土，按不同土层分别取值；

v_b——挡土构件在坑底处的水平位移量（mm），当此处的水平位移不大于 10mm 时，可取 v_b = 10mm。

不同土的水平地基反力比例系数 m **表 7-4**

地基土分类	m（kN/m^4）
液性指数 $I \geqslant 1$ 的黏性土，淤泥	500～2000
液性指数 $0.5 \leqslant I \leqslant 1.0$ 的黏性土，粉砂，松散砂	2000～4000
液性指数 $0 \leqslant I \leqslant 0.5$ 的黏性土，细砂，中砂	4000～6000
坚硬的黏性土和粉质土，砂质粉土，粗砂	6000～10000
深层搅拌或高压喷射注浆法加固水泥土（置换率>25%，水泥掺量>12%）	2000～6000

不同土的水平地基反力系数 k_s **表 7-5**

地基土分类	k_s（kN/m^3）
淤泥质黏性土	5000
夹薄砂层的淤泥质黏性土采取超前降水加固时	10000
淤泥质黏性土采用分层注浆加固时	15000
坑内工程桩为 Φ600～Φ800 的灌注桩且桩距为 3～3.5 桩径，围护墙前坑底土的 0.7 倍开挖深度采用搅拌桩加固，加固率在 25%～30%时	6000～10000

支撑、锚杆简化为与截面积和弹性模量、计算长度等有关的二力杆弹簧，其对挡土构件的作用应按下式确定：

$$F_h = k_R(v_R - v_{R0}) + P_h \tag{7-35}$$

式中 F_h——挡土构件计算宽度内的弹性支点水平反力（kN）；

k_R——计算宽度内弹性支点刚度系数（kN/m）；

v_R——挡土构件在支点处的水平位移值（m）；

v_{R0}——设置支点时，支点的初始水平位移值（m）；

P_h——挡土构件计算宽度内的法向预加力(kN)，采用锚杆或竖向斜撑时，取 $P_h = P \cdot \cos\alpha \cdot b_a / s$；采用水平对撑时，取 $P_h = P \cdot b_a / s$；对不预加轴向压力的支撑，取 $P_h = 0$；锚杆的预加轴向拉力(P)宜取($0.75N_k \sim 0.9N_k$)，支撑的预加轴向压力(P)宜取($0.5N_k \sim 0.8N_k$)，此处，P 为锚杆的预加轴向拉力值或支撑的预加轴向压力值，α 为锚杆倾角或支撑仰角，b_a 为结构计算宽度，s 为锚杆或支撑的水平间距，N_k 为锚杆轴向拉力标准值或支撑轴向压力标准值。

锚拉式支挡结构的弹性支点刚度系数宜通过锚杆抗拔试验按下式计算：

$$k_R = \frac{(Q_2 - Q_1) b_a}{(s_2 - s_1) s} \tag{7-36}$$

式中 Q_1、Q_2——锚杆循环加荷或逐级加荷试验中（Q-s）曲线上对应锚杆锁定值与轴向拉力标准值的荷载值（kN），进行预张拉时，应取在相当于预张拉荷载的加载量下卸载后的再加载曲线上的荷载值；

s_1、s_2——（Q-s）曲线上对应于荷载为 Q_1、Q_2 的锚头位移值（m）；

b_a——结构计算宽度（m）；

s——锚杆水平间距（m）。

支撑式支挡结构的弹性支点刚度系数宜通过对内支撑结构整体进行线弹性结构分析得出的支点力与水平位移的关系确定。对水平支撑，当支撑腰梁或冠梁的挠度可忽略不计时，计算宽度内弹性支点刚度系数（k_R）可按下式计算：

$$k_R = \frac{\alpha_R E A b_a}{\lambda l_0 s} \tag{7-37}$$

式中 λ——支撑不动点调整系数，支撑两对边基坑的土性、深度、周边荷载等条件相近，且分层对称开挖时，取 $\lambda=0.5$；支撑两对边基坑的土性、深度、周边荷载等条件或开挖时间有差异时，对土压力较大或先开挖的一侧，取 $\lambda=0.5\sim1.0$，且差异大时取大值，反之取小值；对土压力较小或后开挖的一侧，取（$1-\lambda$）；当基坑一侧取 $\lambda=1$ 时，基坑另一侧应按固定支座考虑；对竖向斜撑构件，取 $\lambda=1$；

α_R——支撑松弛系数，对混凝土支撑和预加轴向压力的钢支撑，取 $\alpha_R=1.0$，对不预加支撑轴向压力的钢支撑，取 $\alpha_R=0.8\sim1.0$；

E——支撑材料的弹性模量（kPa）；

A——支撑的截面面积（m^2）；

l_0——受压支撑构件的长度（m）；

s——支撑水平间距（m）。

4. 求解方法

1）解析解和有限差分解

弹性地基梁的挠曲微分方程仅对最简单的情况有解析解，其微分方程为：

$$EI \frac{d^4 y}{dz^4} = q(z) \tag{7-38}$$

式中 E——挡墙的弹性模量；

I——挡墙的截面惯性矩；

z——地面或开挖面以下深度；

$q(z)$——梁上荷载强度，包括地基反力、支撑力和其他外荷载。

上式可以按有限差分法的一般原理求解，从而得到挡墙在各深度的内力和变形。关于有限差分法解题的原理，这里不再赘述。

（2）杆系有限单元法

利用杆系有限单元法分析挡土结构的一般过程与常规的弹性力学有限元法相类似，主要过程如下：

1）把挡土结构沿竖向划分为有限个单元，其中基坑开挖面以下部分采用弹性地基梁单元，开挖面以上部分采用一般梁单元或弹性地基梁单元，一般每隔 1～2m 划分为一个单元。为计算方便，尽可能把节点布置在挡土结构的截面、荷载突变处、弹性地基反力系数变化段及支撑或锚杆的作用点处，各单元以边界上的节点相连接。支撑作为一个自由度的二力杆单元。

2）由各个单元的单元刚度矩阵经矩阵变换得到总刚矩阵，根据静力平衡条件，作用在结构节点的外荷载必须与单元内荷载平衡，外荷载为土压力和水压力，可以求得未知的结构节点位移，进而求得单元内力。其基本平衡方程为：

$$[K]\{\delta\} = \{R\} \tag{7-39}$$

式中 $[K]$——总刚矩阵；

$\{\delta\}$——位移矩阵；

$\{R\}$——荷载矩阵。

一般梁单元、弹性地基梁单元的单元刚度矩阵可参考有关弹性力学文献，对于弹性地基梁的地基反力，可按式（7-30）由结构位移乘以水平地基反力系数求得。计算得到的地基反力还需以土压力理论判断是否在容许范围之内，若超过容许范围，则必须进行修正，重新计算直至满足要求。

不论采用有限差分法还是杆系有限元法，均须计入开挖施工过程、支撑架设前挡土结构已发生的位移及支撑预加轴力的影响。

5. 弹性支点法的局限性

弹性支点法的优点前面已经指出，即能计算支护墙的位移，可以解决等值梁法等传统的计算方法不能反映的变形问题，而且计算参数 K_h 或 m 已有现成的范围值，在计算机上运算比较简单，但也应该指出通用的弹性地基梁法尚有一些局限性，有待今后进一步的研究。

（1）土力学上有两大课题，即强度问题与变形问题，深基坑工程亦然。弹性支点法解决了变形问题，但强度问题基本上没有涉及。由于围护墙的插入深度主要取决于土的强度与墙的稳定性，而不是变形的大小，因此不能用该方法法来确定。此外，由弹性支点法算得土的抗力还需以土的强度理论加以判断是否在容许值之内。

（2）墙后土压力分布只是一种假定，特别是坑底以下的土压力分布假设的依据不足。

综上所述，由于通用的弹性支点法尚有以上的局限性，较为理想的计算方法是弹性支点法与等值梁法分别计算，两者并举，相互参照，相互补充。在弹性支点法中，墙的入土深度也可以取等值梁法中的计算值。

当然，围护结构与土体的整体稳定、坑底抗隆起稳定以及渗流可能引起坑底土的破坏等，当采用 m 法时，同样也需要验算。

7.5.5 桩墙式支护基坑稳定分析

1. 嵌固稳定分析

悬臂式围护结构的最小嵌固深度应符合下列嵌固稳定性的要求：

$$\frac{E_{pk}z_{p1}}{E_{ak}z_{a1}} \geqslant K_{em} \tag{7-40}$$

式中 K_{em}——嵌固稳定安全系数；安全等级为一级、二级、三级的悬臂式支挡结构，K_{em}分别不应小于1.25、1.2、1.15；

E_{ak}、E_{pk}——基坑外侧主动土压力、基坑内侧被动土压力合力的标准值（kN）；

z_{a1}、z_{p1}——基坑外侧主动土压力、基坑内侧被动土压力合力作用点至挡土构件底端的距离（m）。

单层锚杆和单层支撑的支护结构的嵌固深度应符合下列嵌固稳定性的要求(图7-28)：

$$\frac{E_{pk}z_{p2}}{E_{ak}z_{a2}} \geqslant K_{em} \tag{7-41}$$

式中 K_{em}——嵌固稳定安全系数；安全等级为一级、二级、三级的锚拉式支挡结构和支撑式支挡结构，K_{em}分别不应小于1.25、1.2、1.15；

z_{a2}、z_{p2}——基坑外侧主动土压力、基坑内侧被动土压力合力作用点至支点的距离(m)。

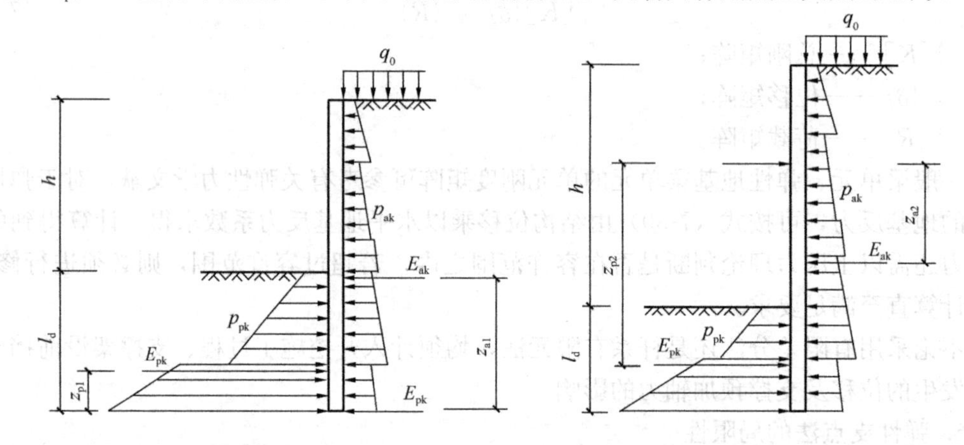

图7-27 悬臂式结构嵌固稳定性验算　　图7-28 单支点锚拉式支挡结构和支撑式支挡结构的嵌固稳定性验算

2. 整体稳定分析

桩墙式支护基坑的整体稳定性分析，可按图7-29所示的破坏模式验算。

采用圆弧滑动条分法时，任意圆弧滑动面下整体稳定性按下式计算：

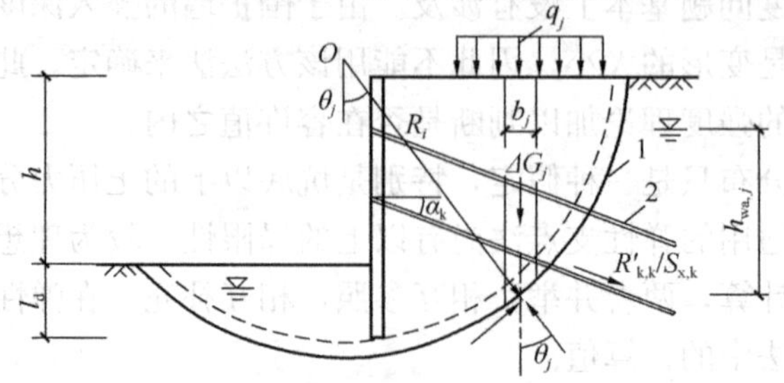

图7-29 圆弧滑动条分法整体稳定性验算

1—任意圆弧滑动面；2—锚杆

$$K_{s,i}=\frac{\Sigma\{c_j l_j+[(q_j l_j+\Delta G_j)\cos\theta_j-u_j l_j]\tan\varphi_j\}+\Sigma R'_{k,k}[\cos(\theta_j+\alpha_k)+\psi_v]/s_{x,k}}{\Sigma(q_j b_j+\Delta G_j)\sin\theta_j}$$

(7-42)

式中 $K_{s,i}$——第 i 个滑动圆弧的抗滑力矩与滑动力矩的比值；安全等级为一级、二级、三级的锚拉式支挡结构，K_{si} 分别不应小于 1.35、1.3、1.25，抗滑力矩与滑动力矩之比的最小值宜通过搜索不同圆心及半径的所有潜在滑动圆弧确定；

c_j、φ_j——第 j 土条滑弧面处土的黏聚力（kPa）、内摩擦角（°）；

b_j——第 j 土条的宽度（m）；

θ_j——第 j 土条滑弧面中点处的法线与垂直面的夹角（°）；

l_j——第 j 土条的滑弧段长度（m），取 $l_j=b_j/\cos\theta_j$；

q_j——作用在第 j 土条上的附加分布荷载标准值（kPa）；

ΔG_j——第 j 土条的自重（kN），按天然重度计算；

u_j——第 j 土条在滑弧面上的孔隙水压力（kPa）；基坑采用落底式截水帷幕时，对地下水位以下的砂土、碎石土、粉土，在基坑外侧，可取 $u_j=\gamma_w h_{wa,j}$，在基坑内侧，可取 $u_j=\gamma_w h_{wp,j}$；在地下水位以上或对地下水位以下的黏性土，取 $uj_=0$；

γ_w——地下水重度（kN/m^3）；

$h_{wa,j}$——基坑外地下水位至第 j 土条滑弧面中点的垂直距离（m）；

$h_{wp,j}$——基坑内地下水位至第 j 土条滑弧面中点的垂直距离（m）；

$R'_{k,k}$——第 k 层锚杆对圆弧滑动体的极限拉力值（kN）；应取锚杆在滑动面以外的锚固体极限抗拔承载力标准值与锚杆杆体受拉承载力标准值（$f_{ptk}A_p$ 或 $f_{yk}A_s$）的较小值；锚固段应取滑动面以外的长度；

α_k——第 k 层锚杆的倾角（°）；

$s_{x,k}$——第 k 层锚杆的水平间距（m）；

ψ_v——计算系数；可按 $\psi_v=0.5\sin(\theta_k+\alpha_k)\tan\varphi$ 取值，此时的 φ 为第 k 层锚杆与滑弧交点处土的内摩擦角。

对悬臂式、双排桩支挡结构，上式中的 $R'_{k,k}$ 应取零。对于内撑桩墙式支护结构，当支护墙与支撑之间只能受压，不能受拉或不能承受大拉力的情况，在作圆弧滑动分析时，不应考虑支撑的作用；如果支护墙与支撑梁之间拉结牢固，则当支护结构发生整体滑动破坏时，支撑梁在靠近梁端处常被剪断或拉脱，但因竖向剪力与圆心 O 的水平距离较小，亦可忽略由剪力而产生的抵抗力矩，因此，从偏于安全考虑，亦可不计支撑梁的作用。

当挡土构件底端以下存在软弱下卧土层时，整体稳定性验算滑动面中尚应包括由圆弧与软弱土层层面组成的复合滑动面。

3. 抗隆起稳定验算

坑底土体的抗隆起稳定验算按以下两种条件进行验算：

（1）验算墙底地基承载力

因基坑外的荷载及由于土方开挖造成基坑内外的高差，使支护桩端以下土体向上涌土。计算图式见图 7-30。

墙底地基承载力验算公式如下：

$$\frac{\gamma_{m2}DN_q+cN_c}{\gamma_{m1}(h+D)+q_0}\geqslant K_{he} \tag{7-43}$$

式中 K_{he}——抗隆起安全系数；安全等级为一级、二级、三级的支护结构，K_{he}分别不应小于1.8、1.6、1.4；

N_c、N_q——地基土的承载力系数，$N_q=e^{\pi tg\varphi}tg^2\left(45°+\frac{\varphi}{2}\right)$，$N_c=(N_q-1)/tg\varphi$；

γ_{m1}——基坑外挡土构件底面以上土的重度（kN/m^3）；对地下水位以下的砂土、碎石土、粉土取浮重度；对多层土取各层土按厚度加权的平均重度；

γ_{m2}——基坑内挡土构件底面以上土的重度（kN/m^3）；对地下水位以下的砂土、碎石土、粉土取浮重度；对多层土取各层土按厚度加权的平均重度；

D——基坑底面至挡土构件底面的土层厚度（m）；

h——基坑深度（m）；

q_0——地面均布荷载（kPa）；

c、φ——挡土构件底面以下土的黏聚力（kPa）、内摩擦角（°）。

悬臂式支挡结构可不进行抗隆起稳定性验算。

（2）以最下层支点为轴心的圆弧滑动抗隆起稳定性验算

锚拉式支挡结构和支撑式支挡结构，当坑底以下为软土时，尚应按图7-31所示的以最下层支点为转动轴心的圆弧滑动模式按下列公式验算抗隆起稳定性：

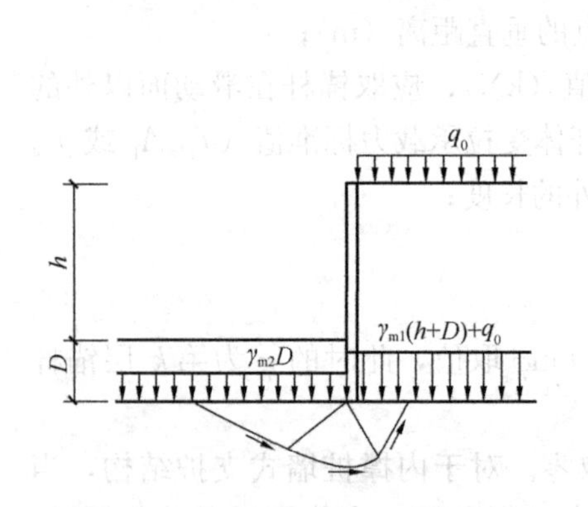

图7-30 墙底土体抗隆起稳定验算图式

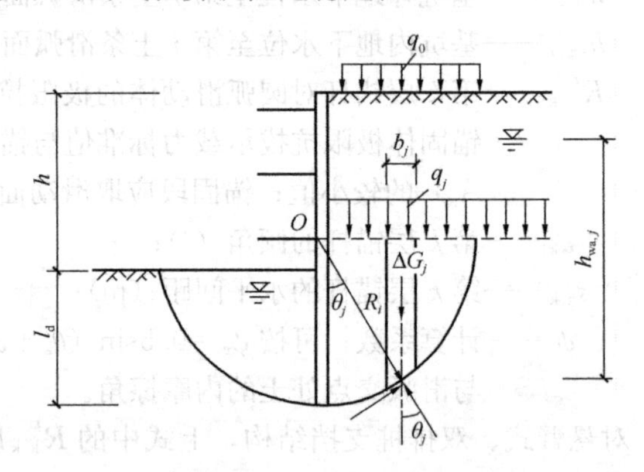

图7-31 以最下层支点为轴心的圆弧滑动隆起稳定性验算

$$\frac{\sum[c_jl_j+(q_jb_j+\Delta G_j)\cos\theta_j\tan\varphi_j]}{\sum(q_jb_j+\Delta G_j)\sin\theta_j}\geqslant K_{RL} \tag{7-44}$$

式中 K_{RL}——以最下层支点为轴心的圆弧滑动稳定安全系数，安全等级为一级、二级、三级的支挡式结构，K_{RL}分别不应小于2.2、1.9、1.7。

c_j、φ_j——第j土条在滑弧面处土的黏聚力（kPa）、内摩擦角（°）；

l_j——第j土条的滑弧段长度（m），取$l_j=b_j/\cos\theta_j$；

q_j——作用在第j土条上的附加分布荷载标准值（kPa）；

b_j——第j土条的宽度（m）；

θ_j——第j土条滑弧面中点处的法线与垂直面的夹角（°）；

ΔG_j——第 j 土条的自重（kN），按天然重度计算。

4. 抗渗流稳定性验算

当上部为不透水层，坑底以下有水头高于坑底的承压水含水层，且未用截水帷幕隔断其基坑内外的水力联系时，承压水作用下的坑底突涌稳定性应符合下式规定（图 7-32）：

$$\frac{D\gamma}{(\Delta h + D)\gamma_w} \geqslant K_{ty} \quad (7\text{-}45)$$

式中 K_{ty}——突涌稳定性安全系数，K_{ty}不应小于 1.1；

D——承压含水层顶面至坑底的土层厚度（m）；

γ——承压含水层顶面至坑底土层的天然重度（kN/m³）；对成层土，取按土层厚度加权的平均天然重度；

Δh——基坑内外的水头差（m）；

γ_w——水的重度（kN/m³）。

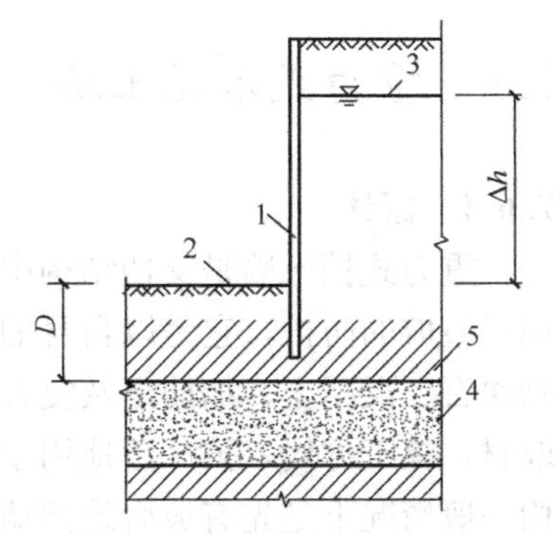

图 7-32　基坑底抗突涌稳定验算

1—截水帷幕；2—基底；3—承压水测管水位；4—承压水含水层；5—隔水层

当悬挂式截水帷幕底端位于碎石土、砂土或粉土含水层时，对均质含水层，地下水渗流的流土稳定性应符合下式及图 7-33 的规定：

$$\frac{(2D + 0.8D_1)\gamma'}{\Delta h \gamma_w} \geqslant K_{se} \quad (7\text{-}46)$$

式中 K_{se}——流土稳定性安全系数；安全等级为一、二、三级的支护结构，K_{se}分别不应小于 1.6、1.5、1.4；

D——截水帷幕底面至坑底的土层厚度（m）；

D_1——潜水水面或承压水含水层顶面至基坑底面的土层厚度（m）；

γ'——土的浮重度（kN/m³）；

Δh——基坑内外的水头差（m）；

γ_w——水的重度（kN/m³）。

对渗透系数不同的非均质含水层，宜采用数值方法进行渗流稳定性分析。

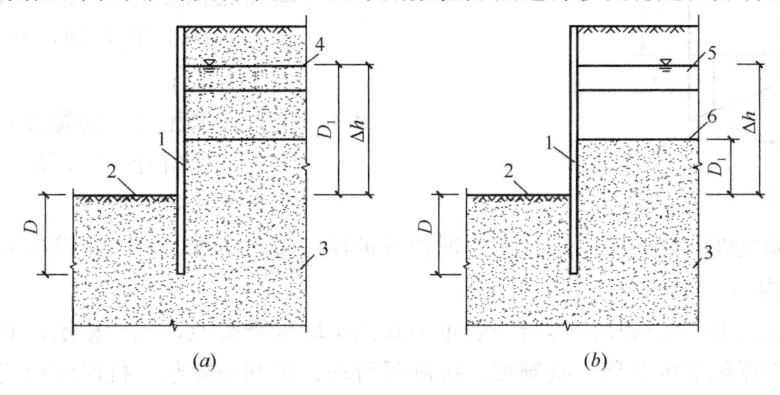

图 7-33　采用悬挂式帷幕截水时的流土稳定性验算

(*a*) 潜水；(*b*) 承压水

1—截水帷幕；2—基坑底面；3—含水层；4—潜水水位；5—承压水测管水位；6—承压含水层顶面

坑底以下为级配不连续的不均匀砂土、碎石土含水层时，应进行土的管涌可能性判别。

7.6 重力式水泥土墙

7.6.1 概述

重力式挡土墙是支挡结构中常用的一种结构形式，在地下空间被开发利用以前，主要用于边坡的防护，它是以自身的重力来维持它在土压力作用下的稳定。常见的挡土墙有浆砌块石、混凝土、加筋土及复合重力式挡土墙，其形状一般是简单的梯形，其优点是就地取材，施工方便，被广泛地用于铁路、公路、水利、港口、矿山等工程中，这种重力式结构一般情况下是先有坡后筑挡墙或边填土边筑挡墙。

重力式基坑支护结构是重力式挡土墙的一种延伸和发展，仍主要靠结构自身重力来维持支护结构在侧向水土压力作用下的稳定。其特点是先施工挡墙后开挖形成竖直边坡。

目前常用的重力式支护结构主要是重力式水泥土墙（包括水泥搅拌桩和高压喷射注浆形成的水泥土墙）。

重力式水泥土墙适用于淤泥、淤泥质土、黏土、粉质黏土、粉土、具有薄夹砂层的土、素填土等土层，支护基坑的开挖深度一般不大于 6m。

7.6.2 设计计算

1. 初定尺寸

重力式围护结构设计时一般先根据经验初定挡墙尺寸，然后根据验算调整尺寸。挡墙断面如图 7-34 所示，初定尺寸可按式（7-47）采用：

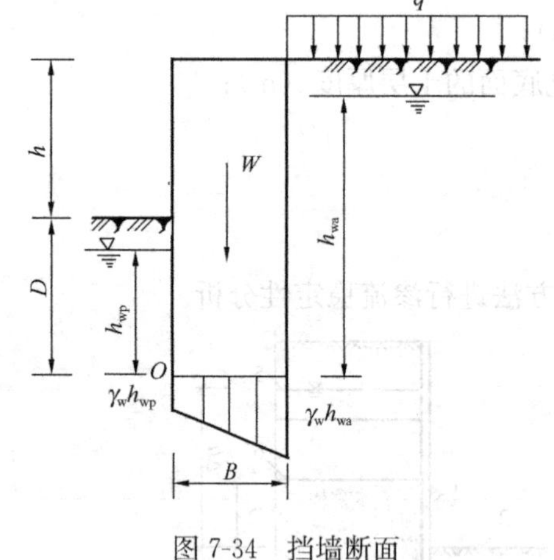

图 7-34 挡墙断面

$$
\begin{aligned}
D &= (0.8 \sim 1.2)h \\
B &= (0.6 \sim 0.8)h
\end{aligned}
\tag{7-47}
$$

式中 h——墙的挡土高度（基坑深度），m；

D——重力式水泥土墙的嵌固深度，墙埋入基坑底面以下深度，m；对淤泥质土，不宜小于 $1.2h$，对淤泥，不宜小于 $1.3h$；

B——重力式水泥土墙的宽度，m，对淤泥质土，不宜小于 $0.7h$，对淤泥，不宜小于 $0.8h$。

初定挡墙宽度时要同时考虑到水泥搅拌桩桩径、布置几排、桩间距等参数。

2. 验算内容

重力式水泥土墙的验算内容与一般重力式挡土墙验算类似，包括稳定性验算和强度验算。稳定性验算包括抗滑移、抗倾覆、抗圆弧滑动、抗基底隆起、抗渗流稳定等。

（1）抗滑移稳定

水平抗滑移稳定性应符合下式的规定（图 7-35）。

$$\frac{E_{pk}+(G-u_m B)\tan\varphi+cB}{E_{ak}}\geqslant K_{sl} \tag{7-48}$$

式中 K_{sl}——抗滑移稳定安全系数，其值不应小于1.2；

E_{ak}、E_{pk}——作用在水泥土墙上的主动土压力、被动土压力标准值（kN/m）；

G——水泥土墙的自重（kN/m）；

u_m——水泥土墙底面上的水压力（kPa）；水泥土墙底面在地下水位以下时，可取 $u_m=\gamma_w(h_{wa}+h_{wp})/2$，在地下水位以上时，取 $u_m=0$，此处，h_{wa} 为基坑外侧水泥土墙底处的水头高度（m），h_{wp} 为基坑内侧水泥土墙底处的水头高度（m）；

c、φ——水泥土墙底面下土层的黏聚力（kPa）、内摩擦角（°）；

B——水泥土墙的底面宽度（m）。

（2）抗倾覆稳定

抗倾覆稳定性应满足下式的要求（图7-36）。

$$\frac{E_{pk}a_p+(G-u_m B)a_G}{E_{ak}a_a}\geqslant K_{ov} \tag{7-49}$$

式中 K_{ov}——抗倾覆稳定安全系数，其值不应小于1.3；

a_a——水泥土墙外侧主动土压力合力作用点至墙趾的竖向距离（m）；

a_p——水泥土墙内侧被动土压力合力作用点至墙趾的竖向距离（m）；

a_G——水泥土墙自重与墙底水压力合力作用点至墙趾的水平距离（m）。

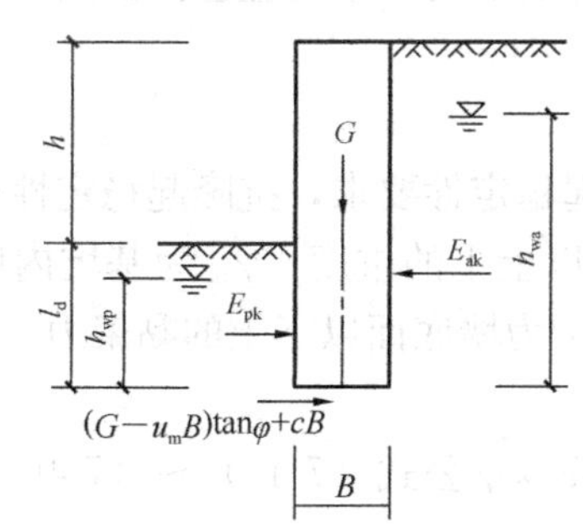

图7-35 抗滑移稳定验算

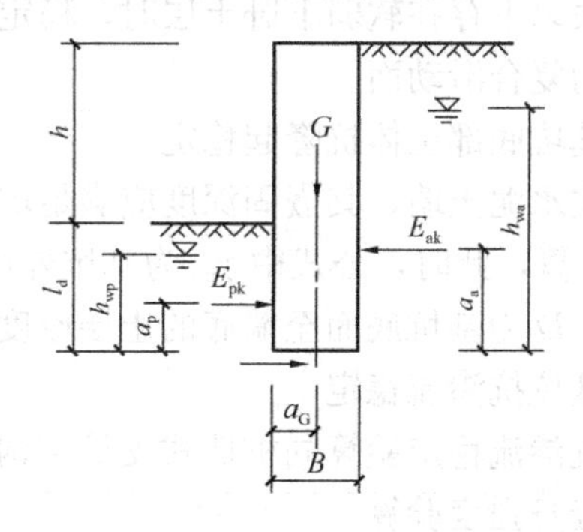

图7-36 抗倾覆稳定验算

（3）抗圆弧滑动稳定

重力式水泥土墙圆弧滑动失稳模式如图7-37所示，按圆弧滑动简单条分法验算其稳定性应满足下式的规定：

$$\frac{\Sigma\{c_j l_j+[(q_j b_j+\Delta G_j)\cos\theta_j-u_j l_j]\tan\varphi_j\}}{\Sigma(q_j b_j+\Delta G_j)\sin\theta_j}\geqslant K_s \tag{7-50}$$

式中 K_s——圆弧滑动稳定安全系数，其值不应小于1.3；

c_j、φ_j——第 j 土条滑弧面处土的黏聚力（kPa）、内摩擦角（°）；

b_j——第 j 土条的宽度（m）；

q_j——作用在第 j 土条上的附加分布荷载标准值（kPa）；

ΔG_j——第 j 土条的自重（kN），按天然重度计算；分条时，水泥土墙可按土体考虑；

u_j——第 j 土条在滑弧面上的孔隙水压力（kPa）；对地下水位以下的砂土、碎石土、粉土，当地下水是静止的或渗流水力梯度可忽略不计时，在基坑外侧，可取 $u_j=\gamma_w h_{wa,j}$，在基坑内侧，可取 $u_j=\gamma_w h_{wp,j}$；对地下水位以上的各类土和地下水位以下的黏性土，取 $u_j=0$；

γ_w——地下水重度（kN/m^3）；

$h_{wa,j}$——基坑外地下水位至第 j 土条滑弧面中点的深度（m）；

$h_{wp,j}$——基坑内地下水位至第 j 土条滑弧面中点的深度（m）；

θ_j——第 j 土条滑弧面中点处的法线与垂直面的夹角（°）。

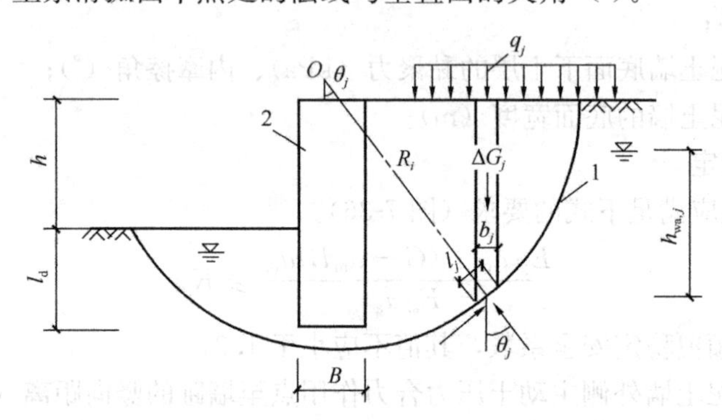

图 7-37 整体滑动稳定性验算

当墙底以下存在软弱下卧土层时，稳定性验算的滑动面中尚应包括由圆弧与软弱土层层面组成的复合滑动面。

（4）基坑底部土体抗隆起稳定

重力式水泥土墙，其嵌固深度应满足坑底隆起稳定性要求，抗隆起稳定性可按本章公式(7-43)验算，此时，公式中 γ_{m1} 为基坑外墙底面以上土的重度，γ_{m2} 为基坑内墙底面以上土的重度，D 为基坑底面至墙底的土层厚度，c、φ 为墙底面以下土的黏聚力、内摩擦角。

（5）基坑抗渗流稳定

基坑抗渗流稳定验算同桩墙式支护结构，可按本章公式（7-45）～（7-46）。

（6）墙身强度验算

1）墙底和墙身应力由下式确定。

$$\begin{matrix}\sigma_{max}\\ \sigma_{min}\end{matrix}=\gamma z+q\pm\frac{6M}{B^2} \tag{7-51}$$

式中 σ_{max}、σ_{min}——计算断面水泥土应力，kPa；

γ——土与水泥土的平均重度，kN/m^3；

z——自墙顶算起的计算断面深度，m；

q——墙顶面的超载，kPa；

M——计算断面墙身弯矩，kN·m/ m；

B——计算断面水泥土墙厚度，m。

2）墙底截面应力必须满足下式。

$$\begin{matrix}\sigma_{max}\leqslant 1.2f\\ \sigma_{min}>0\end{matrix} \tag{7-52}$$

式中　f——墙底地基承载力设计值，kPa。

3）墙身正应力必须满足式（7-53）。

$$\begin{aligned}\sigma_{max} &\leqslant f_{cs} \\ \sigma_{min} &\leqslant 0.15 f_{cs}\end{aligned} \tag{7-53}$$

式中　f_{cs}——水泥土开挖龄期时的轴心抗压强度设计值（kPa），应根据现场试验或工程经验确定。

4）墙身剪应力应满足下式。

$$\frac{E_{ak,i} - \mu G_i - E_{pk,i}}{B} \leqslant \frac{1}{6} f_{cs} \tag{7-54}$$

式中　$E_{ak,i}$、$E_{pk,i}$——验算截面以上的主动土压力标准值、被动土压力标准值（kN/m）；

G_i——验算截面以上的墙体自重（kN/m）；

μ——墙体材料的抗剪断系数，取 0.4～0.5。

重力式水泥土墙的正截面应力验算时，计算截面应包括以下部位：（1）基坑面以下主动、被动土压力强度相等处；（2）基坑底面处；（3）水泥土墙的截面突变处。

7.6.3　构造及施工

1. 构造要求

水泥土挡墙断面应采用连续型或格栅型，当采用格栅型时，水泥土格栅的面积置换率，对淤泥质土，不宜小于 0.7；对淤泥，不宜小于 0.8；对一般黏性土、砂土，不宜小于 0.6。格栅内侧的长宽比不宜大于 2。纵向墙肋之净距不宜大于 1.3m，横向墙肋之净距不宜大于 1.8m。

相邻桩之间的搭接距离不宜小于 0.15m。

水泥土挡墙顶部宜设置厚度不小于 0.15m、宽度与墙身一致的钢筋混凝土顶部压板。水泥土墙体 28d 无侧限抗压强度不宜小于 0.8MPa。当需要增强墙身的抗拉性能时，可在水泥土桩内插入杆筋。杆筋可采用钢筋、钢管或毛竹。杆筋的插入深度宜大于基坑深度。

2. 施工

施工机具优先选用双轴或三轴深层搅拌机械。水泥土中的水泥掺量不宜小于 15%，水泥标号不得低于 R42.5。深层搅拌机械就位时应对中，最大偏差不得大于 2cm，并且调平机械的垂直度，偏差不得大于 1%桩长。当搅拌头下沉到设计深度时，应再次检查并调整机械的垂直度。相邻桩喷浆工艺的施工时间间隔不宜大于 10h。水泥土挡墙应有 28d 以上的龄期，达到设计强度要求时，方能进行基坑开挖。

水泥浆的水灰比不宜大于 0.5，泵送压力宜大于 0.3MPa，送流量应恒定。

7.7　土钉墙和复合土钉墙

7.7.1　概述

1. 土钉支护的概念

土钉支护是用于土体开挖和边坡稳定的一种新型挡土结构，它由被加固土、放置于原位土体中的细长金属杆件（土钉）及附着于坡面的混凝土面板组成，形成一个类似重力式墙的挡土墙。以此来抵抗墙后传来的土压力和其他作用力，从而使开挖坡面稳定。

土钉一般是通过钻孔、插筋、注浆来设置的，但也可通过直接打入较粗的钢筋或钢管形成土钉。土钉沿通长与周围土体接触，依靠接触界面上的粘结摩阻力，与其周围土体形成复合土体，土钉在土体变形的条件下被动受力，并主要通过其受拉工作对土体进行加固。而土钉之间变形则通过面板（通常为配筋喷射混凝土）予以约束。其典型结构如图7-38。近年来发展了用微型桩、水泥土桩或钻孔灌注桩超前支护与土钉墙相结合的复合土钉墙技术，扩大了传统土钉墙的应用范围。

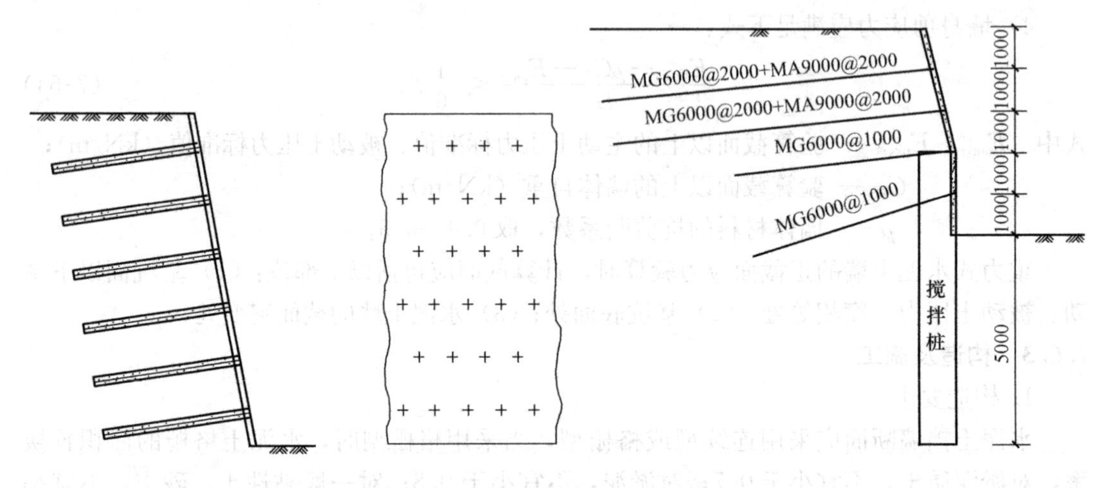

图 7-38　土钉墙和复合土钉墙示意图

2. 土钉支护的发展

现代土钉技术是从 70 年代出现的。德国、法国和美国几乎在同一时期各自独立地开始了土钉墙的研究和应用。出现这种情况并非偶然，因为土钉在许多方面与隧道新奥法施工类似，可视为是新奥法概念的延伸。60 年代初期出现的新奥法，采用喷射混凝土和粘结型锚杆相结合的方法，能迅速控制隧道变形并使之稳定，特别 70 年代及稍后的时间内，先后在德国法兰克福及纽伦堡地铁的土体开挖工程中应用获得成功，对土钉墙的出现给予了积极的影响。此外，20 世纪 60 年代发展起来的加筋土技术对土钉墙技术的萌生也有一定的推动作用。

1972 年法国首先在工程中应用土钉墙技术。该工程为凡尔赛附近的一处地铁路堑的边坡开挖工程，这是有详细记录的第一个土钉墙工程。德国于 1979 年首先在斯图加特建造了第一个永久土钉工程（高 14m)。并进行了长达 10 年的工程测量，获得了很多有价值的数据。

美国最早应用土钉墙在 1974 年。使用中一项有名的土钉工程是匹茨堡 PPG 工业总部的深基开挖。

我国应用土钉的首例工程可能是 1980 年将土钉用于山西柳弯煤矿的边坡稳定。近年来，各地的基坑工程已开始较广泛地应用土钉墙支护。

与国外相比，我国在发展土钉墙技术上也有一些独特的成就。如（1）土钉墙与土层预应力锚杆（索）相结合，成功地解决了深达 17m 的垂直开挖工程的稳定性问题。（2）发展了洛阳铲成孔这种简便、经济的施工方法。（3）对软弱地层地下水位以下的基坑工程，进行了土钉墙支护的探索，并取得了初步经验，提出并发展了在软黏土基坑中应用复合土钉墙支护新技术。

3. 土钉分类

土钉主要可分为钻孔注浆土钉与打入式土钉两类。

钻孔注浆土钉，是最常用的土钉类型。即先在土中钻孔，置入钢筋，然后沿全长注浆，为使土钉钢筋处于孔的中心位置，有足够的浆体保护层，需沿钉长每隔 2～3m 设对中支架。土钉外露端宜做成螺纹并通过螺母、钢垫板与配筋喷射混凝土面层相连，在注浆体硬结后用扳手拧紧螺母使在钉中产生约为土钉设计拉力 10%左右的预应力。

打入式土钉是在土体中直接打入角钢、圆钢或钢筋等，不再注浆。由于打入式土钉与土体间的粘结摩阻强度低，钉长又受限制，所以布置较密，可用人力或振动冲击钻、液压锤等机具打入。打入钉的优点是不需预先钻孔，施工速度快但不适用于砾石土和密实胶结土，也不适用于服务年限大于两年的永久支护工程。

近年来国内开发了一种打入注浆式土钉，它是直接将带孔的钢管打（振）入土中，然后高压注浆形成土钉，这种土钉特别适用于成孔困难的砂层和软弱土层，具有广阔的应用前景。

4. 土钉支护的特点

与其他支护类型相比，土钉墙具有以下一些特点或优点：

(1) 能合理利用土体的自承能力，将土体作为支护结构不可分割的部分；

(2) 结构轻型，柔性大，有良好的抗震性和延性；

(3) 施工设备简单，土钉的制作与成孔不需复杂的技术和大型机具，土钉施工的所有作业对周围环境干扰小；

(4) 施工不需单独占用场地，对于施工场地狭小，放坡困难，有相邻低层建筑或堆放材料，大型护坡施工设备不能进场，该技术显示出独特的优越性；

(5) 有利于根据现场监测的变形数据，及时调整土钉长度和间距。一旦发现异常不良情况，能立即采用相应加固措施，避免出现大的事故，因此能提高工程的安全可靠性；

(6) 工程造价低，据国内外资料分析，土钉墙工程造价比其他类型的工程造价低1/3～1/2 左右。

5. 土钉墙的适用条件

土钉墙适用于地下水位以上或经人工降水后的人工填土、黏性土和弱胶结砂土的基坑支护或边坡加固。

土钉墙不宜用于深度大于 12m 的基坑支护或边坡围护，当土钉支护与有限放坡、预应力锚杆联合使用或上部采用土钉墙、复合土钉墙、下部采用桩墙式结构时，支护深度可增加。

土钉支护不宜用于含水丰富的粉细砂层、砂砾卵石层和淤泥质土。一般认为，土钉支护不适用于没有自稳能力的淤泥和饱和软弱土层。此时，对于场地环境条件较好、开挖深度不超过 6m 的基坑，可考虑采用复合土钉墙。

7.7.2 土钉墙作用机理 *

土体的抗剪强度较低，抗拉强度几乎可以忽略，但土体具有一定的结构整体性，当开挖基坑时，土体存在使边坡保持直立的临界高度，当超过这一深度或者在地面超载及其他因素作用下，将发生突发性整体破坏。所采用的传统的支挡结构均基于被动制约机制，即以支挡结构自身的强度和刚度，承受其后的侧向土压力，防止土体整体稳定性破坏。

土钉支护则是由在土体内放置一定长度和密度的土钉体构成的。土钉与土共同工作，形成了能大大提高原状土强度和刚度的复合土体，土钉的作用是基于这种主动加固的机制。土钉与土的相互作用，还能改变土坡的变形与破坏形态，显著提高了土坡的整体稳定性。

试验表明：直立的土钉支护在坡顶的承载能力约比素土墙提高一倍以上（见图 7-39）。更为重要的是，土钉支护在受荷载过程中不会发生素土边坡那样突发性的塌滑（图 7-40）。它不仅推迟了塑性变形发展阶段，而且明显地呈现出渐进变形与开裂破坏并存且逐步扩展的现象，直至丧失承受更大荷载的能力，仍不会发生整体性塌滑。

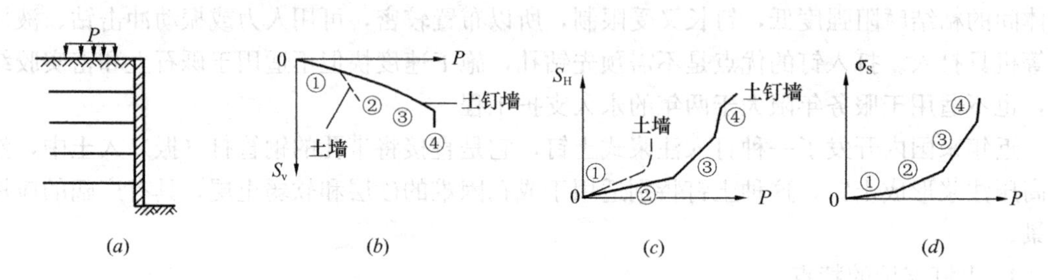

图 7-39 土钉支护试验模型及试验结果

（a）土钉支护试验模型；（b）荷载 P 与垂直位移 S_v 的关系；

（c）荷载 P 与水平位移 S_H 的关系；（d）荷载 P 土钉钢筋应力 σ_s 的关系

①—弹性阶段；②—塑性阶段；③—开裂变形阶段；④—破坏阶段

土钉在复合土体中的作用可概括为以下几点：

（1）箍束骨架作用

该作用是由土钉本身的刚度和强度以及在土体内的分布空间所决定的。它具有制约土体变形的作用，并使复合土体构成一个整体。

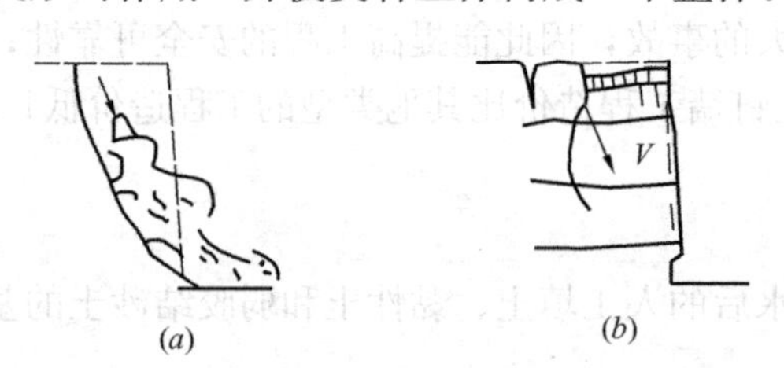

图 7-40 土钉支护与素土边坡的破坏形成

（a）素土墙；（b）土钉支护

（2）分担作用

在复合土体内，土钉与土体共同作用承担外部荷载和土体自重应力。由于土钉较高的抗拉、抗剪强度以及土体无法比拟的抗弯刚度，所以当土体进入塑性状态后，应力逐渐向土钉转移。当土体开裂时，土钉分担作用更为突出，这时土钉内出现弯剪、拉剪等复合应力，从而导致土钉体中浆体碎裂，钢筋屈服。复合土体塑性变形延迟及渐进性开裂变形的出现与土钉分担作用密切相关。

（3）应力传递与扩散作用

在同等荷载作用下，由土钉加固的土体内的应变水平比素土边坡土体内的应变水平大大降低，从而推迟了开裂的形成与发展。

（4）坡面变形的约束作用

在坡面上设置的与土钉连成一体的钢筋混凝土面板是发挥土钉有效作用的重要组成部分。坡面鼓胀变形时开挖卸荷、土体侧向变位以及塑性变形和开裂发展的必然结果，限制坡面鼓胀能起到削弱内部塑性变形，加强边界约束作用，这对土体开裂变形阶段尤为重要。

7.7.3 土钉墙设计计算

土钉墙设计应包括以下内容：

（1）初步选定土钉墙尺寸（支护高度、放坡级数、各级放坡坡度、平台宽度、土钉层数等）与分段施工长度与高度；

（2）初步选定各皮土钉的长度、间距、倾角、孔径、钢筋直径等；

（3）土钉抗拔与抗拉承载力验算；

（4）土钉支护内部稳定性验算；

（5）土钉支护外部稳定性验算；

（6）面层设计验算。

复合土钉墙设计除满足上述要求外，还应包含超前支护桩设计、土钉与超前支护桩的连接构造设计，地下水位以下超前支护桩采用兼作截水帷幕的水泥土墙时还应进行抗渗流稳定验算。

1. 初步选定土钉墙尺寸

土钉墙适用于地下水位以上或经人工降水后的人工填土，黏性土和弱胶结砂土的基坑支护，基坑高度以4～12m为宜。在初步设计时，先根据基坑环境条件和工程地质资料，决定土钉支护的适用性，然后确定土钉支护的结构尺寸，土钉支护高度由工程开挖深度决定，开挖面坡度可取60°～90°，在条件许可时，尽可能降低坡面坡度。

土钉支护要求分层分段施工，每层开挖的最大高度取决于该土体可以站立而不破坏的能力。在砂性土中，每层开挖高度一般为0.5～2.0m，在黏性土中可以增大一些。开挖高度一般与土钉竖向间距相同，常用1.0～1.5m；每层开挖的纵向长度，取决于土体维持稳定的最长时间和施工流程的相互衔接，一般多用15m长。

2. 初步选定各层土钉参数

根据土钉支护结构尺寸和工程地质条件，进行土钉的主要参数设计，包括土钉长度、间距及倾角、孔径和钢筋直径等。

1）土钉长度

在实际工程中，土钉长度一般不超过土坡的垂直高度，试验表明，对高度小于12m的土坡采用相同的施工工艺，在同类土质条件下，当土钉长度达到垂直高度时，再增加其长度对承载力的提高不明显。另外，土钉越长，施工难度越大，单位长度费用越高，所以选择土钉长度是综合考虑技术、经济和施工难易程度后的后果。Schlosser（1982）认为，当土坡倾斜时，倾斜面使侧向土压力降低，这就能使土钉的长度比垂直加筋土挡墙拉筋的长度短。因此，土钉的长度常采用约为坡面垂直高度的60%～70%。Bruce和Jewell（1987）通过对十几项土钉工程分析表明：对钻孔注浆型土钉，用于粒状土陡坡加固时，其长度比（土钉长度与坡面垂直高度之比）一般为0.5～0.8；对打入型土钉，用于加固粒状土陡坡时，其长度比一般为0.5～0.6。

2）土钉直径及间距布置

土钉直径D可根据成孔方法确定。人工成孔时，孔径一般为70～120mm；机械成孔时，孔径一般为100～150mm。

土钉间距包括水平间距s_x和垂直间距s_y，对钻孔注浆型土钉，可按6～12倍土钉直径

D选定土钉行距和列距，且宜满足：

$$s_x s_z = KDL \tag{7-55}$$

式中 K——注浆工艺系数，对一次压力注浆工艺，取1.5～2.5；

D——土钉直径，m；

L——土钉长度，m；

s_x、s_z——土钉水平间距和垂直间距，m。

Bruce和Jewell统计分析表明：对钻孔注浆型土钉用于加固粒状土陡坡时，其粘结比$D \cdot L/(s_x \cdot s_y)$为0.3～0.6；对打入型土钉，用于加固粒状土陡坡时，其粘结比为0.6～1.1。

3）土钉钢筋直径d的选择

为了增强土钉钢筋与砂浆（纯水泥浆）的握裹力和抗拉强度，土钉钢筋一般采用Ⅱ级以上变形钢筋，钢筋直径一般为$\phi 16$～$\phi 32$，土钉钢筋直径也可按下式估算：

$$d = (20 \sim 25) 10^{-3} (S_x S_z)^{1/2} \tag{7-56}$$

Bruce和Jewell（1987）统计资料表明：对钻孔注浆型土钉，用于粒状土陡坡加固时，其布筋率$d^2/(S_x \cdot S_z)$为$(0.4 \sim 0.8)\times 10^{-3}$；对打入型土钉，用于粒状陡坡时，其布筋率为$(1.3 \sim 1.9)\times 10^{-3}$。

3. 土钉抗拔与抗拉承载力验算

单根土钉的抗拔承载力应符合下式规定：

$$\frac{R_{k,j}}{N_{k,j}} \geqslant K_t \tag{7-57}$$

式中 K_t——土钉抗拔安全系数；安全等级为二级、三级的土钉墙，K_t分别不应小于1.6、1.4；

$N_{k,j}$——第j层土钉的轴向拉力标准值（kN）；

$R_{k,j}$——第j层土钉的极限抗拔承载力标准值（kN）。

单根土钉轴向拉力标准值$N_{k,j}$可按下式计算：

$$N_{k,j} = \frac{1}{\cos\alpha_j} \zeta \eta_j p_{ak,j} s_{xj} s_{zj} \tag{7-58}$$

式中 $N_{k,j}$——第j层土钉的轴向拉力标准值（kN）；

α_j——第j层土钉的倾角（°）；

ζ——墙面倾斜时的主动土压力折减系数；

η_j——第j层土钉轴向拉力调整系数；

$p_{ak,j}$——第j层土钉处的主动土压力强度标准值（kPa）；

s_{xj}——土钉的水平间距（m）；

s_{zj}——土钉的垂直间距（m）。

坡面倾斜时的主动土压力折减系数ζ可按下式计算：

$$\zeta = \tan\frac{\beta - \varphi_m}{2}\left(\frac{1}{\tan\frac{\beta + \varphi_m}{2}} - \frac{1}{\tan\beta}\right) \Big/ \tan^2\left(45° - \frac{\varphi_m}{2}\right) \tag{7-59}$$

式中 β——土钉墙坡面与水平面的夹角（°）；

φ_m——基坑底面以上各土层按土层厚度加权的内摩擦角平均值（°）。

土钉轴向拉力调整系数η_j可按下列公式计算：

$$\eta_j = \eta_a - (\eta_a - \eta_b)\frac{z_j}{h} \tag{7-60}$$

$$\eta_a = \frac{\sum_{i=1}^{n}(h - \eta_b z_j)\Delta E_{aj}}{\sum_{i=1}^{n}(h - z_j)\Delta E_{aj}} \tag{7-61}$$

式中 z_j——第 j 层土钉至基坑顶面的垂直距离（m）；

h——基坑深度（m）；

ΔE_{aj}——作用在以 s_{xj}、s_{zj} 为边长的面积内的主动土压力标准值（kN）；

η_a——计算系数；

η_b——经验系数，可取 0.6～1.0；

n——土钉层数。

各土钉的最大抗力 $R_{k,j}$ 需要考虑土钉拔出破坏与土钉拉断破坏两种条件，按下列两式计算，并取其较小值：

按土钉抗拔条件：
$$R_{k,j} = \pi d_j \Sigma q_{sik} l_i \tag{7-62}$$

按土钉抗拉条件：
$$R_{k,j} = f_s A_s \tag{7-63}$$

式中 d_j——第 j 层土钉的锚固体直径（m）；对成孔注浆土钉，按成孔直径计算，对打入钢管土钉，按钢管直径计算（m）；

q_{sik}——第 j 层土钉在第 i 层土的极限粘结强度标准值（kPa）；应由土钉抗拔试验确定，无试验数据时，可根据工程经验并结合表 7-6 取值；

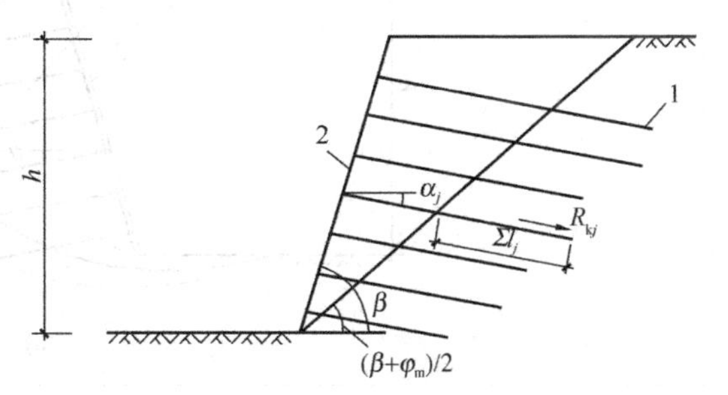

图 7-41 土钉抗拔承载力计算简图

1—土钉；2—喷射混凝土面层

l_i——第 j 层土钉在滑动面外第 i 土层中的长度（m）；计算单根土钉极限抗拔承载力时，取图 7-41 所示的直线滑动面，直线滑动面与水平面的夹角取 $\frac{\beta+\varphi_m}{2}$；

A_s——第 j 层土钉杆体的截面面积（m^2）；

f_s——钢筋抗拉设计强度（kPa）。

土钉的极限粘结强度标准值 **表 7-6**

土的名称	土的状态	q_{sik}（kPa）	
		成孔注浆土钉	打入钢管土钉
素填土		15～30	20～35
淤泥质土		10～20	15～25
黏性土	$0.75<I_L\leqslant 1$	20～30	20～40
	$0.25<I_L\leqslant 0.75$	30～45	40～55
	$0<I_L\leqslant 0.25$	45～60	55～70
	$I_L\leqslant 0$	60～70	70～80

续表

土的名称	土的状态	q_{sik}（kPa）	
		成孔注浆土钉	打入钢管土钉
粉土		40～80	50～90
砂土	松散	35～50	50～65
	稍密	50～65	65～80
	中密	65～80	80～100
	密实	80～100	100～120

4. 土钉墙内部稳定验算

土钉墙内部稳定验算是保证土钉支护加固体本身的稳定，这时的破裂面全部或部分穿过加固土体内部（图 7-42）。内部稳定性验算采用边坡稳定的概念，只不过在破坏面上需要计入土钉的作用。

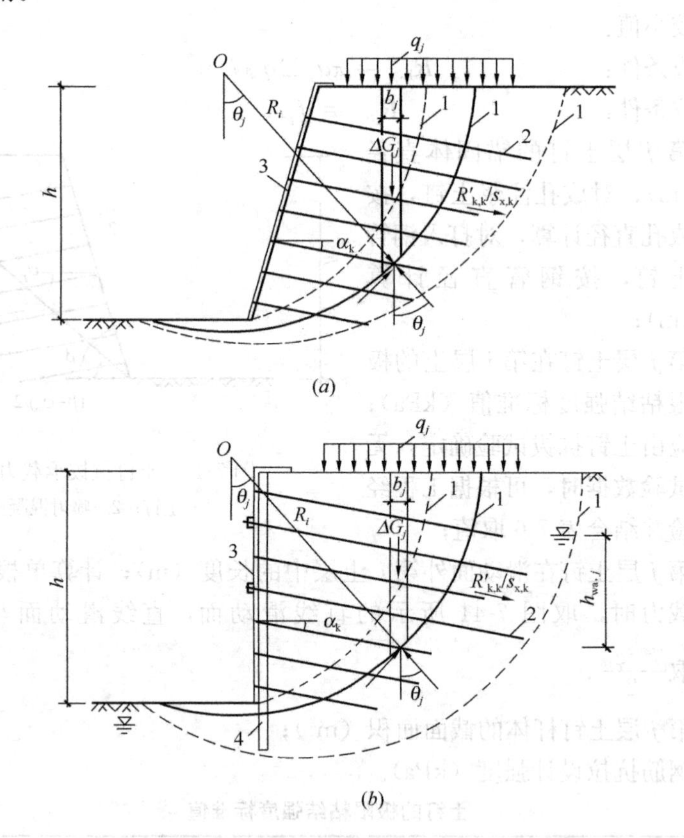

图 7-42　土钉墙整体稳定性验算

(a) 土钉墙在地下水位以上；(b) 水泥土桩复合土钉墙

1—滑动面；2—土钉或锚杆；3—喷射混凝土面层；4—水泥土桩或微型桩

应对基坑开挖的各工况进行内部整体滑动稳定性验算，采用圆弧滑动条分法时，土钉墙内部整体滑动稳定性应符合下列规定：

$$\min\{K_{s,1}, K_{s,2}\cdots, K_{s,i}\cdots\} \geqslant K_s \tag{7-64}$$

$$K_{s,i}=\frac{\Sigma[c_jl_j+(q_jb_j+\Delta G_j)\cos\theta_j\tan\varphi_j]+\Sigma R'_{k,k}[\cos(\theta_k+\alpha_k)+\psi_v]/s_{x,k}}{\Sigma(q_jl_j+\Delta G_j)\sin\theta_j} \quad (7\text{-}65)$$

式中　K_s——圆弧滑动整体稳定安全系数；安全等级为二级、三级的土钉墙，K_s 分别不应小于 1.3、1.25；

$K_{s,i}$——第 i 个滑动圆弧的抗滑力矩与滑动力矩的比值；抗滑力矩与滑动力矩之比的最小值宜通过搜索不同圆心及半径的所有潜在滑动圆弧确定；

c_j、φ_j——第 j 土条滑弧面处土的黏聚力（kPa）、内摩擦角（°）；

b_j——第 j 土条的宽度（m）；

q_j——作用在第 j 土条上的附加分布荷载标准值（kPa）；

ΔG_j——第 j 土条的自重（kN），按天然重度计算；

θ_j——第 j 土条滑弧面中点处的法线与垂直面的夹角（°）；

$R'_{k,k}$——第 k 层土钉或锚杆对圆弧滑动体的极限拉力值（kN）；应取土钉或锚杆在滑动面以外的锚固体极限抗拔承载力标准值与杆体受拉承载力标准值（$f_{yk}A_s$ 或 $f_{ptk}A_p$）的较小值；锚固体的极限抗拔承载力应按式（7-62）计算，但锚固段应取圆弧滑动面以外的长度；

α_k——第 k 层土钉或锚杆的倾角（°）；

θ_k——滑弧面在第 k 层土钉或锚杆处的法线与垂直面的夹角（°）；

$s_{x,k}$——第 k 层土钉或锚杆的水平间距（m）；

ψ_v——计算系数；可取 $\psi_v=0.5\sin(\theta_k+\alpha_k)\tan\varphi$，此处，$\varphi$ 为第 k 层土钉或锚杆与滑弧交点处土的内摩擦角。

水泥土桩复合土钉墙，在考虑地下水压力的作用时，其整体稳定性应按公式（7-42）验算，但 $R'_{k,k}$ 应按前述的规定取值。微型桩、水泥土桩复合土钉墙，滑弧穿过其嵌固段的土条可适当考虑桩的抗滑作用。

土钉墙与截水帷幕结合时，还应按本章公式（7-45）～（7-46）进行地下水渗透稳定性验算。

5. 土钉支护外部稳定性验算

以土钉原位加固土体，当土钉达到一定密度时所形成的复合体会出现类似锚定板群锚现象中的破裂面后移现象，在土钉加固范围内形成一个“土墙”，在内部自身稳定得到保证的情况下，它的作用类似重力式挡墙，因此，可以用重力式挡墙的稳定性分析方法对土钉墙进行分析。

1）土墙厚度的确定

将土钉加固的土体分三部分来确定土墙厚度。第一部分为墙体的均匀压缩加固带，如图 7-43 所示，它的厚度为 $\frac{2}{3}L$（L 为土中平均钉长）；第二部分为钢筋网喷射混凝土支护的厚度，土钉间土体由喷射混凝土面板稳定，通过面层设计计算保证土钉间土体的稳定，因此喷射混凝土支护作用厚度为 $\frac{1}{6}L$；第三部分为土钉尾部非均匀压缩带，厚度为 $\frac{1}{6}L$，但不能全部作为土墙厚度来考虑，取 1/2 值作为土墙的计算厚度，即 $\frac{1}{12}L$。所以土墙厚度为三部分之和，即$\frac{11}{12}L$，当土钉倾斜时，土墙厚度为$\frac{11}{12}L\cdot\cos\alpha$（$\alpha$为土钉与水平面之间的夹角）。

2）类重力式挡墙的稳定性计算

参照本章第6节重力式挡墙稳定性验算的方法分别计算简化土墙的抗滑稳定性、抗倾覆稳定性和墙底部土的承载能力，如图7-44所示。计算时纵向取一个单元，一般取土钉的水平间距进行计算。

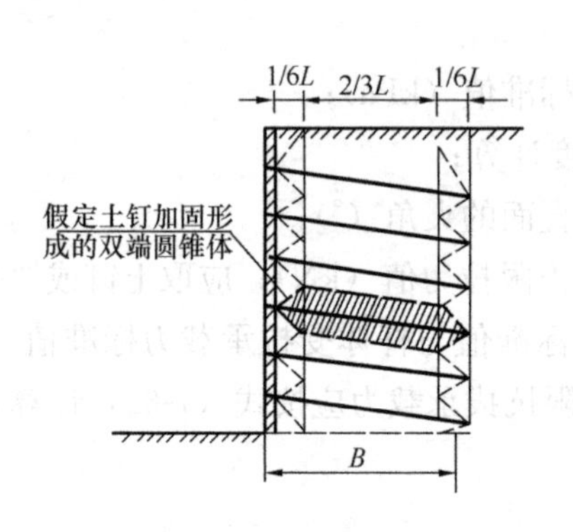

图7-43　土钉墙计算厚度确定简图

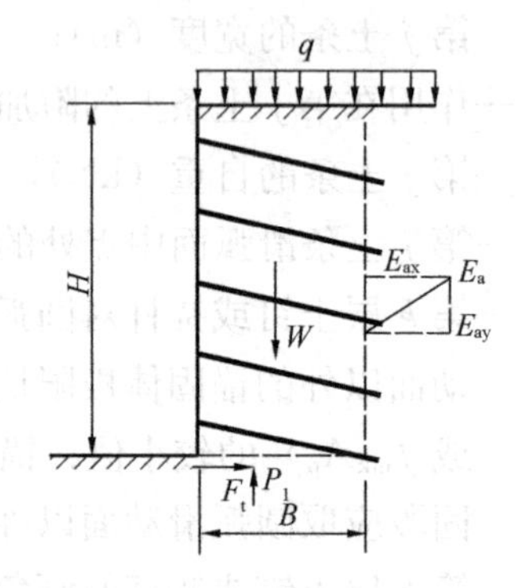

图7-44　土钉墙外部稳定性计算简图

6. 面层设计

面层的工作原理是土钉设计中最不清楚的问题之一，现在已积累了一些喷射混凝土面层所受土压力的实测资料，但是，测出的土压力显然与面层的刚度有关。欧洲对面层的设计方法有很多种，而且差别极为悬殊，一些临时支护的面层往往不做计算，仅按构造规定一定厚度的网喷混凝土，据说现在还没有发现面层出现破坏的工程事故，在国外所作的有限数量的大型足尺试验中，也仅发现在故意不做钢筋网片搭接的喷射混凝土面层才出现了问题。面层设计计算中有两种极端，一种是认为面层只承受土钉竖向间距s_y范围内的局部土压，取1～2倍的s_y作为高度来确定主动土压力并以此作为面层所受的土压力。另一个极端则将面层作为结构的主要受力部件，受到的土压力与锚杆支护中的面部墙体（桩）相同。较为合理的算法是将面积$s_x\cdot s_y$上的面层土压合力取为该处土钉最大拉力的一部分。德国有的工程按85%主动土压力设计永久支护面层，但也认为实际量测数据并没有这样大，而且土钉之间的土体起拱作用尚可造成墙面土压力降低。法国Clouterre研究项目得出的结论是面层荷载合力一般不超过土钉最大拉力的30%～40%。为了限制土钉间距不要过大，他们建议面层设计土压取为土钉中最大拉力的60%（间距1m）到100%（间距3m）。需要指出的是这些比值只适用于自重作用下的情况。

面层在土压力作用下受弯，其计算模型可取为以土钉为支点的连续板进行内力分析并验算抗弯强度和所需配筋率。另外，土钉与面层连接处要作抗剪验算和局部承压验算。

7.8　基坑的地下水控制

在地下水位高于基坑坑底标高时，坑内施工受积水影响易扰动基底土，同时由于坑内外存在水位差，较易产生流砂、管涌等渗透破坏现象，甚至还会影响到边坡或坑壁的稳定。当坑底弱透水层以下存在承压含水层，承压水头较高时，还可能引起基底土体发生突涌流土破坏。因此，需要对地下水进行控制。根据工程地质和水文地质条件、基坑周边环境要求及支护结构形式，控制地下水的方法有：集水明排、截水、井点降水、回灌或其组合方法等。

7.8.1　集水明排

当基坑开挖深度不大，地基土主要为相对不透水的黏性土时，因基坑施工期不长，可考虑集水明排的方案：首先在地表采用截水导流措施，然后在坑底沿基坑侧壁设排水管或排水盲沟，基坑四角或每隔 30～40m 设集水井，形成明排系统。设计排水量应大于基坑总涌水量和雨水量的 1.5 倍，施工现场应配备足够的潜水泵或离心泵以及时抽出坑内积水。

7.8.2　截水

当降水会对基坑周边建筑物、地下管线、道路等造成危害或对环境造成长期不利影响时，应采用截水方法控制地下水。通常坑外地面需采用地坪硬化、导流等方式，防止地表水流入基坑内或渗入坑壁土体中，在地下水位较高、坑内外水头差较大时，还可设置竖直隔渗止水帷幕或坑底水平隔渗封底帷幕，以防止地下水涌入基坑或引起地基土的渗透变形。

基坑工程的竖直隔渗帷幕可采用各种施工方法形成，常用的有深层搅拌法（从单轴、双轴到多轴水泥搅拌桩）、高压喷射注浆法、灌浆法、地下连续墙和冻结法等，高水头、强透水地层可考虑两种或多种方法综合采用。隔渗帷幕一般应采用落底式帷幕，即帷幕应插入下卧相对不透水地层一定深度以截断地下水；当透水层厚度较大时，也可采用悬挂式帷幕（隔渗帷幕未进入相对不透水层）或与坑内水平隔渗相结合的方案，此时必须进行坑底地基土的抗渗流稳定性验算。

截水帷幕宜采用沿基坑周边闭合的平面布置形式。当采用沿基坑周边非闭合的平面布置形式时，应对地下水沿帷幕两端绕流引起的基坑周边建筑物、地下管线、地下构筑物的沉降进行分析。

当坑底以下有水头高于坑底的承压水含水层时，应进行承压水作用下的坑底突涌稳定性验算。当不满足突涌稳定性要求时，应对该承压水含水层采取截水、减压措施。

7.8.3　井点降水

1. 降水作用与适用条件

在地下水位较高的透水土层，例如砂石类土及粉土类土中进行基坑开挖施工时由于坑内外的水位差大，较易产生流砂、管涌等渗透破坏现象。有时还会影响到边坡或坑壁的稳定。因此，除了配合围护结构设置止水帷幕外，往往还需要在开挖前，采用井点降水方法，将坑内或坑内外水位降低至开挖面以下，降水作用具体有以下三个方面：

（1）防止地下水因渗流而产生流砂与管涌等破坏作用。

（2）消除或减少作用在边坡或坑壁围护结构上的静水压力与渗透压力，提高边坡或围护结构的稳定性。

（3）避免水下作业，使基坑施工能在水位以上进行，为施工提供方便，也有利于提高施工质量。

以上三个方面都是降水对深基坑工程的有利作用。但是必须指出，降水对邻近环境会有不良影响，主要是随着地下水位的降低，在水位下降的范围内，土体的重度浮重度增大至或接近于饱和重度。这样在降水影响范围内的地面，包括建（构）筑物就会产生附加沉降，对邻近环境总是会有或大或小的影响。因此，在采用降水方案前，必须认真分析，慎重考虑。

降水方案一般适用于以下情况与条件：地下水位较浅的砂石类或粉土类土层。对于弱透水性的黏性土层，除非工程有特殊需要，一般无需降水也难以降水；周围环境容许地面有一定的沉降；止水帷幕密封，坑内降水坑外水位下降不大；基坑开挖深度与抽水量均不大，或基坑施工期很短；可采取有效措施使邻近地面沉降控制在容许值以内；具有地区性的成熟经验，证明降水对周围环境不产生大的不良影响。

2. 降水方法与适用范围

(1) 轻型井点降水

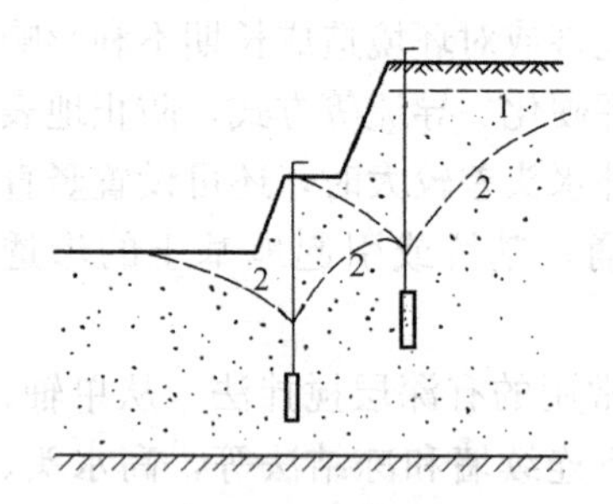

图 7-45 二级轻型井点布设
1—静止水位；2—二级抽水后地下水动水位曲线

轻型井点降水受单井点出水量小的限制，适用于以下条件：

1) 弱-中等透水性含水层。如粉质黏土、粉土及中细砂等。

2) 要求降低水位一般小于 5～6m。当要求水位降低较大时，可采用二级或多级，形成阶梯式接力迭加降深（图 7-45）。

3) 基坑降水面积较小。宽度小于二倍设计降深条件下的影响半径。

根据经验，轻型井点常按下列要求布设：井点距坑壁不小于 1.0～1.5m，井点间距一般为 0.8～2.0m；井点管长 5～7m，下端滤管长 1.0～1.7m，下端深度要比坑底深 0.9～1.2m；当要求降深大于 6m 时，采用多级降深，每增加 3m，增加一级，最多为三级。

当基坑宽度大于 2 倍影响半径（在试验的降深条件下）时，可在基坑中间加布井点；当宽度较小（<2.5m），要求降深较小（<4.5m），可在地下水的补给一侧布设一排井点，两端延伸长度一般不小于坑宽为宜。若此时降深达不到要求，或含水层粉砂时，则沿基坑两侧各布设一排。

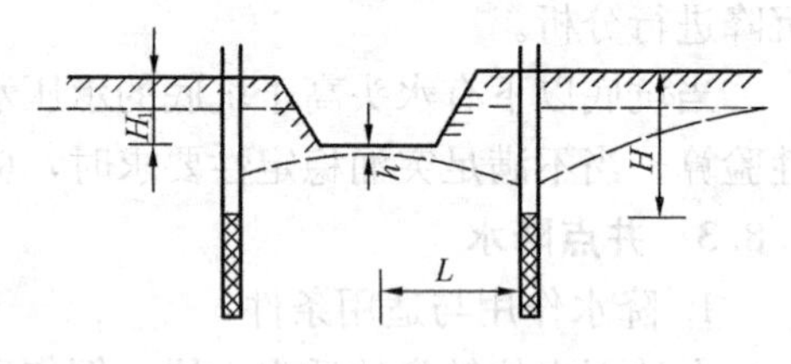

图 7-46 井点管埋置深度

轻型井点管过滤器顶端埋置深度（图 7-46）按下式计算：

$$H \geqslant H_1 + h + iL \tag{7-66}$$

式中 H_1——基坑深度，m；

h——基坑底面至降低后水位的竖向距离，一般取 0.5～1.0m；

i——降落漏斗平均水力坡降，环形井点取 1/10，单排井点取 1/4；

L——井点管至基坑中心的距离，m。

(2) 喷射井点

利用井点下部的喷射装置，将高压水（喷水井点）或高压气（喷气井点）从喷射器喷嘴喷出，管内形成负压，使周围含水层中的水流从管中排出。

喷射井点类似于轻型井点（滤水管直径小、长度短、非完整井、单井出水量小等），但总降水能力强于轻型井点，故适用范围较广。成井工艺要求高，工作效率低，最高理论效率仅30%，运转过程要求管理严格。

（3）管井井点

利用钻孔成井，多采用井点单泵抽取地下水的降水方法。一般当管井深度大于15m时，也可称为深井井点降水。

管井井点直径较大，出水量大。适用于中一强透水层。如砂砾、碎卵石，基岩裂隙等含水层，可满足大降深、大面积降水要求。

（4）各类井点适用范围

工程上常采用各类井点降低地下水位，目前常见的井点类型有：轻型井点、喷射井点、管井等。

基坑降水中常见的井点类型及其适用范围见表7-7。

各类井点适用范围 **表7-7**

井点类型	土层渗透系数（m/d）	土层类型	降水深度（m）
轻型井点	0.1～20	粉质黏土、粉性土、粉砂、填土	一级<6，多级6～10
喷射井点	0.005～20	粉质黏土、粉性土、粉砂、填土	8～20
管井井点	0.1～200	粉土、砂土、碎石土、填土	>6

3. 井点降水设计计算

（1）降水影响半径

按地下水稳定渗流计算井距、井的水位降深和单井流量时，影响半径（R）宜通过试验确定。缺少试验时，可按下列公式计算并结合当地经验取值：

潜水含水层：
$$R = 2s_w\sqrt{kH} \tag{7-67}$$

承压含水层：
$$R = 10s_w\sqrt{k} \tag{7-68}$$

式中 R——影响半径（m）；

s_w——井水位降深（m）；当井水位降深小于10m时，取s_w=10m；

k——含水层的渗透系数（m/d）；

H——潜水含水层厚度（m）。

（2）基坑总涌水量

群井按大井简化的均质含水层潜水完整井的基坑降水总涌水量可按下列公式计算（图7-47）：

$$Q = \pi k\frac{(2H_0 - s_0)s_0}{\ln\left(1+\frac{R}{r_0}\right)} \tag{7-69}$$

式中 Q——基坑降水的总涌水量（m^3/d）；

k——渗透系数（m/d）；

H_0——潜水含水层厚度（m）；

s_0——基坑水位降深（m）；

R——降水影响半径（m）；

r_0——沿基坑周边均匀布置的降水井群所围面积等效圆的半径（m）；可按 $r_0 = \sqrt{A/\pi}$计算，此处，A 为降水井群连线所围的面积。

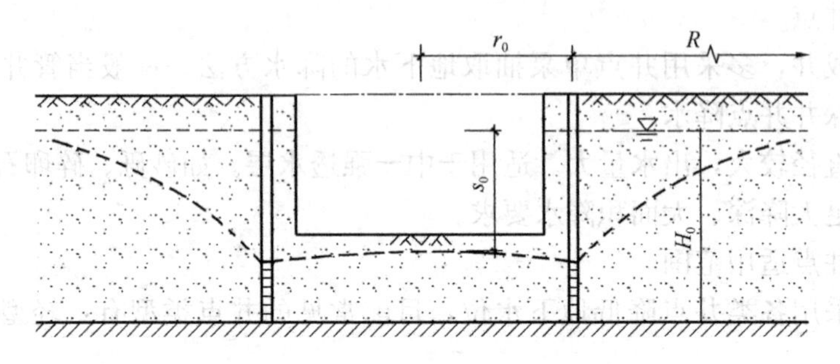

图 7-47　按均质含水层潜水完整井简化的基坑涌水量计算

群井按大井简化的均质含水层潜水非完整井的基坑降水总涌水量可按下列公式计算（图 7-48）：

$$Q = \pi k \frac{H_0^2 - h_m^2}{\ln\left(1 + \frac{R}{r_0}\right) + \frac{h_m - l}{l}\ln\left(1 + 0.2\frac{h_m}{r_0}\right)} \tag{7-70}$$

$$h_m = \frac{H_0 + h}{2} \tag{7-71}$$

式中　h——基坑动水位至含水层底面的深度（m）；

l——滤管有效工作部分的长度（m）。

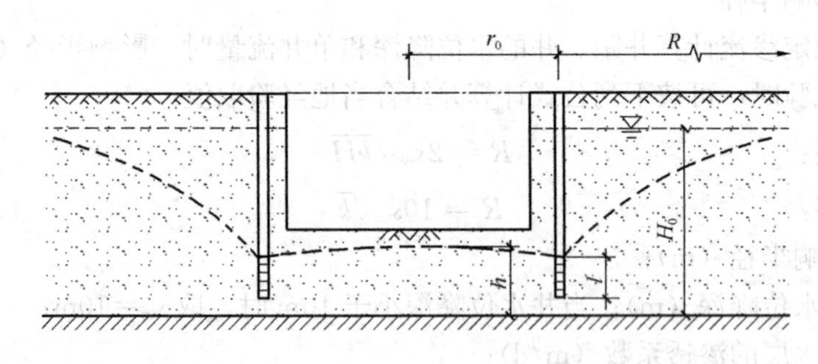

图 7-48　按均质含水层潜水非完整井简化的基坑涌水量计算

群井按大井简化的均质含水层承压水完整井的基坑降水总涌水量可按下列公式计算（图 7-49）：

$$Q = 2\pi k \frac{M s_0}{\ln\left(1 + \frac{R}{r_0}\right)} \tag{7-72}$$

式中　M——承压含水层厚度（m）。

群井按大井简化的均质含水层承压水非完整井的基坑降水总涌水量可按下式计算（图 7-50）：

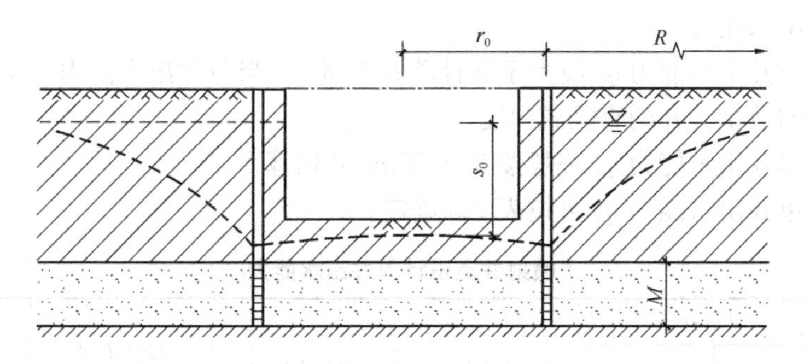

图 7-49　按均质含水层承压水完整井简化的基坑涌水量计算

$$Q = 2\pi k \frac{Ms_0}{\ln\left(1+\frac{R}{r_0}\right)+\frac{M-l}{l}\ln\left(1+0.2\frac{M}{r_0}\right)} \tag{7-73}$$

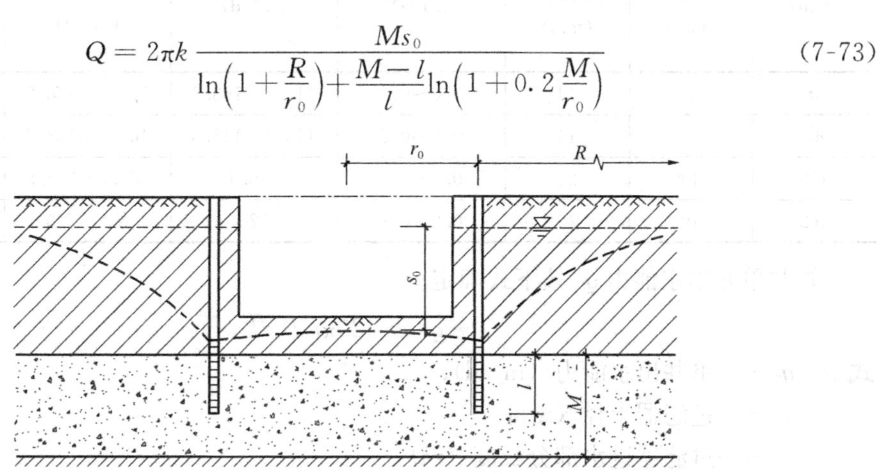

图 7-50　按均质含水层承压水非完整井简化的基坑涌水量计算

群井按大井简化的均质含水层承压～潜水非完整井的基坑降水总涌水量可按下式计算(图 7-51)：

$$Q = \pi k \frac{(2H_0-M)M-h^2}{\ln\left(1+\frac{R}{r_0}\right)} \tag{7-74}$$

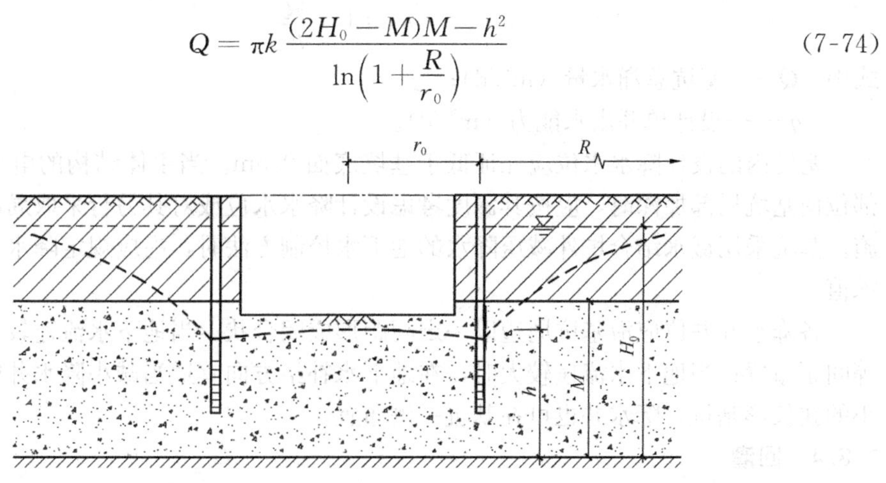

图 7-51　按均质含水层承压～潜水非完整井简化的基坑涌水量计算

其他更为复杂的情况，比如单侧水源、双侧水源、单侧隔水边界等条件下的基坑涌水量计算公式，读者可以从相关手册或规范中查找。

(3) 单井出水能力

降水井的单井出水能力 q_0 应大于设计单井流量 q。当单井出水能力小于设计单井流量时，应增加井的数量、井的直径或深度。

轻型井点单井出水能力 q_0 一般按 36～60m^3/d 估算。

喷射井点单井出水能力 q_0 可按表 7-8 确定。

喷射井点设计单井出水能力 **表 7-8**

外管直径（mm）	喷射管		工作水压力（MPa）	工作水流量（m^3/d）	设计单井出水流量（m^3/d）	适用含水层渗透系数（m/d）
	喷嘴直径（mm）	混合室直径（mm）				
38	7	14	0.6～0.8	112.8～163.2	100.8～138.2	0.1～5.0
68	7	14	0.6～0.8	110.4～148.8	103.2～138.2	0.1～5.0
100	10	20	0.6～0.8	230.4	259.2～388.8	5.0～10.0
162	19	40	0.6～0.8	720	600～720	10.0～20.0

管井单井出水能力 q_0 按下式确定。

$$q_0 = 120\pi r_s l^3 \sqrt{k} \tag{7-75}$$

式中 q_0——单井出水能力（m^3/d）；

r_s——过滤器半径（m）；

l——过滤器进水部分长度（m）；

k——含水层渗透系数（m/d）；

(4) 井点数量

井点的数量 n 可按下式估算。

$$n \geqslant 1.1\frac{Q}{q_0} \tag{7-76}$$

式中 Q——基坑总涌水量（m^3/d）；

q_0——设计单井出水能力（m^3/d）。

基坑内的设计降水水位应保证低于基坑底面 0.5m。当主体结构的电梯井、集水井等部位使基坑局部加深时，应按其深度考虑设计降水水位或对其另行采取局部地下水控制措施。基坑采用截水结合坑外减压降水的地下水控制方法时，尚应规定降水井水位的最大降深值。

各降水井井位应沿基坑周边以一定间距形成闭合状。当地下水流速较小时，降水井宜等间距布置；当地下水流速较大时，在地下水补给方向宜适当减小降水井间距。对宽度较小的狭长形基坑，降水井也可在基坑一侧布置。

7.8.4 回灌

基坑降水必然引起地下水以基坑为中心形成大面积降落漏斗，可能诱发周围地面和建（构）筑物产生不均匀沉降、倾斜、开裂及管道断裂等，对周围环境造成不良影响。回灌即借助于工程措施，将水引渗于地下含水层，补给地下水。用于工程降水的回灌是为了稳定和抬高局部因工程降水而引起的地下水位降低，防止由于地下水位持续下降造成地面沉降等不良现象。

1. 回灌方法及适用条件

(1) 地表入渗补给法

1) 沟渠补给：在基坑四周形成渗沟渗渠，依靠良好透水层，将水引入自然渗透补给。条件允许时，也可将沟渠改为暗沟渠或暗管下渗。

2) 坑井入渗补给：当地表覆盖有薄层（<3m）的弱（不）透水层时，利用浅井深坑揭露下卧透水层，借助于井坑补给地下水。

地表入渗补给法适用于地表或接近地表饱气带有透水性较好的砂砾卵石层，并且饱气带厚度不大，一般小于10～20m。其优点是施工简单、便于管理、费用低廉。其缺点是占地面积大，单位面积的入渗效率低，而且入渗量总是随时间而逐渐减少。

(2) 井内灌注法

1) 自由注入：利用井内水位高于地下水位之间的水压力差，使水通过井壁进入含水层。适用于埋藏较深的潜水含水层或上部具有较厚的弱（不）透水层的深层承压水（压力水头不高）。

2) 加压注入，又可分为真空灌注和压力灌注两种方法：前者用于地下水位埋藏较深（一般大于10m），含水层渗透性较好的地区。由于真空压力有限，对管井滤网冲击压较小，但单井回灌量不大；后者利用机械动力设备（如离心式水泵）进行加压，促使水流较快补给地下水。适用于地下水位较浅和渗透性较差的含水层。压力灌注对滤网冲击压力较大，故需加大过滤器强度。

2. 回灌井的布设

(1) 基坑回灌量

一般应等于基坑降水水位降低影响至限定边界时的基坑涌水量。

(2) 回灌井数量

回灌井数决定于单井回灌量的大小。单井回灌量理论上应与抽水井抽出水量一致，但实际上相差很大，据国内已有回灌试验资料表明，二者之差随含水层渗透性大小而变化，松散含水层时，单位回灌量是单位出水量的1/3～2/3；粗大颗粒含水层或岩溶裂缝含水层中，单位回灌量可以等于或大于单位出水量。

单井回灌量除决定于水文地质条件外，尚与成井工艺，回灌方法、压力大小等有关。一般宜在现场进行试验确定。

回灌井数量 n 由下式计算：

$$n \geqslant 1.1\, Q_{灌}/q_{灌} \tag{7-77}$$

式中 $Q_{灌}$——基坑回灌水量，m^3/d；

$q_{灌}$——单井回灌量，m^3/d 。

习 题 与 思 考 题

7-1 基坑支护有哪些类型？各自适用的条件是什么？

7-2 与基坑支护结构设计有关的土性参数有哪些？其中哪些最重要？

7-3 土钉支护设计需要验算哪几项内容？当坑底土质较差时往往承载力不能满足要求，能否通过增加土钉的长度和分布密度来克服？

7-4　等值梁法和“m”法计算结果有时候差别很大，该如何解释？在实际设计中该如何处理？

7-5　有人说，“如果多支撑体系与挡土墙整体性能能够保证的话，不必要检验挡土墙的整体稳定性，只需对墙底土的稳定性进行验算。”你觉得该说法是否有道理？为什么？

7-6　有人说，“悬臂式排桩支护设计计算中，用静力平衡法计算过程中用到了外力矩平衡方程，计算得到的挡墙插入深度即能满足挡墙抗倾覆稳定要求，悬臂式排桩支护结构只要满足抗倾覆稳定要求，抗隆起、整体稳定就能满足要求，不必验算。”你觉得这种说法是否有道理？为什么？

7-7　井点降水的类型和适用条件是什么？

7-8　某基坑深10m，围护墙插入深度10m，场地土层分布如下表所示，坑外水位在地表下1.5m，坑内水位在坑底标高，围护墙为不透水，求在渗流条件下，各土层的水力梯度以及作用于围护墙上的水压力分布。

序号	土层名称	厚度（m）	渗透系数（cm/s）
1	粉细砂	4	4e-4
2	细砂	9	8e-4
3	中砂	>15	6e-3

[答案：各土层的水力梯度：$i_1=0.9$，$i_2=0.45$，$i_3=0.06$；各土层界面处水压力大小：主动区：$z=1.5$m，$p'_{w0}=0$；$z=4.0$m，$p'_{w1}=2.5$kPa；$z=10$m，$p'_{w2}=35.5$kPa；$z=13$m，$p'_{w3}=52$kPa；$z=20$m，$p'_{w4}=117.8$kPa；被动区：$z=13$m，$p'_{w5}=43.6$kPa；$z=10$m，$p'_{w6}=0$；围护墙净水压力：$z=4.0$m，$p'_{w}=2.5$kPa；$z=10$m，$p'_{w}=35.5$kPa；$z=13$m，$p'_{w}=8.4$kPa；$z=20$m，$p'_{w}=0$]

7-9　某基坑开挖深度与围护墙插入深度均为10m，坑外地下水在地表下1.5m，坑内地下水位在坑底标高，地基为黏质粉土层，重度$\gamma=19\text{kN/m}^3$，三轴固结不排水试验指标$c=10$kPa，$\varphi=25°$，按下列三种方法计算作用于围护墙上的侧压力。

(1) 考虑渗流效应的水土压力分算法；

(2) 不考虑渗流效应的水土压力分算法；

(3) 水土压力合算法。

[答案：(1)$p'_a=84.7$kPa，$p_a=214.5$kPa；$p'_p=116.44$kPa，$p_p=246.24$kPa；

(2)$p'_a=60.34$kPa，$p_a=245.34$kPa；$p'_p=253.16$kPa，$p_p=353.16$kPa；

(3)$p_a=141.54$kPa；$p_p=499.56$kPa]

7-10　某基坑开挖深度为6m，一道支撑位置在地表下1.5m，坑外地下水在地表下1.5m，坑内地下水位在坑底标高，各土层分布及参数同上题，请按水土合算方法，用等值梁法计算围护墙弯矩、剪力及围护墙插入深度。

[答案：支撑力：$R_A=36.01$kN；最大弯矩：$M_{max}=73.37\text{kN}\cdot\text{m}$；

净土压力为零处剪力：$T=128.37$kN；围护墙入土深度：$t_0=5.83$m]

7-11　某基坑开挖深度为4.5m，采用水泥土重力式挡墙支护，挡墙高度9.2m，坑外地下水在地表下1.5m，坑内地下水位在坑底标高，各土层分布及参数同上题，请按水土合算方法，分别计算挡墙厚度为2.9m及4m时，重力式挡挡墙的抗倾覆及抗滑移安全系数。

[答案：挡墙厚度为 2.9m：$K_t=1.61$；$K_s=1.00$；挡墙厚度为 4m：$K_t=3.07$；$K_s=1.38$]

7-12　场地土质情况同上题，土压力水土合算，基坑开挖深度 4.5m，若采用悬臂式排桩支护，则计算围护墙插入深度及围护墙最大弯矩。

[答案：安全系数取用 $K=2$，围护墙入土深度：$t=4.78$m；围护墙最大弯矩：$M_{max}=104.16$kN·m]

参 考 文 献

[1] 中华人民共和国国家标准，《建筑地基基础设计规范》GB 50007—2011. 北京：中国建筑工业出版社，2011.

[2] 中华人民共和国行业标准，《建筑基坑支护技术规程》JGJ 120—2012. 北京：中国建筑工业出版社，2012.

[3] 中国工程建设标准化协会标准，《基坑土钉支护技术规范》CECS 96：97，中国建设标准化协会，1997.

[4] 浙江省标准，《建筑基坑工程技术规程》DB33/T 1096—2014. 杭州：浙江省标准设计站，2014.

[5] 刘建航，侯学渊．基坑工程手册．北京：中国建筑工业出版社，1997.

[6] 余志成，施文华．深基坑支护设计与施工．北京：中国建筑工业出版社，1997.

[7] 龚晓南．深基坑工程设计施工手册．北京：中国建筑工业出版社，1998.

[8] 陈仲颐，叶书麟．基础工程学．北京：中国建筑工业出版社，1991.

[9] 黄强．深基坑支护工程设计技术．北京：中国建材工业出版社，1995.

[10] H.F. 温特科恩，方晓阳．基础工程手册．钱鸿缙，叶书麟等译校．北京：中国建筑工业出版社，1983.

[11] 程良奎，张作湄，杨志银．岩土加固实用技术．北京：地震出版社，1994.

[12] 曾宪明，黄久松，王作民，宋红民．土钉支护设计及施工手册．北京：中国建筑工业出版社，2000.

[13] 顾晓鲁，钱鸿缙等．地基与基础(第二版)．北京：中国建筑工业出版社，1993.

[14] 周景星，李广信，虞石民，王洪瑾．基础工程．北京：清华大学出版社，2007.

[15] 华南理工大学，浙江大学，湖南大学．基础工程．北京：中国建筑工业出版社，2003.

第 8 章　动力机器基础

8.1　概述

动力机器基础的设计和建造是建筑工程中一项复杂的课题，其特点首先取决于机器对基础的作用特征。只有静力作用或动力作用不大的机器（如一般的金属切削机床）的基础，可按一般基础设计计算。动力机器工作时过大的振动会严重影响生产工艺和机器的正常工作。同时通过基础把振动传至地基并波及相邻的结构，又常引起地基承载力的降低，增加地基的沉降，造成房屋结构的损坏及影响工人的健康。

动力机器类型很多，按照它们的动力作用特征，可粗略区分为以下三类：

（1）带有曲柄连杆的机器，如柴油机、活塞压缩机等。它们的曲柄连杆机构在运行过程中往复运动而产生周期性的不平衡扰力；

（2）具有冲击作用的机器，如锻锤、落锤等。它们都有着较大的脉冲振动；

（3）带有转动质量的机器，如汽轮发电机、电动发电机等。它们的旋转部分的质量通常具有较高的转速（一般 500～3000 转/分），从而引起支承结构的振动。

此外，还有一些具有特殊振动作用的机器，如压延设备、破碎机等。

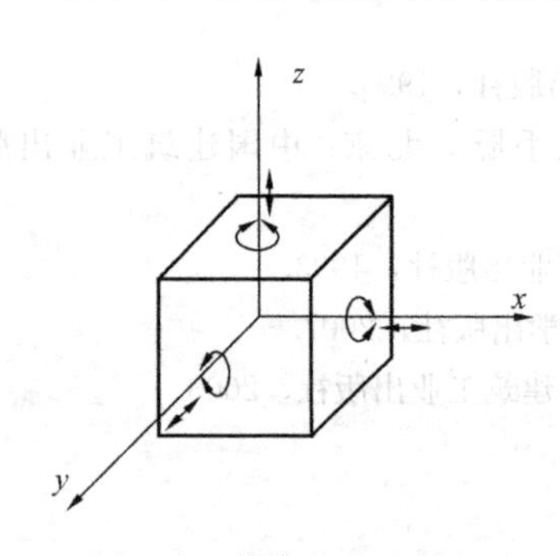

图 8-1　实体式基础振的六个自由度

机器基础的动力计算主要是预估基础在动荷载作用下的反应，即估算各种振型的固有频率和振动幅值等。置于地表上的实体式机器基础在空间的振动有六个自由度，即三个位移和三个转角（图 8-1）。当基础质心与其底面几何形心在同一竖线上时，基础的振动可分为以下振型：（1）沿 z 轴的竖向振动；（2）绕 z 轴的扭转振动；（3）绕 x 轴（或 y 轴）的水平回转耦合振动。在设计机器基础时应尽量使机器和基础的质心与基础的底面形心在同一铅垂线上，以减少基础振动的自由度。

动力机器基础的设计，通常应满足以下几项要求：

（1）基础本身应具有足够的强度和刚度；

（2）地基和基础不发生可能破坏机器正常工作条件的变形；

（3）不产生足以妨碍本车间和邻近车间的机器正常生产和操作人员工作环境的剧烈振动；

（4）不使振动造成房屋结构的开裂和破损。

本章主要探讨竖向振动问题，对于滑移振动、摇摆振动和扭转振动以及滑移摇摆耦合振动可参考相关资料。

8.2 机器基础的形式

这里的动力机器基础的形式主要是以岩土工程为背景的，从岩土工程原理的角度去进行分析，对于具体的设计可参考相关规范。

与房屋建筑相类似早期的建筑物由于荷载不大地基不进行处理，基础荷载直接作用在天然地基上（如图 8-2*a* 所示），天然地基必须满足承载力及变形，对于动力机器还需避免产生共振。

随着荷载的增大，天然地基满足不了强度和变形（沉降）的要求，因此需要对地基进行处理，在动力机器基础方面一般可采用强夯法和换土法等（如图 8-2*b* 所示），提高地基的承载力（即增大地基的剪切模量 G）和减小地基的变形（即增大地基的杨氏模量 E）。

近年一方面动力机器荷载越来越大，另一方面周边环境越来越复杂，如交通荷载的增加，环境振动越来越多，对动力机器基础（精密机器基础）的设计要求越来越高，因此采用桩基进行地基处理，将桩基与常规基础形成整体基础，形成结构—桩—土共同作用（如图 8-2*c* 所示），以提高承载力和减小变形，同时避免产生共振。

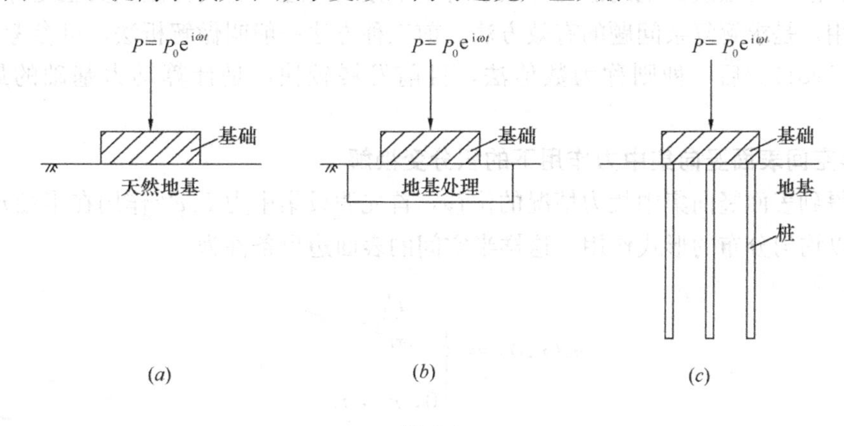

图 8-2
（*a*）天然地基；（*b*）地基处理；（*c*）桩基础

如图 8-2 所示动力机器基础，地基为半无限空间，地基与基础的受力分析与静力学不同，动力机器基础是要产生振动的，振动会引起土的波动，而波动是要向周边传递能量的，因此分析如图 8-2 所示的半无限动力学问题是极为复杂的。下面将从半空间动力学问题进行分析。

8.3 动力基础半空间理论

在静力或动力作用下，关于结构物或基础与地基的相互作用问题，由于其重要性和复杂性，长期以来，人们作了广泛的试验及理论研究。就基础振动问题来说，将地基作为弹性半空间的所谓“半空间理论”研究的历史已相当悠久，发表了大量的文献及资料，而且近来发展速度更快。

基础振动半空间理论中，主要是分析基础与地基的相互作用。基础与地基在接触面处的相互作用问题在动力弹性理论中称为“动接触问题”。对于基础振动这类接触问题而言，目的在于建立基底面位移与反力的关系式，一旦这种关系确定后，就可用各种方法分析基础的振动；另一目的在于确定基底面以外的位移，以便分析振动的传播和相互影响问题。

求解的方法大约有四类：

（1）在已知扰力的情况下，假定基底应力分布的规律为已知（如设为均布或静刚性分布）以求解半空间问题。此时，实际的接触条件只能近似地在接触面的一点或在接触面积平均的意义上得到满足。

（2）将基底面的位移条件（如等竖向位移条件）与底面以外的应力条件（如基底外应力为零）结合起来，再连同波动方程一道求解，即按“混合边值问题”求解，这类方法所得结果较好地满足了接触条件，常称为“严密、精确”的方法，当然这种严密、精确性也是相对的，由于数学方法所限，求解过程中已作了不同程度的近似处理。

（3）将基底应力假设为某种经过特殊选择的正交多项式所组成的级数，此级数各组成项的系数由具体的接触条件来确定。此类方法将数学分析法与数字电子计算机的应用结合了起来，目前发展较快。

（4）有限单元法或其他离散化方法求解基础振动问题，这类方法从头至尾都结合了计算机的应用，是求解复杂问题的有效方法。前三种方法一般叫做解析法，可参考有关文献（严人觉，1981）。后一种则称为数值法，目前发展较快，是计算动力基础的最有效的方法。

8.3.1 半空间表面竖向集中力作用下的积分变换解

为了得到表面竖向集中扰力情况的位移，首先假设集中力 $P_0e^{i\omega t}$ 作用在半径 r_0 的圆面积上，且以均匀分布的形式作用。这样半空间的表面边界条件为

$$\sigma_y(r,0)=\begin{cases}-\dfrac{P_0}{\pi r_0^2},\ r<r_0\\ 0,\ r>r_0\end{cases}\tag{8-1}$$

上式右边之负号表示外扰动力的方向与法向正应力方向相反。若圆面积无限缩小，即 $r_0\to 0$，使 $[\pi r_0^2\sigma_y(r,0)]$ 始终保持不变（等于 P_0），这里及（8-1）略去了因子 $e^{i\omega t}$，则可得到集中力 P_0 等效的效果。

这里仅给出表面位移的积分变换解 $\bar{u}_r$ 和 $\bar{u}_y$，为

$$\bar{u}_r(p,0)=\frac{P_0}{2\pi G}\cdot\frac{p(2p^2-k_s^2-2\alpha\beta)}{\varphi(p)}\tag{8-2a}$$

$$\bar{u}_y(p,0)=\frac{p_0}{2\pi G}\cdot\frac{2k_s^2\alpha}{\varphi(p)}\tag{8-2b}$$

式中 $\varphi(p)$ 为瑞利函数，$\varphi(p)=(2p^2-k_s^2)^2-4p^2\alpha\beta$，$\alpha^2=p^2-k_p^2$，$\beta^2=p^2k_s^2$，$p$ 为汉克尔变换中的变量。式（8-2）已给出在集中力作用下表面位移 $u_r(r,0)$ 和 $u_y(r,0)$ 的变化换式 $\bar{u}_r(p,0)$ 和 $\bar{u}_y(p,0)$. Hankel 逆变换

$$f(r)=\int_0^\infty pf_v(p)J_v(rp)\mathrm{d}p\tag{8-3}$$

式中 $J_v(rp)$ 为 v 阶第一类贝塞尔函数。取 $v=0$，则得到的 $f_0(p)$ 称为 $f(r)$ 的零阶 Hankel 变换；取 $r=1$，则得到的 $f_1(p)$ 称为 $f(r)$ 的一阶 Hankel 变换。

利用（8-3）的逆变换可求得实际位移（下面已结合了时间因子 $e^{i\omega t}$）u_r（r，0，t）和 u_y（r，0，t）

$$u_r(r,0,t)=\frac{P_0 e^{i\omega t}}{2\pi G}\int_0^{\infty}\frac{p^2(2p^2-k_s^2-2\alpha\beta)}{\varphi(p)}\times J_1(pr)\mathrm{d}p \tag{8-4a}$$

$$u_y(r,0,t)=-\frac{P_0 e^{i\omega t}}{2\pi G}\int_0^{\infty}\frac{k_s^2 p\alpha}{\varphi(p)}J_0(pr)\mathrm{d}p \tag{8-4b}$$

上两式就是表面位移的积分形式解，或称 Lamb 问题的积分形式解。

这里只介绍半空间表面谐和荷载作用下，远离扰力处波的一些特性，而对位移等的推导可参见有关文献（Lamb（1904），严人觉（1981））。半空间表面在半径 r_0 的圆面积内的均布谐和力 $qe^{i\omega t}$ 作用下，（见图 8-3），当距离 r 很大时，其波的特征如下：

（1）纵波和横波在半空间内部 $\left(\theta<\frac{n}{2}\right)$ 引起的位移振幅和距离呈 $\frac{1}{R}$ 的关系；

（2）纵波和横波在半空间表面（$y=0$，$R=r$）引起的位移振幅和水平距离呈 $\frac{1}{r^2}$ 的关系；

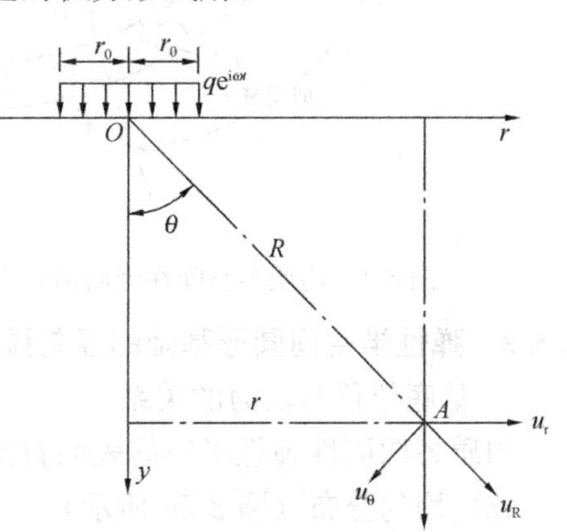

图 8-3 半空间表面在均布谐和力作用下波的特征

（3）瑞利波在半空间内部引起的位移振幅和水平距离呈 $\frac{1}{\sqrt{r}}$ 的关系；

（4）瑞利波在半空间内部引起的移振幅和深度 y 呈指数衰减关系。

表 8-1 列出了当距离较大时，无限空间和半空间在线源（平面应变问题）和点源（空间轴对称问题）作用下各种波的效应和距离的关系。Woods（1968）曾形象地绘出 $\mu=0.25$ 时半空间波场的示意图（见图 8-4）。Miller（1955）研究了纵波、横波和瑞利波三种弹性波占部输入能量的百分比：纵波（P 波）占 6.9%，横波（S 波）占 25.8%，瑞利波（R 波）占 67.3%。可见，半空间表面在竖向动荷载作用下，瑞利波占总能量的主要部分。

各类波效应的振幅和距离的关系 **表 8-1**

波类型		瑞利波效应	纵波效应	横波效应
半空间表面	点源	$\frac{1}{\sqrt{r}}$	$\frac{1}{r^2}$	$\frac{1}{r^2}$
	线源	与 r 无关	$\frac{1}{\sqrt{r^3}}$	$\frac{1}{\sqrt{r^3}}$
无限空间内部	点源	无瑞利波	$\frac{1}{R}$	$\frac{1}{R}$
	线源	无瑞利波	$\frac{1}{\sqrt{R}}$	$\frac{1}{\sqrt{R}}$

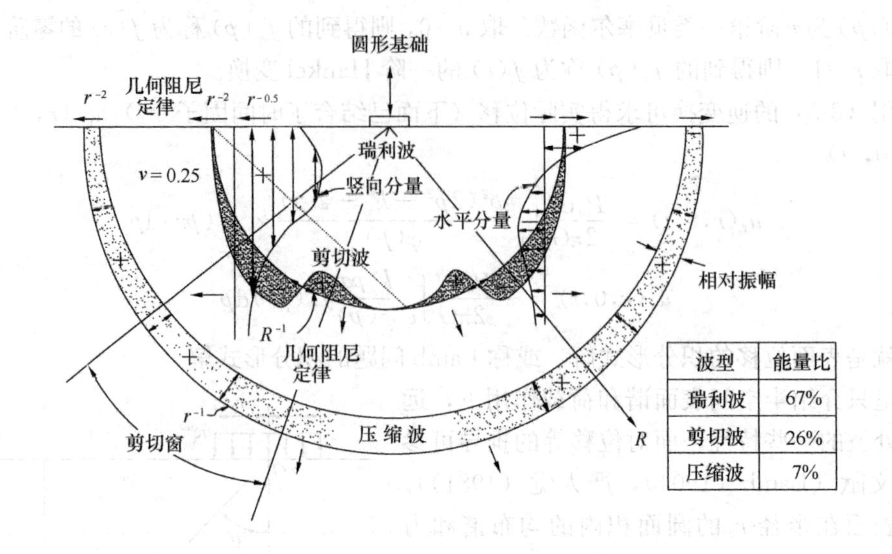

波型	能量比
瑞利波	67%
剪切波	26%
压缩波	7%

图 8-4　均质半空间在竖向谐和力振动的圆形基础作用下的远距离波场（$\nu=0.25$）

8.3.2　弹性半空间圆形基础的竖向振动

1. 基底位移与反力的关系

匀质各向同性弹性半空间表面直圆形范围内三种反力分布为：

（a）均匀分布（图 8-5a 所示）

$$\left.\begin{aligned}\sigma(r)&=-\frac{P_0 e^{i\omega t}}{\pi r_0^2}, r<r_0\\ \sigma(r)&=0, r>r_0\end{aligned}\right\}\tag{8-5}$$

（b）抛物线分布（图 8-5b 所示）

$$\left.\begin{aligned}\sigma(r)&=-\frac{2P_0(r_0^2-r^2)e^{i\omega t}}{\pi r_0^4}, r<r_0\\ \sigma(r)&=0, r>r_0\end{aligned}\right\}\tag{8-6}$$

（c）中心荷载下刚性基础的静力分布简称静刚性分布，（如图 8-5c 所示）

$$\left.\begin{aligned}\sigma(r)&=-\frac{P_0 e^{i\omega t}}{2\pi r_0\sqrt{r_0^2-r^2}}, r<r_0\\ \sigma(r)&=0, r>r_0\end{aligned}\right\}\tag{8-7}$$

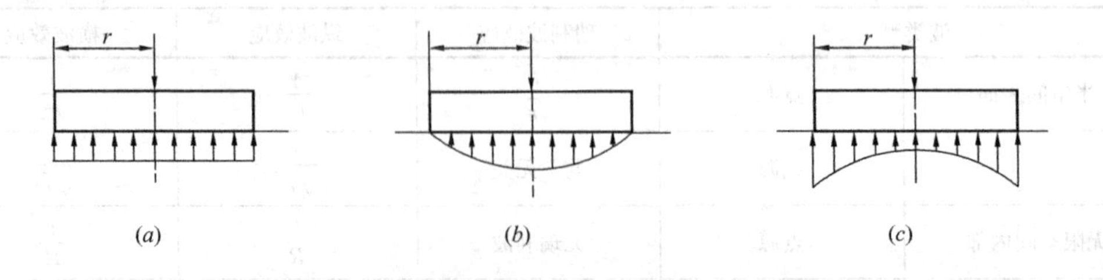

图 8-5　地基的反力分布

（a）均匀分布；（b）抛物线分布；（c）刚性静态分布

上列各式 P 前的负号表示外力正向规定与应力正向规定相反。对于式（8-5）～（8-7）的解析法求解可参见有关文献（严人觉，1981），这里不再给出。

2. 集总参数法

1936 年，Reissner 分析了支承在弹性半空间（图 8-6）上受均布荷载的柔性圆板的振动问题，这个问题可由点荷载问题的拉姆解积分而求解。在 Reissner 研究的基础上，柔性荷载板中心基底的竖向挠度可表达为

$$z=\frac{P_0 e^{i\omega t}}{Gr_0}(f_1+if_2) \tag{8-8}$$

式中 z——半空间表面位移，m；

P_0——作用在圆形面积上的总力幅，N；

ω——简谐荷载的圆频率，1/s；

G——弹性半空间的剪切模量，N/m²；

r_0——圆形荷载面积的半径，m；

i—— 虚数单位；

t——时间，s；

f_1 和 f_2——是频率比 a_0 和泊松比 ν 的位移函数，频率比 a_0 可用下式表示：

$$a_0=\omega r_0\left(\frac{\rho}{G}\right)^{1/2}=\frac{\omega r_0}{v_s} \tag{8-9}$$

式中 v_s——弹性半空间中剪切波传播速度，m/s；

ρ——弹性介质的质量密度，kg/m³。

对应于接触应力不同的分布规律和圆面积上不同点的振动位移，将得到不同的位移函数 f_1、f_2。如果假定动接触应力分布规律与刚性圆板下的静接触应力一样，位移 z 取荷载范围内的面积加权平均值，则位移函数 f_1、f_2 的值可表示为图 8-7 所示曲线。

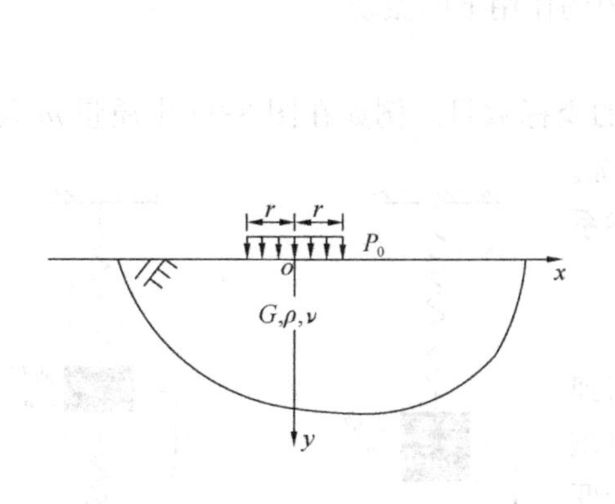

图 8-6　半空间体系

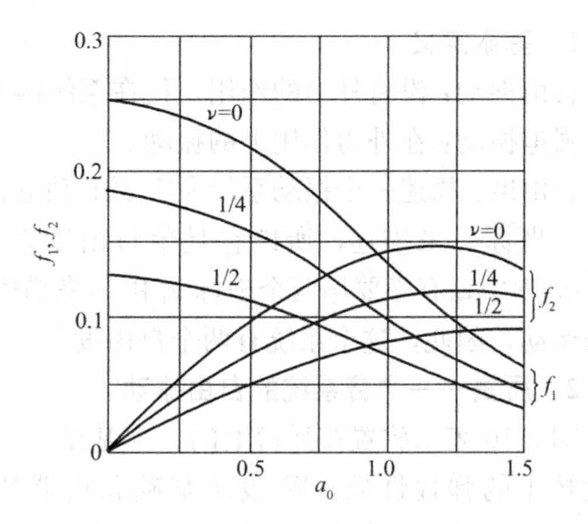

图 8-7　位移函数示例

和半空间体系完全等效的集总体系是以动反力（矩）式为桥梁以动力学的达伦贝尔原理为基石而获得的。按照达伦贝尔原理，任何一个动力体系，一旦引入惯性力（其大小等于质量乘加速度，方向与加速相反）或惯性力矩后，即可按照动力平衡的概念，即若作用于物体上的诸力与诸力矩（包括惯性力和惯性力矩在内）之总和为 0，则认为该物体处于

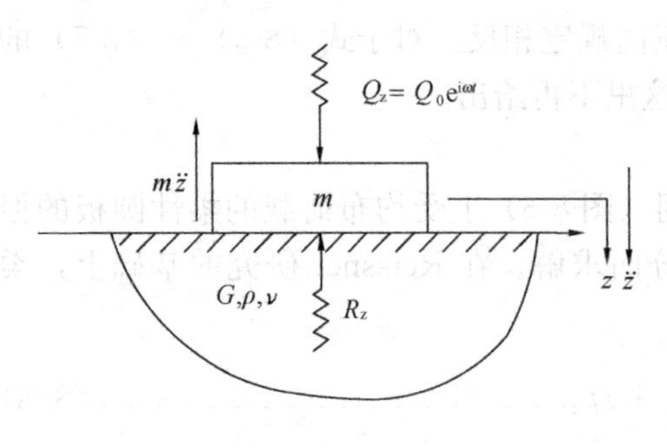

图 8-8 基础半空间体系

动力平衡的概念来建立该物体之运动方程。今以竖向为例说明之。

如图 8-8 基础半空间体系，基础的质量为 m，半径为 r_0 设 z 向下为正，又设 $\ddot{z}$ 与 z 同向，则惯性力 $m\ddot{z}$ 向上，按达伦贝尔原理此向上惯性力加上地基动反力 R_z 必与扰力 Q_z 相平衡，故得下式（为清晰起见，图 8-8 中和各力未画在同一竖线上）：

$$m\ddot{z} + R_z = Q_0 e^{i\omega t} \tag{8-10}$$

此外，由基底中心位移 z 与荷载 $P_0 e^{i\omega t}$ 的关系（8-8）可得

$$R_z = -P_0 e^{i\omega t} = -\frac{Gr_0 z}{f_1 + if_2} = -Gr_0\left[\frac{f_1}{f_1^2 + f_2^2}z - i\omega\frac{f_2}{(f_1^2 + f_2^2)\omega}z\right] \tag{8-11}$$

对于谐和振动，$i\omega z = \dot{z}$；再由无量纲频率 $a_0 = r_0\omega\sqrt{\frac{\rho}{G}}$ 可得 $\omega = \frac{a_0}{r_0}\sqrt{\frac{G}{\rho}}$，则可将上式改成

$$R_z = Gr_0 F_1 z + \sqrt{G\rho}\, r_0^2 F_2 \dot{z} \tag{8-12}$$

式中 $F_1 = -\frac{f_1}{f_1^2 + f_2^2}, F_2 = \frac{f_2}{a_0(f_1^2 + f_2^2)}$，将式（8-12）代入式（8-10）得

$$m\ddot{z} + c_z\dot{z} + k_z z = Q_0 e^{i\omega t} \tag{8-13}$$

式中 $c_z = \sqrt{G\rho}\, r_0^2 F_2$ 和 $k_z = Gr_0 F_1$，C_z 和 k_z 与振动频率 ω 有关。下面将讨论式（8-13）的求解。

8.4 单自由度振动系统

8.4.1 基本定义

自由振动：没有外力的作用，仅在系统内力的作用下的振动。

强迫振动：在外力作用下的振动。

自由度：描述一个振动系统所需要的独立的坐标数目。例如在图 8-9a 中质量 m 可以用单一坐标 z 来描述，所以它是单自由度系统。在图 8-9b 中，有必要用两个坐标 z_1 和 z_2 来描述系统的运动，因此，这个系统有两个自由度。

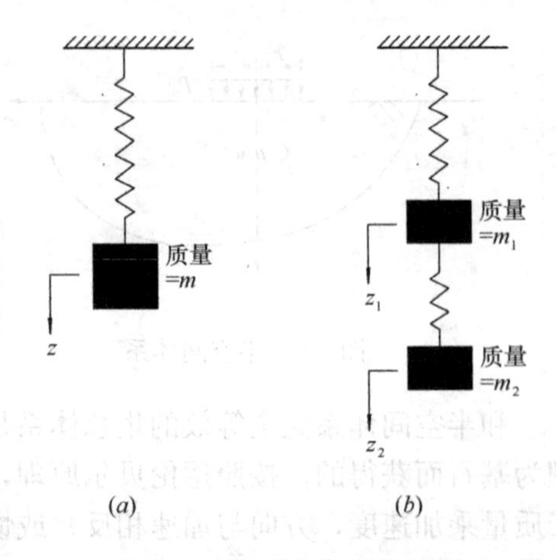

图 8-9 振动系统的自由度

8.4.2 质量——弹簧系统的自由振动

图 8-10 表示放置在弹簧上的一个基础，用弹簧代替土的弹性性质，W 表示基础和机器的重量，基础的底面积等于 A。荷载 W 引起的弹簧变形 z_s 为

$$z_s = W/k \tag{8-14}$$

式中 k——弹性支承的弹簧常数。

如果一个处于静态平衡的基础受到扰动，系统就产生振动。若基础离开静态平衡位置的距离

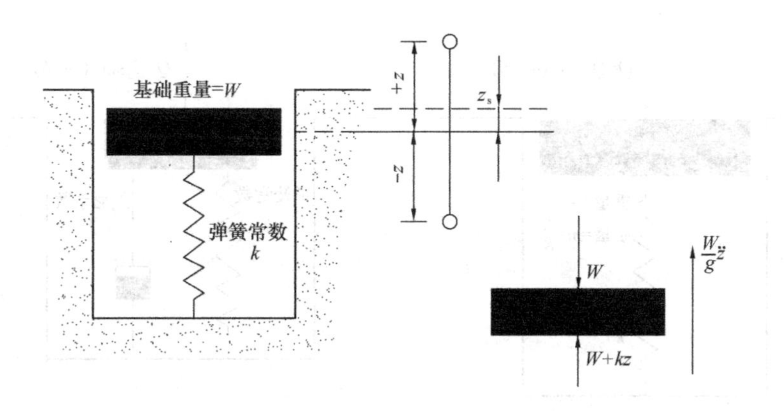

图 8-10　质量——弹簧系统的自由振动

为 z，应用牛顿第二运动定律，基础的运动方程为

$$m\ddot{z}+kz=0 \tag{8-15}$$

式中　m——质量，$m=W/g$；

　　　g——是重力加速度。为了求解式（8-15）令

$$z=A_1\cos\omega_n t+A_2\sin\omega_n t \tag{8-16}$$

式中　A_1、A_2——常数；

　　　　ω_n——无阻尼自振圆频率，弧度/秒。

将式（8-16）代入式（8-15）可得

$$\omega_n=\sqrt{\frac{k}{m}} \tag{8-17}$$

式（8-16）可改写为

$$z=A_1\cos\left(\sqrt{\frac{k}{m}}t\right)+A_2\sin\left(\sqrt{\frac{k}{m}}t\right) \tag{8-18}$$

为了确定常数 A_1 和 A_2 的值，必须代入适当的初始条件，$t=0$ 时，令

$$\begin{cases}z|_{t=0}=Z_0\\ \dot{z}|_{t=0}=V_0\end{cases} \tag{8-19}$$

式（8-19）代入式（8-18）可求得常数 A_1 和 A_2 的值，进一步代入式（8-18）并化简得

$$z=Z\cos(\omega_n t-\alpha) \tag{8-20}$$

式中 Z 为幅值，$Z=\sqrt{Z_0^2+\frac{m}{k}V_0^2}$；$\alpha$ 为相位角，$\alpha=\tan^{-1}(V_0/Z_0\sqrt{k/m})$。

8.4.3　质量——弹簧系统的强迫振动

图 8-11 表明一个理想而简单的质量——弹簧系统的基础，重量 W 等于基础自重与基础支承的上部荷载之和，弹簧常数为 k。这个基础受到周期变化的外力 $Q_0\sin(\omega t)$ 的作用，通常支承作往复运动的发动机和类似机器的基础属于这一类问题。这类问题的运动方程为

$$m\ddot{z}+kz=Q_0\sin(\omega t) \tag{8-21}$$

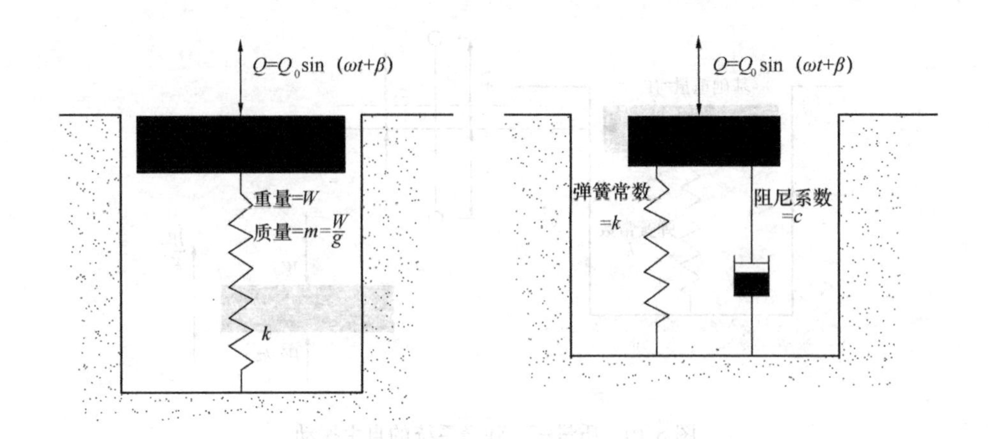

图 8-11　质量——弹簧系统的强近迫振动

令 $z = A_3\sin(\omega t)$ 为式（8-21）的一个特解，将其代入式（8-21）可得

$$A_3 = (Q_0/m)/(k/m - \omega^2) \tag{8-22}$$

结合自由振动式（8-14）的解，可得式（8-21）的通解如下

$$z = A_1\cos\omega_n t + A_2\sin\omega_n t + A_3\sin\omega t \tag{8-23}$$

将初始条件式（8-19）代入上式，并化简得

$$z = A_3\left(\sin\omega t - \frac{\omega}{\omega_n}\sin\omega_n t\right) = \frac{Q_0/k}{1-\omega^2/\omega_n^2}\left(\sin\omega t - \frac{\omega}{\omega_n}\sin\omega_n t\right) \tag{8-24}$$

式中 $Q_0/k = z_s =$ 静力挠度，而 $1/(1-\omega^2/\omega_n^2)$ 则为放大系数，由式（8-24）注意到，当 $\omega/\omega_n=1$ 时，放大系数趋向无穷大，即共振。

8.4.4　黏滞阻尼的自由振动

8.4.2 节描述的无阻尼自由振动的情况，系统一旦发生运动，振动就会一直继续下去。而实际情况是所有振动的振幅都随时间而逐渐减小，振动的这个特性称作阻尼，阻尼系数等 c，对于基础的自由振动（即作用在基础上的力为零），运动的微分方程为

$$m\ddot{z} + c\dot{z} + kz = 0 \tag{8-25}$$

令 $z = Ae^{rt}$ 是式（8-25）的一个解，其中 A 是常数，将它代入式（8-25）得

$$r^2 + (c/m)r + k/m = 0 \tag{8-26}$$

式（8-26）的解为

$$r = -\frac{c}{2m} \pm \sqrt{\frac{c^2}{4m^2} - \frac{k}{m}} \tag{8-27}$$

式（8-27）可分为三种情况：

1. 如果 $c/2m > \sqrt{k/m}$，式（8-26）的两个根为负实数，这称为超阻尼，式（8-25）的解为

$$z = A_1e^{r_1 t} + A_2e^{r_2 t} \tag{8-28}$$

式中 A_1 和 A_2 为常数，r_1 和 r_2 为负数，表明处于超阻尼的系统，根本没有发生任何振动，z 随时间的变化如图 8-12a 所示。

2. 如果 $c/2m = \sqrt{k/m}$，$r = -c/2m$，这称为临界阻尼，在这种情况下，

$$c = c_c = 2\sqrt{km} \tag{8-29}$$

于是，式（8-25）的位移方程为

$$z=(A_3+A_4t)e^{-\omega_n t} \tag{8-30}$$

式中 A_3 和 A_4 为常数。从图 8-12*b* 可看出，位移 z 与超阻尼的情况类似，所不同的是 z 的正负符号仅改变一次。

3. 如果 $c/2m<\sqrt{k/m}$，式（8-26）的根为复数

$$r=-\frac{c}{2m}\pm i\sqrt{\frac{k}{m}-\frac{c^2}{4m^2}}$$

这称为弱阻尼。

现在来定义阻尼比 D，它可表示为

$$D=c/c_c=c/(2\sqrt{km}) \tag{8-31}$$

应用阻尼比，式（8-26）可以改写为

$$r=\omega_n(-D\pm i\sqrt{1-D^2}) \tag{8-32}$$

式（8-25）的位移为

$$z=e^{-D\omega_n t}+[A_5\cos(\omega_n\sqrt{1-D^2}t)+A_6\sin(\omega_n\sqrt{1-D^2}t)] \tag{8-33}$$

式中 A_5 和 A_6 为常数。上式 A_5 和 A_6 的值初始条件确定。最后化为如下形式

$$z=Z\cos(\omega_d t-\alpha) \tag{8-34}$$

式中 Z 为幅值，$Z=e^{-D\omega_n t}\sqrt{Z_0^2+\left(\frac{V_0+D\omega_n Z_0}{\omega_n\sqrt{1-D^2}}\right)^2}$，$\alpha$ 为相位角，$\alpha=\tan^{-1}\frac{V_0+D\omega_n Z_0}{\omega_n Z_0\sqrt{1-D^2}}$，$\omega_d$ 为有阻尼的自振圆频率，$\omega_d=\omega_n\sqrt{1-D^2}$。

阻尼的影响使振幅随时间逐渐减小。为了得出振幅随时间减小的规律，令 Z_n 和 Z_{n+1} 为从开始振动到 t_n 和 t_{n+1} 时相继的两个最大的正或负的振幅值，如图 8-12*c* 所示。根据式（8-33），

$$\frac{Z_{n+1}}{Z_n}=\frac{\exp(-D\omega_n t_{n+1})}{\exp(-D\omega_n t_n)}=\exp[-D\omega_n(t_{n+1}-t_n)] \tag{8-35}$$

然而，$t_{n+1}-t_n$ 是振动周期 T

$$T=2\pi/\omega_d=2\pi/(\omega_n\sqrt{1-D^2}) \tag{8-36}$$

这样，合并式（8-35）和（8-36）得

$$\delta=\ln(Z_n/Z_{n+1})=2\pi D/\sqrt{1-D^2} \tag{8-37}$$

δ 称作对数递减率。如果阻尼比 D 很小，则式（8-37）可以近似为

$$\delta=\ln(Z_n/Z_{n+1})=2\pi D \tag{8-38}$$

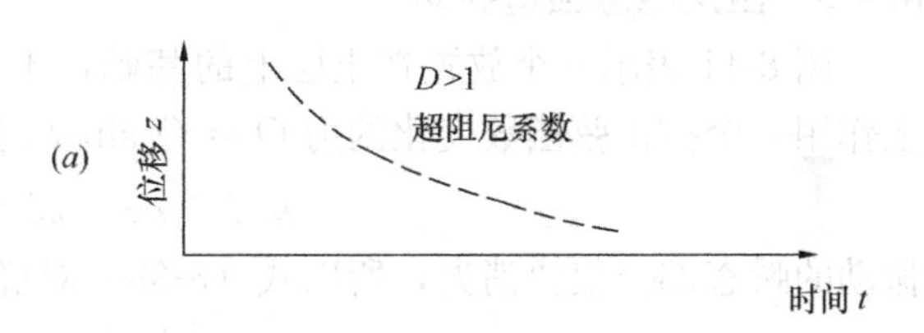

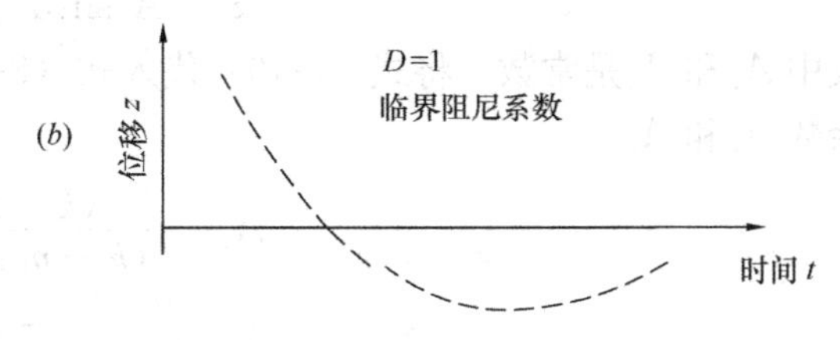

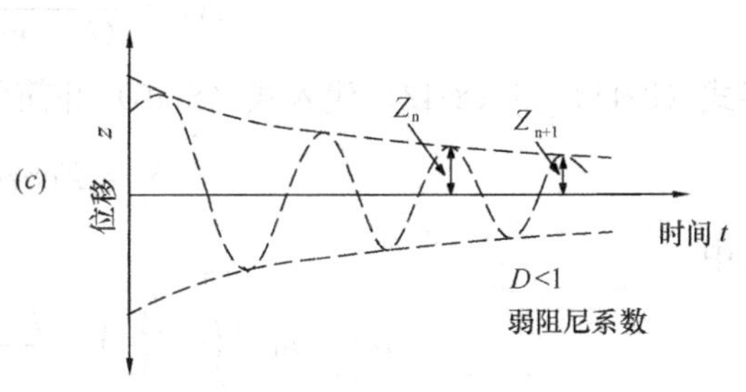

图 8-12　质量-弹簧-阻尼器系统的自由振动

(*a*) 超阻尼；(*b*) 临界阻尼；(*c*) 弱阻尼

【例题 8-1】 有一机器基础，已知重量=60kN，弹簧常数=11000kN/m 和 c=200kN·s/m，试确定：

a）系统是超阻尼、弱阻尼还是临界阻尼，b）对数递减率，c）两个相继振幅之比，d）阻尼的频率自振。

【解】 a）根据式（8-29），

$$c_c = 2\sqrt{km} = 2\sqrt{11000(60/9.81)} = 518.76\text{kN}\cdot\text{s/m}$$

$$c/c_c = D = 200/518.76 = 0.386 < 1$$

因此，系统是弱阻尼。

b）根据式（8-37）

$$\delta = 2\pi D/\sqrt{1-D^2} = 2\pi(0.386)/\sqrt{1-(0.386)^2} = 2.63$$

c）同样应用式（8-37）

$$Z_n/Z_{n+1} = e^{\delta} = e^{2.63} = 13.87$$

d）$f_d = \sqrt{1-D^2}f_n$

式中 f_d是有阻尼的自振率。

$$f_n = \frac{1}{2\pi}\sqrt{\frac{k}{m}} = \frac{1}{2\pi}\sqrt{\frac{11000\times 9.81}{60}} = 6.75\text{Hz}$$

这样 $$f_d = [\sqrt{1-(0.386)^2}](6.75) = 6.23\text{Hz}$$

由上述计算结果可知 f_n 和 f_d 相差不大，在实际工程应用中可不考虑阻尼作用，$f_d \approx f_n$。

8.4.5 阻尼稳态强迫振动

图 8-11 表示一个放置在土层上的基础，土可以似地看作弹簧加阻尼器，在这个基础上作用一个按正弦函数变化的力 $Q = Q_0\sin\omega t$，这个系统的运动微分方程为

$$m\ddot{z} + kz + c\dot{z} = Q_0\sin\omega t \tag{8-39}$$

振动的瞬态部分很快消失，所以式（8-39）对稳态运动的特解为

$$z = A_1\sin\omega t + A_2\cos\omega t \tag{8-40}$$

式中 A_1和 A_2是常数。将式（8-40）代入式（8-39），并分离式中的正弦和余弦函数可求得余数 A_1和 A_2

$$A_1 = \frac{(k-m\omega^2)Q_0}{(k-m\omega^2)^2 + c^2\omega^2} \tag{8-41}$$

$$A_2 = \frac{-c\omega Q_0}{(k-m\omega^2)^2 + c^2\omega^2} \tag{8-42}$$

将式（8-41）和（8-42）代入式（8-40）并简化，得

$$z = Z\cos(\omega t + \alpha) \tag{8-43}$$

式中

$$\alpha = \tan^{-1}\left(-\frac{A_1}{A_2}\right) = \frac{k-m\omega^2}{c\omega} = \frac{1-(\omega^2/\omega_n^2)}{2D(\omega/\omega_n)} \tag{8-44}$$

$$Z = \sqrt{A_1^2 + A_2^2} = \frac{(Q_0/k)}{\sqrt{[1-(\omega^2/\omega_n^2)]^2 + 4D^2(\omega^2/\omega_n^2)}} \tag{8-45}$$

式中 $\omega_n=\sqrt{k/m}$ 是无阻尼自振频率，D 是阻尼比。$Q_0/k=z_s=$ 静力挠度，放大系数 η 由下式给出

$$\eta=\frac{1}{\sqrt{[1-(\omega^2/\omega_n^2)]^2+4D^2(\omega^2/\omega_n^2)}} \tag{8-46}$$

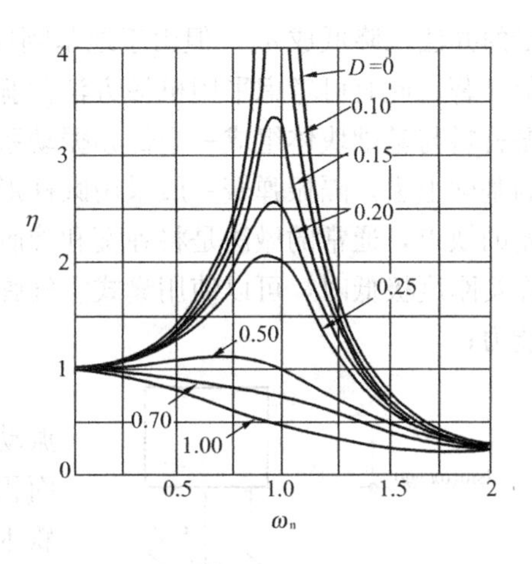

图 8-13　动力系数

图 8-13 给出了不同阻尼比 D 时的放大系数随频率 ω 的变化情况，由图进一步根据数学分析可求得使幅值 Z 最大时的频率，即有阻尼时的共振频率 f_m

$$f_m=f_n\sqrt{1-2D^2} \tag{8-47}$$

因此，共振时的振幅可由式（8-47）代入（8-45）求得

$$Z_{共振}=\frac{Q_0}{2kD\sqrt{1-D^2}} \tag{8-48}$$

8.5　基础的减振与隔振

动力机器基础振动设计计算的根本目的是减小基础本身、机器以及周围环境的振动。为达此目的，可以从两方面着手，一是选择合适的质量-弹簧-阻尼器体系，使基础或者基础与机器二者在一定扰动力作用下的振动反应在合理的限值之内，此即所谓减振，又称之为机械隔振；另一则是设法阻断振动能量在地基土中的传播，此即所谓隔振，也称之为基础隔振。

隔振又可进一步区分为主动隔振和被动隔振，前者专指以振源为中心的隔振，后者专指以保护对象（精密仪器设备等）为中心的隔振，如图 8-14 所示。正确运用机械振动学原理和波动理论，合理选择振动体系和隔振体系，往往能收到事半功倍的效果。

1. 机械隔振原理和方案

（1）稳态激振型扰力

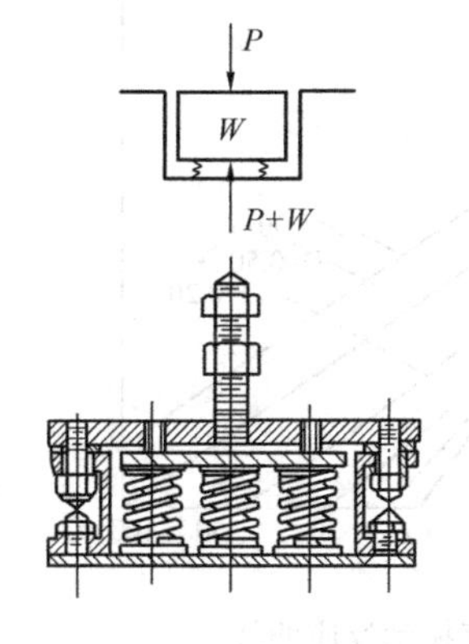

图 8-14　基础隔振

对于稳态激振型扰力，质量 m 的竖向振幅

$$A=\frac{Q_0}{K\sqrt{\left(1-\frac{\omega^2}{\omega_n^2}\right)^2+\left(\frac{2D\omega}{\omega_n}\right)^2}} \tag{8-49}$$

根据这个振幅表达式画出的动力系数 η 示于图 8-13。从图中可以看出，减小稳态激振体系振动反应的途径有：

1）提高地基刚度 K 这是比较直接的措施，具体包括加大基底面积、埋深、地基处理和打桩；当 $\omega<\omega_n$ 时，本措施比较有效；

2）大大降低体系自振频率，使 $\omega\geqslant\omega_n$。可以用加大基础质

量的办法来降低成 ω_n，但由于地基刚度不能随意降低，单靠加大质量，ω_n 的降低不可能很显著。此时可考虑采用机械方法隔振，如图 8-14 所示。即用刚度很低的弹簧或其他隔振材料与基础块体组成一个低频振动系统，然后整个系统再支承于较大的质量和较大刚度的基础上去。隔振弹簧一般采用圆柱形螺旋弹簧，为了弥补这种弹簧阻尼小和侧向稳定性差的缺点，通常的做法是将弹簧和橡胶块组合使用，形成专用的隔振元件。当要求的隔振弹簧刚度极低时，可以使用囊式空气弹簧，用调节充气压力的办法来调节弹簧刚度和支承能力；

3）当 ω/ω_n 接近于 1 而又无法调整时，则要靠加大振动体系阻尼比来降低振幅，方法可以是加大基础底面积和埋深，或在基础底面以下铺设阻尼材料（橡胶、软木和砂卵石层等），但这类做法往往难以明显奏效。

（2）支座振动的反应

对于地基传来的振动，如何减小体系的响应呢？见图 8-15 所示体系简图，地基振动在这里被视作支座振动，可以得出减振效果的表达式如下：

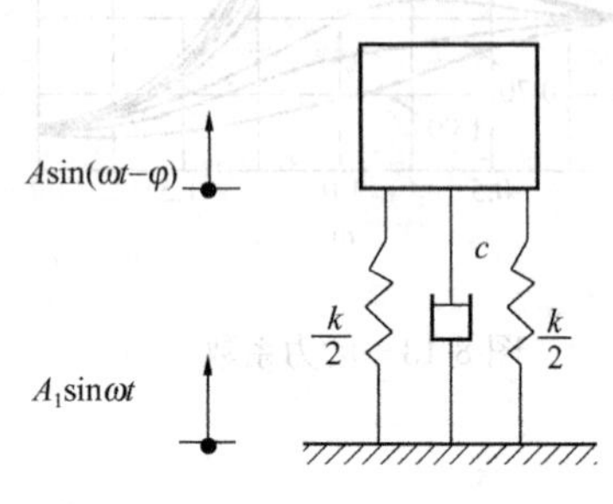

图 8-15　支座振动的反应体系简图

$$\frac{A}{A_1}=\sqrt{\frac{1+\left(\frac{2D\omega}{\omega_n}\right)^2}{\left(1+\frac{\omega^2}{\omega_n^2}\right)^2+\left(\frac{2D\omega}{\omega_n}\right)^2}} \tag{8-50}$$

式中　A_1——地基振动振幅，m；其余符号同前。

其曲线表示见图 8-16。由图可见，要达到减振的目的，有效的方法只能是加大比值 ω/ω_n，并且不要加大体系阻尼比 D。做一个大质量、软弹簧的低频基础，即将一个笨重的平板支承在橡胶弹簧或空气弹簧上。当然，由于静力平衡和减小平板上机器自身干扰引起的振动的要求，弹簧的刚度和阻尼也不容许做得太低，否则就显得太不稳定了。另外，当外界干扰频率 ω 很低时（如地脉动干扰），超低频隔振基础的设计会有相当的难度，这时候就应多考虑如何首先减小"支座振动"。

2. 基础隔振

1）振动在土中的传播和衰减

地基土作为一种以半空间方式存在的连续介质，地表或地表附近的振源（如动力机器基础，点源）的振动必然以波动的形式向四周传播并衰减。根据 woods（1968）的研究，如图 8-4 所示，弹性半空间表面圆形基础竖向振源的能量中有 2/3 以表面波的形式在地表附近一个波长范围内向四周传播。另外 1/3 则以体波（包括纵波和横波）形式向四周和深处传播。各种形式的波向外传播时，都会使参

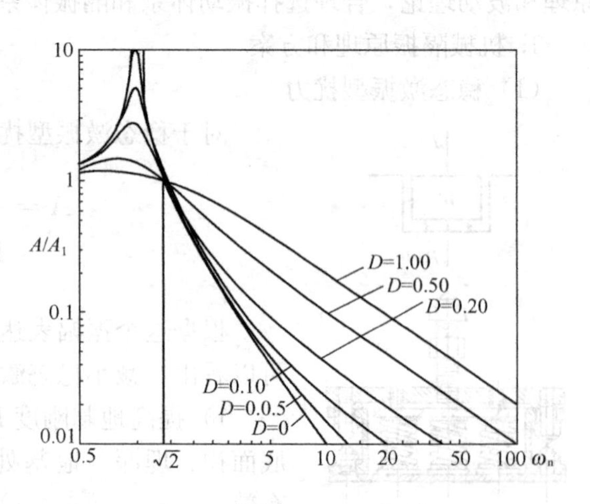

图 8-16　支座振动反应曲线

振物质的体积逐渐增大，因而每一种波的能量密度都将随着离开振源的距离的增大而减小，这种能量密度的减小（表现为振幅减小），被称为几何阻尼。显而易见，体波是以半球面的形式径向地向外传播，体波的振幅以与 $1/r^2$ 成正比例关系的方式衰减，r 为与振源的距离。表面波则不然，它是以圆柱面的形式径向地向外传播，表面波的振幅则与 $(1/r)^{0.5}$ 成正比例关系（见表 8-1）。由此可见，基础振源波动能量的传播，随着距离的增加，表面波方式变得越来越重要。考虑到这一点，地表竖向振幅的衰减应如下式表示：

$$A_r = A_0\sqrt{\frac{r_0}{r}} \tag{8-51}$$

式中 r_0——从振源到某已知振幅点的距离，m；

r——从振源到某未知振幅点的距离，m；

A_0——距振源 r_0 处表面波竖向分量的振幅，m；

A_r——距振源 r 处表面波竖向分量的振幅，m。

因为地基土不是完全弹性的，传播的振动能量还会因土的材料阻尼（内阻尼）而消耗。考虑到土体材料阻尼的影响，表面波竖向振幅的衰减公式应改写成

$$A_r = A_0\sqrt{\frac{r_0}{r}}\exp[-\alpha(r-r_0)] \tag{8-52}$$

式中 α——土的能量吸收系数（1/m），其值与土的种类、土的物理状态以及基础尺寸有关；其余符号同前。

上述振动随传播距离衰减的规律提示我们如何选择合适的位置来达到一定的隔振要求。

此外，随着高等级公路、高速铁路及城市地铁等的快速发展，这类震源对环境的影响也越来越得到重视，而这种震源引起的振动可视为半空间的线荷载，线源引起的波在土中瑞利波几何上是不衰减的，体波则按衰减的（见表 8-1），因此这类震源引起的振动传播更远，而且这类荷载的振动主频一般较低，波长较长，对隔振设施要求更高。

2）利用障碍进行基础隔振

利用障碍进行基础隔振的要领是建立在波能反射、散射和衍射原理基础上的。理论上讲，在具有不同波阻抗（ρC_0，其中 ρ 为介质密度，C_0 为介质波速）的介质的界面上，弹性波能量将出现不同分配比例的透射和反射。在固体和流体的界面上，只有纵波能通过；在固体与空隙的界面上，波能将全部反射。显然，最有效的隔振屏障将是空隙，即开口沟。当然，板桩墙等与地基土有不同阻抗值介质也有不同程度的隔振效果。

主动隔振　这一类涉及振源处的屏蔽（如图 8-17（*a*）所示），图中一条半径为 R、深度为 H 的环形明沟围绕着振源的基础。隔振沟的屏蔽范围为一以振源为圆心，通过隔沟两端点的径向射线所夹成的扇形区域。如图 8-18 所示，试验表明，若以隔振后振幅降低为原来的 25%以下作为有效屏蔽区域的话，应将上述扇形区域的圆心角从边各减去 45°，其半径长度约为 10 L_R（L_R 为瑞利波波长，$L_R=V_R/f$，V_R 为瑞利波波速，f 为振源频率）。瑞利波能量的分布深度要求隔振沟的深度 H 应该大约为 $0.6L_R$。

被动隔振　这种方法是在远离振源处设置一个屏障，在屏障的附近需要隔振（以图 8-17（*b*）为例）图中有一条长 L、深 H 的隔振沟设置在精密仪器基础近旁以保护仪器不受损害。其有效范围一般考虑为以隔振沟长度为直径的半圆，试验表明 H/L_R 约为 1.33。

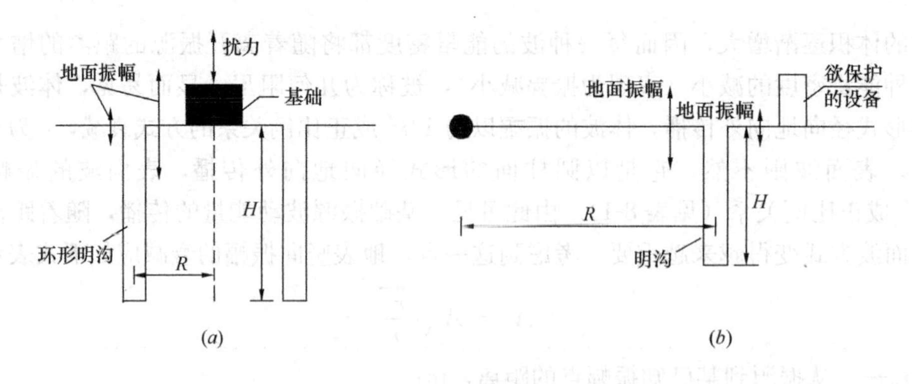

图 8-17 明沟隔振示意图

(*a*) 主动隔振；(*b*) 被动隔振

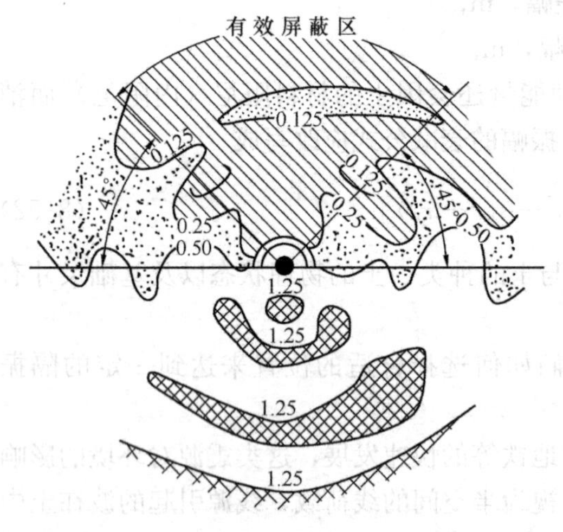

图 8-18 隔振沟主动隔振的有效屏蔽区域

隔振沟的宽度原则上与隔振效果无关，可按开挖和维护要求确定。需要注意的是，隔振沟障的深度要求等于瑞利波波长 L_R 的 0.6～1.33 倍。当 $V_R=100\text{m/s}$ 时，对于 $f=10\text{Hz}$ 的振源，就要求沟障深度 $H=6\sim13\text{m}$，这对于开口沟来说，往往难以做到，尤其在南方地下水位较高及土质差的地区。一般可采用单排或多排桩，桩可以是实心的也可以是空心的，为了安全空心桩里面冲满水(水中只传播P波)，空心桩的隔振效果要好。同时为了使整个隔振体系刚度大，隔振桩桩顶需用连梁连接。

上述隔振的设计是基于稳态振动（即振动频率 f 已知），但实际工程中情况远比这复杂，震源产生的振动是时域信号，如图 8-19a，对于实际工程的隔振设计一般可遵照以下几点进行：

1）被隔振的设备等附近进行现场振动测试，测试其时域信号，如图 8-19*a* 所示。

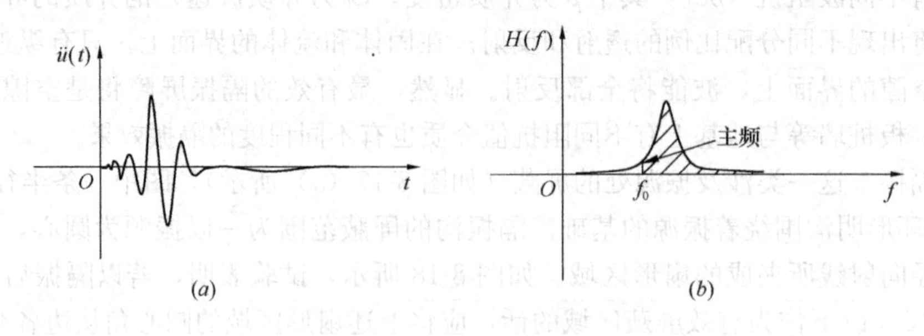

图 8-19 土中质点振动信号

(*a*) 时域信号；(*b*) 频域信号

2）对所测时域信号进行频谱分析（即进行傅里叶变换）得到频域信号，如图 8-19*b* 的频谱图，从频谱图中可知图 8-19*a* 时域信号中的主频（振动信号中能量占主要的频率），按照隔振要求适当选择隔振的主频 f_0，由于土中传播的波其波长长短与振动频率成反比，

因此以主频 f_0 为隔振目标，则比主频 f_0 更高的频率的波也能够隔振掉（即图 8-19b 中阴影部分），起到很好的隔振效果。

3）根据地质资料计算主频 f_0 的瑞利波波长 L_R，也可以现场实测主频 f_0 的瑞利波波长 L_R，据此进行隔振设计。

习题与思考题

8-1　简述动力机器基础设计的目的和要求。

8-2　试述动力分析弹性半空间理论的优点和局限性。

8-3　机器基础动力分析中，阻尼的实质问题是什么？其数值大小主要取决于哪些因素？

8-4　机械隔振的主导思想是什么？基础隔振的主要手段是什么？

参考文献

[1]　华南理工大学、浙江大学、湖南大学编，基础工程．北京：中国建筑工业出版社，2003 年 7 月.

[2]　高大钊主编，土力学与基础工程．北京：中国建筑工业出版社，1998 年 9 月.

[3]　顾晓鲁等，地基与基础．北京：中国建筑工业出版社，1993 年 12 月.

[4]　徐建主编，建筑振动工程手册．北京：中国建筑工业出版社，2002 年 11 月.

[5]　严人觉、王贻荪、韩清宇，动力基础半空间理论概论．北京：中国建筑工程出版社，1981.

[6]　中华人民共和国国家标准《动力机器基础设计规范》GB 50040—96．北京：中国计划出版社，1996.

[7]　王杰贤，动力地基与基础．北京：科学出版社，2001 年 5 月.

[8]　T. Y. Sung，Vibration in semi-infinite solids due to periodic surface loading. ASTM Special Technical Publication，No. 156，Symposium of Dynamic Testing of soils，Philadelphia，1953.

[9]　Miller G F，Parsey H. On the partition of energy between elastic waves in a semi-infinite soil. Proc Royal Society(London)，1955，2334：55～69.

[10]　Lamb H. On the propagation of an elastic solid. Phil Trans Roy Soc(London)，1904，203：1～42.

第 9 章　特殊土地基基础工程

9.1　概述

建造建（构）筑物时，合理的地基处理方法和工艺技术的选用必须根据所需加固地基的工程地质和水文地质条件、建（构）筑物上部荷载的大小与分布情况，以及建（构）筑物周边的环境条件和建筑材料供应的地区条件等因素进行综合分析，而地基土体的特性及其对加固方法的适应性则应是有效、合理地选择加固方法的决定性因素。

我国幅员广阔，地质条件复杂，分布土类繁多，不同土类的工程性质各异。由于地理位置、气候条件、地质成因、矿物组成及次生变化等原因，导致了一些土具有与一般土显著不同的特殊工程性质。当将其作为建筑场地、地基以及建筑环境时，必须根据其独特性质采取相应的设计和施工措施，否则就有可能酿成工程事故。

《岩土工程勘察规范》GB 50021 和《建筑地基基础设计规范》GB 50007 对建筑地基土是首先考虑了按沉积年代和地质成因来进行分类，同时将某些在特殊形成条件下形成、具有特殊工程性质的区域性特殊土与一般土区别开来。上述规范将具有一定的分布区域或工程意义，并/或具有特殊成分、状态和结构特征的土称为特殊土，可将其分为湿陷性土、红黏土、软土、混合土、填土、多年冻土、膨胀土、盐渍土、残积土以及污染土。

对特殊土地基的处理，除了一些通用的加固方法外，目前已产生和形成了一些适合特殊土地基特性的专门技术和方法，以及相应的地基处理设计与施工规范、规程和检测技术以及验收评定标准。

本章将按照不同的土性论述各种具有代表性的特殊土（由于混合土的定义是以粒径而不是土性作为评判的标准，故在本章中不对其进行论述），介绍各种特殊土的工程特性以及适用的地基处理方法。本章所涉及的各种专门的地基处理方法和工艺技术，可参见有关文献。

9.2　湿陷性土

湿陷性土是指在一定压力作用下受水浸湿时，因其结构迅速破坏而发生显著附加沉降的非饱和的、结构不稳定的土。

湿陷性土可分为自重湿陷性土和非自重湿陷性土。凡在上覆土的自重应力作用下受水浸湿发生湿陷的，称为自重湿陷性土；凡在上覆土的自重应力作用下受水浸湿不发生湿陷的，称为非自重湿陷性土，这种土必须在上覆土的自重应力和由外荷载引起的附加应力的共同作用下受水浸湿才会发生湿陷。

地球上的大多数地区都存在湿陷性土，主要为风积的砂和黄土、疏松的填土和冲积土以及由花岗岩和其他酸性岩浆岩风化而成的残积土。此外，还有火山灰沉积物、石膏质土、由可溶盐胶结的松砂、分散性黏土以及某些盐渍土等，其中又以湿陷性黄土为主。湿陷性土在我国分布广泛，除湿陷性黄土外，在干旱或半干旱地区，特别是在山前洪（坡）积扇中常遇到湿陷性的碎石类土和砂类土，它们在一定压力下浸水后表现出强烈的湿陷性。

湿陷性土不论作为建（构）筑物的地基、建筑材料或地下结构的周围介质，若在设计和施工中没有认真考虑到土的湿陷性这一特性并采取相应的措施，则湿陷性土一旦浸水，就会产生沉陷，从而影响到建（构）筑物的正常使用和安全可靠性；反之，若采取的措施过于保守，则又将增加工程的投资，造成浪费。

由于在湿陷性土中湿陷性黄土的分布面积最为广泛，本节将主要介绍湿陷性黄土，但其基本概念和设计、施工措施也适用于其他湿陷性土。

9.2.1 湿陷性黄土概述

地球上的黄土主要分布在中纬度干旱和半干旱地区的大陆内部、温带荒漠和半荒漠地区的外缘，或分布于第四纪冰川地区的外缘，面积达 1300 万 km^2，约占陆地总面积的 9.3%，在北美的美国密西西比河上游、墨西哥北部；南美的阿根廷草原区；欧洲中部的法国、德国，东部的乌克兰、波兰、罗马尼亚、保加利亚；亚洲俄罗斯的南高加索、南西伯利亚，乌兹别克斯坦等地区均有分布。

黄土在我国分布很广（主要分布于北纬 33°～47°之间），其面积约为 64 万 km^2（占全世界黄土分布总面积的 4.9%，占我国陆地总面积的 6.6%）。我国黄土分布区域南始于甘肃南部的岷山、陕西的秦岭、河南的熊耳山、伏牛山；北以陕西的白于山、河北的燕山为界，与北方的沙漠、戈壁相连，自北而南呈戈壁、沙漠、黄土逐渐过渡；西起祁连山；东至太行山，包括黄河中、下游的环形地带。这种横贯我国北方、呈东西走向、带状分布的特征，明显地受到我国北部山脉和地形的影响，反映出我国黄土的形成与地理位置和气候条件的关系。这些地区的气候一般较为干燥，降水量少，蒸发量大。黄土分布地区的年平均降水量多在 250～500mm。在年平均降水量小于 250mm 的地区，很少会出现黄土，主要为沙漠和戈壁；在年降水量大于 750mm 的地区，也基本上没有黄土分布。

黄土的沉积具有沉积分选作用，因此根据黄土沉积的特点，我国黄土分布自西而东则有：1. 西北干燥内陆盆地；2. 中部黄土高原；3. 东部山前丘陵及平原三个大区，各区在地理分布和时间演化上各有不同特点。

一、西北干燥内陆盆地区

该区包括新疆的准噶尔盆地、塔里木盆地、青海的柴达木盆地和甘肃的河西走廊。这些盆地的四周有近东西走向的山脉，自然环境特点是高山终年积雪，盆地中心是无垠沙漠，黄土覆于山前地带，气候异常干旱、雨量稀少、地面辐射强烈、温差大、风力强烈，黄土基本上处于风扬带内，受风力、冰川再搬运的作用很大，形成各种类型的黄土状土，原生黄土很少见。

二、中部黄土高原区

由龙羊峡至三门峡的黄河中游区，是我国黄土分布的中心。四周山脉环绕，西有贺兰山，北有阴山，东有太行山，南为秦岭，该区黄土厚度大，地层完整，除少数山口高出黄土线外，黄土基本上是连续覆盖于第三系或其他古老岩层之上，形成塬、梁、峁特殊的黄土地貌，黄土分布面积占全国黄土面积72%以上，区域内若干近似南北走向的山脉，把黄土分割成三个不同亚区：

1. 乌鞘岭与六盘山之间为西部亚区，黄土下伏的基底层主要是第三纪的甘肃群，黄土分布于山地斜坡、山间盆地及河谷高阶地上，黄土堆积仍基本反映出基底地形的起伏；

2. 六盘山与吕梁山之间为中部亚区，黄土基本成为一个连续覆盖层，上覆于第三纪或古老岩层上，还填平了一些原始河谷与湖沼盆地，在深切河谷底部，基岩出露。黄土层厚度达百余米，地层完整。不同时代黄土平行接触、古土壤与黄土交替叠覆，是这个亚区的主要特征；

3. 吕梁山与太行山之间为东部亚区，黄土分布于盆地边缘及河流阶地之上，下伏上新世地层。

上述三个亚区的自然景观各具特征，但黄土层结构却十分相似，它们都保留有从早更新世到晚更新世的黄土堆积，部分地区在晚更新世黄土之上还覆有薄层的全新世黄土。这个区黄土剖面以陕西洛川剖面最为典型。

三、东部山前丘陵及平原区

该区以平原为主，我国最大的平原（华北平原）和松辽平原都分布于这一地区。自第四纪以来，平原区经受了很厚的黄土状土堆积，并与河湖相砂砾石和黏土构成间互层，典型黄土仅分布于该区边缘山前和丘陵地带等。

世界上黄土堆积的厚度以我国为最大。欧洲中部、北美和南美黄土的厚度一般为几米到几十米。而据中国科学院地质研究所调查，我国黄土的厚度以黄河中游的黄土塬为最大，其厚度中心在洛河和泾河流域的中下游地区，最大厚度达180～200m。由此向东、西两个方向，黄土的厚度逐渐减薄。

黄土的典型特征为：

1. 颜色多呈黄色、淡灰黄色或褐黄色；

2. 颗粒组成以粉粒（粒径为0.05～0.005mm）为主，约占50%～75%；其次为砂粒（粒径大于0.05mm），约占10%～30%；黏粒（粒径小于0.005mm）含量少，约占10%～20%；

3. 富含碳酸盐、硫酸盐及少量易溶盐；

4. 含水率低（一般仅为5%～20%）；

5. 孔隙比大（一般在1.0左右），往往具有肉眼可见的大孔隙；

6. 垂直节理发育，常呈现直立的天然边坡。

黄土按其成因可分为原生黄土和次生黄土。一般认为，具有上述典型特征，没有层理的风成黄土为原生黄土。原生黄土经过水流冲刷、搬运和重新沉积而形成的为次生黄土。次生黄土有坡积、洪积、冲积、坡积-洪积、冲积-洪积及冰水沉积等多种类型。次生黄土一般不完全具备上述黄土的典型特征，具有层理，并含有较多的砂粒甚至细砾，故也称为黄土状土。

黄土和黄土状土（以下统称黄土）在天然含水率情况下一般呈坚硬或硬塑状态，具有较高的强度和较低的压缩性。但遇水浸湿后，有的黄土即使在自重作用下也会发生剧烈的沉陷（称为湿陷性），强度也随之迅速降低；而有些黄土却并不发生湿陷。可见，同样是黄土，但遇水浸湿后的反应却有很大的区别。因此，分析、判别黄土是否具有湿陷性、其湿陷性的强弱程度以及黄土地基的湿陷类型和湿陷等级，是在黄土地区建造建（构）筑物必须首先明确的核心问题。

我国约有 60%的黄土为湿陷性黄土，其分布遍及甘肃、陕西、山西省的大部分地区以及河南、宁夏和河北等省（自治区）的部分地区。此外，新疆、山东和辽宁等地也有局部分布。由于各地的地理、地质和气候条件的差别，湿陷性黄土的矿物组成、分布地带、沉积厚度、湿陷特征和物理力学性质也因地而异。此外，由于黄土形成的地质年代和所处自然地理环境的不同，其外貌特征和工程特性又有明显的差异。

我国黄土按形成年代的早晚，有老黄土和新黄土之分。黄土形成年代愈久，盐分的溶滤愈为充分，其固结成岩的程度愈高，大孔结构退化，土质愈趋密实，强度高而压缩性低，湿陷性减弱甚至不具湿陷性；反之，形成年代愈短，其上述特性则愈差。

9.2.2 湿陷性黄土地基的评价

凡在上覆土的自重应力作用下，或在上覆土的自重应力与外荷载引起的附加应力的共同作用下，受水浸湿后土的结构迅速破坏，并产生显著附加下沉的天然黄土，称为湿陷性黄土。否则，就称为非湿陷性黄土。湿陷性黄土在其上覆土的自重应力作用下不发生湿陷的，称为非自重湿陷性黄土；在上覆土的自重应力作用下发生湿陷的则称为自重湿陷性黄土。非湿陷性黄土的工程性质接近于一般黏性土，故当非湿陷性黄土作为建（构）筑物地基时可按一般黏性土进行设计与施工。

黄土湿陷的发生往往是由于管道（或水池）漏水、地面积水、生产和生活用水等渗入地下，或由于降水量较大，灌溉渠和水库的渗漏或回水使地下水位上升而引起的。然而受水浸湿只不过是湿陷发生所必需的外界条件。研究表明，黄土的多孔隙结构特征和胶结物质成分（碳酸盐类）的水理特性是产生湿陷性的内在原因。

黄土的湿陷性主要与其特有的组构（即微结构、颗粒组成、矿物成分等）有关，这也是各地区黄土湿陷性不同的主要原因。在同一地区，土的湿陷性又主要与其天然孔隙比和天然含水率有关。此外，压力也是一个外界影响因素。

黄土的湿陷性评价包括以下 3 个方面的内容：

1. 判定黄土是湿陷性的还是非湿陷性的；

2. 如果是湿陷性的，还要进一步判定湿陷性黄土场地的湿陷类型（是自重湿陷性的还是非自重湿陷性的）；

3. 判定湿陷性黄土地基的湿陷等级。

如果对湿陷性黄土的湿陷性评价不当，就会造成技术和经济上的不合理，导致大量的浪费或造成湿陷事故。

一、黄土湿陷性的判定

黄土的湿陷性可由黄土的湿陷变形特征指标来判定，反映黄土湿陷变形特征的主要指标有湿陷系数、湿陷起始压力等，其中以湿陷系数最为重要。

1. 湿陷系数

黄土是否具有湿陷性，以及湿陷性的强弱程度如何，应按原状试样在某一给定的压力作用下土体浸水后的湿陷系数δ_s来衡量。湿陷系数可通过在现场采取原状土样，然后在室内利用固结仪在一定的压力下进行浸水试验测定得到。具体的试验内容详见《土工试验方法标准》GB/T 50123。

湿陷系数 δ_s 应按下式计算：

$$\delta_s = \frac{h_p - h_p'}{h_0} \tag{9-1}$$

式中 h_p——保持天然湿度和结构的试样，分级加荷至一定压力时，下沉稳定后的高度，mm；

h_p'——上述加压稳定后的试样，在浸水（饱和）作用下，附加下沉稳定后的高度，mm；

h_0——试样的原始高度，mm。

测定湿陷系数 δ_s 的试验压力，应自基础底面算起（如基底标高不确定时，自地面以下1.5m算起），基底之下10m以内的土层，压力取200kPa；10m以下至非湿陷性黄土层顶面，取其上覆土的饱和自重应力（当饱和自重应力大于300kPa时，仍应用300kPa）。当基底压力大于300kPa时（或有特殊要求的建（构）筑物），宜用实际压力。对压缩性较高的新近堆积黄土，基底之下5m以内的土层宜用100～150kPa的压力，5～10m的土层应用200kPa的压力，10m以下至非湿陷性黄土层顶面，应用其上覆土的饱和自重应力。

当 $\delta_s < 0.015$ 时，应定为非湿陷性黄土；当 $\delta_s \geqslant 0.015$ 时，应定为湿陷性黄土。一般说来，δ_s 值愈大，其湿陷性就愈强烈。按 δ_s 值的大小可将湿陷性黄土分为3类：

$0.015 \leqslant \delta_s \leqslant 0.03$，轻微湿陷性；

$0.03 < \delta_s \leqslant 0.07$，中等湿陷性；

$\delta_s > 0.07$，强烈湿陷性。

2. 湿陷起始压力

湿陷起始压力是指黄土在受水浸湿后开始产生沉陷时的相应压力，即应是湿陷系数等于0.015时的压力。

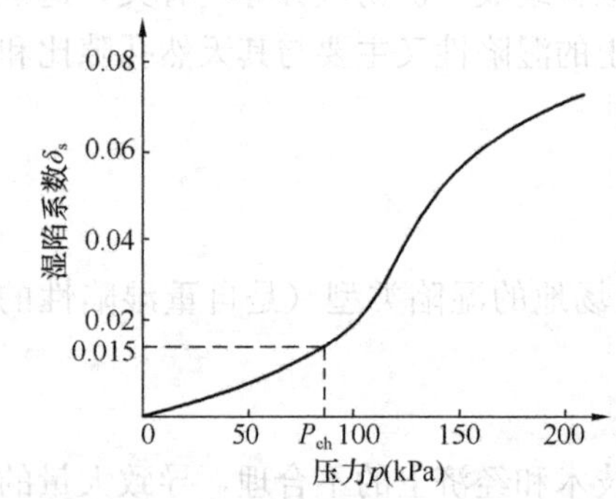

图9-1 湿陷系数与压力关系曲线

湿陷起始压力可利用各级压力下的湿陷系数与相应压力的关系曲线求得。以压力为横坐标，以湿陷系数为纵坐标，绘制压力与湿陷系数的关系曲线（见图9-1），湿陷系数为0.015所对应的压力即为湿陷起始压力。

湿陷起始压力不但是反映黄土湿陷性的一个重要特征指标，在非自重湿陷性黄土地基设计中还具有重要的实际意义：

（1）对于荷载较小的建（构）筑物，设计时如使基底压力小于或等于土的湿陷起始压力，就可以根除湿陷的发生，并按一般黏性土地基来考虑；

（2）用来确定地基处理（如换填垫层）的厚度，就是把地基处理深度底面标高处土的自重应力与附加应力之和控制在该处土的湿陷起始压力以内；

（3）用来判定湿陷性黄土场地的湿陷类型，当基础底面下各土层的湿陷起始压力值都大于其上部土的饱和自重应力时，即为非自重湿陷性黄土场地；否则，为自重湿陷性黄土场地。

二、湿陷性黄土场地的湿陷类型

如前所述，湿陷性黄土分为非自重湿陷性和自重湿陷性两种，且在自重湿陷性黄土地区进行建筑，必须采取比非自重湿陷性黄土场地要求更高的措施，才能确保建（构）筑物的安全和正常使用。所以必须区分湿陷性黄土场地的湿陷类型是非自重湿陷性的还是自重湿陷性的。

划分非自重湿陷性或自重湿陷性黄土应按室内压缩试验，对原状试样施加饱和自重应力（当饱和自重应力不大于 50kPa 时，可一次性施加；当饱和自重应力大于 50kPa 时，应分级施加，每级压力不大于 50kPa，每级压力施加的时间不少于 15min，如此连续加至饱和自重应力）测定其自重湿陷性系数 δ_{zs} 来进行判定，自重湿陷系数 δ_{zs} 应按下式计算

$$\delta_{zs}=\frac{h_z-h'_z}{h_0} \tag{9-2}$$

式中 h_z——保持天然湿度和结构的试样，加压至该试样上覆土的饱和自重应力时，下沉稳定后的高度，mm；

h'_z——上述加压稳定后的试样，在浸水（饱和）作用下，附加下沉稳定后的高度，mm；

h_0——试样的原始高度，mm。

测定自重湿陷系数的压力应取自天然地面算起（当挖、填方厚度和面积较大时，自设计地面算起），直至该试样顶面为止的上覆土的饱和自重应力（当大于 300kPa 时，仍取 300kPa）。

建筑场地的湿陷类型可根据自重湿陷量的计算值 Δ_{zs} 来判定，Δ_{zs} 应按下式计算

$$\Delta_{zs}=\beta_0\sum_{i=1}^{n}\delta_{zsi}h_i \tag{9-3}$$

式中 δ_{zsi}——第 i 层土的自重湿陷系数；

h_i——第 i 层土的厚度，mm；

β_0——因地区土质而异的修正系数。在缺乏实测资料时，可按下列规定取值：1）陇西地区取 1.50；2）陇东—陕北—晋西地区取 1.20；3）关中地区取 0.90；4）其他地区取 0.50；

n——计算厚度内土层的数目。

上式中的计算厚度应从天然地面算起（当挖、填方的厚度和面积较大时，应自设计地面算起），直至其下非湿陷性黄土层的顶面为止。其中不计 $\delta_{zs}<0.015$ 的土层。

当 $\Delta_{zs}\leqslant$70mm 时，一般定为非自重湿陷性黄土场地；当 $\Delta_{zs}>$70mm 时，定为自重湿陷性黄土场地。

对特殊要求的建（构）筑物，应在原位进行试坑浸水试验，用实测自重湿陷量来判定湿陷类型。建筑实践证明，按实测自重湿陷量划分场地湿陷类型，比按计算自重湿陷量划分准确可靠。

三、湿陷性黄土地基的湿陷等级

湿陷性黄土地基的湿陷等级应按湿陷量的计算值 Δ_s 划分，Δ_s 应按下式计算

$$\Delta_s=\sum_{i=1}^{n}\beta\,\delta_{si}h_i \tag{9-4}$$

式中 δ_{si}——第 i 层土的湿陷系数；

h_i——第 i 层土的厚度，mm；

β——考虑基底下地基土的受水浸湿可能性和侧向挤出等因素的修正系数。在缺乏实测资料时，可按以下规定取值：基底之下 0～5m 深度内，取 $\beta=1.5$；基底之下 5～10m 深度内，取 $\beta=1$；基底之下 10m 以下至非湿陷性黄土层顶面，在自重湿陷性黄土场地，可取工程所在地区的 β_0 值。

湿陷量计算值 Δ_s 的计算深度，应自基础底面算起（如基底标高不确定时，自地面以下 1.5m 算起），对非自重湿陷性黄土场地，累计至基底以下 10m（或地基压缩层）深度为止；对自重湿陷性黄土场地，累计至非湿陷性黄土层的顶面为止。其中不包括湿陷系数 δ_s（10m 以下为 δ_{zs}）小于 0.015 的土层的厚度。

划分湿陷性黄土地基的湿陷等级，应遵守表 9-1 的规定。

湿陷性黄土地基的湿陷等级 **表 9-1**

湿陷类型 / Δ_{zs}，mm / Δ_s，mm	非自重湿陷性场地	自重湿陷性场地	
	$\Delta_{zs}\leqslant70$	$70<\Delta_{zs}\leqslant350$	$\Delta_{zs}>350$
$\Delta_s\leqslant300$	Ⅰ（轻微）	Ⅱ（中等）	—
$300<\Delta_s\leqslant700$	Ⅱ（中等）	Ⅱ（中等）或Ⅲ（严重）*	Ⅲ（严重）
$\Delta_s>700$	Ⅱ（中等）	Ⅲ（严重）	Ⅳ（很严重）

* 当湿陷量的计算值 $\Delta_s>600$mm、自重湿陷量的计算值 $\Delta_{zs}>300$mm 时，可判为Ⅲ级，其他情况可判为Ⅱ级。

9.2.3 湿陷性黄土地区建（构）筑物的设计、施工措施

湿陷性黄土地区建（构）筑物的设计和施工，必须紧密围绕着黄土的湿陷性特点和建（构）筑物的具体情况，根据建筑类型、场地湿陷类型、地基湿陷等级、地基处理后的剩余沉陷量，并结合当地的建筑经验和施工条件等因素采取合理、有效的设计措施，以保证建（构）筑物的安全可靠和正常使用。

如前所述，湿陷性黄土地基发生湿陷的内因是土的大孔性和多孔性，结构疏松；而水则是发生湿陷的主要外因之一。所以，要防止建（构）筑物地基发生湿陷，要么是消除内因，要么是改变外因。要消除内因，就必须进行地基处理，预先破坏黄土的大孔结构；要改变外因，就应采取必要的防水措施并控制基底压力。

一、湿陷性黄土地区建（构）筑物的设计措施

防止或减小湿陷性黄土地基浸水湿陷的设计措施可分为地基处理措施、防水措施和结构措施三种。

地基处理措施在于全部或部分消除建（构）筑物地基的湿陷性，或采用桩基础穿越全部湿陷性黄土层，或将基础设置在非湿陷性黄土层之上，是防止或减轻湿陷、保证建（构）筑物安全的可靠措施。

防水措施是指包括总平面、建筑、给排水、供热与通风等各方面防止地基浸水的重要措施，以避免发生湿陷。防水措施按其内容的多少及标准的高低可分为基本防水措施、检漏防水措施和严格防水措施。基本防水措施是湿陷性黄土地区建（构）筑物的基本要求，除非消除了地基的全部湿陷量，否则在其他情况下都需要采用，是防止建（构）筑物地基受水浸湿的基本措施，主要是指在建（构）筑物布置、场地排水、屋面排水、地面防水、

散水、排水沟、管道敷设、管道材料和接口等方面，应采取措施防止雨水或生产、生活用水的渗漏；检漏防水措施是在基本防水措施的基础上，对防护范围内的地下管道增设检漏管沟或检漏井，以便检查管道漏水，防止水渗漏入地基；严格防水措施是在检漏防水措施的基础上，提高防水地面、排水沟、检漏管沟和检漏井等设施的设计标准（如增设可靠的防水层、采用钢筋混凝土排水沟等），是严格防止地基受水浸湿的可靠措施。

结构措施是减小或调整建（构）筑物的不均匀沉降（差异沉降），以避免或减轻不均匀沉降所造成的危害，或使建（构）筑物适应地基湿陷变形的结构处理措施，可对地基处理和防水措施起到补充作用。

一般情况下，应按照建（构）筑物的类别、湿陷性黄土的特性、当地的建筑经验、施工条件等综合考虑，确定采取上述三种中的一种或几种相结合的设防措施。

（一）地基处理措施

在设计措施中具有重要意义的是地基处理措施。它是解决湿陷对建（构）筑物危害的最根本措施，可获得较好的效果。

对湿陷性黄土地基的处理范围和处理厚度应做出合理的选择。一般来说，处理范围和处理厚度应根据地基土的湿陷类型、湿陷等级和建（构）筑物类别等具体情况来确定。

湿陷性黄土地基处理宽度的大小一般可从控制侧向变形、扩散附加压力和防水要求等方面来考虑，具体的处理宽度因不同的地基处理方法而异。湿陷性黄土地基的平面处理范围，应符合下列规定：

1. 当为局部处理时，其处理范围应大于基础底面的面积。在非自重湿陷性黄土场地，每边应超出基础底面宽度的 1/4，并不应小于 0.50m；在自重湿陷性黄土场地，每边应超出基础底面宽度的 3/4，并不应小于 1m；

2. 当为整片处理时，其处理范围应大于建（构）筑物底层平面的面积，超出建（构）筑物外墙基础边缘的宽度，每边不宜小于处理土层厚度的 1/2，并不应小于 2m。

对自重湿陷性黄土地区及Ⅲ级非自重湿陷性黄土地基，当需要消除地基的部分湿陷量时，可采用对上部土层整片处理的方法。整片处理的厚度在非自重湿陷性黄土地区可取 1.5～2.0m，在自重湿陷性黄土地区，可取 1.0～3.0m。

当需要消除地基的全部湿陷性时，一般可采用换填垫层、重锤夯实等方法。对非自重湿陷性黄土地基，如基础下的地基处理厚度达到了压缩层下限，或达到饱和土的自重应力与附加应力之和等于或小于该标高处土的湿陷起始压力，就可以认为地基的湿陷性已全部消除。当采用桩基础时，则应将桩穿越全部湿陷性土层。也可采用加大基础底面积的方法，以减小基底压力，使之小于基底土的湿陷起始压力。对自重湿陷性黄土地基，由于地基的湿陷量与自重湿陷性土层的厚度、浸水面积有关，而与压缩层厚度无关，所以要全部消除地基的湿陷性，就必须处理基础底面以下的全部湿陷性黄土层。

部分消除地基的湿陷性时，也常用换填垫层、重锤夯实等施工方法。在非自重湿陷性黄土地基上，对于Ⅰ级，一般不需要处理地基；对于Ⅱ级，处理厚度为 1.0～1.5m，如处理厚度小于 1.0m 时，湿陷仍要危及建（构）筑物；对于Ⅲ级，处理厚度应为 1.5～2.0m，才能起到防止湿陷危害的作用。在自重湿陷性黄土地基上，对于Ⅰ级，处理厚度应为 1.0～1.5m；对于Ⅱ级，应为 1.5～2.0m；对于Ⅲ级，应为 2.0～3.0m。此外，尚应根据土层的湿陷系数的分布情况、湿陷性黄土层的厚度及建（构）筑物的具体情况，适当增加或减少处理厚度。

（二）防水措施

防水措施是防止或减少建（构）筑物和管道地基受水浸湿而引起的湿陷，以保证建（构）筑物和管道安全使用的重要措施。地基浸水的原因不外乎是自上而下的浸水和地下水的上升，前者是由于建筑场地积水、给排水和采暖设备的渗水漏水等（其中又以给水设备的渗水漏水对建（构）筑物的危害最大）和施工临时积水等原因。浸水的原因不同，就应采取相应不同的措施。此处主要讨论防止或减少自上而下浸湿地基的措施。

防水措施的主要内容有：（1）做好总体的平面和竖向设计，保证整个场地的排水畅通；（2）做好防洪设施；（3）保证水池类构筑物或管道与建（构）筑物的间距符合防护距离的规定；（4）保证管网和水池类构筑物的工程质量，防止漏水；（5）做好排除屋面雨水和房屋内地面防水的措施。

（三）结构措施

采取结构措施的目的在于使建（构）筑物能适应或减少因地基局部浸水所引起的差异沉降而不致遭受严重破坏，并继续能保持其整体稳定性和正常使用。在选择结构措施时，应考虑地基处理后的剩余湿陷量。

主要的结构措施包括以下几个方面：

1. 选择适应差异沉降的结构体系和适宜的基础形式

这方面的措施有：（1）选择合适的结构形式，如对单层工业厂房（包括山墙处）宜选用铰接排架；围护墙下宜采用钢筋混凝土基础梁；当不处理地基时，对多层厂房和空旷的多层民用建筑宜选用钢筋混凝土框架结构和钢筋混凝土条形或筏形基础；（2）建筑体型应力求简单等。

2. 加强建（构）筑物的整体刚度

这方面的措施有：（1）对多层砌体结构房屋宜控制其长高比，一般不大于3；（2）设置沉降缝；（3）增设横墙；（4）设置钢筋混凝土圈梁；（5）增大基础刚度等。

此外，构件还应有足够的支承长度，并应在相应部位预留适应沉降的净空。

在上述措施中，地基处理是主要的工程措施。防水措施和结构措施应根据地基处理的程度不同而进行选择。当采取地基处理措施消除了地基土的全部湿陷性，就不必再考虑其他措施；若地基处理只消除了地基土的部分湿陷性，为了避免湿陷对建（构）筑物产生危害，还应辅以防水和结构措施。

二、湿陷性黄土地区建（构）筑物的施工措施

除了以上3种设计措施外，还可结合施工措施来保证建（构）筑物的安全可靠和正常使用。湿陷性黄土地基上建（构）筑物的施工措施主要有：

1. 合理安排施工顺序，先做好防洪、排水设施，再安排主要建（构）筑物的施工；先施工地下工程，后实施地上工程；对体型复杂的建（构）筑物，先施工深、重、高的部分，后施工浅、轻、低的部分；敷设管道时先施工防洪、排水管道，并保证其畅通；

2. 临时防洪沟、水池、洗料场等应距建（构）筑物外墙不小于12m（在自重湿陷性黄土场地不宜小于25m），严防地面水流入基坑或基槽内；

3. 基础施工完毕，应用素土在基础周围分层回填夯实至散水垫层底面或室内地坪垫层底面上，其压实系数不得小于0.9；

4. 屋面施工完毕，应及时安装天沟、落水管和雨水管道等，将雨水引至室外排水系统。

9.2.4 湿陷性黄土地基的处理方法

如前所述，湿陷性黄土地基的变形包括压缩变形和湿陷变形两种。压缩变形是在土的天然含水率下由建（构）筑物的荷载所引起，它随着时间的增长而逐渐衰减，并很快趋于稳定。当基底压力不超过地基的容许承载力时，地基的压缩变形通常很小，大都在其上部结构的容许变形值范围以内，不会影响建（构）筑物的安全和正常使用。湿陷变形是由于地基被水浸湿所引起的一种附加变形，往往是局部和突然发生的，而且有可能很不均匀，对建（构）筑物的破坏较大，危害性较为严重。因此为了确保湿陷性黄土地基上建（构）筑物的安全和正常使用，在绝大多数情况下都必须进行地基处理。

湿陷性黄土地基的常用地基处理方法　　表 9-2

方法名称	适　用　范　围
砂石垫层法	处理厚度小于 2m，要求下卧土质良好，水位以下施工时应先降水，局部或整片处理
灰土垫层法	处理厚度小于 3m，要求下卧土质较好，必要时下设素土垫层，局部或整片处理
强夯法	厚度 3～12m 的湿陷性黄土，人工填土或液化砂土，环境许可，局部或整片处理
挤密桩法	厚度 5～15m 湿陷性黄土或人工填土，地下水位以上，局部或整片处理
预浸水法	湿陷程度严重的自重湿陷性黄土，可消除距地面 6m 以下土的湿陷性，对距地面 6m 以内的土还应采用垫层等方法处理
振冲碎石桩或深层水泥搅拌桩法	厚度 5～15m 的饱和黄土或人工填土，排出泥水有污染，局部或整片处理
单液硅化或碱液加固法	一般用于加固地面以下 10m 范围内地下水位以上的已有建（构）筑物地基，单液硅化法加固深度可达 20m，适用于局部处理
旋喷桩法	一般用于加固地面以下 20m 范围内已有建（构）筑物地基，适用于局部处理
桩基础法	厚度 5～30m 的饱和黄土或人工填土，如能保证施工质量，有较高的承载力

我国湿陷性黄土分布很广，各地区黄土的差别很大，地基处理时应区别对待，并结合以下因素选择适当的地基处理方法：

1. 湿陷性黄土的地区差别，如湿陷性和湿陷敏感性的强弱，承载能力及压缩性的大小以及不均匀性的程度等；

2. 建（构）筑物的使用特点，如用水量大小，地基浸水的可能性；

3. 建（构）筑物的重要性及其使用上对限制不均匀沉降的严格程度，建（构）筑物对不均匀沉降的适应性；

4. 材料及施工条件，以及当地的建筑经验。

应当指出，对湿陷性黄土地基的处理在大多数情况下的主要目的不是为了提高地基承载力，而是为了消除黄土的湿陷性，但往往同时也提高了黄土地基的承载力。常用的地基处理方法有土垫层或灰土垫层法、土桩或灰土桩法、强夯法、重锤夯实法、桩基础法、预浸水法等，各种处理方法都应结合建（构）筑物的类别、黄土特性、施工条件等因素，通过技术经济比较后合理地选用。湿陷性黄土地基常用的地基处理方法列于表 9-2 中，具体方法的设计与施工可参考国家现行的相关规范、规程。

一、垫层法

垫层法适用于地下水位以上的湿陷性黄土地基的处理。

垫层法可根据所采用的垫层材料分为砂石垫层法、黏性土垫层法和灰土垫层法。

当仅要求消除基底之下1～3m厚湿陷性黄土的湿陷量时，宜采用局部（或整片）土垫层进行处理；当同时要求提高垫层的承载力及增强水稳定性时，宜采用整片砂石（或灰土）垫层进行处理。

砂石垫层本身的承载力较高，变形模量也大，施工质量易控制，不受气候和环境的影响，近年来发展较快。其主要缺点为造价高，还应该注意它不适用于下卧土层为高压缩性、低承载力的地基。砂石垫层厚度一般为2m，过厚不仅造价高，且有不利因素。

砂石垫层以碎石或卵石为主料，中粗砂为辅料，粗粒料起骨架作用，工程中一般采用粒径为5～60mm的砾石、卵石、细粒料充填骨架孔隙，以提高砂石地基的密实度。砂石填料要求级配良好，其不均匀系数$C_u>5$，含泥量$<5\%$。

黏性土垫层法是将基础下的湿陷性土层全部或部分挖出，再将基坑用就地挖出的黏性土分层回填夯实。工程实践表明，采用整片土垫层法处理湿陷性黄土地基，施工工艺简单，处理效果好，机械作业工期短。

灰土垫层法是将石灰与处理范围内的湿陷性黄土按照一定的体积比例（一般取灰土比为2∶8或3∶7）混合均匀，然后分层铺设、夯实成为灰土垫层。由于加入了无机胶结材料，垫层土料的力学指标和不透水性均比原湿陷性黄土有了大幅度的提高，它具有强度高、隔水性强、不湿化的特点。此法施工时不受机械设备的限制，大、小型机械、人工夯打均可，而且工程造价较低，质量指标容易控制。灰土垫层法的缺点为施工受气候影响大。

黏性土或灰土垫层法是消除地基土的部分湿陷性最为常用的地基处理措施，一般适用于消除1～3m厚土层的湿陷性。试验研究表明：在附加压力作用下，土层浸水后的最大湿陷变形发生在约1.0b（b为基础的宽度）的深度内。因此，如用垫层置换基础以下适当范围内的湿陷性土层后，就可取得减小湿陷量的效果。此外，还可将垫层作为地基的防水层，以减小下卧天然黄土层的浸水概率。

垫层地基的湿陷变形与垫层的宽度和厚度有着密切的关系。在确定垫层的宽度和厚度时，应根据地基的湿陷等级、建（构）筑物类别、基础面积、基底压力等因素综合考虑。

在同一场地上，当基础形式、埋深、面积和压力相同，垫层厚度相同而宽度不同时，浸水后的湿陷量也不同，垫层宽度大的，湿陷量小；反之，则湿陷量大。

垫层底面的宽度可按下式计算确定

$$B = b + 2z\tan\theta + c \tag{9-5}$$

式中 B——垫层底面的宽度；

b——基础的宽度；

z——基础底面至垫层底面的距离；

θ——地基压力扩散线与竖直线的夹角，一般为22°～30°，对素土宜取小值，对灰土宜取大值；

c——考虑施工机具影响而增设的附加宽度，一般为0.20m。

如采用整片垫层，每边超出建（构）筑物外墙基础外缘的宽度不应小于处理土层厚度的 1/2，并不应小于 2m。

在湿陷性黄土地基上，垫层还应具有一定的厚度，才能使湿陷量最大的上部土层的湿陷性消除，并由垫层扩散到天然黄土层的附加压力减小到某一程度，使浸水后的湿陷量减小。在消除湿陷性黄土地基的部分湿陷性时，对矩形基础，垫层的厚度可采用（1.0～1.5）b（b 为基础的宽度）；对条形基础，采用（1.5～2.0）b。当垫层的其他条件都相同而仅厚度不同时，厚度大的湿陷量小，反之，则湿陷量大。

垫层施工时，应先将处理范围内的湿陷性黄土全部挖出，并打底夯（或压实），然后将就地挖出的黏性土配成相当于最优含水率的土料或适当含水率的灰土料，根据选用的夯（压）实机具，按一定厚度分层铺土，分层夯（压）实，直到设计标高为止。在大面积范围内，可采取分段开挖，分段、分层回填夯（压）实，上、下两层应避免竖向接缝，其错开距离不应小于 0.5m。在施工缝两侧 0.5m 范围内，应增加夯（压）实遍数。

垫层的质量控制，如只采用土的干重度指标，有时仍不能满足防止湿陷和渗透的要求，为此，除有建筑经验的地区可继续采用土的干重度指标控制垫层的质量外，一律应采用压实系数指标来控制垫层的质量，控制要求如下：

1）当垫层厚度不大于 3.0m 时，其压实系数不应小于 0.95；

2）当垫层厚度大于 3.0m 时，其超过 3.0m 部分的压实系数不应小于 0.97。

二、土桩或灰土桩法

用机械、人力或爆扩成孔后，填以最优含水率的素土或灰土并分层夯实的方法称为土桩或灰土桩法。在成孔和夯实过程中，使距桩周一定距离内的天然土得到挤密，从而消除桩间土的湿陷性并提高承载力。该法的处理深度一般为 5～15m。

土桩或灰土桩法适用于地下水位以上且土的饱和度 $S_r<65\%$ 的湿陷性黄土地基。

土桩适用于以消除地基土的湿陷性为主要目的的湿陷性黄土地基，而灰土桩则适用于以提高地基承载力为主要目的的人工填土地基的处理。

采用土桩或灰土桩来挤密地基土体，一般桩孔的直径 d 为 300～600mm，桩孔的布置以等边三角形排列为宜。其处理范围如图 9-2 所示。

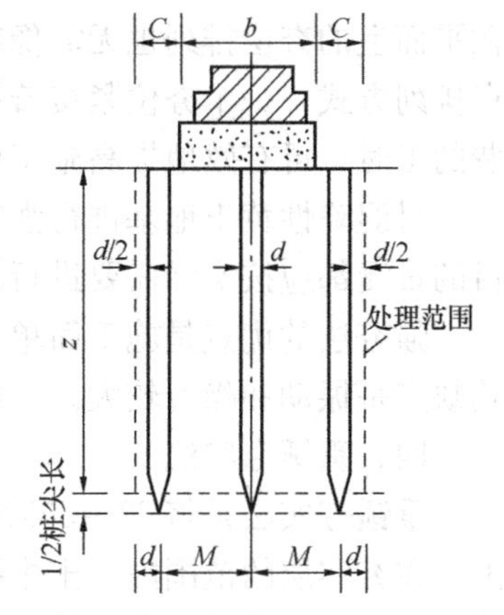

图 9-2　采用土桩或灰土桩的地基处理范围

对非自重湿陷性黄土地基，一般合适的处理深度为 5～15m，处理的宽度应至少超出基础边缘 0.25b（b 为基础宽度），并不应小于 0.5m。

对自重湿陷性黄土地基，其处理范围宜取每边超出基础边缘 0.75b，并不应小于 1.0m。

土桩或灰土桩的施工程序可分为：（1）桩孔定位、（2）桩孔成型和（3）桩孔夯填。桩孔成型可采用沉管成孔、爆扩成孔和冲击成孔三种方法。

对桩孔夯填质量应进行随机抽样检查，抽样检查的数量不得少于桩孔总数的 2%。检查方法可根据经验和条件，采用小环刀深层取样检验、轻便触探检验或开剖取样检验或几种方法相结合，但开剖取样检查只有在十分必要时才采用。当对灰土桩采用前两种方法检验时，应在桩孔夯填后 48h 以内进行，否则将由于灰土胶凝强度的影响而无法检验。

三、强夯法

强夯法是将 80～400kN 重（最重可达 2000kN）的重锤起吊到 10～20m（最高可达 40m）高处而后自由下落，对土进行强力夯实，以提高其强度，降低其压缩性和消除其湿陷性。强夯对湿陷性黄土湿陷性的消除效果明显，一般的处理深度可达 8～10m。

强夯法适用于土的饱和度 $S_r<60\%$的湿陷性黄土地基的处理。

强夯法的影响深度可按修正的梅纳公式进行估算：

$$H=\alpha\sqrt{Wh/10} \tag{9-6}$$

式中 H——影响深度，m；

W——锤重，kN；

h——落距，m；

α——根据不同条件（如地质条件、土的物理力学性质等）可取 0.3～0.7。

在湿陷性黄土地基上采用强夯法，在强夯前应正确选择强夯参数。强夯的单位夯击能应根据施工设备、黄土地层的时代、湿陷性黄土层的厚度和要求消除湿陷性黄土层的有效深度等因素确定，一般可取 1000～4000kN·m/m²。夯锤底面宜为圆形，锤底的静压力宜为 25～60kPa，锤底面积不宜小于 3m²，最好在 4.5m² 以上。

强夯法的处理范围应大于建（构）筑物的基础范围，拓宽的宽度可从基础外缘起增加拟加固深度的 1/3～1/2 倍，并不小于 3m。

由于湿陷性黄土一般都处于非饱和状态（饱和度 $S_r\leqslant60\%$），土中基本上不存在或只有极少量的自由水，因此在强夯过程中不涉及孔隙水压力的消散和排水固结等一系列问题，这就为简化施工顺序提供了有利条件。夯击点一般可按正方形或梅花形网格排列，其间距通常为 5～15m。通常可以在一个夯位上一遍连续夯到所需的总击数，然后再移到下一个夯位上，逐位一遍夯成。最后，再降低落距，搭夯一遍将坑底夯平。湿陷性黄土场地各夯击点的总击数可按最后一击夯沉量等于 30～60mm 来确定，一般为 6～9 击。同样，在平面上的夯位排列也无需像夯实饱和土那样采用较大距离的跳点夯，而可按纵横方格网点排列方式，一个夯位紧接着一个夯位进行夯击，从而大大减少了夯锤在平面上移动所耗费的工时，可有效地提高施工效率。

对湿陷性黄土地基进行强夯时，所有的测试工作除孔隙水压力可以不量测外，其他项目的量测都应按实际需要进行。

强夯法的优点是施工简单、效率高、工期短，对湿陷性黄土湿陷性消除的深度较大，其缺点是振动和噪音较大。

四、重锤夯实法

重锤夯实法是将 20～30kN 重的夯锤以 4.0～6.0m 的落距对天然地基表面进行反复夯击，在夯实层的范围内，土中孔隙减少，其物理、力学性质获得显著改善（如干重度明显增大；压缩性降低；湿陷性消除；透水性减弱等），并使得地基承载力提高。采用重锤夯实法一般可消除 1.0～2.0m 深度内黄土的湿陷性。适用于地下水位以上、饱和度 $S_r<60\%$的湿陷性黄土地基的处理。

五、钻孔夯扩桩挤密法

钻孔夯扩桩挤密法又称为孔内强夯法、渣土桩法、深层孔内夯扩桩法。它是先成孔（一般采用螺旋钻成孔，孔径一般为 0.40m），再向孔内分层回填建筑垃圾、碴土、素土或灰土，然后利用尖底或弧形底锤以较高的落距向孔内夯击，锤底以辐射状近似半椭圆球形分布的动应力冲击挤压土体，从而加强土体，在消除土体湿陷性的同时提高地基的承载力。其挤密的影响范围，与夯锤的夯击能量有关。夯锤的重量一般为 20～30kN。

钻孔夯扩桩挤密地基与土（或灰土）桩挤密地基相似，所不同的是土（或灰土）桩法主要是在成孔过程中对桩间土进行挤密，而钻孔夯扩桩法则主要是在孔内充填土料的过程中对桩间土进行挤密。其对地基的处理深度较深，可达 20m 左右，且无地下水位的限制。

由于该法将地基处理与消纳建筑垃圾（或渣土）相结合，故是一种经济、有效、环保的地基处理方法。

六、夯坑基础法

夯坑基础法是将与基础形状相同的重锤沿导向架提升到 3～8m 的高度，然后自动脱钩下落锤击地基，形成深度为 0.6～3.0m 的锤形夯坑，再在坑内布置钢筋、浇筑混凝土，即成夯坑基础。为了增强夯坑基础法的处理效果，可在夯坑内加填碎石等骨料并夯入地基内。由于这种施工工艺在处理地基的同时形成了基坑，省却了开挖基坑和立模板的工序和材料，故省工、省时、省料。

七、预浸水法

预浸水法是利用黄土浸水后产生自重湿陷的特性，在施工前挖坑进行大面积的浸水，使土体预先产生自重湿陷，以消除全部黄土层的自重湿陷性和深层土层的外荷湿陷性，它适用于处理厚度大、自重湿陷性强烈的湿陷性黄土地基，是一种比较经济有效的处理方法。

预浸水法浸水坑的边长不得小于湿陷性土层的厚度。当浸水坑的面积较大时，可分段进行浸水。浸水坑内的水头高度不应小于 0.3m，连续浸水时间以湿陷变形稳定为准。其稳定标准为最后 5d 的平均湿陷量小于 1mm/d。地基预浸水结束后，在基础施工前应进行补充勘察工作，重新评定地基的湿陷性，并应采用垫层法或强夯法等处理上部湿陷性土层。

预浸水法适用于处理地基湿陷等级为Ⅲ级或Ⅳ级的自重湿陷性黄土场地，可消除地面之下 6m 以内自重湿陷性黄土层的全部自重湿陷性。但是经过这种方法处理的地基的上部土层（一般为地表以下 4～5m 范围内）仍具有外荷湿陷性，因此该法尚应与垫层法或其他地基处理方法相结合使用。

浸水前宜通过现场试坑浸水试验确定浸水时间、耗水量和湿陷量等。

由于浸水时场地周围地表下沉开裂，所以预浸水法适用于空旷的新建地区。若在周边有建（构）筑物的场地采用该法，浸水场地与周围已有建（构）筑物之间应留有足够的安全距离。当地基存在隔水层时，其净距应不小于湿陷性黄土层厚度的 3.0 倍；当不存在隔水层时，其净距应不小于湿陷性黄土层厚度的 1.5 倍。一般情况下，浸水坑边缘至既有建（构）筑物的距离不宜小于 50m，并应防止浸水对附近建（构）筑物和场地边坡稳定性产生的不利影响。

预浸水法用水量大，工期长（约 3～6 个月），一般应比正式工程至少提前半年到一年进行，且应有充足的水源保证。

八、化学加固法

（一）单液硅化法

单液硅化是将相对密度为1.13～1.15的硅酸钠溶液利用带孔眼的管注入土中，使溶液中的钠离子与土中水溶性盐类中的钙离子产生离子交换反应，在土颗粒表面形成硅酸凝胶薄膜，从而增强土粒间的联结，填塞粒间孔隙，使土体具有抗水性、稳固性、不湿陷性和不透水性的特征。

在离子交换反应初期，硅酸凝胶薄膜的厚度很小，只有几微米，因而它不妨碍后压入溶液的渗透流动，但相隔几小时后，由于凝胶大量生成，土中孔隙被硅酸凝胶充填，毛细管通道被堵塞，使土的透水性降低。尽管硅酸凝胶薄膜的厚度很小，但是它有足够的强度，能使土在溶液饱和的初期，不会因外荷作用而产生过大的附加下沉。随着硅酸凝胶薄膜逐渐加厚和硬化，土的强度也随着时间而增长。在加固后前半个月，土的强度增长速率最大，而且在一年以后仍有所增长，当土样在水中浸泡时，仍可观察到黄土在继续硬化。在硅化加固中，为了提高加固土体的早期强度，以减小加固过程中产生的土体附加下沉，可采用加气硅化法，加气硅化通常采用CO_2和氨气，一般情况下CO_2使用较多。即首先在地基土中注入CO_2气体，然后灌入水玻璃溶液，再注入CO_2，由于碱性水玻璃强烈吸收CO_2，形成自真空作用，促进浆液均匀分布于土中，并渗透到土的微孔内，可使95%～97%的孔隙被浆液充填，加固土体的透水性大大降低，地基经过加固后，浸水后的附加下沉量极其微小，湿陷性已完全消除，其地基压缩变形量很小，与天然地基相比，变形模量及地基承载力均大大提高。

单液硅化加固时，灌注孔宜按三角形布置。若采用压力灌注时，灌注孔的间距宜为0.8～1.2m，若采用自行渗透时，灌注孔的间距宜为0.4～0.6m。

对已有建（构）筑物地基进行加固时，在非自重湿陷性场地宜采用压力自上向下分层灌注溶液。在自重湿陷性黄土场地上，应采用自行渗透的方法，不宜采用加压措施。

加固湿陷性黄土的溶液用量可按下式计算：

$$X = \pi r^2 h \bar{n} d_{\mathrm{N}} \alpha \tag{9-7}$$

式中 X——硅酸钠溶液的用量，t；

r——溶液扩散半径，m；

h——自基础底面算起的加固土深度，m；

$\bar{n}$——地基加固前土的平均孔隙率，%；

d_{N}——压力灌注或溶液自渗时硅酸钠溶液的相对密度；

α——溶液填充孔隙的系数，可取0.6～0.8。

硅酸钠的模数宜选用2.5～3.3，其杂质含量不应大于2%。

（二）碱液加固法

碱液（NaOH溶液）加固法，可用于加固非自重湿陷性土场地上的已有建（构）筑物地基。它是将浓度为100g/L的NaOH溶液通过灌注孔注入土内。每个灌注孔的加固半径为0.3～0.4m。

NaOH溶液注入黄土后，首先与土中可溶性和交换性碱土金属阳离子发生置换反应，反应结果使土颗粒表面生成碱土金属氢氧化物，这种反应是在溶液注入土中瞬间完成的，它所消耗的NaOH仅占一小部分。

土中呈游离状态的SiO_2和Al_2O_3以及微细颗粒（铝硅酸盐类）与NaOH作用后产生溶液状态的钠硅酸盐和钠铝酸盐，在NaOH溶液作用下，土颗粒表面会逐渐发生膨胀和软化，相邻土粒在这一过程中更紧密地相互接触，并发生表面的相互融合。但仅有 NaOH 的作用，土粒之间的这种融合胶结（钠铝硅酸盐类胶结）是非水稳性的，只有在土颗粒周围存在 $Ca(OH)_2$ 的条件下，才能使这种胶结物生成为强度高且具有水硬性的钙铝硅酸盐的混合物。这些混合物的生成，可使土颗粒相互牢固胶结在一起，强度大大提高，并且有充分的水稳性。上述反应是在固一溶相间进行的，常温下反应速率较慢，提高温度则能大大加快反应速率，因此可将碱液加热到 80～100℃后再注入土内。

当土中可溶性和交换性钙、镁离子含量较高时，注入 NaOH 溶液即可得到满意的加固效果，如土中这类离子的含量较少，为了取得有效的加固效果，可以采用双液法，即在注入 NaOH 溶液后，再注入 $CaCl_2$ 溶液。这时，后者与土中部分 NaOH 发生作用，生成 $Ca(OH)_2$，部分 $CaCl_2$ 也直接与钠铝硅酸盐络合物生成水硬性的胶结物。经技术经济比较，也可采用碱液与生石灰桩的混合加固方法。

自重湿陷性黄土地基能否采用碱液加固，取决于其对湿陷的敏感性。自重湿陷敏感性强的地基不宜采用碱液加固。对自重湿陷不敏感的黄土地基经过试验认可并拟采用碱液加固时，应采取卸荷或其他措施以减小灌液时可能引起的较大附加下沉。

对下列情况不宜采用碱液加固：

1. 地下水位以下或饱和度大于 80％的黄土地基；

2. 酸性土及已渗入沥青、油脂和其他石油化合物的黄土地基。

采用单液硅化法和碱液加固法加固湿陷性黄土地基，应于施工前在拟加固的建（构）筑物附近进行单孔或多孔灌注溶液试验，以确定灌注溶液的速率、时间、数量及压力等参数。

灌注溶液试验结束后 7～10d，应在试验范围的加固深度内量测加固土的半径，并取土样进行室内试验，以测定加固土的压缩性和湿陷性等指标。必要时，应进行浸水载荷试验或其他原位测试，以确定加固效果。

九、桩基础法

桩基础法是采用一定长度的桩穿越湿陷性黄土层，使上部结构的荷载通过桩尖传到下面坚实的非湿陷性土层中去，这样即使地基受水浸湿，也可以完全避免湿陷的危害。

在湿陷性黄土场地，符合下列中的任一款，均宜采用桩基础法：

1. 采用地基处理措施不能满足设计要求的建（构）筑物；

2. 对整体倾斜有严格限制的高耸建（构）筑物；

3. 对不均匀沉降有严格限制的建（构）筑物和设备基础；

4. 主要承受水平荷载和上拔力的建（构）筑物或基础；

5. 经技术经济综合分析比较，不宜采用地基处理措施的建（构）筑物。

在湿陷性黄土地区采用的桩基础按施工方法可分为静压或打入式钢筋混凝土预制桩、就地灌注桩，后者又可分为钻孔桩、人工挖孔桩、挤土成孔桩和爆扩桩等。爆扩桩施工简便、工效较高，不需打桩设备，但深度受到限制，一般不宜超过 10m，且不适用于水下，在城市中也不宜采用。人工挖孔的大直径灌注桩适用于地下水位埋藏较深的自重湿陷性黄土地基，一般以卵石层或含碳质结核较多的土层作为持力层，深度可达 15～25m，其直径一般为 0.8～1.0m，为提高单桩承载力，底部可进行扩大。在湿陷性黄土地区采用打入式预制桩时，一定要选择可靠的持力层，而且要考虑黄土在天然含水率时对沉桩的摩阻力较大，尤其当黄土中含有一定数量的钙质结核时，沉桩较为困难，甚至打不到预定标高。

湿陷性黄土地基中的桩基础，桩周地基土的竖向变形常大于桩的竖向变形，会在桩周表面产生向下的负摩阻力，使桩的荷载增大，从而造成桩基础事故。

当地基浸水或其他原因，桩土之间发生相对位移时，相对位移为零处称为中性点，它是作用在桩身上的负摩阻力和正摩擦力的分界点。随着时间的延续，中性点逐渐稳定在一定深度处，其深度 L_n 一般由下式确定：

$$L_n = \beta L \tag{9-8}$$

式中 L——桩长范围的自重湿陷土层厚度，m；

β——中性点的相对深度系数，其值受桩端持力层土的性质而异。当桩穿过自重湿陷性黄土，桩端设置在非湿陷性黄土层中时，β=0.88～0.90；卵石层、岩石的 β=1.00。

在自重湿陷性黄土地基中，负摩阻力的发生有一些特殊性，负摩阻力极限值既与累计相对湿陷量有关，又受地基浸水范围和浸水方式的影响。

自重湿陷性黄土浸水后湿陷性强烈，速度快，负摩阻力发展快，很快就达峰值。

湿陷性黄土地区的桩基本上都属于端承桩，因为自重湿陷性黄土地基浸水后，不但正摩擦力完全消失，还要产生负摩阻力，外荷及负摩阻力全部要由桩尖土承担。即使是非自重湿陷性黄土地基，浸水后桩周虽仍有一定摩擦力存在，但由于土体饱和，摩擦作用大大减小，基本上仍是以端承为主。

单桩承载力原则上应通过现场浸水静载荷试验确定，其试验方法及要求应按现行《湿陷性黄土地区建筑规范》GB 50025 的规定进行。有建筑经验的地区也可按当地建筑经验确定。

在估算非自重湿陷性场地的单桩承载力时，桩端土的承载力 q_p 和桩周土的摩擦力 q_s 均应按饱和状态下的土性指标确定。

在确定自重湿陷性土场地的单桩承载力时，除不计湿陷性土层范围内的桩周正摩擦力外，尚应扣除桩侧的负摩阻力。正、负摩阻力数值宜通过现场试验确定。桩侧负摩阻力的计算深度，应自桩的承台底面算起，至其下非湿陷性土层顶面为止。

桩基础施工时，预制桩的入土深度和贯入度均应严格遵循设计要求；灌注桩成孔后，必须将孔底浮土清理干净。

现行黄土规范规定：自重湿陷性黄土场地单桩承载力的确定，除不计湿陷性土层范围内的桩侧正摩阻力外，尚应扣除桩侧负摩阻力，正负摩阻力的数值宜通过现场试验确定。

对桩侧负摩阻力进行现场试验确有困难时，可按表 9-3 中的数值进行估算。

桩侧平均负摩阻力（kPa）　　表 9-3

自重湿陷量（mm）	挖、钻孔灌注桩	预制桩
70～200	10	15
>200	15	20

桩基础虽然耗用钢材、水泥较多，造价较高，但安全可靠，施工速度较快，能确保地基浸水时不发生湿陷事故。因此，对于上部结构荷载大或地基浸水可能性大的重要建（构）筑物，当地基有可靠持力层时，采用桩基础是合理的。

除了上述 9 种方法之外，对湿陷性黄土地基还可采用热加固法、水下爆破法、电火花加固法、高压喷射注浆法、CFG 桩法、深层搅拌法等地基处理方法。其加固机理可参见本教材中的相关章节及其他文献。

9.3 红黏土

9.3.1 红黏土概述

红黏土是指在热带、亚热带的湿热气候条件下，出露地表的碳酸盐系岩石（如石灰岩、泥灰岩、白云岩等）经风化、淋滤和红土化作用，形成并覆盖于基岩上的棕红或褐红或褐黄色的高塑性黏土。

由于在红土化过程中土中大部分种类的阳离子被带走，使得铁铝元素相对集中而造成其色相带红。红黏土主要为第四系的残积、坡积类型，其中以残积为主。若为液限 $w_L \geqslant 50\%$ 的高塑性黏土称为原生红黏土，而原生红黏土经搬运、沉积后仍保留其基本特征，且其液限 $w_L > 45\%$ 的则称为次生红黏土。由于红黏土具有独特的物理力学性质，且其在分布上的厚度变化较大，因而它属于一种区域性的特殊土。

在我国，红黏土主要分布于黄河、秦岭以南，青藏高原以东的地区。集中分布在北纬 33°以南的广西、贵州、云南、四川东部、湖南西部等地区。

红黏土一般分布在盆地、洼地、山麓、山坡、谷地或丘陵等地区，形成缓坡、陡坎、坡积裙等微地貌。有的地区，地表存在着因塌陷而形成的土坑、碟形洼地。

红黏土湿度状态的主要特征为从地表向下土体有逐渐变软的规律。地层上部的红黏土呈坚硬或硬塑状态。硬塑状态的土，占红黏土层的大部分，构成有一定厚度的地基持力层。向下逐渐变软过渡为可塑、软塑状态，这些土多埋藏在溶沟或溶槽的底部（见图 9-3）。这种由上至下状态变化的原因，一方面系地表水往下渗滤过程中，靠近地表部分易受蒸发，愈往深部则愈易聚集保存下来，另一方面也可能是直接由下卧基岩裂隙水的补给和毛细作用所致。

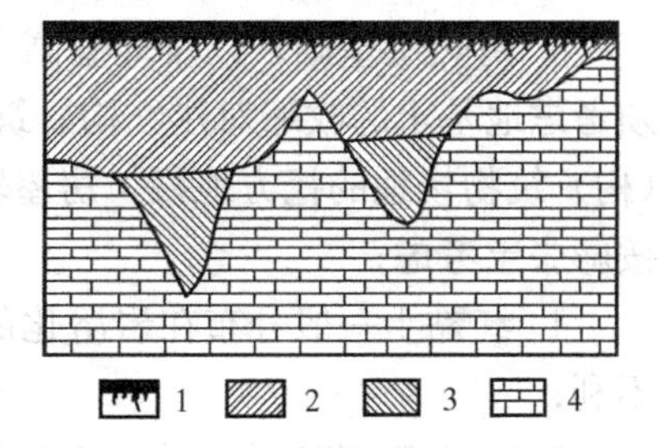

图 9-3 红黏土层的剖面示意
1—耕土；2—硬塑红黏土；3—软塑红黏土；4—石灰岩

红黏土可按湿度状态（即含水比 $a_w = w/w_L$）进行分类，详见表 9-4。

红黏土按湿度状态分类 表 9-4

湿度状态	坚硬	硬塑	可塑	软塑	流塑
含水比 a_w	$\leqslant 0.55$	$0.55 < a_w \leqslant 0.70$	$0.70 < a_w \leqslant 0.85$	$0.85 < a_w \leqslant 1.00$	> 1.00

红黏土因受基岩起伏的影响和风化深度的不同，其厚度变化很大。红黏土中的裂隙普遍发育，主要是竖向的，也有斜交和水平的。它是在湿热交替的气候环境中，由于土的干缩而形成的。裂隙破坏了土体的完整性，将土体切割成块状，水沿裂隙活动，对红黏土的工程性质非常不利。斜坡或陡坎上的竖向裂隙为土体中的软弱结构面，沿此面可形成崩塌或滑坡。此外，红黏土层中还可能存在由地下水或地表水形成的土洞。

红黏土的物理力学性质指标因地区的不同而有所差异，但概括起来其物理力学性质具有下述特点：

1. 天然含水率的分布范围大（$w=20\%\sim75\%$）而液性指数小（$I_L=0.1\sim0.4$），说明土的天然含水率以结合水为主，而自由水较少；

2. 饱和度较大（一般有 $S_r>85\%$），常处于饱和状态；

3. 天然孔隙比大（$e=1.1\sim1.7$），密度小；

4. 塑性指数高；

5. 颗粒细而均匀，黏粒含量高（$c<0.005$mm 的颗粒含量达 55%～70%），具高分散性；

6. 抗剪强度较高，压缩性较低；

7. 收缩性明显，失水后强烈收缩，原状土体的线缩率一般为 2.5%～8%，最大可达 14%。浸水后多数膨胀性轻微（膨胀率一般仅为 0.1%～2%），但也有个别例外；

8. 除少数的红黏土具有湿陷性外，一般不具湿陷性。

9.3.2 红黏土地区建（构）筑物的设计原则

1. 在一般情况下，表层红黏土的压缩性较低且强度较高，属于较好的地基土。因此当采用天然地基，基础持力层和下卧层均满足承载力和变形的要求时，基础宜尽量浅埋，但应避免建（构）筑物跨越地裂密集带或深长地裂地段；

2. 当基础浅埋，外侧地面倾斜或有临空面，或承受较大水平荷载等情况时，应考虑土体结构及裂隙的存在对地基承载力的影响；

3. 对热工基础，以及气温高、旱期长、雨量集中地区的低层轻型建（构）筑物，必须考虑地基土的收缩对建（构）筑物的影响。当地基土的收缩变形量超过容许值，或在建（构）筑物场地的挖方地段，房屋转角处应采取防护措施。对胀缩明显的土层应决定是否按膨胀土考虑；

4. 红黏土一般分布在岩溶化的地层上部，可能有土洞发育，对建（构）筑物的稳定不利；

5. 在一般情况下，可不考虑红黏土层中地下水对混凝土的腐蚀性，只有在腐蚀性水源补给或其他污染源影响的情况下，才应采取地下水试样进行水质分析，评价其腐蚀性。因此，在评价地下水时，应着重研究地下水的埋藏、运动条件与土体裂隙特征的关系以及与地表水、上层滞水、岩溶水之间的连通性，根据储存于土中宽大裂隙的地下水流分布的不均性、季节性评价其对建（构）筑物的影响。

设计和施工中应注意以下问题：

1. 充分考虑红黏土上硬下软的竖向分布特征，基础应尽量浅埋，利用具有较高承载力的表面坚硬或硬塑土层作为基础持力层；

2. 如土层下部有软弱下卧层存在，在设计时，应注意验算地基变形值（如沉降量、沉降差等），确定其是否合乎要求；

3. 红黏土有干缩的特点，在施工时，若基槽开挖后长时间不砌基础，基土遭受日晒、风干，就会产生干缩。如雨水下渗，土被软化，强度也会降低。因此，在开挖基坑后，应及时砌筑基础。不能做到时，最好留一定厚度的土层待基础施工时挖除，或用覆盖物保护开挖的基槽，防止基土干缩和湿化；

4. 在红黏土分布的斜坡地带，施工中必须注意斜坡和坑壁的崩滑现象。由于红黏土具有胀缩特征，在反复干、湿的条件下会产生裂隙，雨水等沿裂隙渗入，以致坑壁容易崩塌，斜坡也容易出现滑坡，应予以重视；

5. 不均匀地基是丘陵山地中红黏土地基普遍存在的情况。对不均匀地基，应确立以地基处理为主的原则，对以下几种情况相应的地基处理原则和方法是：

（1）石芽密布，不宽的溶槽中有红黏土。若溶槽中红黏土的厚度 h 满足 $h<h_1$（对于独立基础 $h_1=1.10$m；对于条形基础 $h_1=1.20$m）时可不必处理而将基础直接坐落于其上；当条件不符时，可全部或部分挖除溶槽中的土，使其满足 h_1 的要求；当槽宽较大时，可将基底做成台阶状，保持相邻点上可压缩土层厚度呈渐变过渡，也可在溶槽中布设若干短桩（墩），使基底荷载传至基岩上；

（2）石芽零星出露，周围为厚度不等的红黏土。单独的石芽出露于建（构）筑物的中部，比同时分布于建（构）筑物的两端危害性要大，位于中部的石芽相当于简支梁上的支点，而两端呈悬臂状态，使得建（构）筑物顶部受拉，从而造成建（构）筑物产生开裂。在这种情况下，可打掉一定厚度的石芽，铺以 300～500mm 厚水稳定性好的褥垫材料，如煤渣、中细砂等；

（3）对基底下有一定厚度，但厚度变化较大的红黏土地基，由于红黏土层的厚薄不均易导致建（构）筑物出现不均匀沉降。此时的地基处理措施应主要用于调整沉降差，常用的措施有：挖除土层较厚端的部分土，把基底做成阶梯状，使相邻点可压缩层厚度相对一致或呈渐变状态。如遇挖除一定厚度土层后，造成下部可塑土层更加接近基底，无论承载力和变形检验都难以满足要求，此时可在挖除后做置换处理。换土应选用压缩性低的材料，在纵断面上铺垫做成阶梯状过渡，其顶应与基底齐平，然后在其上做浅基。

总之，在选择不均匀地基处理措施时，一般的原则是：在以硬为主的地段（岩石外露处）处理软的（指土层）；在以软为主的地段，则处理硬的，以减少处理工作面。处理中应以调整应力状态与调整变形并重，选用的措施要施工简单，质量易于控制。

6. 若基岩面起伏较大、岩质较硬，可采用穿越红黏土层的大直径嵌岩桩或墩基；

7. 若使用红黏土作为填筑土时，应控制其干重度为 14～15kN/m^3，使其含水率接近塑限；

8. 强夯置换法：采用强夯的夯击能将级配良好、力学性质优良的填筑材料夯入地基中，对红黏土进行置换。

9.4 软土

9.4.1 软土概述

软土一般系指在静水或缓慢的流水环境中沉积，经生物化学作用形成，含有机质，天然孔隙比 $e>1.0$ 且天然含水率 $w>w_L$ 的细粒土，包括淤泥（天然孔隙比 $e>1.5$）和淤泥质土（天然孔隙比 $1.5>e>1.0$）等。

软土在中国沿海地区分布较为广泛，在内陆平原和山区亦有分布。湛江、香港、厦门、温州湾、舟山、连云港、天津塘沽、大连湾等地的软土以滨海相沉积为主；温州、宁波地区的软土以泻湖相沉积为代表；福州、泉州则为溺谷相沉积软土；长江下游和珠江下游地区分布有三角洲相沉积软土；长江中下游、珠江下游、淮河平原、松辽平原则有河漫滩相沉积软土。内陆软土主要为湖泊沉积，如洞庭湖、洪泽湖、太湖、鄱阳湖四周和古云梦泽地区边缘地带，以及昆明的滇池地区、贵州六盘水地区的洪积扇和煤系地层分布区的山间洼地等。

软土的物理力学性质主要有以下特点：

1. 天然含水率 w 高（一般均大于 30%，山区软土甚至高达 200%）；

2. 天然孔隙比 e 大（一般为 1～2，山区软土可达 6.0）；

3. 压缩系数大（a_{1-2} 通常为 0.5～2.0MPa^{-1}，最大可达 4.5MPa^{-1}）；

4. 抗剪强度低。软土的抗剪强度很低（不排水抗剪强度一般小于 30kPa），其内摩擦角的大小与加荷速度及排水条件密切相关，而其黏聚力的数值一般小于 20kPa；

5. 渗透系数小（一般在 10^{-5}～10^{-8}cm/s 之间）；

6. 灵敏度高、触变性显著。灵敏度 S_t 的高低可以反映出土体结构性的强弱。土体的灵敏度以原状土的强度与该土经重塑（土体的结构被彻底破坏）后的强度之比来表示：

$$S_t = \frac{q_u}{q'_u} \tag{9-9}$$

式中 q_u——原状试样的无侧限抗压强度，kPa；

q'_u——重塑试样（与原状试样的密度和含水率相同）的无侧限抗压强度，kPa。

根据灵敏度可将黏性土分为：低灵敏（$1<S_t\leqslant2$）、中灵敏（$2<S_t\leqslant4$）和高灵敏（$S_t>4$）。土体的灵敏度越高，其结构性就越强，受扰动后的强度降低就越显著。软土的灵敏度 S_t 一般为 3～4，有时可达 8～9，对于某些地质成因特殊的黏性土，其 S_t 甚至高达 500 以上。

触变性是指土体在受扰动后强度显著减弱，但静置后，其强度又能恢复，并随着静置时间的增长而增长的性质。

7. 流变性比较显著。流变性是指土体在荷载作用下长期处于变形过程中的现象。流变性又包括蠕变特性、流动特性、应力松弛特性和长期强度特性。蠕变特性是指土体在荷载不变的情况下，变形随着时间而发展的特性；流动特性是指土体的变形速率随应力变化的特性；应力松弛特性是指在恒定的变形条件下土体中的应力随时间的发展而减小的特性；长期强度特性是指土体在长期荷载作用下土体的强度随时间而变化的特性。

软土地基的变形规律通常为：

1. 沉降量大。当地基土质不均匀和/或荷载分布不均匀、上部结构和基础刚度不足时，又会导致沉降量的不均匀；

2. 沉降速率大。一般在加荷终止时沉降速率最大，随着时间的推移，沉降速率逐渐衰减；

3. 沉降稳定历时长。由于软土的渗透性较低，受荷后土中的孔隙水不易排出，导致超孔隙水压力的消散与土体中有效应力的增加需要较长的时间。此外，软土的流变特性也决定了沉降稳定历时长的变形特性。

9.4.2 软土地区建（构）筑物的设计措施

在软土地基上建造建（构）筑物时，应考虑上部结构、基础与地基三者的共同作用。许多工程实践表明，考虑上部结构、基础与地基之间的共同作用是一项十分成功的经验。

如果仅从上部结构、基础或地基的某一方面采取措施，往往不能获得既可靠又经济的效果，必须对建（构）筑物体型、荷载情况、结构类型和地质条件等进行综合分析，确定应采取的建筑措施、结构措施和地基处理方法，这样就可以确保软土地基上建（构）筑物的安全和正常使用。

软土地基设计中经常采取的措施有：

1. 减小建（构）筑物的基底附加压力，如采用轻型结构、轻质墙体、空心构件或设置地下室、半地下室等；

2. 同一建（构）筑物有不同结构形式时必须妥善处理（尤其在地震区），对不同的基础形式，上部结构必须断开。因为在地震中，软土上各类基础的附加沉降量是不同的；

3. 当一个建筑群中有不同形式的建（构）筑物时，应当从沉降控制的角度出发，考虑不同建（构）筑物之间的相互影响以及其对地面以下一系列管道设施的影响；

4. 当软土地基的表层有密实土层（硬壳层）时，应充分利用其作为天然地基的持力层，尽量做到“轻基浅埋”；

5. 铺设砂垫层。一方面可减小作用在软土地基之上的附加压力，从而减小建（构）筑物的沉降量；另一方面有利于软土中水的排出，从而缩短土层的固结时间，使建（构）筑物的沉降较快地达到稳定；

6. 采用砂井、砂井预压、电渗等方法促使土层排水固结，以提高软土地基的承载力、降低其压缩性并缩短沉降历时；

7. 由于软土地基的承载力较低，当软土地基上的加载过大过快时，容易发生地基土体的塑流挤出，防止软土塑流挤出的措施有：

（1）控制加载速率。可进行现场加载试验，根据沉降情况控制加载速率，掌握加载的时间间隔，使地基土体逐渐固结，强度逐渐提高，这样可使地基土体不发生塑流挤出；

（2）在建（构）筑物的四周打设板桩墙。板桩应有足够的刚度和锁口抗拉力，以抵抗向外的水平压力，但此法的用料较多，应用不广；

（3）用反压法防止地基土的塑流挤出。软土是否会发生塑流挤出，主要取决于作用在基底处土体上的压力与侧限压力之差，压力差越小，发生塑流挤出的可能性也就越小。如在基础周围堆土反压，即可减小压力差，增大地基的稳定性；

8. 遇有局部软土和暗埋的塘、浜、沟、谷、洞等情况，应查清其范围，使建（构）筑物的布置尽量避开这些不利地段，或根据具体情况，采取基础局部深埋、换土垫层、短桩、基础梁跨越等办法处理；

9. 施工时，应注意对软土基坑的保护、减少扰动；

10. 对建（构）筑物附近有大面积堆载或相邻建（构）筑物过近，可采用桩基；

11. 在建（构）筑物附近或建（构）筑物内开挖深基坑时，应考虑坑壁稳定以及降水可能引发的问题；

12. 在建（构）筑物附近不宜采用深井取水，必要时应通过计算确定深井的位置及限制抽水量，并采取回灌的措施。

综上所述，软土地基的变形和承载力问题都是在工程中必须十分注意的问题，尤其是变形问题，在软土地区中因过大的沉降及不均匀沉降已造成了大量的工程事故。因此，在软土地区进行建筑物和构筑物的设计与施工时，必须从地基、建筑、结构、施工、使用等各方面全面综合考虑，采取相应的措施，以减小地基的沉降和差异沉降，保证建（构）筑物的安全和正常使用。

9.4.3 软土地基的处理方法

软土地基的处理，应根据软土的特点、场地具体条件，结合建（构）筑物的结构类型，对地基的要求等原则进行。

一、换填法

当软弱土层的厚度不是很大时，可将处理范围内的软弱土层部分或全部挖除，然后换填以强度较高的土或其他稳定性能好、无侵蚀性的材料（通常是透水性好的中粗砂），此种方法称为换填法。此法处理的经济实用厚度为2～3m，如果软弱土层厚度过大，则采用换填法会增加挖方与填方量而导致工程成本的提高。通过换填具有较高抗剪强度和较低压缩性的材料，从而达到提高地基承载力和减小地基沉降的目的，以满足建（构）筑物对地基的要求。

换填法的主要加固方法有抛石挤淤法、垫层法、强夯置换法等。垫层法根据材料的不同可分为砂（砾石）垫层、碎石垫层、粉煤灰垫层、干渣垫层、土（灰土、二灰）垫层等。

二、振密、挤密法

采用爆破、夯击、挤压和振动以及加入高抗剪强度材料等方法，对软土地基进行加固的方法称为振密、挤密法。适用于软土层厚度＞3m的土层的加固以及分布面积广的软土地基的加固处理，其加固深度可达30m。

通过振动、挤压使地基中土体密实、固结，并利用加入的具有较高抗剪强度的桩体材料置换部分软弱土体，形成复合地基，可达到提高复合土体抗剪强度的目的。

振密、挤密法的主要加固方法有强夯法、振动压实法、土（或灰土、粉煤灰加石灰）桩法、挤密砂桩法、爆破挤密法、碎石桩法（振冲置换法）、钢渣桩法等。

三、排水固结法

在软土地基上分级施加荷载并结合内部排水措施，加速软土固结的处理方法称为排水固结法。该方法适用于处理饱和的淤泥、淤泥质黏土地基。这种方法的工期相对较长。

软土地基在附加荷载的作用下，逐渐排出孔隙水，使土体中的孔隙比减小，产生固结变形。在这个过程中，随着土体超静孔隙水压力的逐渐扩散，土体的有效应力增加。其主要的加固方法有堆载预压法、砂井预压法、真空预压法、电渗排水法、降低地下水位法、盲沟渗透法、塑料排水板法等。

四、化学加固法

通过在软土地基中掺入水泥或其他化学材料，进行软土地基处理的方法称为化学加固法。

水泥或其他化学材料注入土体后，随着化学材料自身并与土体发生化学反应，最终形成具有较高强度、较低压缩性和较低渗透性的复合土体。

化学加固法的主要加固方法有深层搅拌法、高压喷射注浆法、灌浆法、硅化法等。

五、加筋法

通过在软土中埋设土工合成材料、拉筋等筋体，通过土体与筋体之间的摩擦和咬合作用，将土体中的拉应力传递到抗拉强度较高的筋体上，可提高复合土体的强度，增强其抵抗变形的能力。

土工合成材料的特点是具有较高的抗拉强度和延伸率。其作用概括起来有以下几个方面：

1. 排水作用：埋在土体中的土工合成材料可汇集水分并将水排出土体。既可垂直排水，又可水平排水；

2. 反滤作用：土工合成材料与其相邻接触部分土层可形成一个反滤系统，以防止土体颗粒被渗流潜蚀（称为管涌现象）；

3. 分隔作用：为防止不同粒料层之间相互混杂，可在不同的粒料间铺设织物以起到分隔作用；

4. 加筋作用：将土工合成材料以适当的方式埋设在土体中的适当位置，依靠它们与土体的相互作用（摩擦与咬合），可控制土体的变形、提高土体的强度和稳定性。

加筋法的主要加固方法有加土工合成材料法、土钉墙法、土层锚杆法、土钉法、树根桩法、柴（木）梢排法。

六、冰冻围堰法

在基坑开挖之前，用冷冻的方法，在基坑的外围，通过钻孔将冷气逐渐输送到土体中，经过一段时间之后，形成一定的土体冻结区域，即冰冻围堰。冰冻围堰土体的孔隙较小、密实度较大，具有较高的强度。这种方法适用于范围较大、地下水位较高的软土地基中的基坑开挖，在路桥工程的软土地基中用得较多。

七、其他加固方法

除了上述软土地基处理方法之外，比较常用的还有桩基、沉井、箱基与箱桩、侧向约束法、反压护道法。桩基与沉井常用于在软土地基中建设重要构筑物（桥梁、大型涵洞等）的基础中，根据软弱土层的厚度及其下伏土质情况，可将桩基设计分为端承桩与摩擦桩两种。常用的桩基有钻孔桩、挖孔桩、管桩等。

当软土的埋深不超过7m且需建高层建筑时，采用箱形基础这种部分补偿性基础，并在箱形基础下铺密实的灰土或碎石垫层，可满足地基承载力及地震区对基础埋深与稳定性的要求。当在软土的厚度及埋深大于7m的地区建高层建（构）筑物又需建地下室时，适宜在箱形基础底板下做承重桩基础——箱桩，这种新型基础是地震区软弱地基上最稳定的基础形式之一。

侧向约束与反压护道法的加固机理均是限制软弱土体的侧向挤出，以提高路堤等软土地基的抗剪切能力。侧向约束法适用于软土层厚度较小、软土分布面积较大的软土地基的加固。反压护道法适合软土分布面狭窄而厚度较大的软土地基的处理。

9.5 填土

9.5.1 填土概述

填土是指由于人类活动而堆填的各种土，按其组成物质、特性和堆填方式可分为素填土、杂填土、冲填土（又称为吹填土）和压实填土。素填土是指由碎石土、砂土、粉土和黏性土等一种或几种材料组成，不含杂物或含杂物很少的填土；杂填土是指含有大量建筑垃圾、工业废料或生活垃圾等的填土；冲填土是指由水力冲填泥砂而形成的填土；压实填土是指按一定标准控制材料成分、密度、含水率，分层压实或夯实而形成的填土。

填土中的素填土、杂填土和冲填土的特点是均匀性差、强度低、压缩性高。其主要特点有：

1. 不均匀性：填土由于其组织成分复杂，回填方法、时间和厚度的任意性，不均匀性是其突出的特点，其中以杂填土尤为显著；

2. 自重压密性：填土是一种欠密土，在土自身重量及大气降水下渗的作用下有自行压密的特点，其密实度与填土的压密时间、物质成分和颗粒组成有关；

3. 湿陷性：填土由于土质疏松，孔隙率大，在浸水后会产生较强的湿陷；

4. 低强度和高压缩性：填土由于土质疏松、密实度差，所以抗剪强度低，压缩性高。

一般对堆积年限较长的素填土、冲填土及由建筑垃圾和性能稳定的工业废料组成的杂填土，当其均匀性和密实度较好时，可作为一般工业与民用建（构）筑物的天然地基。对有机质含量较多的生活垃圾和对基础有腐蚀性的工业废料组成的杂填土，若未经处理则不宜作为天然地基。当填土厚度变化较大，或堆积年限在 5 年以内，应注意地基的不均匀变形。

9.5.2 素填土、杂填土、冲填土

一、素填土、杂填土、冲填土概述

（一）素填土

在山区或丘陵地带建造建（构）筑物时，由于地形起伏较大，在平整场地时，常会出现较厚的填土层。为了充分利用场地面积，少占或不占农田，并减少土石方量，部分建（构）筑物不得不建造在填土上。此外，在工矿区或一些古老城市的新建、扩建工程中，也常会遇到一些由于人类活动而堆填形成的素填土。因此，必须研究解决素填土地基的设计和施工问题。虽然填土地基的均匀性不易控制，黏性素填土在自重作用下的压密稳定也需要较长的时间，但并不是所有建在填土地基上的建（构）筑物都会出现事故。能否直接利用填土作为持力层，关键在于搞好调查研究，查清填土的分布及其性质，结合建（构）筑物情况，因地制宜地采取设计措施。

（二）杂填土

杂填土是由于人类长期的生活和生产活动而形成的地面填土层，其填筑物随着地区的生产和生活水平的不同而异。按其组成物质的成分和特征可以分为：

1. 建筑垃圾土：在填土中含有较多的碎砖、瓦砾、腐木、砂石等杂物，一般组成成分较单一，有机物含量较少；

2. 生活垃圾土：在填土中含有大量从居民日常生活中排出的废物，如炉灰、布片等杂物，成分极为复杂，混合极不均匀，含有大量的有机物，土质极为疏松软弱；

3. 工业垃圾土：由现代工业生产排放的渣滓堆填而成，其成分、形状和大小随生产性质而有所不同，如矿渣、煤渣等各种工业废料。

杂填土的厚度一般变化较大。在大多数情况下，这类土由于填料物质不一，其颗粒尺寸相差较为悬殊，颗粒之间的孔隙大小不一，因此往往都比较疏松，抗剪强度低，压缩性较高，一般还具有浸水湿陷性。在同一建筑场地内，杂填土地基的承载力和压缩性往往差别较大。

（三）冲填土

冲填土是在疏浚江河航道或从河底取土时用泥浆泵将已装在泥驳船上的泥砂，直接或用定量的水加以混合成一定浓度的泥浆，再通过输泥管输送到四周筑有围堤并设有排水挡板的填土区内，经沉淀排水后所形成的人工填土。它具有以下特点：

1. 冲填土的颗粒组成随泥砂的来源而变化，有的是以砂粒为主，也有的是以黏粒和粉粒为主。在吹泥的入口处，沉积的土粒较粗，甚至有石块，沿着入口处向出口处的方向冲填土的颗粒逐渐变细。除出口处局部范围以外，一般尚属均匀。但是，有时在冲填过程中由于泥砂的来源有所变化，则造成冲填土在纵横方向上的不均匀性；

2. 由吹泥的入口处到出口处，土粒沉淀后常形成约1‰的坡度。坡度的大小与土粒的粗细有关，一般含粗颗粒多的坡度要大些；

3. 由于土粒的不均匀分布以及自然坡度的影响，越靠近出口处，土粒越细，排水速率就越小，土的含水率也越大；

4. 冲填土的含水率较大，一般都大于液限。当土粒很细时，水分难以排出，土体在形成初期呈流动状态。当其表面经自然蒸发后，常呈龟裂状。但下面的土由于水分不易排出，仍处于流动状态，稍加扰动，即呈触变现象；

5. 冲填前的地形对冲填土的固结排水有很大影响。如原地面高低不平或局部低洼，冲填后土体内的水分不易排出，就会使它在较长时间内仍处于饱和状态，压缩性很高。而当冲填于坡岸上时，则其排水固结条件就比较好。

冲填土的工程性质主要与它的颗粒组成、均匀性和排水固结条件有关。如冲填年代较久、含砂粒较多的冲填土，其固结情况和力学性质就较好。冲填土与自然沉积的同类土相比较，具有强度较低、压缩性较高的特点。

二、素填土、杂填土、冲填土地基的处理

素填土地基的承载力取决于土的均匀性和密实度。未经人工压实的填土，一般比较疏松，但堆积时间较长的，由于土的自重压密作用，也能达到一定的密实度。未经人工压实的素填土地基，其承载能力除与填料的种类、性质和均匀程度等有关外，还与填土的龄期有很大的关系，一般随着填龄的增加而提高。如堆填时间超过10年的黏土和粉质黏土，超过5年的粉土以及超过2年的砂土，由于在自重作用下土体已得到一定程度的压密，从而具有一定的强度，可以作为一般工业与民用建（构）筑物的天然地基。对于堆填时间较短又未经分层压实的素填土，一般不能利用其作为建（构）筑物的天然地基，因为它一般比较疏松，不均匀，压缩性高，承载力低，且往往具有浸水湿陷性。在实际工程中由此而造成的地基不均匀沉陷事故已屡见不鲜。

如杂填土比较均匀，填龄较长又较为密实，在加强上部结构刚度的同时，可以直接将其作为一般小型工业与民用建（构）筑物的地基。而对有机质含量较多的生活垃圾土或对基础有侵蚀性的工业垃圾土，以及其他不能满足承载力和变形要求的杂填土均应进行人工处理。

多年来的实践表明，冲填土可以作为一般工业与民用建（构）筑物的天然地基。若冲填土的颗粒较细，黏粒含量较大或冲填在低洼地形内且原地表又有渗透性较差的土层存在，冲填后的水分不易排出，土体长期处于流动状态，则应进行加固处理。

当上述人工填土不能作为建（构）筑物的天然地基而需要处理时，应根据上部结构情况和技术经济比较，因地制宜地采用有效的地基处理方法。

如填土不厚，可将其全部挖除，将基础落深或采用加厚垫层（如采用灰土垫层或毛石混凝土垫层）；如填土分布宽度不大（如暗浜），可用基础梁跨越。

对于素填土和杂填土地基，通常采用的地基处理方法主要有：换填法、表面挤密法、表层压实法（包括机械碾压压实和机械振动压实）、重锤夯实法、强夯法、短桩法、灰土挤密桩法、灰土井桩法、振冲碎石桩法、干振砂石桩法等。

（一）换填法

将松软的填土全部或局部挖除，然后换填素土、灰土或砂石等材料。换填法的处理深度一般在 3m 以内比较经济。

（二）片石表面挤密法

该法适用于含软土较少、厚度不大的房渣土而地下水位又较低的情况。习惯做法是用 20～30cm 长的片石，尖端向下，密排夯入土中（从疏到密）。挤实后，地表往往会向上隆起 1cm 左右。经过这样处理后，加大了表层土的密实度，从而减小了地基的变形，承载力也可得到提高。

（三）机械振动压实法

振动可将无黏性的松散土振密。当对以建筑垃圾或工业垃圾为主的杂填土施振时，若对土粒产生的惯性力大于颗粒之间的摩擦力，颗粒之间将会发生相对运动，破坏了原来的松散平衡状态，达到更紧密的平衡状态。此方法适用于处理距地下水位 0.6m 以上的无黏性土或黏性土含量少、渗透性较好的松散填土地基。振动压实的效果与填土成分、振动遍数和振动时间等因素有关，原则上应振至不再下沉时为止。此外，还应考虑振动对邻近建（构）筑物的影响，在一般情况下振源距建（构）筑物不应小于 3m。

（四）重锤夯实法和强夯法

该法是利用重锤自由下落时的冲击能来夯实浅层填土地基，在其表面形成一层较为均匀的硬壳层。夯实的影响深度与锤重、锤底直径、落距以及土质条件等因素有关。此方法适用于处理距地下水位 0.8m 以上稍湿的填土地基，但在有效夯实深度（约等于夯锤直径，一般在 1.2m 左右）范围内存在地下水或软弱黏性土层时，就不宜采用重锤夯实，以免出现橡皮土现象。重锤夯实法也不适用于大块钢渣组成的杂填土，因其强度高，无法将其击碎，这时可采用强夯法。但此时要考虑强夯对周围已有建（构）筑物的振动影响。

（五）短桩法

当暗浜内填土之下不深处（如 10m 以内）有较好的持力层时，采用打短桩的方法往往可得到较好的处理效果。在设计时可考虑桩承台底面之下土与桩的共同作用。

（六）灰土挤密桩法

灰土挤密桩法适用于地下水位以上的填土地基，是提高地基承载力、降低压缩性的一种经济、有效的方法。它采用机械打桩机将一定直径的桩管打入土中，然后拔出桩管，用 2∶8（体积比）的灰土分层填入（如在水下或估计以后有可能浸水时，可改用 3∶7 灰土，根据具体情况也可考虑掺加部分水泥，一般掺加的水泥量约为灰土体积的 5%～10%），用夯实机夯实。夯锤直径要选用小于桩孔直径 100～120mm，其下端略呈锥体形、锤重大于 1kN 的梨形锤。夯实机应采用偏心轮夹杆式或电动绞车式夯实机，落距 0.6～1.0m，分层夯实。桩管一般采用无缝钢管制成，下端焊成 60°角的尖锥形，桩尖可以上下活动。当桩管打入土中时，活动桩尖与桩端顶紧；当桩管拔起时，桩尖与桩端脱开，空气即可流入，避免产生负压而增加拔桩阻力。

灰土挤密桩施工时应注意：

1. 当桩距小于3倍的桩径或2m时，应施行跳打。中间空出来的桩位要待其相邻两个桩孔都已回填成为灰土桩后才能施打，以免打桩时将相邻桩孔挤塌；

2. 桩管入土时的倾斜度不得大于2%，以免造成拔桩管困难，且易破坏桩孔，影响夯实成桩；

3. 桩管打到预定深度后，应立即将其拔出。拔桩管时应使活动桩尖脱开，避免在孔内产生负压，造成桩孔回缩淤塞；

4. 为了保证施工质量，灰土桩应夯筑到基底设计标高以上20～30cm；

5. 应及时检查桩孔和灰土桩的质量；

6. 如在地下水位以下为软弱土层，或有洞穴、暗坑，则在拔出桩管后会迅速渗水、积水，影响成桩。这时应将孔内积水排出，如排水有困难，可改为砂桩；

7. 当桩孔中部或底部因有软弱土层而发生缩颈淤塞现象时，如缩颈不太严重，可用洛阳铲将桩孔上部的软土铲出，或在淤塞的桩孔下部夯填干砖渣、生石灰块，也可在填入灰土后复打扩大，减少缩颈。如桩孔下部淤塞严重，可改为砂桩，到软弱土层以上再改为灰土桩。

灰土桩的挤密效果好，施工速度快，工期短，造价低，是一种较好的填土地基处理方法。

（七）砂石桩挤密法

该法利用机械通过振动或锤击成孔，然后再将砂石料灌入填土层中进行挤密。这种方法的处理深度较大，可达5～10m。

（八）灰土井桩法

灰土井桩法是开挖一个直径1.0m以上的井，然后用2∶8灰土分层回填夯实，形成一个圆柱体（见图9-4），建（构）筑物荷载通过它传递到较深的坚实土层上，所以也可将其看作是一种深基础。采用灰土井桩可避免大挖大填的填土地基传统处理方法的缺点。灰土井桩的设计深度一般根据建（构）筑物荷载大小及地质条件决定，原则上应支承在密实土层上，如填土的厚度较大，也要力求支承在较为密实的填土层上。灰土井桩的施工一般采用人工开挖，一般情况下井壁不会坍塌。挖井要尽可能铅直，防止偏斜歪扭。成孔后将灰土按2∶8或3∶7的比例拌合均匀，并按最优含水率控制施工。

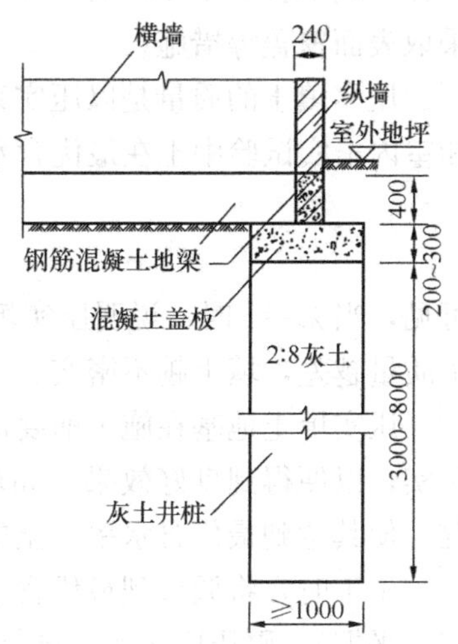

图9-4　灰土井桩

灰土井桩的优点是施工简便，不需要机械设备及熟练技工，便于应用。由于处理范围比大开挖小得多，所以省工省料，工期较短，成本较低，而且安全可靠。灰土井桩的缺点是人力挖井及夯填灰土劳动强度大，墙梁配筋比灰土桩挤密消耗钢材、水泥稍多，质量检验要求高，人工夯填不如机械操作易于保证质量。

（九）振冲法和振冲置换法

对砂土填土可采用振冲挤密法，靠振冲器的强力振动使砂土颗粒重新排列，颗粒之间的孔隙体积减小，同时加填料使砂土挤密。对黏性土填土可采用振冲置换法，采用振冲器在高压水流的作用下振冲成孔，再向孔内分批填入碎石等材料形成桩体，桩体与桩间土构成复合地基，从而提高地基承载力、减小变形。

对于冲填土地基，除了可以采用上述的换填法、短桩法等方法之外，还可应用砂井预压法、电动化学灌浆法等方法进行加固处理。当上述方法不能满足要求时，可改用桩基，但应考虑桩侧的负摩擦力。设计时应注意到，由于冲填土往往还没有完成其自重固结，在计算建（构）筑物沉降时应考虑由自重压密引起的沉降值。如冲填时间较短，还应考虑在大面积冲填土的自重作用下，其下卧天然土层将会受压变形，可能引起大面积的地面下沉。施工时还应注意到冲填土由于结构性强，在开挖基坑（槽）时，在渗流作用下有可能会发生流砂现象。

9.5.3 压实填土

一、压实填土概述

在进行工程建设时，如填方数量大，应尽可能事先确定建（构）筑物的位置，利用分层压实的方法来处理填方。只要填土土料合适，而且严格控制施工方法，就能完全保证压实填土地基的质量，使其具有较好的力学性能，直接作为建（构）筑物的地基。实质上，压实填土地基相当于整片素土垫层。

二、压实填土地基的设计与施工

填土土料的选择应以就地取材为原则，如碎石、卵石、砂夹石、土夹石和黏性土都是良好的填料，但前四种应注意其颗粒级配，而后者则要注意其含水率。淤泥、耕土、冻土、膨胀性土以及有机质含量大于 8%的土都不得作为填料。当填料内含有碎石时，碎石粒径一般不宜大于 20cm。当填料的主要成分为强风化岩层的碎块时，应加强地面排水和采取表面覆盖等措施。

压实填土的质量是以压实系数λ_c来控制的，它是填土施工时实际达到的控制干密度ρ_d和室内击实试验中土在最优含水率时的最大干密度ρ_{dmax}的比值，即

$$\lambda_c = \frac{\rho_d}{\rho_{dmax}} \tag{9-10}$$

可见，当$\lambda_c=1$时，说明压实填土地基的施工质量与实验室所得到的一样，λ_c越小，则施工质量越差，填土越不密实。

压实填土地基在施工前要清除基底杂草、耕土和软弱土层。填土要求在最优含水率时压实，以便得到良好效果。如填料的原始含水率与最优含水率有差别，应把土晾干或加湿，使其达到最优含水率。土的加湿要力求均匀。

施工时，将调节到最优含水率的填料，按规定的虚铺厚度铺平，而后进行碾压（或夯实、平振）。碾压应按次序进行，避免漏压，在机械压不到的地方应用人工补夯。质量检验工作应随施工进度分层进行。根据工程需要，每 100～500m^{2}内应有一个检验点，测定填土的干密度，并与控制干密度或压实系数比较。如未达到要求，应增加压实遍数，或挖开把土块打碎并重新压实。为保证质量，还要认真进行验槽，发现问题，及时处理。

综上所述，对人工填土地基的处理可归纳为如下方法：

1. 直接利用法

填土不经处理直接作为基础持力层是最为经济的，但有一定的限制条件。若填土具有

一定的分布范围且为稍-中密的一般性稳定填土，经分析验算可直接作为低层（1～3层）、多层（4～6层），少数高层（7～9层）建（构）筑物基础的持力层。直接利用填土作为天然地基时，应采用适宜的基础形式和相应的建筑和结构措施，以提高和改善建（构）筑物对抗不均匀沉降的能力。

2. 局部置换法

若填土为小范围分布、松散且含较多生活垃圾和有机易分解物质的新填土，可以采取开挖清除并用砂卵石置换的方法。在换填时应注意回填料的级配并应分层夯实。若填土的分布范围较大，松散，含易分解物质较多且场地周边宽阔，可采用强夯置换法，填置块石、卵石等。

3. 压实法

若填土为松散、稳定的填土，可采用压路机碾压、夯实以及用强夯法、堆载预压法等处理。

4. 挤密、胶结法

若填土的分布范围较大，松散且含生活垃圾较少，可以根据当地经验和施工条件，采用振冲碎石桩法、深层搅拌法、CFG桩法等方法进行处理，以形成复合地基，再按复合地基理论进行设计。

5. 桩基础法

若填土的厚度较大且变化剧烈，其下有良好桩端持力层，建筑荷载较大且对沉降敏感时，可以考虑采用桩基础法。

9.6 多年冻土

冻土是指温度不高于0℃，含有冰的土。冻土按其保持冻结状态的时间长短可分为3类：1. 瞬时冻土，冻结时间小于1个月，一般为数天或数小时（夜间冻结）。冻结深度从数毫米至数十毫米；2. 季节冻土，冻结时间不小于1个月，冻结深度从数十毫米至1～2m，为地表层寒季冻结、暖季全部融化的土；3. 多年冻土，冻结状态持续2年或2年以上的土。

9.6.1 多年冻土概述

我国的多年冻土主要分布在青藏高原、帕米尔及西部高山区——天山、阿尔泰山和祁连山等地区，在东北大、小兴安岭和其他高山的顶部也有零星分布。其总面积约为215万km^2（占我国总面积的22.3%，约占世界多年冻土面积的10%），全世界多年冻土的面积约占陆地总面积的25%。

多年冻土地基的表层常覆盖有季节冻土（或称融冻层）。在多年冻土上建造建（构）筑物后，由于建（构）筑物传到地基中的热量改变了多年冻土的地温状态，使冻土逐年融化而强度显著降低，压缩性明显增高，从而导致上部结构破坏或妨碍正常使用。多年冻土与季节冻土不同，埋藏深而厚度大，设计中很难处理，因此有必要作为特殊地基来考虑。

多年冻土按其发展趋势，可分为发展的和退化的。如土层每年的散热比吸热多，多年冻土逐渐变厚，即为发展的多年冻土；如土层每年吸热比散热多，地温逐渐升高，多年冻土层逐渐融化变薄以致消失，即为退化的多年冻土。当然，在自然条件下，不论是发展还是退化都是十分缓慢的过程。但了解其发展趋势，对于应采取怎样的设计原则是十分重要的，因为可以能动地顺应自然和改造自然，视工程要求加速或延缓其变化。如清除地表草皮等覆盖，可加速多年冻土的退化，而采用厚填土则可加速多年冻土的发展，使上限上升。

多年冻土的融沉性分类 **表 9-5**

土的名称	总含水率 w（%）	平均融沉系数 δ_0	融沉等级	融沉类别	冻土类型
碎（卵）石，砾、粗、中砂（粒径小于 0.075 mm 的颗粒含量不大于 15%）	$w<10$	$\delta_0\leqslant1$	Ⅰ	不融沉	少冰冻土
	$w\geqslant10$	$1<\delta_0\leqslant3$	Ⅱ	弱融沉	多冰冻土
碎（卵）石，砾、粗、中砂（粒径小于 0.075 mm 的颗粒含量大于 15%）	$w<12$	$\delta_0\leqslant1$	Ⅰ	不融沉	少冰冻土
	$12\leqslant w<15$	$1<\delta_0\leqslant3$	Ⅱ	弱融沉	多冰冻土
	$15\leqslant w<25$	$3<\delta_0\leqslant10$	Ⅲ	融沉	富冰冻土
	$w\geqslant25$	$10<\delta_0\leqslant25$	Ⅳ	强融沉	饱冰冻土
粉、细砂	$w<14$	$\delta_0\leqslant1$	Ⅰ	不融沉	少冰冻土
	$14\leqslant w<18$	$1<\delta_0\leqslant3$	Ⅱ	弱融沉	多冰冻土
	$18\leqslant w<28$	$3<\delta_0\leqslant10$	Ⅲ	融沉	富冰冻土
	$w\geqslant28$	$10<\delta_0\leqslant25$	Ⅳ	强融沉	饱冰冻土
粉土	$w<17$	$\delta_0\leqslant1$	Ⅰ	不融沉	少冰冻土
	$17\leqslant w<21$	$1<\delta_0\leqslant3$	Ⅱ	弱融沉	多冰冻土
	$21\leqslant w<32$	$3<\delta_0\leqslant10$	Ⅲ	融沉	富冰冻土
	$w\geqslant32$	$10<\delta_0\leqslant25$	Ⅳ	强融沉	饱冰冻土
黏性土	$w<w_p$	$\delta_0\leqslant1$	Ⅰ	不融沉	少冰冻土
	$w_p\leqslant w<w_p+4$	$1<\delta_0\leqslant3$	Ⅱ	弱融沉	多冰冻土
	$w_p+4\leqslant w<w_p+15$	$3<\delta_0\leqslant10$	Ⅲ	融沉	富冰冻土
	$w_p+15\leqslant w<w_p+35$	$10<\delta_0\leqslant25$	Ⅳ	强融沉	饱冰冻土
含土冰层	$w\geqslant w_p+35$	$\delta_0>25$	Ⅴ	融陷	含土冰层

注：1. 总含水率 w，包括冰和未冻水；
2. 盐渍化冻土、冻结泥炭化土、腐殖土、高塑性黏土不在表列。

多年冻土的融沉性是评价其工程性质的重要指标。冻土的融沉性可由试验测定出的融化下沉系数表示，根据融化下沉系数 δ_0 的大小，多年冻土可分为不融沉、弱融沉、融沉、强融沉和融陷五级（见表 9-5）。冻土的平均融化下沉系数 δ_0 可按下式计算：

$$\delta_0=\frac{h_1-h_2}{h_1}=\frac{e_1-e_2}{1+e_1}\times100(\%) \tag{9-11}$$

式中 h_1、e_1——分别为冻土试样融化前的高度（mm）和孔隙比；

h_2、e_2——分别为冻土试样融化后的高度（mm）和孔隙比。

土冻结时，不仅其温度处于 0℃或以下，更重要的是土体中出现冰晶体，逐步将原来矿物颗粒间的水分联结为冰晶胶结，使土体具有特殊的性质：具有很高的抗压强度；压缩性显著减小；增大了土体的导热系数和电阻率；较其融化状态时具有更大的流变性等。

由于水在冻结为冰时，其体积将增加约 9%。因此土的冻胀是指土在冻结过程中，土中水分（包括外界向冻结锋面迁移的水分及土体孔隙中原有的部分水分）冻结成冰，并形成冰层、冰透镜体、多晶体冰晶等形式的冰侵入土体，引起土颗粒之间产生相对位移，使土体体积产生不同程度的扩胀现象。

随着土质、土中含水率及冻结条件、附加荷载等条件的不同，土体可产生不同程度的冻胀，在其融化后又会产生不均匀下沉（融沉）现象。

融沉又称热融沉陷，是指土中冰融化所产生水的排出以及土体在融化固结过程中局部地面的向下运动。一般是由于自然（气候转暖）或人为因素（如砍伐与焚烧树木、房屋采暖）改变了地面的温度状况，引起季节融化深度加大，使地下冰或多年冻土层发生局部融化所造成的。

当土体的温度发生变化时，由土中水分冻结与融化所引起的物态的变化，严重地影响着土的性质，进而影响着建（构）筑物地基的稳定性。多年冻土地区中每年融化季节所能影响到冻土的最大融化深度，称为季节融化层。它将随着季节变化而产生冻胀和融沉，使建（构）筑物丧失稳定性或产生强度破坏。

工程建（构）筑物的修建和运营对多年冻土地基将产生热变迁作用，使得原有的热平衡条件发生变化，导致多年冻土的上限下降，出现融沉。

在多年冻土地区修建的建（构）筑物，有可能因冻害而受到损害。引起建（构）筑物受损的原因主要有：

一、冻胀引起的破坏

冻胀的外观表现是土表层不均匀的升高，冻胀变形常常可以形成冻胀丘及隆起等一些地形外貌。当地基土的冻结线侵入到基础的埋置深度范围内时，将会引起基础产生冻胀。当基础底面置于季节冻结线之下时，基础侧表面将受到地基土切向冻胀力的作用；当基础底面置于季节冻结线之内时，基础将受到地基土切向冻胀力及法向冻胀力的作用。在上述冻胀力作用下，建（构）筑物基础将明显地表现出随季节而上抬和下落变化。当这种冻融变形超过房屋所允许的变形值时，便会产生各种形式的裂缝和破坏。

二、融沉引起的破坏

在天然情况下发生的融沉往往表现为热融凹地、热融湖沼和热融阶地等，这些都是不利于建（构）筑物安全和正常运营的条件。融沉是多年冻土地区引起建（构）筑物破坏的主要原因。建（构）筑物地基融沉主要是由于施工和运营的影响，改变了原自然条件的水热平衡状态，使多年冻土的上限下降。具体原因可能有：1. 施工期造成热平衡条件破坏；2. 地表水渗入；3. 建（构）筑物采暖散热使多年冻土融化。

在冻土地区修建建（构）筑物，除了要满足非冻土区建（构）筑物所要满足的强度与变形条件外，还要考虑以冻土作为建（构）筑物地基时，其强度随温度和时间而变化的情况。所以采取什么样的防冻胀和融沉措施来保证冻土区建（构）筑物地基的稳定，是关系到冻土区工程建设成败的关键所在。

9.6.2 多年冻土地基的设计原则

在广阔的多年冻土地区蕴藏着丰富的矿藏、森林和土地资源，由于资源开发的需要，多年冻土区已成为人类生产和生活的场所。由于冻土中冰的存在决定了寒区工程建设独有的特点，如不采取与一般条件不同的特殊措施和方法，则既可能引起多年冻土区工程建（构）筑物运行遭受冻害威胁，也可能造成严重的经济浪费。

在我国多年冻土地区，多年冻土的连续性不是很高，所以建（构）筑物的平面布置具有一定的灵活性。通常情况下，应尽量选择各种融区和粗颗粒的不融沉性土作地基，上述条件无法满足时，可利用多年冻土作地基，但一定要考虑到土在冻结与融化两种不同状态下，其力学性质、强度指标、变形特点、热稳定性等物理力学特征相差悬殊的特点。所以，在这种情况下首先应根据冻土的冻结与融化状态，确定多年冻土地基的设计状态。

多年冻土地基的设计，可以采取两种不同的设计原则：1. 保持冻结状态；2. 允许融化状态。

保持冻结状态即指在建（构）筑物施工和使用期间，地基土始终保持冻结状态。

一般说来，当冻土厚度较大，土温比较稳定，或者是坚硬的和融陷性很大的冻土时，采取保持冻结状态的设计原则比较合理，特别是对那些不采暖房屋和带不采暖地下室的采暖建（构）筑物最为适宜。对于塑性冻土或采暖建（构）筑物，如能采取措施，保证冻土地基的温度不比天然状态高时，也可按保持冻结状态法进行设计。

允许融化状态又可以根据具体条件分为两种：逐渐融化状态（即指在建（构）筑物施工和使用期间，地基土处于逐渐融化状态）和预先融化状态（即在建（构）筑物施工之前，使地基融化至计算深度或全部融化）。

当符合以下条件之一时，采取允许融化状态的设计原则较为合理：冻土是退化的，厚度不大；基岩或不融陷且承载力很高的土层埋藏较浅；不连续分布的小块岛状冻土或融陷量不大的冻土层。特别是对上部结构刚度较大或对差异沉降不敏感的建（构）筑物、大量散热的建（构）筑物（如高温车间、浴室等）且不允许采用通风地下室或其他保持地基冻结状态的方法时，更应该按允许融化的原则进行设计。当预估融陷量超过地基容许变形值时，也可采取人工预融法将冻土融化后再建基础，或者适当加固地基（如换填融陷性不大的土等）。

9.6.3 多年冻土地基的处理方法

为控制地基土的变形，可根据需要采用不同的地基处理措施和结构设计方法。以多年冻土区地基设计原则为出发点，表 9-6 对各种方法的加固原理及其适用范围进行了比较。为保持地基土冻结的状态，可根据地基土和建（构）筑物的具体形式选择使用架空通风基础、填土通风管基础、用粗颗粒土垫高地基、热桩和热棒基础、保温隔热地板以及把基础底板延伸至计算的最大融化深度之下等措施。当采用逐渐融化状态进行设计时，以加大基础埋深、采用隔热地板、设置地面排水系统、加大结构的整体性和空间结构或增加基础的柔性等基础设计措施来减小地基的变形。假如按预先融化状态设计，且融化深度范围内地基的变形量超过建（构）筑物的允许值时，可采取下列措施之一来达到减小变形量的目的：用粗颗粒土置换细颗粒土或预压加密、保持基础底面之下多年冻土的人为上限不变、加大基础埋深或必要时采取适应变形要求的结构措施等。

对地基处理方法的选用要力求做到安全使用、确保质量、经济合理、技术先进。我国地域辽阔，多年冻土区的工程地质和水文地质条件千差万别，各地的施工机械条件、技术水平、经验积累都不尽相同，所以在选用地基处理方法时一定要因地制宜，充分发挥各地的优势，有效的利用当地条件。对每种处理方法要有明确的认识，分清它的适用范围、局限性和优缺点。对每一具体工程应从地基条件、处理要求、工程费用以及材料等各方面进行具体细致的分析，因地制宜地确定合适的地基处理方法。

冻土区地基处理方法分类及其适用范围　**表 9-6**

使用原则	方法	使用原理	适用范围
保持冻结状态的设计原则	架空通风管基础法	这种基础形式一般是在桩顶部设置混凝土圈梁，保持与地面间有一定空间，以防土体冻胀时把圈梁抬起。还可以使房屋架空，让空气自由地沿地面与房屋底面板间的空间的空气流通，将室内散发的热量带走，以保持地基土处于冻结状态	稳定的多年冻土区且热源较大地质条件较差（如含冰量大的强融沉性土）的房屋建筑
	填土通风管基础法	将通风管埋入非冻胀性填土中，利用通风管自然通风带走建（构）筑物的附加热量，以保持建（构）筑物地基的天然上限不变，保持地基的冻结状态	多用于多年冻土区不采暖的建（构）筑物，如油罐基础、公路或铁路路堤等
	垫层法	主要是利用卵石、砂砾石等粗颗粒材料的较大孔隙和较强的自由对流特性。这样做不仅可以保证冻结过程中不产生水分迁移和聚冰现象且在冻结过程中水分从冻结锋面的高压端向非冻结面压出；而且还使得冬夏冷热空气由于空气密度等差异而不断发生冷量交换和热量屏蔽，其结果有利于保护多年冻土	多用于卵石、砂砾石较多的多年冻土区
	热桩、热棒基础法	利用热桩、热棒基础内部的热虹吸将地基土中的热量传至上部散入大气中，来达到冷却地基的效果	热桩适用于多年冻土的边缘地带，在遇到高温冻土时，重要建筑与结构为下面的基础可用热桩隔开。而热棒是作为已有建（构）筑物在使用过程中遇到基础下冻土温度升高、变形加大等不利现象时的有效加固手段
	保温隔热地板法	在建（构）筑物基础底部或四周设置隔热层，增大热阻，以推迟地基土的融化，降低土中温度，减少融化深度，进而达到防冻胀的目的	多用于多年冻土地区的采暖建（构）筑物
	桩基础法	当基础底面延伸至计算的最大融化深度以下时，可以消除地基土在冻结过程中法向冻胀力对基础底部的作用，同时也可以消除融化下沉的影响	多适用于多年冻土区的桩、柱和墩基等基础的埋置
	人工冻结法	冻土只能在负温下存在，且温度越低，冻土强度越大	只有保护冻土才能保持建（构）筑物的稳定，但以上措施都无法使用时，可考虑采用人工冻结法
逐渐融化状态的设计原则	加大基础埋深	加大基础埋深，并使基底之下的融化土层变薄，以控制地基土逐渐融化后，其下沉量不超过允许变形值	当持力层范围内的地基土在塑性冻结状态，或室温较高，宽度较大的建（构）筑物以及热管道及给排水系统穿过地基时，由于难以保持土的冻结状态
	选择低压缩性土为持力层	压缩性低的土为地基时，其变形量也小	
	设置地面排水系统	降低地下水位及冻结层范围内土体的含水率，隔断外水补给来源和排除地表水以防止地基土过于潮湿	

续表

使用原则	方法	使用原理	适用范围
逐渐融化状态的设计原则	采用保温隔热板或架空热管道及给排水系统	防止室温、热管道及给排水系统向地基传热，达到人为控制地基土融化深度的目的	适用于工业与民用建筑，热水管道的铺设以及给排水系统的铺设工程
	加强结构的整体性与空间刚度	可抵御一部分不均匀变形，防止结构裂缝	适用于允许有大的不均匀冻胀变形的建（构）筑物，但为防止有不均匀冻胀变形而导致某一部分结构产生强度破坏，应采取措施增大基础或上部结构的刚度或整体性
	增加结构的柔性	适应地基土逐渐融化后的不均匀变形	适用于寒冷地区的公路、铁路和渠道衬砌工程中，以及在地下水位较高的强冻胀土地段工程中
预先融化状态的设计原则	用粗颗粒土置换细颗粒土或预压加密土层	利用粗颗粒材料较大的孔隙和较强的自由对流特性，降低土的冻胀对地基变形的影响	
	保持多年冻土人为上限相同	具有相同多年冻土上限值，可消除建（构）筑物地基冻胀量和不均匀沉降量的相对变化	
	预压加密土层	预压加密后可减小地基的变形量	适用于压缩性较大的土
	加大基础埋深	加大基础埋深，并使基底之下的融化土层变薄，以控制地基土逐渐融化后，其下沉量不超过允许变形值	
	结构措施	增强建（构）筑物的整体刚度或增加其柔性，适应地基变形要求	适用于工业与民用建筑等整体性较强的建（构）筑物

一、按“保持冻结状态”的原则进行地基处理

以多年冻土作为地基的寒区建（构）筑物的破坏主要来自建（构）筑物运行中对冻土地基放热而引起的冻土地基融化下沉，按“保持冻结状态”原则来修建多年冻土区建（构）筑物便是寒区工程特殊措施中应用最为广泛的一个方法。依照此原则，不但可以克服冻土的融沉，还可利用冻土材料强度高于融土的特性。按这种原则进行的地基处理主要有以下几种方法：

（一）桩基础法

这种基础形式一般是在桩顶部设置混凝土圈梁，保持与地面间有一定的空间，以防土体冻胀时将圈梁抬起。还可将建（构）筑物架空，使空气自由地沿地面与建（构）筑物地面板间的空间流通，将室内散发的热量带走，以保持地基土体处于冻结状态。

（二）垫层法

为保持地基土体的冻结状态，保证多年冻土上限不下降，还可采用卵石、砂砾石等作为垫层材料，设计足够厚度的垫层，然后在其上建造建（构）筑物。

（三）通风基础法、通风路堤法

通风基础包括架空通风基础和管道通风基础两种形式。架空通风基础系指天然地面与建（构）筑物一层地板底面保持一定通风高度的下部结构。对于大多数建（构）筑物，架空净空距离应不小于 0.6m，而对于大型建（构）筑物，架空空间应适当加大。这样，在夏季，地基土层由于上部建（构）筑物的遮阴作用不易融化，而在冬季，通过寒冷空气在架空空间内的流通，可进一步冷冻地基土层；管道通风基础是在建（构）筑物地板下用非冻胀性的砂砾料垫高，并在其中埋设通风管道（通风管道应与当地风向的主导方向一致），它可以利用冬季自然通风使地基土体保持冻结状态，在夏季，可将通风管道口堵塞，阻止热空气的进入，达到保温的目的。

在多年冻土区的铁路路基施工中，抛石护坡路堤和粗、细颗粒土互层路堤也是保护冻土有效的方法之一。块石层在寒季的当量导热系数是暖季当量导热系数的 5～10 倍甚至更多。因此，块石层可有效地提高路堤下地基的蓄冷量，可对多年冻土地基进行保护，效果明显优于导热系数不随温度变化的各类保温材料。从理论上讲，抛石护坡和粗、细颗粒土互层路堤由于其孔隙性大，空气可在其中自由流动或受迫流动。当暖季受热后，热空气上升，块石中仍能维持较低的温度，块石中的对流换热向上。因此，传入地中的热量较少。寒季时，冷空气沿块石之间的孔隙下降，对流换热向下，较多的冷量可以传入地基中。块石的热传导量在寒季和暖季可能大体相等。但导热在整个热传输过程中占的比重较小，所以块石护坡的综合效果是冷量输入大于热量输入。另一方面，抛石堆体内以其较大的空隙和较强的自由对流使得冬、夏季的冷、热空气由于空气密度等差异而不断发生冷量交换和热量屏蔽。以上特点均可维持冻土上限的热平衡，保持路基下冻土上限的位置或促使上限上升，其结果有利于保护多年冻土。而且抛石护坡、碎块石互层通风路堤还具有价格低廉的优点。

（四）热管（桩）法

热管是一种汽液两相对流循环的热导系统，它实际上是一根密封并抽真空的管，内有毛细多孔管芯或螺旋线和一定量的工作液体（亦称为工质，如氨、氟利昂、丙酮等）。热管的地面以上部分为冷凝段（由散热片组成），插入地面以下的部分为蒸发段（见图9-5）。当地温大于气温（即蒸发段的温度高于冷凝段的温度）时，蒸发段毛细孔中的液体工质吸收热量，蒸发成气体工质，在压差作用下，蒸汽上升至冷凝段，放出汽化潜热，再通过冷凝段的散热片散出。同时蒸汽工质遇冷冷却成液体，在重力作用下，液体沿管壁回流至蒸发段，如此往复循环，将热量传出，吸收冷量。上述汽液两相对流循环过程是连续的，只有当蒸发段的温度低于冷凝段的温度（如夏季）时，这种对流循环过程才停止，热管也就停止工作。因此，热管可以将冷量有效地传递贮存于地下，又可有效地阻止热量向下传递，是一种可控制热量传递的高效热导装置。图 9-6 所示为在某桩两侧安装了氨热管前后桩底土体温度的变化情况。热管可用于冷却地基土体、防止融

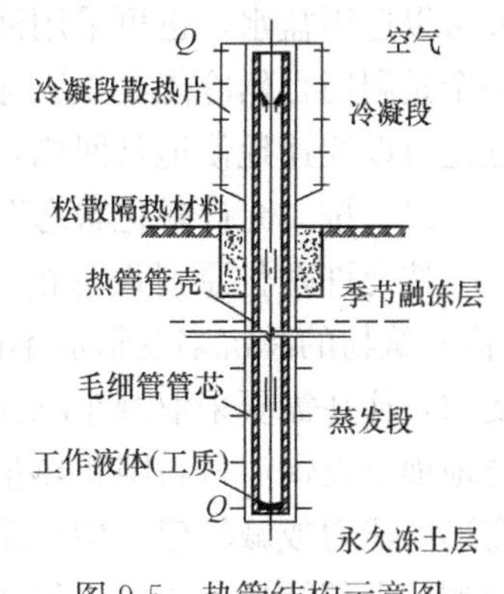

图 9-5　热管结构示意图

沉冻胀等冻害问题（见图 9-7）。

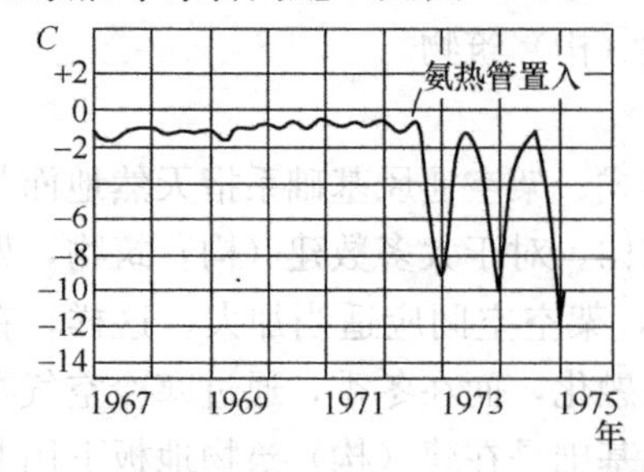

图 9-6　安装氨热管前后某桩桩底土体温度的变化

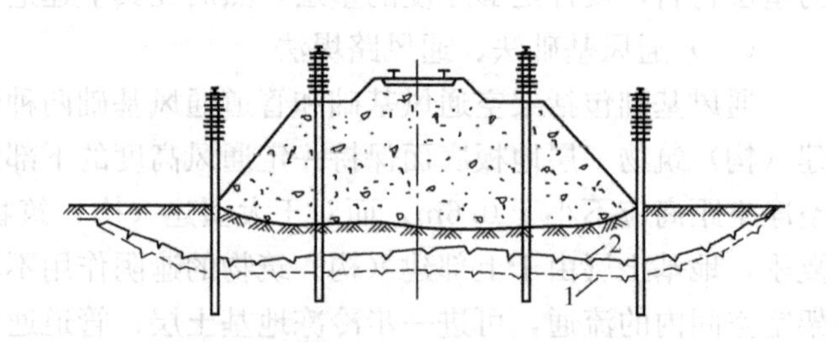

图 9-7　热管用于冷却冻土路基示意图

1—原冻土上限；2—热管应用后冻土上限上升

上述热管的主要优点是：无需外加能源即可自行工作，传热有明显的方向性，冻结时间长。

综上所述，热管在处理多年冻土地基的稳定性方面具有很高的应用价值，在技术上和理论上都是可行的。它不但可以降低地基土体的温度，提高冻土地基的承载力，而且可以有效地防止冻胀和融化下沉。

尽管热管是冷能综合利用的重要手段之一，但热管本身的应用有一定的局限性，其性能取决于气候条件（如气温、风速等），同时也受热管周围土体重度和含水率的影响，低于冻结温度的冻结期的长短和冷凝循环从基础中排出热量的速度都是决定热管周围土体冻结半径的直接因素。

一般而言，热管的冻结半径是随冻结指数的增大而增大。在热管设计中，冻结半径是一个重要的设计依据，因而可将冻结指数作为一个衡量热管应用限制的指标，在冻结指数大于 500℃ · d^{-1}的地区，热管具有良好的应用前景。

（五）遮阳棚法

采用遮阳棚遮挡路堤，可以显著地减少太阳对路堤的有效辐射，可以降低路面及路堤的温度，对减少冻土的融化量起到不可估量的作用，从而能够有效地保护和加强路基、路堤，提高道路的安全性。

（六）人工冻结法

人工冻结法是将冻结管插入土体中，利用人工冷液在冻结管中循环，使土层冻结。冷液可以选用盐水，也可采用液氮。此方法的原理类似于热管，不同的是一个是人工制冷，一个是利用自然冷能。人工冻结法已广泛应用于凿井和基坑支护方面。利用人工制冷的优点是可以快速地使地基回冻，使冻土地基保持稳定，缺点是造价可能偏高。

二、按“允许融化状态”的原则进行地基处理

按允许融化原则设计的建（构）筑物基础，当基底以下的稳定融化盘形成后，建（构）筑物的总沉陷变形值不能超过建（构）筑物本身所能允许的变形值。为了满足上述要求，往往需要采取减小融化深度，进而减小融化下沉的一些工程措施，如在建（构）筑物地面下设保温材料阻止热量向下传导，换填砂砾石料等。为增强建（构）筑物结构适应变形的能力或减轻建（构）筑物的重量以减小沉降量，基础宜采用刚度大的整体式基础和轻型的上部结构。也可采用桩基础，使其埋置深度达到最大融化盘深度之下的多年冻土

内，以减轻融化盘范围内冻土融沉对建（构）筑物的影响。此外，还可通过剥离土层或其他工业融化方法对冻土进行预融、预固结，从而达到减少工后融化下沉量的目的。

9.7 膨胀土

9.7.1 膨胀土概述

膨胀土是指黏粒成分主要由亲水性矿物组成，同时具有显著的吸水膨胀和失水收缩两种变形特性的黏性土。

膨胀土是一类结构性不稳定的高塑性黏土，也是典型的非饱和土，它在世界范围内分布极广，迄今发现存在膨胀土的国家达40多个，主要分布在美国、澳大利亚、加拿大、印度、以色列、墨西哥、西班牙、委内瑞拉、中国以及南非、摩洛哥等非洲国家的热带和温带气候区的半干旱地区内（其地理位置大致在北纬60°到南纬50°之间，这些地区的年蒸发量均超过了年降水量）。

膨胀土在我国广泛分布于广西、云南、湖北、河南、安徽、四川、陕西、河北、江西、江苏、山东、山西、贵州、广东、新疆、海南等二十几个省（自治区），其总面积约在10万km^2以上，成因以残积或残坡积为主。

在天然状态下，膨胀土的工程性质较好，呈硬塑至坚硬状态，强度较高，压缩性较低，因而在过去膨胀土地基常被看做是一种较好的天然地基。但在经过了大量的工程实践后，人们才开始认识到它具有吸水膨胀、失水收缩并可往复变形的特性（亦称为膨胀与收缩的可逆性）。当它作为建（构）筑物地基时，如未经处理或处理不当，往往会造成不均匀的胀缩变形，导致轻型建筑、路基路面、边坡、地下建筑等的开裂和破坏，且不易修复，危害较大。

膨胀土常呈灰白、灰绿、灰黄、棕红或褐黄等色，以黏土为主，结构致密，多呈硬塑或坚硬状态。裂隙较发育，有竖向、斜交和水平裂隙3种。竖向裂隙有时出露地表，裂缝宽度上大下小，并向下逐渐减小以致消失。裂隙面光滑，呈油脂或蜡状光泽，有些裂隙面上有擦痕或水渍以及铁、锰氧化物薄膜，裂隙中常充填有灰绿、灰白色黏土。在大气影响深度范围内或不透水界面处附近常有水平裂隙。在邻近边坡处，裂隙往往构成滑坡的滑动面。我国各地膨胀土的含水率会随着季节的变化而变化，但总的说来，含水率大体在塑限左右变动，所以膨胀土多呈坚硬或硬塑状态。

膨胀土地区的地下水多为上层滞水或裂隙水，水位变化大，随季节而异。

按黏土矿物成分对膨胀土进行划分，可将其大致归纳为两大类，一类是以蒙脱石为主，另一类是以伊利石为主。蒙脱石的亲水性强，遇水浸湿时，膨胀强烈，对土建工程危害较大，伊利石则次之。云南蒙自、广西宁明、河北邯郸、河南平顶山等地的膨胀土多属第一类，安徽合肥、四川成都、湖北郧县、山东临沂等地的膨胀土多属第二类。

膨胀土的物理力学性质具有以下特点：

1. 粒径小于0.002mm的黏粒含量高，超过20%；
2. 天然含水率w接近塑限w_P，饱和度S_r一般大于85%；
3. 塑性指数I_P一般大于17，多数在22～35之间；
4. 液性指数I_L小，在天然状态呈硬塑或坚硬状态；

5. 缩限 w_S 一般大于11%，但红黏土类型膨胀土的缩限偏大；

6. 土的压缩性低，多属低压缩性土；

7. c、ϕ 值在浸水前后相差较大，尤其是 c 值可下降2～3倍以上。

膨胀土的主要工程特性指标有自由膨胀率、一定压力下的膨胀率、收缩系数和膨胀力。

自由膨胀率 δ_{ef} 应按下式计算

$$\delta_{ef}=\frac{V_{we}-V_0}{V_0}\times 100(\%) \tag{9-12}$$

式中 V_{we}——试样在水中膨胀后的体积，mL；

V_0——试样初始体积（等于10mL)。

具有下列特征的土可初判为膨胀土：

1. 多分布在二级或二级以上阶地、山前丘陵和盆地边缘，地形平缓，无明显自然陡坎；

2. 常见浅层滑坡、地裂，新开挖的路堑、边坡、基槽易发生坍塌；

3. 裂隙发育，方向不规则，常有光滑面和擦痕，裂缝中常充填灰白、灰绿色黏土；

4. 干时坚硬，遇水软化，自然条件下呈坚硬或硬塑状态；

5. 自由膨胀率一般大于40%；

6. 未经处理的建（构）筑物成群破坏，低层较多层严重，刚性结构较柔性结构严重；

7. 建（构）筑物开裂多发生在旱季，裂缝宽度随季节变化。

对初判为膨胀土的地区，应计算土的膨胀变形量、收缩变形量和胀缩变形量，并划分胀缩等级。计算和划分方法应符合现行国家标准《膨胀土地区建筑技术规范》GB 50112的规定。有地区经验时，亦可根据地区经验分级。

当拟建场地或其邻近有膨胀土损坏的工程时，应判定为膨胀土，并进行详细调查，分析膨胀土对工程的破坏机制，估计膨胀力的大小和胀缩等级。

9.7.2 膨胀土地基处理的设计原则和设计、施工措施

引起膨胀土灾害的内因主要为亲水性矿物、以 SiO_2、Al_2O_3 和 Fe_2O_3 为主的化学成分、黏粒含量、孔隙比、含水率、微结构和结构强度；外因是气候条件如降雨及蒸发、作用压力、地形地貌以及绿化、日照和室温。其中，膨胀土的水分转移与含水率变化是诱发其危害的关键因素。

基于上述认识，膨胀土地基的处理总体原则应根据当地的气候条件、土质特性与胀缩等级、场地的工程地质及水文地质情况和建（构）筑物结构类型等，结合当地经验和施工条件，通过综合技术经济比较，确定适宜的处理措施，尽量做到技术先进、经济合理。

按场地的地形地貌条件，可将膨胀土建筑场地分为两类：

1. 平坦场地：地形坡度小于5°；地形坡度大于5°小于14°且距坡肩水平距离大于10.0m的坡顶地带；

2. 坡地场地：地形坡度大于或等于5°；地形坡度小于5°，但同一座建（构）筑物范围内局部地形高差大于1.0m。

一、膨胀土地基处理的设计原则

膨胀土地基上建（构）筑物的设计原则，应从上部结构与地基基础两方面着手，设计

中除着重抓住控制膨胀土胀缩性这一主要矛盾选择合理的地基处理方法外，还需考虑加强上部结构的整体性与抗变形能力。

根据上述指导思想，膨胀土地基上建（构）筑物设计的基本原则为：

1. 位于平坦场地上的建（构）筑物，按变形控制设计，并考虑气候条件，充分估计季节循环中地基在很长时间（如 10 年后）可能发生的最大变形量及变形特征；

2. 位于坡地场地上的建（构）筑物，由于有顺层滑坡的可能性，所以除按变形控制设计外，还应验算地基的稳定性，结合排水系统、坡面防护和设置支挡建（构）筑物综合防治。

二、膨胀土地基处理的设计措施

膨胀土地基上建（构）筑物的设计措施如下：

（一）建筑措施

1. 场地选择：建筑场地应尽量选在地形条件比较简单、土质比较均匀、胀缩性较弱、便于排水且地面坡度小于 14°的地段；应尽量避开地形复杂、地裂、陡坎、可能发生浅层滑坡以及地下水位变化剧烈等地段。

2. 总平面设计：同一建（构）筑物地基土的分级变形量之差不宜大于 35mm，对变形有严格要求的建（构）筑物应布置在膨胀土埋藏较深、胀缩等级较低或地形较平坦的地段；竖向设计宜保持自然地形，并按等高线布置，避免大挖大填；所有排水系统都应采取防渗措施，并远离建（构）筑物。

3. 建筑设计：用于软弱地基上的各种建（构）筑物措施仍然适用，如建（构）筑物的体型力求简单，避免凹凸曲折及高低不一，在山梁处、建（构）筑物平面转折部位和高度（荷载）有显著差异部位、建筑结构类型（或基础）不同部位以及挖方与填方交界处或地基土显著不均匀处，宜适当设置沉降缝，以降低膨胀的不均匀性对建（构）筑物可能造成的危害。

4. 房屋四周场地种植草皮及蒸发量小的树种、花种，以减少水分蒸发。较大树种宜远离建（构）筑物 8.0m 以外，以避免水的集中。

（二）结构措施

1. 适当增大基础埋置深度（＞1.0m）或设置地下室，以减小膨胀土层的厚度并增大基础自重。

2. 采用对变形不敏感的结构，加强上部结构的刚度（如设置地梁、圈梁，在角端和内外墙连接处设置水平钢筋加强联结、承重砌体可采用拉结较好的实心砖墙等）。

（三）防水保湿措施

1. 在建（构）筑物周围做好地表防水、排水设施，如渗、排水沟等，沟底应做防水处理，以防下渗，尽量避免挖土，明沟散水坡适当加宽，其下做砂或炉渣垫层，并设隔水层，防止地表水向地基渗入；

2. 对室内炉、窑、暖气沟等采取隔热措施（如做 300mm 厚的炉渣垫层），防止地基水分过多散失；

3. 管道距建（构）筑物外墙基础外缘距离不小于 3.0m，同时严防埋设的管道漏水，使地基尽量保持原有天然湿度；

4. 屋面排水宜采用外排水。排水量较大时，应采用雨水明沟或管道排水。

（四）地基处理措施

详见9.7.3节。

三、膨胀土地基处理的施工措施

除了以上设计措施外，还可结合施工措施来保证建（构）筑物的安全可靠和正常使用。膨胀土地基上建（构）筑物的施工措施主要有：

1. 合理安排施工顺序，先施工室外道路、排水沟、防洪沟、截水沟等工程，疏通现场排水，避免建（构）筑物附近场地积水；

2. 施工临时用水点应距离建（构）筑物5m以上，水池、淋灰池、洗料场应距离建（构）筑物10m以上，加强施工用水管理，做好现场临时排水，防止管网漏水；

3. 基坑开挖采取分段连续快速作业，开挖到设计标高后立即施工基础，及时回填夯实，避免基槽泡水或曝晒。填土料不宜用膨胀土，也可掺入一定非膨胀性土料混合使用；

4. 混凝土砌体养护宜用湿草袋覆盖，浇水次数宜多，水量宜少。

9.7.3 膨胀土地基的处理方法

一、换填法

换填法是将膨胀土全部或部分挖掉，换填非膨胀黏性土、砂土、砂砾土、灰土、砂或碎石，以消除或减小地基胀缩变形的一种方法。其本质是回避膨胀土的不良工程特性，从源头上改善地基，是膨胀土地基处理方法中最简单、有效的方法。

膨胀土地基的换填厚度由胀缩变形计算确定，将剩余部分土的胀缩变形量控制在允许范围内。由于各地区的气候不同，在一定深度以下膨胀土含水率基本不受外界气候影响的临界深度和临界含水率有所不同，换填厚度应根据膨胀土的膨胀性强弱及当地的气候特点确定，一般可采用1.0～2.0m，强膨胀土地基的换填厚度可取2.0m，中膨胀土地基取1.0～1.5m，但具体换填厚度要根据调查后的临界深度来确定，最大厚度不宜超过3.0m。在基础之下膨胀土层较薄的情况下，该法比较可靠，且能根治膨胀土的危害，主要适用于路床基底、渠道、膨胀性土层出露较浅的建筑场地或对不均匀变形有严格要求的建（构）筑物地基，但对于大面积的膨胀土分布地区显得不经济。

换填法施工工艺简单，采用人工或机械挖除基底下一定深度的膨胀土，分层铺设非膨胀土或粗粒土，分层碾压，其换填效果与填料的含水率、干重度、土料土块尺寸、铺土厚度与碾压的质量等因素密切相关，如换填质量符合各项技术指标要求，并结合一些辅助措施，就能从根本上消除膨胀土的灾害。如湖北省襄十高速公路弱膨胀土路基，其填方基床与挖方路床均超挖0.3～0.6m，采用6%石灰土换填，松铺厚度在250mm左右，采用重型碾压机械碾压4～5遍，平均承载力与压实度分别达到179kPa和91.3%，均超过设计和规范要求；宁夏某泵站地基膨胀土采用灰土换填处理，厚2.5m，效果良好；河南南阳灌渠北干1号跃水闸下游渠段换填厚度1.5m，断面坡度1.0∶2.0，运行20余年，渠坡未发生破坏迹象。

若膨胀土厚度较薄，可将其全部挖除置换；若膨胀土厚度较厚，则只能部分挖除，回填砂、碎石类土，形成垫层。采用垫层处理方法时，垫层的厚度一般不应小于300mm，垫层宽度应大于基础的宽度，并做好防水处理。垫层可发挥两方面的作用：1）对差异沉降量的调节作用，调节作用随着外荷载的增大而增大；2）补偿作用，垫层的补偿作用是在外荷载作用下形成压密核的过程中产生的。垫层的调节和补偿作用与垫层的厚度及宽度关系密切。

垫层材料宜采用级配良好且质地坚硬的粒料，砂以中粗砂为好，碎石最大粒径不宜大于50mm，砂石含泥量不应超过5%。其夯压效果关键是将砂石夯实至设计要求密实度，施工时应控制以最优含水率分层铺设，逐层振实或夯实，分层厚度一般为150～200mm，一般在基底两侧各拓宽0.2m，基础两侧宜用与垫层相同的材料回填夯实，并做好防水处理，使雨水不灌入砂石层内。

二、土性改良法

（一）压实法

在压实功能的作用下，膨胀土的干密度增大而含水率减小，导致其内摩擦角和黏聚力增大，使地基承载力得到提高。但压实后膨胀土的胀缩性并没有受到抑制，因此压实法只适用于弱膨胀性土。压实后膨胀土强度的提高，补偿了膨胀土的胀缩变形对强度的影响。压实法的适用范围有限，但费用很低。

国内外在确定膨胀土的压实标准时，综合考虑到膨胀土的初期强度、长期强度以及强度衰减、胀缩变形、施工工艺等因素，认为只有控制合理的含水率和干密度指标，压实膨胀土才可能达到提高强度和降低胀缩性的目的。最新的研究成果表明，对弱膨胀土采用较最优含水率稍大而略低于塑限的压实含水率并控制好压实功能，既可获得较高的压实度与初期强度，又具有较低的胀缩性、较好的抗渗透性及较低的压缩性。因此，压实含水率与碾压或夯实功能的科学控制是压实控制法处理弱膨胀土的关键。

（二）掺合料法

在膨胀土中掺入一定比例的掺合料（如石灰、粉煤灰、矿渣、砂砾石和水泥等无机材料或有机化学添加剂），分层夯实，或通过设置石灰砂桩、压力注入石灰浆液，使得膨胀土的亲水性降低，稳定性增强，从而可以消除或减小地基土体的胀缩变形。

可按加固机理的不同可将掺合料法划分为物理改良法、化学改良法与综合改良法。

1. 物理改良法

物理改良法是在膨胀土中添加其他非膨胀性固体材料，通过改变膨胀土原有的土颗粒组成及级配，从而减弱膨胀土的胀缩能力，达到改善其工程特性的目的，常见的掺合料有风积土、砂砾石、粉煤灰与矿渣等。

现有的研究表明，对于某中等膨胀土掺入40%的风积土，虽膨胀土的收缩性有明显的改善，但膨胀率仍很大；掺入粉煤灰和风积土各20%，膨胀土的收缩性有明显的改善，但无荷载膨胀率仍较大，而在一定荷载作用下，其膨胀率就迅速下降。

事实上，由于粉煤灰颗粒平均粒径大于膨胀土的平均粒径，又无胀缩性，在膨胀土中掺加适量的粉煤灰，随着混合土中粉煤灰剂量增加，掺合土中无胀缩性骨架颗粒含量增多，致使其胀缩性减弱或消除，可提高土的强度。但掺入量较小时，对膨胀土的胀缩性没有很大的改良效果；掺入量较大时，由于粉煤灰从灰场运入到施工场地时，含水率很高，而膨胀土本身又为过湿土，实际施工时难以满足对含水率的规范要求。因此，单纯用粉煤灰改良膨胀土的实际工程鲜有成功的报道，一般都需结合化学改良法才有良好的效果，如掺石灰与粉煤灰进行膨胀土土性改良。至于砂砾石等其他掺合料也较少单独应用，在通常情况下均与石灰等化学改良添加剂按一定比例混合使用。比如向膨胀土中掺入10%的石灰和30%的风积土后，其膨胀性和收缩性都大大降低，改良后的膨胀土几乎可当成普通土看待，混合土的工程性质很好，这些都证实如单纯用物理改良法处理膨胀土，其应用范围是有限的，实际效果并不十分理想。

由于物理改良法并没有改变膨胀土的本性，因此该法主要适用于弱膨胀土的改良，实际选用时，需慎重考虑。

2. 化学改良法

化学改良法是在膨胀土中掺入一定添加材料，利用添加材料与膨胀土中的黏土颗粒之间的化学反应，以达到降低膨胀土膨胀潜势、提高强度和水稳定性的目的。该种处理方法的最大优点在于能从本质上改善膨胀土的工程性质，在理论上可以根本消除膨胀土的胀缩性，是国内外膨胀土工程处理技术中的研究热点。

当前，应用化学改良法加固膨胀土的添加材料种类较多，既有固体添加剂，也有液体添加剂，按其化学成分还可划分为无机添加剂和有机添加剂，现按添加剂的种类作简要概述。

(1) 石灰

石灰改良膨胀土的主要作用是使膨胀土的液限、膨胀性降低，显著提高土的塑限与强度，从本质上改善膨胀土的工程特性。由于石灰能有效抑制膨胀土的胀缩潜势，又具有经济与实施方便的优点，在工程界应用十分普遍。

关于石灰这种气硬性无机胶凝材料改性膨胀土的机理，一般可将其归纳为生石灰消化放热反应、碳酸化（硬化）、离子交换与胶凝反应 4 种作用。其中，第 1 种作用主要是促进化学改性进程；第 3 种作用十分有限，因为膨胀土中的阳离子绝大部分为 Ca^{2+}、Mg^{2+}，与石灰中的 Ca^{2+} 交换并无多大实际意义，除非膨胀土中的交换性阳离子 Na^{+}、K^{+} 占有相当大的比例。因此，石灰改性的主要作用为碳酸化作用和胶凝反应，这两种作用都发生了实质性的化学反应，即土中的 SiO_2、Al_2O_3 与石灰中游离出来的 Ca^{2+} 形成水化硅、铝酸钙胶体等新矿物，附着在土颗粒表面及颗粒之间，硬化后将土颗粒联结在一起，起到良好的胶结作用。

由于改性土的物理力学指标随石灰含量的变化有两种关系，一种是指标随石灰含量的增加呈单调增加或减少，如抗压强度、塑限、pH 值等；另一种是随石灰含量的增加，指标有最低值或最高值，如膨胀率、膨胀压力、塑性指数等。从膨胀土的改良目的出发，一方面要求土具有低膨胀性和高强度，另一方面要求经济可行。根据国内外资料，从降低膨胀土的膨胀性来看，一般加入 2%～4%的石灰就能使其膨胀率和膨胀压力降到很低，而从提高土的强度角度考虑，在一定范围内石灰含量越高，改良土的强度就越高，当石灰含量超过一定限度后，改良土的强度会随石灰含量的增加而降低。考虑到在现场实际施工过程中，石灰和膨胀土的掺合均匀性会比室内试验的要差，一般加入 6%左右的石灰，能获得较好的改良效果，至于具体的最佳石灰含量值，应根据膨胀土的胀缩等级通过试验确定，总的原则是改性土的技术指标应处于非膨胀土的范畴，如自由膨胀率小于 20%，胀缩总率小于 0.7 等，常用的石灰含量为 4%～10%。

采用石灰处理膨胀土时，应避免在雨季施工，保证施工连续与有效衔接，注意严格控制石灰剂量、石灰的均匀性、填料粒径、松铺厚度、拌合均匀程度与碾压遍数等影响工程质量的要素，并加强排水措施的实施和检测工作，以确保工程质量。

此外，掺拌石灰施工时易扬尘（尤其是掺生石灰），会造成一定环境污染，且易使灰土出现龟裂现象，需要加强施工工艺的改进与一定的保湿措施。在国内外应用化学改良膨胀土的各种方法中，应用最广泛、最有效的还是掺石灰法，且积累的施工经验也最丰富。因此，采用石灰改良膨胀土不失为一种较好且较成熟的处理技术。

(2) 水泥

作为一种水硬性胶凝材料，水泥与石灰的改性机理类似，主要作用在于钙酸盐和铝酸盐的水化物与土颗粒相互间的胶结作用，胶结物逐渐脱水和新生矿物的结晶作用，从而降低其液限，提高其缩限和抗剪强度，从而明显提高膨胀土的水稳定性与抗渗能力。

水泥土与石灰土的不同之处在于，前者的早期效应比后者明显，且水泥的凝聚作用更为显著，使黏土层之间的胶结力增大，从而使水泥土的强度和耐久性比石灰土更高，但就消除膨胀性而言，石灰是更好的稳定添加剂，水泥用于加固膨胀土的掺入量一般为4%～6%。

在工程实际应用中，常利用石灰与水泥的混合添加剂改良膨胀土，充分发挥石灰显著降低土的膨胀性和水泥显著提高土强度的优势，二者比例视改良土要求而定。

(3) NCS固化剂

NCS固化剂是一种新型复合黏性土固化材料的简称，由石灰、水泥与合成的"SCA"添加剂改性而成。NCS固化剂除具有石灰、水泥对土的改性作用外，它还进一步使土粒和NCS发生一系列物理化学反应，使膨胀土颗粒相互靠近，彼此聚集成土团，形成团粒化和砂质化结构，增强了土的可压实性；同时，膨胀土颗粒在NCS水化反应中生成新的水化硅酸钙和水化铝酸钙，提高了土体的强度和稳定性。

将NCS固化剂掺入土中经拌和后，在初期主要表现为土的结团、塑性降低、最优含水率增大和最大干密度降低等，后期变化主要表现为结晶结构的形成。NCS固化剂主要有离子交换、碳酸化与胶凝3种作用。其中，生石灰所起的作用是吸水和使黏土砂质化，固化后期与土粒发生胶凝反应提供后期强度；水泥熟料的作用是提供强度和增强土团粒之间的联结；"SCA"提供早期强度，起强烈吸水、促进土粒砂化并生成针状矿物，具有"微型加筋"功能。

施工实践表明，NCS固化剂具有较强的吸水性和显著提高土体强度的作用，以及固化土具有较好的水稳定性和冻融稳定性，在天然含水率较高的地区，采用6%～10%的NCS固化剂处理膨胀土，其收缩性小于石灰土，与采用石灰土处理土基及用石灰土作底基层相比，提高了路基、路面的整体强度，且在工程的管理、运输使用和配制混合料等方面都比常用的消石灰或生石灰方法简便，可以明显提高工程质量和加快施工进度，并易于控制密实度及均匀性，环境污染很小，值得推广应用。

(4) 有机化合物添加剂

有机化合物添加剂主要有Arguard 2HT、4-三氟丁基焦基苯酚、烷基苄基吡啶为主要成分的水溶液、多羟基多氮原子聚合物为主要成分的水溶液以及命名为705、706和707的专利溶液等。用这些溶液处理膨胀土，其共同的加固机理在于有机化合物添加剂中的有机阳离子与蒙脱石类（包括混层矿物）矿物晶层间阳离子的交换反应，即有机阳离子取代了原晶层间的无机阳离子。由于有机阳离子除了具有带正电荷的无机阳离子的功能外，还通过其碳、氢等与晶层底面氧产生氢键等作用，从而对带负电的晶层具有更强大的吸引力，使晶层间距变得比较稳定而不易受孔隙液体性质变化的影响，土中蒙脱石类胀缩性矿物晶体不发生明显的胀缩变化，从而减弱了膨胀土的胀缩能力，并可提高膨胀土的抗剪强度。

虽然有机化合物添加剂是一种无毒、无味、无臭的液体，化学溶液一旦被土吸附后，就被牢牢吸附，不会流失，且具有清洁无污染等多重优点，但迄今为止，国内尚无成功的经验，应慎重采用。

3. 综合改良法

所谓综合改良法，是利用物理改良法与化学改良法的加固机理，既改变膨胀土的物质组成结构，又改变其物理力学性质，集成化学改良土水稳定性较好、有较大的凝聚力和物理改良土有较高内摩擦角及无胀缩性的优势，达到强化膨胀土的土质改良效果。由于该法充分利用了一些固体废弃物与价格低廉的材料，如粉煤灰、矿渣与砂砾石等，有利于环境保护，改良质量又好，得到了工程界的普遍重视。当前在膨胀土工程建设中应用较多的有二灰土、石灰砂砾料与矿渣复合料等。

二灰土是一种用石灰与粉煤灰混合添加剂处理膨胀土的有效措施，由于石灰和粉煤灰之间的化学反应，有效地激发了粉煤灰的活性，生成较多的水化硅酸钙、水化铝酸钙和水化硅铝酸钙等胶结物质，使混合料的强度大幅度提高，胀缩性大幅度下降，具有良好的水稳定性能和抗冻性能，且整体性强，施工方便，造价较为经济，常用于建（构）筑物地基或路基处理。

矿渣复合料由膨胀土、矿渣、水泥、砂等组成。矿渣和水泥水化后产生 $Ca(OH)_2$，在膨胀矿物表面形成固化层，可增强膨胀土的稳定性，提高膨胀土地基的承载力。矿渣复合料养护 28d 的抗压强度为 5.0～8.0MPa，抗折强度为 1.5～2.0MPa。此外，矿渣复合料还可完全消除膨胀土的遇水膨胀特性。矿渣复合料具有广阔的应用前景，造价低，施工方便。

石灰砂砾料是在石灰土的基础上，掺入一定量的砂砾石来改良膨胀土，综合了石灰土水稳定性较好、有较大的凝聚力和砂砾料有较高的内摩擦角及无胀缩性的优势，处治效果良好。

需要说明的是，在处理膨胀土的各种掺合料法中，如何均匀、有效改良膨胀土，以及如何科学合理地确定质量控制指标与快速准确地计量掺入料是在施工中普遍存在的难题。因此，除需继续研究各种改良新方法外，加强其施工工艺的研究也十分必要。

三、保湿法

保湿法的原理：保持膨胀土中的含水率不变，从而防止地基的胀缩变形。

（一）暗沟保湿法

暗沟保湿法的原理：膨胀土地基如充分浸水至膨胀稳定含水率（即胀限），并维持在胀限含水率，则地基既不会产生膨胀变形，也不会产生收缩变形，从而保证建（构）筑物不致遭受地基胀缩变形而导致破坏。暗沟保湿法适用于有经常水源的三层以下房屋的处理，对于无经常水源的房屋、强膨胀土地基和长期干旱地区不得采用。

暗沟保湿法的具体做法是：施工前预先在基槽中浸水，使地基在整个施工过程中不产生胀缩变形。建（构）筑物施工结束后即在地基两侧修建保湿暗沟（干砌砖石沟或接头不密封的水泥管沟，保湿暗沟的构造见图 9-8），定期向暗沟内供水，暗沟中的水即会向地基中渗透，以保证在建（构）筑物使用过程中地基不产生膨胀变形。

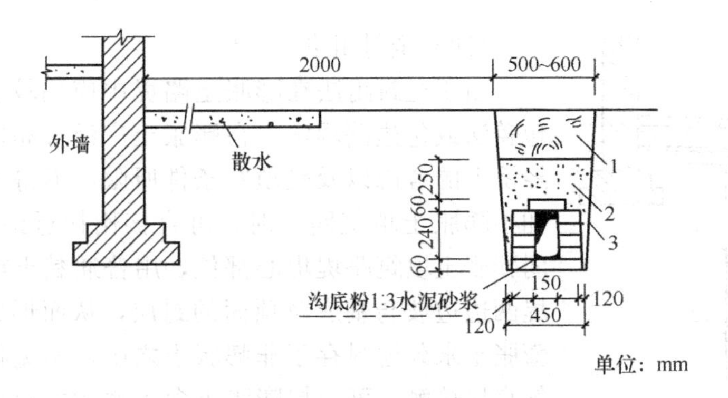

图 9-8　暗沟保湿构造

1—素土夯实；2—砂；3—沟壁

（二）地基预浸水法

地基预浸水法是在施工前用人工方法增大地基土的含水率，使膨胀土层全部或部分膨胀，并维持其高含水率，从而消除或减小地基的膨胀变形量，因此将不会引起建（构）筑物的破坏。

但在气候差异大的地区，膨胀土地基在预浸水后往往难以保持土中的高含水率而使土体积不发生变化，使得常在干旱季节产生更大的收缩变形，从而导致建（构）筑物的破坏，因此，在膨胀土地区建造房屋基础时，地基预浸水法能否作为一种有效的地基处理技术，目前国内外均持怀疑态度。

预浸水法只有对基底压力不大且能保持地基土体现有含水率的少数建（构）筑物可以采用，如蓄水池、冷却塔等。其最常用的施工方法是在场地上挖一系列深 0.8m 的明沟，设置几排调整含水率的竖井，沟底铺 250mm 厚的熟石灰再填满石子，沟内充水约 1 个月，直到周围的土都已湿润为止。

（三）帷幕保湿法

将用不透水材料做成的帷幕设置于建（构）筑物周围，阻止地基土体中的水分与外界的交换，以保持地基土体的湿度维持相对稳定，从而达到减小地基胀缩变形的目的。

帷幕形式有砂帷幕、填砂的塑料薄膜帷幕、填土的塑料薄膜帷幕、沥青油毡帷幕以及塑料薄膜灰土帷幕等。

帷幕埋深应由场地条件和当地大气影响急剧层深度来确定，可根据地基土层水分变化情况，在房屋四周分别采取不同帷幕深度以截断侧向土层水分的转移。若以帷幕结合 1.5m 宽散水进行地基处理，其效果明显（尤其当膨胀土地基上部覆盖层为卵石、砂质土等透水层时，采用该法防止侧向渗水浸入地基，可取得良好效果）。

帷幕保湿法既可用于新建房屋，也可用于已损坏房屋的修缮处理，前者通常是在建房的同时建造帷幕。

建造帷幕时，帷幕深度应不小于基础的最小埋深；不透水材料可用油毡，但一般应选用较厚的聚乙烯薄膜，一般宜用两层，铺设时搭接部分不应少于 100mm，并应用热合处理；塑料薄膜如有撕裂等疵病时，应按搭接处理；隔水壁宜采用 2∶8 或 3∶7 灰土回填，在塑料薄膜失效时，灰土仍可起防水作用；散水宽度一般不小于 1.5m，但必须覆盖帷幕，作法严格遵守规范规定。塑料薄膜帷幕的构造如图 9-9 所示。

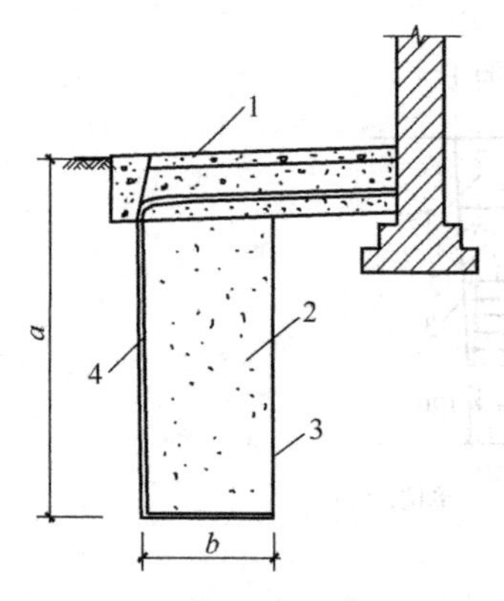

图 9-9 塑料薄膜帷幕构造

1—散水；2—灰土；3—沟壁；4—塑料薄膜帷幕；a—合理的基础埋深；b—能施工的最小宽度

（四）全封闭法

由于全封闭法在膨胀土路堤中应用较多，所以又称为包盖法或包边路堤法。在膨胀土广泛分布的地区，当出于经济上的考虑以及受填料条件所限，不得不采用弱膨胀土和中膨胀土填筑路堤时，可直接用接近最优含水率的中、弱膨胀土填筑路堤堤心部位，用普通黏土或改性土作为路堤两边边坡与基底及顶面的封层，从而形成包心填方，让膨胀土永久地封存于非膨胀土之中，避免膨胀土与外界大气直接接触，可保持膨胀土含水率的相对稳定，使其失去胀缩性，从而保证路堤避免胀缩破坏。全封闭法填筑路基的示意可见如图 9-10。

在通常情况下，全封闭法仅适用于非浸水路堤。

为了能确保封闭效果，有效地限制堤内膨胀土的湿度变化，封层应有相当的厚度，边坡处往往是施工碾压的薄弱部位，如果封闭土层与路堤土一道分层填筑压实，并达到同样的压实度，则处理效果会更好。为此，在用膨胀土填筑路基时，每一层松铺厚度宜控制在 300mm 以内，先用普通黏土填包边层，之后再填筑膨胀土夹心层，包边层和夹心层同时碾压，压实后必须形成 4% 的人字形路拱并形成平整坡面；封顶层用普通黏土填筑，厚度一般不应小于 1.5m，表面用光碾压路机碾压平整；边坡包边宽度不小于 2.0m，并按设计要求做好梯形路拱，每一段路堤按标准施工完毕后，人工修好边坡，并拍打光实、平整；施工应选在非雨水季节与旱季。

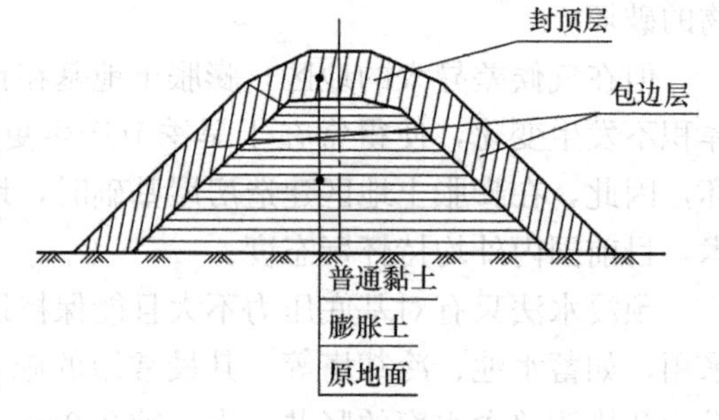

图 9-10 全封闭包边路堤示意

我国曾在南昆铁路建设中，成功地将弱膨胀土很好地封闭在普通黏土之中，获得了良好效果；而在湖北省襄荆高速公路膨胀土地段，采用了石灰改性土包边法处理中膨胀土的方案，取得了显著的经济社会效益。

综上所述，保湿法是处治膨胀土的一种好方法，尤其当强膨胀性土层较厚时，具有较好的经济性。但迄今为止，人们对蒸发与降雨条件下膨胀土的湿度迁移规律与力学效应还未取得足够清晰的认识，因此，对采用保湿法处理膨胀土地基的设计理论还需作大量的研究，并在工程实践中不断完善。

四、砂包基础法与增大基础埋深法

砂包基础法是将基础置于砂层包围中，砂层选用砂、碎石、灰土等材料，厚度宜采用基础宽度的 1.5 倍，宽度宜采用基础宽度的 1.8～2.5 倍，砂层不能采用水振法施工。对中等胀缩性膨胀土地基，将砂包基础、地梁、油毡滑动层以及散水坡等措施相结合，可取得明显效果。如广西武宣县从 1974 年以来，采用上述方法处理开裂的房屋，效果显著。

在季节分明的湿润区和亚湿润区，地基胀缩等级属中等或中等偏弱的平坦地区，由于这些地区的大气影响深度较深，增大基础埋深可以作为防治房屋产生过大不均匀沉降变形的一项长期处理措施，该种方法在美国、加拿大等国家被普遍采用。

影响基础有效埋深的外界因素主要有 2 个：地表大气影响和地下水。由于地表以下 1.0m 内土体中的含水率受人为活动和大气影响最大，因此当场地平坦且地下水位较深时，膨胀土地基上建（构）筑物基础的埋深应大于或等于 1.0m，通常取 1.0～1.5m；如果常年地下水位较高，则在稳定地下水位以上 3.0m 以内土体的含水率变化较小，可将基础埋置于该深度范围或地下水位以下。常用的基础形式为砂垫层上的条形基础，垫层材料可采用中、粗砂，其厚度取 0.3～0.5m，在含水率约为 10%时分层夯实。

实际观测和调查研究表明，即使在同一地区，因地形地貌条件的差异以及土层胀缩性能的差异等因素的影响，其大气影响急剧层的深度也不同，所以在确定基础有效埋深时，应重视当地的建筑经验。

对于低层房屋，若以增大基础埋深为主要防治措施可能会增加造价，因此通常都采用宽散水的措施。当以宽散水为主要防治措施时，基础埋深可为 1.0m。

在亚干旱区，由于大气影响急剧层深度一般为 2.5m，遇复杂建筑场地，还要再增大基础埋深（有时可达 5.0m 或者更深），这时采用增大基础埋深法已不经济，宜采用墩式基础或桩基础。

五、桩基础法

如果大气影响深度和地下水位均较深，选用其他地基处理方法有困难或不经济时，则可采用桩基础，基桩应支承在胀缩变形较稳定的土层或非膨胀性土层上。目前国内以灌注桩基础较为常用，在个别地区也有采用钢管桩、扩底桩等桩基础形式。

膨胀土地区桩基础的工作状态较为复杂，土体膨胀时，在桩侧与土之间会产生胀切力；土体收缩时，在桩侧与土之间会产生负摩阻力。因此，膨胀土中的桩基础设计除应符合现行有关规定外，还应满足下列条件：

1. 土体膨胀时，胀切力与桩顶轴力之差小于桩侧摩阻力；土体收缩时，大气影响急剧层内桩土脱开，桩顶轴力与端阻力之差小于扣除脱开部分后的桩侧摩阻力；桩尖伸入长度应按上述两个条件分别计算后取大值，并应大于大气影响急剧层深度的 1.6 倍，且不得小于 4.0m；

2. 由于桩在膨胀土地基中的升降位移量随桩径的增大而呈线性上升，所以宜采用较小的桩径，一般可为 0.25～0.35m；单桩的承载力应通过现场浸水静载试验（或根据当地建筑经验）确定；

3. 在桩承台梁与土体之间应预留孔隙，其值应大于土层浸水后的最大膨胀量，且不小于 0.1m；在承台梁两侧应采取措施，防止孔隙堵塞；当桩身承受胀切力时，还应验收桩身材料的抗拉强度，并采取通长配筋，其最小配筋率应按受拉构件配置；

4. 在斜坡场地选用桩基础时，桩长应适当增长，桩尖应支承在坡脚以下大于 1.0m 的深度处。

当前，许多高层建筑、桥梁、公路和铁路在膨胀土地区营建，如何选用与确定膨胀土湿度变化条件下的桩侧摩阻力及桩端阻力计算参数，如何分析计算单桩及群桩与膨胀土的相互作用，以及如何建立其相应的桩一土一承台共同作用的力学模型等，都是修正与完善膨胀土桩基础工程设计的重要理论依据，需要引起足够的重视。

六、土工合成材料加固法

由于土工合成材料具有加筋、隔离、防护、防渗、过滤和排水等多种功能，因此将土工合成材料应用于处治膨胀土（尤其是用于膨胀土路基工程）已十分普遍。

针对膨胀土基床，主要利用土工膜与复合土工膜的隔水防渗作用，防止其翻浆冒泥；土工格室则对防治基床下沉外挤十分有效，原因在于格室的侧向限制作用使之与土体形成一个整体，从而提高了土体的刚度和强度；而将复合土工膜（二布一膜）铺设在基床表层，除能起到隔离（隔水、隔浆、隔碴）、排水、反滤作用外，还具有分散基床应力、减小路堤填筑后的不均匀沉降、有效提高基床刚度的作用。

施工时，土工膜和土工格室采用人工自一端向另一端铺设，复合土工膜铺设于基床表层，材料上下均铺设砂垫层（上 150mm、下 50mm），垫层底面设置不小于 4%的横向排水坡，施工作业时应确保不损伤已铺土工膜，相邻复合土工膜的搭接宽度不小于 0.5m，保证接头处不渗漏。

为了控制膨胀土路堤边坡的施工质量并提高边坡稳定性，可通过在膨胀土路堤施工中分层水平铺设土工格栅作为路堤的包边加强层，充分利用土工格栅与填土间的摩擦力和咬合力，从而提高整体抗剪强度，起到固结边坡土体、加筋补强和防止边坡浅层溜塌、塌滑的效果。

铺设土工格栅时，应拉紧展开，相邻土工格栅采用“U”形铁卡固定于土层表面，铺设完毕后不允许车辆碾压，为避免因土方的填筑而使土工格栅产生移位、隆起和变形，其上的松铺填土厚度宜大于 0.4m；按设计坡率进行刷坡时，应刷除施工填筑加宽部分，使边坡加筋土工格栅与坡面平齐，确保格栅不受损坏。

将土工网垫铺设于路堤边坡表面，能起到先期保土和固定草种及防止表水冲刷、分解雨水集中的作用，土工网垫与植物根系、泥土牢固地结合在一起，可形成一层牢固的绿色保护层，防止雨水冲蚀、边坡溜坍和滑坡。土工网垫通常沿边坡自上而下铺设，坡面网垫幅间搭接 50mm，采用竹节钉或“U”形铁丝钉固定，幅内采用固定钉钉固，间距不大于 1.0m，施工中坡面要平整密实，且使网垫平顺并密贴坡面，否则植草难于在坡面生根成长。

应用土工合成材料处理膨胀土路基，由于其施工简单，不需要特殊的施工机械和专业技术人员，且有利于环保，技术和经济效果均较好，是一种值得采用和推广的方法。但目前对土工合成材料与土体相互作用的分析方法，尤其是其相互作用对土工合成材料变形影响的研究还有待深入，此外，对土工合成材料长期使用性能与效果的合理评估也值得进一步研究。

总之，膨胀土的处理技术还在不断发展之中，除上述介绍的方法外，还有一些其他方法亦取得了较好的应用效果，如粉喷桩法、石灰桩法、砂石桩法与土钉法等。在实际工程应用中，究竟采用单一方法或组合方法，还应根据工程地区的实际情况而定，总的原则依然应是安全、经济、可行、方便。

9.8 盐渍土

9.8.1 盐渍土概述

当土中的易溶盐含量大于 0.3%，并具有溶陷、盐胀、腐蚀等工程特性时，应判定为盐渍土。

盐渍土在法国、西班牙、意大利等欧洲国家，美国、加拿大、墨西哥等美洲国家，蒙古、印度等亚洲国家以及非洲的许多国家和地区均有分布。

按照地理分布，我国盐渍土可分为两个大区，即内陆盐渍土区和滨海盐渍土区。在我国西北干旱地区的新疆、青海、甘肃、宁夏和内蒙古等地势低洼的盆地和平原中分布有大面积的内陆盐渍土，在华北平原、松辽平原和大同盆地也有分布。而在滨海地区的辽东湾、渤海湾、莱州湾、海州湾、杭州湾以及台湾在内的诸海岛沿岸等地则分布有相当面积的滨海盐渍土。

盐渍土的三相组成与一般土有所不同，其液相中含有盐溶液，固相中除土粒外，还含有较稳定的难溶结晶盐和不稳定的易溶结晶盐。在温度变化和有足够多的水浸入盐渍土的条件下，其中的易溶结晶盐将会被溶解，气体孔隙也将被水填充。此时，盐渍土由三相体转变成二相体。在盐渍土三相体转变成二相体的过程中，通常伴随着土体结构的破坏和土体的变形（通常表现为溶陷）。而当自然条件变化时，盐渍土的二相体也会转化为三相体，此时土体也会产生体积变化（通常表现为盐胀）。因此，盐渍土中组成成分相态的变化可对盐渍土的大部分物理和力学性质指标产生影响，并可能对工程造成严重的危害。

盐渍土在工程上的危害较为广泛，可以概括为 3 个方面：溶陷性、盐胀性和腐蚀性。滨海盐渍土因常年处于饱和状态，其溶陷性和盐胀性不明显，主要是腐蚀方面的危害；内陆盐渍土则三种危害兼而有之，且较为严重。

盐渍土根据含盐化学成分和含盐量可按表 9-7 和表 9-8 进行分类。

盐渍土按含盐化学成分分类　　表 9-7

盐渍土名称	$\frac{c(Cl^-)}{2c(SO_4^{2-})}$	$\frac{2c(CO_3^{2-})+c(HCO_3^-)}{c(Cl^-)+2c(SO_4^{2-})}$
氯盐渍土	＞2	—
亚氯盐渍土	2～1	—
亚硫酸盐渍土	1～0.3	—
硫酸盐渍土	＜0.3	—
碱性盐渍土	—	＞0.3

注：表中 $c(Cl^-)$ 为氯离子在 100g 土中所含的毫摩数，其他离子同。

盐渍土按含盐量分类　　表 9-8

盐渍土名称	平均含盐量（%）		
	氯及亚氯盐	硫酸及亚硫酸盐	碱性盐
弱盐渍土	0.3～1.0	—	—
中盐渍土	1.0～5.0	0.3～2.0	0.3～1.0
强盐渍土	5.0～8.0	2.0～5.0	1.0～2.0
超盐渍土	＞8.0	＞5.0	＞2.0

一、盐渍土的物理指标

对于非盐渍土来说，其三相体是由固相（土颗粒）、液相（土中水）和气相（土中气）组成。盐渍土的三相组成虽然也可以用固相、液相和气相来表示，但其液相实际上不是水而是盐溶液，其固相除土颗粒外，还有不稳定的易溶盐结晶的存在，也就是说，盐渍土的液相与固相会因外界条件变化而相互转化，因此测定非盐渍土物理性质指标的常规土工试验方法对盐渍土并不完全适用。

（一）盐渍土的土粒比重

盐渍土的土粒比重一般有以下3种：

1. 纯土颗粒的比重，即去掉土中所有盐后的土颗粒比重；

2. 含难溶盐时的比重，即去掉土中易溶盐后的比重；

3. 含所有盐时的比重，即天然状态下盐渍土固体颗粒（包括结晶盐粒和土颗粒）的比重。其表达式为

$$G_{sc}=\frac{m_s+m_c}{(V_s+V_c)\rho_{iT}} \tag{9-13}$$

式中 m_s——土颗粒和结晶难溶盐（在105℃下烘干后）的质量，g；

m_c——结晶易溶盐的质量，g；

V_s——土颗粒和结晶难溶盐的体积，cm^3；

V_c——结晶易溶盐的体积，cm^3；

ρ_{iT}——T℃时纯水或中性液体的密度，g/cm^3。

在实际工程中，盐渍土地基可能会被水浸，而一旦被水浸，则土中的易溶盐则有可能溶解流失，此时，固体颗粒中就不含易溶盐结晶颗粒。因此，为满足实际工程的需要，最好应分别测定上述2、3两种情况下的比重值。

（二）天然含水率与含液量

目前，测定盐渍土中的含水率通常采用下式

$$w'=\frac{m_w}{m_s+m_c}\times 100\% \tag{9-14}$$

式中 w'——把盐当作土骨架的一部分时的含水率，%，可用烘干法求得；

m_w——土样中所含水的质量，g；

其余符号同前。

又因为

$$c=\frac{m_c}{m_s+m_c}\times 100\% \tag{9-15}$$

将上式代入前式，可得

$$w'=w(1-c) \tag{9-16}$$

式中 w——对一般土定义的含水率，即 m_w/m_s，%；

c——土中易溶盐的含量，%。

由上式可知，w' 与一般土定义的含水率 w 相比偏小，且随着含盐量的增加而减小。所以，若用它来计算其他物理指标，会得出偏于不安全的结果。

另外，盐渍土三相体中的液体，实际上并不是水（强结合水除外），而是水将部分或全部易溶盐溶解而形成的一种盐溶液，也就是说，对于盐渍土，用含液（盐水）量来替代含水率这个指标，才能正确反映盐渍土的基本性质（液相与固相的关系）。

盐渍土中的含液量由下式定义

$$w_B = \frac{\text{土样中含盐水的质量}}{\text{土样中土颗粒和难溶盐的总质量}} \times 100\% \tag{9-17}$$

不考虑强结合水，则有

$$w_B = \frac{m_w + Bm_w}{m_s} \times 100\% = w(1+B) \tag{9-18}$$

将式（9-16）代入上式，可得

$$w_B = \frac{w'}{1-c}(1+B) \tag{9-19}$$

式中　w_B——土的含液量,%；

B——土中水溶解的盐的含量,%，可按下式确定

$$B = m_c/m_w = c/w' \tag{9-20}$$

当 B 的计算值大于盐的溶解度时，取该盐的溶解度；当计算值小于盐的溶解度时，取计算值。

求得盐渍土的含液量 w_B后，用 w_B替代其他物理指标换算关系式中的含水率 w，就可得到能正确反映盐渍土基本性质的其他物理指标。

（三）天然密度

盐渍土的天然密度与一般土的定义相同，即等于土的三相物质总质量与其总体积之比，即

$$\rho = m/V \tag{9-21}$$

二、盐渍土的压缩性

我国的内陆盐渍土，大多数均处于极干燥状态，且由于盐的胶结作用，其天然条件下的压缩性都比较低。但是，如果盐渍土地基一旦浸水，地基土体中的盐类就会被溶解，从而变成一种压缩性极大的软弱地基。

三、盐渍土的溶陷性

天然状态下的盐渍土，在土的自重应力或附加压力作用下受水浸湿时产生的变形称为盐渍土的溶陷变形。大量的研究表明，干燥和稍湿的盐渍土才具有溶陷性。

盐渍土的溶陷性可用溶陷系数 δ 作为评定的指标。溶陷系数可由室内压缩试验或现场浸水载荷试验分别按式（9-22）或（9-23）确定。

（一）室内压缩试验

$$\delta = \frac{h_p - h'_p}{h_0} \tag{9-22}$$

式中　h_p——对原状土试样加压至 p 时，其变形稳定后的高度；

h'_p——在上述压力 p 作用下稳定后的土试样，经浸水溶滤，变形稳定后的高度；

h_0——原状土试样的原始高度。

（二）现场浸水载荷试验

该试验设备与一般的载荷试验设备相同。承压板的面积一般为 0.25m²。对浸水后软弱盐渍土，不应小于 0.5m²，试验基坑宽度要求不小于承压板宽度的 5 倍。在基坑底应铺设 50～100mm 厚的砾砂层。试坑深度通常为基础埋深。

按载荷试验方法逐级加荷至预定压力 p。每级加荷后，按规定时间进行观测，待沉降稳定后测定承压板的沉降量。然后向基坑内均匀注水，保持水头高为 0.3m，浸水时间根

据土的渗透性确定（一般应为5～12d）。观测承压板的沉降，直到沉降稳定，并测定相应的沉降值。

试验土层的平均溶陷系数δ为

$$\delta=\frac{\Delta s}{h} \tag{9-23}$$

式中 Δs——承压板压力为p时，浸水下沉稳定后测得的试验土层的溶陷量；

h——承压板下盐渍土层的湿润深度，可通过钻探取样与试验前的含水率进行对比确定，也可用瑞利波速法测定。

式（9-22）和（9-23）中所采用的压力p，一般应按试验土层实际的设计平均压力取值，有时也常取为200kPa。

当$\delta<0.01$时，为非溶陷性盐渍土；当$\delta\geqslant 0.01$时，则为溶陷性盐渍土。

盐渍土地基的溶陷等级，可按分级溶陷量Δ进行确定。分级溶陷量可按下式计算

$$\Delta=\sum_{i=1}^{n}\delta_i h_i \tag{9-24}$$

式中 δ_i——第i层土的溶陷系数；

h_i——第i层土的厚度，mm；

n——基础底面（初步勘察自地面以下1.5m算起）以下10m深度内全部溶陷性盐渍土的层数。

盐渍土地基的溶陷等级，可按表9-9划分确定。

盐渍土地基的溶陷等级 **表9-9**

溶陷等级	分级溶陷量Δ（mm）
Ⅰ	$70<\Delta\leqslant 150$
Ⅱ	$150<\Delta\leqslant 400$
Ⅲ	$\Delta>400$

注：当Δ值小于70mm时，可按非溶陷性地基考虑。

盐渍土地基一旦浸水后，由于土中可溶盐（尤其是易溶盐）的溶解，将造成土体结构强度的丧失，导致地基承载力降低并往往会产生很大的沉陷，使得其上的建（构）筑物发生较大的沉降。此外，由于浸水通常是不均匀的，造成了建（构）筑物的沉降也是不均匀的，从而导致建（构）筑物的开裂和破坏。

四、盐渍土的盐胀性

盐渍土在温度或含水率发生变化时，土体产生体积膨胀的现象称为盐渍土的盐胀。处于饱和状态的盐渍土（如滨海盐渍土）不会发生盐胀现象，只有含水率较低的内陆盐渍土，当温度或含水率发生改变时，土体才会发生膨胀。

盐渍土地基的盐胀一般可分为结晶膨胀和非结晶膨胀两类。结晶膨胀是指盐渍土因温度降低或失去水分后，溶于土体孔隙中的盐分浓缩并析出结晶所产生的体积膨胀，具有代表性的是硫酸盐渍土；非结晶膨胀是指由于盐渍土中存在着大量的吸附性阳离子，具有较强的亲水性，遇水后很快地与胶体颗粒相互作用，在胶体颗粒和黏土颗粒的周围形成稳固的结合水膜，从而减小了固体颗粒之间的黏聚力，使之相互分离，引起土体膨胀，具有代

表性的是碱性盐渍土（碳酸盐渍土）。

尽管有碱性盐渍土的吸水膨胀，但更多的却主要是因失水或因温度降低而导致的盐类结晶膨胀（如硫酸盐渍土），且后者的危害一般比较大。因此，本节着重讨论硫酸盐渍土的盐胀（因硫酸钠吸水结晶后的体积膨胀量很大，因此，硫酸盐渍土的盐胀实质上是由于土中的硫酸钠吸水晶胀造成的）。

当温度低于32.4℃时，硫酸钠的溶解度随温度升高而增大的现象很明显。因此，对日温差较大的地区，在一天之内土壤会产生“膨胀”和“收缩”的变化。因为在夜间温度较低时硫酸钠的溶解度较小，极易形成过饱和溶液，这时盐分从溶液中析出成为$Na_2SO_4 \cdot 10H_2O$结晶，体积增大约3.1倍，土体即发生膨胀。而在昼间温度升高时，硫酸钠的溶解度增大，$Na_2SO_4 \cdot 10H_2O$又会溶于溶液中，使得土体积缩小。如此反复胀缩，可使土体结构遭到破坏。当然，这种危害的程度会随含盐量的增加而加剧。

与由日温差所引起的上述胀缩破坏不同，由年温差可导致地基土体产生膨胀破坏。在我国西北地区，年降雨量很小，天然地基常处于干燥状态，在夏季高温的作用下，土中的水分还会不断蒸发，使得在土中较深部位以上的结晶$Na_2SO_4 \cdot 10H_2O$往往失水而变成无水芒硝。一旦在这种地基上进行建筑，因施工等原因导致水不断地渗入地下，或由于地下水位变化及地表径流的影响，改变了原处于干燥状态的土中的含水率。待秋后地温降低，就会形成$Na_2SO_4 \cdot 10H_2O$结晶，使土体产生体积膨胀。因这种盐胀常发生在建（构）筑物基础以下，故可导致建（构）筑物的破坏。

盐渍土地基危害的调查资料表明，盐胀主要在地面以下一定深度范围内发生，所以只对基础埋深较浅的建（构）筑物构成威胁，基础埋深大于1.2m的建（构）筑物，尚未发现因盐胀引起的破坏。

五、盐渍土的腐蚀性

盐渍土对基础或地下设施的腐蚀，一般来说属于结晶性质的腐蚀。可分为物理侵蚀和化学腐蚀两种，在地下水位埋藏深或地下水位变化幅度大的地区，物理侵蚀相对显著，而在地下水位埋藏浅、变化幅度小的地区，化学腐蚀作用显著。

（一）物理侵蚀

含于土中的易溶盐类，在潮湿情况下呈溶液状态，可通过毛细作用侵入建（构）筑物基础或墙体。在建（构）筑物表面，由于水分蒸发，盐类便结晶析出。而盐类在结晶时因体积膨胀会产生很大的内应力，所以，使建（构）筑物由表及里逐渐疏松剥落。在建（构）筑物经常处于干湿交替或温度变化较大的部位，由于晶体不断增加，其侵蚀作用相对明显。

（二）化学腐蚀

化学腐蚀分为两种情况，其一是溶于水中的Na_2SO_4与水泥水化后生成的游离$Ca(OH)_2$反应，生成NaOH和$CaSO_4$，NaOH易溶于水，其水溶液通过毛细作用，到达建（构）筑物表面，与空气中的CO_2接触，生成Na_2CO_3，其反应式为：

$$Na_2SO_4 + Ca(OH)_2 = 2NaOH + CaSO_4$$

$$2NaOH + CO_2 = Na_2CO_3 + H_2O$$

Na_2CO_3结晶时体积膨胀，使建（构）筑物表皮形成麻面和疏松。这种腐蚀多见于对水泥砂浆的破坏。

化学腐蚀的第二种方式是处于地下水或低洼处积水中的混凝土基础或其他地下设施，当水中硫酸根含量超过一定限量时，它与混凝土中的碱性固态游离石灰和水泥中的水化铝酸钙相化合，生成硫铝酸钙结晶或石膏结晶。这种结晶体的体积增大，产生膨胀压力，使混凝土受内应力作用而破坏。化学反应方程式如下：

$$4CaO \cdot Al_2O_3 \cdot 12H_2O + 2Ca(OH)_2 + 3Na_2SO_4 + 20H_2O \longrightarrow 3CaO \cdot Al_2O_3 \cdot 3CaSO_4 \cdot 31H_2O + 6NaOH$$

$$Ca(OH)_2 + Na_2SO_4 + 2H_2O \longrightarrow CaSO_4 \cdot 2H_2O + 2NaOH$$

对于钢筋混凝土基础或构件，一旦混凝土遭到破坏产生裂纹，则构件中的钢筋就会很快锈蚀。因此，在腐蚀严重的盐渍土地区，捣制钢筋混凝土基础或构件时，应加入适量的钢筋防锈剂。

9.8.2 盐渍土地基上建（构）筑物的设计原则及设计、施工措施

由于盐的胶结作用，盐渍土在含水率较低的状态下，通常较为坚硬。因此，天然状态下盐渍土地基的承载力一般都比较高，可作为建（构）筑物的良好地基。但是，一旦浸水，地基土体中的易溶盐类被溶解，使得土体结构破坏，抗剪强度降低，造成地基承载力的降低。浸水后盐渍土地基承载力降低的幅度，取决于土的类别、含易溶盐的性质和数量。

盐渍土地基在浸水后不仅土体的强度降低，而且伴随着土体结构的破坏，将产生较大的溶陷变形，其变形速率一般也比黄土的湿陷变形速率快，所以危害更大。

一、盐渍土地基上建（构）筑物的设计原则

盐渍土地基上建（构）筑物的设计，应满足下列基本原则：

1. 应选择含盐量较低、类型单一的土层作为持力层，应尽量根据盐渍土的工程特性和建（构）筑物周围的环境条件合理地进行建（构）筑物的平面布置；

2. 做好竖向设计，防止大气降水、地表水体、工业及生活用水浸入地基及建（构）筑物周围的场地；

3. 对湿作业厂房应设防渗层，室外散水应适当加宽，绿化带与建（构）筑物距离应适当放大；

4. 各类基础应采取防腐蚀措施，建（构）筑物下及其周围的地下管道应设置具有一定坡度的管沟并采取防腐及防渗漏措施；

5. 在基础及室内地面以下铺设一定厚度的粗颗粒土（如砂卵石）作为基底垫层，以隔断有害毛细水的上升，还可在一定程度上提高地基的承载力。

二、盐渍土地基上建（构）筑物的设计措施

盐渍土地基上建（构）筑物的设计措施可分为防水措施、防腐措施、防盐胀措施和地基处理措施 4 种。

（一）防水措施

1. 做好场地的竖向设计，避免大气降水、洪水、工业及生活用水、施工用水浸入地基或其附近场地；防止土中含水率的过大变化及土中盐分的有害运移，从而造成建筑材料的腐蚀及盐胀；

2. 对湿润性生产厂房应设置防渗层；室外散水应适当加宽，一般不宜小于 1.5m，散水下部应做厚度不小于 150mm 的沥青砂或厚度不小于 300mm 的灰土垫层，防止下渗水

流溶解土中的可溶盐而造成地基的溶陷；

3. 绿化带与建（构）筑物距离应加宽，严格控制绿化用水，严禁大水漫灌。

（二）防腐措施

1. 采用耐腐蚀的建筑材料，并保证施工质量，一般不宜用盐渍土本身作防护层；在弱、中盐渍土地区不得采用砖砌基础，管沟、踏步等应采用毛石或混凝土基础；在强盐渍土地区，室外地面以上 1.2m 的墙体亦应采用浆砌毛石；

2. 隔断盐分与建筑材料接触的途径。对基础及墙的干湿交替区和弱、中、强盐渍土区，可视情况分别采用常规防水、沥青类防水涂层、沥青或树脂防腐层做外部防护措施；

3. 在强和超强盐渍土地区，基础防腐应在卵石垫层上浇 100mm 厚沥青混凝土。

（三）防盐胀措施

1. 清除地基表层松散土层及含盐量超过规定的土层，使基础埋于盐渍土层以下，或采用含盐类型单一和含盐量低的土层作为地基持力层或清除含盐量高的表层盐渍土而代之以非盐渍土类的粗颗粒土层（碎石类土或砂土垫层），隔断有害毛细水的上升；

2. 铺设隔绝层或隔离层，以防止盐分向上运移；

3. 采取降排水措施，防止水分在土表层的聚集，以避免土层中盐分含量的变化而引起盐胀。

（四）地基处理措施

详见 9.8.3 节。

三、盐渍土地基上建（构）筑物的施工措施

除了以上 4 种设计措施外，还可结合施工措施来保证建（构）筑物的安全可靠和正常使用。盐渍土地基上建（构）筑物的施工措施主要有：

1. 做好现场的排水、防洪等措施，防止施工用水、雨水浸入地基或基础周围，各用水点均应与基础保持 10m 以上距离；防止施工排水及突发性山洪浸入地基；

2. 先施工埋置较深、荷载较大或需采取地基处理措施的基础。基坑开挖至设计标高后应及时进行基础施工，然后及时回填，认真夯实填土；

3. 先施工排水管道，并保证其畅通，防止管道漏水；

4. 换土地基应清除含盐的松散表层，应采用不含有盐晶、盐块或含盐植物根茎的土料分层夯实，并控制夯实后的干密度不小于 15.5～16.5kN/m^3（对黏土、粉土、粉质黏土、粉砂和细砂取低值，对中砂、粗砂、砾石和卵石取高值）；

5. 配制混凝土、砂浆应采用防腐蚀性较好的火山灰水泥、矿渣水泥或抗硫酸盐水泥；不应使用 pH≤4 的酸性水和硫酸盐含量（按 SO_4^{2-} 计）超过 1.0%的水；在强腐蚀的盐渍土地基中，应选用不含氯盐和硫酸盐的外加剂。

9.8.3 盐渍土地基的处理方法

盐渍土地基处理的目的，主要在于改善盐渍土的力学性质，消除或降低地基的溶陷性或盐胀性等。与一般土地基不同的是，盐渍土地基处理的范围和厚度应根据其含盐类型、含盐量、盐渍土的物理和力学性质、溶陷等级、盐胀特性以及建（构）筑物类型等因素确定。

一、消除或降低盐渍土地基溶陷性的处理方法

大量的工程实践和试验表明，由于盐的胶结作用，盐渍土在天然状态下的强度一般都

较高，因此盐渍土地基可作为建（构）筑物的良好地基。但当盐渍土地基浸水后，土中易溶盐被溶解，导致地基变成软弱地基，承载力显著下降，溶陷迅速发生。降低盐渍土地基溶陷性的处理方法主要有：

（一）浸水预溶法

该法是对拟建的建（构）筑物地基预先浸水，使土中的易溶盐溶解，并渗入到较深的土层中。易溶盐的溶解破坏了土颗粒之间的原有结构，使其在自重应力下压密。由于地基土预先浸水后已产生溶陷，所以建筑在该场地上的建（构）筑物即使再遇水，其溶陷变形也要小得多。因此，这实际上相当于一种简易的"原位换土法"，即通过预浸水洗去土中的盐分，把盐渍土改良为非盐渍土。

浸水预溶法一般适用于厚度较大、渗透性较好的砂、砾石土、粉土和黏性土盐渍土。对于渗透性较差的黏性土不宜采用浸水预溶法。浸水预溶法用水量大，场地要有充足的水源。此外，最好在空旷的新建场地中使用，如需在已建场地附近应用时，在浸水场地与已建场地之间要保证有足够的安全距离。

采用浸水预溶法处理盐渍土地基时，浸水场地面积应根据建（构）筑物的平面尺寸和溶陷土层的厚度确定，浸水场地平面尺寸每边应超过拟建建（构）筑物边缘不小于2.5m，预浸深度应达到或超过地基溶陷性土层厚度或预计可能的浸水深度。浸水水头高度不宜低于0.3m，浸水时间一般为2～3个月，浸水量一般可根据盐渍土类型、含盐量、土层厚度以及浸水时的气温等因素确定。

（二）强夯法

有些盐渍土的结构松散，具有大孔隙的结构特征，土体密度很低，抗剪强度不高。对于含结晶盐不多、非饱和的低塑性盐渍土，采用强夯法是降低地基溶陷性的一种有效方法。

（三）浸水预溶＋强夯法

浸水预溶＋强夯法是将浸水预溶法与强夯法相结合，可应用于含结晶盐较多的砂石类土中。这种方法通过先浸水后强夯，可进一步增大地基土体的密实性，降低浸水溶陷性。但如果在使用中建（构）筑物地基的浸水深度超过有效处理深度，地基显然还要发生溶陷，所以在地基处理时应使预浸水深度和强夯的有效处理深度均达到设计要求（在砂石类土中一般为6～12m）。

（四）换土垫层法

换土垫层法适用于溶陷性较高、厚度不大的盐渍土层的处理。将基础之下一定深度范围内的盐渍土挖除，然后回填不含盐的砂石、灰土等，再分层压实。以换土垫层作为建（构）筑物的持力层，可部分或完全消除盐渍土的溶陷性，减小地基的变形，提高地基的承载力。

（五）盐化处理方法

对于干旱地区含盐量较多、盐渍土层很厚的地基土，可采用盐化处理方法，即所谓的"以盐治盐"法。该方法是在建（构）筑物地基中注入饱和或过饱和的盐溶液，形成一定厚度的盐饱和土层，从而使地基土体发生下列变化：

1. 饱和盐溶液注入地基后随着水分的蒸发，盐结晶析出，填充了原来土体中的孔隙并起到土粒骨架的作用；

2. 饱和盐溶液注入地基并析出盐结晶后，土体的孔隙比变小，使盐渍土渗透性降低。

地基土体经盐化处理后，由于土体的密实性提高及渗透性降低，既保持或提高了土体的结构强度，又使地基受到水浸时也不会发生较大的溶陷。在地下水位较低、气候干旱的地区，可将这种方法与地基防水措施结合使用。

（六）桩基础法

当盐渍土层较厚、含盐量较高时，可考虑采用桩基础。但与一般土地基不同，在盐渍土地基中采用桩基础时，必须考虑在浸水条件下桩的工作状况，即考虑桩周盐渍土浸水溶陷后会对桩产生负摩阻力而造成桩承载力的降低。桩的埋入深度应大于松胀性盐渍土的松胀临界深度。

二、消除或降低盐渍土地基盐胀性的处理方法

盐渍土的盐胀包括碱性盐渍土的盐胀和硫酸盐渍土的盐胀。前者在我国的分布面积较小，危害程度较低，而后者的分布面积较广，对工程造成的危害也较大。针对硫酸盐渍土的盐胀，主要有下述处理方法：

（一）化学方法

化学方法的处理机理是：（1）用掺入氯盐的方法来抑制硫酸盐渍土的膨胀；（2）通过离子交换，使不稳定的硫酸盐转化成稳定的硫酸盐。研究表明，Na_2SO_4在氯盐中的溶解度随着氯盐浓度的增大而减小，当使得 Cl^- / SO_4^{2-} 的比值增大到 6 倍以上时，对盐胀的抑制效果最为显著。因此，在处理硫酸盐渍土的盐胀时，可采取在土中灌入$CaCl_2$溶液的办法。这是因为$CaCl_2$溶液在土中可起到双重效果：一是可降低Na_2SO_4的溶解度，二是通过化学反应生成的$CaSO_4$微溶于水且性质稳定，其反应方程式为

$$Na_2SO_4 + CaCl_2 = 2NaCl + CaSO_4$$

因此，运用离子交换法处理盐胀时还可选用石灰做原料，其反应方程式为

$$Na_2SO_4 + Ca(OH)_2 = 2NaOH + CaSO_4$$

上述反应生成的$CaSO_4$（熟石膏）为难溶盐类，不会发生盐胀，从而可达到增强地基稳定性、消除盐胀的目的。

（二）设置变形缓冲层法

该法是在地坪下设置一层一定厚度（约 200mm）的不含砂的大粒径卵石（小头朝下立栽于地），使盐胀变形得到缓冲。

（三）换土垫层法

可采用此方法处理硫酸盐渍土层厚度不大的情况。当硫酸盐渍土层的厚度较大，但只有表层土的温度和湿度变化较大时，可不必将全部硫酸盐渍土层都挖除，而只需将有效盐胀区范围内的盐渍土挖掉，换填非盐渍土即可。

（四）设置地面隔热层法

盐渍土地基盐胀量的大小，除与硫酸盐含量有关外，还主要取决于土的温度和湿度的变化。如在地面设置一隔热层，就能有效避免盐渍土层顶面的温度发生较大变化，从而能达到消除盐胀的目的。同时为保持隔热材料的持久性，通常在其顶面铺设一层防水层，以防大气或地面水渗入隔热层。

（五）隔断法

所谓隔断法，是指在地基一定深度内设置隔断层，以阻断水分和盐分向上迁移，防止地基产生盐胀、翻浆及湿陷的一种地基处理方法。

隔断层按其材料的透水性可分为透水隔断层与不透水隔断层。透水隔断层材料有砾（碎）石、砂砾、砂等；不透水隔断层材料有土工合成材料（复合土工膜、土工膜）、沥青砂等。

1. 砾（碎）石隔断层

砾（碎）石隔断层适用于地下水位较高或降水较多的强盐渍土地区，隔断层厚度一般为0.3～0.4m，上下设反滤层，两侧用砾石土包边。砾（碎）石隔断层下承层双向外倾设有不小于1.5%的横坡。砾（碎）石隔断层材料的最大粒径为50mm，小于0.5mm的细颗粒含量不大于5%。反滤层可采用砂砾或中、粗砂，颗粒小于0.15mm的含量不大于5%，厚度为0.10～0.15m。

2. 砂砾隔断层

砂砾隔断层适用于地下水埋藏较深，隔断层以下填料毛细水上升不是很剧烈以及地基含盐量不是很高的地段。砂砾隔断层厚度不宜小于0.9m，隔断层材料的最大粒径为100mm，粉黏粒含量应小于5%，总盐含量小于0.3%。

3. 砂隔断层

砂（主要指风积砂或河砂）隔断层适用于地下水位较高且风积砂或河砂来源较近而砂砾料运距较远的地段。用作地基隔断层的风积砂或河砂，其粉黏粒含量应小于5%，总盐含量应小于0.3%，腐殖质含量小于1%。砂隔断层厚度一般不小于0.5m。上面应铺土工布及设置不小于0.2m的砂砾填料。隔断层两侧应设砾（碎）石类土包边，包边顶面宽度不小于0.5m。填筑施工时应先将两侧包边填筑压实后再进行砂隔断层的填筑。当砂层厚度≤0.5m时，可一次全厚度填筑；当厚度大于0.5m时，应分层填筑，每层摊铺厚度宜取0.3～0.4m。砂隔断层可采用洒水碾压，当取水不便时，亦可采用振动干压实，压实度应达到95%。砂隔断层的施工工艺流程如图9-11。

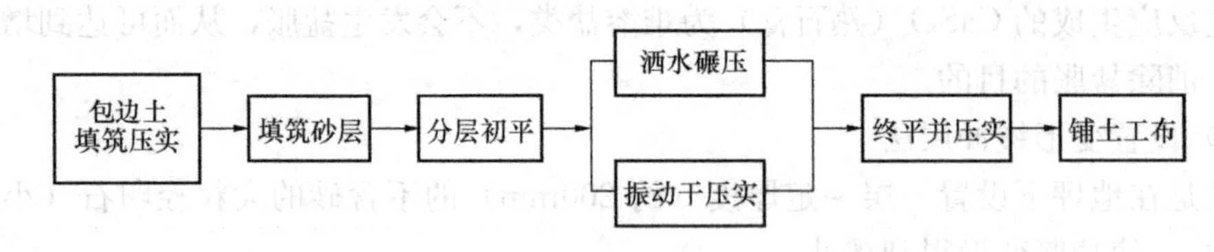

图9-11　砂隔断层填筑施工工艺

4. 土工布隔断层

由于土工布具有较好的隔水、隔气性和耐久性且施工简便，因此对中、强盐渍土地区的地基宜采用土工布作隔断层。用作隔断层的土工布通常采用复合土工膜和土工膜两种，其性能指标见表9-10。对于砾石土地基，复合土工膜可直接设置在地基一定深度，无需设保护层。为防止土工膜被顶破，在其上、下应设置80～100mm的砂土保护层，砂土的粉黏粒含量不大于15%。当土工布隔断层设置于细粒土地基中时，应在复合土工膜上、下应设置不小于200mm的砂砾排水层，排水层材料的最大粒径为60mm，粉黏粒含量不大于15%，下排水层底部埋置深度应大于当地最大冻深。对于土工膜，保护层可作为排水层，厚度不小于200mm。

用于隔断层的土工合成材料物理力学性能指标　　表9-10

技术指标	渗水性土工织物	复合土工膜（二布一膜）	复合土工膜（一布一膜）	土工膜	聚乙烯防渗薄膜	聚丙烯淋膜编织布
膜厚（mm）		≥0.3	≥0.3	≥0.3	0.18～0.2	0.34
单位面积质量（g/m^2）	≥300	≥600	≥450	≥300		≥150
渗透率	透水 Q_{95} ≤0.25mm	耐静水压 ≥0.6MPa	耐静水压 ≥0.6MPa	耐静水压 ≥0.6MPa	（不渗水）	（不渗水）
断裂强度	≥9.5kN/m	≥10kN/m	≥7.5kN/m	≥12MPa	≥10MPa	11.5（纵）/ 9.25（横）MPa
顶破强度（N）				≥250	≥50	≥665
CBR 顶破强度（kN）	≥1.5	≥1.9	≥1.5			
撕裂强度	≥0.24kN（梯形）	≥0.32kN（梯形）	≥0.24kN	≥40N/mm（直角）	≥40N/mm（直角）	430N/cm^2
断裂伸长率（%）	≥30	≥30	≥30	≥30	≥250	15～20
剥离强度（N/cm）		>6				2.5

土工布隔断层的埋置深度一般应≥1.5m，并大于当地的最大冻深。

5. 沥青砂隔断层

沥青砂隔断层的做法相当于公路路面中层铺法的单层沥青表面处治，厚15～20mm，其设置深度同土工布隔断层。

三、盐渍土地基的防腐处理原则

由于盐渍土具有明显的腐蚀特性，盐渍土地基中的基础和地下设施，大多需要可靠的防腐处理，以满足使用安全和耐久性的要求。在判明腐蚀等级的基础上，应按下列原则考虑制定防腐蚀方案：

1. 用作基础或其他设施的材料应具有较好的抗腐蚀能力，或通过一定工艺条件的改变，提高基础材料的抗腐蚀能力；

2. 在基础材料尚不能满足抗腐蚀要求时，应考虑采取表面防护措施，如涂覆防腐层、隔离层等借以隔绝盐分的渗入；

3. 盐渍土中基础及其他设施，应重点防护的部位是经常处于干、湿交替的区段，如地下水位变化区及具有蒸发面的区域，对受冻融影响的区段也应加强防护。

9.9 残积土

9.9.1 残积土概述

残积土是指岩石在风化应力作用下，完全风化而未经搬运的土。

风化岩与残积土都是新鲜岩层在风化作用下形成的物质，可统称为风化残留物（或残积物）。岩石受到风化作用的程度不同，其性状不同。风化岩是原岩经受程度较轻的风化作用而形成的，其保存的原岩性质较多，而残积土则是原岩经受了程度极重的风化作用而形成的，已基本上失去了原岩的性质。风化岩与残积土的共同特点是均保持在其原岩所在的位置，没有受到过搬运。

在我国的广东、福建等沿海地区，广泛分布着花岗岩残积土层，该层为燕山期花岗岩类岩石在湿热条件下经长期物理、化学风化作用而形成。

由于花岗岩本身及其所含岩脉存在差异风化，因而其残积土层在水平和垂直方向上存在不均匀的问题。尤其是在垂直剖面上，土层可能呈袋状、透镜体等产状，其下部可能夹有未完全风化的大的花岗岩球体（孤石）。

9.9.2 残积土地基处理的设计原则和施工措施

由于以前在基岩暴露地区的建设规模较小，对残积土的研究不多，随着社会和经济的发展，对残积土的研究逐步开始深入。但是，应当看到，当前对这类土的研究距工程建设的要求仍甚远。因此，在残积土分布地区进行岩土工程活动时，必须慎重对待。

以下为残积土地基的设计原则和施工措施：

1. 对具有膨胀性和湿陷性的残积土，在设计、施工时应按膨胀土和湿陷性土的要求采取措施；

2. 当在地下水位以下开挖深基坑时，应采取预先降水或挡土等防护措施；

3. 在岩溶地区，应对石芽与沟槽间的残积土采取工程措施。对地下溶洞，应根据其埋藏深度、顶板厚度及完整程度、洞跨大小及洞内充填情况采取措施，选用适宜的地基基础方案及施工方法；

4. 对于较宽的岩脉，应根据其岩性、风化程度和工程性质采取直接利用、换土或挖除等措施；

5. 对残积土中的球状风化的坚硬岩块（孤石），应根据建（构）筑物的实际情况、残积土的物理力学性质等因素区别对待，不可一概视为不均匀地基而采用桩基。

9.10 污染土

9.10.1 污染土概述

由于致污物质侵入改变了物理力学性状的土，应判定为污染土。污染土的定名可在原分类名称前冠以“污染”二字。

通过上述可知，污染土的定义是基于岩土工程意义给出的，而并不包含环境评价的意义。

污染土主要是由于某些工厂在生产过程中所产生的对土有腐蚀作用的废渣、废液、废气等渗入地基土中，经与土发生化学变化，改变了土的性状而产生的。这类污染源主要有各种化工厂、处理厂、煤气厂、金属矿冶炼厂以及燃料库等。因此，污染土分布及特点没有区域性规律，仅与污染源及地基土的特性有关。

一般情况下，污染物是通过渗透作用浸入土中，在土与污染物的相互作用下，导致土体的性质发生改变。液态污染物可直接渗入土中；固态污染物往往由大气降水、地表水或其他液态介质对它产生溶蚀、淋滤后渗入土中，固态污染物直接与土接触所引起的污染影响及范围较小；气态污染物对土直接产生污染的机会更少，而往往是溶解于大气降水中后再回落到土体中并对土产生影响。

地基土受污染腐蚀后，一般出现两种变形特征：1. 沉陷变形；2. 膨胀变形。

9.10.2 污染土的腐蚀作用机理

1. 当土被污染后，其工程性质发生明显的变化，土粒之间的胶结盐类在地下水作用下溶解流失，土体的孔隙比和压缩系数增大，抗剪强度降低，地基承载力显著下降；

2. 土粒本身受腐蚀后形成的新物质，在土体的孔隙中产生相变结晶而膨胀；

3. 酸、碱等腐蚀性物质与地基土中的盐类进行离子交换，从而改变土体的性质；

4. 地基土体的腐蚀，有结晶类腐蚀、分解类腐蚀、结晶分解复合类腐蚀 3 种。地基土体的污染，可能是由其中的一种或一种以上的腐蚀造成的。

9.10.3 污染土地基的处理方法

污染土场地包括可能受污染的拟建场地、受污染的拟建场地和受污染的已建场地 3 类。目前，在上述 3 类场地中，受污染已建场地所占的比重较大，上部建（构）筑物已出现破坏的情况尤为突出。

污染土地基的处理方法主要有：

1. 对可能受污染的拟建场地，当确定污染源可能对地基土体产生有害结果时，应采取防止污染物侵蚀地基的措施，如迁移或隔离污染源、减少或消除污染物以及采取隔离措施等；

2. 对于已经污染的场地则应根据勘察结果视污染程度和污染的性质进行相应处理，主要措施有：

（1）换土垫层法

将已污染的土挖除，换填素土或灰土夯实。也可采用可与污染物质产生有利化学反应的材料、耐腐蚀的砂石作为回填材料。但应注意挖除的污染土需及时处理，或专门储存，或原位隔离，以避免造成二次污染。

（2）复合地基法

根据污染土的性质，可采用碎石或其他的材料增强地基土体，以形成复合地基。

（3）桩基础法

使桩穿越污染土层并支承在未污染的、有足够承载能力的土层上。同时对桩身要采取防腐蚀措施。

（4）防渗墙法

采用桩基、深层搅拌桩等穿透污染土层以构筑防渗墙，减少污染物的渗透，从而降低腐蚀程度，此方法最好与地基加固同时进行，以防止污染的再次发生。但采用该方法时应注意采用防腐措施或特种水泥。

（5）涂层法

对置入污染土中的金属建（构）筑物，可在金属表面使用涂层使其与腐蚀介质相隔离，在加涂层前应清除金属表面的氧化皮、铁锈、油脂等，涂料应与金属具有较强的粘接性。

（6）净化法

采用水力净化、真空抽气净化、生物净化和臭氧化等方法净化地基土。

水力净化法可表述为注水入土，冲洗污染物。该法的主要缺点在于很难达到较高的净化度，通常只能冲走易移动及可溶性的污染物。

真空抽气净化是在地基土中建立真空抽气，只能抽走土体中易挥发的有害物（如氮化碳氢化合物），无法除去不易挥发的碳氢化合物，而且这种方法的净化程度也很有限。

生物净化法是在水力冲洗净化的同时，随水带入或直接注入一些有利于微生物生长的养分（如氧、氮等无机养分）并形成利于微生物繁殖的环境（适当的温度和足够的水分），从而利用微生物将土体中的有机污染物降解为无害的无机物质（H_2O 和 CO_2），以达到净化的目的。生物净化法的实施是将适当温度的水以及空气同时注入非饱和碳氢化合物污染的地基中，水流可将空气输入土体的孔隙中。在净化过程中，水流的作用可概括为 3 个方面：①为微生物的繁殖以及分解碳氢化合物提供水分；②带入生物繁殖的养分以及促成碳氢化合物分解的外加剂；③直接带走部分碳氢化合物。空气的作用也包括 3 个方面：①为碳氢化合物的分解以及生物的繁殖提供氧气；②与氢原子化合成水；③直接带出易挥发的有害物。由此可见，生物净化法是生物分裂碳氢化合物净化、空气携带净化以及水流冲洗净化的综合作用。

臭氧化法作为一种高级氧化技术已经应用于废水和有机废气的治理，现在该方法已经开始拓展到土体修复领域。与其他修复方法相比较，臭氧化法具有以下优势：①如设计得当，臭氧气体容易通过土壤；②臭氧是一种强氧化剂，能分解大多数有机物；③结构复杂的有机物通常能够分解为 CO_2、H_2O 或是结构简单、易溶于水的有机产物而能被生物降解；④臭氧化反应非常迅速，可以缩短修复时间。其缺点是臭氧产生的成本较高。

习题与思考题

9-1　我国的相关规范是如何定义特殊土的？

9-2　在湿陷性黄土地基上建造建筑物，其设计措施主要包括哪些方面的措施？

9-3　红黏土的物理力学性质具有哪些特点？

9-4　软土的物理力学性质具有哪些特点？软土地基的变形规律如何？在软土地基设计中经常采取哪些措施？

9-5　素填土、杂填土和冲填土具有哪些工程特点？

9-6　什么是多年冻土？在多年冻土地基上建造建筑物，其设计原则如何？

9-7　膨胀土的物理力学性质具有哪些特点？在膨胀土地基上建造建筑物，其设计措施主要包括哪些方面的措施？

9-8　什么是盐渍土？其主要会造成哪些工程危害？

9-9　什么是残积土？

9-10　什么是污染土？

参考文献

[1] 顾晓鲁，钱鸿缙，刘惠珊，汪时敏主编. 地基与基础(第三版). 北京：中国建筑工业出版社，2003.

[2] 龚晓南主编. 地基处理手册(第三版). 北京：中国建筑工业出版社，2008.

[3] 钱鸿缙，王继唐等编. 湿陷性黄土地基. 北京：中国建筑工业出版社，1985.

[4] 裴章勤，刘卫东编著．湿陷性黄土地基处理．北京：中国铁道出版社，1992.
[5] 童长江，管枫年．土的冻胀与建(构)筑物冻害防治．北京：水利电力出版社，1985.
[6] 陈孚华著，石油化学工业部化工设计院等译．膨胀土上的基础．北京：中国建筑工业出版社，1979.
[7] E. A. 索洛昌著，徐祖森等译．膨胀土上建(构)筑物的设计与施工．北京：中国建筑工业出版社，1982.
[8] 林宗元主编．简明岩土工程勘察设计手册(上册)．中国建筑工业出版社，2003.
[9] 龚晓南．地基处理新技术．西安：陕西科学技术出版社．1997.
[10] 高大钊主编．岩土工程的回顾与前瞻．北京：人民交通出版社，2001.
[11] 叶观宝，高彦斌编．地基处理(第三版)．北京：中国建筑工业出版社，2009.
[12] 《岩土工程手册》编写委员会．岩土工程手册．北京：中国建筑工业出版社，1994.
[13] 徐攸在等编著．盐渍土地基．北京：中国建筑工业出版社，1993.
[14] 东南大学，浙江大学，南京工业大学，南昌航空大学编．土力学．北京：中国电力出版社，2010.
[15] 江正荣主编．建筑地基与基础施工手册．北京：中国建筑工业出版社，2005.
[16] 郑俊杰．地基处理技术．武汉：华中科技大学出版社，2004.
[17] 《岩土工程师实务手册》编写组．岩土工程师实务手册．北京：机械工业出版社，2006.
[18] 《工程地质手册》编委会．工程地质手册(第四版)．北京：中国建筑工业出版社，2007.
[19] 陕西省计划委员会主编．《湿陷性黄土地区建筑规范》GB 50025—2004．北京：中国建筑工业出版社，2004.
[20] 中华人民共和国建设部主编．《岩土工程勘察规范》GB 50021—2001(2009 年版)．北京：中国建筑工业出版社，2009.
[21] 中华人民共和国住房和城乡建设部主编．《建筑地基基础设计规范》GB 50007—2011．北京：中国建筑工业出版社，2011.
[22] 中华人民共和国水利部主编．《土工试验方法标准》GB/T 50123—1999．北京：中国计划出版社，1999.
[23] 中华人民共和国行业标准．《冻土地区建筑地基基础设计规范》JGJ 118—2011．北京：中国建筑工业出版社，2011.
[24] 中华人民共和国水利部主编．《土的工程分类标准》GB/T 50145—2007．北京：中国计划出版社，2008.
[25] 中华人民共和国住房和城乡建设部主编．《膨胀土地区建筑技术规范》GB 50112—2013．北京：中国建筑工业出版社，2013.
[26] 中国建筑科学研究院主编．《建筑地基处理技术规范》JGJ 79—2012．北京：中国建筑工业出版社，2012.
[27] 龚裕祥，张三川．论膨胀土地基处理．西部探矿工程．2002 年第 4 期．19-20.
[28] 叶照桂．关于特殊地质条件地基的几个基本问题．广东土木与建筑．2003 年第 3 期．36-39.
[29] 马巍，程国栋，吴青柏．多年冻土地区主动冷却地基方法研究．冰川冻土．2002 年第 5 期．579-587.
[30] 谢鸣．国外加固多年冻土地基的新方法——热管技术的应用．施工技术．1994 年第 6 期．51-53.
[31] 朱卫东，雷华阳．青藏高原冻土地区岩土工程研究进展与思考．岩土工程技术．2003 年第 1 期．19-23.
[32] 李培军等．不同类型原油污染土壤生物修复技术研究．应用生态学报．2002 年第 11 期．1455-1458.

[33] 张晖，宋孟浩，HUANG Chin-Pao. 非污染土壤原位臭氧化修复的一维模型. 高校化学工程学报. 2003年第4期. 466-470.
[34] 胡中雄，席永慧. 硫酸根离子污染地基的检测和处理. 岩土工程学报. 1994年第1期. 54-61.
[35] 王石光，秦瑛. 某高层住宅楼氯离子污染地基的处理. 湖南地质. 2002年第1期. 40-72.
[36] 孙维中，郑建齐. 结合实例谈污染土的勘察与处理. 河北煤炭. 2000年增刊. 15-16.
[37] 邹亚洲. 微生物净化污染地基土的理论分析与试验研究. 武汉水利电力大学学报. 1994年第1期. 30-36.
[38] 饶卫国. 污染土的机理、检测及整治. 建筑技术开发. 1999年第1期. 20-21.

第10章 既有建筑物地基加固及纠倾

10.1 概述

既有建筑物地基基础加固技术又称为托换技术，是对既有建筑物进行地基基础加固所采用的各种技术的总称。当建筑物沉降或沉降差过大，影响建筑物正常使用时，有时在进行加固后尚需进行纠倾，将已倾斜的建筑物扶正到要求的限度内。建筑物迁移则是将建筑物与原地基基础切断后平移到新的地点，使其坐落在新的地基基础上。

10.1.1 既有建筑物进行地基加固及纠倾的原因

在下述情况下往往需要对既有建筑物地基或基础进行加固，有时还须进行纠倾：

1. 由于勘察、设计、施工或使用不当，造成既有建筑物沉降或沉降差超过有关规定，建筑物出现裂缝、倾斜或损坏，影响正常使用，甚至危及建筑物安全。具体可细分为以下两种情况：

1）上部结构原因，具体包括：(1) 建筑物荷载偏心，即建筑物重心与基础形心不重合；(2) 建筑物体形复杂或荷载差异较大，例如建筑物平面形状比较复杂（如“L”形、“T”形、“工”字形、“山”字形等）的建筑物，在其纵横单元交接的部位，基础往往比较密集，因此地基应力较其他部位要大，沉降也就相应大于其他部位；(3) 施工技术或施工程序不当引起加载不均；(4) 储罐、斗仓等构筑物使用荷载施加不当；(5) 风力和日照引起高耸结构的倾斜。

2）地基基础原因，具体包括：(1) 地质条件复杂，地基土层的压缩性、厚度和分布差异较大，或存在暗塘、暗沟、地下洞穴、驳岸等不良地质情况；(2) 地基处理不当，基础设计有误或施工质量差；(3) 膨胀土、湿陷性黄土、冻土等特殊土类在相应的不利条件下产生不均匀沉降；(4) 岩溶、土洞、潜蚀、滑坡、坍陷、振动液化的影响；(5) 地基土受污染侵蚀丧失强度和承载力。

2. 建筑物在长期使用过程中，因环境条件改变引起的附加沉降，造成既有建筑物沉降或沉降差过大。具体包括：(1) 相邻建筑物荷载、大面积地面堆载或填土的影响；(2) 在邻近场地中修建地下工程，如修建地下铁道、地下车库等；(3) 邻近基坑开挖引起地基土体位移过大或管涌、流土等现象；(4) 大面积降低地下水位引起建筑物沉降和不均匀沉降；(5) 桩基、沉井以及某些地基处理方法的施工所产生的振动、挤压和松弛等的影响。

3. 既有建筑物因改变使用要求或使用功能，如增层、增加荷载、改建、扩建等，引起了荷载的增加，造成原地基承载力和变形不能满足要求。其中住宅建筑以扩大建筑使用面积为目的的增层较为常见，尤以不改变原有结构传力体系的直接增层为主。办公楼常以增层改造为主，因一般需要增加的层数较多，故常采用外套结构增层的方式，增层荷载由独立于原结构的新设梁、柱、基础传递。公用建筑如会堂、影院等因增加使用面积或改善使用功能而进行增层、改建或扩建改造等。单层工业厂房和多层工业建筑，由于产品的更新换代，需要对原生产工艺进行改造，对设备进行更新，这种改造和更新可能引起荷载的增加，造成原有结构和地基基础承载力的不足等。

4. 古建筑物加固中，地基或基础需要补强加固。

10.1.2 既有建筑地基基础的鉴定

在对既有建筑物进行地基加固、纠倾或迁移之前，应对建筑物的历史和现状有一个全面的了解，并结合使用要求对加固、纠倾或迁移的可行性做出初步判断，为下步设计和施工提供依据。因此，对既有建筑物进行鉴定就成为首要的步骤。

在我国工程建设主管部门和广大科技人员的共同努力下，标准规范的编制取得了显著成绩，已编和在编的有关建筑物鉴定和加固改造方面的各种标准已有20余种。现将现行行业标准《危险房屋鉴定标准》JGJ 125—99中有关地基基础的评级标准简要介绍如下：

1. 鉴定程序与评分方法

1）鉴定程序

房屋危险性鉴定应按下列程序进行：

（1）受理委托：根据委托人要求，确定房屋危险性鉴定内容和范围；

（2）初始调查：收集调查和分析房屋原始资料，并进行现场查勘；

（3）检测验算：对房屋现状进行现场检测，必要时进行仪器测试和结构验算；

（4）鉴定评级：对调查、查勘、检测、验算的数据资料进行全面分析，综合评定，并确定其危险等级；

（5）处理建议：对被鉴定的房屋应提出原则性的处理建议；

（6）出具报告。

2）评定方法

综合评定应按下列三层次进行：（1）第一层次应为构件危险性鉴定，其等级评定应分为危险构件（T_d）和非危险构件（F_d）两类。（2）第二层次应为房屋组成部分（地基基础、上部承重结构、围护结构）危险性鉴定，其等级评定应分为 a、b、c、d 四个等级。（3）第三层次应为房屋危险性鉴定，其等级评定应分为 A、B、C、D 四个等级。

2. 构件危险性鉴定

危险构件是指其承载能力、裂缝和变形不能满足正常使用要求的结构构件。

地基基础危险性鉴定应包括地基和基础两部分。

1）地基基础应重点检查基础与承重砖墙连接处的斜向阶梯形裂缝、水平裂缝、竖向裂缝状况，基础与框架柱连接处的水平裂缝状况，房屋的倾斜位移状况，地基滑坡、稳定、特殊土质变形和开裂等状况。

2）当地基部分有下列现象之一者，应评定为危险状态：（1）地基沉降速度连续2个月大于2mm/月，并且短期内无终止趋向；（2）地基产生不均匀沉降，其沉降量大于现行国家标准《建筑地基基础设计规范》GB 50007—2002规定的允许值，上部墙体产生沉降裂缝宽度大于10mm，且房屋局部倾斜率大于1%；（3）地基不稳定产生滑移，水平位移量大于10mm，并对上部结构有显著影响，且仍有继续滑动迹象。

3）当房屋基础有下列现象之一者，应评定为危险点：（1）基础承载能力小于基础作用效应的85%；（2）基础老化、腐蚀、酥碎、折断，导致结构明显倾斜、位移、裂缝、扭曲等；（3）基础已有滑动，水平位移连续2个月大于2mm/月，并在短期内无终止趋向。

3. 房屋危险性鉴定

1）危险房屋（简称危房）为结构已严重损坏，或承重构件已属危险构件，随时可能丧失稳定和承载能力，不能保证居住和使用安全的房屋。

2）等级划分

（1）房屋划分成地基基础、上部承重结构和围护结构三个组成部分。

（2）房屋各组成部分危险性鉴定，划分为下列四个等级：① a 级：无危险点；② b 级：有危险点；③ c 级：局部危险；④ d 级：整体危险。

（3）房屋危险性鉴定，划分为下列四个等级：(1) A 级：结构承载力能满足正常使用要求，未发现危险点，房屋结构安全；(2) B 级：结构承载力基本能满足正常使用要求，个别结构构件处于危险状态，但不影响主体结构，基本满足正常使用要求；(3) C 级：部分承重结构承载力不能满足正常使用要求，局部出现险情，构成局部危房；(4) D 级：承重结构承载力已不能满足正常使用要求，房屋整体出现险情，构成整幢危房。

4. 综合评定原则

1）房屋危险性鉴定应以整幢房屋的地基基础、结构构件危险程度的严重性鉴定为基础，结合历史状态、环境影响以及发展趋势，全面分析，综合判断。

2）在地基基础或结构构件发生危险的判断上，应考虑它们的危险是孤立的还是相关的。当构件的危险是孤立的时，则不构成结构系统的危险；当构件的危险是相关的时，则应联系结构的危险性判定其范围。

3）全面分析、综合判断时，应考虑下列因素：(1) 各构件的破损程度；(2) 破损构件在整幢房屋中的地位；(3) 破损构件在整幢房屋中占的数量和比例；(4) 结构整体周围环境的影响；(5) 有损结构的人为因素和危险状况；(6) 结构破损后的可修复性；(7) 破损构件带来的经济损失。

10.1.3 既有建筑地基加固与纠倾前的准备工作

在进行既有建筑物地基加固与纠倾设计前，应搜集以下资料：

1. 现场的工程地质和水文地质资料

详细分析既有建筑物岩土工程勘察资料，包括土层分布、各土层物理力学性质、地下水位等。查清地基中是否有软弱夹层、暗浜、古河道、古墓和古井等。如原有地质资料不能满足分析要求，或应用原有地质资料难以解释建筑物沉降情况时，应对地基进行补勘。

2. 沉降和不均匀沉降观测资料

力求了解建筑物沉降和不均匀沉降发展过程。如缺乏历史资料，也应对近期沉降资料，包括沉降和不均匀沉降值，特别是沉降速率要有正确了解。

3. 建筑物上部结构和基础设计资料

详细分析建筑物结构设计情况，包括作用在地基上的荷载，建筑物整体刚度，基础形式及基础结构。如建筑物发生破损，应详细了解建筑物破损情况，如裂缝分布情况、裂缝大小以及裂缝发展态势等。对加层改建和地基中修建地下工程情况，应详细了解加层改建结构设计和地下工程设计资料。

4. 周围建筑物资料

掌握周围建筑物情况，包括地下管线、邻近建筑物结构与基础情况等。分析其对加固建筑物的影响，以及建筑物地基加固或纠倾对邻近建筑物和地下管线的影响。

5. 既有建筑物施工资料

必要时要了解建筑物施工资料，对施工质量不良造成工程事故的尤其重要。对加层改建和地基中修建地下工程情况要详细了解施工组织设计。

6. 使用期间和周围环境的实际情况

查明建筑物使用期间荷载增减的实际情况和周围环境的变化情况。其中包括地下水位的升降、地面排水条件变迁、气温变化、环境变化、邻近建筑物修建、相邻深基坑开挖以及邻近桩基施工等情况。

10.1.4 既有建筑地基加固与纠倾中的监测工作

在既有建筑物地基或基础加固与纠倾施工过程中要加强监测。根据工程情况可进行下述监测工作：

(1) 沉降观测，包括沉降和沉降速率；

(2) 倾斜观测；

(3) 如有裂缝，进行裂缝大小、裂缝发展态势监测；

(4) 地下水位监测；

(5) 如需要可进行结构中应力监测；

(6) 有时还需要对邻近建筑物进行监测。

必须指出的是，建筑物是由上部结构、基础和地基组成的一个统一的整体，考虑加固措施时，应综合考虑。有时不仅要对地基或基础进行加固，还需对上部结构进行补强。当地基变形已经稳定或接近稳定，有时只需要考虑上部结构进行补强加固。既有建筑物地基加固与纠倾需要应用岩土工程与结构工程的知识，需要岩土工程师与结构工程师协同努力，共同完成。

10.2 既有建筑物地基加固

既有建筑物地基基础加固技术又称为托换技术，可根据托换的原理、时间和方法进行分类：

1. 按原理分类

(1) 补救性托换：指原有建筑物的地基基础因承载力或变形不符合设计要求而产生病害，因此对其进行托换的技术。这是在托换工程中占有最大比重的托换技术。

(2) 预防性托换：指既有建筑物的地基土已满足地基承载力和变形要求，但因既有建筑物的邻近需修建其他地下工程、高大建筑物或进行深基坑开挖等原因，而需对其进行保护的托换技术。

(3) 维持性托换：指在新建的建筑物基础上预先设置顶升措施（如预留安放千斤顶位置），一旦地基变形超过地基容许值时可进行变形调节的技术。

2. 按时间分类

按时间可将托换技术分为临时性托换和永久性托换。

3. 按方法分类

既有建筑物地基加固与基础补强方法主要从三方面考虑：(1) 通过将原建筑物基础加宽，减小作用在地基土上的接触压力，使地基土满足建筑物对地基承载力和变形的要求；(2) 在地基中设置墩基础或桩基础，通过桩土共同作用来满足建筑物对地基承载力和变形的要求；(3) 通过地基处理改良部分或全部地基土体，提高地基土体抗剪强度、减小压缩性，以满足建筑物对地基承载力和变形的要求。有时可将上述三方面加固措施综合应用。

因此，可将既有建筑物地基加固方法分为基础扩大和加固技术、墩式托换技术、桩式托换技术、地基加固技术和综合加固技术五类，详见图 10-1。

10.2.1 基础扩大和加固技术

许多既有建筑物或改建增层工程，常因基础底面积不足而使地基承载力或变形不能满足要求，造成既有建筑物开裂或倾斜；或由于基础材料老化、浸水、地震或施工质量等因素影响，原有地基基础已显然不再适应，此时常采用基础扩大和加宽技术，以增大基础底面积、加强基础刚度。

- 既有建筑物地基加固技术
  - 基础扩大和加固技术
  - 墩式托换技术
  - 桩式托换技术
    - 静压桩托换
      - 锚杆静压桩
      - 坑式静压桩
    - 树根桩托换
    - 石灰桩托换
    - 灰土桩托换
    - 其他桩式托换
  - 地基加固技术
    - 注浆法
    - 高压喷射注浆法
    - 其他地基处理方法
  - 综合加固技术

图 10-1　既有建筑物地基加固方法分类

1. 基础扩大技术

通过基础加宽可以扩大基础底面积，有效降低基底接触压力。例如：原筏板基础面积为 $16m \times 30m = 480m^2$，若四周各加宽 1.0m，则基础底面积扩大为 $576m^2$。如果原基底接触压力为 200kPa，基础加宽后基底接触压力减小为 167kPa，基础加宽效果是明显的。基础加宽费用低，施工也方便，有条件应优先考虑。但有时基础加宽也会遇到困难：如周围是否有足够场地进行基础加宽。若基础埋置较深，则对周围影响更大，且土方开挖量较大。另外，基础加宽还可能增加上部荷载作用的影响深度，对软土地基应详细分析基础加宽对减小总沉降的效用。

既有建筑物的基础一般采用混凝土套或钢筋混凝土套加以扩大，见图 10-2 (*a*)、(*b*)、(*d*)。当原基础承受偏心荷载，或受周围环境条件限制时，可采用单面加宽基础，见图 10-2 (*f*)、(*g*)。也可将柔性基础改为刚性基础，见图 10-2 (*e*)，条形基础改为片筏基础，见图 10-2 (*c*)。在设计、施工中应注意：

(1) 基础扩大后，刚性基础应满足刚性角的要求，柔性基础应满足抗弯抗冲切和抗剪的要求；

(2) 为使新旧基础连接牢固，应将原基础凿毛并刷洗干净，再涂一层高强度等级水泥砂浆，沿基础高度每隔一定距离应设置锚固钢筋。也可在墙脚或圈梁钻孔穿钢筋，再用环氧树脂填满，穿孔钢筋应与加固筋焊接；

(3) 原基础和加宽部分基础的垫层材料及厚度应相同，使新旧基础的基底标高和扩散条件相同，并与变形协调；

(4) 对条形基础应按长度每隔 1.5～2.0m 划分为若干单独区段，进行分批、分段、间隔施工，绝不可全长连续施工。

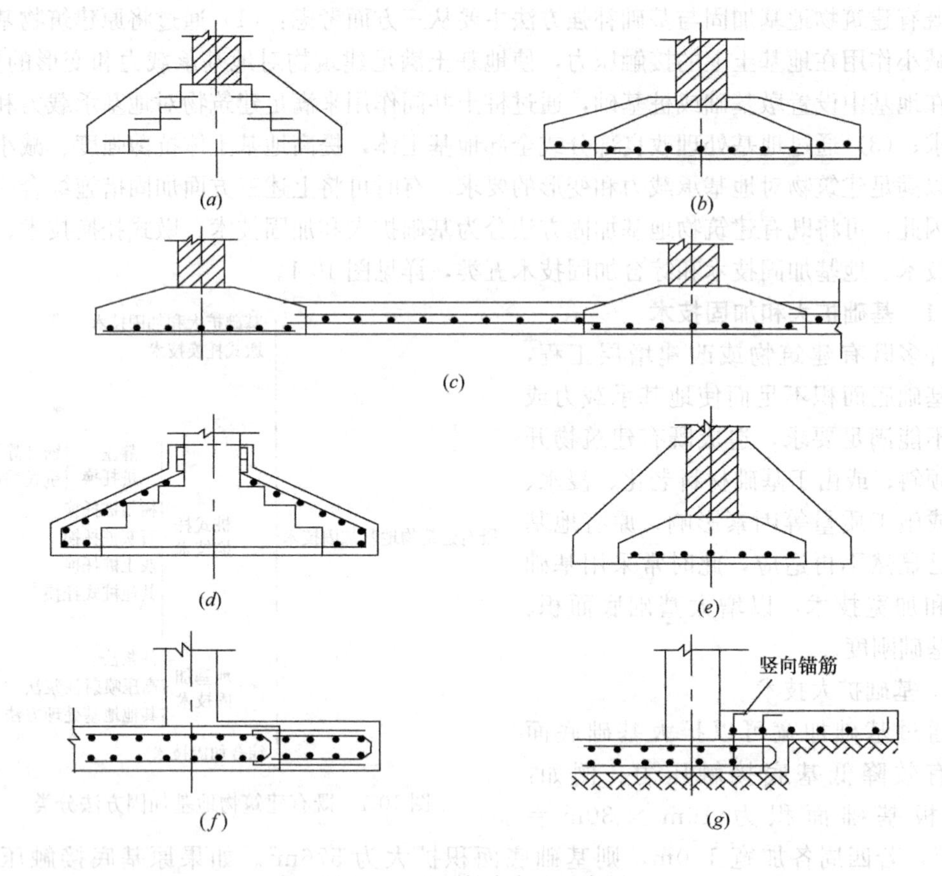

图 10-2　基础扩大方法示意图

(*a*) 刚性条形基础扩大；(*b*) 柔性条形基础扩大；(*c*) 条形基础扩大为片筏基础；
(*d*) 柱基加宽；(*e*) 柔性基础加宽改为刚性基础；(*f*) 片筏基础加宽之一；(*g*) 片筏基础加宽之二

2. 基础加固技术

当基础由于机械损伤、不均匀沉降或冻胀等原因引起开裂或损坏时，可采用灌浆法加固基础（图 10-3）。

施工时可在基础中钻孔，注浆管的倾角一般不超过 60°，孔径应比注浆管的直径大 2～3mm，在孔内放置直径 25mm 的注浆管，孔距可取 0.5～1.0m。对单独基础每边打孔不应少于 2 个，浆液可由水泥浆或环氧树脂等制成，注浆压力可取 0.2～0.6MPa，当 15min 内水泥浆未被吸收则应停止注浆，注浆的有效直径约为 0.6～1.2m。对条形基础应沿基础纵向分段进行施工，每段长度可取 2.0～2.5m。对有局部开裂的砖基础，也可采用钢筋混凝土梁跨越加固（图 10-4）。

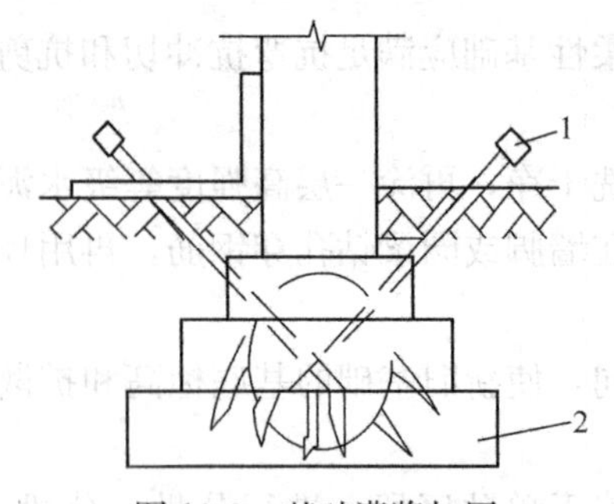

图 10-3　基础灌浆加固

1—注浆管；2—加固的基础

10.2.2　墩式托换技术

当原地基承载力和变形不能满足要求时，除了采用基底扩大技术外，还可采用将基础挖深以落在较好的新持力层上的托换加固方法，这种托换加固方法国外称为墩式托换，也有称为坑式托换。

墩式托换适用于地基浅层有较好的持力层且土层易于开挖；开挖深度范围内无地下水，或虽有地下水但采取降低地下水位措施较为方便的情况。既有建筑物的基础最好是条形基础，便于在纵向对荷载进行调整。

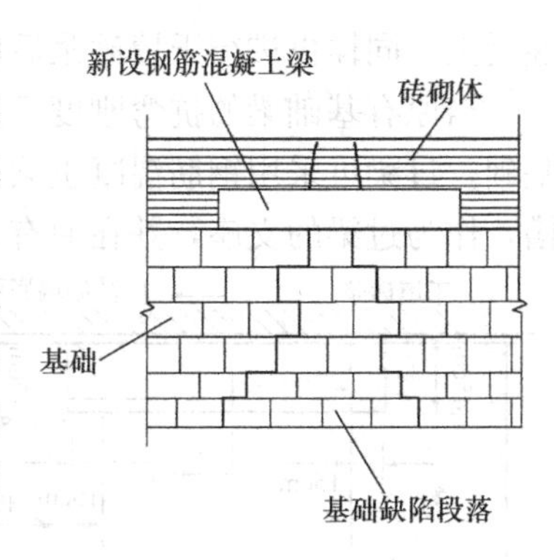

图 10-4 钢筋混凝土梁跨越缺陷段基础示意图

墩式托换的优点是费用低、施工方便；而且由于托换工作大部分是在建筑物的外部进行，所以在施工期间仍可使用建筑物。缺点是工期较长；同时由于建筑物的荷重被置换到新的地基土上，将会产生一定量的附加沉降。

墩式托换基础施工步骤如下（图 10-5）：

1. 在贴近被托换基础的侧面，由人工开挖一个 1.2m ×0.9m（长×宽）的竖向导坑，深度挖至原有基础底面下 1.5m 处；

2. 将导坑横向扩展到原有基础下面，并继续在基础下面开挖到所要求的持力层标高；

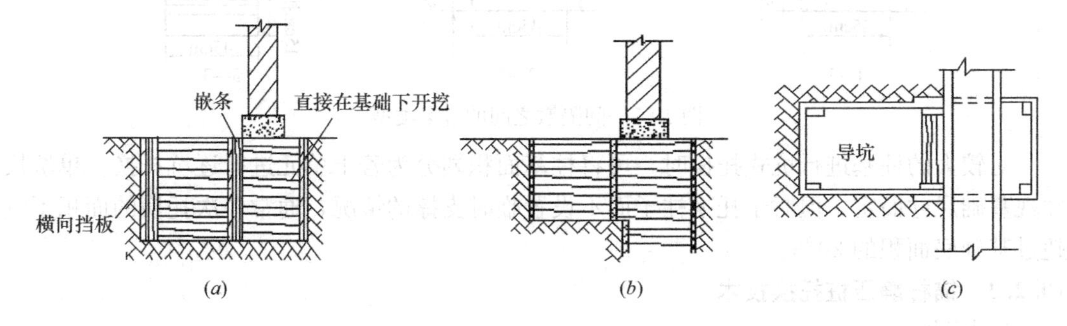

图 10-5 墩式托换示意图
(*a*) 剖面图；(*b*) 继续开挖；(*c*) 平面图

3. 采用现浇混凝土浇筑已开挖出的基础下的挖坑。但在离原有基础底面 80mm 处应停止浇筑，养护一天后，再将 1：1 干硬性水泥砂浆放进 80mm 的空隙内，用铁锤锤击短木，使填塞位置的砂浆得到充分捣实成为密实的填充层（国外称这种填实的方法为干填）。由于干填的这一层厚度很小，可视为不收缩的，因而建筑物不会因混凝土收缩而发生附加沉降。有时也可使用液态砂浆通过漏斗注入，并保持一定的压力直到砂浆凝固结硬为止。

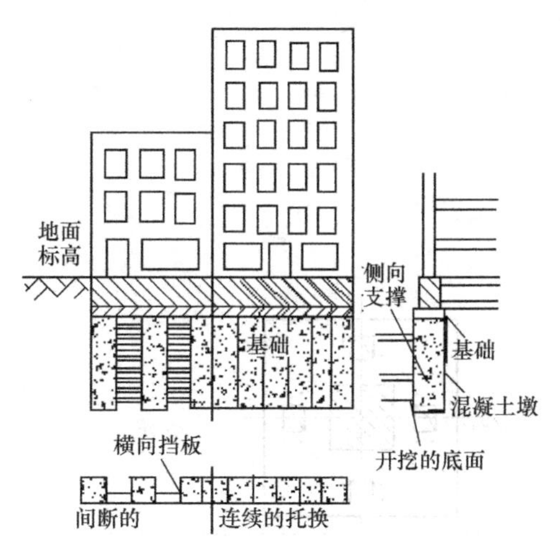

图 10-6 间断和连续的混凝土墩式托换

4. 以同样步骤，分段分批地挖坑和修筑墩子，直至全部托换基础的工作完成为止。

混凝土墩可以是间断的或连续的（图 10-6），主要是取决于既有建筑物的荷载和坑下地基土的承载力值大小。当间断墩的底面积不能对建筑物荷载提供足够支承时，则可设置连续墩式基础。施工时应首先设置间断墩以提供临时支承，当开挖间断墩之间的土体时，可先将坑的侧板拆除，接着在挖掉墩间土的坑内灌筑混凝土，同样再进行干填砂浆后就形成了连续的混凝土墩式基础。

当原有基础梁的抗弯刚度不足以在间断墩间跨越时，则有必要在坑间设置过梁以支承基础。过梁可采用钢筋混凝土梁、钢梁或混凝土拱等形式。此时可在间断墩的外缘设置凹槽，作为过梁的支座，并在原有基础地面下进行干填（图 10-7）。

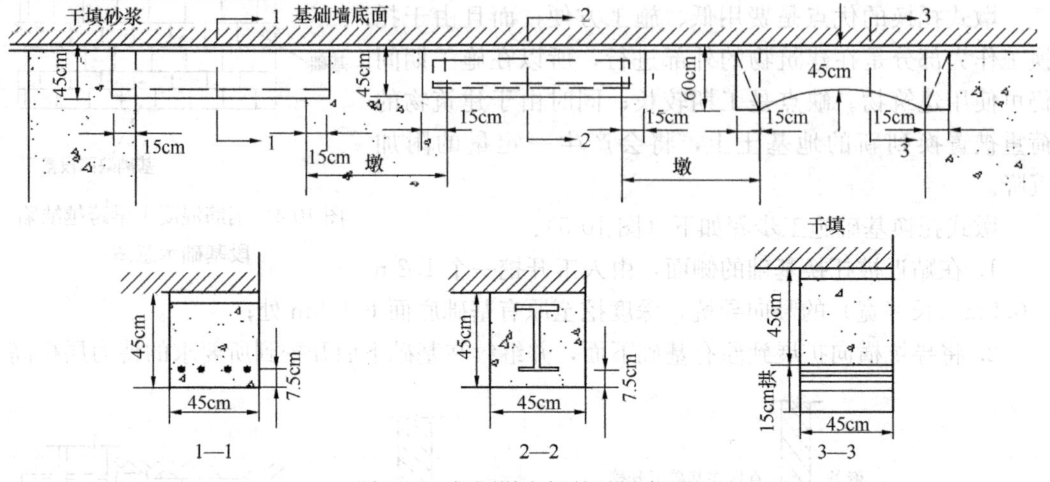

图 10-7　间隔墩之间的过梁类型

对较大的柱基进行坑式托换时，可将柱基面积划分为若干单元进行逐坑托换。单坑尺寸视基础尺寸而定，但对于托换柱子而不设置临时支撑的情况，通常一次托换的面积不宜超过基础底面积的 20%。

10.2.3　锚杆静压桩托换技术

1. 概述

锚杆静压桩技术属于桩式托换技术。它将压桩架通过锚杆与建筑物基础连接，利用建筑物自重荷载作为压桩反力，用千斤顶将桩分段压入地基中，桩段间采用硫磺胶泥或焊接连接。当压桩力或压入深度达到设计要求后，将桩与基础用微膨胀混凝土浇筑在一起。静压桩起到承担部分荷载和控制沉降的目的。锚杆静压桩装置示意图与压桩孔及锚杆平面布置图分别如图 10-8 和图 10-9 所示。

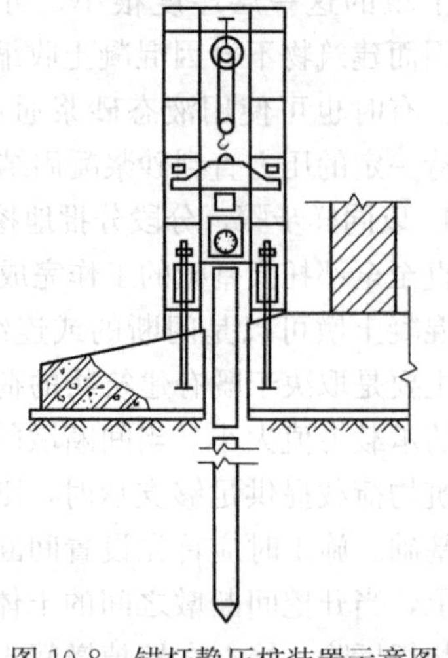

图 10-8　锚杆静压桩装置示意图

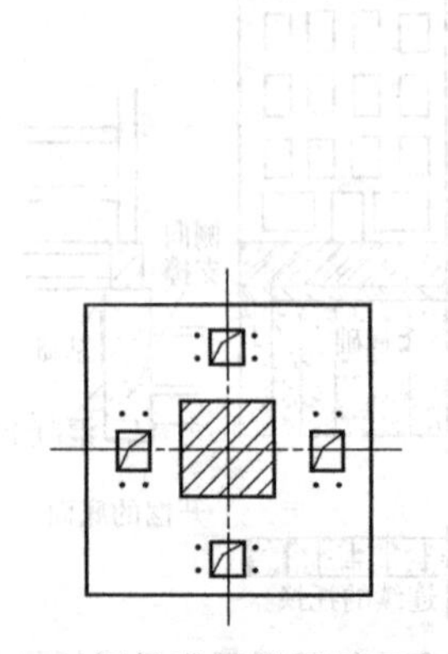

图 10-9　压桩孔及锚杆平面布置图

锚杆静压桩具有施工设备简单，作业面小，施工方便灵活，技术成熟，质量可靠，施工时无振动，无噪声，无污染，对原有建筑物内生活或生产秩序影响小等优点。同时，还可与掏土或冲水配合应用于既有倾斜建筑的纠倾工程中，使既有倾斜建筑实现可控纠倾。锚杆静压桩适用范围广，可适用于黏性土、淤泥质土、杂填土、粉土、黄土等地基。由于具有上述优点，锚杆静压桩技术在我国各地已得到广泛应用。

锚杆静压桩技术除应用于已有建筑物地基加固外，也可应用于新建建筑物的基础工程。在闹市区旧城改造中，打桩设备难以运进，或打桩施工工作面不够，或打桩设备短缺时，可采用锚杆静压桩技术进行桩基施工。对于新建建筑物，在基础施工时可预留压桩孔和预埋锚杆，待上部结构施工至3～4层时，再开始压入锚杆静压桩。此时建筑物自重可提供压桩反力，而且天然地基承载力发挥度也已较高，需要压桩以提高承载力。同时，采用此工艺还可以节约部分施工工期。

2. 锚杆静压桩设计

锚杆静压桩的设计内容包括：单桩竖向承载力设计、桩截面及桩数设计、桩位布置、桩身强度及桩段构造设计、锚杆设计、下卧层强度及桩基沉降验算、承台厚度验算等。

（1）单桩竖向承载力设计

锚杆静压桩的单桩竖向承载力一般可由现场压桩试验确定。当现场缺乏资料时，也可根据勘察报告或当地规程规范提供的指标确定。当进行现场压桩试验时，单桩承载力可由下式确定：

$$P=\frac{P_{压}}{K} \tag{10-1}$$

式中　P——单桩竖向承载力设计值，kN；

$P_{压}$——最终入土深度时压桩力，kN；

K——压桩力系数。与地基土性质、压桩速度、桩材及桩截面形状有关。在黏性土地基中，当桩长小于20m时，K值可取1.5；在黄土和填土中K值可取2.0。

（2）桩截面及桩数设计

锚杆静压桩宜采用钢筋混凝土预制方桩，有时也选用钢管桩。桩截面尺寸根据上部荷载、地质条件以及压桩设备加以初选，一般常用的截面为200mm×200mm、250mm×250mm、300mm×300mm和350mm×350mm。桩数计算时可考虑桩土共同作用，对于既有建筑物地基基础托换加固设计中常取3∶7，即30％荷载由土体承担，70％荷载由桩承担。也可采用按地基承载力大小及地基承载力利用程度相应选取桩土荷载分担比，使之更为合理。

（3）桩位布置

对于托换加固工程，桩位应尽量靠近受力点两侧，使之在刚性角范围内，以减小基础的弯矩。对条形基础可布置在靠近基础的两侧，独立柱基可沿着柱子四周对称布置，平板或筏基和梁板或筏基可布置在靠近荷载较大的部位以及基础的边缘，尤其是角部，以适应马鞍形的基底接触应力分布。另外，凿压桩孔往往要截断底板钢筋，桩孔应尽量布置在弯矩较小处，并使截断的钢筋最少。对于纠倾加固工程，除遵循上述原则外，桩位布置尚需考虑纠倾特点，尽量将桩布置在建筑物沉降较大一侧外墙的两边。

(4) 桩身强度及桩段构造设计

钢筋混凝土方桩的桩身强度根据压桩过程中的最大压桩力并按钢筋混凝土受压构件进行设计，一般不宜低于C30级。桩段长度的确定应考虑施工净空条件以及接桩搬运方便确定，一般取1.0～2.5m。桩段连接可采用焊接接头或硫磺胶泥接头。前者用于承受水平推力、侧向挤压力和上拔力，后者用于承受垂直压力。

(5) 锚杆设计

锚杆直径根据压桩力设计。一般当压桩力小于400kN时，采用M24锚杆；压桩力400～500kN时，采用M27锚杆。锚杆数量根据压桩力除以单根锚杆抗拉强度确定。锚杆可用螺纹钢和光面钢筋制作，也可在端部墩粗或加焊钢筋，锚固深度一般取10～12倍锚杆直径，且不应小于300mm。采用硫磺胶泥或环氧树脂砂浆粘结剂在锚杆孔内粘结定位。

(6) 下卧层承载力及桩基沉降计算

当锚杆静压桩持力层下存在较厚的软弱土层时，需验算下卧层承载力及桩基沉降；当桩尖进入土质较好的持力层时，一般不需要进行这部分验算。为简化起见，可忽略前期荷载作用的有利影响而按照新建桩基建筑物考虑，参照行业标准《建筑桩基技术规范》JGJ 94—2008中有关条款进行验算。

(7) 承台验算

承台验算主要进行带桩原基础的抗冲切、抗剪和抗弯承载力验算，当不能满足要求时应设置桩帽梁。桩帽梁通过设置交叉钢筋与外露锚杆焊接，然后搭模板，将桩孔混凝土和桩帽混凝土（采用C30或C35微膨胀混凝土）一次浇筑完成（详见图10-10）。锚杆静压桩桩头与基础连接必须可靠，一般要求伸入基础内长度不小于100mm。

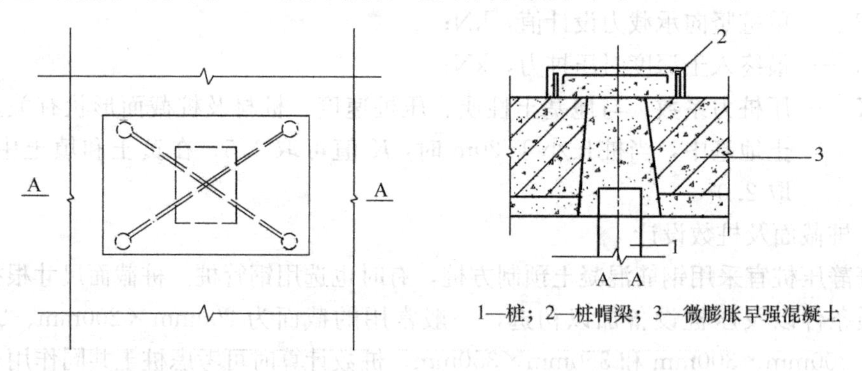

1—桩；2—桩帽梁；3—微膨胀早强混凝土

图10-10　桩与基础连接构造

3. 锚杆静压桩施工

锚杆静压桩施工流程如图10-11所示。具体施工步骤如下：

(1) 清除基础面上覆土，并将地下水降低至基础面下，以保证作业面。

(2) 按设计图放线定位。压桩孔可凿成上小下大的棱锥形（图10-12），以利于基础承受冲剪。凿孔可用风动凿岩机，也可采用人工凿孔。

(3) 凿孔完成后，锚杆孔应认真清渣，再采用环氧树脂砂浆或硫磺胶泥固定锚杆，养护后再安装压桩反力架。反力架要保持垂直，应均衡拧紧锚杆上的螺帽。

(4) 采用电动或手动千斤顶压桩。压桩过程中不能中途停顿过久：间歇时间过长，往往使所需压桩力提高，甚至超过压桩能力而被迫中止。在压桩过程中，应随时拧紧松动的螺帽。施工中不宜数台压桩机同时在一个独立柱基础上施工，以防止基础上抬。

（5）接桩可采用硫磺胶泥，也可采用焊接。采用焊接接桩时，应对准上、下节桩的垂直轴线，清除焊面铁锈后进行满焊。采用硫磺胶泥接桩时，上节桩就位后应将插筋插入插筋孔内，检查重合无误、间隙均匀后，将上节桩吊起100mm，装上硫磺胶泥夹箍，浇筑硫磺胶泥，并立即将上节桩垂直放下，接头侧面应平整光滑，上下桩面应充分粘结。待硫磺胶泥固化后才能开始继续压桩施工。

（6）压桩至设计要求（一般以最终压桩力为主，桩长为辅控制）后，可进行封桩。封桩时根据是否施加预应力分为两种方法：①当采用非预应力封桩时，在压桩达到设计要求后，即可使用千斤顶卸载，拆除压桩架，将基础中原有主筋尽量补焊后进行封桩；②当采用预应力封桩时，应在千斤顶不卸载的条件下，通过型钢托换支架，清理干净压桩孔后立即封桩。当封桩混凝土达到设计强度后，方可卸载。

（7）压桩施工过程中应加强沉降监测，注意施工过程中产生的附加沉降。通过合理安排压桩顺序减小附加沉降及其影响。

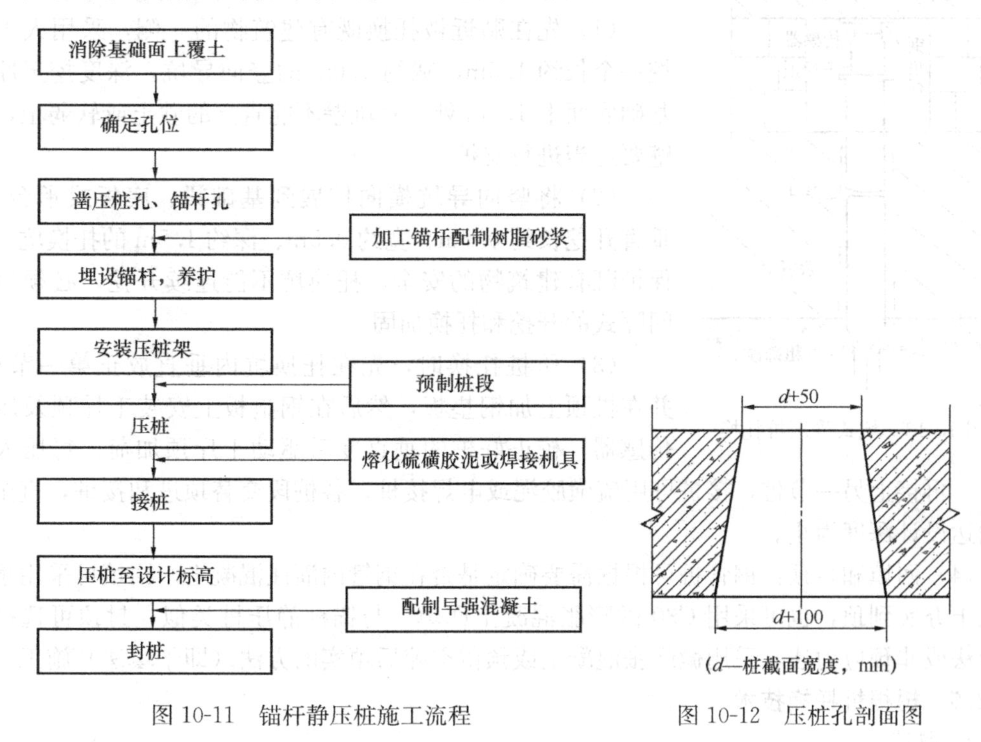

图10-11　锚杆静压桩施工流程

图10-12　压桩孔剖面图

10.2.4　坑式静压桩托换技术

1. 概述

坑式静压桩与锚杆静压桩相似，也是将千斤顶的顶升原理和静压桩技术融为一体的托换技术。它是在已开挖的基础下托换坑内，利用建筑物上部结构自重作支承反力，用千斤顶将预制好的钢管桩或钢筋混凝土桩段接长后逐段压入土中的托换方法（图10-13）。坑式静压桩适用于淤泥、淤泥质土、黏性土、粉土、湿陷性土和人工填土，且有埋深较浅的硬持力层。当地基土中含有较多的大块石、坚硬黏性土或密实的砂土夹层时，由于桩压入时难度较大，应根据现场试验确定其适用与否。

2. 坑式静压桩设计

坑式静压桩的桩身可采用直径为150～300mm的无缝钢管或边长为150～250mm的预制钢筋混凝土方桩。每节桩长可根据托换坑的净空高度和千斤顶的行程确定，最下节桩长一般为1.3～1.5m，其余各节一般为0.4～1.0m。如遇难以压入的砂层、硬土层或硬夹层时，可采用开口钢管或边压入钢管边从管内掏土，达到设计深度后再向管内灌入混凝土成桩，钢管外应做防腐处理。钢管桩段与桩段间用电焊接桩，为保证垂直度，可加导向管焊接。钢筋混凝土方桩可采用硫磺胶泥或电焊接桩。

坑式静压桩单桩竖向承载力确定、桩位平面布置以及原有基础的验算与锚杆静压桩相类似，在布桩时还应注意避开门窗等墙体薄弱部位。当原有基础结构的强度无法满足压桩反力时，应在原有基础的加固部位增设钢筋混凝土地梁或型钢地梁，以提高基础结构的强度和刚度。

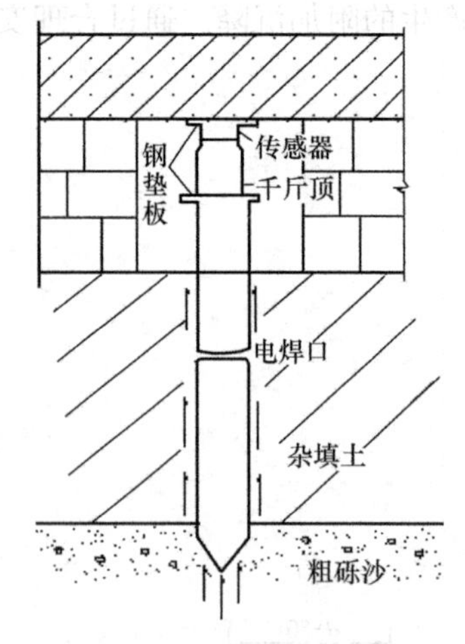

图10-13　坑式静压桩托换

3. 坑式静压桩施工

坑式静压桩施工步骤如下：

(1) 先在贴近被托换既有建筑物的一侧，采用人工开挖一个长约1.5m，宽约1.0m的竖向导坑，深度挖至原有基础底面下1.5m处。对坑壁不能直立的砂土或软弱土，坑壁要适当进行支护。

(2) 将竖向导坑横向扩展到基础梁、底板或承台下，垂直开挖长约0.8m、宽约0.5m、深约1.5m的托换坑。为保护既有建筑物的安全，托换坑不能连续开挖，必须进行间隔式的开挖和托换加固。

(3) 压桩托换时，先在托换坑内垂直放正第一节桩，并在桩顶上加钢垫板，然后在钢垫板上安装千斤顶及压力传感器，校正好桩的垂直度后驱动千斤顶加荷。每压入一节桩，再接上另一节桩，接桩可用硫磺胶泥或电焊接桩。各桩段交替顶进和接桩，直至桩端到达设计深度为止。

(4) 回填和封顶：钢管桩可根据需要确定是否在钢管内灌注混凝土。回填可采用素土或灰土夯实到顶，也可采用C30微膨胀混凝土回填。与锚杆静压桩类似，封顶可选择预应力法或非预应力法，采用微膨胀混凝土或预留空隙后填实的方法（即干填法）施工。

10.2.5　树根桩托换技术

1. 概述

树根桩是一种小直径钻孔灌注桩，其直径一般为100～300mm。通常先利用钻机成孔至设计标高后，放入钢筋或钢筋笼，同时放入注浆管，用压力注入水泥浆或水泥砂浆而成桩，亦可放入钢筋笼后再灌入碎石，然后注入水泥浆或水泥砂浆而成桩。小直径钻孔灌注桩也有人称为微型桩，小直径钻孔灌注桩可以竖向或斜向设置，当网状布置时如树根状，故称为树根桩。

树根桩技术是在20世纪30年代初由意大利的Fondedile公司的F. lizzi首创，随后在各国得到应用。主要用于古建筑修复工程，修建地下铁道原有建筑物地基加固工程，岩土边坡稳定加固，楼房加层改造工程和危房加固工程的地基加固等。采用树根桩加固示意图如图 10-14 所示。

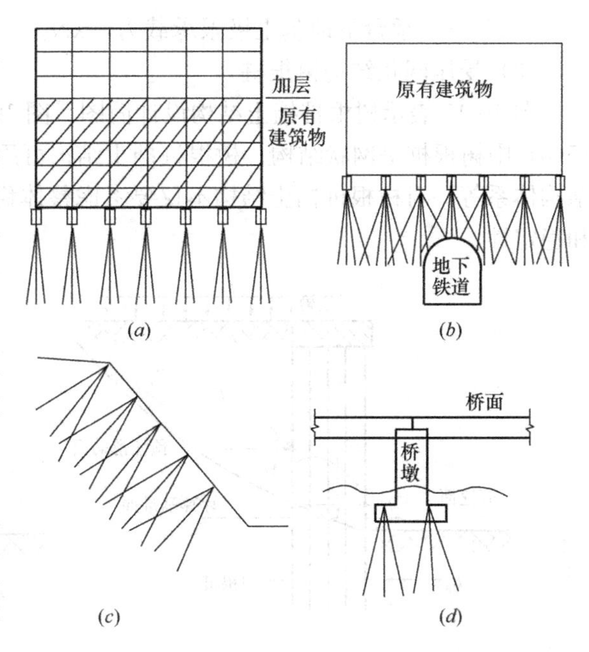

图 10-14　树根桩加固示意图

(a) 加层改造工程地基加固；(b) 修建地下铁道树根状托换；(c) 边坡稳定加固；(d) 桥墩基础树根状托换

树根桩技术具有机具简单，施工方便，施工场地小，振动和噪声小等优点。而且由于桩径小，对于墙身和地基土基本不产生次应力，不会影响建筑物的正常使用。树根桩适用于黏性土、砂土、粉土、碎石土、湿陷性黄土和岩石等各类不同的地基。它不仅可承受竖向荷载，还可承受水平向荷载。另外，压力注浆使桩的外侧与土体紧密结合，使桩具有较大的承载力。

2. 树根桩设计

树根桩加固地基设计计算内容与树根桩在地基加固中的效用有关，应视工程情况区别对待。当树根桩与地基土体共同承担竖向荷载时，可视为刚性桩复合地基；对于网状树根桩，可按照加筋复合土体考虑。下面分别加以介绍。

(1) 单桩竖向承载力

单桩竖向承载力一般应由单桩载荷试验确定，也可根据勘察报告或规范提供指标确定。树根桩一般按摩擦桩考虑，不计入桩端阻力。由于树根桩是采用压力注浆而形成桩的，其桩侧摩阻力大于一般钻孔灌注桩和预制桩。研究（叶书麟等，1993）表明：当树根桩做单桩竖向抗压设计时，其桩侧摩阻力可取《上海市地基基础设计规范》DGJ 08—11—2010 中灌注桩桩侧摩阻力的上限值；而当树根桩作单桩竖向抗拔设计时，其桩侧摩阻力可取该《规范》中灌注桩桩侧摩阻力的下限值。另外，树根桩长径比较大，在计算树根桩单桩承载力时应考虑其有效桩长的影响。

树根桩与桩间土共同承担荷载，树根桩的承载力发挥还取决于建筑物所能容许承受的最大沉降值。容许的最大沉降值愈大，树根桩承载力发挥度愈高。对于承担同样的荷载，当树根桩承载力发挥度低时，则要求设计较多的树根桩。

(2) 树根桩复合地基

树根桩与地基土形成复合地基，共同承担上部荷载。树根桩复合地基可按刚性桩复合地基考虑。

树根桩托换基础极限承载力可按下式计算：

$$P_{\mathrm{f}} = \alpha n P_{\mathrm{pf}} + \beta F_{\mathrm{s}} \tag{10-2}$$

式中　P_{f}——承台基础极限承载力，kN；

P_{pf}——树根桩单桩极限承载力，kN；

n——承台下树根桩桩数；

α——树根桩承载力发挥系数；

β——承台下地基土承载力发挥系数；

F_s ——承台下地基土极限承载力，kN。

(3) 受压网状结构树根桩

图 10-15 表示树根桩挡土结构设计简图，图 10-15(a) 中树根桩均为竖向设置，图 10-15(b) 中树根桩呈网状结构。树根桩挡土结构可用作挡土墙稳定土坡，或作为深基坑围护结构体系等。对树根桩挡土结构不仅要考虑整体稳定，还应验算树根桩复合土体内部强度和稳定性。

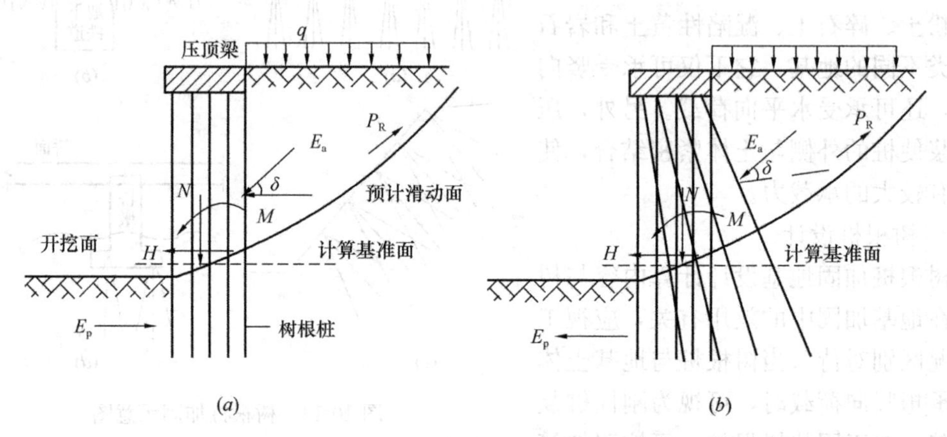

图 10-15 树根桩挡土结构计算简图

叶书麟等（1993）建议采用下述方法进行受压网状树根桩设计。在设计计算时，可根据树根桩复合土体计算基准面上作用的垂直力 N，水平力 H 和弯矩 M 等内力（图 10-15）。基准面可根据预计滑动面位置确定。

图 10-16 表示计算基准面示意图，基准面处树根桩复合土体等值换算截面积 A_{RP} 计算式为

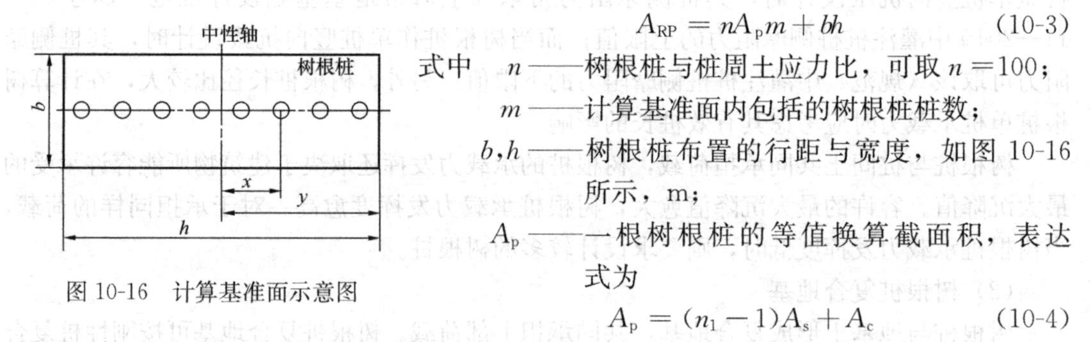

图 10-16 计算基准面示意图

$$A_{RP} = nA_p m + bh \tag{10-3}$$

式中 n ——树根桩与桩周土应力比，可取 $n = 100$；

m ——计算基准面内包括的树根桩桩数；

b,h ——树根桩布置的行距与宽度，如图 10-16 所示，m；

A_p ——一根树根桩的等值换算截面积，表达式为

$$A_p = (n_1 - 1)A_s + A_c \tag{10-4}$$

式中 n_1 ——钢筋与砂浆（或混凝土）弹性模量之比，取 $n_1 = 7 \sim 10$；

A_s ——钢筋截面积，m^2；

A_c ——树根桩截面积，m^2。

基准面处树根桩复合土体等值换算截面惯性矩 I_{RP} 计算式为

$$I_{RP} = nA_p \Sigma x^2 + \frac{bh^3}{12} \tag{10-5}$$

式中 x ——计算基准面各个树根桩距中性轴距离，m；

其他符号意义同前。

计算基准面树根桩复合土体上最大压应力值为

$$\sigma_{\mathrm{RPmax}} = \frac{N}{A_{\mathrm{RP}}} + \frac{M}{I_{\mathrm{RP}}} y \tag{10-6}$$

式中　N——计算基准面处作用在树根桩复合体上的垂直力，kN；

M——计算基准面处作用在树根桩复合体上的弯矩，kNm；

y——计算基准面中性轴至计算基准面边缘的距离，m。

树根桩复合土体中的最大压应力应满足下式：

$$\sigma_{\mathrm{RPmax}} < R \tag{10-7}$$

式中　R——计算基准面处地基土容许承载力，kPa。

作用在砂浆（混凝土）上压应力 σ_{R} 与作用在钢筋上的压应力 σ_{sc} 应分别满足下述计算式：

$$\sigma_{\mathrm{R}} = n\sigma_{\mathrm{RP}} < \sigma_{\mathrm{ca}} \tag{10-8}$$

$$\sigma_{\mathrm{sc}} = n_1\sigma_{\mathrm{R}} < \sigma_{\mathrm{sa}} \tag{10-9}$$

式中　σ_{ca}——砂浆（混凝土）容许压应力，kPa；

σ_{sa}——钢筋容许压应力，kPa。

树根桩的设计长度 l 等于计算基准面以下的必要长度 l_2 和计算基准面以上长度 l_1 之和，即

$$l = l_1 + l_2 \tag{10-10}$$

l_2 计算式为

$$l_2 = \frac{A_{\mathrm{c}}\sigma_{\mathrm{R}}}{\pi D f} \tag{10-11}$$

式中　D——树根桩直径，m；

f——树根桩与计算基准面以下的土间摩阻力，kPa。

树根桩挡土结构作为重力式挡土墙，其抗滑动、抗倾斜、整体稳定等验算可采用常规计算方法。

(4) 受拉网状结构树根桩

受拉网状结构树根桩见图 10-17，其设计方法与土钉墙围护结构相类似，详见第 7 章。

3. 树根桩施工

树根桩施工流程如下：

(1) 成孔

首先选择钻机和钻头，钻孔时可采用泥浆或清水护壁。在孔口处一般设置 1.0～2.0m 的套管，以防孔口处土方坍落。钻孔至设计要求后，应进行清孔。控制清孔水压大小，观察泥浆溢出情况，直至孔口溢出清水为止。

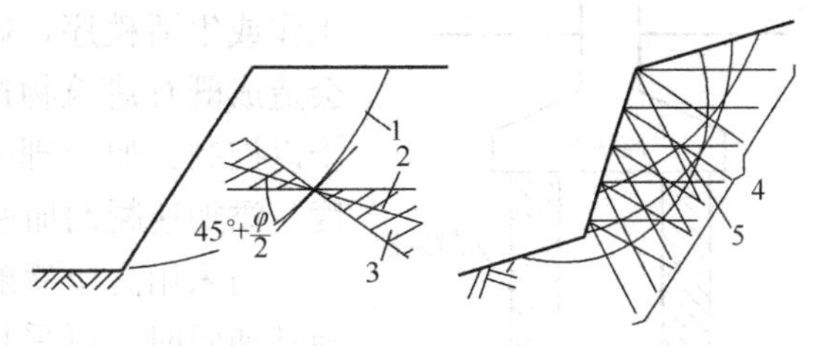

图 10-17　受拉网状结构树根桩示意图

1—假想滑动面；2—受拉变形方向；3—树根桩布置范围；4—网状结构树根桩；5—各种可能的滑动面

(2) 放置钢筋或钢筋笼

清孔结束后，按设计要求放置钢筋或钢筋笼。钢筋笼外径应小于设计桩径 40～

50mm，应尽可能一次吊放整个钢筋笼，分节吊放时节间钢筋搭接必须错开，搭接长度不小于10倍钢筋直径。

（3）放置压浆管

压浆管放在钢筋笼中心位置，常采用直径20mm无缝铁管。放置就位后即可压入清水继续清孔。

（4）投放碎石

根据设计要求，将冲洗干净的碎石（粒径5～15mm）缓缓投入钻孔内，套管拔除后再补灌细石子，直至灌满。此时压浆管继续压入清水冲洗，直至溢出清水为止。

（5）注浆

浆液可采用水泥浆和水泥砂浆两种。为提高浆液的流动性和早期强度，可适量加入减水剂和早强剂。纯水泥浆的水灰比一般采用0.4～0.5，水泥砂浆的配合比常用水泥：砂：水＝1.0：0.3：0.4。注浆时让浆液从钻孔底部均匀上升。采用分段注浆、分段提升注浆管的方式。当浆液从孔口溢出时，可停止注浆。有时为提高树根桩的承载力可采用二次注浆的施工工艺。

10.2.6 高压喷射注浆法托换技术

高压喷射注浆法是将带有特殊喷嘴的注浆管置于土层预定深度，以高压喷射流使固化浆液与土体混合、凝固硬化加固地基的方法。若在喷射的同时，喷嘴以一定的速度旋转、提升则形成浆液和土体混合的圆柱形桩体，通常称为旋喷桩。高压喷射注浆全套设备简单、结构紧凑、体积小、机动性强、占地少，能在狭窄或低矮的空间施工，且振动小和噪声低。

高压喷射注浆法适用于淤泥、淤泥质土、黏性土、粉土、黄土、砂土、人工填土和碎石土等地基。当地基中含有较多的大粒径块石、坚硬黏性土、大量植物根茎或有过多的有机质时，应根据现场试验确定其适用程度。遇地下水流速过大或已发生涌水的工程应慎重使用。

当既有建筑物地基承载力不足，或地基变形偏大，特别是产生过大不均匀沉降时，可采用高压喷射注浆法在基础下设置旋喷桩。旋喷桩可直接设置在基础下（图10-18），也可在基础边缘设置，让基础部分搁置在旋喷桩上。

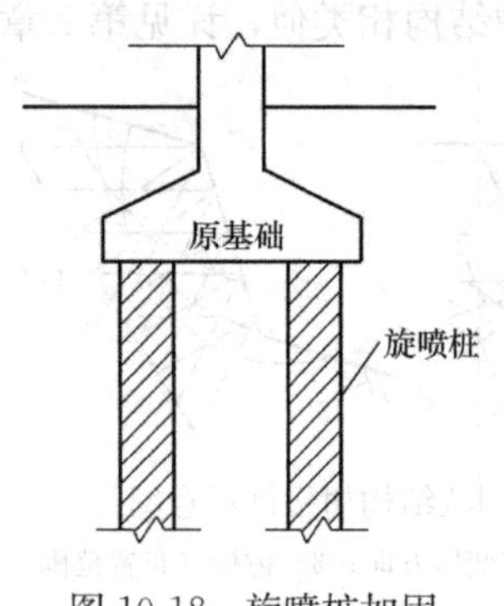

图10-18 旋喷桩加固建筑物基础示意图

高压喷射注浆法在室内施工期间只影响楼房底层居民的工作或生活秩序，影响相对较小。高压喷射注浆法施工期间会造成既有建筑物产生附加沉降，在施工过程中应采用措施予以控制：如合理安排施工顺序（采用跳孔施工），施工进度，添加速凝剂加速水泥固化等。

当采用高压喷射注浆法形成旋喷桩复合地基进行建筑物地基加固时，可采用复合地基理论进行设计计算，详见第6章。计算方法与水泥搅拌桩复合地基类似，但应注意高压喷射注浆法形成的水泥土强度比深层搅拌法形成的水泥土强度要高。

高压喷射注浆法施工可采用单管法、二重管法和三重管法施工。三种方法的适用范围和区别见表10-1。

单管法、二重管法和三重管法比较 **表 10-1**

工法＼项目	单管法	二重管法	三重管法
浆土混合特点	搅拌混合	半置换混合	半置换混合
适用范围	黏性土 $N<5$	黏性土 $N<5$	
	砂性土 $N<15$	砂性土 $N<50$	砂性土 $N<200$
常用压力	20MPa	20MPa	40MPa
高压喷射流	高压浆液流	高压浆液流＋高压气流	高压水流＋高压气流＋高压浆液流
改良土体有效直径（mm）	300～500	1000～2000	1200～2000
改良土强度（q_u，kPa）	500～1000	500～1000	500～1000
	1000～3000	1000～3000	1000～3000
示意图	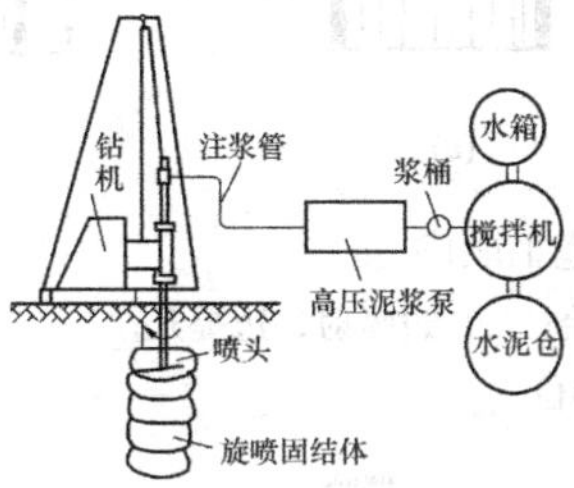 钻机 注浆管 浆桶 水箱 搅拌机 高压泥浆泵 水泥仓 喷头 旋喷固结体	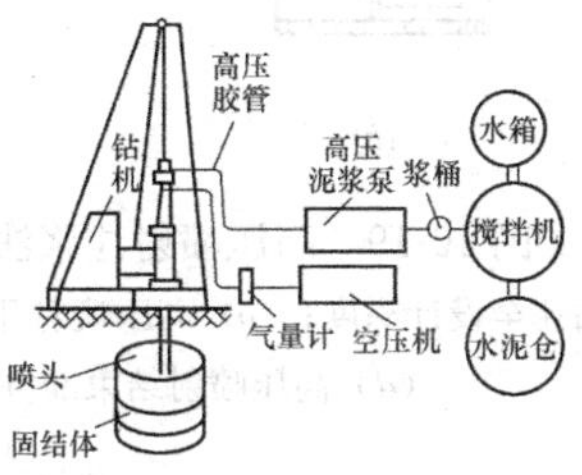 高压胶管 钻机 高压泥浆泵 浆桶 水箱 搅拌机 气量计 空压机 水泥仓 喷头 固结体	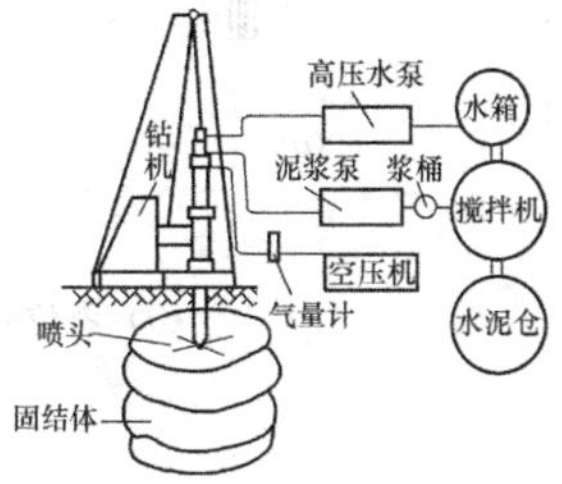 高压水泵 水箱 钻机 泥浆泵 浆桶 搅拌机 空压机 气量计 水泥仓 喷头 固结体

高压喷射注浆法施工顺序如图 10-19 所示。在高压喷射过程中，钻杆只进行提升运动而不旋转，称为定喷；若钻杆边提升边左右旋转某一角度，称为摆喷；若钻杆边提升边旋转，称为旋喷。定喷可形成片状固结体，摆喷可形成扇形固结体，旋喷可形成圆柱状固结体，如图 10-20 所示。

10.2.7 注浆法托换技术

1. 概述

注浆法是利用液压、气压或电化学原理，将某些能固化的浆液注入地基土体，以显著改善土体的物理力学性质，达到加固地基的目的。注浆法适用于砂土、粉土、黏性土和人工填土等地基加固。

注浆法根据其机理可分为以下几类：

（1）渗入性注浆：在注浆压力作用下，浆液克服各种阻力，渗入地层中的孔隙或裂缝中，而地基土层结构基本不受扰动或破坏。

（2）劈裂注浆：依靠较高的注浆压力，使浆液能克服地基中初始应力和土体抗拉强度，使土体沿垂直于小主应力的平面或土体强度最弱的平面上发生劈裂，使渗入性注浆不可注的土体可顺利注浆，增大注浆扩散范围，达到地基处理目的。

（3）压密注浆：在地基中注入较浓的浆液，迫使注浆点附近土体压密而形成浆泡。开始注浆压力基本上沿径向扩散，随着浆泡的扩大和注浆压力的增大，地基中产生较大的上抬力，可使地面上抬或下沉的建筑物回升。压密注浆是浓浆液置换和挤密土体的过程。

（4）电动化学注浆：借助于电渗作用，在黏性土地基中即使不采用注浆压力，也能依

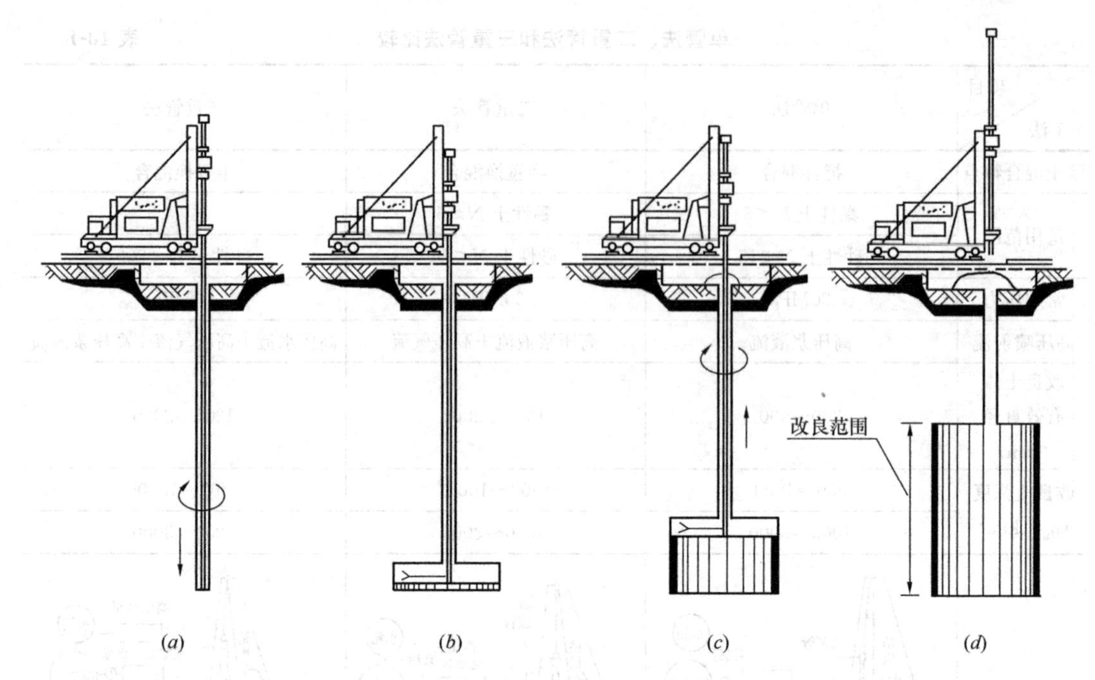

图 10-19　高压喷射注浆法施工顺序

(a) 就位并钻孔至设计深度；(b) 高压喷射开始；(c) 边喷射、边提升；(d) 高压喷射结束准备移位

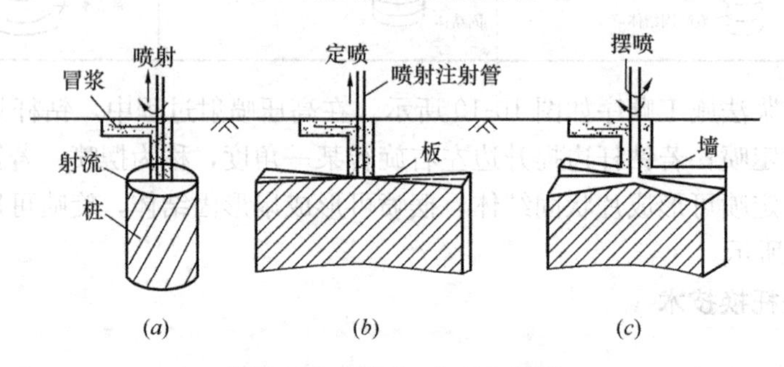

图 10-20　旋喷、定喷和摆喷

(a) 旋喷形成圆柱形固结物；(b) 定喷形成片状固结物；(c) 摆喷形成扇形固结物

靠直流电将某些浆液（水玻璃溶液或氯化钙溶液）注入土体中，或者将浆液依靠注浆压力注入电渗区，通过电渗使浆液均匀扩散，以提供注浆效果。

在既有建筑物地基中进行渗入性注浆、劈裂注浆可改善土体性质，提高地基承载力和改善压缩性能。当进行压密注浆时，可使地基土压密，并可使建筑物承受较大的上抬力，并通过注浆达到部分纠倾的效果。

2. 设计程序

注浆设计一般包括下述程序：

(1) 地质勘察：探明需处理地层的工程地质和水文地质条件。

(2) 根据地质条件、注浆目的和要求，初步选择注浆方案，包括：处理范围、注浆材料和注浆工艺等。对于软基处理，可选用以水泥为主剂的浆液，也可选用水泥和水玻璃双液型混和浆液。在有地下水流动的情况，不应采用单液水泥浆液。水泥浆的水灰比可取

0.6～2.0，常用的水灰比为1.0。对渗透系数接近的土层，首先应注浆封顶，然后按自上而下的原则进行注浆，以防浆液上冒；如土层渗透性随深度而增大，则应自下而上进行注浆。对于互层的地层，首先应对渗透性或孔隙率较大的土层进行注浆。

（3）布置注浆孔，包括布置形式和孔距。在已有建筑物地基中注浆，要合理布孔，并重视灌浆的不可控性。在注浆过程中浆液一般是向低压力区渗流的，在建筑物基础下注浆，要通过合理布孔，控制注浆压力防止浆液流失，也可在建筑物四周通过高压喷射注浆法设置防渗墙或设置板桩墙。同时在注浆过程中，应采用跳孔间隔注浆的方式进行，以防串浆，并宜采用先外围后内部的注浆施工顺序。

（4）根据工程经验和注浆试验确定注浆压力：对于压密注浆，当采用水泥砂浆浆液时，水泥砂浆的坍落度宜为25～75mm，注浆压力为1～7MPa，当坍落度较小时，注浆压力可取上限值。当采用水泥一水玻璃双液快凝浆液时，注浆压力一般小于1MPa。

10.3 既有建筑物纠倾

10.3.1 概述

既有建筑物纠倾是指建筑物由于某种原因造成偏离垂直位置而发生倾斜，影响正常使用，甚至导致建筑物结构损伤，危及生命及财产安全时，为了恢复建筑物使用功能，保证建筑物结构安全，所采取的扶正技术措施。

当建筑物发生以下情况时，一般应考虑纠倾：（1）倾斜已造成建筑物结构性损害或者明显影响建筑物的功能；（2）倾斜已超过国家或地方颁布的危房标准值；（3）倾斜已明显影响人们的心理和情绪。如建筑物的地基变形在持续发展，则还需同时考虑地基加固，阻止建筑物沉降的继续发展。

1. 常用的既有建筑物纠倾方法

既有建筑物常用的纠偏方法主要有两类：一类对沉降小的一侧采取迫降纠倾技术，用人工或机械施工的方法使建筑物原来沉降较小侧的地基土局部掏除或土体应力增加，迫使土体产生新的竖向变形或侧向变形，使建筑物在一定时间内该侧沉降加剧，从而纠正建筑物倾斜。另一类则是对沉降大的一侧采取顶升纠倾技术。具体见表10-2。

常用的建筑物纠倾技术及分类 表10-2

类别	方法名称	基本原理
迫降纠倾技术	堆（卸）载纠倾法	增加沉降小的一侧地基附加应力，加剧其变形；或减小沉降大的一侧地基附加应力，减小其变形
	掏土纠倾法	采用人工或机械方法局部取去基底或桩端下部土体，迫使地基中附加应力增加，加剧土体变形
	降水纠倾法	利用地下水位降低增大附加应力，对地基变形进行调整
	浸水纠倾法	通过土体内成孔或成槽，在孔内或槽内浸水，使地基土湿陷，迫使建筑物下沉
	部分托换调整纠倾法	通过对沉降大的一侧地基或基础的加固，减小该层沉降，沉降小的一侧继续下沉
	桩基切断纠倾法	在沉降大的一侧对柱或桩进行限位切断迫降处理

续表

类 别	方法名称	基 本 原 理
顶升纠倾技术	整体顶升纠倾法	在砌体结构中设置托换梁，在框架结构中设置托换牛腿，利用基础作反力对上部结构进行抬升。
	压桩反力顶升纠倾法	先在基础中压入足够的桩，利用桩竖向承载力作为反力，将建筑物抬升
	高压注浆顶升纠倾法	利用压力注浆在地基中产生的顶托力将建筑物顶托升高

2. 纠倾工作的一般程序

（1）搜集有关资料。包括建筑物的设计和施工文件、工程地质资料、周围环境资料、建筑物的沉降、倾斜和裂缝观测资料等；

（2）分析建筑物倾斜的原因、危害程度和发展趋势，对建筑物实施纠倾的必要性和可行性进行评估；

（3）对建筑物进行必要的检测鉴定，以确定建筑物的安全可靠性；

（4）确定合适的纠倾方法和纠倾目标；

（5）制订详细的纠倾方案，要求安全可靠、技术可行、环境影响小、处理费用低；

（6）组织纠倾施工。在纠倾前应对被纠建筑物及周围环境作一次认真的观测并做好记录，一方面用于纠倾施工控制的参考，另一方面在发生纠纷时可作为法律依据。当被纠建筑物整体刚度不足时，应在施工前先行加固；

（7）做好纠倾结束以后的善后工作，同时进行后期定期的监测。观测纠倾的效果和稳定性，如有变化应采取补救措施。

3. 纠倾设计的内容

纠倾设计的内容一般包括：

（1）建筑物现有状态下结构计算分析；

（2）纠倾施工状态下结构计算分析；

（3）建筑物各控制点的纠倾变量；

（4）建筑物纠倾观测监控；

（5）纠倾施工技术说明（包括纠倾的顺序、位置、范围），纠倾操作规程、安全技术措施；

（6）纠倾速率要求；

（7）纠倾完成后的结构修复。

4. 纠倾工作要点

（1）确定纠倾目标

由于建筑物存在施工允许值偏差，因此实际量测的各控制点倾斜值是不一致的，在纠倾施工中很难也无必要绝对纠平，因此要预先确定一个合适的纠倾目标。一般要求根据建筑物的安全和功能要求确定纠倾后的剩余倾斜值，该值至少应控制在国家行业标准《危险房屋鉴定标准》JGJ 125规定的范围以内，一般可以控制在国家标准《建筑地基基础设计规范》GB 50007的地基变形允许值范围以内。对有特殊功能要求的建筑物，纠倾目标相应更严格。

（2）控制纠倾速率

目的是防止上部结构适应不了太快的恢复变形，产生裂缝甚至破坏。纠倾速率的上限主要取决于建筑物抵抗变形的能力，即建筑物的整体刚度和结构构件的强度。一般迫降纠倾速率可以控制在4～10mm/d，对于刚度较好的建筑物可以适当提高，而对变形敏感的建筑物，可以控制在4mm/d以下。此外，在纠倾初期速率可以较快，后期则应减慢。至于快慢的调整，应严格由监测结果控制。

在顶升纠倾中，多数纠倾是在几小时内完成的，因此纠倾的速率主要是控制每次顶升值，即每次千斤顶顶升量，一般控制在10～20mm。

（3）考虑微调过程、纠倾预留量及增量

在正常纠倾过程实施至接近纠倾目标时，应该转入微调过程。即减少纠倾强度，或者暂停纠倾，依靠前期纠倾的滞后效应缓慢的达到目标，严格防止超纠倾的发生。

在迫降纠倾中，纠倾到位时，建筑物仍会有一定量的纠倾，因此在迫降纠倾中往往需考虑一定的纠倾预留值来防止可能出现的过量纠倾。与迫降纠倾相反，在顶升纠倾中必须适当增加一定的纠倾量来抵消顶升后的回缩。

（4）纠倾监测

建筑物纠倾监测方法及仪器可参照表10-3。在纠倾过程中，应重点监测建筑物沉降变化及建筑物上部结构变形，防止在纠倾施工过程中对建筑物结构造成损失或破坏。

监测工作频率应根据不同纠倾方法和不同纠倾速率而定，纠倾速率增大时，监测频率相应增加。对于迫降纠倾，每天应进行两次沉降观测，其他监测可每2～3d一次；对于顶升法纠倾，则应进行连续的监测。

在纠倾完成后，应定期监测建筑物沉降，判断纠倾效果，确定是否需加固补强。

房屋纠倾过程中的监测 **表10-3**

监测项目	监测方法或仪器	精度要求	说明
沉降	1）精密水准仪 2）连通管水准器	≤0.4～0.5mm	1）在建筑物外墙四角与周边近+0.00标高处设点； 2）建筑物平面较大时尚应在其内部设点； 3）连通管水准器可用于屋顶平台相对高差变化的跟踪监测
倾斜	1）垂球法 2）测角法 3）经纬仪投点法 4）垂直投影仪 5）倾斜仪自动跟踪	≤1‰ ≤0.3‰ ≤0.1‰	1）观测建筑物四角及周边若干轮廓线； 2）垂球法只适用于高度不大的建筑物倾斜观测，观测时应采取稳定措施； 3）倾斜仪可用于建筑物倾斜相对变化的跟踪监测
水平位移	1）测边或边角法（电磁波测距） 2）前方或后方交会法 3）基准线支距法	≤3.0mm	1）必要时方进行此项观测； 2）观测点设置于建筑物底部及顶部的周边； 3）沉降缝两侧的相对位移可用固定标尺直接量测

续表

监测项目	监测方法或仪器	精度要求	说明
上部结构性状	裂缝观测方法： 1）比例尺、楔形尺、卡规直接量测 2）安设带坐标网的有机玻璃量板 3）投影经纬仪 4）测缝计或传感器自动跟踪		1）一般选择主要的或变化大的裂缝进行观测，每条裂缝至少布设两组观测标志。一组在最宽处，一组在其末端； 2）纠倾过程中，定期访问住户，了解住户感受

（5）做好防护措施

针对各种纠倾方法应详细考虑纠倾施工过程中可能出现的不利情况以及危险，做好预防措施。例如在掏土纠倾法中应设置限位装置，预先考虑回填材料和支承方法；在高耸构筑物上预先设置缆绳等。

（6）选用专业施工队伍

纠倾是一项技术性很强的工作，必须选用有资质、有经验的专业施工队伍施工，才能保证纠倾质量和安全。

10.3.2 堆（卸）载纠倾技术

1. 概述

通过在建筑物沉降较小的一侧堆载，或利用锚桩装置和传力构件对地基加压，迫使地基土变形产生沉降；或在沉降较大的一侧卸载（卸除大面积堆载或填土）以减小该侧沉降，达到纠倾目的称为堆（卸）载纠倾。最常用的加载手段是堆载，在沉降较少一侧堆放重物，如钢锭、砂石及其他重物，如图10-21。该法较适用于淤泥、淤泥质土和松散填土等软弱地基和湿陷性黄土地基上的促沉量不大的小型基础和高耸构筑物基础。对于由于相邻建筑物荷载影响产生不均匀沉降（见图10-22）和由于加载速度偏快，土体侧向位移过大造成沉降偏大的情况具有较好的效果。其纠倾速率慢，施工工期长，在纠倾过程中应加强监测，严格控制加载速率。

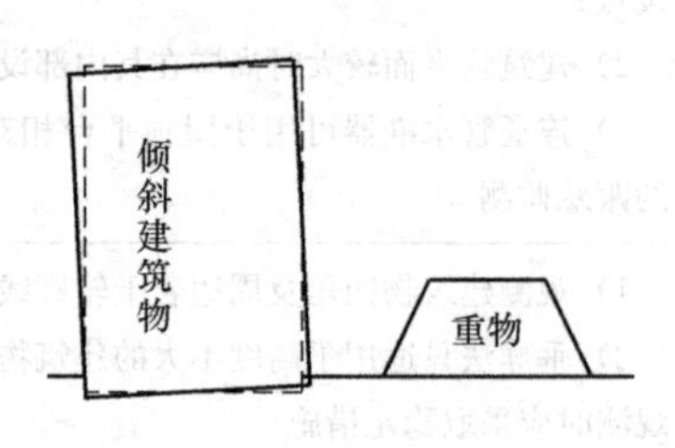

图10-21 堆载纠倾示意图

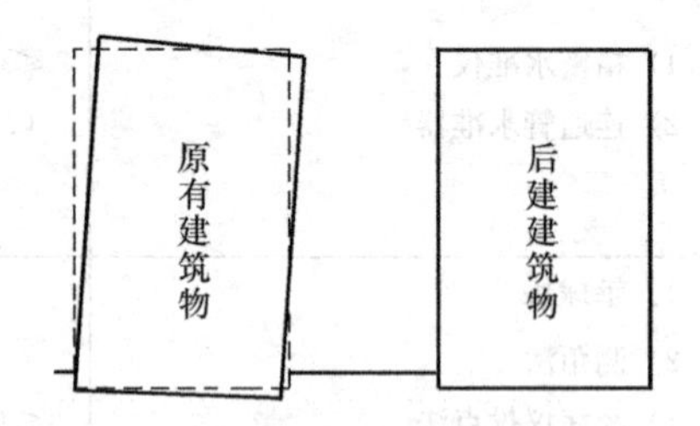

图10-22 相邻建筑物荷载引起附近沉降造成倾斜示意图

加载纠倾也可通过锚桩加压，在沉降较小的一侧地基中设置锚桩，修建与建筑物基础相连接的钢筋混凝土悬臂梁，通过千斤顶加荷系统加载，促使基础纠倾（见图10-23）。锚桩加压纠倾一般可多次加荷。施加一次荷载后，地基变形产生应力松弛，使荷载减小。一次加载变形稳定后，再施加第二次荷载。如此重复，荷载可逐次增大，地基变形也逐次增加，直至达到纠倾目的。

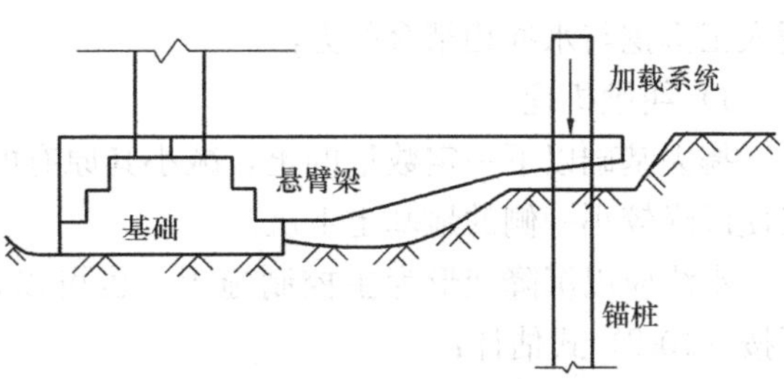

2. 纠倾机理

上部结构的荷载偏心产生倾斜力矩，使建筑物倾斜，为此通过反向加压施加一个纠倾力矩。要求纠倾力矩大于倾斜力矩。建筑物倾斜力矩 M 可以用下式估算：

图 10-23　锚桩加压纠倾示意图

$$M = s_{\max} kFB/3 \qquad (10\text{-}12)$$

式中　F ——基础底面积，m^2；

k ——地基基床系数，kN/m^3，宜根据倾斜建筑物的荷载和实际的沉降资料反算求得；

B ——基础倾斜方向的宽度，m；

$s_{\max}$ ——基础沉降最大一侧边缘的平均沉降量，m。

3. 实施步骤

(1) 根据建筑物倾斜情况确定纠倾沉降量、并按照建筑物倾斜力矩值和土层压缩性质估计所需要的地基附加应力增量，从而确定堆载量或加压荷载值。

(2) 将预计的堆载量分配在基础合适的部位，使其合力对基础形成的力矩等于纠倾力矩，布置堆载时还应该考虑有关结构或基础底板的刚度和承受能力，必要时作适当补强。当使用锚桩加压法时，应设置可靠的锚固系统和传力构件。

(3) 根据地基土的强度指标确定分级堆载加压数量和时间，在堆载加压过程中应及时绘制荷载-沉降-时间曲线，并根据监测结果调整堆载或加压过程。地基土强度指标可以考虑建筑物预压产生的增量。

(4) 根据预估的卸载时间和监测结果分析卸除堆载或压力，应充分估计卸载后建筑物回倾的可能性，必要时辅以地基加固措施。

10.3.3　掏土纠倾技术

掏土纠倾是在建筑物沉降较小的一侧基底以下或基础外侧掏土，迫使地基产生沉降，达到纠倾的目的。掏土纠倾法是迫降纠倾技术中最常用的一种方法，具有工程费用低、施工工期较短、适用范围广、安全可靠等优点。根据掏土位置可分为基础下浅层掏土、基础下深层掏土和基础外深层掏土三种，具体分类如下：

- 基础下浅层掏土
  - 基底人工掏土
  - 基底水冲掏土
  - （以上两种）直接在基底下采用人工或水冲方法掏土
- 基础下深层掏土
  - 深层钻孔取土 — 从基础底板向下钻孔至深处取土
  - 沉井深层冲孔排土 — 在基础外侧设沉井，然后从射水孔向基础内辐射向冲水
- 基础外深层掏土
  - 基础外钻孔取土 — 在基础外缘布设钻孔，从坑内深层取土
  - 沉井内深层掏土 — 在基础外缘设置沉井，从井内人工掏土

1. 基础下浅层掏土

基础下浅层掏土可分为人工直接掏土和水冲掏土二类方法，适用于均质黏性土和砂性土上的体型较简单、结构完好、具有较大整体刚度的建筑物，一般用于钢筋混凝土条形基础、片筏基础和箱形基础。对于砂性土地基采用水冲法较适宜，黏性土及碎卵石地基可采

用人工掏挖与水冲相结合的办法。

1）纠倾机理

掏去基础以下一定数量的土，减小其原有的支承面积，加大浅层土中附加应力，从而促使沉降较小一侧的地基土下沉。

本法应以沉降变形为主控制施工，也可以预先估计掏土量作为施工参考。掏土量 V 可按（10-2）式估计：

$$V=\frac{1}{2}(s_{\max}F) \tag{10-13}$$

式中　$s_{\max}$——基础边缘纠倾需要的沉降量，m；

F——基础底面积，对于条形基础取外缘线包围的面积，m^2；

此外，为了顺利促沉同时避免沉降太快，减少的基础面积宜按下式控制：

$$1.2f>p>f \tag{10-14}$$

式中　f——地基承载力设计值，kPa；

p——基础面积减少以后的基底附加压力，kPa。

2）实施步骤

（1）在需要掏土的基础两边或一边开挖工作坑，坑宽应该满足施工操作要求，坑底至少比基础底面低 100～150mm，以方便基底掏土。如果地下水位较高，则应采取措施保证坑内干燥。

（2）按设计要求分区（分层）分批进行掏土。掏土一般用小铲、铁钩、通条、钢管等手工进行，也可采用平孔钻机或水冲方法进行，并根据监测资料调整掏土的数量和次序。当掏出块石、混凝土块等较大物体时，应及时向孔中回填粗砂或碎石，避免沉降不均。

（3）在纠倾过程中特别需要加强监测工作。另外对于较坚硬的地基土，建筑物的回倾可能是不均匀的，具有突变性，应充分注意。

2. 基础下深层掏土

基础内深层掏土常用深层沉井冲孔排土法（又称辐射井纠倾法）和深层钻孔取土法，适用于黏性土、粉土、砂土、黄土、淤泥、淤泥质土、填土等地基上的浅基础且上部结构刚度较好的建筑物。

1）深层冲孔排土法纠倾机理

在建筑物沉降较小的一侧布置工作沉井，通过设在沉井壁上的射水孔，用高压水枪在建筑物基础下深部地基中水平向射水冲孔。冲孔解除了部分地基应力，使地基土向孔内坍落变形，形成泥浆流出。通过控制冲孔的数量、布置以及冲水的压力和流量，可以调整建筑物的纠倾沉降量和速率，从而达到平稳纠倾的目的（图 10-24）。

2）深层冲孔排土纠倾法实施要点

（1）沉井布置与制作：沉井应布置在沉降较小的一侧，其数量、深度、中心距应根据建筑物倾斜情况、荷载特征、基础类型、场地环境和工程地质条件确定。一般采用圆形砖砌沉井，黏土砖强度不小于 MU7.5，水泥砂浆标号不低于 M5；也可以采用混凝土沉井，混凝土的标号不低于 C15。为便于操作，沉井的直径应不小于 0.8m，与建筑物的净距应不小于 1.0m，沉井可以封底也可以不封底。

（2）射水孔直径一般为 150～200mm，位置应根据纠倾需要和地质条件确定，但一般

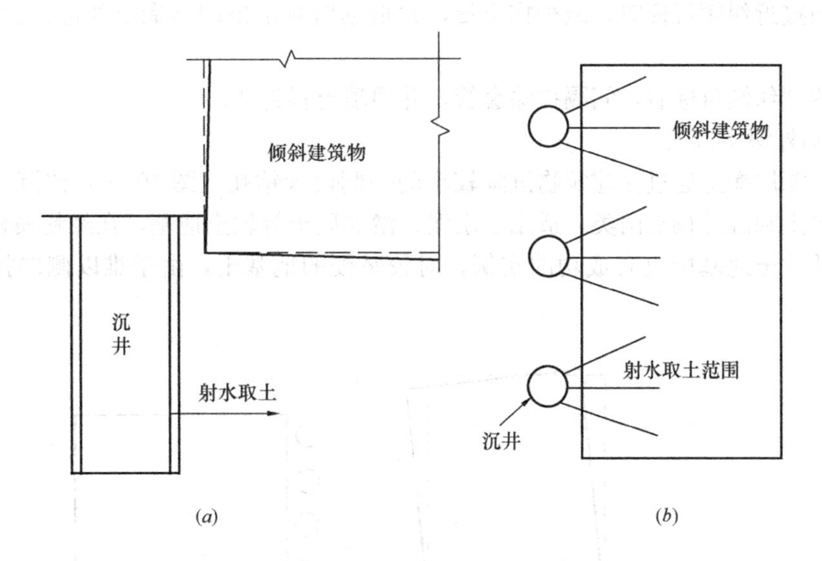

图 10-24　深层冲孔排土纠倾法纠倾示意图

（*a*）剖面；（*b*）平面

应高于井底面 1.0～1.2m，以利操作。井壁上还应设置回水孔，位置宜在射水孔下交错布置，直径宜为 60mm。

（3）高压水枪的工作压力和流量，应根据需要冲孔的土层性质，经试验确定。

（4）纠倾中最大沉降速率宜控制在 4～10mm/d 以内，当沉降速率过大时，应停止冲水施工，必要时采取抢险措施，例如在软土地区可用沉井内灌水稳定的方法。

（5）注意纠倾过程对周围建筑物和设施的影响，必要时先对其进行加固处理。

（6）纠倾完成后，应用素土或灰土等将沉井填实；并继续进行沉降观测，一般不少于半年。

3）深层钻孔取土法纠倾机理

在建筑物沉降较小的一侧钻孔，当钻孔中的土被取出后，孔壁应力被解除，基础以下的深层土朝孔内挤出，带动基础下沉。由于取土是在沉降较小的一侧进行，在纠倾过程中地基内的附加应力不断调整，基础中心部位应力增大，更有利于软土的侧向挤出，最终达到纠倾效果（图 10-25）。

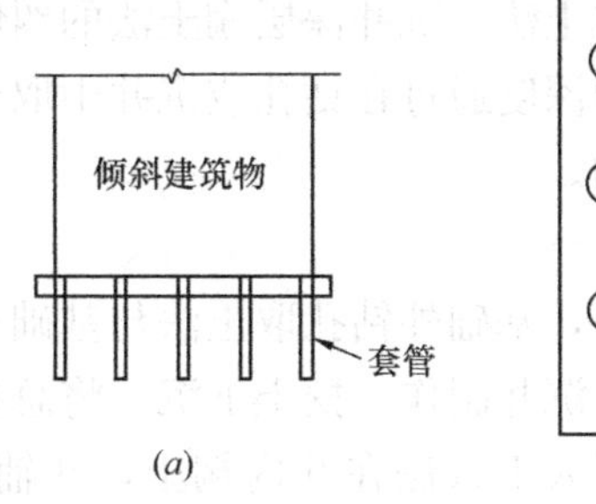

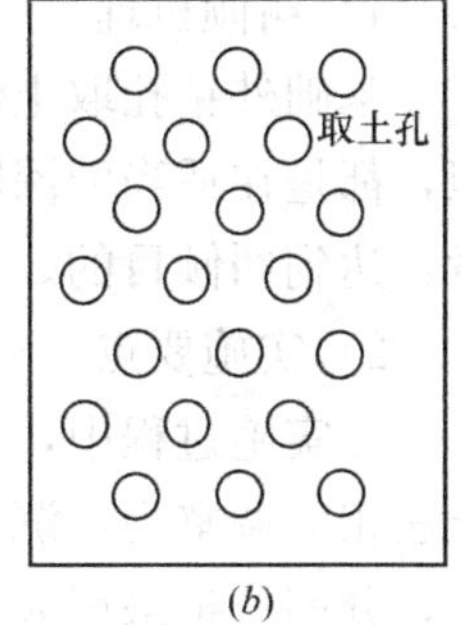

图 10-25　基础下深层钻孔取土纠倾示意图

（*a*）剖面；（*b*）平面

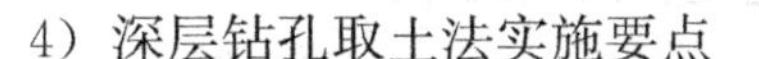

4）深层钻孔取土法实施要点

（1）根据纠倾目标估计总掏土量 V。

（2）布置钻孔平面位置，然后钻孔并下套管。钻孔孔径一般为 300～500mm，套管深度为可开始取土的深度，一般不小于 3m。

（3）将总掏土量分配至各个钻孔，在监测工作的指导下，采用机械螺纹钻分期分批掏土，必要时可辅以潜水泵从钻孔中降水。

（4）当接近纠倾目标时，减少掏土量，并根据监测结果调整掏土部位、次序和数量，实行微调。

（5）达到纠倾目标后，间隔拔除套管，并回填土料封孔。

3. 基础外深层掏土

基础外深层掏土通过在建筑物沉降较小的一侧设置钻孔（图 10-26）或沉井进行，也分为钻孔取土和沉井掏土两类，适用于淤泥、淤泥质土等软土地基，在经粉喷桩及注浆等方法处理的软土地基中也有成功的实例。对较坚硬的地基土，由于难以侧向挤出，不宜采用。

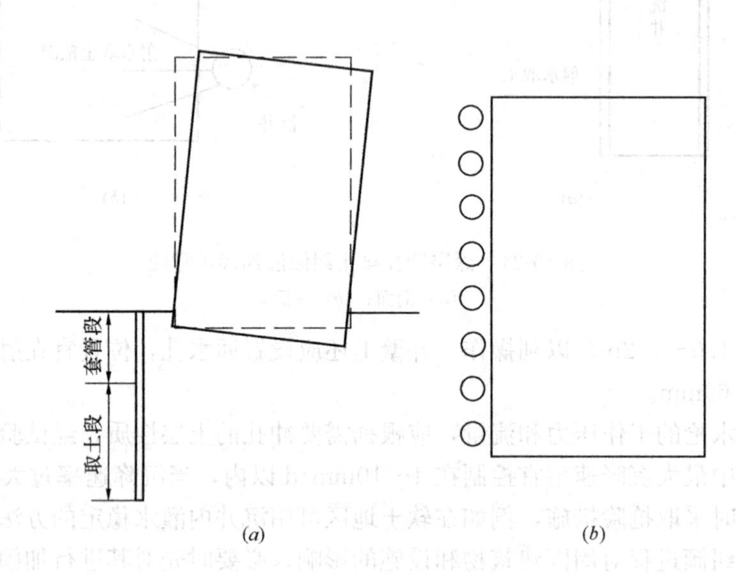

图 10-26 基础外钻孔取土纠倾示意图

(a) 剖面；(b) 平面

1）纠倾机理

基础外钻孔取土法、沉井深层掏土法的纠倾机理及与基础下深层钻孔取土法的机理类似，都是在适当的深度通过在钻孔或沉井中取土，使地基土发生侧向位移，增大该侧沉降量，达到纠倾目的。

2）实施要点

在实施过程中，基础外钻孔取土法与基础下深层钻孔取土法步骤相近，而沉井深层掏土法相应调整为：沉井制作、挖土下沉；将总掏土量分配至各个沉井，在监测工作的指导下，分期分批采用人工方法在井内掏土，并辅以潜水泵从沉井中降水；当接近纠倾目标时，减少掏土量，实行微调；达到纠倾目标后，用合适土料回填沉井。

3）注意事项

（1）钻孔的直径和孔深应根据建筑物的底面尺寸和附加应力的影响范围确定，钻孔或沉井距建筑物基础的距离宜在被纠基础的应力扩散角范围之内。

（2）钻孔顶部 3m 应加套管，沉井井筒也应有足够的刚度和强度，以使基底浅层的土体免受扰动，并保护基础下的人工垫层或硬壳持力层，防止变形不均影响上部结构。

（3）尽量减小沉降较大一侧地基土体的扰动。

(4) 注意对周围环境的影响。如果钻孔或沉井距相邻其他建筑物过近，应采取防护措施。

10.3.4 顶升纠倾技术

由于倾斜建筑往往伴随较大的沉降（大者超过 1000mm），使底层标高过低，产生污水外排障碍和洪水、地表水倒灌等病害，迫降法是通过人为降低沉降较小处基础标高来达到纠倾目的，因此不仅无法彻底消除这种病害，反而会再次降低其标高。为了克服迫降纠倾的不足，从 1986 年，福建省建筑科学研究院率先开发了建筑物整体结构顶升纠倾技术，取得成功后在工程中推广应用，并在实践中不断地完善和提高，使之成为一项适用于各种结构类型建筑的实用纠倾技术。20 世纪 90 年代初，广东、浙江等地也先后成功地开展了这方面的研究和实践工作。

对于对不均匀沉降反应灵敏而不均匀沉降又较易产生的工程，如不均质软弱地基上的浮顶式油罐等，在结构设计中，可预先设置顶升梁及预留安装顶升设备（如千斤顶）的位置，在施工阶段和使用阶段，通过顶升纠倾，调节建（构）筑物各点标高，保证正常使用。

1. 基本原理

顶升纠倾技术是通过钢筋混凝土或砌体的结构托换加固技术（或利用原结构），将建筑物的基础和上部结构沿某一特定的位置进行分离，采用钢筋混凝土进行加固、分段托换，形成全封闭的顶升托换梁（柱）体系，然后在分离区设置能支承整个建筑物的若干个支承点，通过这些支承点顶升设备的启动，使建筑物沿某一直线（点）作平面转动，即可使倾斜建筑物得到纠正（图 10-27）。若大幅度调整各支承点的顶升量，则可提高建筑物的整体标高。换句话说，顶升纠倾技术还可应用于建筑物的整体顶升。

顶升纠倾过程是一种地基沉降差异快速逆补偿的过程，也是地基附加应力瞬时重新分布的过程，顶升结果使原沉降较小处附加应力增加。实践证明，当地基土的固结度达 80% 以上，地基沉降接近稳定时，可通过顶升纠倾来调整剩余不均匀沉降。

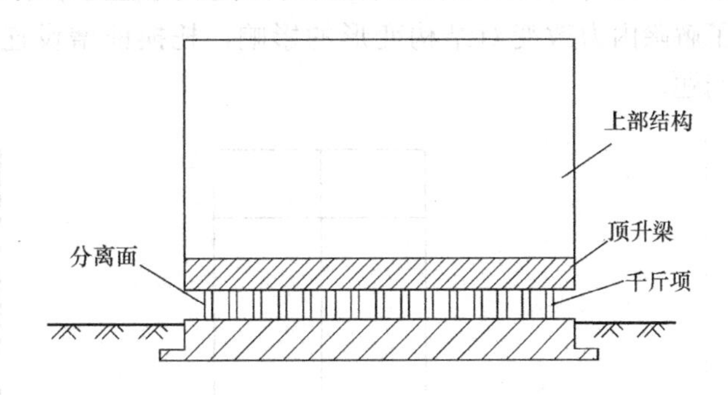

图 10-27 整体结构顶升纠倾示意图

2. 顶升纠倾的适用范围

顶升纠倾适用于整体沉降及不均匀沉降较大，造成标高过低的建筑；不适用于采用过迫降纠倾的各类倾斜建筑（包括桩基建筑）。适用的结构类型包括砖混结构、钢筋混凝土框架结构、工业厂房以及整体性完好的混合建筑。还适用于建筑本身功能改变需要顶升，或者由于外界周边环境改变影响正常使用而需要顶升的建筑。

3. 顶升纠倾设计

在顶升纠倾中，需对支承体系、施工平面、顶升量和顶升频率进行设计。

1) 顶升纠倾的支承体系设计

倾斜建筑物的纠倾是在顶托结构物的基础上进行的。要使整幢建筑物靠若干个简支点的支承完成平稳上升转动，除需要结构体的整体性比较好外，尚需要有一个与上部结构连成一体、具有较大刚度及足够承载力的支承体系——加固支承梁（柱）体系。对不同结构类型采用不同的顶升支承梁。

（1）砌体结构建筑

砌体结构的荷载是通过砌体传递的，根据顶升的基本原理，顶升时砌体结构的受力特点相当于墙梁作用体系：由墙体与托换梁组成墙梁，其上部荷载主要通过墙梁下的支座传递。也可将托换梁上的墙体作为无限弹性地基，托换梁作为在支座反力作用下的弹性地基梁。

因托换梁是为顶升专门设置的，因此在施工阶段应对托换梁按钢筋混凝土受弯构件进行正截面受弯、斜截面抗剪及托换梁支座上原砌体的局部承压进行验算。

一般根据上部结构重量、墙体的总延长米及千斤顶工作荷载进行分配得出支承点平均间距，按相邻三个支承点的距离之和作为支承梁设计跨度，进行托换设计。

当原墙体强度（承载力）验算不能满足要求时，设计跨度应该调整或对原砌体进行加固补强。

（2）框架结构建筑

框架结构荷载是通过框架柱传递的，顶升时上升力应作用于框架柱下，但是要使框架柱能够得到托换，必须增设一个能支承框架柱的结构体系，因此托换梁（柱）体系必须按后增牛腿来设计。为减少框架柱间的变位，可增加连系梁，利用增设的牛腿作为托换过程、顶升过程及顶升后柱连接的承托支座。

首先对原结构进行内力计算，包括剪力、轴力、弯矩。因为原框架结构其上部结构本身属于整体的超静定结构，其柱脚为固端（如图 10-28*a*），而柱托换施工以后顶升时的框架柱脚却为自由端（如图 10-28*b*），因此计算的结果与原结构内力结果有一定的改变。为了解除内力改变对结构变形的影响，托换前增设连系梁相互拉结，解决了柱脚的变位问题。

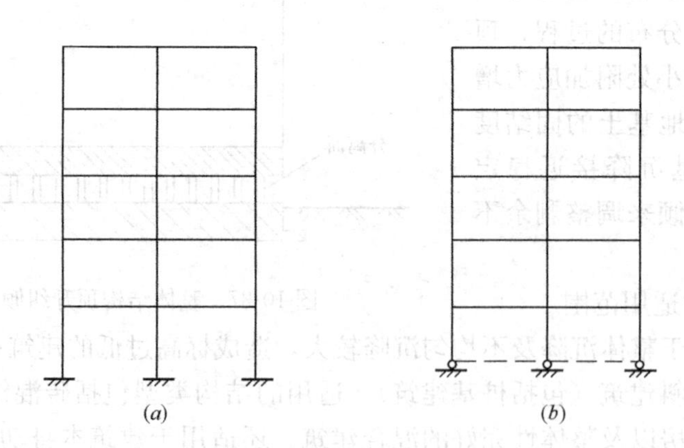

图 10-28　托换前后框架计算简图

（*a*）托换前框架计算简图；（*b*）托换后框架计算简图

牛腿是后浇牛腿，存在着新旧混凝土的连接问题，钢筋的布置处理上也应考虑这一点。设计时应进行正截面受弯承载力、局部抗压强度及柱周边的抗剪强度验算。

2）顶升纠倾的施工平面设计

（1）砌体结构建筑

砌体结构建筑的施工平面设计包括托换梁的分段施工程序及千斤顶位置的平面布置。

墙砌体按平面应力问题考虑。由于拱轴传力的作用，一般在墙体内隔一定距离打洞，并不影响结构的安全。为了保证托换时的绝对安全，可在托换梁施工段内设置若干个支承芯垫（图 10-29）。

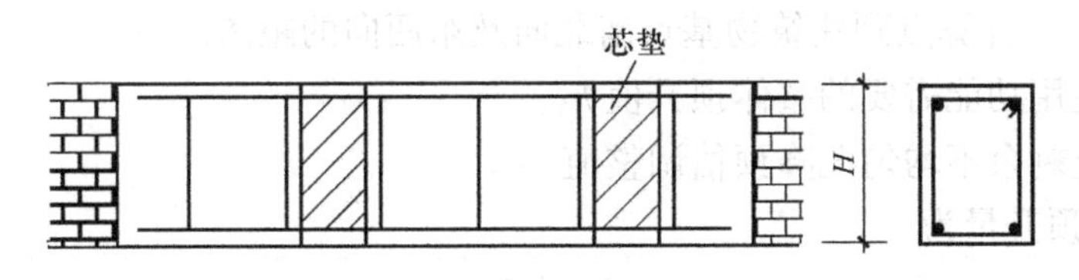

图 10-29　托换梁立面

分段施工应保证每墙段至少分三次，在托换梁混凝土达到 50%设计强度后方可进行临近段的施工，临近段的施工应满足新旧混凝土的连接及钢筋的搭焊要求（图 10-30）。对门位、窗位同样按连续梁筑成封闭的梁系，同样应考虑节点及转角的构造处理。

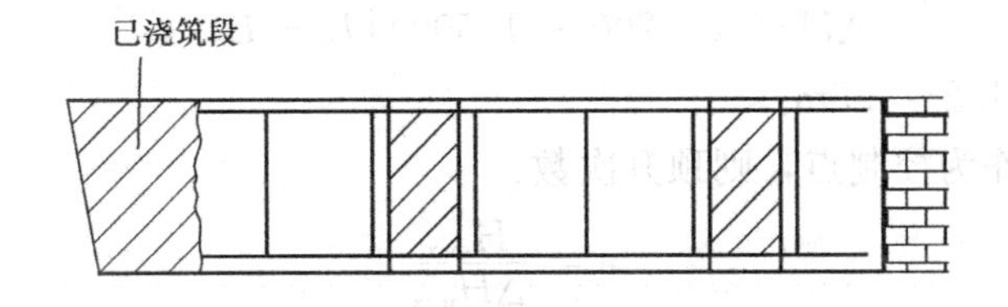

图 10-30　托换梁连接

顶升点的设置一般根据建筑物的结构形式、荷载及起重器具、工作荷载来确定。同时考虑结构顶升的受力点进行调整，避开窗洞、门洞等受力薄弱位置。

（2）框架结构建筑

框架结构建筑托换施工设计包括托换牛腿的施工程序及千斤顶的设置。

钢筋混凝土柱在各种荷载组合的情况下，应具有一定的安全度，当削除某钢筋保护层后尚能保证其安全。但为了确保安全施工，应控制各柱位相间进行，邻柱不同时施工，必要时应采取支撑等临时加固措施，同时一旦施工处理完毕要立即进行混凝土浇筑。

千斤顶的设置一般根据结构荷载及千斤顶的工作荷载来确定，同时考虑牛腿受力的对称性（图 10-31）。

3）顶升量的确定

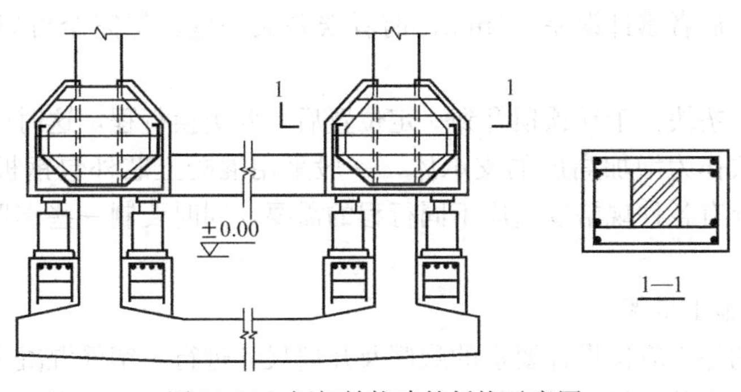

图 10-31　框架结构建筑托换示意图

一般顶升量应包括三个内容：

（1）建筑物已有不均匀沉降的调整值 h_{1i}。

$$h_{1i}=\beta_{N}L_{Ni}+\beta_{E}L_{Ei} \tag{10-15}$$

式中 β_{N}、β_{E}——建筑物南北向及东西向倾斜率；

L_{Ni}、L_{Ei}——计算点到建筑物基点南北向及东西向的距离。

（2）根据使用功能需要的整体顶升值 h_2。

（3）地基土剩余不均匀沉降预估调整值 h_{3i}。

因此，i 点顶升量为

$$h_{i}=h_{1i}+h_{2}+h_{3i} \tag{10-16}$$

4）顶升频率的确定

顶升的频率应根据建筑物的结构类型以及它能承受抵抗变形的能力来确定。千斤顶在操作过程中必然产生不均匀的上升，即出现差异上升量，这个量必须控制在结构允许的相对变形内。结构允许的相对变形 ΔH 一般为：

$$\Delta H \leqslant (1/200 \sim 1/500)(L_{i}-L_{i-1}) \tag{10-17}$$

通常取 $L_{i}-L_{i-1}=1.2\sim1.5$m。

以顶升最大值作为控制点，则顶升次数：

$$n=\frac{H_{\max}}{\Delta H_{\max}} \tag{10-18}$$

式中 $H_{\max}$——最大顶升量。

4. 顶升纠倾法的施工技术要点

1）主要施工技术和机具

（1）托换开凿：常用的方法有三种：一是人工开凿法，二是冲击钻孔后人工开凿，三是用混凝土切割锯开槽段。三种施工方法各具优越性，其中混凝土切割锯机械化程度高，施工比较文明，对原墙体的损伤较小，但机械费用较高。

（2）千斤顶：千斤顶有手动（螺旋式及油压式）及机械油泵带动两种。采用人工操作的千斤顶成本低，但顶升时需要大量的人工，且操作过程中会出现不均匀性；采用高压泵站控制的液压千斤顶机械化程度高，但成本费用较高。

（3）顶升量的测控设备

顶升量一般都比较大，整个过程最大可达 1.5m 以上。当使用小量程计量时，调整次数过多，反而影响精度，因此顶升过程量的控制，通常选择指针标尺控制及电阻应变滑线位移计控制两种，后者累计误差±1mm，前者误差大一些，但完全可以满足顶升频率的要求。

（4）承托件、垫块：千斤顶顶升到一定位置后，要更换行程，这时就需要有足够的承受压力的稳固铁块作为增加高度的支承体，一般采用混凝土芯外包钢板盒的专用承托垫块，这些垫块要求有各种规格以适应不同行程的需要，同时要制一些楔形块，以备顶升后的空隙使用。

2）顶升纠倾施工步骤

（1）托换梁的施工应按设计要求的顺序及几何尺寸进行，钢筋混凝土梁还应按照有关规范和规程进行施工及质量控制，托换梁的施工要采取一定措施以保证混凝土与下部墙体的隔离。

（2）千斤顶按设计位置布置，个别的可按现场实际情况作调整。为了确保每个千斤顶位置托换梁及垫块的安全可靠，顶升前应进行不少于10%的抽检，抽查加荷值应为设计荷载的两倍。

（3）顶升实施

在托换梁、千斤顶、垫块等都达到要求后，即可进入顶升实施。顶升的实施要有统一指挥，同时配有一定数量的监督人员，操作人员应经过训练。对较小的建筑物在高压泵站系统足够情况下，可采用全液压控制，也可以采用液压系统与人工操作相结合进行。千斤顶行程的更换必须间隔进行，更换时两侧应用三角垫进行临时支顶。

顶升完毕后，紧接着砌体充填，要求填充密实，特别是与托换梁的连接处要求堵塞紧密，而后间隔拆除千斤顶。千斤顶的拆除必须待连接砌体达到一定强度后方可进行。拆除后的千斤顶洞位，根据原砌体的强度等级，采用砌体堵筑或采用钢筋混凝土堵筑。

全部千斤顶拆除完后即可进行全面的修复工作，包括墙体、地面等。

10.3.5 其他纠倾技术

常用纠倾技术除堆（卸）载纠倾、掏土纠倾和顶升纠倾外，还有降水纠倾法、浸水纠倾法、部分托换调整纠倾法、桩基切断纠倾法、高压注浆顶升纠倾法和压桩反力顶升纠倾法等。

1. 降水纠倾法

降水纠倾法是通过强制降低建筑物沉降较小一侧的地下水位，从而增加土体有效应力，使地基产生固结沉降，从而达到纠倾目的。降水纠倾法施工简便、安全可靠、费用较低，但纠倾速率较慢，施工期长。适用于建筑物不均匀沉降量较小，地基土具有较好渗透性且降水不影响周围建筑物的情况。

通常采用井点、管井、大口径井等降水方法，也可采用沉井降水的方法。降水井一般设在沉降较小一侧的基础外缘。

对于一般情况，由于降水的深度和范围有限，单一的降水方法取得的纠倾效果也有限，因此往往与其他的方法一起使用。

2. 浸水纠倾法

浸水纠倾法通过在沉降小的一侧基础边缘开槽、挖坑或钻孔，有控制地将水注入地基内，使土产生湿陷变形，从而达到纠倾的目的。

浸水纠倾法适用于具有一定厚度的湿陷性黄土地基。当黄土含水量小于16%、湿陷系数大于0.05时可以采用浸水纠倾法；当黄土含水量在17%～23%之间、湿陷系数为0.03～0.05时，可以采用浸水和加压相结合的方法。

1）纠倾机理

利用湿陷性黄土的湿陷特性。含水量小、湿陷系数大的黄土湿陷性能良好，可调整建筑物倾斜，同时湿陷土的密度增加，有加固地基的作用。对于含水量较大、湿陷系数较小的黄土，单靠浸水湿陷效果有限，则辅之以加压措施：要求注水一侧的土中应力超过湿陷土层的湿陷起始压力。

2）实施要点

（1）根据主要受力土层的含水量、饱和度以及建筑物的纠倾目标预估所需要的浸水量。必要时进行浸水试验，确定浸水影响半径、注水量与渗透速度的关系。

(2) 在沉降较小的一侧布置浸水点，条形基础可以布置在基础两侧。按预定的次序开挖浸水坑（槽）或钻孔。要求浸水坑（槽）或钻孔的深度应达到基础底面以下 0.5～1.0m，可以设置在 1～3 个不同的深度上。

(3) 根据浸水点位置所需要的纠倾量分配注水量，然后有控制地分批注水。注水过程中严格进行监测工作，并根据监测结果调整注水次序和注水量。

(4) 当纠倾达到目标时，停止注水，继续监测一段时间。条形基础和筏板基础在注水停止后需要 15～30d 沉陷才会稳定，其滞后变形大约占总变形量的 10%～20%。在建筑物沉降趋于稳定后，回填各浸水坑（槽）或钻孔，做好地坪，防止地基再度浸水。

3. 部分托换调整纠倾法

部分托换调整纠倾法是指对建筑物不同的部位采取不同的地基加固方法或程序，通过改变建筑物的沉降方式来调节后续沉降，从而达到纠倾目的。部分托换使沉降较大一侧的变形受阻，较小一侧继续沉降，从而使沉降趋势逆转。在逆转过程中建筑物重心的回复有助于加大这种趋势。

部分托换调整纠倾法适用于沉降尚未稳定且倾斜率不大的建筑物。该法所需时间较长，往往与掏土纠倾法相结合，即在沉降较小一侧掏土来加快沉降。其托换加固方法可参照第 10.2 节。

采用部分托换调整纠倾法应明确建筑物荷载的偏心情况、建筑物原来的沉降趋势以及工程地质条件，并据此准确估计加固后的沉降变化，才能制定合适的阻沉纠倾方案。一般可采用以下方法：

(1) 加固力度的变化。在沉降较大一侧采用强加固（如增加桩数），在沉降较小一侧采用弱加固甚至不加固；

(2) 加固次序的变化。在沉降多的一侧即时加固（马上封桩），在沉降少的一侧采用延时加固（暂不封桩，待沉降达到一定量后再行封桩），延时期间的沉降量即为纠倾沉降量。

4. 桩基切断纠倾法

由于桩基质量原因，导致建筑物产生不均匀沉降，发生整体倾斜，采用一般的迫降纠倾技术很难达到理想效果，此时可采用桩基切断纠倾法。与顶升纠倾技术原理相类似，通过托换体系，将主体结构与基础进行切断后，对沉降较小的支承点进行定量下降，调整建筑物沉降差，达到纠倾目的。

该法适用于桩基础，其施工技术要求较高，需加强安全技术措施。

5. 高压注浆顶升纠倾法

在建筑物沉降较大一侧的地基中布置注浆管，有控制性地注入浓水泥浆液或化学浆液，使建筑物基础得以顶托抬高，达到纠倾目的。高压注入浓水泥浆液可在注浆管附近形成浆泡，对地基土产生挤压、加固和拱抬作用，化学浆液能在地基中产生膨胀反应，是地基土产生竖向膨胀的原因。

该法的优点是不开挖土方，对周围环境的影响较小，纠倾结束不降低原有设计标高以及在纠倾同时加固了地基土。但由于产生的膨胀量和上抬力有限且难以准确控制，一般适用于体量和荷载较小的建（构）筑物。

6. 压桩反力顶升纠倾法

先在建筑物基础下压入足够数量的桩，利用桩竖向承载力作为反力，通过顶升设备（如千斤顶）将建筑物抬升，达到纠倾目的，同时压入的桩基对建筑物基础进行了托换加固。该法适用于较小型的建（构）筑物。

10.4 既有建筑物迁移

10.4.1 概述

随着城市规划的不断完善，旧城改造和道路拓宽工程愈来愈多，一些处于拆迁范围的具有使用价值或保留价值的建筑物面临拆除的威胁。如果将这些建筑物在允许的范围内实施整体迁移，使其得以保留，可产生良好的经济效益和社会效益。

建筑物迁移通常又称为移位、平移、搬移，它是通过托换技术将建筑物沿某一确定标高进行分离，而后设置能支承建筑物的上下轨道梁及滚动装置，通过外加的牵拉力或顶推力将建筑物沿规定的路线搬移到预先设置好的新基础上，然后连接结构与基础，即完成建筑物的搬移。

建筑物迁移技术在国外应用得较早，尤其在欧美国家应用较多，主要用于有继续使用价值或文物价值的建筑物的保护。他们所采用的保护性迁移技术，基本上采用全包装式的搬移，安全可靠，已发展到相当高的水平，但所付出的代价往往高于建筑物拆除重建的造价。

国内建筑物迁移技术也日趋成熟，从 20 世纪 70～80 年代平移低层建筑物，到目前已可对多层建筑物实施整体平移，在计算分析、切断托换、平移机械、结构连接等方面均已形成成熟的技术与方法，且迁移成本也逐步降低。目前有关整体迁移的设计及施工方面的规范规程也已制定，这对建筑物整体迁移技术的理论研究以及系统的试验研究将起到导向的作用。

在整体迁移过程中，应坚持安全可靠、经济合理的原则。平移的关键在于保证建筑物本身结构的整体性及确定平移路线。当需要对建筑物进行维护且费用过大或者结构无法通过维护来满足整体性要求时，平移方案就不可行。随着建筑物自重的增加，对行走轨道基础承载力的要求随之提高，则地基处理费用相应增加；平移的费用与平移路线和距离成正比，平移过程中如存在换向或旋转，也需增加一定的费用。除特殊情况（如政治因素、社会影响、古建筑古文物保护等）外，当建筑物的整体平移费用超过该建筑物拆除重建所需工程造价的 80%时，对其实施平移将失去意义。

1. 建筑物迁移的适用范围

建筑物迁移技术适用于各类在城市规划及工程建设中需要搬迁的、具有可托换性及一定整体性的多层及多层以下的一般工业与民用建筑，也可适用于市政工程中构筑物。实施平移应以不破坏建筑物整体结构和建筑功能为原则。

2. 建筑物迁移的分类

根据迁移的路线及方位，建筑物整体迁移可分为整体直线平移、整体斜线平移、整体折线平移和水平原地转动平移（图 10-32），实际施工时可以采用以上一种或几种组合的方式，平移距离可根据需要确定。

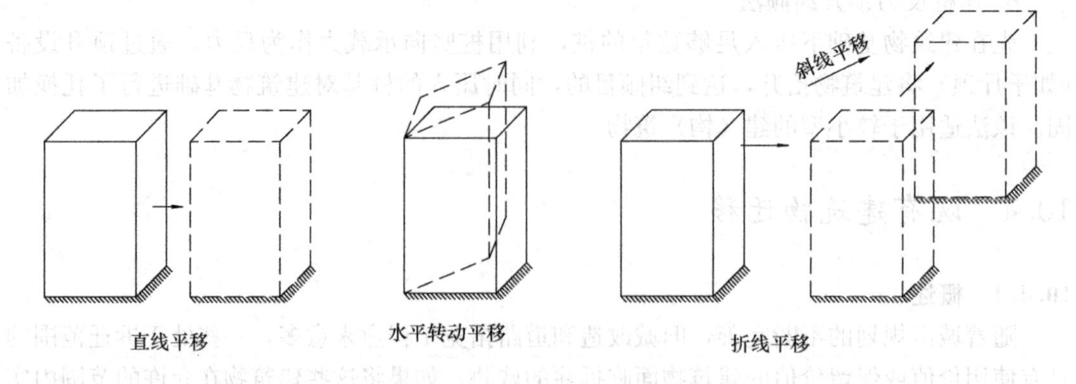

图 10-32 建筑物整体移位粉粒

3. 建筑物迁移的基本步骤

建筑物迁移基本步骤为：

(1) 将建筑物在某一水平面切断，使其与基础分离，变成一个可搬动的“重物”。

(2) 在建筑物切断处设置托换梁，形成一个可移动托架，该托换梁同时作为上轨道梁。

(3) 将既有建筑物基础及新设行走基础作为下轨道梁，原基础应满足承载力要求，否则需进行加固。

(4) 在就位处设置新基础。

(5) 在上下轨道梁间安置行走机构。

(6) 施加顶推力或牵拉力将建筑物平移至新基础处。

(7) 拆除行走机构，将建筑物上部结构与新基础进行可靠连接。

(8) 修复验收。

10.4.2 既有建筑迁移设计

建筑物迁移设计应符合国家现行设计规范和标准，主要包括以下内容：

(1) 迁移的路线和距离；

(2) 基础加固处理方案；

(3) 托换梁（即上轨道梁）设计；

(4) 下轨道梁设计：下轨道可采用装配式钢构件、现浇钢筋混凝土结构或砌体结构，基础可按墙下条形基础设计；

(5) 平移行走机构设计；

(6) 迁移过程中的动力分析；

(7) 如建筑物迁移后出现新旧基础的交错，则应考虑新旧基础间的地基变形差异。分别计算既有建筑物基础的残余沉降和新基础的工后沉降，必要时应对基础作加固处理；

(8) 如建筑物迁移后位于地震区，还应按抗震鉴定标准进行鉴定，不满足时应进行抗震加固处理；

(9) 整体迁移后，建筑物应有可靠的连接，并符合现行国家有关规范和标准的规定。

建筑物整体迁移时，应尽量保持原受力特征，防止建筑物出现过大的附加变形和附加应力。整体迁移结构的计算简图必须与实际结构相符合，应有明确的传力路线、合理的计算方法和可靠的构造措施。

对于临时受力构件如平移线路上台阶的基础设计，其设计安全系数可适当降低；但对于反复受力构件，如上轨道梁及推力支座，其安全系数可适当提高并加强构造措施。

1. 平移行走机构设计

通常重物水平移动有滚动和滑动两种方法。滑动的优点在于平移时比较稳定，但缺点是摩阻力大，需要提供较大的移动动力，且移动速度缓慢；滚动的优点是摩擦系数小，需提供的移动动力小，移动速度快，其缺点是稳定性差，易产生平移偏位。一般建筑物平移均采用滚动进行。

平移行走机构设计中，机构本身应具有足够强度及适宜的刚度，也就是说，滚轴及轨道板应具有足够的强度和硬度，平移轨道应具有足够的承载能力。再通过合理的外加动力布置和施工过程完善的测量措施，从而保证建筑物平移过程中的安全性和稳定性。

1）轨道板设计

轨道板的作用在于扩散滚轴压力和减少滚轴摩擦。轨道板一般采用通长布置的钢结构，其接缝处应保持平整，并有一定的连接处理以形成一个整体。轨道板根据相对于滚轴的位置分为上轨道板与下轨道板。

上轨道板可选用型钢（如槽钢、工字钢、H 钢），组合钢轨或者普通钢板。为了安装方便多数采用钢板，其轨道板宽同上部托换梁宽，板厚一般在 10～20mm，宜在钢厂剪切成型，以保证其尺寸和平整度。在现场加工时，应采取预防措施防止切割变形。轨道板的具体厚度应根据建筑物荷重及现场加工能力确定，当板厚 $\delta>20$mm 时，由于切割加工的困难，可采用多层钢板叠合或其他高强度钢板。钢板的连接处理见图 10-33。

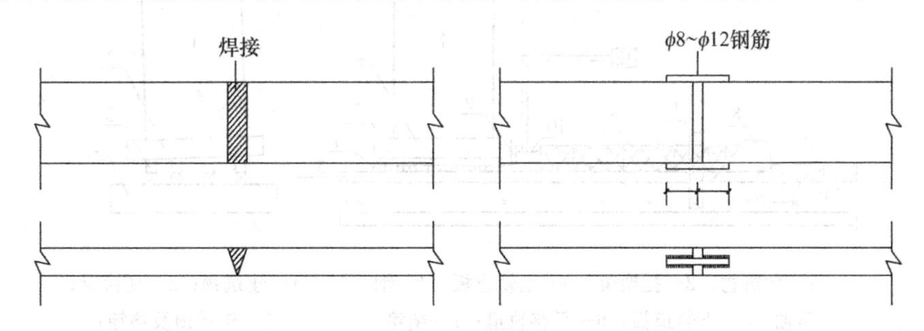

图 10-33 钢板的连接处理

当不需要提供动力支座时下轨道板可采用钢板，其要求同上轨道板。当外加动力支座由下轨道板提供时，应采用组合式型钢结构。组合式型钢可提供一个活动的动力支座，给顶推平移提供帮助，从而提高工效，这一点在远距离平移中具有明显优势。另外组合式型钢刚度较大，能调整地基局部沉降差。

组合式型钢下轨道板设计通常采用槽钢，根据具体情况确定，其断面尺寸、材料及形式参见图 10-34。

2）外加动力的选择

外加动力是指建筑物平移时所施加的外力，一般可分解成若干个平移分力，其总和应等于或大于平移需要的动力。其力作用点应尽可能降低，以利移动。

根据作用点的位置不同，外加动力分为顶推力和牵拉力两种：

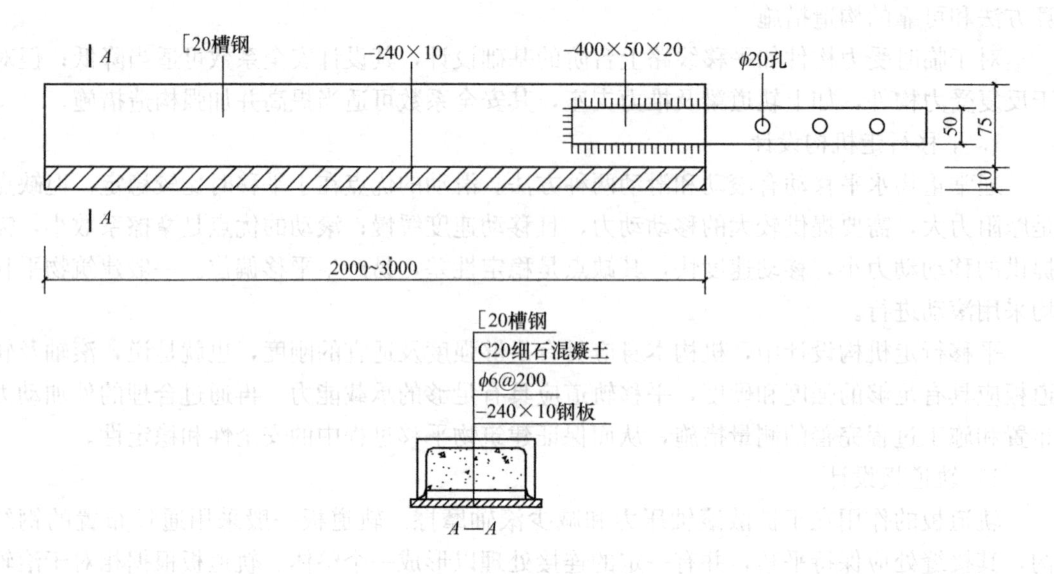

图 10-34　组合式下轨道板

(1) 顶推力作用于建筑物平移方向后端，一般由油压式千斤顶或机械式千斤顶提供。其优点是比较稳定，平移偏位易调整。缺点是力作用点偏高，另外平移时建筑物移动一定距离（一般为10～20m）后反力支座需重新安装，给施工带来一定困难。顶推法原理见图10-35。

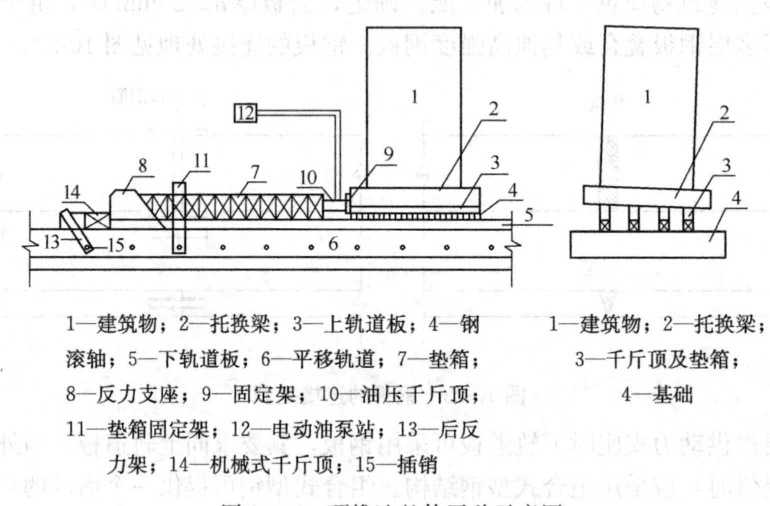

1—建筑物；2—托换梁；3—上轨道板；4—钢滚轴；5—下轨道板；6—平移轨道；7—垫箱；8—反力支座；9—固定架；10—油压千斤顶；11—垫箱固定架；12—电动油泵站；13—后反力架；14—机械式千斤顶；15—插销

1—建筑物；2—托换梁；3—千斤顶及垫箱；4—基础

图 10-35　顶推法整体平移示意图

(2) 牵拉力作用在建筑物前方，其优点是：在远距离单向平移中，只要设置一个反力装置即可实现平移，千斤顶及反力装置无需反复移动。其动力可由油压千斤顶提供，当牵拉力要求较小时也可考虑由手拉葫芦或卷扬机等设备提供动力。动力的施加一般采用预应力张拉设备。

牵拉力传力由拉杆或拉绳提供，其作用点较低，可施加在上轨道板上。由于拉杆或拉绳受力后变形较大，因此应尽量采用应变值一致的拉杆或拉绳；同时对于单台千斤顶牵拉多根拉杆或拉绳时，对其应变值应有更高的要求，以防止拉杆或拉绳受力不均。一般应优先采用弹性模量较大的牵拉材料，根据牵引力大小可选择钢筋、钢丝绳或钢绞线。牵拉方式平移原理见图 10-36。

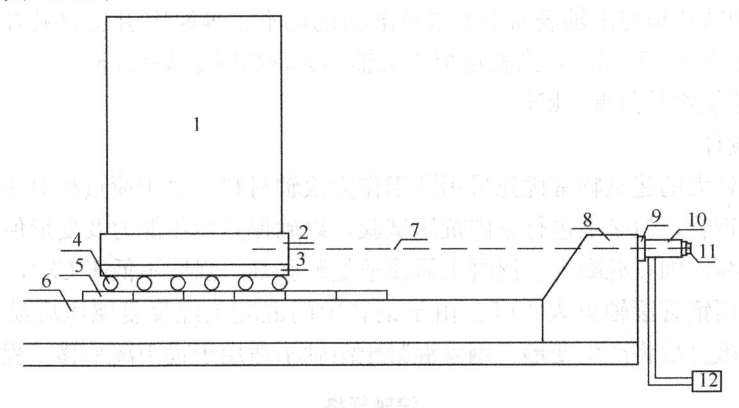

图 10-36　牵拉法整体平移示意图

1—建筑物；2—托换梁；3—上轨道板；4—钢滚轴；5—下轨道板；6—平移轨道；7—拉杆或拉绳；8—反力支座；9—垫梁；10—油压千斤顶；11—锚具；12—电动油泵站

在实际施工中，一般采用机械手摇千斤顶或电动油压千斤顶两种方式提供外加动力。当采用机械手摇千斤顶提供外加动力时，由于人为因素，顶推力具有不连续性，顶推点无法保持同步，推进时似撬杆作用，建筑物移动速度缓慢，位移不明显。当采用电动油压千斤顶时，顶推力是连续/均匀的，因此平移速度可达到每分钟 150mm；顶推时可明显看清建筑物位移，但人员在建筑物内无明显感觉。

3）外加动力的计算确定

外加动力为顶推力或牵拉力，其大小与建筑物荷重、行走机构材料等有关，其计算方法如下：

$$T=\frac{P(f+f')}{2R}(\mathrm{kN}) \tag{10-19}$$

其中：T——外加动力，kN；

P——滚轴的竖向压力，kN；

f——沿上轨道板的摩擦系数，cm，取值见表 10-4；

f'——沿下轨道板的摩擦系数，cm，取值见表 10-4；

R——滚轴半径，cm。

上下轨道板材料相同时，则 $f=f'$。

钢与钢摩擦系数 f（f'）值（cm）　　**表 10-4**

摩擦条件	起动时		运动中	
	无油	涂油	无油	涂油
压力较小时	0.15	0.11	0.11	0.10～0.08
压力≥100MPa	0.15～0.25	0.11～0.12	0.07～0.09	—

总外加动力 N 为：

$$N = k \cdot \frac{Q(f+f')}{2R}(\text{kN}) \tag{10-20}$$

式中 k——因轨道板与滚轴表面不平整及滚轴偏位不正等原因引起的阻力增大系数，一般 $k=2.5 \sim 5.0$，当轨道板与滚轴均为钢材时取 $k=2.5$。

Q——建筑物总荷重，kN。

4）滚轴设计

对于重量较大的建筑物常优先采用圆钢作为滚轴材料。对于荷重相对小的建筑物，滚轴可采用高压钢管，但必须进行室内抗压试验，以确保其承压能力及变形值满足要求；否则应在钢管内灌入细石混凝土。混凝土需掺适量膨胀剂，强度不低于C30，并在两端进行封口处理。常用钢管滚轴见表10-5。由于钢管中的混凝土经反复碾压后易产生破坏，且两端由于反复敲打后将产生变形，钢管混凝土滚轴不适用于远距离平移工程。

滚轴规格 **表10-5**

滚轴钢管规格（mm）	滚轴材料	滚轴压力（kN/m）	滚轴钢管规格（mm）	滚轴材料	滚轴压力（kN/m）
ϕ89×4.5	10号钢	10	ϕ114×10	20号钢	46
ϕ108×6	10号钢	20	ϕ114×12	35号钢	64
ϕ114×8	10号钢	28	ϕ114×14	35号钢	100

（1）滚轴长度

滚轴的长度一般比轨道宽150～200mm，这样当出现偏位时，滚轴可通过斜放来调整；同时外露一定长度以便人工锤击滚轴端头，对其进行校正。

（2）滚轴直径

滚轴直径与外加动力有关：从式（10-20）可见，随着直径增大外加动力N将减小。但由于直径增大以后，成本费用将增加；且滚轴直径过大，其平移时稳定性不易控制，因此建议钢管滚轴直径为100～150mm，圆钢滚轴直径为50～150mm。

（3）钢滚轴允许荷载值

当荷载过大时钢滚轴将产生变形，从而引起外加动力急剧增大，因此对钢滚轴上的荷载应加以限制。当钢滚轴行走在钢轨道上时：

$$W = (42 \sim 53)D \tag{10-21}$$

式中 W——滚轴与轨道板接触的每厘米长度的允许荷载，kN/cm；

D——滚轴直径，cm。

式中已包括可能的压力不均匀系数1.2。

（4）钢滚轴间距

钢滚轴的数量确定了其间距，每根轨道板上的滚轴数可按下式计算：

$$M \geqslant \frac{Q_{\text{L}}}{WL}K_1 \tag{10-22}$$

式中 M——每根轨道上的滚轴总数；

Q_{L}——该轨道板承受的荷载，kN；

L—— 每根滚轴与轨道的有效接触长度（取上下轨道板宽之小值）；当下轨道板为钢轨时，L 按轨道顶宽度的 1/2 计算，cm；

K_1——轨道板不平引起的增大系数，取值为 1.20～1.50。

则平移时每根轨道上的钢滚轴间距 S 按下式计算：

$$S=\frac{L}{M} \tag{10-23}$$

式中 S——滚轴平均间距，mm；

L——平移方向托换梁（轨道板）有效长度，mm。

（5）滚轴最小间距

钢滚轴应有最小间距限制，以利滚动正常，避免滚轴相互卡住。一般情况下应控制其最小间距 S_{min}。

$$S_{min}\geqslant 2.5D \tag{10-24}$$

式中 D——滚轴直径，mm。

2. 建筑物迁移中的动力分析

建筑物平移过程中，结构在外加动力和摩擦力作用下，处于变速运动状态。相应地，结构内部构件也将由于运动而产生额外的内力（即平移内力）。平移内力是任何一个建筑物在原设计时都不可能考虑到的，因此必须对平移中的建筑物进行受力分析，以确定平移过程不会危及建筑物的稳定性。为确保结构的安全，平移速度当然是越慢越好。但对施工效率而言，平移速度却是越快越好。如何确定平移速度也是目前建筑平移中的一个难题，通过对结构进行动力分析可以为建筑物平移提供一个合理的速度。

通常采用建筑结构三维动力分析程序对平移工程中的建筑物进行动力时程分析。假定地基为一刚体（即认为地基是不变形的），建筑物上部结构作为一个整体通过滚轴在轨道梁（即地基）上滚动或滑动。在实际施工中，当采用油压千斤顶进行平移时，建筑物的移动是按均匀加速度进行的。前 30 秒为加速过程，后 30 秒为减速过程，当每分钟移动 150mm 时，加速度为 0.17mm/s^2。加速反应谱长度为千斤顶一个回程，即 60 秒。若原建筑物按 7 度抗震设防，相应地把平移的加速度放大到 350mm/s^{2}进行时程分析，可得到各楼层剪力。实际平移时的楼层剪力可按实际加速度值进行折减得到。由于实际平移加速度远小于地震时的加速度，仅达到 0.5‰，因此各楼层剪力也是极微小的。这也就是施工中人员在建筑物内无明显感觉的原因。建筑物平移时可用的最大平移加速度，应保证各楼层剪力均小于原设计的地震剪力。

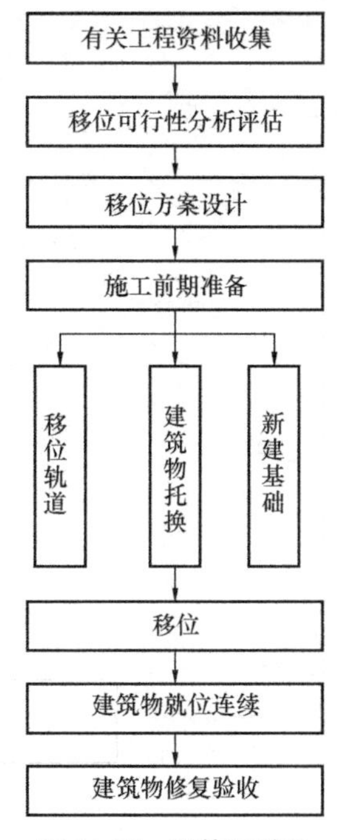

图 10-37 整体迁移的总体工艺程序

3. 既有建筑迁移施工

整体迁移的总体工艺程序见图 10-37；托换梁施工工艺流程见图 10-38；顶推法迁移流程见图 10-39。

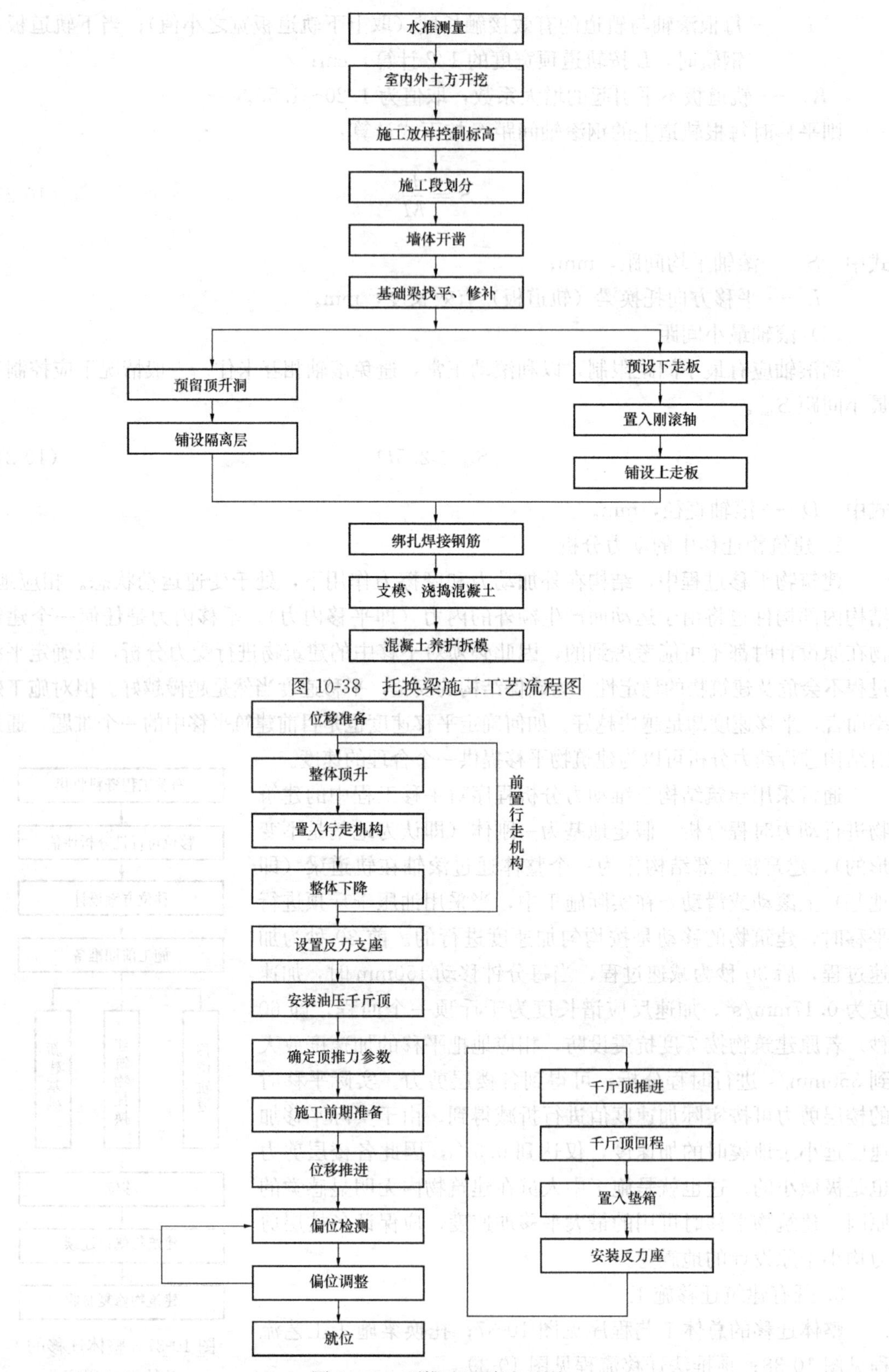

图 10-38　托换梁施工工艺流程图

图 10-39　顶推法迁移流程图

10.5 既有建筑物增层

10.5.1 概述

随着国民经济和城市建设的发展，对建设用地的需求不断增大，因此节约用地已成为城市建设中的一个重要的问题。在确保安全的条件下，对层数较低而又具备一定条件的房屋进行增层改造，既可扩大其使用面积，又提高了土地利用率。

我国大规模的增层改造工程，始于20世纪80年代。刚进入改革开放的我国要开始进行大规模的建设，但资金严重短缺，各类生产、公用和居住房屋严重不足。全国许多城市都进行了房屋的增层改造，同时也对旧房进行了必要的加固补强。不仅缓解了各类用房的严重不足，也延长了旧房的使用寿命，增加了房屋的安全性。因此既有建筑的增层是城市改造中的一个值得重视的问题，它具有以下几方面优点：(1) 提高土地使用率，扩大建筑使用面积；(2) 减少拆除和动迁等费用，降低工程造价；(3) 通过增层改造中增加的构造措施，提高既有建筑的抗震能力；(4) 在增层的同时，可改善既有建筑的使用功能和使用年限；(5) 通过对临街既有建筑的工作，可以改善城市的市容。

既有建筑增层是一项对原建筑进行改造、扩充、挖潜和加固的综合性工作。增层改造设计要求在新旧结合、经济合理的前提下，满足新的功能标准和各项改善要求。在结构设计上，应根据旧房类型、结构可靠度和使用功能等具体情况确定改造方案。同时应妥善处理好新旧两部分的有关技术问题，做到既安全可靠，又继续发挥了旧结构的作用；既体现出新旧结构协调相称，又满足了改造后使用功能上的需要。

增层结构的形式包括：

1. 向上增层

向上增层是最为常用的增层结构形式。它是指在既有建筑顶层上部的增层，包括直接增层和外套结构增层。

直接增层的增层数多数是1～3层，外套结构的增层数多数是4～5层。在增层改造中通常首先选择直接增层法，同时尽可能不做或少做既有建筑原墙体和地基加固的处理。当既有建筑的结构和地基不能满足直接增层改造的要求，而周围环境和小区规划又允许增层时，则可选择外套结构的增层方案。

2. 室内增层

室内增层是指在既有建筑内部的增层结构方案，其结构形式有分离式、整体式、吊桩式和悬挑式等。如天津市的劝业场（原为商场），在两个大天井侧面各加建两个钢筋混凝土柱，将天井改为楼层，由此扩大了营业面积。

3. 地下增层

地下增层是指在不拆除既有建筑物的情况下，在其下方或周边进行地下空间开挖，达到建造新的地下空间，拓展使用功能的目的。

10.5.2 增层结构的具体形式

1. 直接增层

直接增层是指在既有建筑的主体结构上直接加高增层，新增荷载全部通过既有建筑传至原基础和地基的一种结构增层方式，可分为不改变承重体系和改变承重体系两种形式。

不改变承重体系指结构承重体系和平面布置均不改变，适用于原承重结构和地基基础的承载力和变形能满足增层的要求，或经加固处理后即可直接增层的既有建筑物。

改变承重体系指改变荷载传递的形式或途径。如既有建筑的基础及承重体系不能满足增层要求或由于房屋使用功能要求必须改变建筑物平面布置，相应需改变结构布置及荷载传递途径，采用增设部分墙体、柱或经局部加固处理，以满足既有建筑的增层要求。

多层砖混结构（图 10-40）、多层内框架结构（图 10-41）、底层框架上部砖混结构和多层钢筋混凝土结构（框架、框剪和框筒等）都可采用直接增层的增层方案。

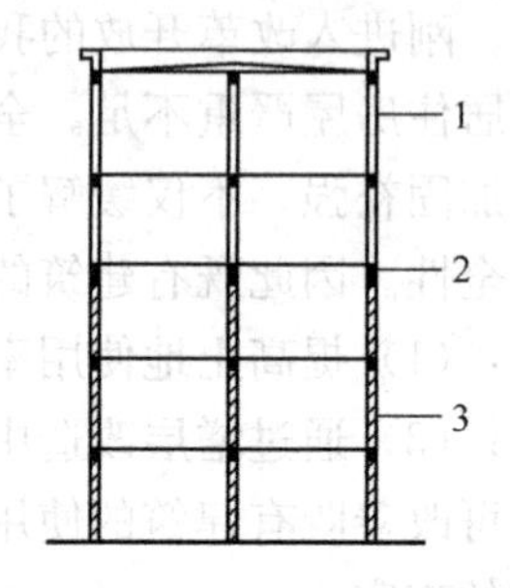

图 10-40　多层砖混结构的直接增层

1—新加二层墙体；2—原旧房屋面坡用加气块找平；3—原砖混结构旧房砌体

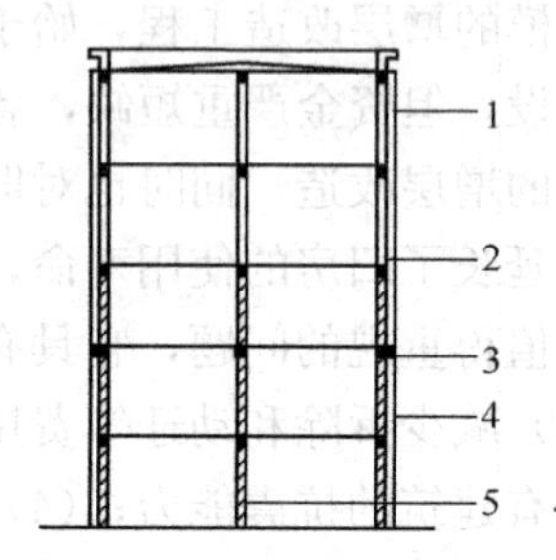

图 10-41　多层内框架结构的直接增层

1—新加纵横墙体，框架填充加气块；2—原旧房屋面坡用加气块找平；3—二层无圈梁，采取外加圈梁；4—四大角抗震构造柱；5—原内框架中柱和砖壁柱

2. 外套结构增层

外套结构增层是指在既有建筑物之外设置外套框架结构或其他混凝土外包结构的技术总称。新增层的荷载是全部通过新增设的外套结构传至新设置的基础和地基上。当既有建筑增加楼层数较多时，常采用外套结构增层的形式。

外套结构增层具有以下优点：(1) 施工期间不影响既有建筑物的正常使用；(2) 不受既有建筑不合理结构体系的约束；(3) 可解决既有建筑旧房和增层新房在建筑使用寿命上的差别问题，既有建筑达到使用寿命需拆除时，不影响外套增层新房的继续使用；(4) 可改善建筑立面，与周边建筑物相协调，满足城市规划的外观要求。

根据外套增层结构与既有建筑结构的受力状况，可分为分离式外套结构和连接式外套结构。

1) 分离式外套结构

分离式外套结构与既有建筑结构完全脱开，各自独立承担各自的竖向荷载和水平荷载。因为外套结构的底层框架柱较长，中间无水平支点，杆件长细比较大；另外尚需跨越既有建筑物，大梁的跨度较大，因此外套框架底层的梁柱截面都比较大，故既有建筑的高度和宽度越大，增层越多时，其造价也就越高。

分离式外套结构又有“内柱不落地外套结构（图 10-42）”、“外套底层门式刚架和上部砖混结构”、“空腹桁架式大梁外套门式刚架和上部砖混结构”、“外套巨型框架结构”、“外套钢一混凝土混合结构（图 10-43）”、“外套钢一混凝土组合结构（图 10-44）”、“外套扩大底层复式框架结构（图 10-45）”、“外套扩大底层筒体结构（图 10-46）”、“外套底层加斜撑结构（图 10-47）”和“外套扩大底层剪力墙结构（图 10-48）”等形式。

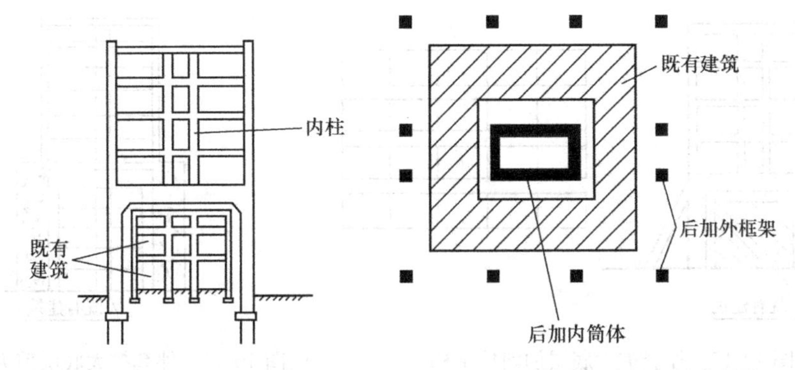

图 10-42　内柱不落地外套结构　　　图 10-43　外套钢-混凝土混合结构

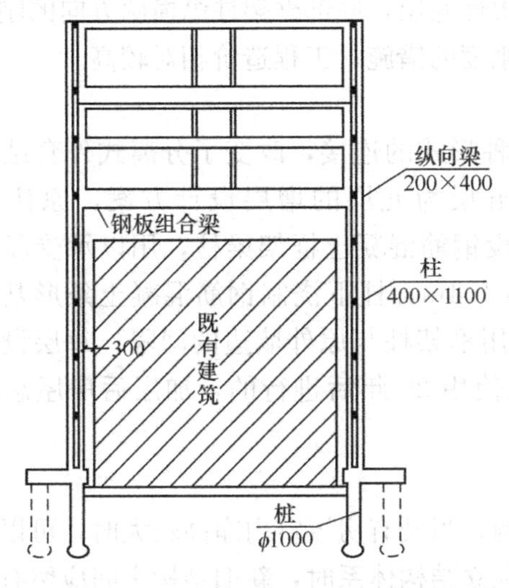

图 10-44　外套钢-混凝土组合结构

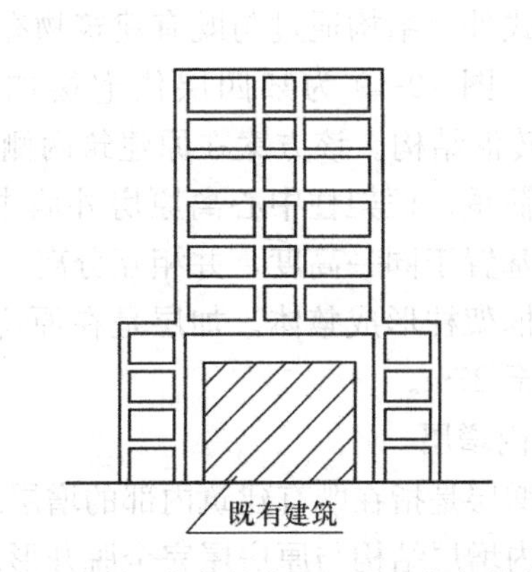

图 10-45　外套扩大底层复式框架结构

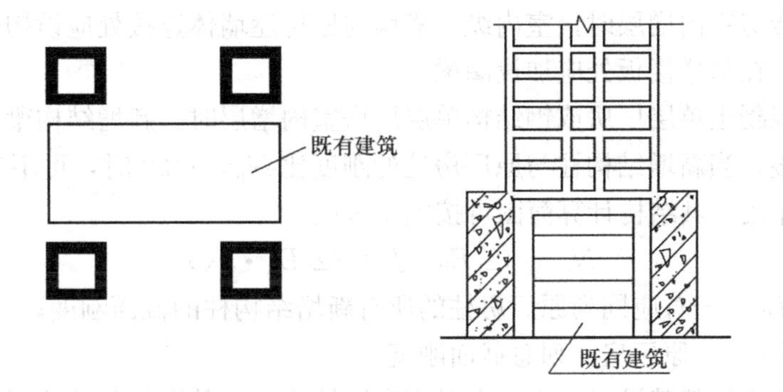

图 10-46　外套扩大底层筒体结构

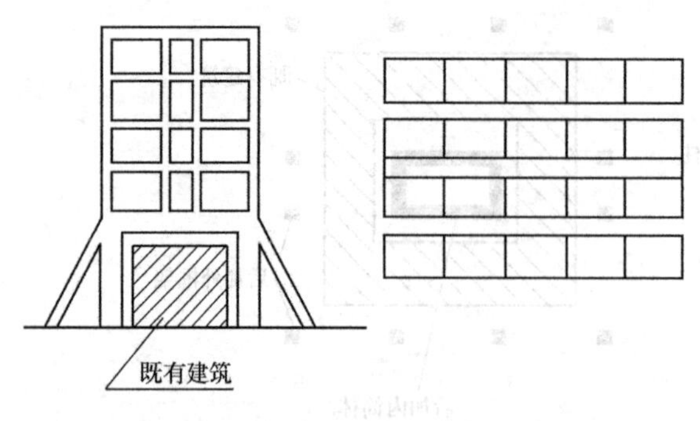

图 10-47　外套扩大底层加斜撑结构

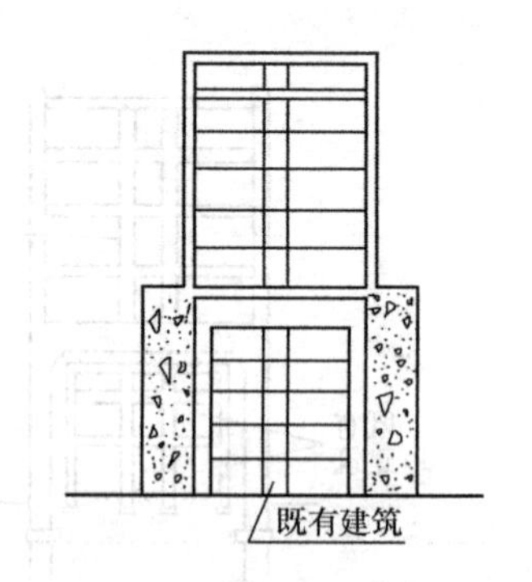

图 10-48　外套扩大底层剪力墙结构

分离式外套结构增层方法的优点是：结构合理和受力明确；其缺点是：重心高、上刚下柔不利于抗震；框架的底层柱很高，造成柔性底层，底部框架柱纵横两方向的刚度都较差，因此设计时必须采取加强外套结构底层刚度的措施；工程造价相对较高。

2）连接式外套结构

连接式外套结构通过与既有建筑物有某种形式的连接，改变了分离式外套结构的高腿柱形式。图 10-49 为某四层住宅楼加建五层为九层的增层设计方案，原住宅进深 11.2m，砖混结构。该方案在原建筑两侧增设钢筋混凝土框架梁柱，用以承受新的加层砖混结构荷重。框架柱中心离原房外墙中心 1.4m，柱下浇制钢筋混凝土条形基础，基底与原墙基置于同一高度，并相互分离。利用框架柱与原外墙边的间隔，每层设阳台平板以连接框架柱形成整体。加层是在原房已使用 20 年后进行的，加层后房屋总高度从 12.6m 增至 27m。

3. 室内增层

室内增层是指在既有建筑内部的增层结构，当既有房屋室内净高较大时，可以考虑采用。当室内增层结构与原房屋完全脱开形成独立结构体系时，新旧结构之间应留有足够的缝宽。当室内增层结构与原房屋相连时，应保证新旧结构有可靠的连接，并应符合下列规定：

（1）单层砖房室内增层时，室内纵、横墙与原房屋墙体连接处应设构造柱，并用锚栓与旧墙体连接，在新增楼板处应加设圈梁；

（2）钢筋混凝土单层厂房或钢结构单层厂房室内增层时，新增结构梁与原房屋柱的连接，宜采用铰接；当新增结构柱与原厂房柱的刚度比 $N_p \leqslant 1/20$ 时，可不考虑新增结构柱对原厂房柱的作用。其结构计算简图可按图 10-50。

$$N_p = (\Sigma E_P \cdot J_P)/(\Sigma E_X \cdot J_X) \tag{10-25}$$

式中　$\Sigma E_P \cdot J_P$ ——对应同列原厂房柱的所有新增结构柱的截面刚度；

$\Sigma E_X \cdot J_X$ ——原厂房一列总截面刚度。

（3）新增结构的基础设置，应考虑对原房屋结构基础及设备基础的不利影响。

4. 地下增层

地下增层是一项复杂的技术过程，它包含了对原建筑物的基础托换、侧向支护、开挖以及室内新构件制作、与旧构件连接等一系列的技术问题。这些技术问题单独运用较为成熟，但受经济因素、安全因素和规划等行政因素的影响，真正通过综合技术应用而

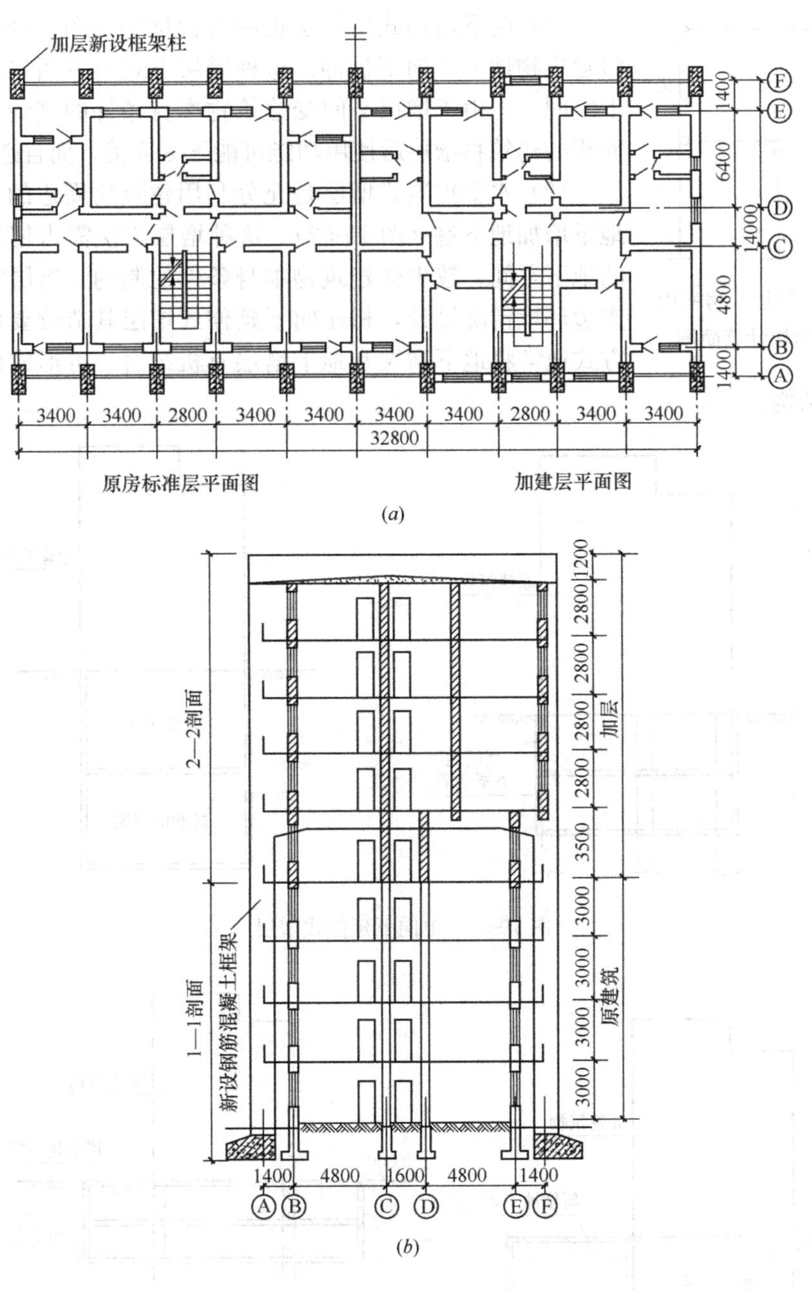

图 10-49　连接式外套结构

(a) 平面图；(b) 剖面图

实现地下增层的工程实例不多。随着地下逆作法施工技术的发展，地下增层技术有了很大的提高，但有关地下增层的技术问题尚处在初步阶段，关于地下增层的施工仍方兴未艾。

1）地下增层工程分类

地下增层工程可分为向下延伸式增层、水平扩展式增层、混合式增层和原地下结构空间改建加层等。

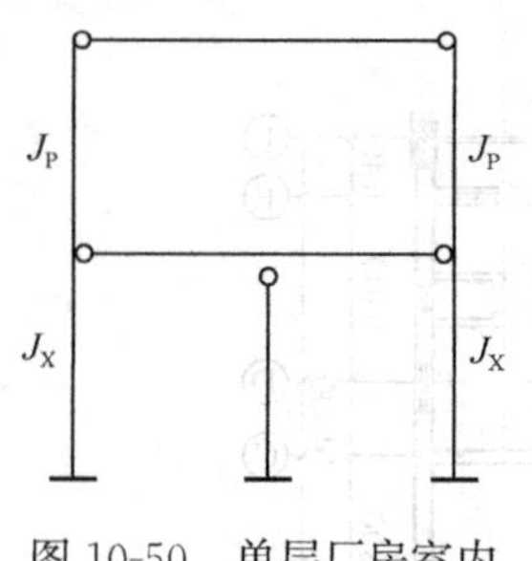

图 10-50　单层厂房室内增层时结构计算简图

(1) 向下延伸式增层法也叫直接增层（图 10-51），是直接将建筑物地下室向下延伸。这种增层方式不占用建筑物周边地下空间，但由于增层空间受建筑物本身条件的制约，较小占地面积的建筑物增层后使用功能可能不太完美，而且造价较高。

(2) 水平扩展式增层是充分利用建筑物周边的空地，在空地下增加地下室（图 10-52）。这种增层方法需占用建筑物周边的地下空间，较少受建筑物本身条件的制约。增层空间可根据周边环境情况设计，相比向下延伸式增层其造价要低一些。该方式通常将地下增层和地上增层有机结合，可形成建筑物的外扩式建筑结构。

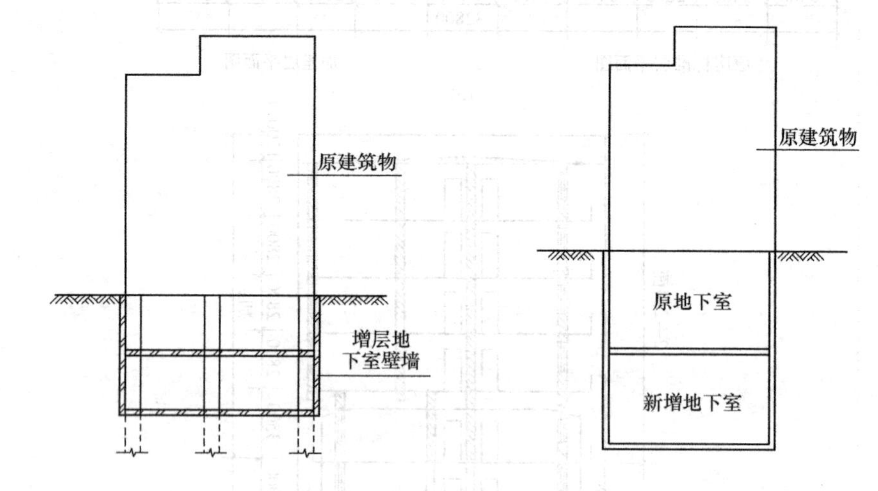

图 10-51　单向下延伸式增层

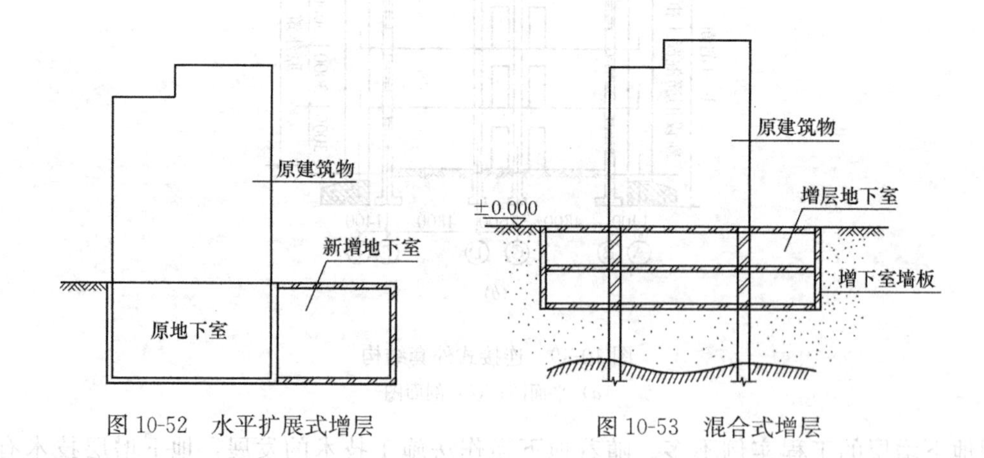

图 10-52　水平扩展式增层

图 10-53　混合式增层

(3) 混合式增层又叫综合增层（图 10-53），是将水平扩展式增层和向下延伸式增层综合运用，同时利用建筑物下方和周边的地下空间进行地下增层。这种增层方式可使建筑物增层后的地下空间变得宽敞，充分利用地下资源，是较好的地下增层方式。

(4) 原地下结构空间改建加层是在原有地下室结构内加层，必要时还可结合水平扩展式或向下延伸式增层等其他增层方式（图 10-54）。

2）地下增层结构的托换与加固

为确保既有建筑物的安全，地下增层的设计和施工中应充分考虑对既有建筑物的不利影响。一般情况下，增层前对既有建筑物的托换与加固是地下增层不可缺少的工作内容，具体包括侧向支护、地基与基础加固和结构加固等。

（1）侧向支护

为了避免或减少地下增层施工时地下空间开挖的不利影响，在既有建筑的基坑周边或柱间进行支护，形成可靠的支护墙体承受侧向土压力和施工引起的土体位移。具体可采用灌注桩或地下连续墙形成支护墙体，并结合拉锚或水平支撑体系的形式（图 10-55）。

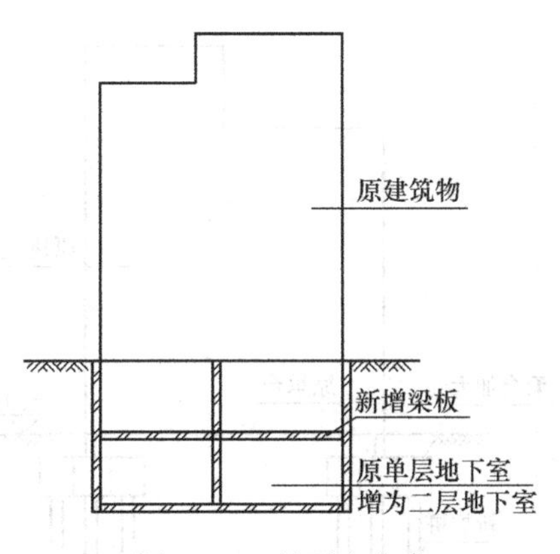

图 10-54　地下室室内增加一层

（2）地基与基础加固

当地下增层施工中土体开挖或降水，以及地下增层产生的荷载改变可能引起被增层建筑物和相邻建筑物基础产生下沉时，需对被增层建筑物或相邻建筑物进行必要的地基与基础加固。建筑物地基和基础的加固方法参见 10.2 节，具体可根据地基土质条件、开挖影响情况以及建筑物的原基础状况等综合决定。

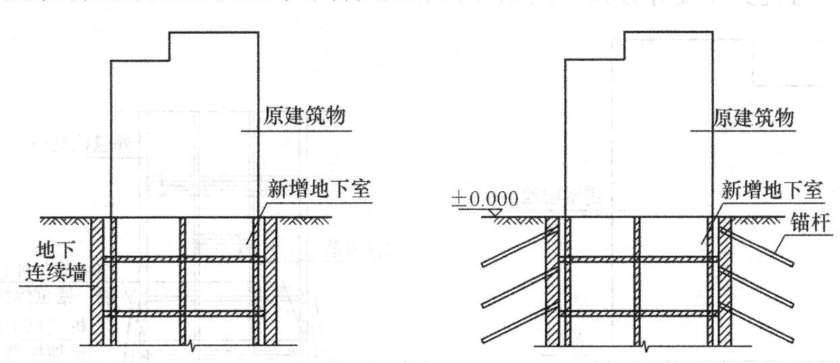

图 10-55　侧向支护体系

当采用桩式托换进行地下增层时，其托换与增层可按下列顺序施工：

① 当被增层建筑物基础埋深小于地下增层高度时（图 10-56）

施工托换桩体→在原柱基础以上施工临时托换梁（或承台），将托换结构与上部结构进行临时托换连接→进行土方开挖到地下室增层的所需标高→在地下室增层底板以下施工永久换梁（或承台），将托换桩和旧桩体相连接形成新的托换体系→在新的托换体系和被增层建筑物的柱子之间做永久托换柱，把永久托换柱与原柱相连→凿除临时托换梁（或承台）、地下室底板以上多余的桩体以及旧承台。

② 当被增层建筑物基础埋深大于地下增层高度时

施工托换桩体→在原柱上合适位置施工临时托换梁（或承台）→进行土体开挖到地下室增层所需的标高→在地下增层底板以下施工永久托换梁（或承台）→凿除临时托换梁（或承台）以及地下室底板以上多余的桩体。

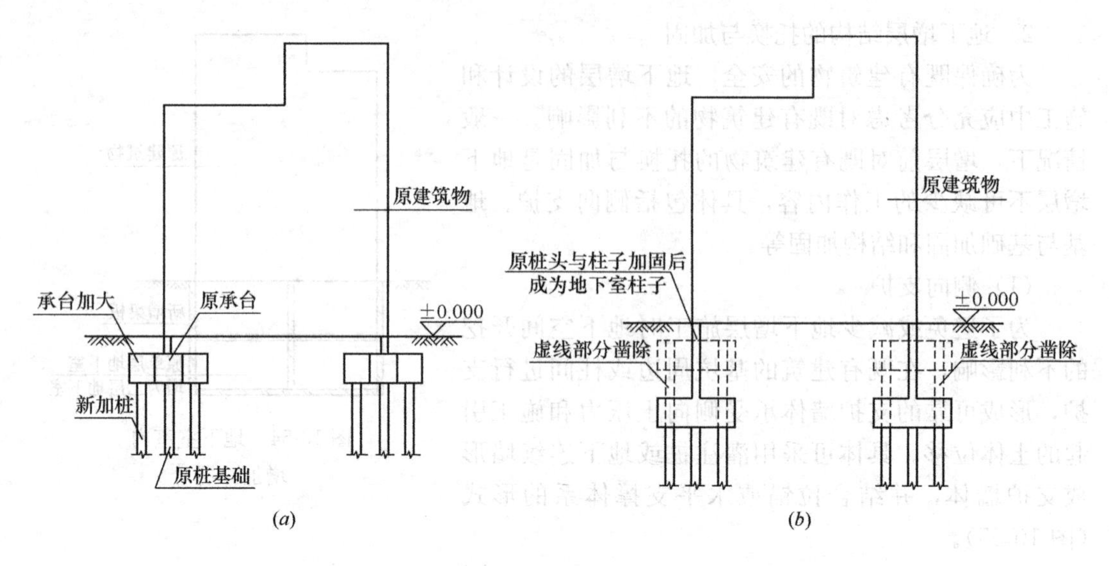

图 10-56　建筑物基础埋深小于地下增层高度时施工

（3）结构加固

当地下增层施工对既有建筑物造成的影响较小，可以采用加强既有建筑物的刚度和局部强度，减少因增层而造成的结构裂损、破坏等。具体可采用加固首层构件、增设斜向支撑或加固柱子与桩头连接等方式（图 10-57）。

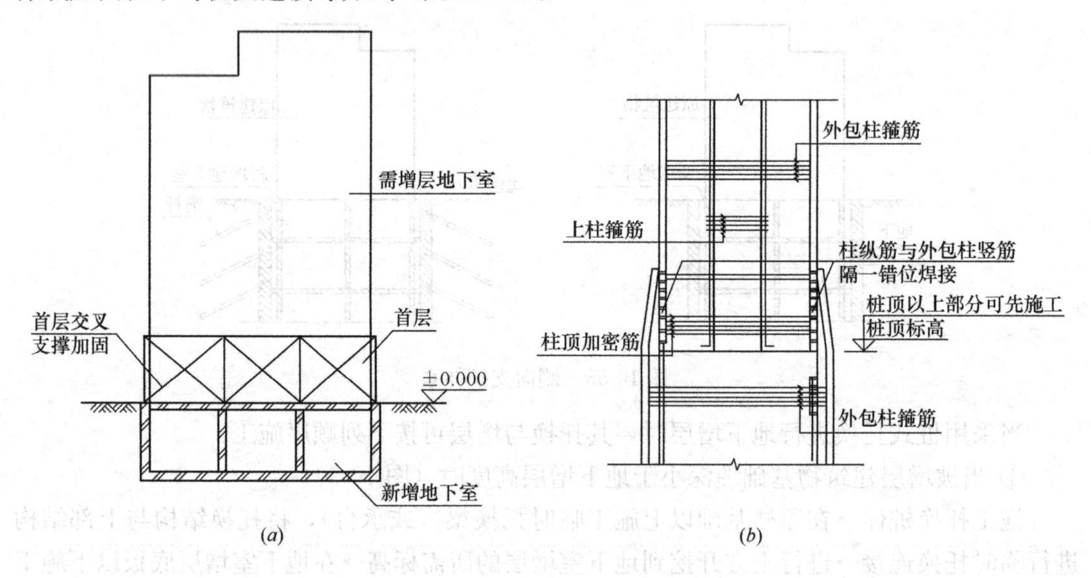

图 10-57　地下增层中的结构加固

（a）首层结构加固；（b）加固桩柱连接

习 题 与 思 考 题

10-1　试分析既有建筑物需进行地基加固或纠倾的原因。

10-2　既有建筑物地基加固技术可分为哪几类？

10-3　简述锚杆静压桩的加固原理和优点。

10-4　常用的建筑物纠倾技术可分为哪几类?

10-5　简述掏土纠倾技术的分类及原理。

10-6　简述顶升纠倾的基本原理和适用范围。

10-7　简述既有建筑物迁移的基本原理和适用范围。

10-8　简述建筑物迁移的基本步骤。

10-9　简述建筑物增层的形式及原理。

参考文献

[1]　张永钧、叶书麟，既有建筑物地基基础加固工程实例应用手册. 北京：中国建筑工业出版社，2002.

[2]　龚晓南，地基处理新技术. 西安：陕西科学技术出版社，1997.

[3]　林宗元，岩土工程治理手册. 沈阳：辽宁科学技术出版社，1993.

[4]　唐业清主编，建筑物移位纠倾与增层改造. 北京：中国建筑工业出版社，2008.

[5]　叶书麟、韩杰、叶观宝，地基处理与托换技术. 北京：中国建筑工业出版社，1994.

[6]　陈仲颐、叶书麟，基础工程学. 北京：中国建筑工业出版社，1990.

[7]　《地基处理手册编写委员会》. 地基处理手册. 北京：中国建筑工业出版社，1988.

[8]　龚晓南，地基处理技术发展与展望. 北京：中国水利水电出版社，2004.

[9]　程良奎、张作锚、杨志银，岩土加固实用技术. 北京：地震出版社，1994.

[10]　甘正常、周俊华、蒋小鸣. 建筑物顶升纠偏技术的研究与应用. 地基处理. 1994，第5卷，第1期.

[11]　中华人民共和国行业标准《既有建筑地基基础加固技术规范》JGJ 123—2012. 北京：中国建筑工业出版社，2012.

[12]　中华人民共和国行业标准《建筑地基处理技术规范》JGJ 79—2012. 北京：中国建筑工业出版社，2012.

[13]　中华人民共和国国家标准《建筑地基基础设计规范》GB 50007—2011. 北京：中国建筑工业出版社，2011.